항공정비 일반실습

GENERAL FOR AMEs

AIRCRAFT MAINTENANCE ENGINEER

구민사

김훈

조선대학교 기계설계공학
日本 大阪 ハル (일본 오사카 HAL) 게임프로그램 전공
항공정비 공학사

(株)EOLITH
M-dream(株)
M&M games(株)
LOUIS VUITTON of lotte department store

Oversea (Japan) games design & project manager

교육부 국가평생교육진흥원 학점은행제 과정 강의
고용노동부 NCS 국가기간전략산업직종 & 직업능력개발계좌제 과정 강의
국토교통부 지정전문교육기관 항공정비사 과정 강의 및 학사 업무 담당

항공정비사(비행기)
항공산업기사
항공기체정비기능사
항공기관정비기능사
직업훈련교사(항공)

항공정비일반실습

초판 인쇄 2023년 2월 1일
초판 발행 2023년 2월 10일

저자 김 훈
감수 황명호, 김진선, 김민표, 유동엽
발행인 조규백
발행처 도서출판 구민사
(07293) 서울특별시 영등포구 문래북로 116, 604호(문래동3가 46, 트리플렉스)
전화 (02) 701-7421(~2)
팩스 (02) 3273-9642
홈페이지 www.kuhminsa.co.kr

신고번호 제 2012-000055호(1980년 2월 4일)
ISBN 979-11-6875-164-4(93550)

값 34,000원

PROLOGUE

항공기 정비 업무에 기본이 될 수 있는 필요 기술과 지식을 습득하기 위해 항공기 도면의 종류와 해석 및 제도, 일반공구의 종류와 역할 및 측정공구의 종류와 사용법, 항공기 중량 및 평형의 측정 방법, 하드웨어의 종류와 결선 방법, 조종계통 케이블의 장력 측정 및 조절 방법, 항공기 세척과 부식 방지처리, 유체라인의 배관과 피팅 방법, 지상 취급과 서비스 작업, 검사기법의 종류와 방법, 각종 문서의 종류에 관한 내용 등을 학습하고 실습한다. 이를 통해 복잡한 기계 장치인 항공기를 안전하게 유지, 보수, 관리해야 하는 항공 정비사로서 필요한 기본 지식과 정비 경험을 키울 수 있도록 한다.

이 책의 출판을 위해 적극적으로 도움을 주신 도서출판 구민사 조규백 대표님과 직원 여러분께 깊은 감사를 드립니다.

저자 김훈

CONTENTS

목차

PART

1

안전보호구 사용 및 관리

1. 안전보호구와 안전의 관계
2. 안전보호구 착용 및 관리
3. MSDS
4. GHS

1. 안전보호구와 안전의 관계

(1) 안전보호구의 의미

근로자의 신체 일부 또는 전체에 착용해 외부의 유해 및 위험요인을 차단하거나, 그 영향을 감소시켜 산업재해를 예방하거나 피해의 정도와 크기를 줄여주는 기구이다.

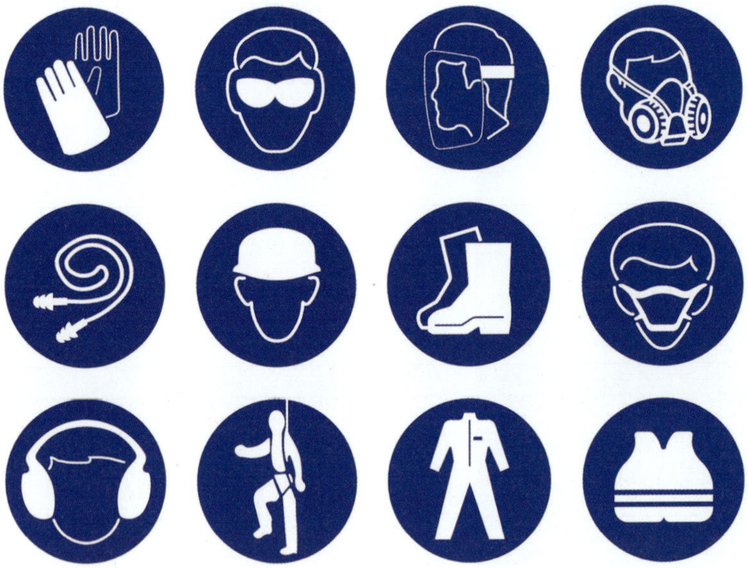

[그림] 1-1 안전보호구 아이콘

1) 안전보호구의 필요성

① 유해 및 위험요인으로부터 근로자를 보호한다.

② 근로자의 생명과 재산을 보호한다.

(2) 안전보호구의 구비 조건

1) 착용 시 작업이 용이할 것(간편한 착용)

2) 유해 위험물에 대한 방호성능이 충분할 것(대상물에 대한 완전한 방호)

3) 작업에 방해요소가 되지 않도록 할 것

4) 재료의 품질이 우수할 것(특히 피부 접촉에 무해할 것)

5) 구조와 끝마무리가 양호할 것(충분한 강도와 내구성 및 표면가공이 우수)

6) 외관 및 전체적인 디자인이 양호할 것

(3) 안전보호구의 종류

1) 사고방지를 위한 안전보호구

안전화, 안전모, 보안경, 보안면 등

2) 건강 장해 방지 및 예방을 위한 위생보호구

방진/방독/송기 마스크, 귀마개, 귀덮개, 보호복, 안전장갑, 차광보안경, 보안면 등

(4) 신체와 위험 요소

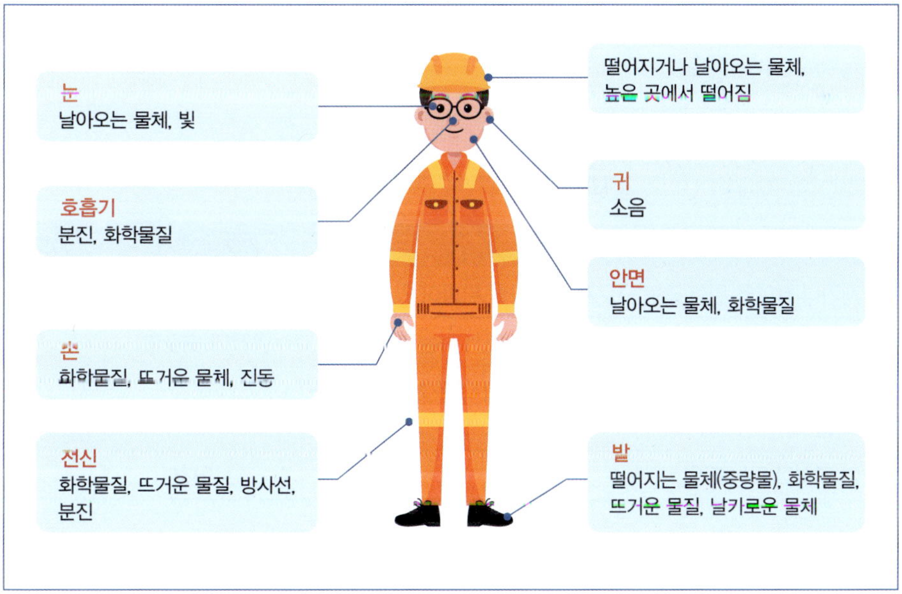

[그림] 1-2 신체별 위험요소

(5) 신체와 안전보호구

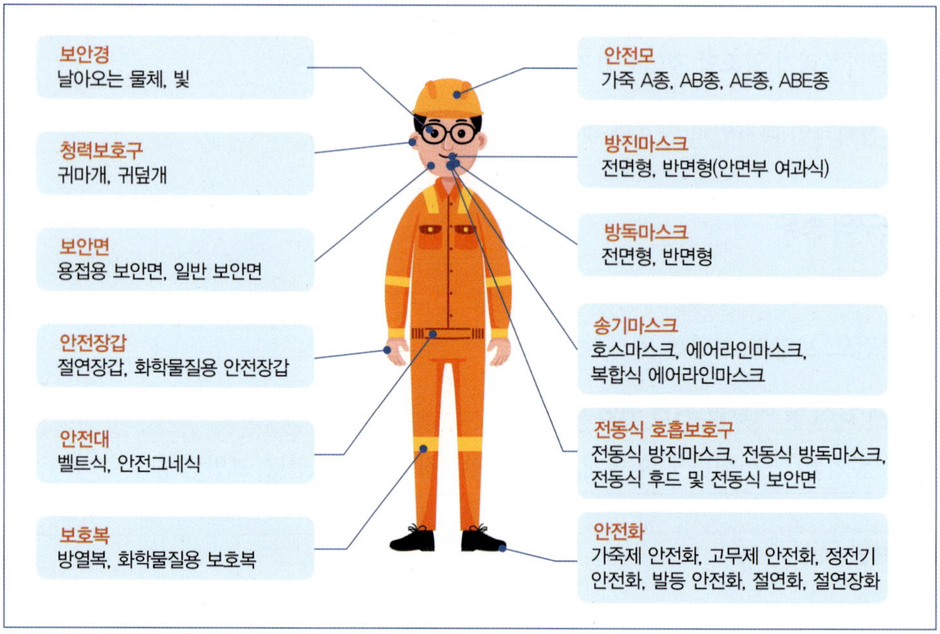

[그림] 1-3 신체별 안전보호구

(6) 작업별 대상보호구 및 범위

[표] 1-1 작업별 안전보호구 범위

작업명	보호구 종류	보호대상
• 물체가 떨어지거나 날아올 위험 또는 근로자가 추락할 위험이 있는 작업	안전모	머리
• 높이 또는 깊이 2m 이상의 추락할 위험이 있는 장소에서 하는 작업	안전대(安全帶)	몸
• 물체의 낙하, 충격, 물체에의 끼임, 감전 또는 정전기의 대전(帶電)에 의한 위험이 있는 작업	안전화	발
• 물체가 흩날릴 위험이 있는 작업	보안경	눈
• 용접처럼 불꽃이나 물체가 흩날릴 위험이 있는 작업	보안면	눈 얼굴
• 감전의 위험이 있는 작업	절연용 보호구	머리 손

작업명	보호구 종류	보호대상
• 고열에 의한 화상 등의 위험이 있는 작업	방열복	몸
• 선창 등에서 분진(粉塵)이 심하게 발생하는 하역작업	방진마스크	호흡기
• 섭씨 영하 18° 이하인 급냉동 어창(수산물보관소)에서 하는 하역작업	방한모 방한복 방한화 방한장갑	몸

출처 : 산업안전보건자료

(7) 관리대상 유해물질별 대상보호구 및 범위

[표] 1-2 유해물질별 안전보호구 범위

작업명	보호구 종류
• 유기화합물을 넣었던 탱크(유기하합물이 증기가 반산할 우려가 없는 탱크는 제외) 내부에서의 세척 및 페인트칠 업무 • 유기화합물 취급 특별 장소에서 단시간 동안 유기화합물을 취급하는 업무	송기마스크
• 밀폐설비나 국소배기장치가 설치되지 않은 장소에서의 유기화합물 취급 업무 • 유기화합물 취급장소에 설치된 환기장치 내의 기류가 확산될 우려가 있는 물체를 다루는 유기화합물 취급 업무 • 유기화합물 취급장소에서 유기화합물의 증기 발산원을 밀폐하는 설비(청소 등으로 유기화합물이 제거된 설비는 제외)를 개방하는 업무	송기마스크 또는 방독마스크
• 금속류, 산·알칼리류, 가스 상태 물질류 등을 취급하는 작업	호흡용 보호구
• 피부 자극성 또는 부식성 관리대상 유해물질을 취급하는 작업	불침투성 보호복, 보호장갑, 보호장화
• 관리대상 유해물질이 흩날리는 업무	보안경

출처 : 산업안전보건자료

2. 안전보호구 착용 및 관리

(1) 안전모 사용 및 관리 방법

1) **종류** : 가죽 A종, AB종, AE종, ABE종

2) 착장체 조절나사로 자신의 머리 크기에 맞게 착용한다.

3) 착용한 다음 턱끈을 조여 벗겨지지 않도록 한다.

4) 모체를 유기용제 등으로 닦거나 세척하지 않도록 주의한다.

(2) 보안경, 보안면 사용 및 관리 방법

1) 사용 중에 렌즈 홈, 더러움, 깨짐이 발견되면 교체한다.

2) 착용 시 거리감이 불량하거나 이물감 등이 느껴지면 교체한다.

3) 청결히 보관하고 사용한다.

(3) 방음보호구 사용 및 관리 방법

1) **종류** : 귀마개, 귀덮개

2) 자신의 귀에 맞는지 확인한다.

3) 반대쪽 손으로 귀를 잡고 위로 당기며 압축해 밀어 넣는다.

4) 귀 내부로 충분히 들어가게 착용한다.

5) 오염되거나 더러워지면 교체한다.

(4) 안전화 사용 및 관리 방법

1) **종류** : 가죽제 안전화, 고무제 안전화, 정전기 안전화, 발등 안전화, 절연화, 절연장화

2) 정전화는 감전 위험 장소에서 착용하지 않는다.

3) 안전화는 훼손 및 변형하지 않는다(특히 뒤축을 꺾어 신지 않도록 주의).

4) 내부가 항상 건조하도록 관리한다.

5) 안전화가 화학물질에 노출되었으면 물에 씻어 말린다.

(5) 안전장갑 사용 및 관리 방법

1) **종류** : 절연장갑, 화학물질용 안전장갑

2) 사용 전에 구멍이나 찢김이 확인되면 즉시 폐기한다.

3) 내전압용 안전장갑은 항상 건조한 상태로 사용한다.

4) 내전압용 절연장갑은 제품에 표시된 최대 사용전압 범위 내에서 사용한다.

5) 내전압용 절연장갑은 유류, 휘발용제, 산 및 알칼리 등에 매우 약하므로 절대로 접촉하지 않는다.

(6) 방진마스크 사용 및 관리 방법

1) **종류** : 전면형, 반면형(안면부 여과식)

2) 사용 전에 흡배기 밸브의 기능과 공기 누설 여부를 점검한다.

3) 필터를 수시로 확인해 습하거나 흡배기 저항이 크면 교체한다.

4) 흡배기 밸브를 청결하게 유지한다.

5) 면체는 중성세제로 흐르는 물에 씻어 그늘에서 말린다.

6) 면체는 기름이나 유기용제 및 직사광선을 피한다.

7) 면체 접안부에 손수건 등을 덧대 사용하지 않는다.

(7) 방독마스크 사용 및 관리 방법

1) **종류** : 전면형, 반면형

2) 작업 내용에 적합해야 한다.

3) 산소 농도 18% 미만, 유해가스 농도 2%(암모니아 3%) 이상인 장소에서 장시간 작업할 때 송기마스크를 사용한다.

4) 밀봉된 상태로 서늘한 곳에 보관한다.

5) 면체, 배기 밸브 등은 방진마스크 사용법을 따른다.

(8) 송기마스크 사용 및 관리 방법

1) 여과장치로 신선한 공기를 공급한다.

2) 공급 공기의 압력 $1.75kg/cm^2$ 이하로 한다.

3) 여러 명이 동시에 사용할 때는 압력을 조절실린더 내의 공기 잔량을 점검해서 알맞게 대처한다.

4) 실린더 내의 공기 잔량을 점검해서 알맞게 대체한다.

5) 송풍량 감소, 가스나 기름 냄새 발생, 호흡 공기에 수분 혼합, 호흡 공기의 온도 상승 등의 이상 상태가 발생하면 즉시 대피한다.

(9) 전동 시 마스크 사용 및 관리 방법

1) 사용 전에 배터리 충전과 펌프 작동 상태를 확인한다.

2) 산소 결핍 위험 지역에서는 사용하지 않는다.

3) 방진 및 방독마스크의 사용과 관리기준을 따른다.

(10) 안전대 사용 및 관리 방법

1) 안전대에 걸이(부착 설비 등)를 설치한다.

2) 로프는 되도록 2[m] 이내로 짧게 사용한다.

3) 지지 로프를 2명 이상이 사용하지 않는다.

4) 안전대의 죔줄은 예리한 구조물 등에 접촉하지 않도록 한다.

3. MSDS(Material Safety Data Sheet)

물질 안전 보건 자료(MSDS, Material Safety Data Sheet)는 화학물질에 대하여 유해 위험성, 응급조치 요령, 취급 방법 등의 16가지 항목에 대해 상세하게 설명해주는 자료를 말한다. 화학물질을 안전하게 사용하고 관리하기 위하여 필요한 정보를 기재한 sheet이다. 제조자명, 제품명, 성분과 성질, 취급상의 주의, 적용 법규, 사고 시의 응급 처치방법 등이 기입되어 있다. 화학물질 등의 안전 data sheet라고도 한다. ILO의 「화학물질조약」(제 170호 조약)에서는 CSDS(Chemical Safety Data Sheet)라는 용어로 사용된다.

「산업안전보건법」 제 110조의 규정에 의하여 화학물질을 제조, 수입, 사용, 저장, 운반하고자 하는 자는 MSDS를 작성, 비치 또는 게시하고, 화학물질을 양도 또는 제공하는 자는 MSDS를 함께 제공하도록 하고 있다.

(1) MSDS 항목

1) 화학제품 및 회사 정보 제품
2) 위해성과 유해성
3) 구성 성분의 명칭 및 함유량
4) 응급조치 시 요령
5) 폭발 및 화재 시, 대처 방법
6) 누출 사고 대처 방법
7) 취급 및 저장 방법
8) 노출 방지 및 개인 보호구
9) 물리·화학적 특성
10) 안전성 및 반응성
11) 독성에 관한 정보
12) 환경에 미치는 영향
13) 폐기 시 주의사항
14) 운송에 필요한 정보
15) 법적 규제 현황
16) 그 밖의 참고사항

LG화학 여수공장	물질 안전 보건 자료 (Material Safety Data Sheet)	등록번호	GHS - 저장 - 031
	IP-40 (I-C5: 40%, N-C5: 60%)	페이지	1/11

1. 화학 제품과 회사에 관한 정보

가. 제품명 : 이소펜탄(ISOPENTANE)(40%)

나. 제품의 권고 용도와 사용상의 제한
○ 권고용도
- 염화물 유도체의 제조에 사용되는 용매. 폴리스타일렌의 기포제(이소펜탄)
- 얼음제조, 저온의 온도계 및 솔벤트 추출공정(펜탄)

○ 사용상의 제한 : 자료없음.

다. 제조자/수입자/유통업자 정보
○ 회사명 : ㈜LG화학 여수공장(용성)
○ 주소 : 전남 여수시 여수산단 4로 58
○ 긴급 전화번호 : 061-689-3234
○ 담당부서 : 운영팀

2. 유해성.위험성

가. 유해성 위험성 분류 : 인화성액체 물질 구분1
급성독성(경구)물질 구분4
피부부식성 또는 자극성 물질 구분2
눈 부식성 또는 자극성 물질 구분2
특정표적장기전신독성(1회)물질 구분3
흡인유해성 물질 구분1
수생환경유해성(만성)물질 구분2

나. 예방조치문구를 포함한 경고 표지 항목

○ 그림문자	○ 신호어	○ 유해 위험 문구
	위험	극인화성 액체 또는 증기 피부에 자극을 일으킴 눈에 심한 자극을 일으킴 졸음 또는 현기증을 일으킬 수 있음 삼켜서 기도로 유입되면 치명적일 수 있음 장기적인 영향에 의해 수생생물에게 독성이 있음

YHESA205500　　LG화학/여수공장　　A4(210mm×297mm)

[그림] 1-4 MSDS 샘플(출처 : LG화학)

(2) MSDS 교육 및 비치

사업장에서는 작업자 및 근로자에게 필수적으로 교육을 진행해야 한다.

1) 교육

① 화학물질의 제조, 사용, 운반, 저장 작업에 근로자를 배치할 경우

② 유해성, 위험성 정보가 변경될 경우

③ 새로운 화학물질을 도입할 경우

2) 비치

근로자가 쉽게 보거나 접근할 수 있는 장소에 비치한다.

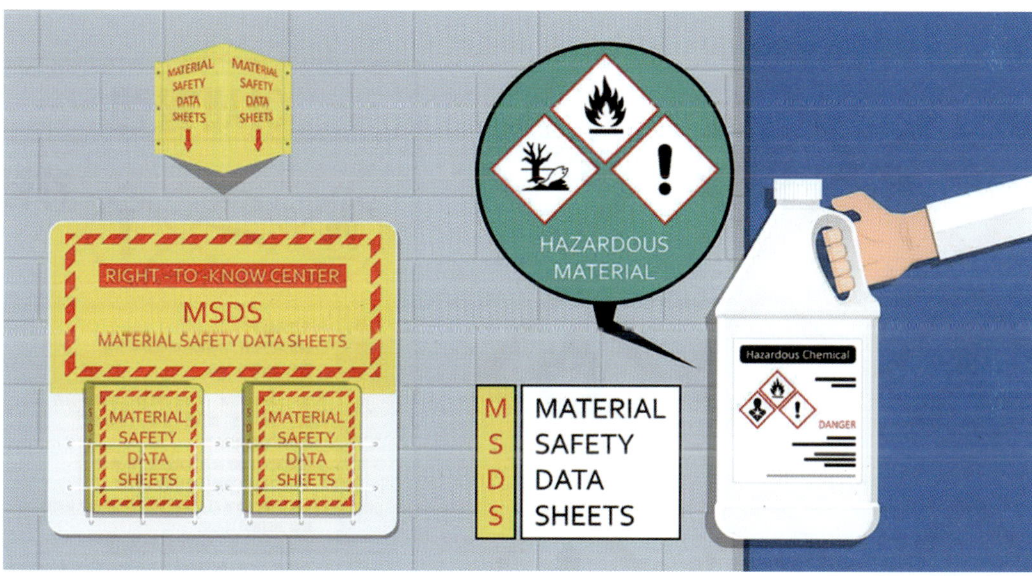

[그림] 1-5 MSDS 경고

4. GHS(Global Harmonized System of classification and labeling of chemicals)

GHS(Global Harmonized System of classification and labeling of chemicals)는 화학물질에 대한 분류 및 표시 국제 조화 시스템을 말한다. 1989년 ILO 총회에서 인도는 화학제품의 위험 유해성에 관한 분류 및 표지의 세계 통일화를 제안했고, 이듬해 ILO 화학물질 회의에서 인도의 제안이 채택되었다. 그리고 1992년 리우 UN 환경개발회의(UNCED)에서 GHS를 추진하기로 결정하였다. 그 후 UN 관계 전문가들의 노력으로 2002년 9월 UN은 지속가능개발세계정상회의에서 2008년까지 OECD 가입 국가에 대하여 GHS를 도입하기로 결정한 바 있다. 화학물질의 경고에 대해서 근로자가 인식할 수 있도록 작업장 내에 경고 라벨 및 표지를 부착하도록 한다.

[그림] 1-6 GHS 경고 label

PART 2

항공기 도면

1. 도면

물체의 모양, 크기 및 구조 등을 모든 사람이 쉽게 이해할 수 있도록 정해진 규칙에 따라 선, 문자, 숫자, 기호 등을 사용하여 제도 용지에 나타낸 것으로, 정보의 전달, 정보의 보존, 정보 이용의 편리성을 목적으로 한다.

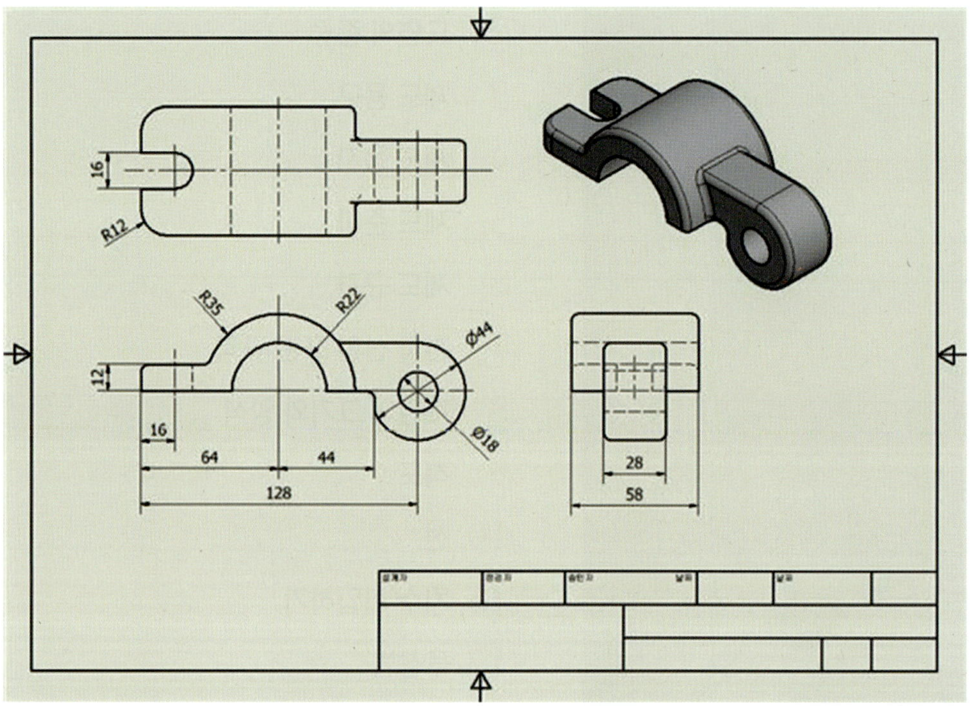

[그림] 2-1 도면 샘플(출처 : Google image)

2. 도면의 종류

(1) 사용 목적에 따른 분류

1) **계획도** : 설계자가 만들고자 하는 제품의 계획을 나타낸 도면

2) **주문도** : 주문자의 요구 내용을 제작자에게 제시하는 도면

3) **견적도** : 제작자가 견적서에 첨부하여 주문하는 주문품의 내용을 설명하는 도면

4) **제작도** : 설계자의 의도를 제품 제작에 반영하기 위한 도면

5) **설명도** : 제품의 구조, 기능, 작동 원리, 취급 방법 등을 설명하는 도면

6) **승인도** : 제작자가 주문자의 요구 사항을 도면에 반영하여 승인을 받은 도면

(2) 내용에 따른 분류

1) **조립도** : 기계나 구조물의 전체적인 조립 상태를 나타내는 도면

2) **부분 조립도** : 조립 상태를 몇 개의 부분으로 나누어 나타내는 도면

3) **부품도** : 제품을 제작하는 과정에서 가장 중요한 도면으로, 각 부품에 대해 아주 상세하게 그린 도면

4) **상세도** : 기계, 건축, 선박, 교량, 구조물 등의 필요한 부분을 확대하여 상세하게 나타내는 도면

5) **전기 회로도** : 전기 회로의 접속과 기능을 표시한 도면

6) **전자 회로도** : 전자 제품을 구성하는 여러 전자 부품들의 상호 간의 접속 상태 및 기능을 나타내는 도면

7) **배선도** : 건물이나 기계의 전선 배치와 전기 기기의 크기, 전선의 종류별 굵기, 수량 및 배선의 위치 등을 기호와 문자 등으로 나타내는 도면

8) **공정도** : 물품을 제조하는 과정에서의 가공 방법, 사용 공구 및 치수 등을 상세히 나타내는 도면

9) **계통도** : 배관, 전기 장치의 결선 등의 계통을 알기 쉽게 나타내는 도면

10) **배치도** : 지역 내의 건물 위치나 기계 등의 설치 위치에 대한 상세한 정보를 나타내는 도면

11) **구조선도** : 교량, 댐, 건축물 등의 철골 구조물 골조를 선으로 나타내는 도면

(3) 작성 방법에 따른 분류

1) **연필도** : 제도 용지에 연필로 그린 도면으로, 먹물 제도의 밑그림으로 사용

2) **먹물도** : 연필로 그린 도면을 바탕으로 먹물을 사용하여 다시 그린 도면

3) **착색도** : 도면에 그린 물체의 구조, 재료 등의 상태를 알기 쉽도록 여러 가지 색상으로 엷게 칠한 도면

상세도(Detail Drawing)

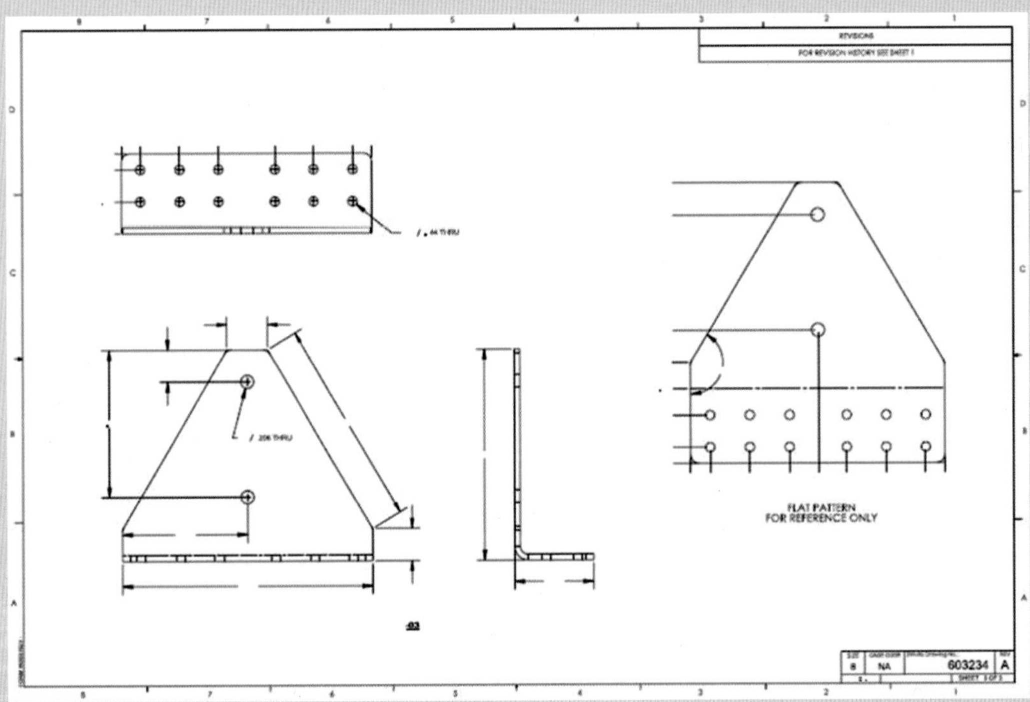

[그림] 2-2 상세도 샘플(출처 : FAA aviation maintenance technician handbook airframe)

⩚ 조립도(Assembly Drawing)

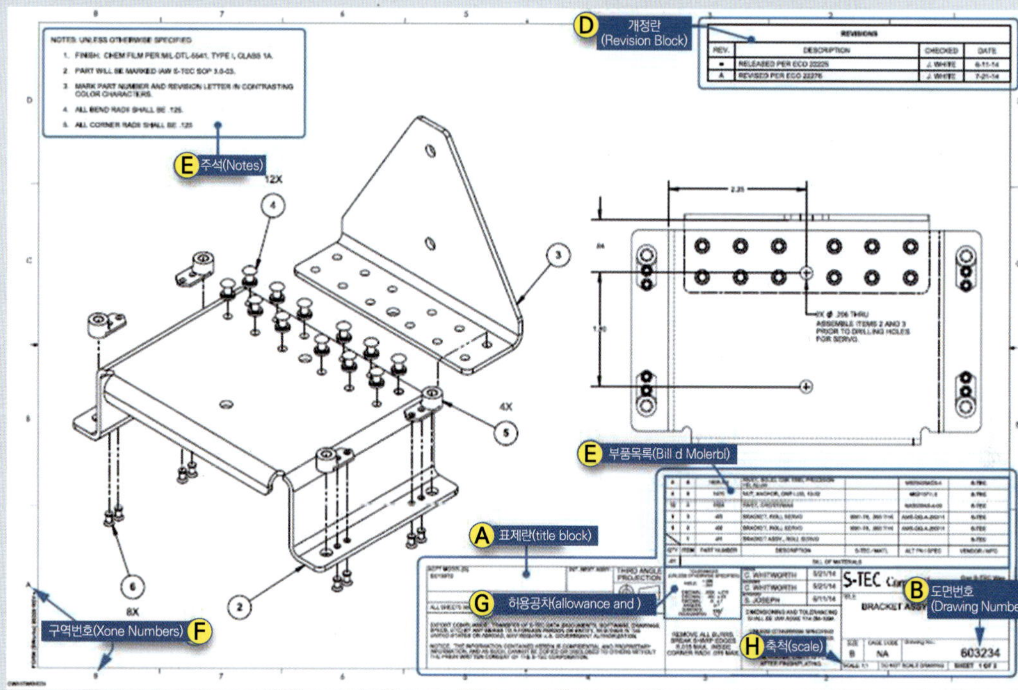

[그림] 2-3 조립도 샘플(출처 : FAA aviation maintenance technician handbook airframe)

설치도(Installation drawing)

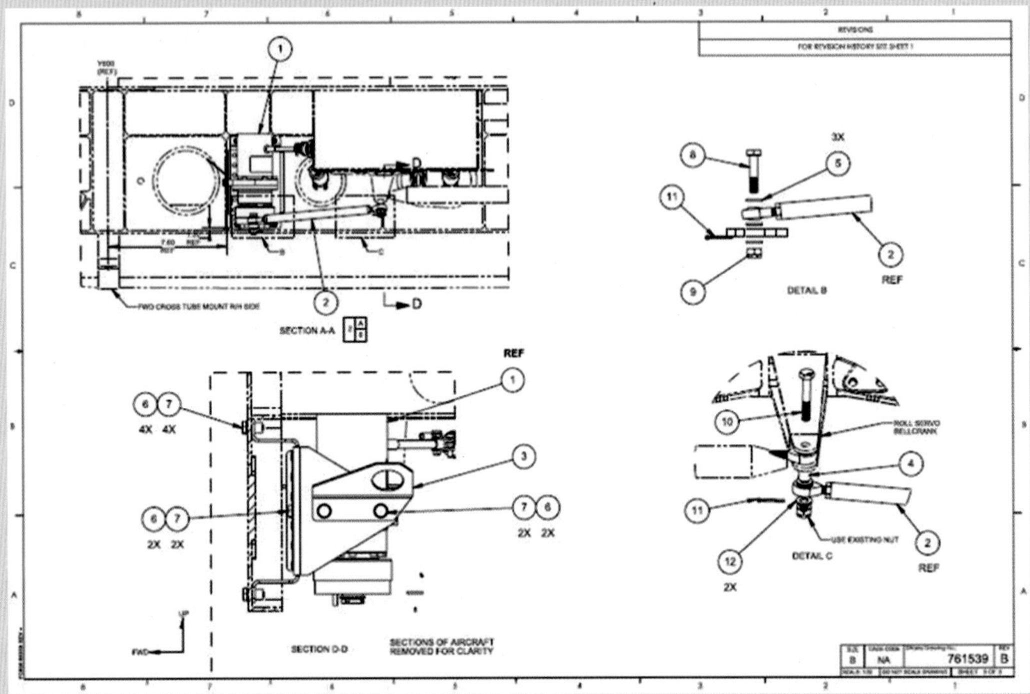

[그림] 2-4 설치도 샘플(출처 : FAA aviation maintenance technician handbook airframe)

Zone Number

항공기의 구역 설정은 ATA-100 규격에서 A4A(Airline for America)에 의해 규정된다. 항공기 주요 구성품의 위치를 쉽게 파악하기 위해 major zone, major sub-zone, simply a zone에 따라 세 가지 지표 중 하나로 식별된다. major zone은 세 자리 숫자로 식별된다.

EXAMPLE

310

Major Zone — Submajor Zone — Subdivision Zone

Major Zones.
(1) 100 – Forward side of firewall and forward.
(2) 200 – Aft side of firewall.
(3) 300 – Aft of cabin to end of airplane.
(4) 500 – Left wing.
(5) 600 – Right wing.
(6) 700 – Landing gear.

Cessna 172R

[그림] 2-5 Major zone number 샘플(출처 : C172R POH)

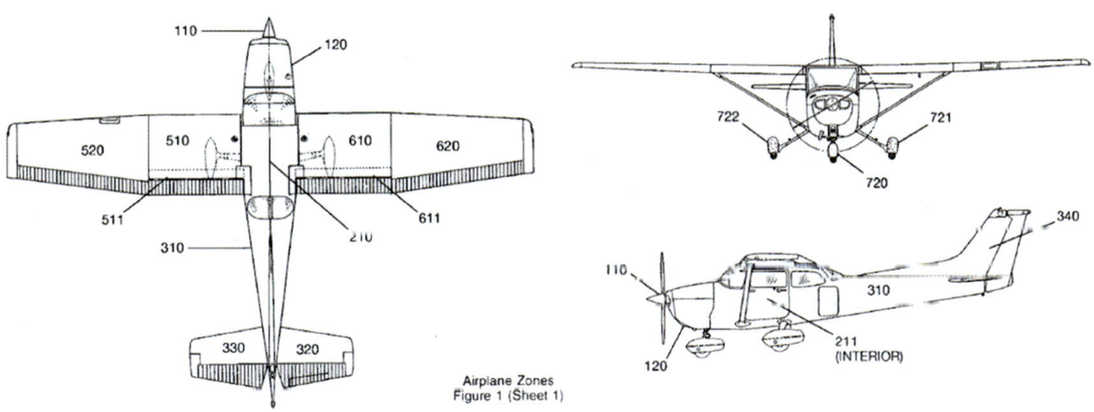

[그림] 2-6 Sub zone number 샘플(출처 : C172R POH)

[표] 2-1 Major zone number 구역

Mazor zone	Area
100	Lower half of the fuselage to the rear pressure bulkhead
200	Upper half of the fuselage to the rear pressure bulkhead
300	Empennage, including fuselage aft of the rear pressure bulkhead
400	Power plants and struts or pylons
500	Left-wing
600	Right-wing
700	Landing gear and landing gear doors
800	Doors
900	Reserved for uncommon differences between aircraft types not covered by standard series numbers

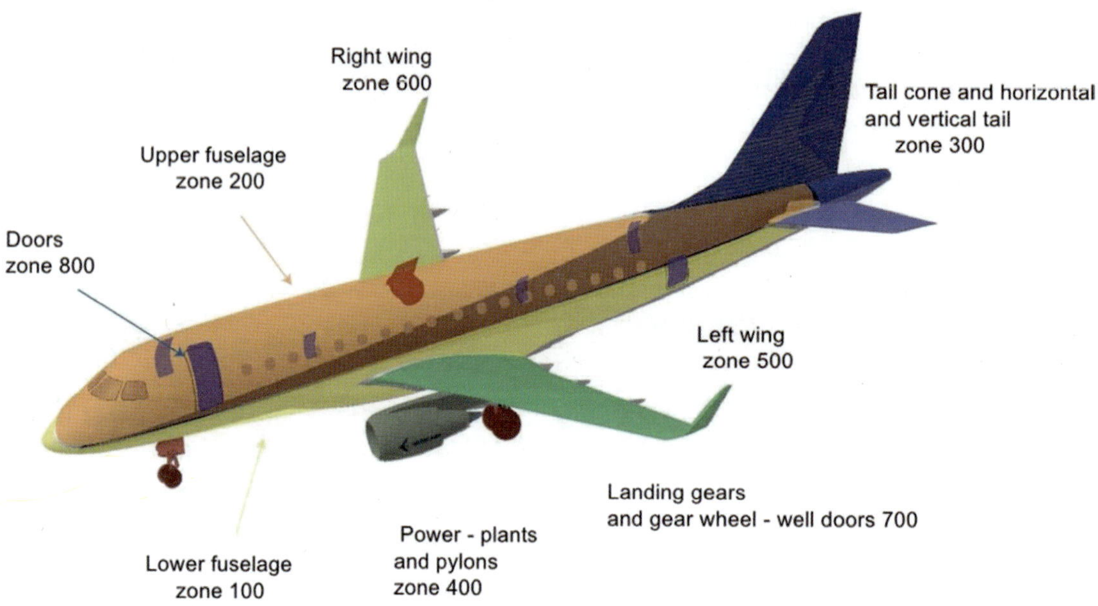

[그림] 2-7 Major zone number 구역

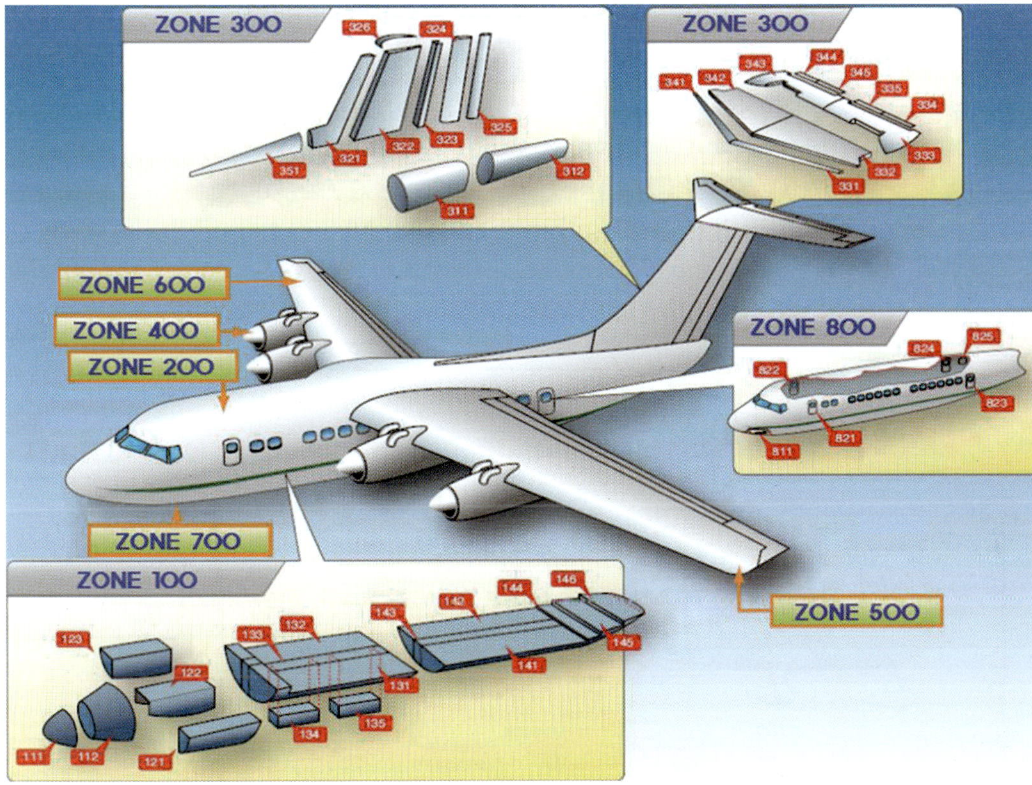

[그림] 2-8 Major zone number 구역(출처 : FAA aviation maintenance technician handbook airframe)

⩚ Station Numbers & Location Identification

항공기와 같은 대형 구조물에서는 fuselage station과 같은 station 번호부여 방식을 사용한다. FS 185.0는 항공기의 기준선으로부터 185인치 떨어져 있음을 의미한다. 기준선은 일반적으로 항공기 기수에 위치하지만, 때로는 방화벽에서 시작하거나 제작사에서 지정한 어떤 지점에서 시작하기도 한다. 항공기 세로축을 기준으로 왼쪽과 오른쪽 위치는 buttock line으로 표시한다. 항공기에서 수직 위치는 water line을 기준으로 하여 표시한다. 날개와 꼬리날개에서는 wing station 번호부여 방식을 사용한다. 위치 측정은 항공기의 중심선이나 별도의 기준선으로부터 시작한다.

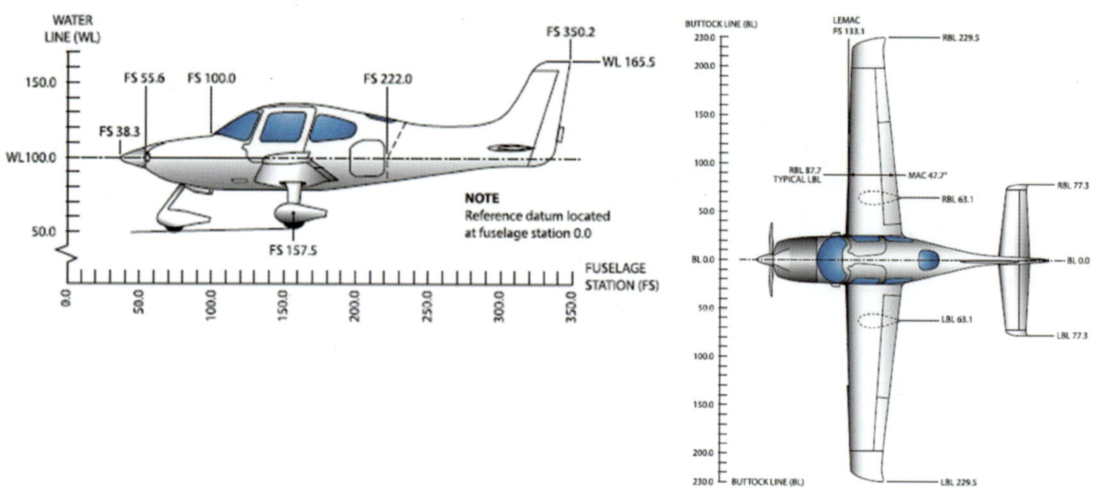

[그림] 2-9 Station number 샘플(출처 : FAA aviation maintenance technician handbook airframe)

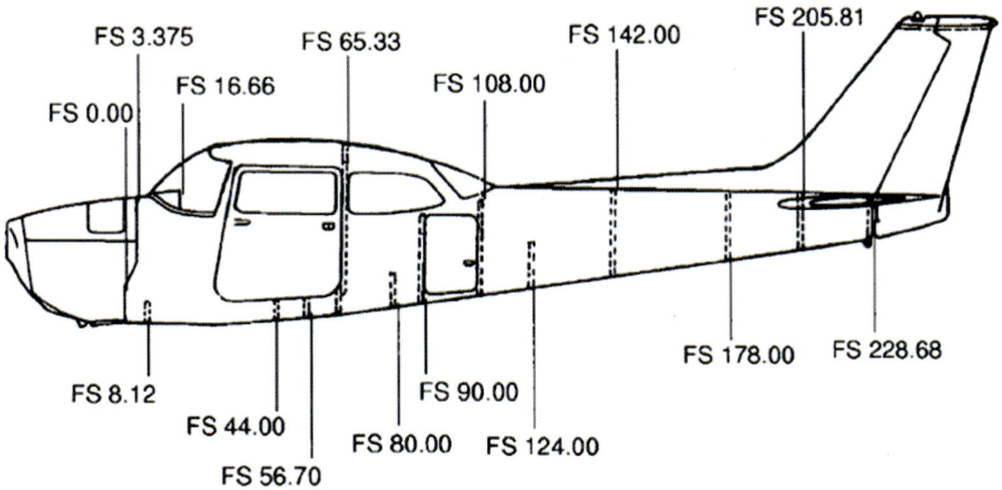

[그림] 2-10 Fuselage station 샘플(출처 : C172R POH)

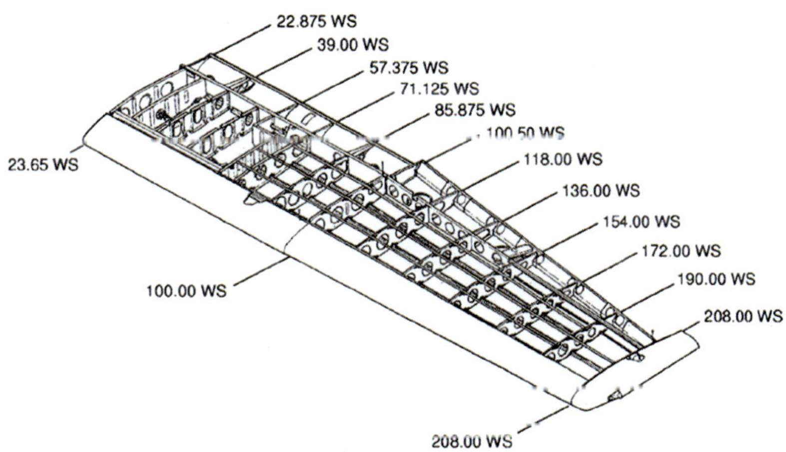

[그림] 2-11 Wing station 샘플(출처 : C172R POH)

3. 제도 용구

(1) **컴퍼스** : 원, 원호를 그리는 도구이다.

(2) **디바이더** : 제도에 필요한 치수를 옮기거나 선, 원호를 일정한 간격으로 등분할 때 사용하는 도구이다.

(3) **먹줄펜** : 먹물을 사용하여 선을 그릴 때 사용한다.

(4) **T자** : 수평선을 긋거나 삼각자를 이용하여 수직선과 빗금을 그을 때 삼각자의 안내 역할을 한다.

(5) **삼각자** : $45^{\circ}\times45^{\circ}\times90^{\circ}$와 $30^{\circ}\times60^{\circ}\times90^{\circ}$의 모양을 갖춘 2개를 한 세트로 사용한다.

(6) **삼각 축척자** : 길이를 재거나 확대, 축소하여 그릴 때 디바이더를 사용하여 치수를 도면에 옮겨 사용한다.

(7) **운형자** : 컴퍼스로 그리기 어려운 원호나 곡선을 그릴 때 사용한다.

(8) **자유 곡선자** : 납이나 고무로 만들어져서 자유롭게 구부릴 수 있어 곡선을 그릴 때 사용한다.

(9) **직선자** : 수평선이나 수직선을 긋는데 사용한다.

(10) **형판(템플릿)** : 작고 복잡한 도형을 그릴 때 사용한다.

(11) **제도용 만년필** : 국제 규격이나 KS 규격에서 정한 선별로 8종류가 있다(0.18mm~2.0mm).

(12) **제도 연필** : 연필심의 경도에 따라 구분(가는선 : 4H~9H, 보통선 : H, HB, 스케치선 : 2B~7B)한다.

(13) **샤프 연필** : 연필 대신 간편하게 사용(0.3mm, 0.5mm, 0.7mm, 0.9mm)한다.

(14) **심 홀더 연필** : 연필심 교체 방법이 간편하여 사용(굵기에 따라 제도용, 필기용, 미술용으로 사용)한다.

(15) **지움 용구** : 지우개(연필 지우개, 먹물 지우개, 전동 지우개), 지우개 판

(16) **만능 제도기** : 제도대, T자, 삼각자, 각도기, 축척자 등의 기능을 갖춘 제도 용구(트랙형, 암형)이다.

(17) **CAD용 컴퓨터** : 컴퓨터를 이용하여 제도 및 설계를 하기 위한 설계 시스템으로, 정확하고, 도면의 수정, 보관, 이용, 관리 등에서 편리하고, 자동차, 비행기, 선박, 건축 등의 설계에 많이 이용한다.

4. 제도 용지

(1) **원도 용지** : 두껍고 불투명한 제도 용지로서 주로 스케치용으로 사용한다.

(2) **트레이싱지** : 연필이나 먹물로 제도할 수 있는 반투명한 용지이다.

(3) **방안지** : 스케치용 또는 백상지와 트레이싱지로 눈금이 있는 모눈종이 용지이다.

5. 제도 준비

(1) **제도판** : 표면이 평편하고 높낮이와 기울기 조절이 가능하다.

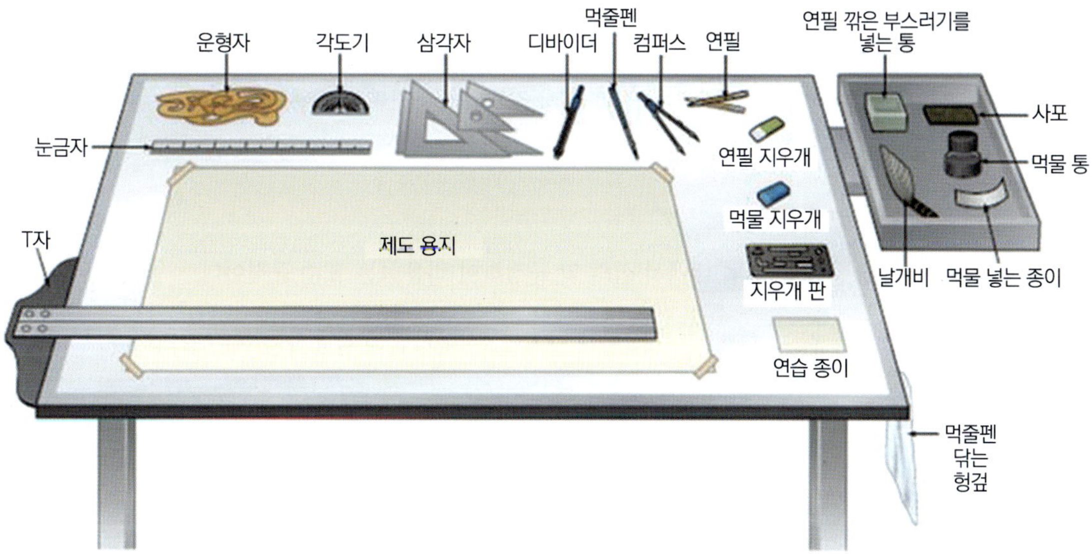

[그림] 2-12 제도 용구

6. 제도 규격

(1) 표준 규격

제품의 균일화, 생산의 능률화, 품질의 향상, 제품 상호간의 호환성을 위해 국가에서 표준 규격화를 정하여, 국내 산업 발전과 국제 경쟁력을 높이고, 선진 기술을 조기에 도입하여 기술 발전을 이룰 수 있고, 대량 생산을 할 수 있어 생산비를 절감하고, 표준 사용법을 확립하여 편리하게 이용할 수 있다.

(2) 표준 규격의 종류

1) **사내 표준 규격** : 공장 또는 기업 내에서 심의 및 규정하여 적용하는 표준 규격이다.

2) **단체 표준 규격** : 동종 학회, 협회, 조합을 통해 단체 또는 구성원에 적용하는 표준 규격이다.

3) **국가 표준 규격** : 국가 내에서 모든 관계자들이 규정하여 적용하는 표준 규격이다.

[표] 2-2 국가 표준 규격 종류

마크	기호	표준 명칭
	KS	한국 산업 표준(Korean Industrial Standards)
	BS	영국 국가 표준(British Standards)
	DIN	독일 국가 표준(Deutsches Institut für Normung e.V.)
	ANSI	미국 국가 표준(American National Standards Institute)
	NF	프랑스 국가 표준(Norme Française)
	JIS	일본 공업 표준(Japanese Industrial Standards)

4) **국제 표준 규격** : 국가 간의 원활한 산업 교류와 공동의 이익을 추구하기 위해 국제적으로 적용하는 표준 규격이다.

[표] 2-3 국제 표준 규격 종류

마크	기호	표준 명칭
	ISO	국제 표준화 기구(International Organization for Standardization)
	IEC	국제 전기 표준 회의(International Electrotechnical Commission)

7. 한국 산업 표준 규격

(1) 한국 산업 표준 분류

기본 부문(A)부터 정보 부문(X)까지 21개 부문으로 구성하고, 제품 표준, 방법 표준, 전달 표준으로 분류하였다.

[표] 2-4 한국 산업 표준 분류

분류 기호	부문	분류 기호	부문	분류 기호	부문
KS A	기본	KS H	식료	KS Q	품질경영
KS B	기계	KS I	환경	KS R	수송기계
KS C	전기전자	KS J	생물	KS S	서비스
KS D	금속	KS K	섬유	KS T	물류
KS E	광산	KS L	요업	KS V	조선
KS F	건설	KS M	화학	KS W	항공우주
KS G	일용품	KS P	의료	KS X	정보

(2) 제도 통칙

1966년에 제정되어 주기적으로 산업 표준 심의회를 거쳐 확인 및 개정되어, 도면을 작성할 때 필요한 사항을 총괄적으로 규정한 것이다.

도면의 크기 및 양식(KS A 0106)

제도에 사용하는 문자(KS A 0107)
제도 – 길이 치수 및 각도 치수의 허용 한계 기입 방법(KS A 0108)
제도 – 표시의 일반 원칙(선에 대한 기본 사항, KS A 0109)
제도 – 척도(KS A 0110)
제도에 사용하는 투영법(KS A 0111)
제도에 있어서 도형의 표시 방법(KS A 0112)
제도 – 치수의 기입 방법(KS B ISO 129-1)

8. 도면의 크기와 양식

(1) 도면의 크기

1) 제도 용지의 크기는 한국 산업 규격(KS A 0106)에 따라 A열을 사용한다.

2) 제도 용지의 길이의 비는 $1 : \sqrt{2}$

3) A0 용지의 넓이는 약 $1m^2$(1,189mm × 841mm)

4) 큰 사이즈의 도면을 철하거나 접을 때에는 A4 용지의 크기로 접는 것을 원칙으로 한다.

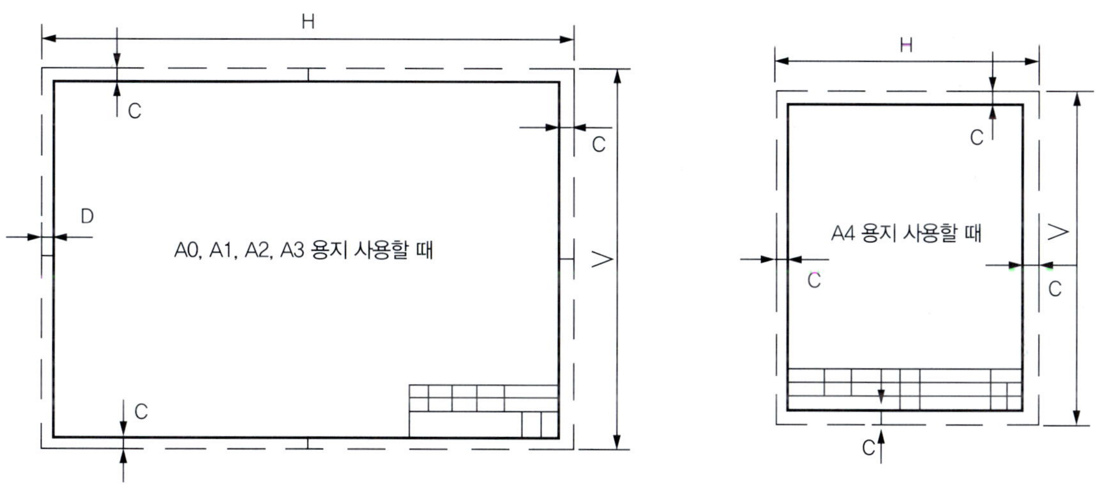

[그림] 2-13 도면 크기

크기의 호칭			A0	A1	A2	A3	A4
a × b			841 × 1,189	594 × 841	420 × 594	297 × 420	210 × 297
도면의 윤곽	c(최소)		20	20	10	10	10
	d(최소)	철하지 않을 때	20	20	10	10	10
		철할 때	25	25	25	25	25

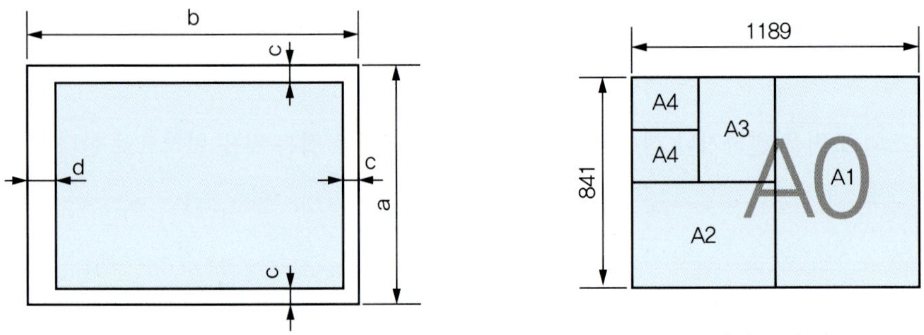

도면의 윤곽 치수　　　도면의 크기 비교

[그림] 2-14 윤곽 치수

(2) 도면의 양식

1) 반드시 그려야 할 형식

① 윤곽선(Borderline)

도면에 도시하는 내용들을 기재하는 영역을 명확하게 하고, 용지의 가장자리에서 생기는 손상으로부터 기재 사항을 해치지 않도록 그리는 선을 테두리선이라 하고, 출도 시 선의 굵기는 1 : 2 : 4에서 4를 적용한다. 보통 0.5mm ~ 0.8mm의 실선으로 한다.

② 중심 마크(Center mark)

도면을 복사하거나 마이크로필름을 제작할 때 편의를 위한 기준선으로 0.5mm 굵기의 실선으로 긋는다.

③ 표제란(Title block)

도면의 오른쪽 하단 윤곽선 안쪽에 표제란을 그리고 이곳에 도번(도면 번호), 도명(프로젝트 명칭), 척도, 각법(투상법)은 반드시 기입해야 한다. 설계자의 성명, 도면 작성 연월일, 도면 분류 번호 등은 각 설계자의 필요에 따라 취사선택해서 기입하는 곳이다. 형식과 크기에 대한 정해진 규정은 없지만 도면 용지의 크기와 작도된 형상에 맞춰서 비례적인 크기로 작성하며, 도면을 보는 사람이 한눈에 모든 제도 정보를 파악할 수 있는 내용들을 포함해야 한다.

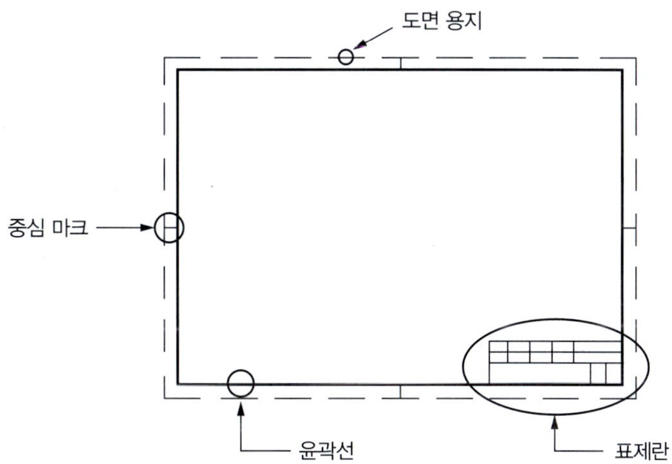

[그림] 2-15 도면 필수 형식

표제란의 명시 사항

ⓐ 도면을 철할 때 구별하고, 다른 도면과 혼동하는 것을 막기 위한 도면 번호
ⓑ 부품 또는 조립품의 명칭
ⓒ 도면의 축척(scale)
ⓓ 제도 날짜
ⓔ 회사명
ⓕ 제도자, 확인자, 인가자 등의 이름

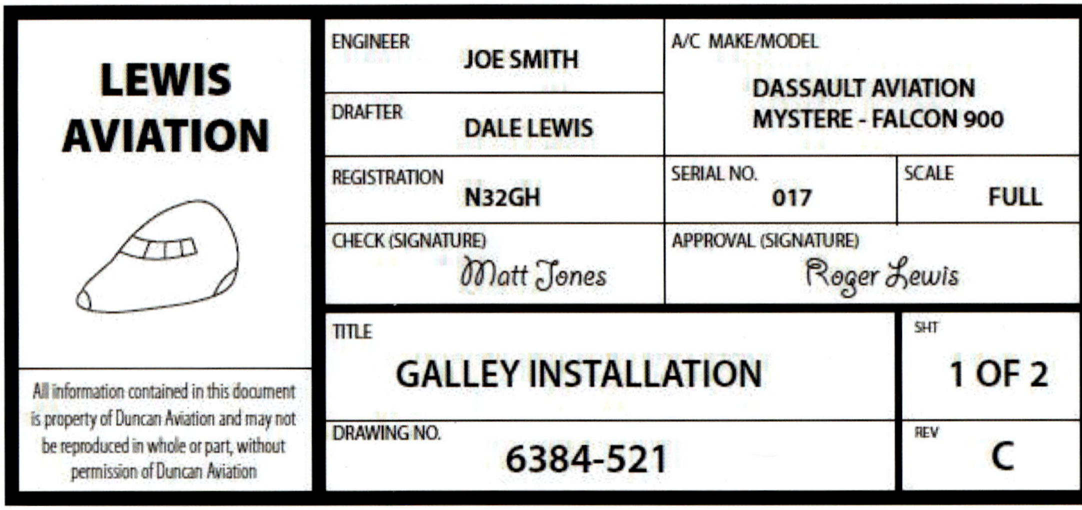

[그림] 2-16 표제란 샘플

2) 필요에 따라 그려야 할 형식

① 도면 구역

도면에서 특정 부분의 위치를 지시하는데 편리하도록 표시

② 재단 마크

복사된 도면을 규격에서 정한 크기로 자르기 편하게 하기 위한 양식

③ 비교 눈금

도면을 축소, 확대 복사할 때 실제 도면의 크기와 비교하기 위한 양식

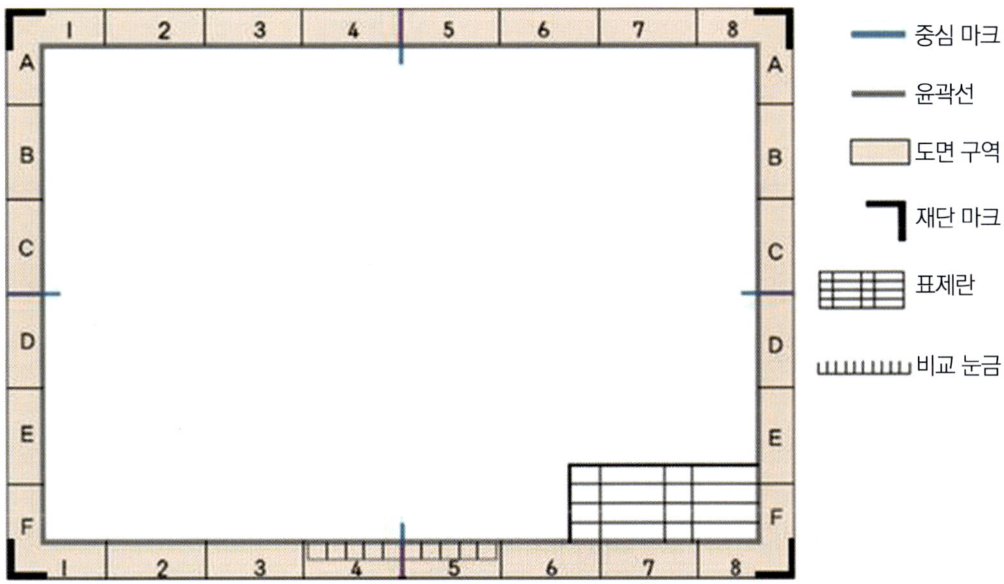

[그림] 2-17 도면 기입 형식

부품란(BOM)

품번, 품명, 재질, 수량 등의 정보를 기입하며, 위치는 표제란 위쪽이나 오른쪽 상단에 그리면 된다. 표제란과 마찬가지로 일정한 규정은 없다.

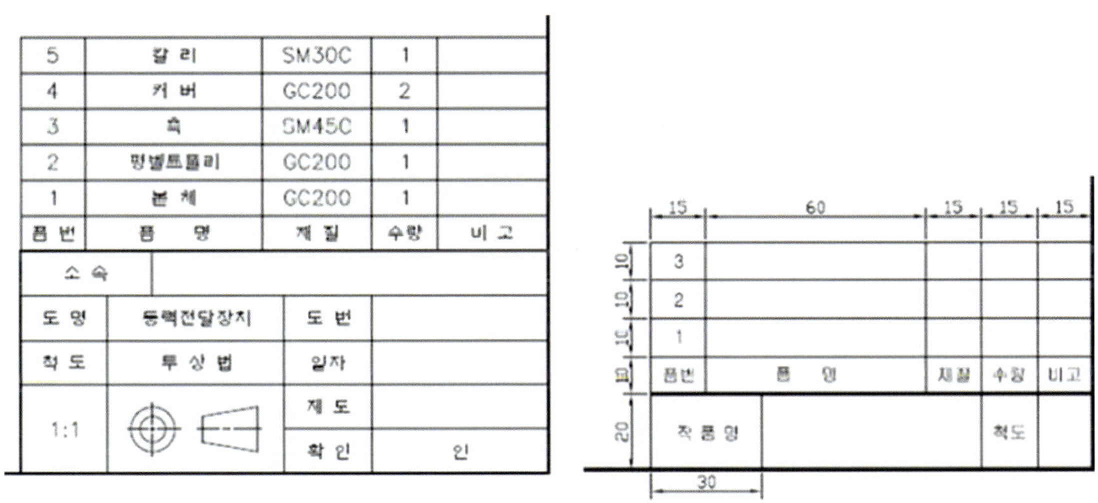

[그림] 2-18 부품란 샘플

9. 척도(Scale)

대상체를 도면에 작도한 크기와 실물 크기와의 비율이다. 도면의 생명은 척도이고, 제도와 도면 작업에서 척도는 가장 중요한 요소로서, 도면을 구성하는 모든 요소들에 처음부터 끝까지 척도를 적용해서 작도를 수행해야 한다. 도면의 품질을 좌우하는 정확도 및 정밀도(accuracy)는 KS 제도 규격에 입각한 설계자의 제도 능력, 척도, 투상법에 달려 있다. KS A 0110 제도 척도에는 되도록 가능하다면, 1 : 1을 사용하는 것을 원칙으로 하고, 축척과 배척은 관습적으로 정해진 배율만 사용하도록 규정하고 있다.

일반 기계 분야의 도면에는 표의 축척, 현척, 배척을 주로 사용한다. 1 : 3, 1 : 4, 1 : 7의 축척은 절대 사용할 수 없다.

[표] 2-5 척도의 종류

척도의 종류	값	대상물
축척	1 : 2, 1 : 5, 1 : 10, 1 : 20, 1 : 50, 1 : 100, 1 : 200, 1 : 500, 1 : 1,000, 1 : 2,000, 1 : 5,000, 1 : 10,000	가구나 기계, 자동차 등과 같이 크기가 큰 물체
현척	1 : 1	보통 물체
배척	2 : 1, 5 : 1, 10 : 1, 20 : 1, 50 : 1, 100 : 1, 200 : 1, 500 : 1	시계나 정밀 부품과 같이 크기가 작은 물체

(1) 척도의 기본 개념

제한된 도면 시트 크기에 대상체를 작도하려면 대상체의 크기를 실제와 같게, 축소 혹은 확대해서 그려야 한다.

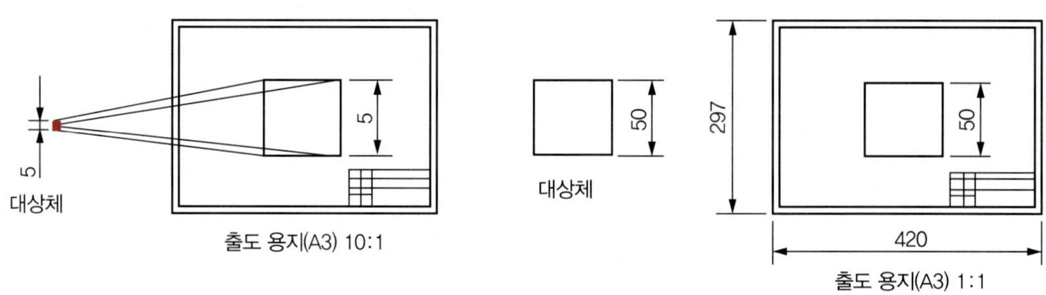

[그림] 2-19 척도 샘플

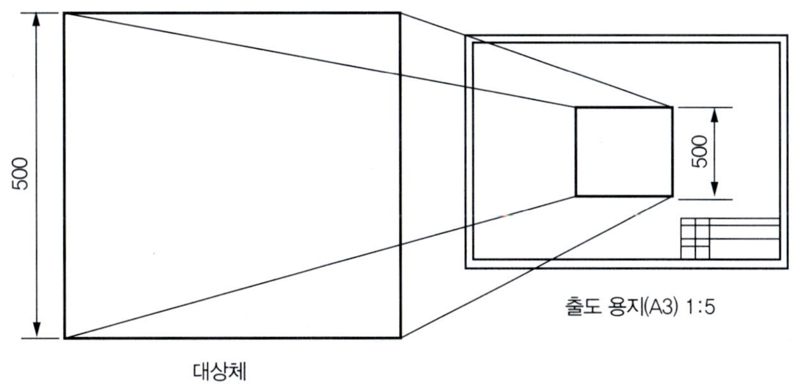

[그림] 2-20 척도 샘플

대상체의 크기가 수평 길이가 100mm이고, 수직 길이가 60mm인 직사각형 물체의 경우, 축척을 적용해서 도면에 도시할 수 있다.

1) 현척인 경우

도면에 물체의 수평 외형선을 실 치수(100mm × 1 = 100mm)로 작도하고, 치수는 실 치수값(100mm)으로 표기한다.

2) 축척(1 : 2)인 경우

도면에 물체의 수평 외형선을 축척을 적용한 값(100mm / 2 = 50mm)으로 작도하고, 치수는 실 치수값(100mm)으로 표기한다.

3) 배척(2 : 1)인 경우

도면에 물체의 수평 외형선 축척을 적용한 값(100mm × 2 = 200mm)으로 작도하고, 치수는 실 치수값(100mm)으로 표기한다.

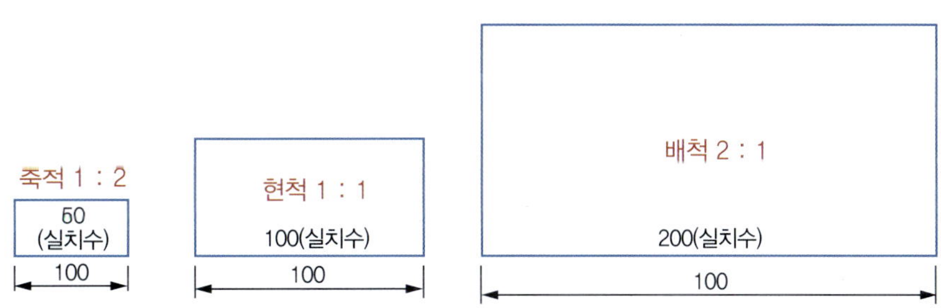

[그림] 2-21 현척, 축척, 배척

(2) 척도의 표기 방법

도면을 해독하려면 가장 먼저 그 도면의 표제란에서 각법과 축척을 확인해야 한다. 물체를 도면에서의 크기와 실제 크기의 비율인 척도(Scale)는 〈도면 크기 / 실제 크기〉로 표기한다. 도면 해독을 위해 반드시 기억해야 한다. 작도 후 표제란의 척도에 그 값을 기입하며 같은 도면 내에서 다른 척도로 부품을 그릴 때 그 옆에 척도를 기입해서 도면을 보는 사람에게 척도 적용을 알려주어야 한다.

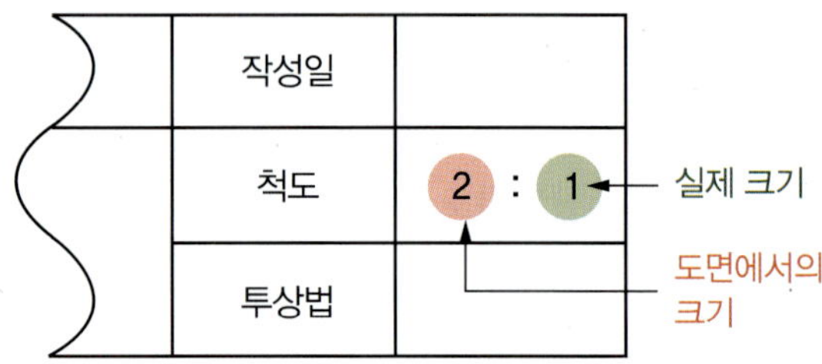

[그림] 2-22 척도 기입

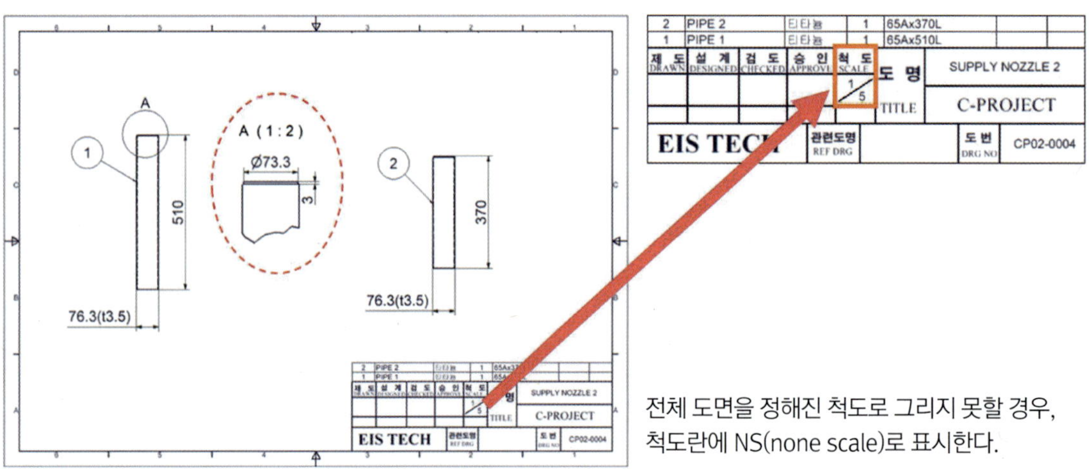

[그림] 2-23 척도 기입 샘플

척도와 치수를 다르게 적용한 도면

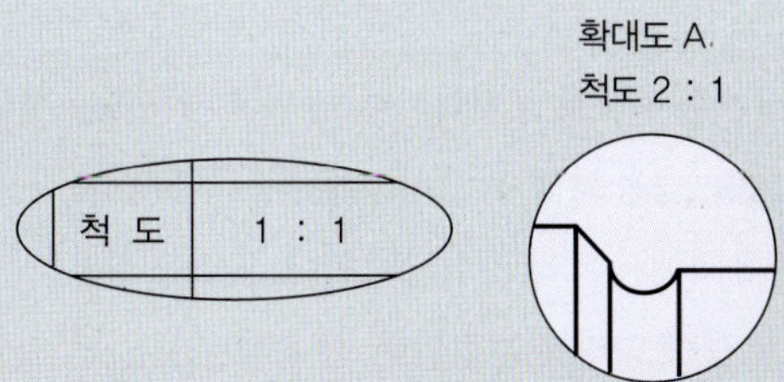

(a) 한 도면에 다른 척도를 사용한 경우에는 주요 척도를 표제란에 기입하고, 그 외의 척도는 부품 번호 또는 상세도의 참조 문자 부근에 기입한다.

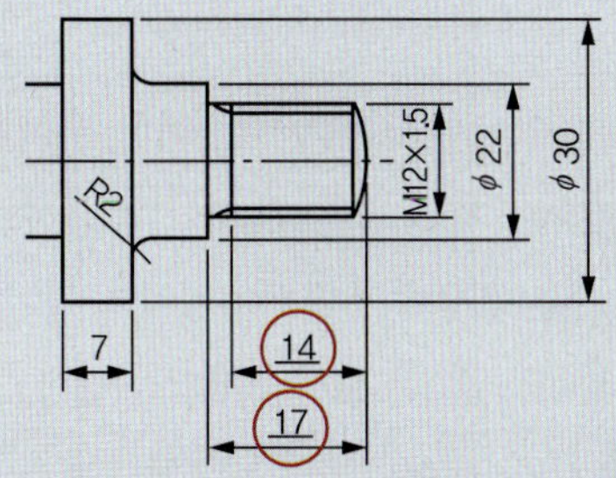

(b) 도면이 치수와 비례하지 않는 경우에는 치수 밑에 밑줄을 그어 표시한다.

[그림] 2-24 척도와 치수가 다른 경우

10. 선(Line)

도면을 구성하는 가장 중요한 요소이다. 도면에서 대상체를 선으로 도시하는데, 도면에 사용하는 선의 종류에는 실선-외형선(實線), 파선-숨은선(破線), 1점 쇄선-중심선(鎖線), 2점 쇄선-가상선(鎖線) 4종류가 있다. 파선인 경우 반드시 3mm, 1mm를 준수할 필요는 없지만, 길이 비율에 유의해서 그리도록 해야 한다. 도면에 사용하는 선의 굵기에 따라 분류하고, 굵기는 도형의 대소, 복잡함, 선의 종류 등에 따라서 결정된다. 선 종류(Line type)와 선 굵기(Line weight)는 출도(Print Drawing)에 도면 해석을 위한 정보를 제공한다.

① **가는선** : 굵기가 0.35mm 이하

② **굵은선** : 0.35mm ~ 0.7mm

③ **아주 굵은선** : 0.5mm ~ 2.0mm

(1) 선 종류와 선 굵기

일반적으로 도면에서 선의 굵기는 가는선(Thin), 굵은선(thick), 아주 굵은선(very thick)의 3가지 다른 굵기의 선을 사용할 것을 권장한다. 선 굵기의 비율은 1 : 2 : 4로 한다. KS B 0001(기계 제도)은 0.13mm, 0.18mm, 0.25mm, 0.35mm, 0.5mm, 0.7mm, 1.0mm, 1.4mm, 2.0mm 등의 9개 기준값 중에서 도면의 크기에 따라 적절하게 선택하여 사용하도록 규정하고 있다. 예를 들어, 가는선을 0.25(1)mm로 할 경우 굵은선은 0.5(0.25 × 2)mm, 아주 굵은선은 1.0(0.25 × 4)mm를 사용해야 한다. 기계 공업 분야의 도면에서는 주로 0.25mm(가는선)와 0.5mm(굵은선)를 사용한다.

도면에서 실제선의 굵기는 눈으로 선의 굵기를 구별할 수 있도록 선택해야 하지만, 도면을 해독하는데 어려운 너무 굵거나 가는선을 사용하면 안 된다. 따라서 도면에서 사용하는 선의 굵기는 용지의 크기, 부품의 복잡도 및 정밀도에 따라서 선의 굵기가 달라지며, 정밀 도면에서 너무 굵은선을 사용하면 측정 오차를 야기하게 되므로 주의해야 한다.

1) 선의 굵기

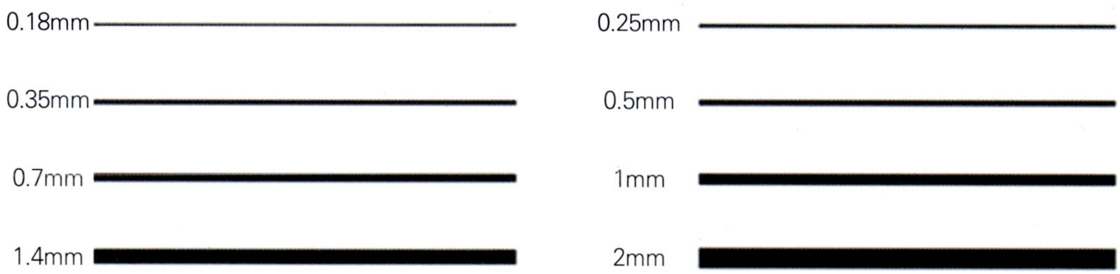

[그림] 2-25 선 굵기

2) 선의 종류에 따른 용도

[표] 2-6 선 종류

선 종류(Line type)	기능
실선	
외선	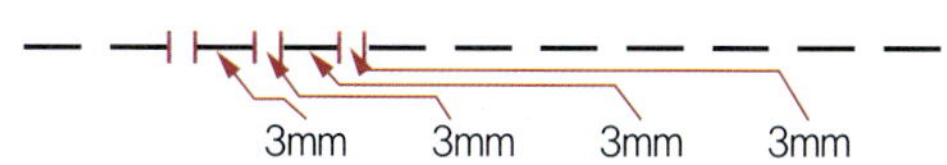
1점 쇄선	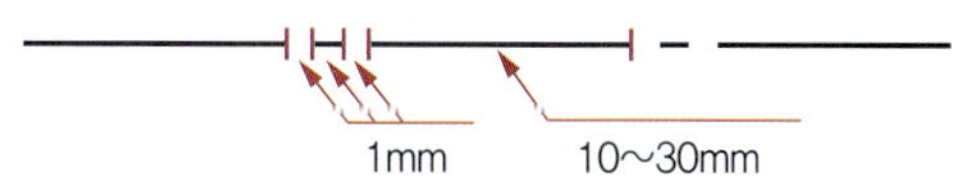
2점 쇄선	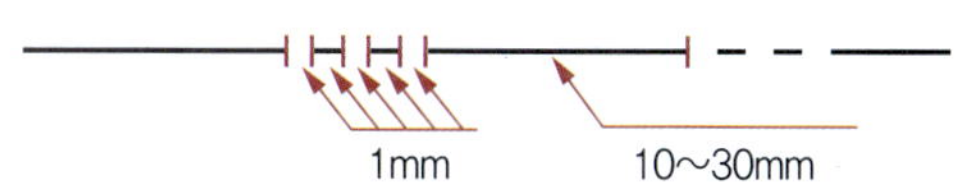

[표] 2-7 선 종류와 용도

명칭	선 종류(Line type)	선 굵기(mm)	기능
외형선		0.25 ~ 0.7	물체의 보이는 형상을 나타내는 선
숨은선		0.3 ~ 0.4	물체의 숨은 형상을 나타내는 선
중심선		0.1 ~ 0.25	도형의 중심을 표시하는데 쓰이는 선
가상선		0.1 ~ 0.25	가상의 도형을 표시하는데 쓰이는 선
보조선		0.3 ~ 0.4	치수선, 치수보조선, 지시선, 외단선, 해청선들을 나타내는 선

[표] 2-8 선 종류와 용도

종류		선 종류(Line type)	용도에 의한 이름
실선	굵은 실선		외형선
	가는 실선		치수선, 치수보조선, 지시선
			해칭
			외단선
외선	굵은 외선		숨은선
	가는 외선		
1점 쇄선	가는 1점 쇄선		중심선
2점 쇄선	가는 2점 쇄선		가상선

[표] 2-9 선 종류와 용도

선의 종류	선의 명칭	선의 용도
굵은 실선	외형선	물체가 보이는 부분의 모양을 나타내기 위한 선
가는 실선	치수선	치수를 기입하기 위한 선
	치수 보조선	치수를 기입하기 위하여 도형에서 끌어낸 선
	지시선	각종 기호나 지시 사항을 기입하기 위한 선
	중심선	도형의 중심을 간략하게 표시하기 위한 선
	수준면선	수면, 유면 등의 위치를 나타내기 위한 선
파선	숨은선	물체가 보이지 않는 부분의 모양을 나타내기 위한 선
1점 쇄선	중심선	도형의 중심을 표시하거나 중심이 이동한 궤적을 나타내기 위한 선
	기준선	위치 결정의 근거임을 나타내기 위한 선
	피치선	반복 도형의 피치를 잡는 기준이 되는 선
2점 쇄선	가상선	가공 부분의 특정 이동 위치, 가공 전후의 모양, 이동 한계 위치 등을 나타내기 위한 선
	무게 중심선	단면의 무게 중심을 연결한 선

파형, 지그재그의 가는 실선 ～～～	파단선	물체의 일부를 자른 곳의 경계를 표시하거나 중간 생략을 나타내기 위한 선
규칙적인 가는 빗금선 //////////	해칭	단면도의 절단면을 나타내기 위한 선

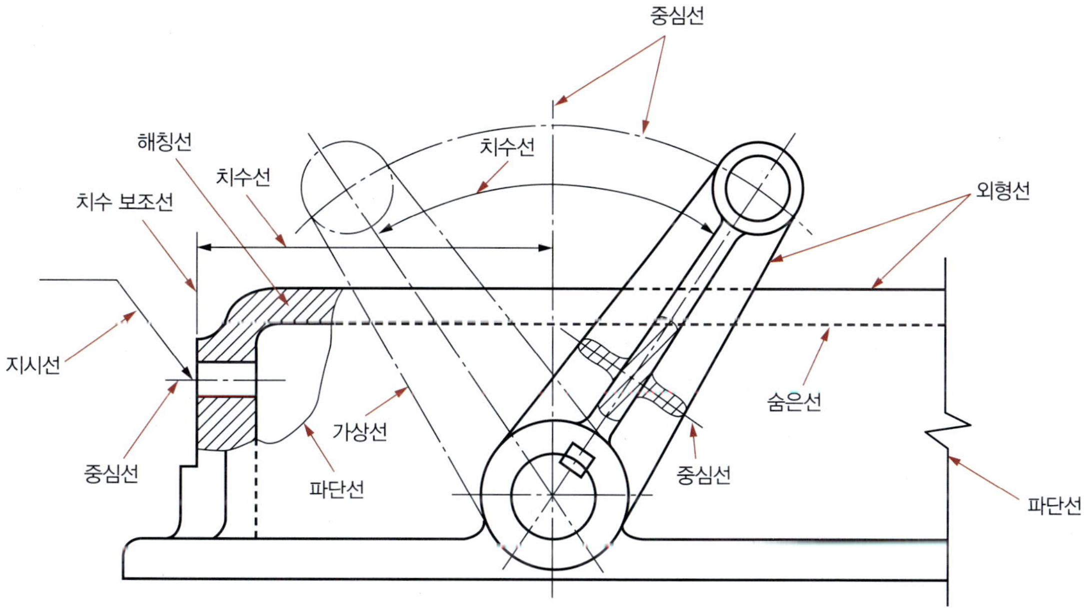

[그림] 2-26 선 기입 샘플

① 외형선(Visible Line)

굵은선(실)으로 그리며, 물체의 가시적인 면의 모서리, 두 면의 교차선 및 면의 한계 등을 도시한다. 외형선의 유형은 실선 혹은 연속선이며, 0.25 ~ 0.7mm(0.5mm) 굵기를 사용한다. 도면의 윤곽선 또한 실선 혹은 연속선을 사용하며, 다만 굵기만 외형선과 다른 비율을 사용한다.

[그림] 2-27 외형선

② 숨은선(Hidden Line)

물체의 구멍이나 홈과 같이 외부에서 보이지 않는 형체를 표시할 때 점선 혹은 파선을 이용한다. 숨은선도 두 면의 교차선 및 면의 한계를 표시한다. 외형선과 혼동을 피하기 위해서 가는 파선(점선)으로 작도한다. 숨은선은 보이지 않는 물체의 모서리 및 경계들을 도시하는 선으로 유형은 파선(dashed line)이며 0.3 ~ 0.4mm 굵기를 사용한다.

[그림] 2-28 숨은선

③ 중심선(Center Line)

원, 원호 및 구(ball)의 중심선을 표시하며 원통 및 원뿔 등의 축선을 표시한다. 원의 지름이 작아서 가는 1점 쇄선을 그릴 여유가 없는 경우에는 중심선을 연속된 가는 실선으로 그린다. 중심선은 대칭의 축을 표시하며 원통형 형상을 해석하는데 매우 중요하고, 십자 중심선은 원의 중심에 작도된다. 중심선의 유형은 1점 쇄선이고, 선의 굵기는 0.3mm이다.

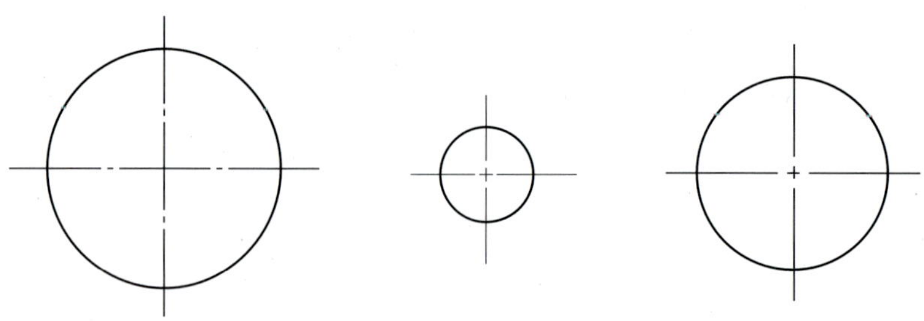

[그림] 2-29 중심선

④ 가상선(Phantom Line)

가상의 물체를 도시하는데 사용하는 선이다. 예를 들면, 움직이는 부품의 또 다른 위치를 도시하거나 연관된 부품의 인접한 위치를 도시하는데 사용한다. 선의 유형은 2점 쇄선이고, 굵기는 보통 0.3mm이다.

[그림] 2-30 가상선

⑤ 치수선 및 치수 보조선(Dimension and Extension Line)

물체의 크기를 도시하는 치수 요소에 사용한다. 일반적으로 기계 공학 도면에서 치수선은 양끝에 화살표를 가지고 있으며, 치수 보조선 사이에 배치되어 치수의 범위와 방향을 표시한다. 치수 보조선들은 치수선의 양끝에 수직으로 배치되고 치수 보조선의 한쪽 끝은 치수를 표시할 형상에 접하고 있어 분명하게 치수 위치를 표시한다. 치수선, 치수 보조선은 가는 연속선이고, 굵기는 0.25mm이지만 통상 외형선의 1/2 굵기를 사용한다.

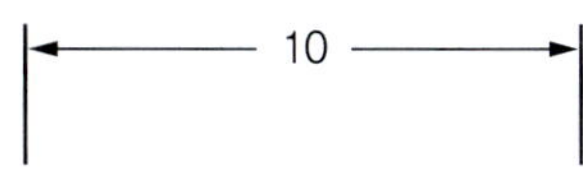

[그림] 2-31 치수선과 치수 보조선

⑥ 절단선(Cutting Line)

형상의 내부면을 도시하기 위해 가상으로 절단한 물체의 경계 위치를 도시하는 선이다. 절단선의 양끝에는 형상의 시점(view point)을 표시하는 화살표를 수직으로 배치한다. 선의 유형은 굵은 2점 쇄선이고 굵기는 0.6 ~ 0.8mm이다.

[그림] 2-32 절단선

⑦ 해치선(Hatch Line)

절단면에 의해 절단되는 영역을 표시하기 위해 사용하는 선으로 기계 제도에서 단면선이라고도 한다. 기계 도면에서 단면 영역은 필히 동일 간격의 평행한 해치선들을 배치해야 하고, 45도 각도이고, 간격은 3mm이다. 해치선의 유형과 굵기는 가는 연속선이고, 굵기는 0.25mm이지만 통상 외형선의 1/2 굵기를 사용한다.

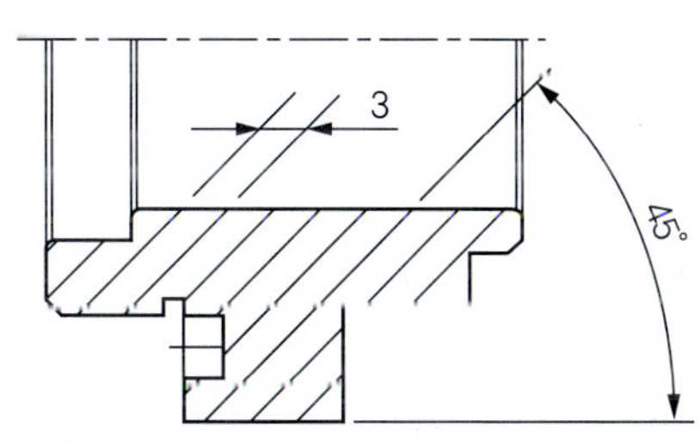

[그림] 2-33 해치선

⑧ 파단선(Break line)

물체의 일부를 잘라낸 영역의 경계선으로 일련의 연속으로 연결된 호들로 구성된다. 가는 실선(프리핸드)으로 그린다. 선 유형은 연속선이고, 굵기는 0.5 ~ 0.6mm이다.

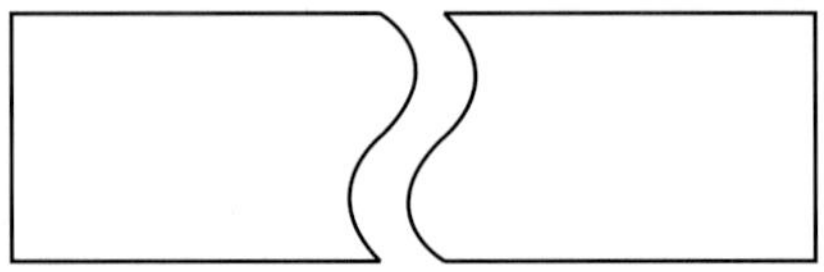

[그림] 2-34 파단선

(2) 선 작도 규칙

선의 정의는 두 점 사이의 최단 거리이다. 선 작도를 위한 규칙과 지침은 도면 정보를 전달하는데 효율적으로 선을 작도하는 것을 따라야 한다.

1) 외형선

물체의 모서리 및 경계들을 도시한다. 외형선의 세그먼트는 직선이며 선의 굵기는 도형의 대소, 복잡함, 선의 종류 등에 따라서 결정된다.

2) 숨은선

물체의 숨겨진 모서리 및 경계들을 도시한다. 숨은선 대시들의 크기는 도면 용지의 크기에 따라 약간 변할 수도 있다. 매우 작은 부품은 숨은선으로 식별되도록 보다 작은 대시선들을 요구한다. 숨은선은 대시로 시작하고, 대시로 종료해야 한다. 다만 숨은선이 평행한 외형선에서 시작하거나 종료하는 경우는 예외이다. 대시들은 구석에서는 일치해야 한다.

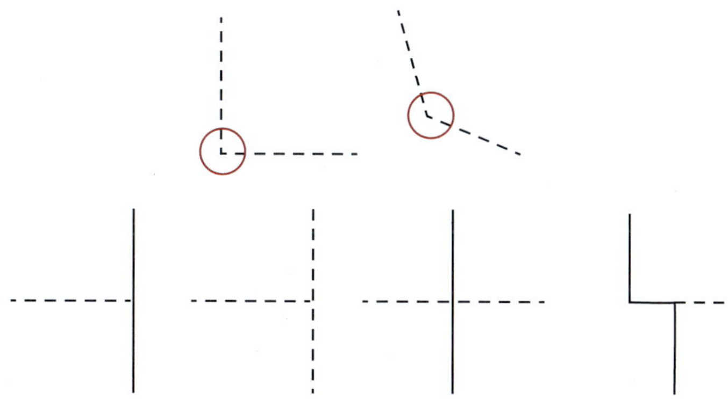

[그림] 2-35 숨은선 규칙

3) 중심선

대칭축을 표시하고, 원통형 물체를 해독하는데 중요하다. 그리고 원의 중심점 및 모션의 경로를 표시하는데 사용한다. 중심선을 긴 대시선으로 시작하고, 종료한다. 중심선은 긴 혹은 짧은 대시선 중 하나를 교차해서 십자선을 작도한다. 중심선은 외형선을 지나 2mm(2 ~ 5mm) 연장되게 작도한다. 즉, 다른 선에서 종료하지 않는다. 다수의 형상들이 동일 평면에 배치된 것을 표시하기 위해 중심선은 단일뷰 내에서 연결되어야 한다. 그러나 뷰들 사이의 공간으로 연장하지는 않는다.

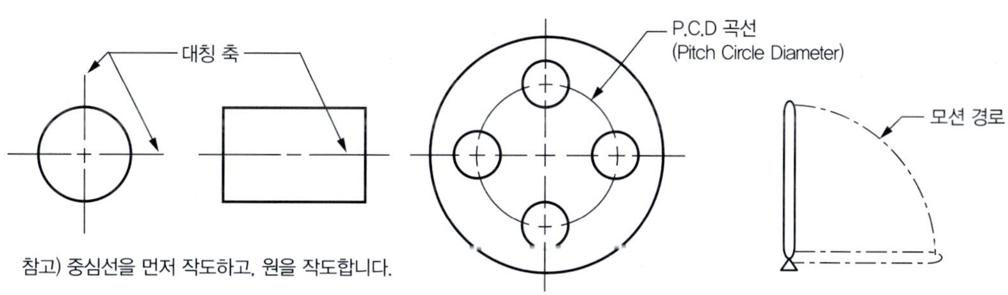

[그림] 2-36 중심선 규칙

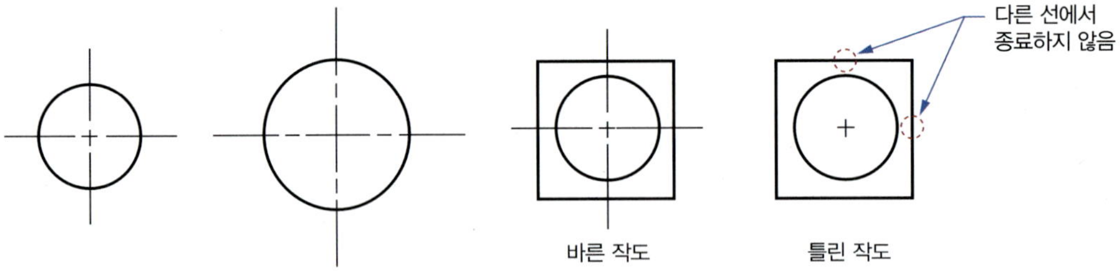

[그림] 2-37 중심선 규칙

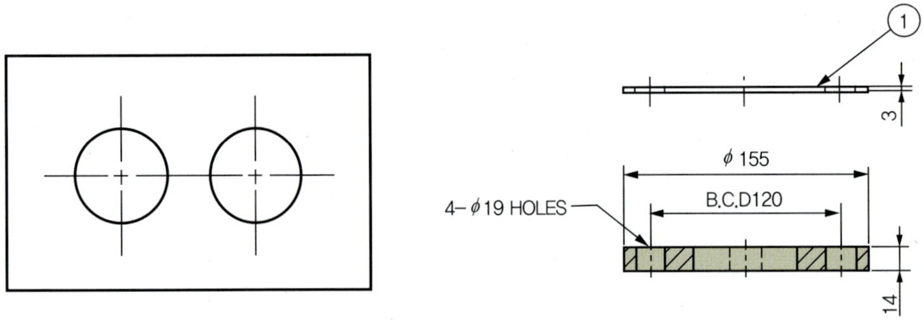

[그림] 2-38 중심선 규칙 샘플

4) 가상선

구동하는 부품의 다른 위치를 도시하는데 사용된다. 또한 연관된 부품들 및 반복 상세 도시의 인접 위치들을 도시하는데 사용된다. 반지름을 표시하지 않는 뷰에서 필렛 및 라운드들을 표시하는데 이용된다. 이 경우에 가상선들은 곡면 방향 변경을 표시하는데 이용된다. 가상선들은 긴 대시선으로 시작하고, 종료된다.

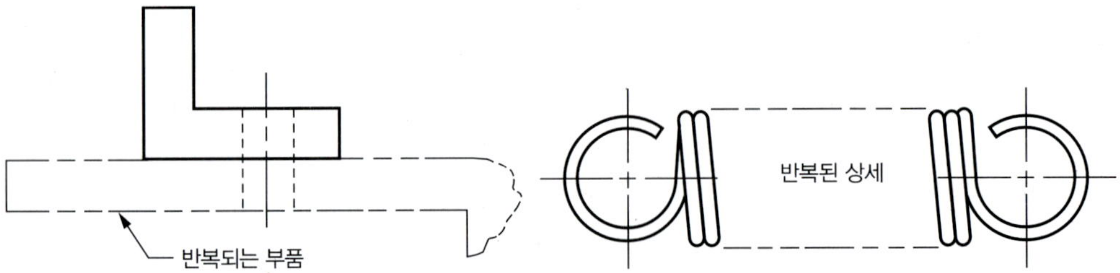

[그림] 2-39 가상선 규칙

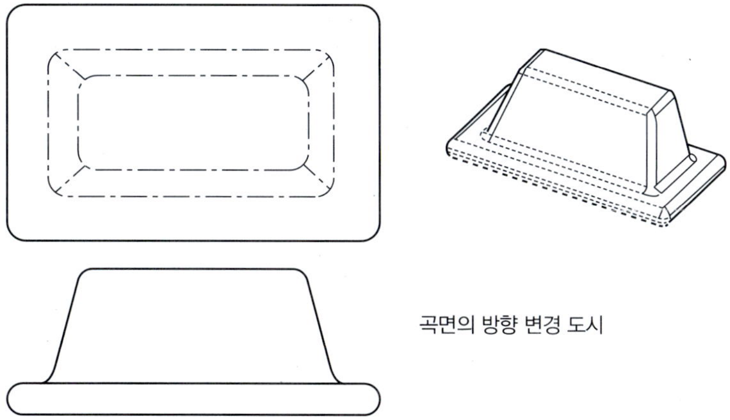

[그림] 2-40 가상선 규칙 샘플

5) 파단선

물체를 가상으로 절단하는데 사용된다. 길이가 긴 커넥팅 로드 부품을 작도할 경우, 절단해서 길이를 짧게 작도할 때 사용한다. 파단선은 두 가지 유형이 있다. 파단선은 일련의 연속 호들로 구성될 수도 있고, 중간에 조그(jog)를 가진 직선일 수도 있다. 거리가 짧다면 호들로 연결된 파단선을 사용한다. 이러한 호들은 도면의 가시적인 선들로 동일 거리를 갖는다. 거리가 길면 조그를 갖는 직선을 사용한다.

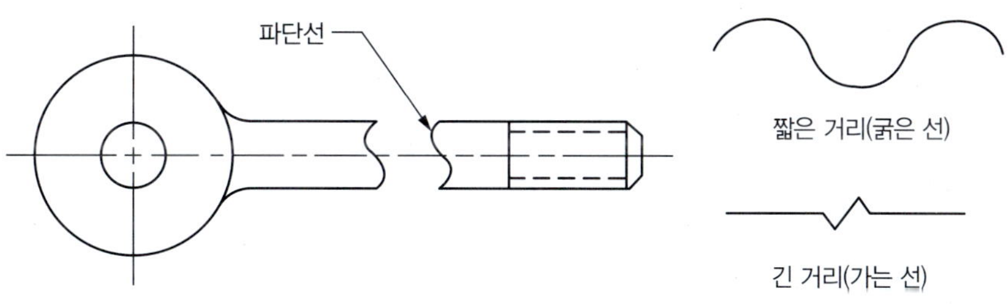

[그림] 2-41 파단선 규칙

(3) 선의 우선순위

도면에서 동일 위치에 선들이 겹쳐 있으면 안 된다. 만일 부득이하게 선들이 겹쳐 있는 경우가 있다면, 우선순위가 가장 높은 선이 최상위에 존재해야 한다. 선의 우선순위는 외형선 〉 숨은선 〉 절단선 〉 중심선 〉 무게 중심선 〉 치수 보조선 순이다. 예를 들어, 외형선과 중심선이 서로 겹칠 때에는 우선순위가 더 높은 외형선만 그리고 중심선은 생략하거나 외형선 아래로 중심선을 배치해서 우선순위를 조정한다.

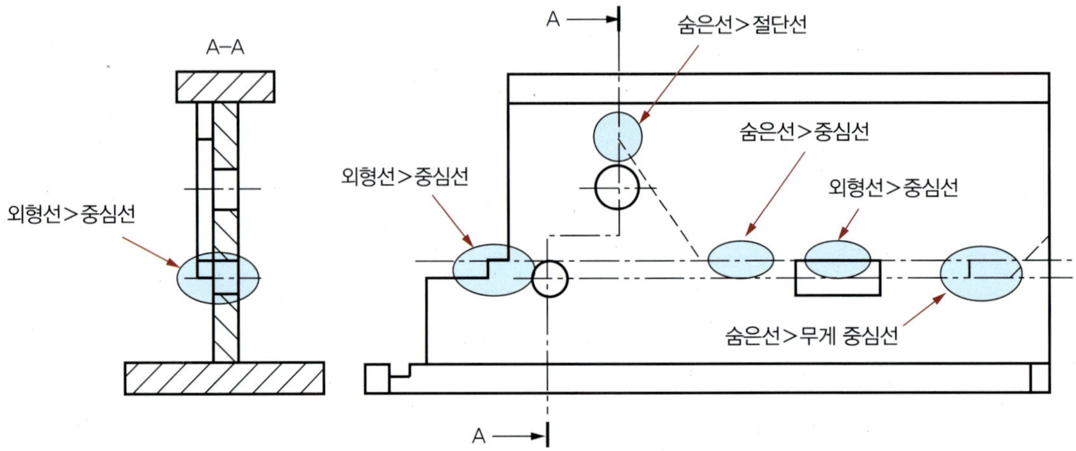

[그림] 2-42 선 우선 순위

(4) 선의 접속

두 선이 접속하는 경우 도면을 잘못 읽을 수 있는 원인이 되므로 수의하여 섭속해야 한다.

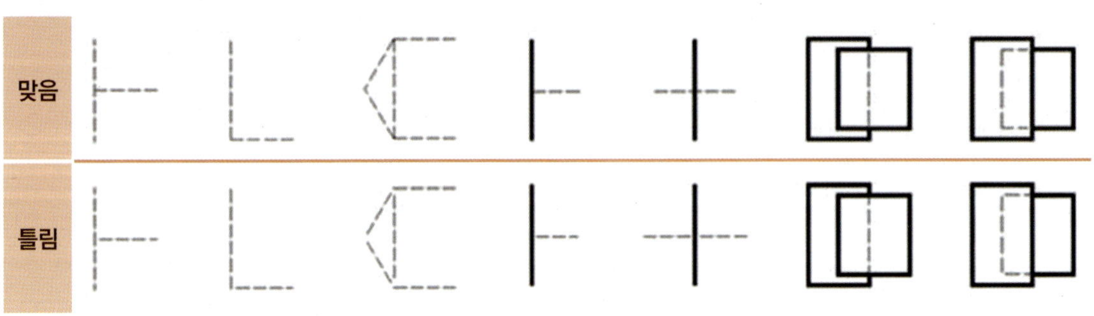

[그림] 2-43 선의 접속

11. 치수 기입하기

(1) 치수 기입의 요소

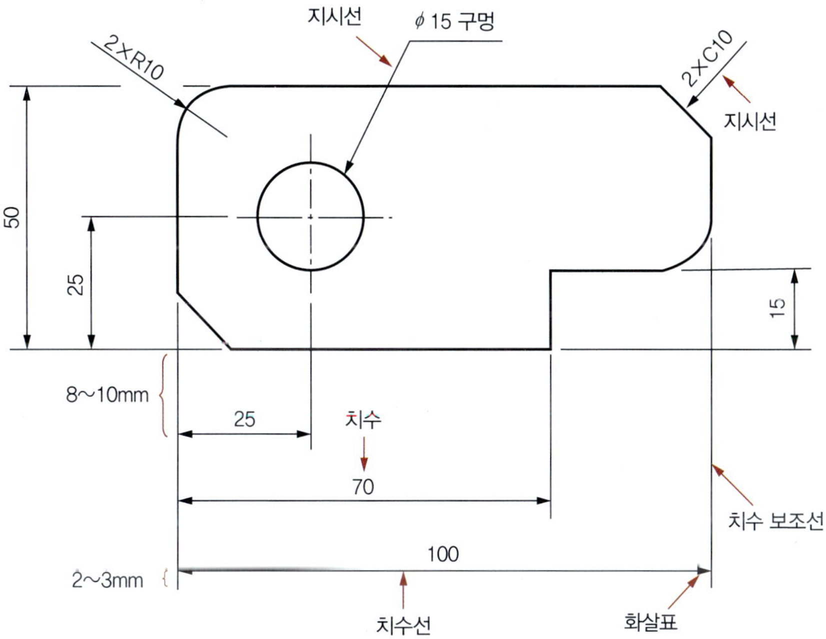

[그림] 2-44 치수 기입 샘플

1) 치수선과 치수 보조선

가는 실선을 사용하며, 양 끝에는 화살표 기호를 붙인다. 치수선은 외형선으로부터 8~10mm 정도 띄어 그리며, 치수 보조선은 치수선에서 약 2~3mm 정도 지나도록 그린다.

2) 지시선과 화살표

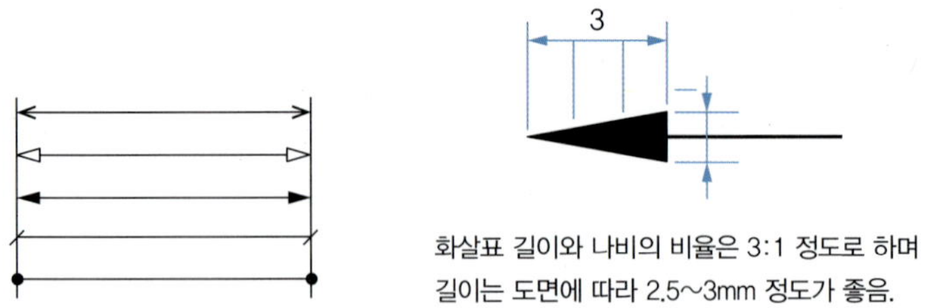

[그림] 2-45 지시선 종류와 화살표 크기

3) 치수 보조 기호

치수의 의미를 명확하게 나타내기 위해 일반적으로 치수 숫자 앞에 함께 사용한다.

[표] 2-10 치수 보조 기호

용도	기호	사용의 예
지름	ø(파이)	ø20
반지름	R(아르)	R10
구의 지름	Sø(에스파이)	Sø20
구의 반지름	SR(에스아르)	SR10
정사각형의 한 변	□(사각)	□10
판의 두께	t=	t=3
원호의 길이	⌒(원호)	⌒30
45° 모따기	C(시)	C5
이론적으로 정확한 치수	▭(테두리)	[50]
참고 치수	( )(괄호)	(50)
비례 치수가 아닌 치수	＿(밑줄)	50 (밑줄)

(2) 치수 기입의 원칙

1) 치수와 단위

도면에 치수를 기입할 때는 완성 치수를 기입하는 것이 원칙이며, 중복 기입을 피해야 한다. 길이의 단위는 mm를 사용하되 mm를 숫자 뒤에 기입하지 않으며, 각도의 단위는 도(°), 분(′), 초(″)를 사용한다.

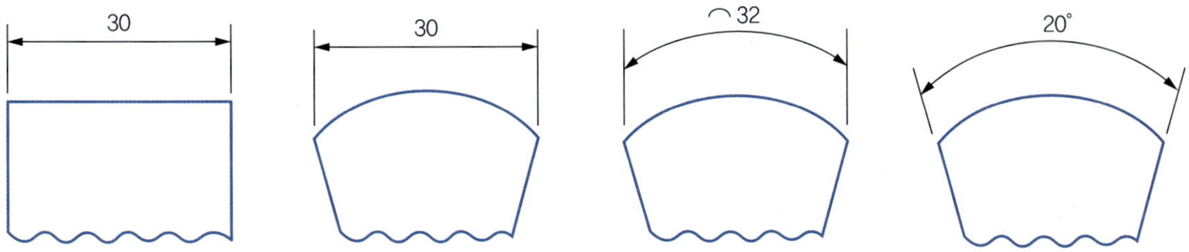

(a) 변의 길이 치수 (b) 현의 길이 치수 (c) 호의 길이 치수 (d) 각도 치수

[그림] 2-46 치수 단위

2) 치수의 위치

치수는 크기 치수, 위치 치수, 자세 치수로 표시한다. 대상물의 크기, 위치 및 자세를 가장 명확하게 표시할 수 있도록 기입한다. 치수는 될 수 있는 대로 주 투상도에 기입한다. 관련된 치수는 가능하면 한곳에 모아서 기입한다. 각 형체의 치수는 하나의 도면에서 한 번만 기입한다.

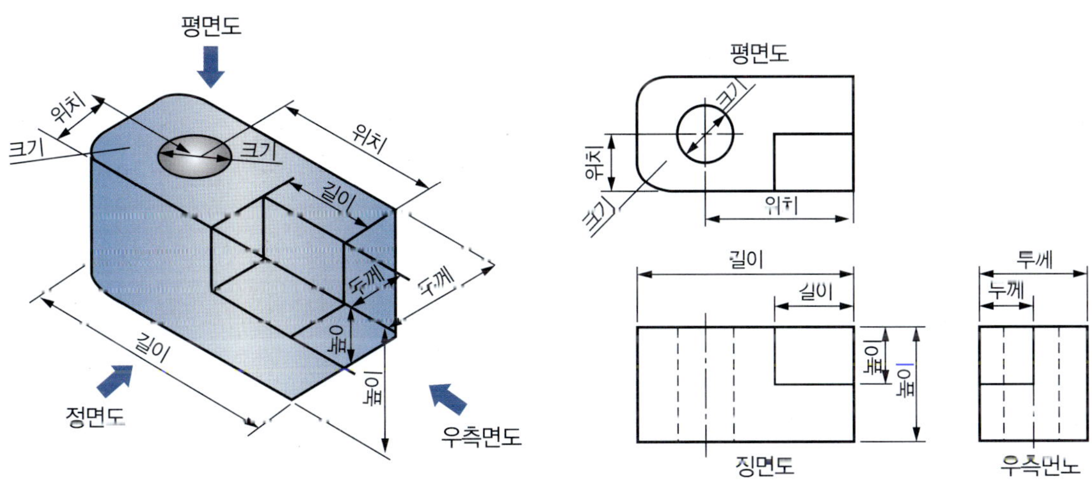

(a) 등각 투상도의 치수 위치 (b) 정투상도의 치수

[그림] 2-47 치수 위치

(3) 치수 기입의 실제

1) 일반 치수 기입

치수선이 수평인 경우에는 치수선 중앙 위에 치수가 위를 향하도록 기입하고, 치수선이 수직인 경우에는 치수선 왼쪽 중앙에 치수가 왼쪽을 향하도록 기입한다.

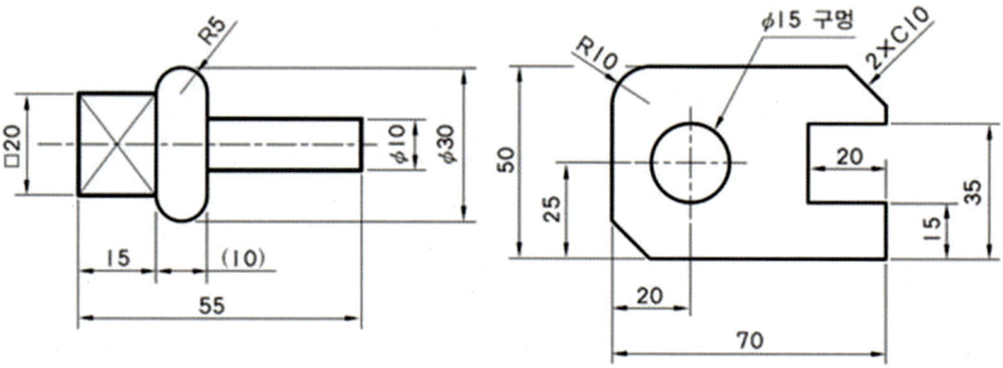

[그림] 2-48 일반 치수 기입

2) 직렬과 병렬 치수 기입

직렬 치수 기입인 경우에는 한 지점에서 그 다음 지점까지의 거리를 숫자로 각각 기입하고, 병렬 치수 기입인 경우에는 기준면으로부터 각각의 지점까지 치수를 기입한다.

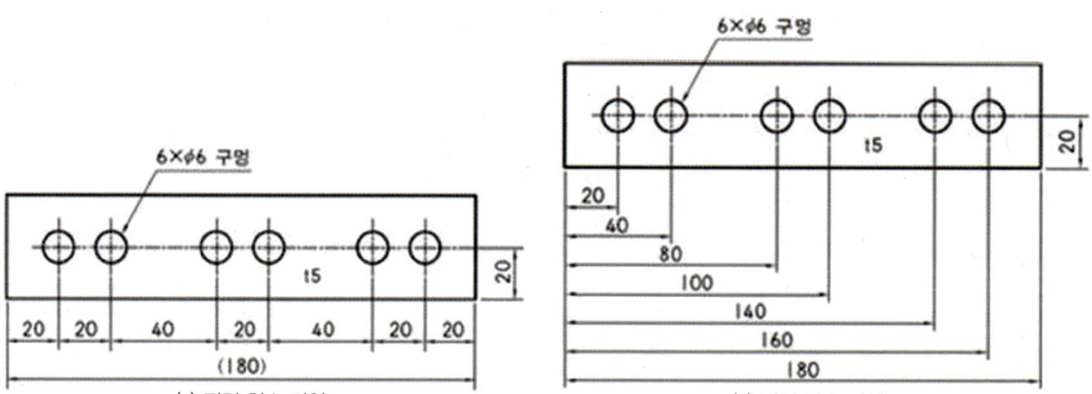

(a) 직렬 치수 기입 (b) 병렬 치수 기입

[그림] 2-49 직렬과 병렬 치수 기입

3) 누진 치수 기입

한 개의 치수선에 기입하지만, 치수는 병렬 치수와 같이 기준면(기점 기호로 표시)에 대하여 누적된 치수를 기입한다.

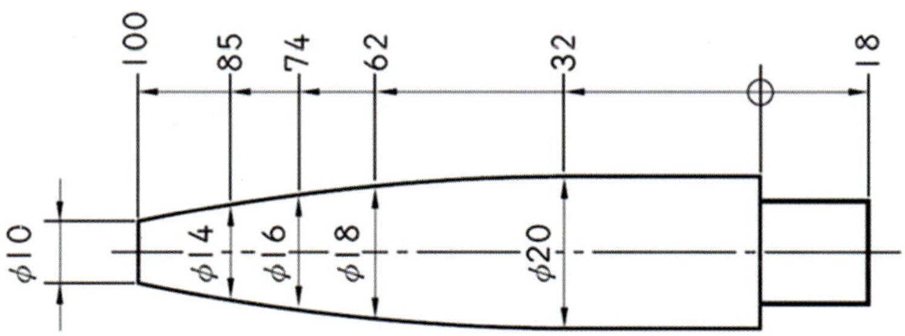

[그림] 2-50 누진 치수 기입

4) 치수 보조 기호를 이용한 치수 기입(정사각형)

한 변의 길이를 나타내는 수치 앞에 □기호를 붙이고, 가는 실선으로 대각선을 그려 평면임을 나타낸다.

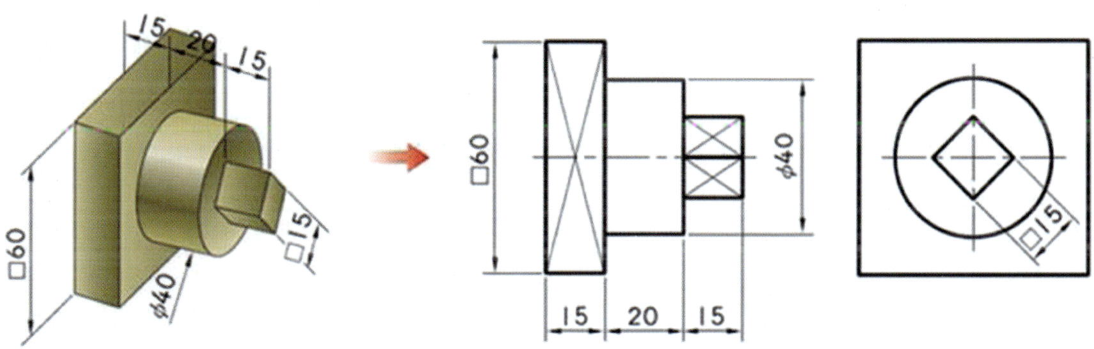

[그림] 2-51 사각형 치수 보조 기호 기입

5) **치수 보조 기호를 이용한 치수 기입**(지름과 반지름)

지름의 기호 ø를, 반지름은 기호 R을 치수 숫자 앞에 기입한다.

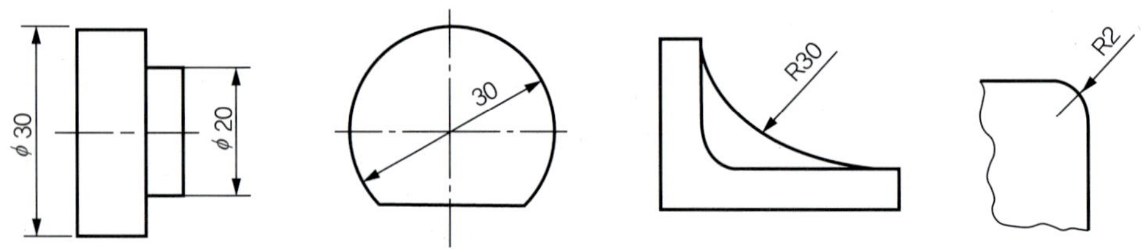

[그림] 2-52 원 치수 보조 기호 기입

6) **치수 보조 기호를 이용한 치수 기입**(반복되는 구멍)

여러 개의 구멍이 같은 치수로 있을 때는 첫 번째, 두 번째 구멍과 가장 마지막 구멍만 그리고, 나머지 구멍은 중심선만 그린다. 물체의 길이가 길 때는 중간을 절단하여 파단선으로 그리고 치수만 기입한다.

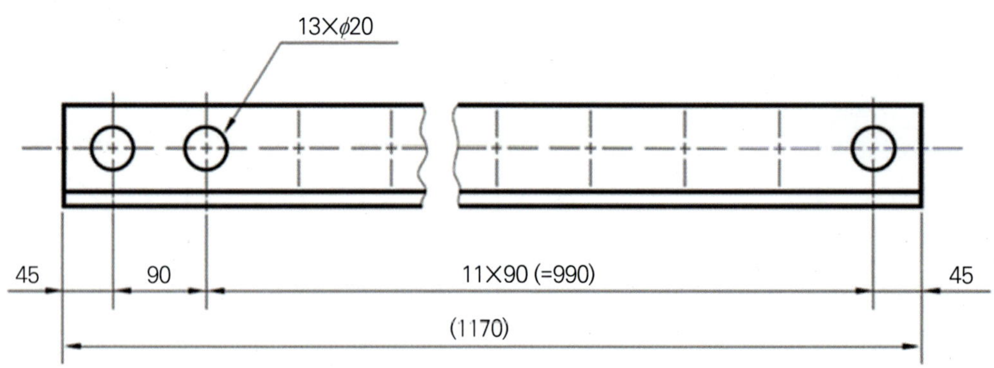

[그림] 2-53 반복 치수 보조 기호 기입

12. 투상법(Projection)

광원, 대상 물체 및 평면을 나란히 놓고, 광선을 대상 물체에 비추어 평면에 옮겨진 그림자로 물체를 표시하는 것이다. 이때 광선을 투상선, 그림자가 비치는 평면을 투상면, 투상면에 그려진 그림을 투상도라고 한다. 즉, 3차원 공간상에 위치한 대상 물체의 위치, 크기, 모양 등을 평면 위에 나타내기 위해서 사용하는 방법이 투상법이다. 한국산업규격(KS A 3007)에서는 일정한 법칙에 의해 대상물의 형태를 평면상에 그리는 것을 [투상], 그린 그림을 [투상도], 투상에 의해서 대상체의 형태를 표시하는 평면을 [투상면]이라고 규정하고 있다.

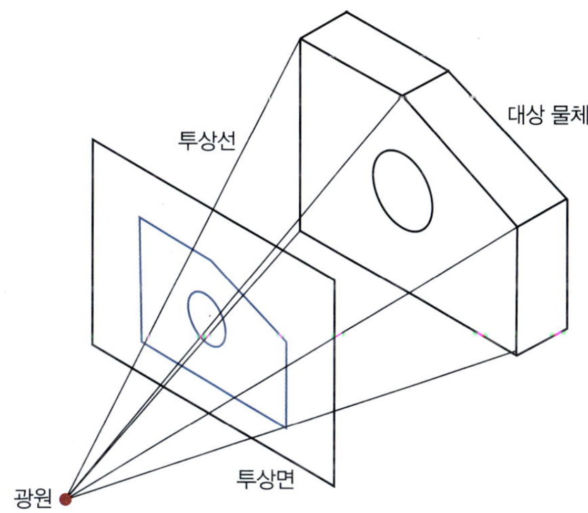

[그림] 2-54 투상법

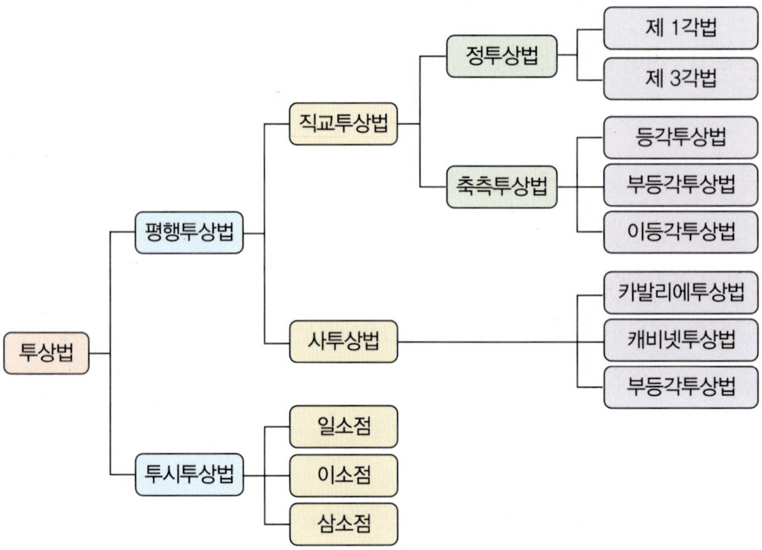

[그림] 2-55 투상법 종류

(1) 정투상법

물체로부터 나온 투상선이 투상면에 수직이며 서로 평행한 것으로 가정하면 투상면이 어느 위치에 있든지 크기가 항상 동일하게 투상할 수 있는데, 직교 투상(orthographic projection) 혹은 정투상이라고 한다. 정투상에서 임의의 투상면은 항상 물체와 평행하고, 투상선은 항상 투상면에 수직이다. 정투상법으로 그려진 투상도를 정투상도(orthographic view)라 한다. 정투상은 대상체의 좌표면이 투상면에 평행인 직각 두상이며, 보통 3개의 투싱면을 필요로 하는데, 그린 도면을 정투상도라고 한다. 정투상도는 모양을 정밀하고 정확하게 표시할 수 있는 특징이 있고, 보통 도면은 제 3각법을 사용해 그린다.

기계 제도에서 정투상법은 제 1각법과 제 3각법을 사용하지만, 현재 제 3각법이 주로 사용되고 있다. 투시투상법은 주로 건축 도면에, 사투상법은 카탈로그 등의 설명도로 사용한다. 제 1각법에서는 위에서 본 평면도를 정면도의 아래쪽에 그리고 좌측에서 본 좌측면도를 정면도의 우측에 그려 표시하므로, 물건이 긴 경우에는 정면도와 측면도를 대조하는데 불편하지만, 제 3각법에서는 제 1각법과는 완전히 반대이므로 물건을 전개한 상태로 각 투상면이 배치되어 대조에 편리하다. 투상법은 대상체의 모양을 평면 위에 그려 표시하는 방법으로, 제도의 기본으로 대상체 하나를 눈앞에 두고 도면을 작도하고자 할 때 마치 투명한 유리처럼 물체의 내부가 훤히 보이는 상태라 생각하고, 직교 상태로 보이는 형상을 투상면에 그리는 것을 말한다.

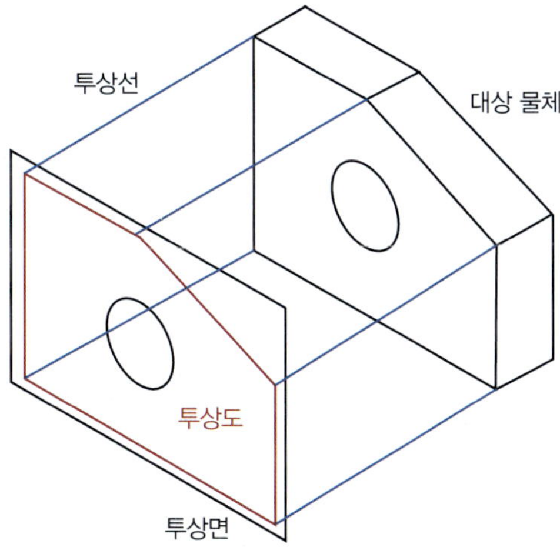

[그림] 2-56 정투상법

정투상 혹은 직교 투상(orthographic Projection)은 설계자에게 3D Model을 2D drawing에 최상의 표현으로 도시하는 것을 도와준다.

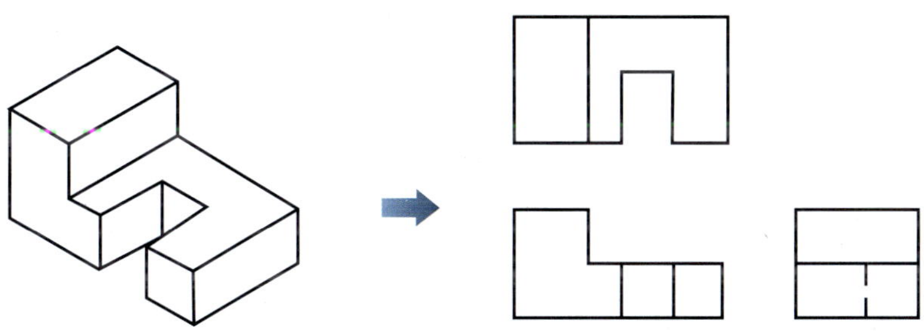

[그림] 2-57 직교 투상

Orthographic projection은 6개의 기본 뷰(view)들로 표현할 수 있다.

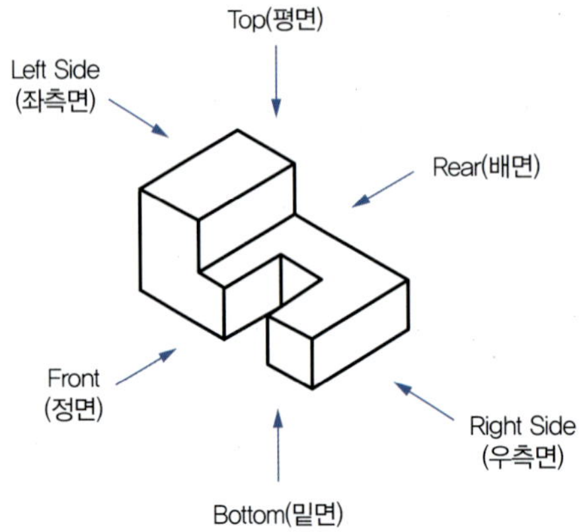

[그림] 2-58 투상면

Model의 orthographic projection views를 얻는 원리와 방법은 유리상자면들에 투영된 윤곽 형상을 정면을 기준으로 펼치면, 2D 평면에 직교 투영된 모델의 형상을 얻을 수 있는데, 3D 모델을 2D 평면에 투영한 도면(drawing)이다.

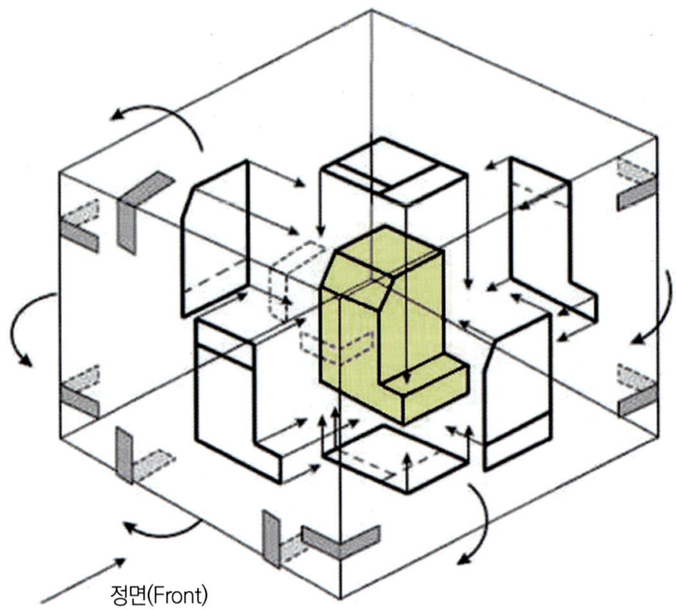

[그림] 2-59 3D 투상면

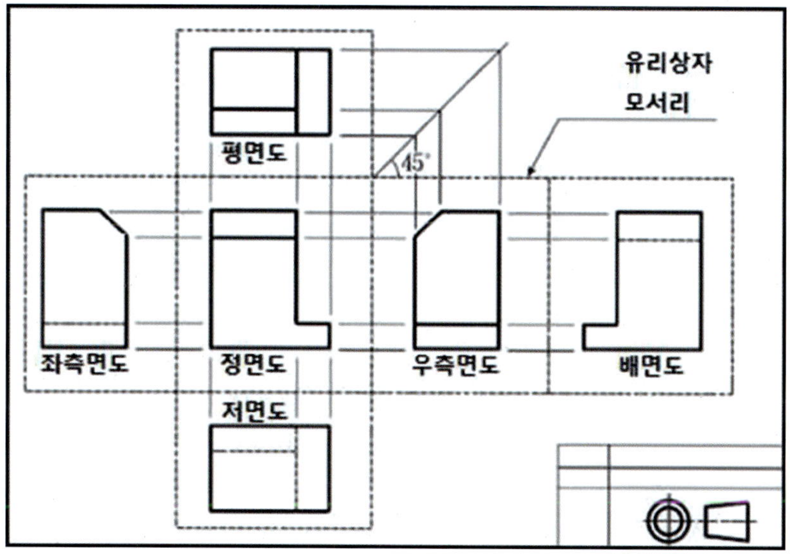

[그림] 2-60 2D 투상면

(2) 제 1각법과 제 3각법

그림 2-61처럼 펼친 그림에서 정면을 기준으로 유리 상자를 당겨서 펼쳐진 각 뷰들을 배치하게 되는 것을 제 3각법이라 하고, 유리 상자를 밀어서 펼쳐진 각 뷰들을 배치하게 되는 것을 제 1각법이라고 한다.

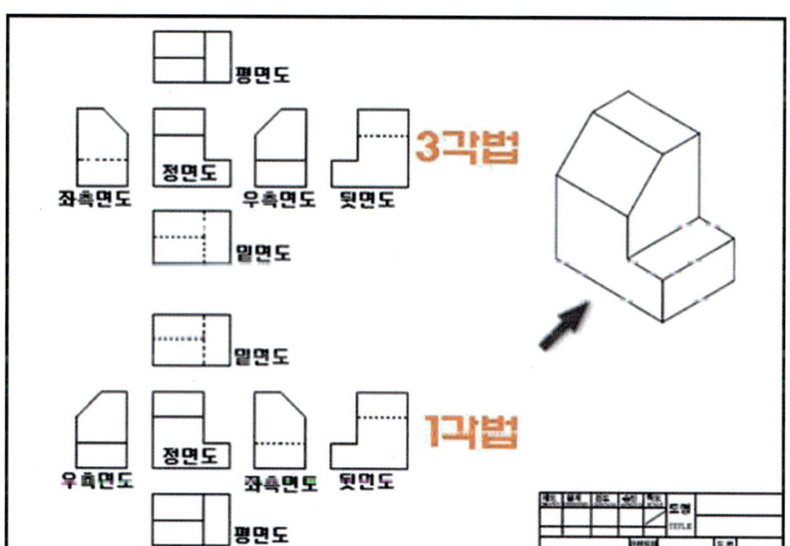

[그림] 2-61 1각법과 3각법

1) 각법 기호

도면에는 반드시 각법을 명시해야 한다. 각법 기호는 표제란에 기호와 문자로 각법을 명시해야 한다.

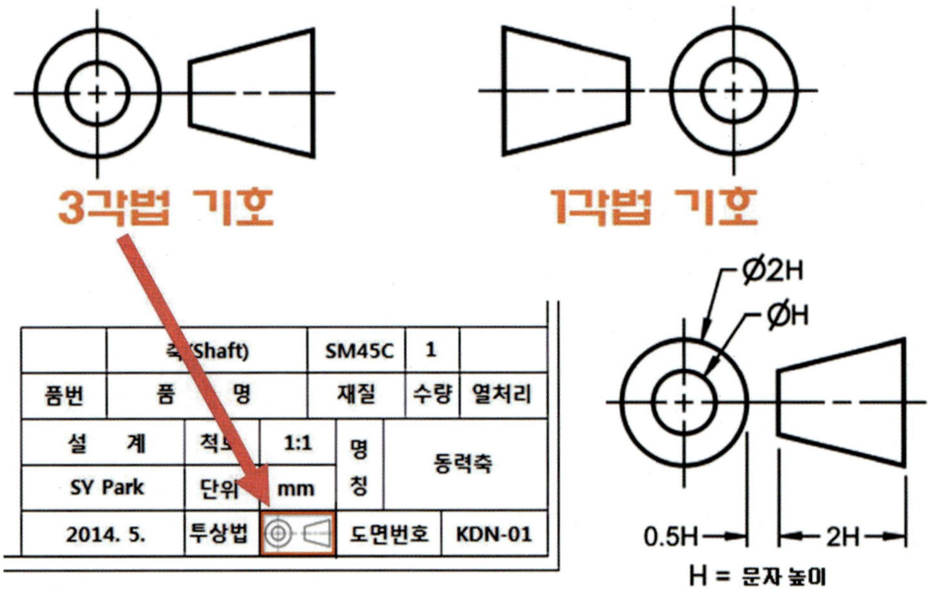

[그림] 2-62 각법 기호

13. 도면의 보관 및 접기

원도(original drawing)는 접지 않고 편 상태로 보관하거나 말아서 보관한다. 복사도(copy drawing)는 필요에 따라서 표제란이 표면의 아래쪽에 보이도록 접어서 철하거나, 접어서 봉투 등에 보관한다.

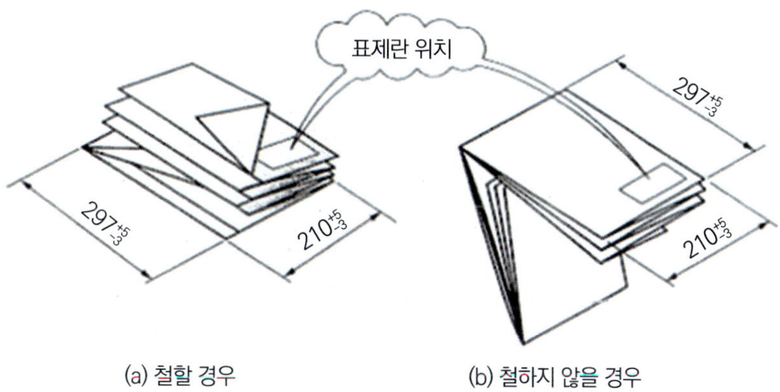

[그림] 2-63 도면 보관

14. 정투상도(3각법) 제도 연습

(1) 준비물

1) 제도 연필 세트

선의 굵기에 맞추어 다양한 사이즈를 갖고 있는 연필 세트를 사용해야 한다.

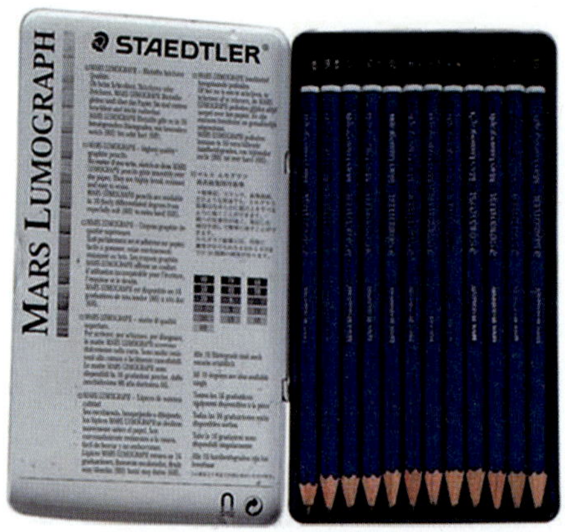

[그림] 2-64 연필 세트

2) 삼각자 각도기 세트

작도 시, 직선, 직각을 그리기 위해 2종 이상의 직선자가 필요하지만, 삼각자를 이용하면 쉽게 그릴 수 있다. 원 또는 원호의 작도 시, 주어진 각도에 따라 정확하게 그려야 할 때 사용한다.

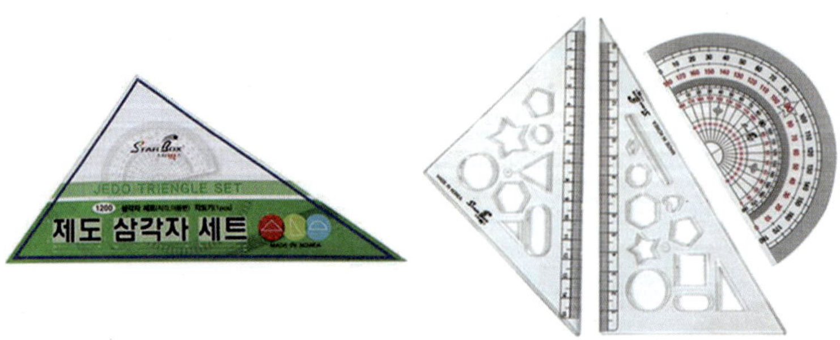

[그림] 2-65 삼각자 각도기 세트

3) 콤파스

작도 시 원 또는 원호를 정확하게 그릴 때 사용한다. 한쪽에는 펜 또는 연필을 끼우고, 다른 한쪽에는 바늘이 있어서 도면 위에서 흔들리지 않고 그릴 수 있게 해준다.

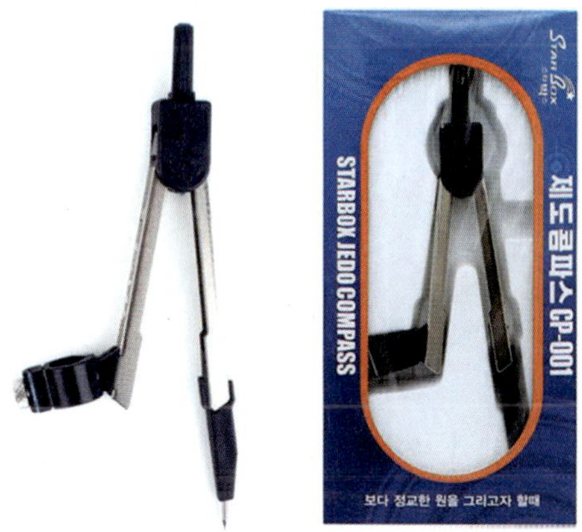

[그림] 2-66 콤파스

4) 템플릿

아크릴이나 플라스틱제의 엷은 판에 둥근 구멍이 뚫려 있는 원형 구멍자, 육각 볼트의 머리를 그리는데 편리한 육각자, 기호 등을 그리기 위한 자를 총칭하여 템플릿이라고 부른다. 템플릿 가운데 반드시 있어야 하는 것은 원형 구멍자이다. 템플릿을 사용함으로써 원하는 모양을 정확하고 쉽게 그릴 수 있는데, 특히 작은 지름의 원을 그리는 경우에 작은 컴퍼스 대신에 이것을 쓰면 원을 아주 깨끗하게 그릴 수 있다.

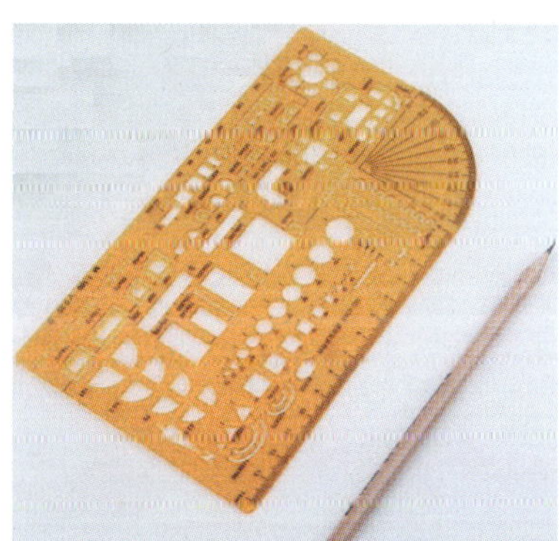

[그림] 2-67 템플릿

도면의 치수를 고려하지 않고, 모눈종이를 이용해서 정투상법의 제 3각법으로 정면도, 평면도, 우측면도를 작도한다.

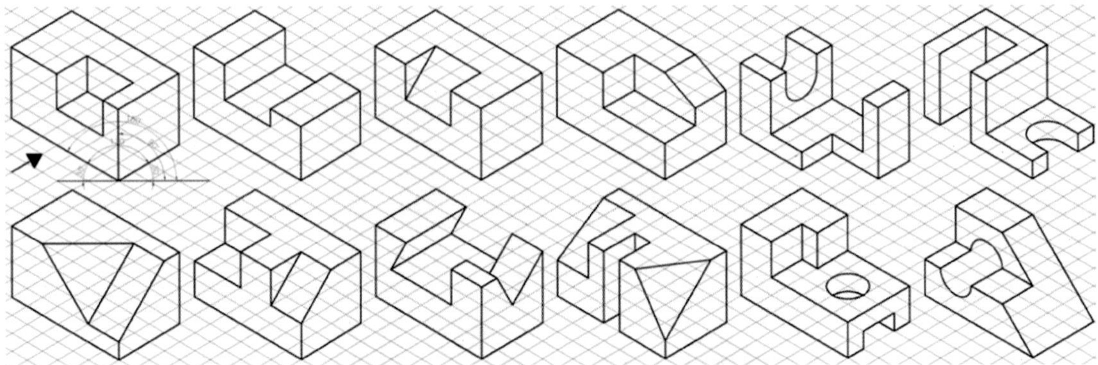

[그림] 2-68 3D 도형 샘플

(2) 예제 1

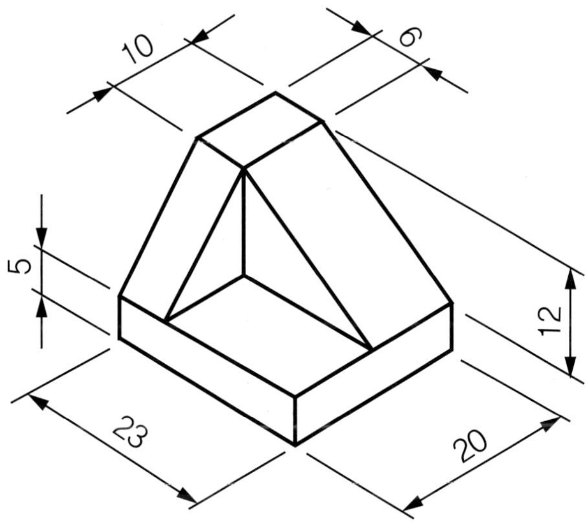

[그림] 2-69 예제1

(3) 예제 2

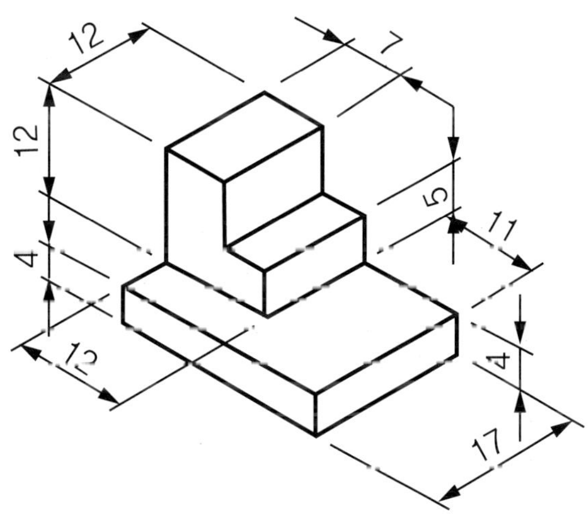

[그림] 2-70 예제2

(4) 예제 3

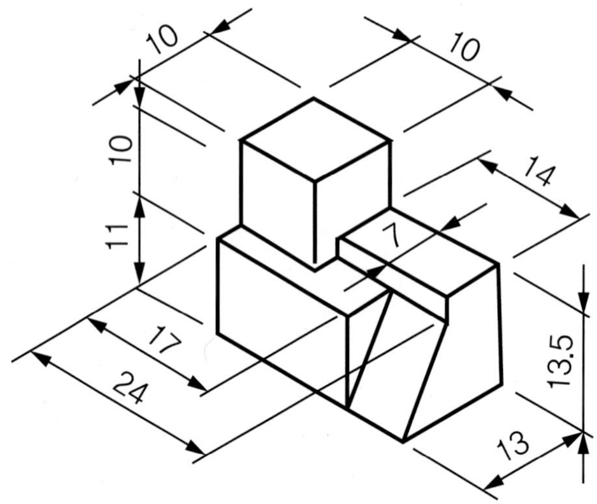

[그림] 2-71 예제3

(5) 예제 4

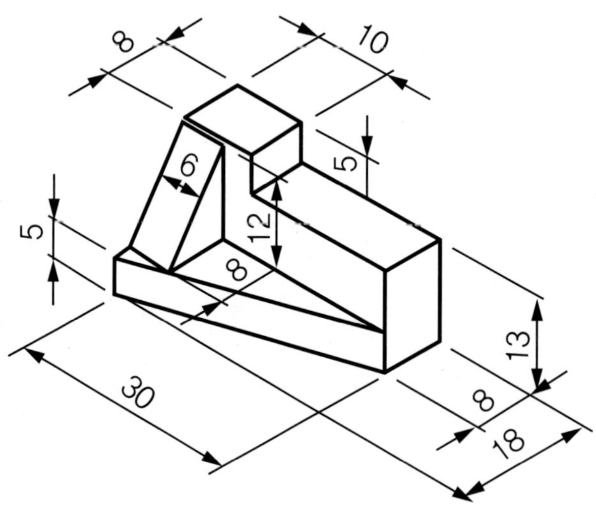

[그림] 2-72 예제4

(6) 예제 5

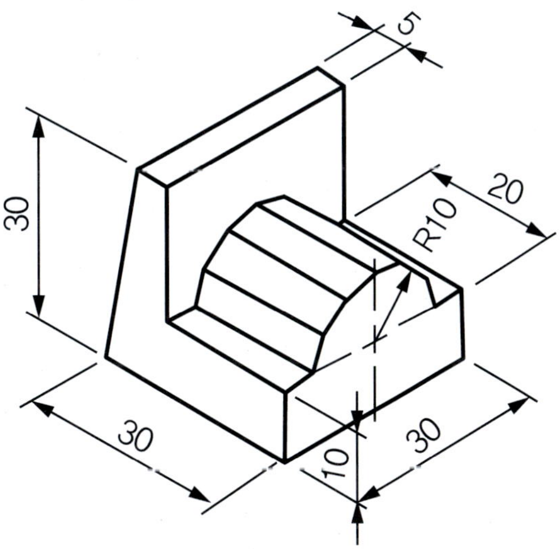

[그림] 2-73 예제5

(7) 예제 6

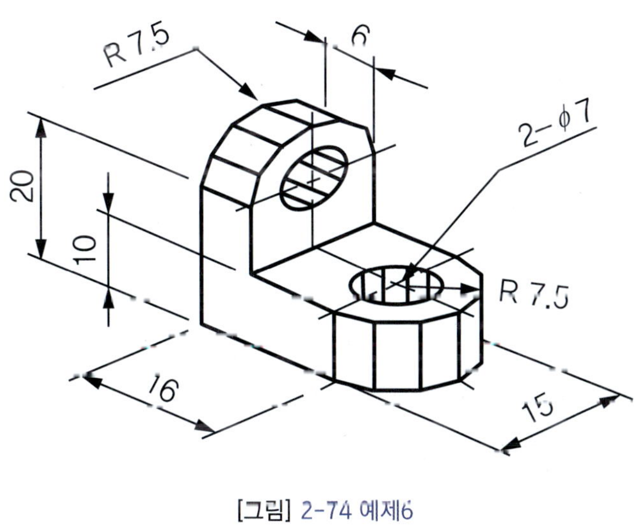

[그림] 2-74 예제6

PART

3

항공기 중량 및 평형 관리

1. 중량 및 평형 관리
2. 항공기 중량의 종류
3. 항공기 중량 측정 절차
4. 중량과 평형 기록
5. CG 측정 연습

1. 중량 및 평형 관리

항공기에 적재하는 중량은 항공기 성능에 영향을 미친다. 현대 항공기는 다수의 승무원 및 승객의 탑승과 다량의 화물을 탑재하기 때문에 얼마만큼의 중량을 어디에 싣는지 반드시 고려해야 한다. 항공기마다 탑재 중량은 다르지만, 한계를 초과하여 중량을 싣게 되면 항공기 성능의 감소 및 구조적 손상을 초래한다. 항공기마다 제작사가 정해 놓은 무게중심 한계라는 범위가 있는데, 이 한계를 넘어갔다면 승객, 연료, 화물을 재배치하거나 중량을 줄여야 안전하고 효율적인 비행을 할 수 있다. 부적절한 하중으로 인하여 고도, 기동성, 상승률, 속도, 연료소비율 등에서 효율을 저하시킨다.

지상에서 정비하는 과정이나 비행 중에 항공기의 무게중심을 알아내는 작업을 하고, 무게중심이 정해진 위치에 놓이도록 중량을 조절하여 평형을 이루도록 하는 작업을 항공기 중량 및 평형 관리라 한다. 상용항공기는 일반적으로 3년 주기로 자중(자기무게)을 측정하고 무게중심의 변화를 계산하여 중량평형 보고서를 현재 상태로 업데이트하여 유지해야 한다.

(1) 중량 초과

1) 더 큰 이륙속도를 얻기 위해 더 긴 이륙활주를 해야 한다.

2) 상승각, 상승률 모두 감소한다.

3) 최대고도가 낮아진다.

4) 순항속도가 감소한다.

5) 순항거리가 짧아진다.

6) 기동성능이 감소한다.

7) 착륙속도가 커지므로 착륙거리가 길어진다.

8) 초과하중으로 착륙 장치 등 기체 구조부에 무리가 발생한다.

(2) 중량 변화

조종사 operating handbook에 규정된 한계값 이내로 무게중심이 유지되도록 탑재중량의 적정한 분배가 필요하다. 만약 무게중심이 전방으로 치우치면 체중이 무거운 승객은 뒤쪽 좌석으로 이동시키거나, 전방 화물칸의 화물을 후방 화물칸으로 이동시켜야 한다. 만약 무게중심이 후방으로 치우치면 승객이나 화물을 전방으로 이동시켜야 한다. 연료는 항공기 횡축에 따라 균형적으로 탑재되어야 한다. 비행 중에 항공기 평형 유지를 위하여 조종사는 연료계통 작동에 주의를 기울여야 한다. 이륙 시 적정 연료가 탑재되어 있어도 장시간 비행 후 착륙할 때에는 연료 탱크가 바닥이 날 수도 있어 평형 유지가 곤란할 정도로 무게중심이 이동될 수도 있다.

비행하기 전 착륙에 대비한 연료 및 무게중심이 허용 범위에 있는지 반드시 점검하고 확인하여야 한다. 항공기는 사용 연수가 증가하면 중량도 증가하는 경향이 있다. 접근이 곤란한 곳에 이물질이 축적되기도 하고, 객실의 보호 설비에 습기가 축적되기 때문이다. 중량 증가량은 크지 않지만, 추정하기보다는 중량을 실측하여 정확하게 알아야 한다. 항공기의 개조, 특히 장비의 변경은 항공기 중량이 변하게 되는 주요 요인이다. 여분의 통신 기기, 계기의 추가 장착으로 중량 초과가 되기도 한다. 반도체의 사용으로 신형 전자장비가 가벼워 중량이 감소하기도 한다.

이러한 중량 변화는 무게중심의 이동을 초래하므로 이동값을 산출하여 중량과 평형 기록에 기록해야 한다. 수리와 개조는 중량 변화의 주요 근원이며, 중량 변화를 수반하는 수리나 개조를 수행한 정비사는 중량과 위치를 확인하여 새로운 자중 및 자중 무게중심 위치를 산출하여 중량과 평형 보고서에 반드시 반영해야 한다.

(3) 무게중심과 안정성

1) 무게중심이 양력중심의 약간 전방에 위치(앞전에서 약 25%)

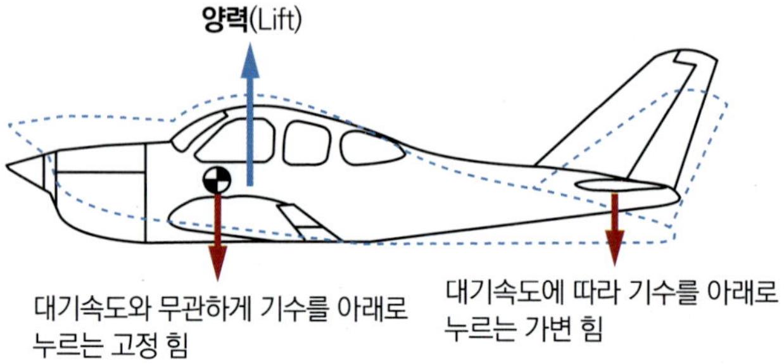

[그림] 3-1 무게중심 앞전 위치(출처 : FAA aviation maintenance technician handbook airframe)

2) 무게중심이 양력중심의 후방에 위치

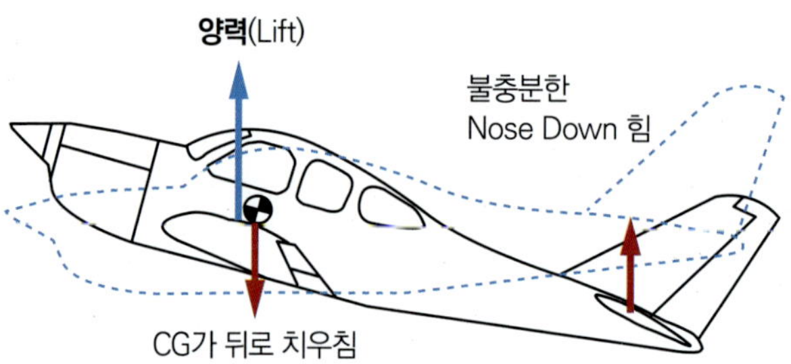

[그림] 3-2 무게중심 후방 위치(출처 : FAA aviation maintenance technician handbook airframe)

3) 무게중심이 양력중심의 전방에 위치

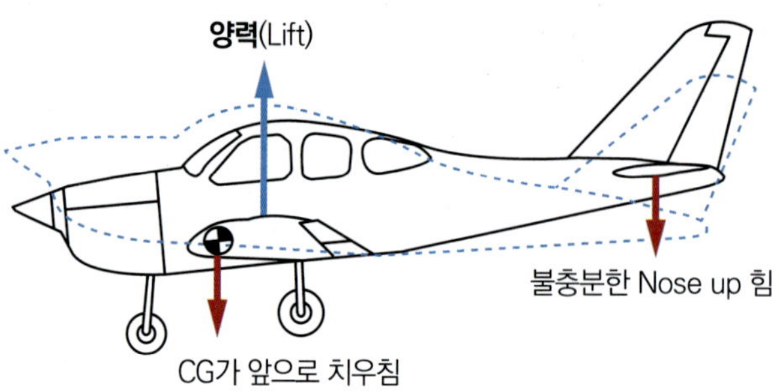

[그림] 3-3 무게중심 전방 위치(출처 : FAA aviation maintenance technician handbook airframe)

4) 무게중심의 가로불안정

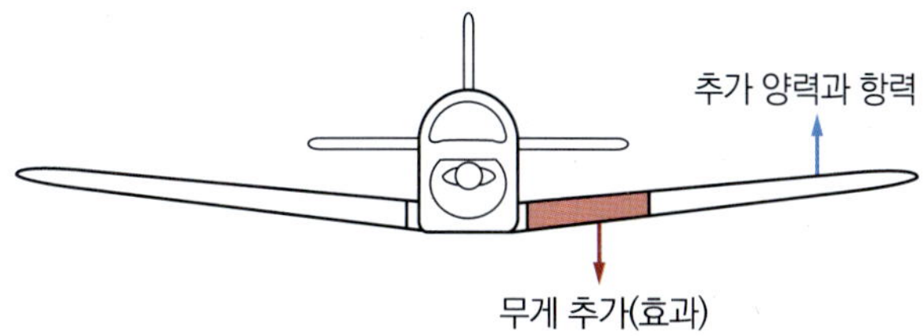

[그림] 3-4 무게중심 가로불안정(출처 : FAA aviation maintenance technician handbook airframe)

(4) 필수 고려 요소

1) 기준선(Datum line)

기준선의 위치는 날개 앞전이나 무게중심 범위의 특정 거리에 정한다. 일반적으로 항공기 기수 또는 날개 앞전에 가상으로 설정한다.

2) 거리(Arm)

기준선과 항공기 내의 임의의 지점 사이의 수평거리이고 인치 단위로 측정한다. 이 거리는 기준선을 0으로 하고, 기준선보다 앞에 위치하면 양수(+)로 나타내고, 기준선보다 뒤에 위치하면 음수(-)로 나타낸다.

3) 모멘트(Moment)

기준선으로부터 항공기 또는 장비의 무게와 위치까지의 거리를 측정한 후, 무게와 거리를 곱하여 산출한다. 모멘트를 구하고, 무게중심 및 범위를 설정한다. 기준선에서 일정 거리에 위치하는 평균공력시위(MAC : mean aerodynamic chord)의 백분율(%)로 정하기도 한다. 모멘트는 물체를 회전시키려는 힘으로 단위는 [in-lb]이다.

[표] 3-1 무게중심 필수 요소

Weight	Arm	Moment	Rotation
+	+	+	Nose up
+	–	–	Nose down
–	+	–	Nose down
–	–	+	Nose up

출처 : FAA aviation maintenance technician handbook

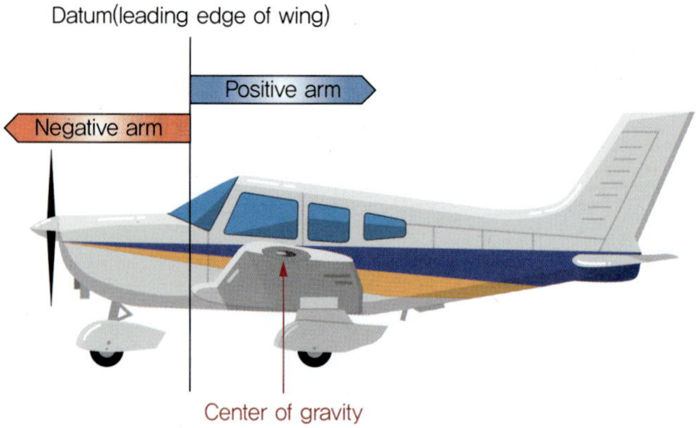

[그림] 3-5 무게중심 필수 요소(출처 : FAA aviation maintenance technician handbook airframe)

(5) 지렛대 원리

놀이터의 시소의 평형을 이루는 것과 동일하다. 받침점을 기준으로 양쪽으로의 무게와 거리를 각각 곱하여 합한 것이 0이면 평형을 이루게 된다.

$$\sum M_0 = -P_1 l_1 + P_2 l_2 = 0$$

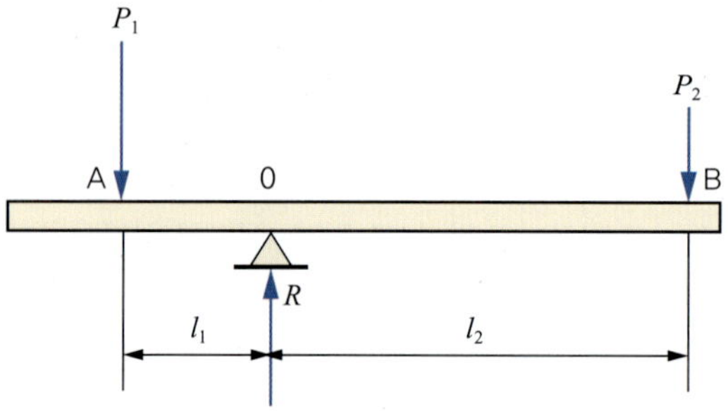

[그림] 3-6 모멘트 합

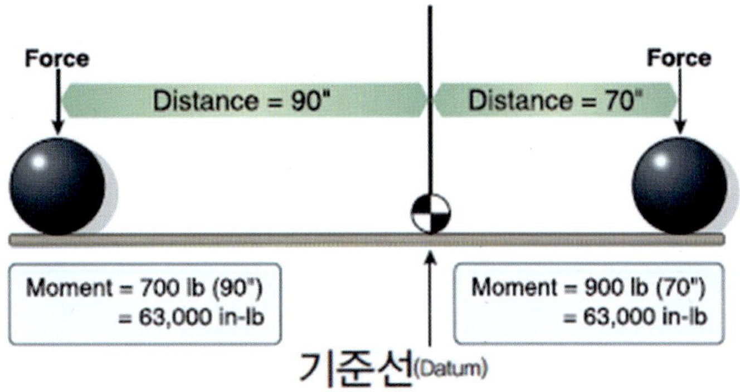

구분	무게	거리	모멘트
L/H	700[lb]	90[in]	63,000[in-lb]
R/H	900[lb]	70[in]	63,000[in-lb]
CG		0[in]	

[그림] 3-7 모멘트 합 샘플(출처 : FAA aviation maintenance technician handbook airframe)

(6) 무게중심 찾기

1) 기준점에서 각 중량까지의 거리를 측정한다.

2) 각각의 중량에서 작용하는 모멘트를 계산한다.

3) 중량의 합과 모멘트의 합을 구한다.

4) 총 모멘트를 총 중량으로 나누어 CG를 구한다.

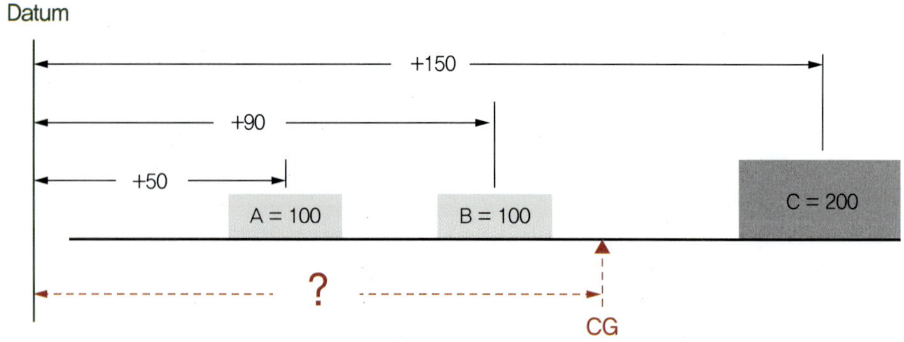

구분	무게	거리	모멘트
A	100[lb]	50[in]	[in-lb]
B	100[lb]	90[in]	[in-lb]
C	200[lb]	150[in]	[in-lb]
CG	[in]		

[그림] 3-8 무게중심 산출(출처 : FAA aviation maintenance technician handbook airframe)

(7) 무게중심 이동

중량 또는 거리가 변경되면 무게중심 또한 이동하게 된다.

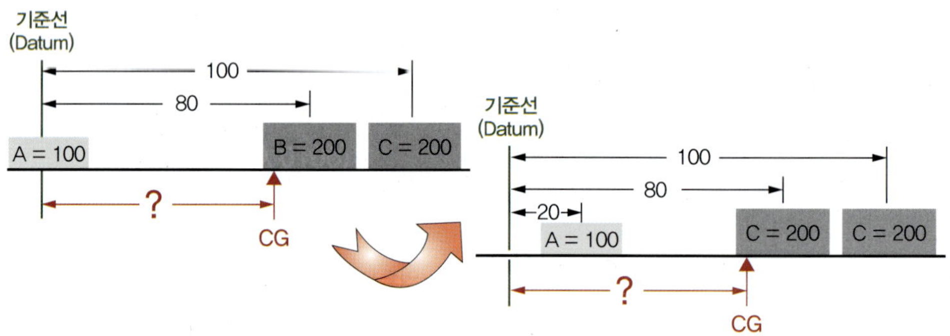

[그림] 3-9 무게중심 이동(출처 : FAA aviation maintenance technician handbook airframe)

(8) 항공기에서의 무게중심 변화

Pilot operating handbook에 제시된 단발 항공기의 자중 자료이다.

1) 항공기 자중 : 1,340[lb]

- 항공기 무게중심 : +37[in]
- 항공기의 최대 총중량 : 2,300[lb]
- 무게중심 범위 : +35.6 ~ +43.2[in]

2) 전방좌석 2개에 조종사(140[lb])와 승객(115[lb])을 탑승시킨다.

- 후방좌석 2개에 승객(212[lb])과 승객(97[lb])을 탑승시킨다.
- 연료(240[lb])를 탑재한다.
- 화물(50[lb])을 탑재한다.

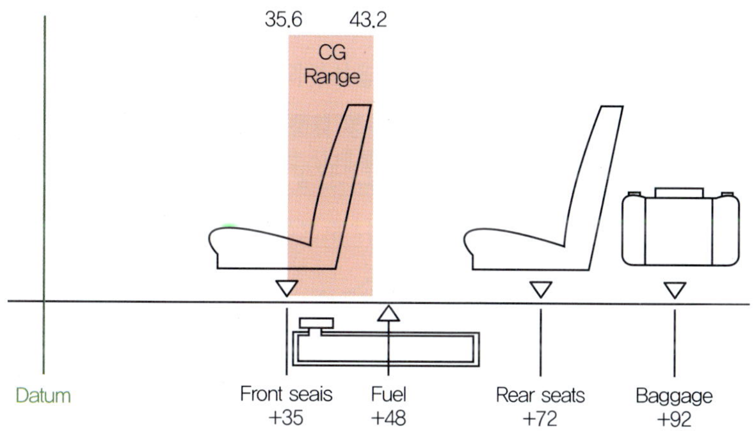

[그림] 3-10 항공기 무게 샘플(출처 : FAA aviation maintenance technician handbook airframe)

[표] 3-2 공기 무게중심 산출

Item	Weight (2,300 MAX)	Arm	Moment
Airplane	1,340[lb]	37[in]	[in-lb]
Front seats	255[lb]	35[in]	[in-lb]
Rear seats	309[lb]	72[in]	[in-lb]
Fuel	240[lb]	48[in]	[in-lb]
Baggage	50[lb]	92[in]	[in-lb]
CG(35.6 ~ 43.2[in])		[in]	

출처 : FAA aviation maintenance technician handbook airframe

3) 항공기 총중량은 최대중량보다는 적어서 범위 안에 들어오지만, 무게중심은 초과하게 된다. 따라서 승객의 위치를 바꾸어 탑승하도록 해야 한다. 전방좌석에 승객(212[lb]), 후방좌석에 승객(115[lb])의 좌석을 바꾸어 무게중심의 변화량을 계산해야 한다.

[표] 3-3 항공기 변화 무게중심 산출

Item	Weight (2,300 MAX)	Arm	Moment
Airplane	1,340[lb]	37[in]	[in-lb]
Front seats	352[lb]	35[in]	[in-lb]
Rear seats	212[lb]	72[in]	[in-lb]
Fuel	240[lb]	48[in]	[in-lb]
Baggage	50[lb]	92[in]	[in-lb]
CG(35.6 ~ 43.2[in])		[in]	

출처 : FAA aviation maintenance technician handbook airframe

2. 항공기 중량의 종류

(1) 최대 중량(Maximum Weight)

최대 중량은 항공기설계명세서 또는 형식증명자료집에 명기되어 있다.

1) 최대 램프 중량(Maximum Ramp Weight)

항공기가 지상(ground)에 주기하고 있는 동안 적재할 수 있는 가장 무거운 중량이다. 최대 지상이동 중량(maximum taxi weight)이라고도 한다.

2) 최대 이륙 중량(Maximum Takeoff Weight)

항공기가 이륙 활주를 시작할 때 허용 가능한 최대 항공기 중량으로 가장 무거운 중량이다. 이 중량과 최대 램프 중량(maximum ramp weight) 사이의 차이는 이륙 전에 지상 이동 중에 소모되는 연료의 중량과 같게 된다.

3) 최대 착륙 중량(Maximum Landing Weight)

항공기가 정상적으로 착륙할 수 있는 최대 중량이다. 대형 상업용 항공기는 최대 이륙 중량과 100,000[lb] 이상 차이가 있다.

4) 최대 영연료 중량(Maximum Zero Fuel Weight)

처리할 수 있는 연료와 오일을 탑재하지 않은 상태로 승객, 화물을 최대로 실을 수 있는 중량으로 가장 무거운 중량(weight)이다.

(2) 자기 무게(Empty Weight)

항공기에 장착되어 동작되는 모든 장비 중량을 포함한 항공기 자체의 중량이다. 동체, 동력장치, 필수 장비, 선택 장비 또는 특수 장비, 고정 밸러스트, 유압유, 잔류 연료와 잔류 오일의 중량을 포함한다. 잔류 연료와 잔류 오일은 연료관(fuel line), 오일관(oil line) 등 계통 내에 갇혀 있어 정상적으로 사용(배출)되지 못한 유체로 항공기 자기 무게에 포함된다. 엔진오일 계통의 냉각을 위해 사용되는 연료량도 자기 무게에 포함된다. 자기 무게의 종류에는 기본 자기 무게(basic empty weight), 허가 자기 무게(licensed empty weight), 표준 자기 무게(standard empty weight)가 있다.

기본 자기 무게는 엔진오일 계통의 전용량이 포함된다. 허가 자기 무게는 잔류오일의 중량이 포함된 무게로, 1978년 이전에 제작된 항공기에서 사용한다. 표준 자기 무게는 항공기 제작사가 제공하는 값으로, 특정한 항공기에만 장착되는 항공기 구매 옵션 장비품의 중량이 포함되지 않은 항공기 자기 무게이다. 정비사에게는 기본 자기 무게가 가장 중요한 자료이다.

(3) 유용 하중(Useful Load)과 유상 하중(Pay load)

유용 하중(useful Load)은 최대 허용 총중량에서 자기 무게의 차이다. 항공기 이륙 중량과 표준 운항 중량 간의 차이기도 한 유용 하중에는 유상 하중, 유용한 연료 및 기타 운항용 물품에 포함되지 않은 유용한 액체들도 포함된다. 정상(normal) 및 효용(utility) 범주 모두에서 인증된 항공기의 경우 두 가지 유용 하중이 항공기 무게 및 균형 기록에 표기될 수 있다. 감항 분류 N의 최대 중량이 3,950[lb]인 경우, 최대 중량이 3,100파운드의 항공기는 850[lb]의 유용 하중을 가질 수 있다. 감항 분류 U로 운용할 때, 최대 중량이 3,700[lb]로 감소할 수 있으며, 그에 상응하는 유용 하중은 600[lb]로 감소할 수 있다.

유용 하중은 연료, 자기 무게에 포함되지 않는 액체(fluid), 승객, 수하물, 조종사, 부조종사 그리고 승무원으로 구성된다. 엔진오일 중량이 유용 하중으로 포함되는지 여부는 항공기가 인증될 때 좌우되며, 항공기설계명세서 또는 형식증명자료집에 명기되어 있다. 유상 하중(pay load)은 연료를 포함하지 않는 것을 제외하면 유용 하중과 유사하다.

(4) 무부하 중량(Tare Weight)

항공기를 저울 위에 놓고 중량을 측정할 때 항공기를 고정하는 보조 장치가 필요하다. 항공기 꼬리날개 쪽이 쳐진 항공기는 수평 자세를 확보하기 위해 잭(jack)으로 받쳐야 하고, 잭은 저울 위에 위치하게 된다. 이때 잭의 중량이 항공기 중량에 포함되어 측정된다. 이 여분의 잭 중량을 무부하 중량이라 하고, 측정된 중량에서 제외하여야 정확한 항공기 중량이 측정된다. 무부하 중량의 예는 저울 위에 놓여있는 버팀목(wheel chock)과 착륙 장치의 고정 핀(ground lock pin) 등이다.

3. 항공기 중량 측정 절차

(1) 제작사 제공 무게와 평형 자료

항공기의 무게를 측정하여 자기 무게(empty weight)의 무게중심을 계산하려면 알아야 할 정보가 있다. 이 정보는 감항 당국이 형식증명자료(TCDS) 또는 항공기 규격서로 모든 인증된 항공기에 대해 누구에게나 제공한다. 항공기의 설계 승인이 되면 형식증명서와 TCDS가 발행된다. TCDS는 항공기에 대한 모든 관련 규격을 포함한다. 항공정비사는 매년 또는 100시간 점검할 때 확인할 책임이 있다.

1) **항공기 중량과 평형 보고서**(Aircraft Weight and Balance Report)

초도에는 항공기 제작사에서 측정하여 제공하고, 항공정비사가 주기적으로 자기 무게를 측정하고 무게중심을 계산하여, 항공기 운항 부분에 제공한다. 항공기가 처음 인증되었을 때 항공기의 자기 무게(empty weight)와 무게중심은 무게와 평형 자료로 인도된다. 필수 장비와 선택 장비 목록에는 무게 및 장착 위치 정보도 기술된다. 각 개별 항공기의 POH 또는 AFM에는 이 마스터 목록의 항목 중 특정 항공기의 장비 목록이 포함된다. 항공정비사가 장비를 추가하거나 영구 장탈하는 경우에 새로운 자기 무게(empty weight)와 무게중심을 수정한다.

2) **항공기 형식증명자료집**(Aircraft Type Certificate Data Sheet)

항공기에 장착된 장비 목록, 무게, 장착위치, 기준선에서의 거리 등이 기록된 목록으로 항공기 제작사 감항 당국이 인가한 것이다.

Weight and Balance Data			
Aircraft Serial #: 18259080 FAA Registration #: N42565 Date: 04-22-2005			
Item	Weight(lb) ×	CG Arm(in) =	Moment(in-lb)
Standard empty weight	1,876	36.1	67,797.6
Optional equipment	1.2	13.9	16.7
Special installation	6.2	41.5	257.3
Paint	-	-	-
Unusable fuel	30.0	46.0	1,380
Basic empty weight	1,913.4		69,452.6

[그림] 3-11 형식증명자료집 샘플(출처 : FAA aviation maintenance technician handbook airframe)

(2) 중량 측정 준비(Preparing an Aircraft for Weighing)

항공기의 중량 측정은 항공정비의 매우 중요하고 까다로운 단계이다. 신중한 준비는 시간을 절약하고 실수를 방지한다. 항공기는 바람의 영향을 받지 않는 격납고 안에서 수행되어야 한다. 무게 측정 작업을 하기 전에 항공기는 철저히 세척한다. 항공기 내부는 물이나 먼지 등의 오물이 축적되어 있을 수 있으므로 구석구석 각별히 주의하여 청소해야 한다. 항공기 외부는 가능한 모든 진흙과 먼지 등이 없도록 깨끗하게 세척한다.

1) 저울, 호이스트, 잭, 수평 장비를 준비한다.

2) 저울 위에 항공기를 고정하는 블록, 받침대, 모래주머니를 놓는다.

3) 직선 및 직각자, 수평측정기, 측량추, 분필, 줄자를 준비한다.

4) 항공기설계명세서와 중량과 평형 계산 양식을 준비한다.

5) 중량 측정은 공기 흐름이 없는 격납고 등 밀폐된 건물 속에서 시행해야 한다.

6) 옥외에서의 측정은 바람과 습기의 영향이 없는 경우에만 가능하다.

4. 중량과 평형 기록(Weight and Balance Records)

항공정비사는 항공기의 중량과 평형과 관련된 작업을 할 때 자기 무게와 무게중심을 산출한다. 빈도는 낮지만 평형추 무게와 장착위치 계산도 하고, 역하중 탑재상황에서 무게중심을 계산하기도 한다. 자기 무게는 저울로 측정하기도 하고, 계산적으로 수행하기도 한다. 무게중심 또한 실측에 의한 계산적인 개정 또는 장비의 장탈착에 따라 장비 무게와 위치를 고려하여 계산적으로 개정하기도 한다. 감항 당국은 비행안전을 위해 현재 상태의 항공기 자기 무게와 무게중심을 알고 있는지 감독 활동을 한다. 무게와 무게중심의 변화는 영구 보존 기록인 중량과 평형 보고서에 반드시 포함되어야 한다.

이 보고서는 비행하고 있는 항공기에 반드시 있어야 한다. 형식은 규정하지 않지만 대부분 일반적인 형식의 양식으로 항공기별로 중량과 평형 산출란을 변경하여 사용하면 된다.

Aircraft Weight and Balance Report

Results of Aircraft Weighing

Make________ Model________

Serial #________ N#________

Datum Location ________

Leveling Means________

Scale Arms: Nose____ Tail____ Left Main____ Right Main____

Scale Weights: Nose____ Tail____ Left Main____ Right Main____

Tare Weights: Nose____ Tail____ Left Main____ Right Main____

Weight and Balance Calculation

Item	Scale (lb)	Tare Wt. (lb)	Net Wt. (lb)	Arm (inches)	Moment (in-lb)
Nose					
Tail					
Left Main					
Right Main					
Subtotal					
Fuel					
Oil					
Misc.					
Total					

Aircraft Current Empty Weight: ________

Aircraft Current Empty Weight CG: ________

Aircraft Maximum Weight: ________

Aircraft Useful Load: ________

Computed By: ________ (print name)

________ (signature)

Certificate #: ________ (A&P, Repair Station, etc.)

Date:________

Aircraft Weigh Form

Date: 04/30/2015

Aircraft

Tail No: N123456
Make: Piper
Model: PA-18
Serial: 18-00000
Time: 1723 TT
TCD No: A00ZZ

Registered Owner

Name: Tim Customer Customer Loves to Fly, Inc
Address: 12345 Flight Street
Soaring, ST 123456

Method of Weighing

Equipment Make: Weighter Model: Scale
Calibration Date: 11/01/2015 Serial #: Scale001

1. Datum is located: Datum
2. Leveling Means: Means
3. Main Wheel weighing point is located: 10 Forward 10 Aft of Datum.
4. Actual measured distance from the main weigh point center line to the tail (or nose) point center line is: 10
5. Nose or tail wheel weighing point is located: 10 Forward 10 Aft of Datum.
6. Aircraft weighed with: 10 qts. of engine oil and 10 gals. of unusable fuel.

Weighing Point	Scale Reading	Arm	Moment
Nose	500	50	25000
Tail	250	75	18750
Left Main	0	0	0
Right Main	0	0	0
Total Weight	750		43750

7. Moment: 40750 / Weight 730 = CG 38.33

Notes: Notes field
Used to add whatever is needed
Extra comments
Remarks

Aircraft Empty Weight: 750
Aircraft Useful Load: 2250
Aircraft Gross Weight: 3000

Prepared By: Tommy Toolbox Zook Aviation, Inc
1800-C East market St #312
Harrisonburg VA 22801

Signature: ________

Printed Name: Tommy Toolbox

Repair Agency License No: 100046

Form ZA-AWFWCG

[그림] 3-12 항공기 무게중심 보고서

5. CG(Center Of Gravity) 측정 연습

(1) 공구 및 장비

1) 직선자

바닥면에 기준선을 표시하기 위해 사용한다.

[그림] 3-13 직선자

2) 직각자

기준선에서 직각 방향을 알기 위해 사용한다.

[그림] 3-14 직각자

3) 줄자

직선자보다 원거리 측정에 사용된다.

[그림] 3-15 줄자

4) 마스킹 테이프

바닥면에 기준선 및 중심점 표시를 위해 사용한다.

[그림] 3-16 마스킹 테이프

5) 분필

바닥면에 기준선 및 중심점 표시를 위해 사용한다.

[그림] 3-17 분필

6) 평형추

중력으로 중심점을 알기 위해 사용한다.

[그림] 3-18 평형추

7) 수평계

항공기의 수평을 맞추기 위해 사용한다.

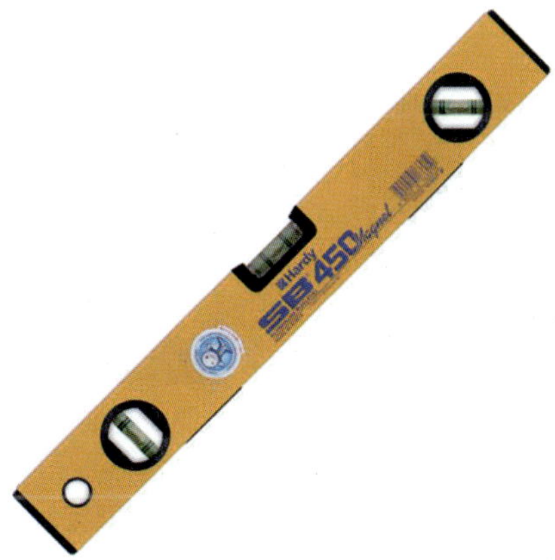

[그림] 3-19 수평계

8) 잭

항공기를 들어올리기 위해 사용한다.

[그림] 3-20 잭

9) 잭 패드 & 어댑터

항공기와 잭을 연결하기 위해 사용한다.

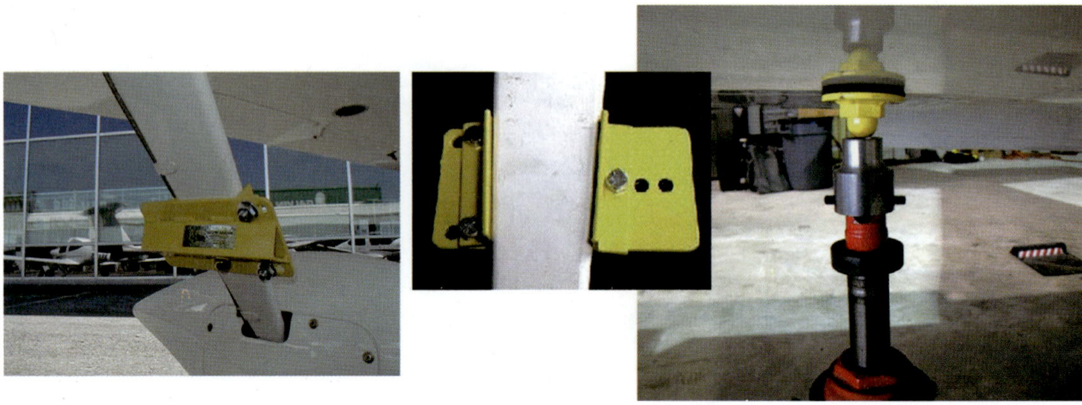

[그림] 3-21 잭 패드와 어댑터

10) 저울

항공기 중량을 측정하기 위해 사용한다.

[그림] 3-22 저울

11) 고임목

항공기 바퀴가 움직이지 않도록 고정하기 위해 사용한다.

[그림] 3-23 고임목

12) 공학계산기

모멘트 및 CG를 계산하기 위해 사용한다.

[그림] 3-24 공학계산기

13) 필기도구

거리, 중량, 모멘트, CG를 기록하기 위해 사용한다.

[그림] 3-25 필기도구

(2) 관련 지식

① 무게중심이 앞쪽에 위치하게 되면 이륙 또는 순항 시 많은 엔진 추력을 필요로 하게 되어 연료 소모율이 증가하게 된다.

② 무게중심이 뒤쪽에 위치하게 되면 이륙 또는 착륙 시 테일 부분을 손상시키게 된다.

③ 무게중심은 적절한 위치에서보다 약간 뒤에 위치해야 경제적인 운항이 가능하다.

④ 제작사에 따라 무게중심 위치가 다르며, 무게중심을 중심으로 3축 운동을 한다.

⑤ 기준선을 어디에 주고 거리를 측정하더라도 무게가 변하지 않다면, C.G의 위치는 절대 변하지 않는다.

⑥ C.G = 총모멘트 / 총무게

$$C.G = \frac{\text{총모멘트}}{\text{총무게}} = \frac{(W_1 \times L_1) + (W_2 \times L_2) + (W_3 \times L_3) + \text{......}}{W_1 + W_2 + W_3 + \text{......}}$$

(3) 작업 순서

① 기본 자기 무게의 무게중심을 산출해야 하기 때문에, 우선 유상 하중을 전부 제거해야 한다. 연료나 오일 등의 액체류는 배출시키고, 수화물 등을 항공기로부터 빼낸다.

[그림] 3-26 연료 배출

② 바람 또는 먼지 등에 영향을 받지 않는 격납고 내에서 저울을 준비하고, 항공기를 밀어 저울 위에 올린 후, 움직이지 않도록 고임목이나 모래주머니 등으로 고정시킨다.

[그림] 3-27 저울과 고임목 준비

③ 수평계를 이용하여 측정하고자 하는 항공기의 수평 상태부터 확인한다(항공기 매뉴얼을 참고해서 leveling point에 수평계를 놓고 확인한다). 수평이 맞지 않으면 잭을 이용해서 세로축의 수평 상태를 맞추어 준다.

[그림] 3-28 잭과 수평 작업

④ 저울에서 측정된 nose wheel과 main wheel L/R의 중량을 확인하고, 간단하게 메모한다.

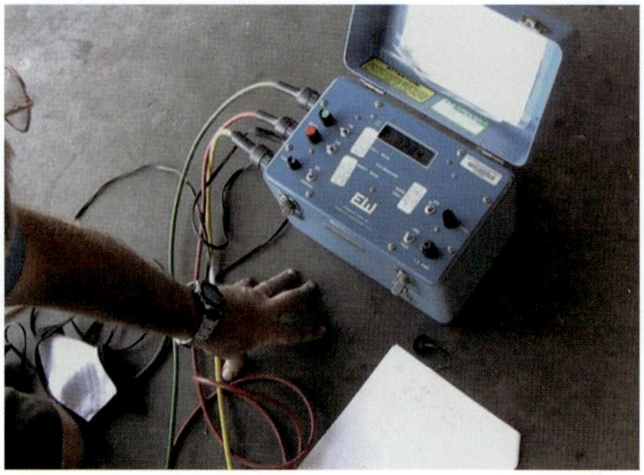

[그림] 3-29 자기무게 측정

⑤ 항공기 어딘가에 임의의 기준점을 잡고, 평형추를 수직 수평으로 바닥까지 내려 기준선을 표시한다(일반적으로 스피너 콘, 방화벽, 날개 앞전, 테일 콘으로 설정한다). 동일한 측면으로 2개의 기준점을 잡아 바닥에 표시하고, 연결하면 기준선(datum line)을 만들 수 있게 된다. 위치를 바닥에 분필 또는 마스킹 테이프를 붙이고 필기도구로 표시한다.

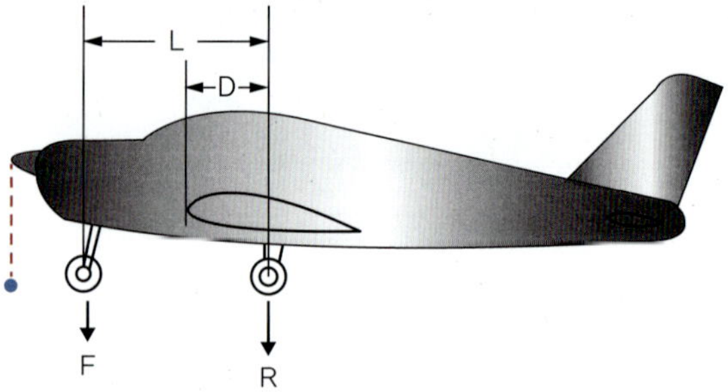

[그림] 3-30 기준점과 기준선 표시

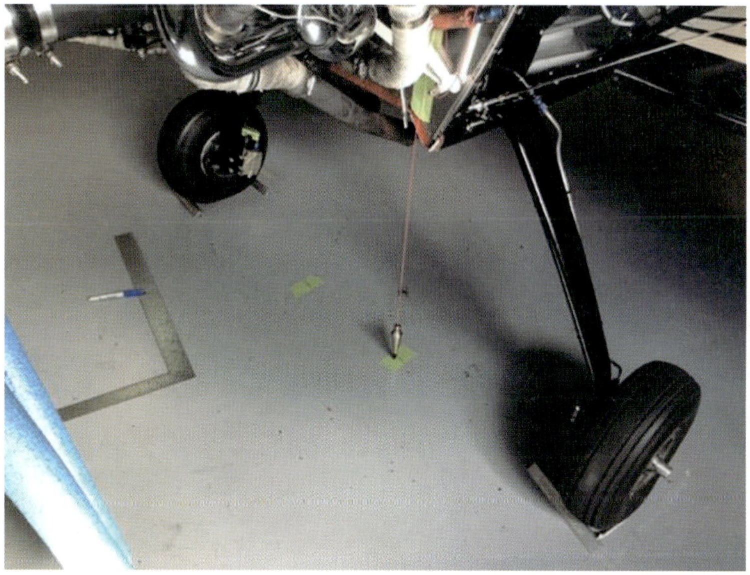

[그림] 3-31 평형추 기준점 표시

[그림] 3-32 직선자 기준선 표시

⑥ 평형추를 이용하여 nose wheel과 main wheel L/R의 중심에 대한 위치를 바닥에 분필 또는 마스킹 테이프를 붙이고 필기도구로 표시한다.

[그림] 3-33 평형추 바퀴 중심 표시

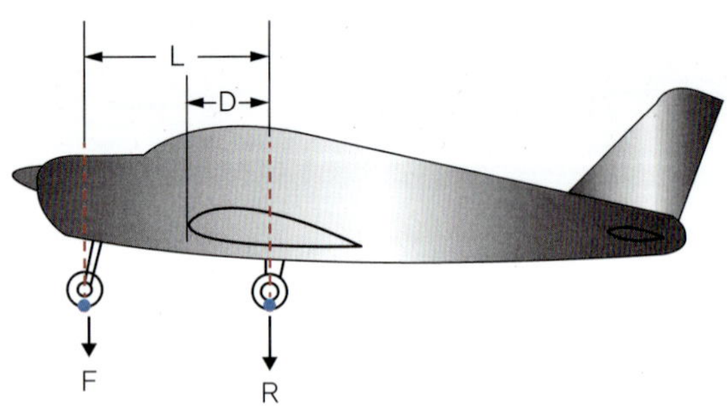

[그림] 3-34 모든 바퀴 중심 표시

⑦ 조종간이 좌우측 방향으로 향하지 않게 하고, 앞바퀴의 thread의 수직 방향에 맞추어 직각자와 줄자를 이용하여 기준선으로부터 nose wheel 중심까지 거리를 측정한다.

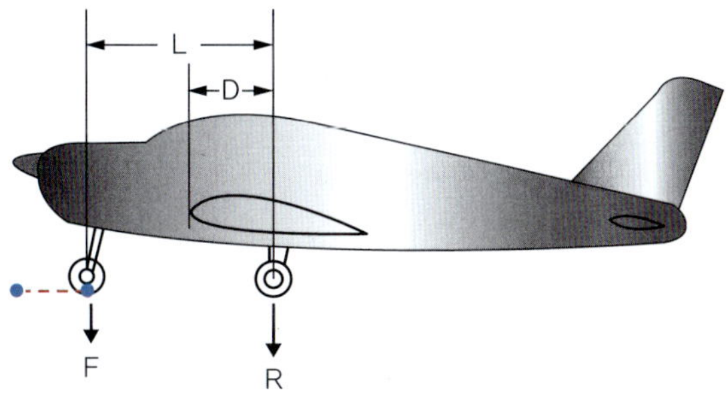

[그림] 3-35 앞바퀴 거리 측정

[그림] 3-36 직선자 앞바퀴 거리 측징

⑧ 동일한 방법으로 직각자와 줄자를 이용하여 기준선으로부터 main wheel L/R 중심까지 거리를 측정한다. 그리고 C.G 공식에 대입하여 계산하고, 무게중심이 범위 내에 있는지 확인한다. 반드시 기록지 양식에 측정 및 계산된 값들을 기록하여 보관한다. 작업이 종료되었으면 공구 및 장비, 실습장 정리정돈을 한다.

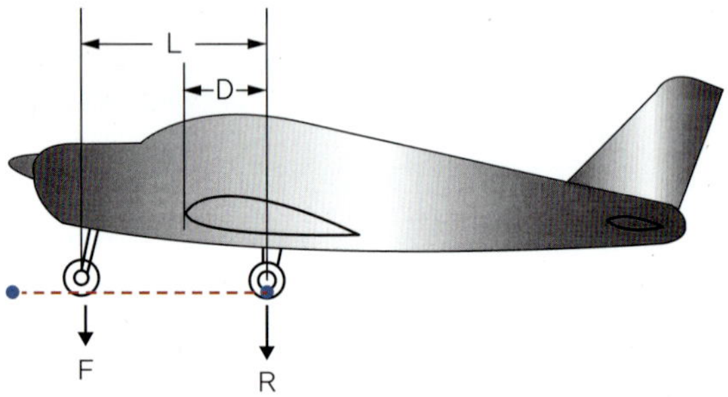

[그림] 3-37 좌우 뒷바퀴 거리 측정

[그림] 3-38 직선자 좌우 뒷바퀴 거리 측정

Weight and Balance Record (Continuous history of changes in structure or equipment affecting weight and balance)											
Airplane Model		Cessna 182L		Serial Number 18259080				Page Number 1			
Date	Item No.		Description of Article or Modification	Weight Change						Running Basic Empty Weight	
				Added (+)			Removed (-)				
	In	Out		Wt. (lb)	Arm (in)	Moment /1,000	Wt. (lb)	Arm (in)	Moment /1,000	Wt. (lb)	Moment /1,000
			AS DELIVERED							1,876	67.8
4-22-05	Alteration Per FAA Form 337										
	Dated 4-22-95			7.38		.346				1,883.4	68.1
		34-XX	Turn Coordinator				-2.5	15.0	-.037		
		34-XX	Directional Gyro				-3.12	13.5	-.042		
	22-XX		Auto Pilot System	13.0	32.7	.425					

[그림] 3-39 항공기 무게중심 기록 샘플

LEVELING - MAINTENANCE PRACTICES(C172R)

(1) General

This section gives reference points for leveling the airplane laterally and longitudinally.

(2) Tools, Equipment and Materials

For a list of required tools, equipment and materials, refer to Leveling and Weighing - General.

(3) Leveling Points

1) Lateral Leveling(Refer to Figure 201).

① Find two points that are the same on each upper door sill of the left and right cabin doors.

② Put a level in position across these points.

NOTE: Out-of-level tolerance for wing tips is three inches total.

③ Make a note of the airplane's lateral position.

④ If applicable, put jacks in position at the wings and tail jacking points. Refer to Jacking - Maintenance Practices.

a. Adjust the wing jacks as required to get the necessary lateral position.

2) Longitudinal Leveling(Refer to Figure 201).

① Find the two screws on the left side of the airplane tailcone that are in line with water line zero.

② Remove the screws.

③ Install studs or long screws of applicable length(approximately two inches long).

④ Put the level in position on the studs or screws.

⑤ Make a note of the airplane's longitudinal position.

⑥ If applicable, put jacks in position at the wings and tail jacking points. Refer to Jacking - Maintenance Practices.

a. Adjust the tail jack as required to get the necessary longitudinal position.

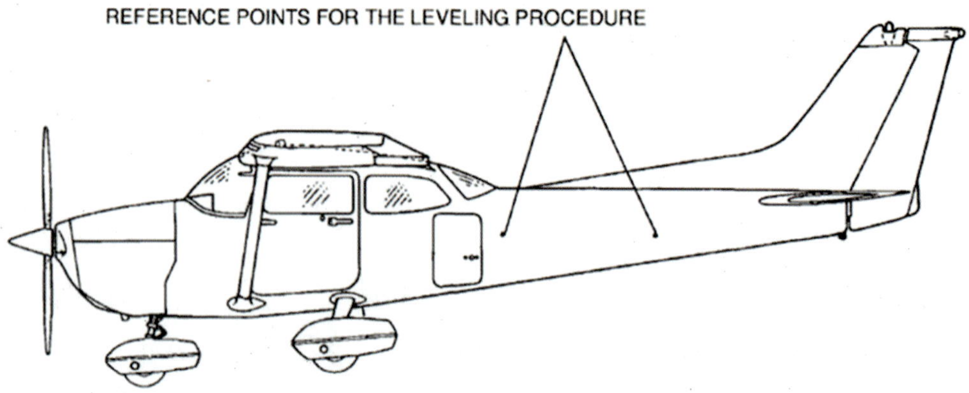

[그림] 3-40 수평 맞춤 지점(출처 : C172R POH)

JACKING

항공기 정비사는 landing gear extension retraction test, aircraft into rigging position, aircraft weighing and CG calculations 등의 유지 보수 및 검사를 수행하기 위해 항공기 잭 작업을 수행한다. 항공기를 잭으로 받치기 전에 상황을 확인하여 안전에 주의하며, 잭을 장착한 후 항공기의 작동을 방해하지 않도록 해야 한다.

[그림] 3-41 대형항공기 잭 작업

(1) 매뉴얼을 참고하여 jack point에 잭, 패드 및 어댑터를 장착한다.

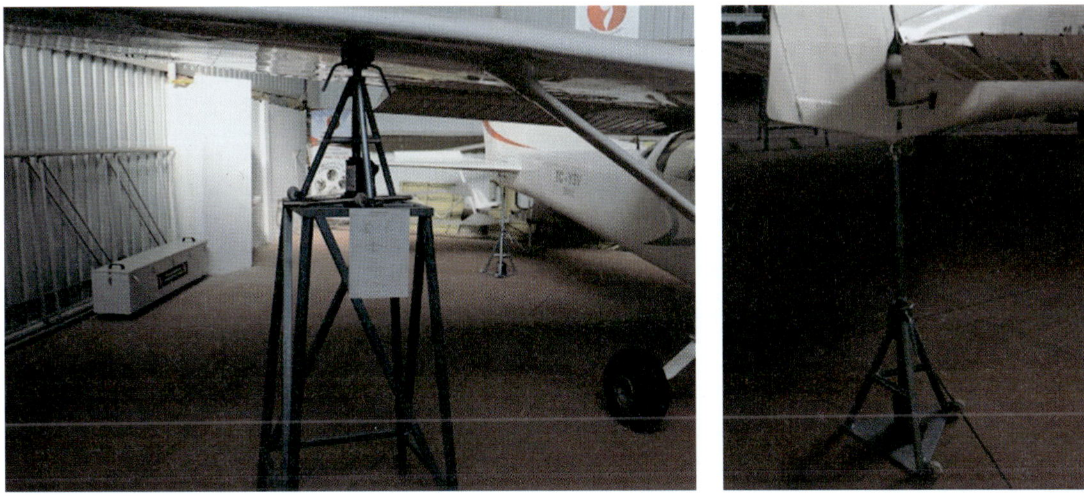

[그림] 3-42 잭, 패드와 어댑터 장착

(2) 수평계를 이용해서 가로 방향 및 세로 방향으로 수평을 확인한다.

[그림] 3-43 수평 확인

(3) 수평계를 확인하면서 주 날개 및 꼬리 날개에 장착한 잭으로 들어올린다.

[그림] 3-44 잭 작업

JACKING procedures(C172RG)

NOTE : Corresponding points on both upper door sills may be used to level the aircraft laterally. Reference points for longitudinal leveling of aircraft are two nut plates on the left side of the tail cone at stations 108.62 and 140.63.

(1) Wing jacks are placed under front spar of wing at station 99.62, using the jack points or blocks and must be extended far enough to raise wheels off ground, and must be of adequate strength.
(2) Be sure tail stand weighs enough to keep tail down under all conditions and that it is strong enough to support any weight that might be placed on it (place shot bags or sand bags on tail stand). In addition the base of adjustable tail stand is to be filled with concrete for additional weight as a safety factor.
(3) Operate jacks evenly until desired height is reached.
(4) Items 2 and 3 are available from the Cessna Supply Division.

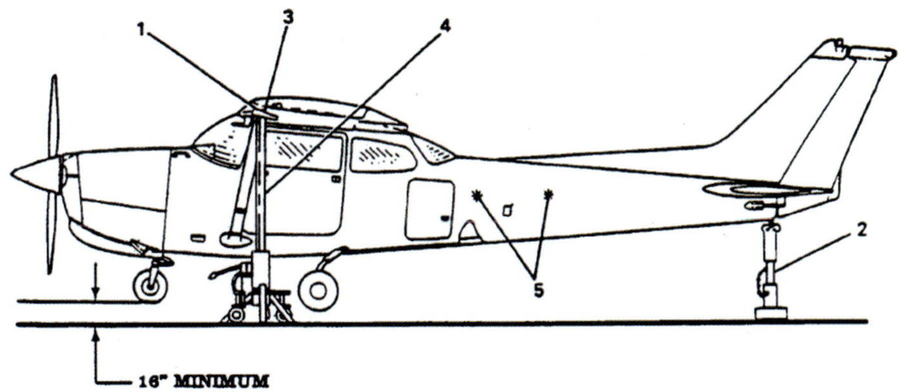

[그림] 3-45 잭 작업 위치(출처 : C172RG POH)

ITEM	TYPE AND NUMBER	REMARKS
1	Block (Jack points are available)	1×4×4 padded with 1/4" rubber
2	Cessna No. 2-168	Tail Tie-Down Stand
3	Built-in jack pad	Part of step bracket (SEE CAUTION)
4	No. 2-170 Basic jack (includes No. 2-71 Slide tube: Liftstroke 22-1/2")	Min. closed height: 34" Max. extension height: 56-1/2"
	No. 2-70 Slide tube: Liftstroke 22-1/2"	Min. closed height: 57-1/2" Max. extension height: 80"
	No. 2-591 Extension cap	Adds 4"
	No. 2-109 Leg extension	Adds 12"

[그림] 3-46 잭 작업 품목(출처 : C172RG POH)

AIRPLANE JACKING

General

The airplane has 3 main jack points and 4 auxiliary jack point

The main jack points are the wing jack points A and B and aft body jack point C.

The auxiliary jack points are:
- Stabilizing jack point at the forward body jack point D
- Two main landing gear axle jack points at F
- Nose landing hear axle jack point at E.

You can lift the airplane on jacks at different gross weights if the load on each jack point is not more than the maximum permitted load.

Before you lift the airplane, make sure that the airplane gross weight and the center of gravity are in rhe approved limits. Foe complete information about jacking and leveling the airplane, refer to Maintenance Manual Part 2, Chapter 7 and 8.

WARNING : MAKE SURE THE DOWNLOCK PINS ARE INSTALLED ON ALL THE LANDING GEARS. WITHOUT THE DOWNLOCK PINS, THE LANDING GEAR COULD RETRACT AND CAUSE INJURIES TO PERSONS AND DAMAGE TO EQUIPMENT.

CAUTION : DO NOT PUT THE AIRPLANE ON THE JACKS IN WINDS MORE THAN 35KNOTS. IF YOU DO NOT OBEY THESE INSTRUCTIONS, DAMAGE TO THE AIRPLANE CAN OCCUR.

CAUTION : DURING WINDY CONDITIONS, YOU MUST USE THE STABILIZING JACK(JACK POINT D). YOU MUST PUT A PRE-LOAD ON THE STABILIZING JACK TO A MAZIMUM OF 5,000POUNDS(2,268KILOGRAMS) AT WINDS OF 35MILES PER HOUR. IF YOU DO NOT OBEY THESE INSTRUCTIONS, YOU CAN CAUSE DAMAGE TO THE AIRPLANE.

Open the DRAIN MAST-AIR circuit breaker on the P18-3 circuit breaker panel and attach a DO-NOT-CLOSE tag. This removes heat from the drain mast so it does not burn persons around the airplane.

[그림] 3-47 잭 작업 절차(출처 : A320 TM)

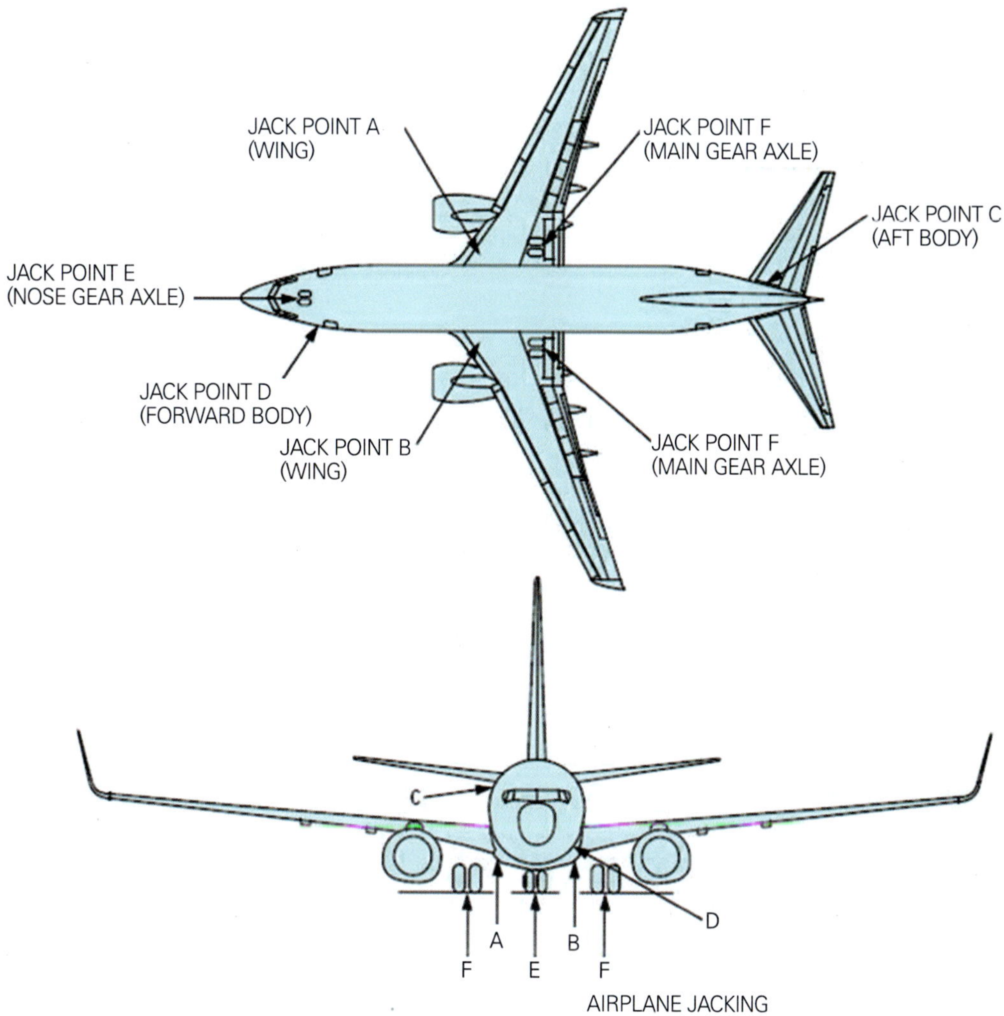

[그림] 3-48 잭 작업 위치(출처 : A320 TM)

MAIN AND NOSE LANDING GEAR JACKING

General
Before you lift the airplane, make sure that the airplane gross weight and the center of gravity are within the approved limits. For complete information about jacking and leveling the airplane, refer to Maintenance Manual part 2, Chapter 7 and 8.

Main Landing Gear Jacking
There are jack points at each landing gear axle to permit the removal of the wheel and tire or brake assembly without a lift of the completes airplane.

Make sure that you have the correct axle jack pad heights and clearances between the tires. The axle jack points allow you to change two flat tires on the same landing gear while the airplane is at its maximum taxi weight.

Follow these safety instructions when you lift the airplane on the axle jacks:
- Lift only one main landing gear at a time
- Remove only one wheel assembly at a time.

You can remove two wheels from the gear only when you use a jack with the mechanical safety provision(lock device).

Make sure the airplane center of gravity is in the specified limits.

Nose landing gear jacking
There is a jack point at the nose landing gear axle to permit the removal of the wheel assembly.

Remove only one wheel assembly at a time. You can remove two wheels from the gear only when you use a jack with the mechanical safety provision(lock device).

Make sure the airplane center of gravity is in the specified limits.

WARNING : MAKE SURE THE DOWNLOCK PINS ARE INSTALLED ON ALL THE LANDING GEAR. WITHOUT THE DOWNLOCK PINS, THE LANDING GEAR COULD RETRACT AND CAUSE INJURIES TO PERSONS AND DAMAGE TO EQUIPMENT.

[그림] 3-49 각 바퀴 잭 작업 절차(출처 : A320 TM)

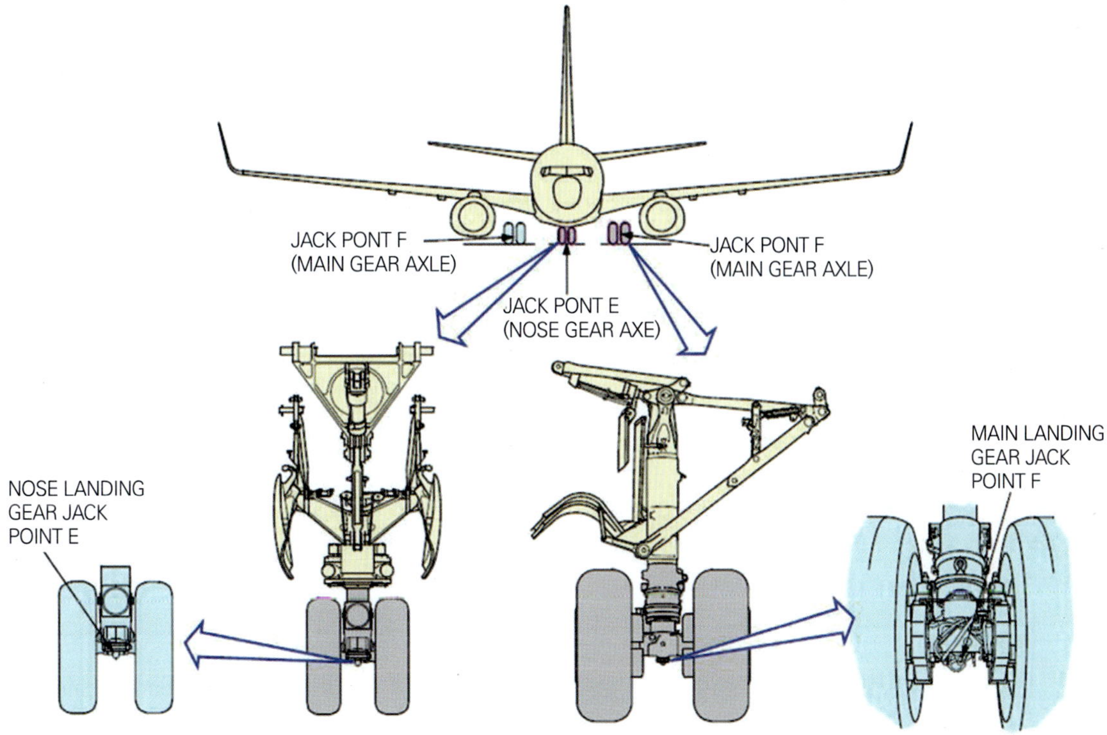

[그림] 3-50 각 바퀴 잭 작업 위치(출처 : A320 TM)

⚗ C.G. calculation procedures(C172RG)

(1) Preparation

1) Inflate tires to recommended operating pressures.
2) Remove the fuel tank sump quick-drain fittings and fuel selector valve quick-drain fitting to drain all fuel.
3) Remove oil sump drain plug to drain all oil.
4) Move sliding seats to the most forward position.
5) Raise flaps to the fully retracted position.
6) Place all control surfaces in neutral position.

(2) Leveling

1) Place scales under each wheel(minimum scale capacity, 1000 pounds).
2) Deflate the nose tire and/or lower or raise the nose strut to properly center the bubble in the level.

(3) Weighing

1) With the airplane level and brakes released, record the weight shown on each scale. Deduct the tare, if any, from each reading.

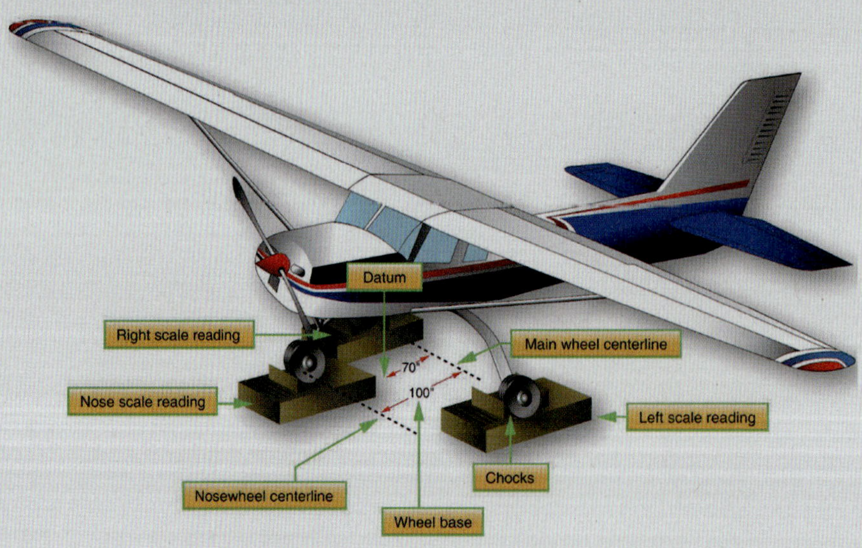

[그림] 3-51 경량항공기 무게중심 산출(출처 : FAA aviation maintenance technician handbook airframe)

(4) Measuring

1)Obtain measurement A by measuring horizontally (along the airplane center line) from a line stretched between the main wheel centers to a plumb bob dropped from the firewall.

2)Obtain measurement B by measuring horizontally and parallel to the airplane center line, from center of nose wheel axle, left side, to a plumb bob dropped from the line between the main wheel centers. Repeat on right side and average the measurements.

(5) Using weights from item (3) and measurements from item (4), the airplane weight and C.G. can be determined.

(6) Basic Empty Weight may be determined by completing a list.

Center of Gravity Limits

① Center of Gravity Ranges

a. Forward : 36.0 inches aft of datum at 1950 lbs. or less, with straight line variation to 39.5 inches aft of datum at 2650 lbs.

b. Aft : 46.5 inches aft of datum at all weights.

② Moment Change Due To Retracting Landing Gear : +2424 lb. -ins.

③ Reference Datum : Front face of firewall.

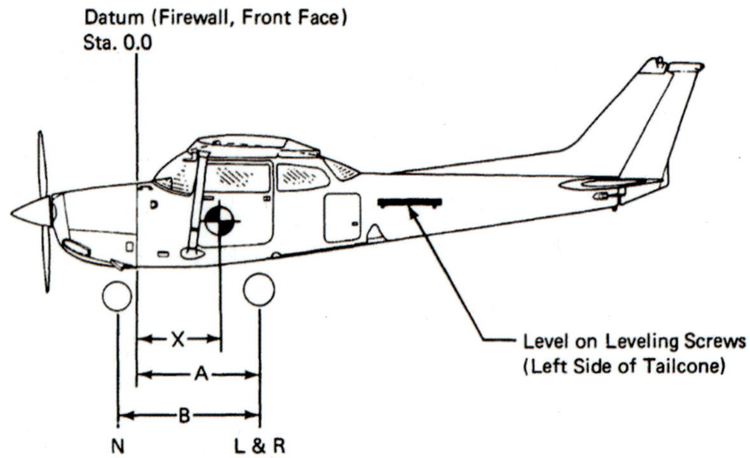

[그림] 3-52 무게중심 측정 위치(출처 : C172RG POH)

Scale Position	Scale Reading	Tare	Symbol	Net Weight
Left Wheel			L	
Right Wheel			R	
Nose Wheel			N	
Sum of Net Weights (As Weighed)			W	

$$X = ARM = (A) - \frac{(N) \times (B)}{W};\quad X = (\qquad) - \frac{(\qquad) \times (\qquad)}{(\qquad)} = (\qquad)\ IN.$$

[그림] 3-53 무게 측정과 기록(출처 : C172RG POH)

Item	Weight (Lbs.)	X C.G. Arm (In.) =	Moment/1000 (Lbs.-In.)
Airplane Weight (From Item 5, Page 6-3)			
Add Oil: (9 Qts at 7.5 Lbs/Gal)	16.9	-16.1	- 0.3
Add Unusable Fuel: (4 Gal at 6 Lbs/Gal)	24	46.0	1.1
Equipment Changes			
Airplane Basic Empty Weight			

[그림] 3-54 무게중심 산출 및 기록(출처 : C172RG POH)

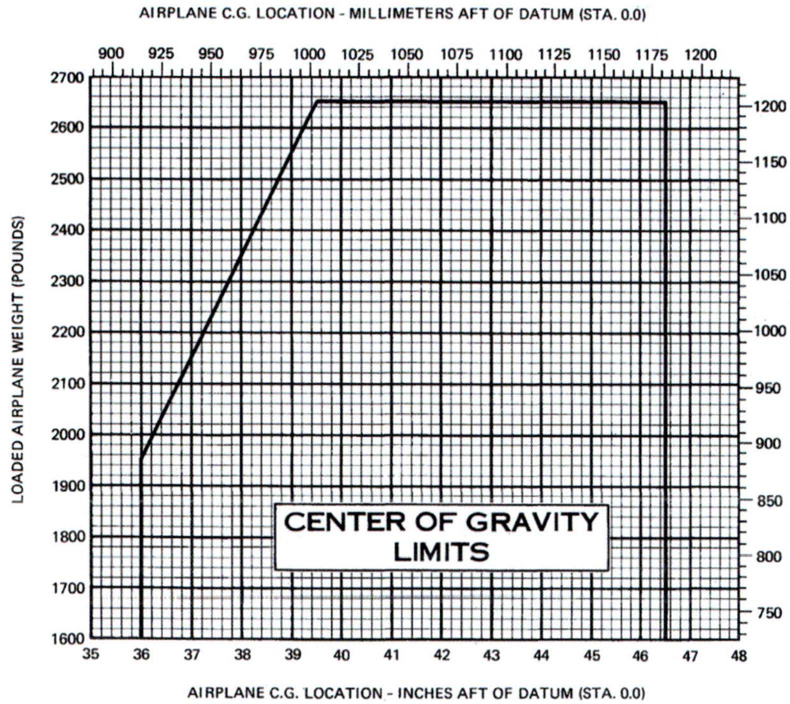

[그림] 3-55 무게중심 한계 범위(출처 : C172RG POH)

PART 4

항공기 재료, 공정, 하드웨어

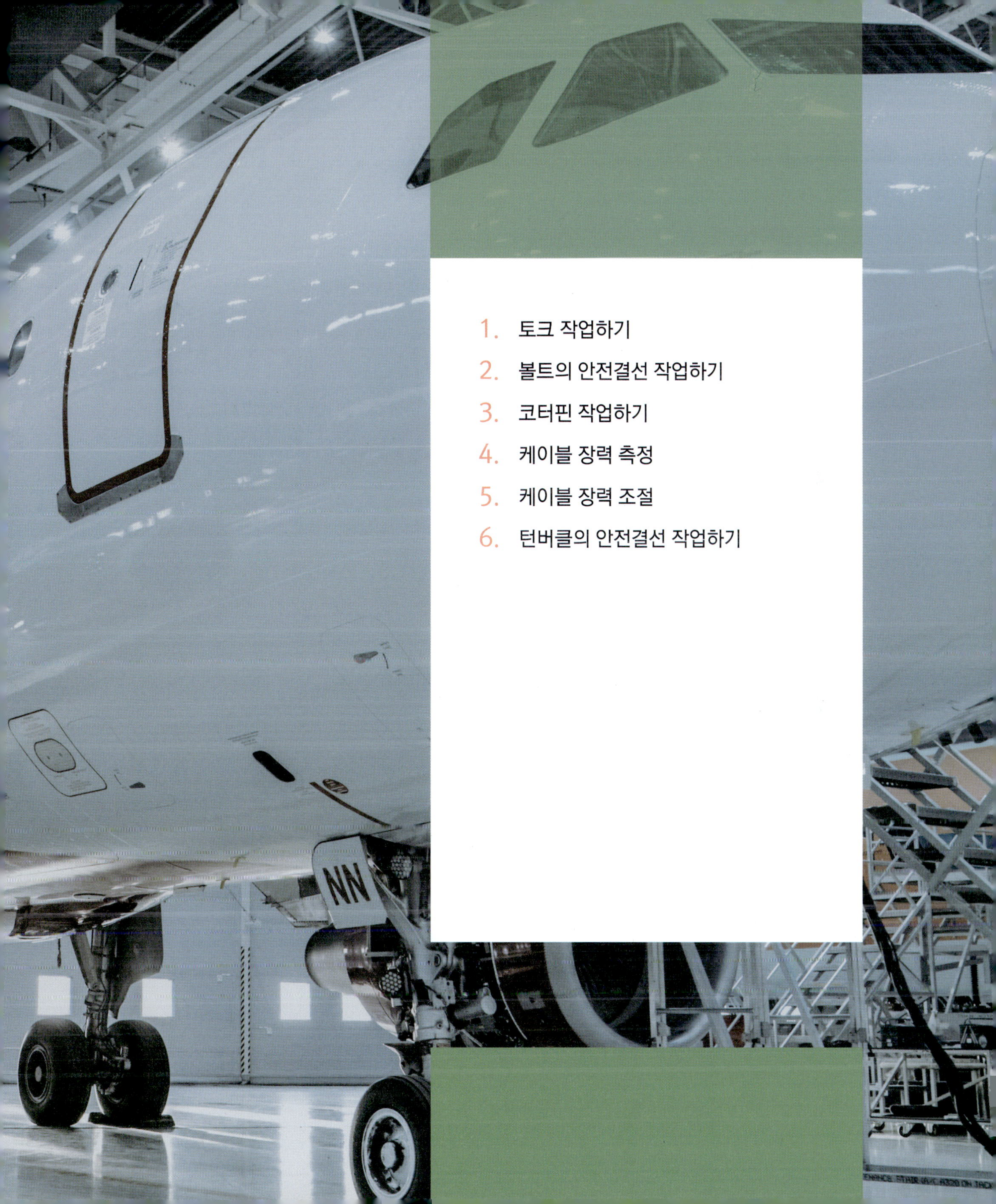

1. 토크 작업하기
2. 볼트의 안전결선 작업하기
3. 코터핀 작업하기
4. 케이블 장력 측정
5. 케이블 장력 조절
6. 턴버클의 안전결선 작업하기

1. 토크 작업하기(Using torque wrench)

(1) 안전 및 유의사항

1) 볼트나 너트를 조일 때 AMM에 지시된 동일한 토크(torque)로 조여야 한다.

2) 토크 렌치(torque wrench)는 정기적으로 정확도를 시험(calibration check)하고, 「검증 표찰」을 부착해야 한다.

3) 시험 장비이므로 조심성 있게 취급해야 한다.

4) 크기에 따라 특정의 최대 부하가 정해져 있으며, 토크값을 초과하여 사용하면 그 정확도가 상실되므로 주의한다.

5) 토크 렌치를 사용할 때 핸들을 잡아당기거나 밀어도 토크값의 정확도에 영향을 끼치지 않으나, 일반적으로 작업을 안전하게 하기 위하여 핸들을 잡아당기는 것이 좋다.

6) 사용한 후 audible indicating torque wrench는 최소 단위로 세팅하여 보관한다.

프리셋 토크 렌치 및 토크 드라이버에서 주의해야 할 점

사용 후, 보관 시 상태이다. 중요한 점은 사용 후 값을 반드시 최소값까지 리턴하는 것이다. 내부에는 토크값의 설정을 위해 스프링을 사용하고 있는데, 최소값에 맞추는 것은 스프링의 장력을 감소시킨다. 리셋시키지 않으면 항상 스프링 장력이 걸린 상태가 되기 때문에, 오랫동안 방치해버리면 스프링의 장력에 손상을 만들어 정확한 토크를 줄 수 없게 되어 버린다.

(2) 사전 학습

1) 토크는 물체에 작용하여 물체를 회전시키는 원인이 되는 물리량으로서 비틀림 모멘트라고도 한다.

2) 토크를 주어 tensile(인장), bending(굽힘), shear(전단) loads를 견딜 수 있는 pre-load(조임력)를 유지시킨다.

3) Torque value의 언급이 없을 때는 Standard Torque Table(SPM 참조)에 따른다.

4) 토크 렌치 최대 scale(용량)의 25~75% applied torque치를 선택한다(1,000[lbs-in] 토크 렌치라면 250 ~ 750[lbs-in]의 토크 작업에 적합하다).

5) Thread의 lubrication 여부를 확인한다.

① Bolt : 언급이 없으면 thread에 engine oil로 lubrication한다.

② Nut : 언급이 없으면 thread에 lubrication을 하지 않는다.

6) Part가 hot 상태인 경우에는 final torque 전에 주위 온도와 같아질 때까지 충분한 시간을 대기한다.

Standard torque value

AMM에서 별도의 지시값이 없을 때 적용한다.

Metric Bolt Torque Table

Estimated with clamp load as 75% of proofload as specified in ISO 898-1

Property Class	8.8 		10.9 		12.9 Socket Head Cap Screw 	
Minimum Tensile Strength MPA	M6-M16:800 M20-M30:830		1040		1220	
Nominal Size and Thread Pitch	Bolt Torque Specs in Foot Pounds or (inch Pounds)					
	Dry	Lubed	Dry	Lubed	Dry	Lubed
M5×0.80	(54)	(41)	(78)	(59)	(91)	(68)
M6×1.00	(92)	(69)	(133)	(99)	(156)	(116)
M7×1.00	(156)	(116)	(222)	(167)	(260)	(195)
M8×1.25	(225)	(169)	(333)	(242)	(377)	(284)
M10×1.50	37	28	53	40	62	47
M12×1.75	65	49	93	69	108	81
M14×2.00	104	78	148	111	173	130
M16×2.00	161	121	230	172	269	202
M18×2.50	222	167	318	238	372	279
M20×2.50	314	235	449	337	525	394
M22×2.50	428	321	613	460	716	537
M24×3.00	543	407	776	582	908	681
M27×3.00	796	597	1139	854	1331	998
M30×3.50	1079	809	1543	1158	1804	1353
M33×3.50	1468	1101	2101	1576	2455	1842
M36×4.00	1886	1415	2699	2024	3154	2366

Lubed means cleaned dry bolts lubricated with a standard medium viscosity machine oil. Lubricate all contact areas of the bolts and washers. Lubricating the bolts is the suggested method.

[그림] 4-1 표준 토크 적용값

일반적으로 Nnt turning 원칙이다. 만약 주위 구조물이나 여유 공간이 없을 때 너트가 아닌 볼트머리 쪽에서 토크 작업을 해야 한다면, 최대 토크값은 생크의 마찰에 따른 크기만큼 추가해야 한다. 그때의 토크값은 제작사에 따라 다르다.

① **보잉사** : 너트의 최대 토크값의 ±10%를 적용한다.

② **에어버스사** : 너트 토크값의 1.2배를 적용한다.

③ **맥도널더글러스사** : 너트의 최대 토크값을 적용한다.

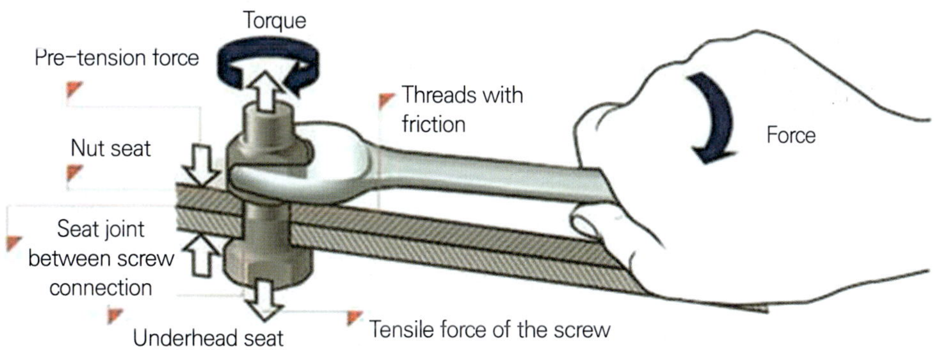

[그림] 4-2 너트 조임 우선적

(3) 토크 렌치(Torque Wrench)의 종류

지시하는 토크값은 다이얼 형식과 스케일 형식으로 표시한다. 단위는 [kg·cm], [kg·m], [N·m], [lb·in], [lb·ft] 등이 있다.

1) Deflecting Beam Torque Wrench

2) Rigid Frame Torque Wrench

3) Audible Indicating Torque Wrench

4) Preset Torque Driver

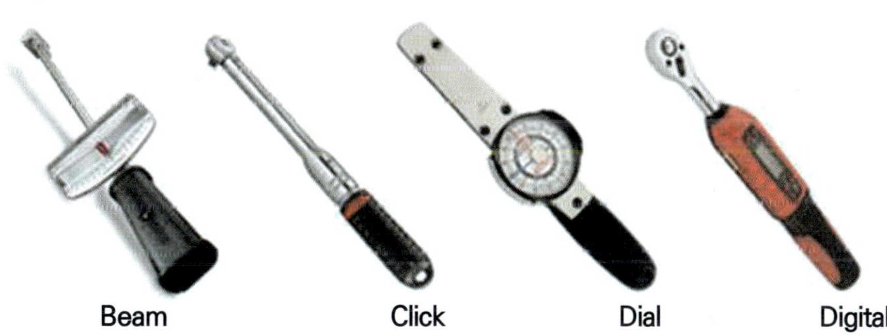

[그림] 4-3 토크 렌치 종류

1) Deflecting Beam Torque Wrench

핸들 부분에 눈금이 새겨진 핀이 있어 토크가 걸리면 레버가 휘어져 지시바늘의 끝이 토크의 양을 지시한다(빔식 토크 렌치라 한다).

[그림] 4-4 디플렉팅 빔 토크 렌치

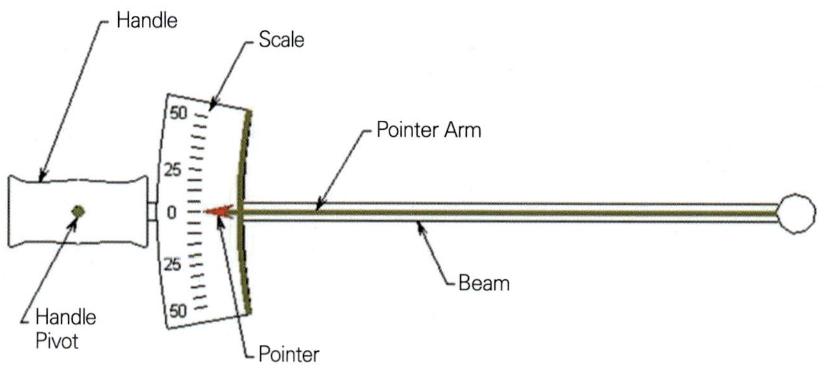

[그림] 4-5 디플렉팅 빔 토크 렌치 구조

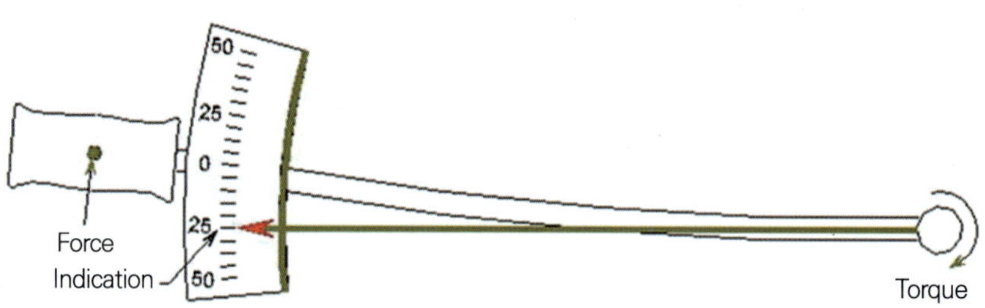

[그림] 4-6 디플렉팅 빔 토크 렌치 사용

2) Rigid Frame Torque Wrench

토크가 걸리면 다이얼에 토크의 양이 지시된다(다이얼식 토크 렌치라 한다). 눈금이 있는 회전판을 돌려서 0점 조절을 한다. 바늘이 2개가 있는데, 토크가 걸리기 시작하면 그 양만큼 토크값이 올라가게 되며, 원하는 지시값이 걸리도록 아주 서서히 회전시키면 된다. 토크 렌치를 패스너에서 분리시키더라도 1개의 바늘은 다시 원래의 위치로 돌아가는 반면, 남은 1개의 바늘은 걸려있는 토크값을 그대로 지시하게 되어 지시식 토크 렌치라고도 한다.

[그림] 4-7 리지드 프레임 토크 렌치

3) Audible Indicating Torque Wrench

다이얼이 지시하는 토크값을 볼 수 없는 장소의 볼트와 너트를 장착할 때 주로 사용되는데, 가볍고 사용하기가 편리하다. 토크값은 마이크로미터와 같이 눈금으로 조정하게 되어 있고, 규정값의 토크값이 걸리면 소리가 나도록 되어 있다(제한식 토크 렌치라 한다).

[그림] 4-8 오디블 인디케이팅 토크 렌치

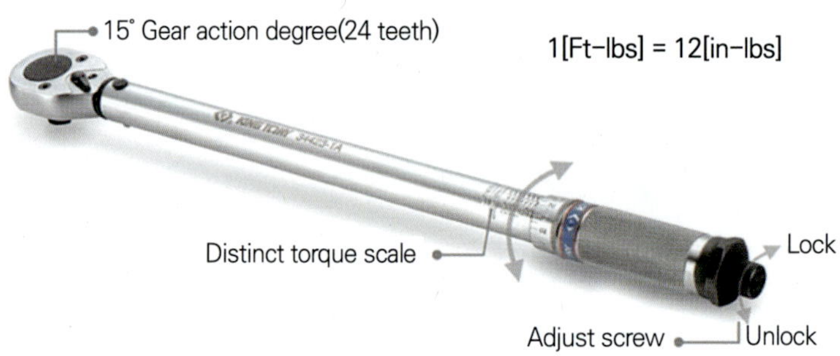

[그림] 4-9 오디블 인디케이팅 토크 렌치 사용

4) Preset Torque Driver

Screw 작업에 사용되며, 규정된 토크값을 미리 드라이버에 고정시켜 놓고 작업을 한다. 작업 도중 규정 이상의 토크가 걸리면 헛돌게 되어 있다.

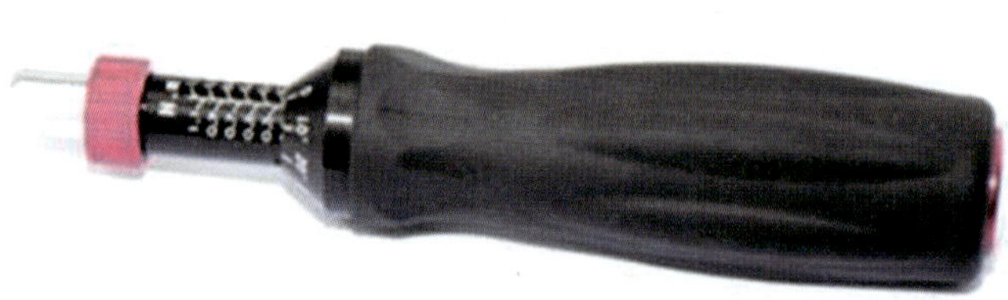

[그림] 4-10 프리셋 토크 드라이버

5) Socket & Wrench SET

Fastener에 토크 체결 작업 시 회전하는 반대편에는 고정되어야만 조여진다. 따라서 토크 렌치와 함께 오픈엔드, 박스엔드, 컴비네이션 렌치, 각종 소켓 등을 이용해서 작업한다.

[그림] 4-11 렌치와 소켓 세트

(4) 0점 맞추기(Zero Setting) 작업

용도에 따라 회전 방향이 서로 다르기 때문에 0점을 맞추어 토크값을 읽는다. 다이얼의 안쪽 눈금(우측으로 토크 줄 때)과 바깥쪽 눈금(좌측으로 토크 줄 때)을 구별하여 읽는다. 표준 토크 렌치의 눈금판이 인치식과 미터식 겸용으로 되어 있어서 필요시에 다이얼을 돌려서 조절하여 읽는다.

1) 우측으로 토크를 줄 때

① **인치 단위일 때 :** 안쪽 눈금 중에서 좌측판에 위치한 0점에 바늘을 일치시킨다.

② **미터 단위일 때 :** 안쪽 눈금 중에서 우측판에 위치한 0점에 바늘을 일치시킨다.

2) 좌측으로 토크를 줄 때

① **인치 단위일 때** : 바깥쪽 눈금 중에서 좌측판에 위치한 0점에 바늘을 일치시킨다.

② **미터 단위일 때** : 바깥쪽 눈금 중에서 우측판에 위치한 0점에 바늘을 위치시킨다.

(5) 연장공구 사용 시 토크값 계산

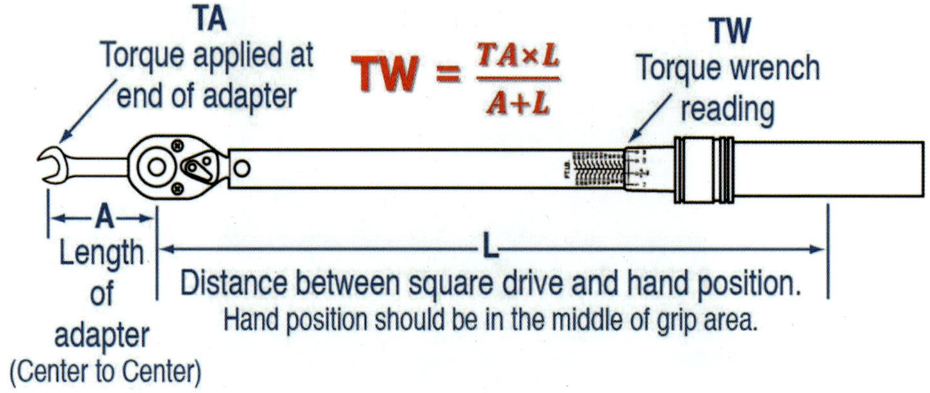

[그림] 4-12 연장바 사용 토크값 산출

단 수직 길이의 연장은 연장으로 보지 않으며, 연장공구의 사용으로 인하여 전체 길이가 짧아지는 경우 계산식에서 (+) 대신 (-)를 사용하면 된다.

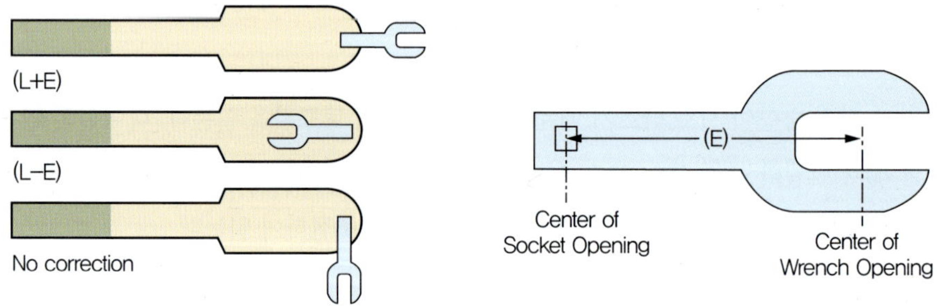

[그림] 4-13 정확한 연장바 사용

연장공구 사용 시 토크값 계산 연습

Sample: A nut requires 180 foot-pounds of torque. You are using a 12inch long torque wrench with a 3inch extension. What should the torque wrench dial read in order to provide 180foot-pounds of torque?

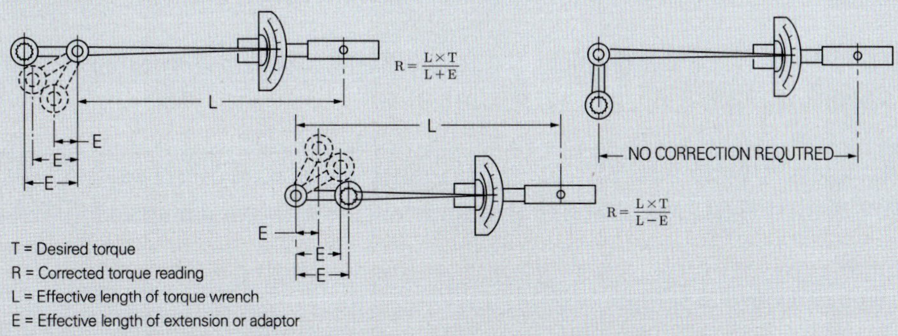

[그림] 4-14 연장바 사용 토크값 산출 샘플

(6) 토크 렌치(Torque Wrench) 사용법

1) 토크 렌치를 사용할 때에는 특별한 지시가 없는 한 볼트의 나사산에 절삭유를 사용해서는 안 된다.

2) 토크값을 측정할 때에는 바른 자세로 천천히 힘을 가해서 해야 한다.

3) 볼트나 너트가 어느 정도 죄어진 상태에서 규정된 토크값으로 토크 렌치를 사용하여 죄어야 한다.

4) 규정된 토크값으로 조인 볼트나 너트에 안전결선이나 고정핀을 끼우기 위해서 볼트나 너트를 더 죄어서는 안 된다.

5) 토크의 60 ~ 90%는 나사산의 마찰을 극복하는 데 사용된다.

6) 윤활제는 나사산의 마찰력을 감소시키거나 안정시키는데 도움이 된다.

7) 적정 윤활이 되지 않으면 볼트 체결 시 적정 토크를 발생시키지 않을 수 있다. 따라서 엔진 작동 시 부품의 이탈 가능성이 있다.

8) 최종 토크값은 윤활제의 바름이나 종류에 의해 변할 수 있다.

9) 윤활은 토크를 수행할 부품에 대해 반드시 수행되어야 한다.

10) 윤활유와 anti-gallant는 함께 바르면 안 된다.

11) 토크는 천천히 그리고 일정한 속도로 수행한다.

12) 최소 토크에서 안전결선 및 코터핀 홀이 맞지 않았다면 더 돌려서 맞춘다. 그러나 토크 최대치는 초과하지 않아야 한다. 이때도 맞지 않는다면 새로운 fastener로 교체한다.

13) 토크값의 75%로 initial 토크를 균등한 간격으로 수행한다. 그리고 부품의 seating과 load를 균일 분산 목적으로 대각선끼리 initial 토크값으로 체결한다.

14) 전기 harness 커넥터를 토크 작업 시 나사산에 윤활을 하지 않고, 체결 전에 pin들의 bent 상태를 점검한다. 체결 시 처음에 손으로 체결한 후 strap wrench나 soft jawed plier로 조인다.

(7) 토크(Torque) 시 발생 현상

1) 토크는 볼트나 너트가 받는 하중보다 항상 더 커야 한다. 그렇지 않으면 해당 부분의 부품은 stress를 받게 된다.

2) 규정 토크보다 적은 상태라면 부품이 헐거워지거나 분리될 수 있다. fastener가 fatigue로 인해 fail 될 수 있다.

3) 규정 토크보다 큰 상태라면 전단 stress로 인해 fastener의 서항성이 감소된다. 나사산의 손싱 혹은 볼트의 fracture를 발생시키고, 볼트가 잡고 있은 곳(flange)의 crack을 발생시킨다.

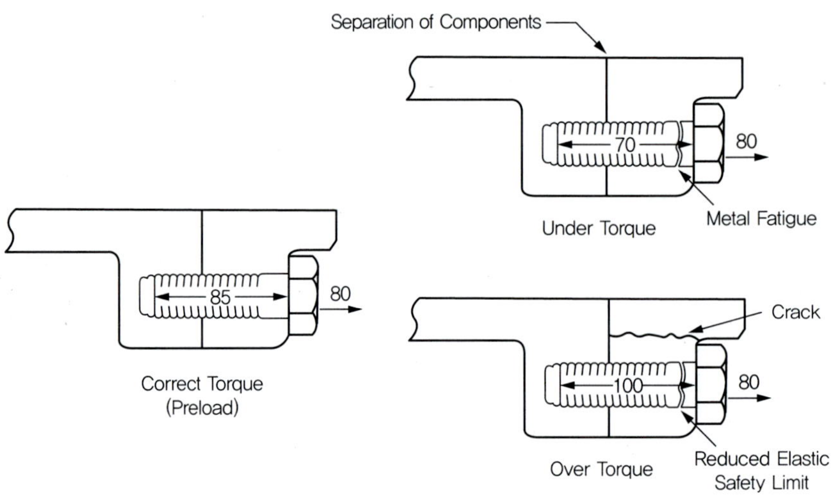

[그림] 4-15 토크 적용 발생 현상

(8) 토크값(Torque Value)의 종류

1) TM(기술도서)에서 friction torque, run on torque, tare torque, drag torque는 모두 같은 의미로 두고 있다.

2) Run on torque : Self locking nut를 bolt 또는 stud에 체결한 상태에서 thread가 보이기 시작할 때부터의 torque value이다.

3) Driving torque : Self locking nut를 bolt의 thread를 타고 회전할 때 요구되는 torque value이다.

4) Break away torque : Self locking nut가 tighten된 상태에서 다시 loose시킬 때 요구되는 torque value이다.

5) Gross torque : Run on torque와 seating torque가 포함된 토크로서, 토크 렌치에서 지시하는 Total torque value이다.

> 2-18 Torque. Tighten nuts to torque specified in table 2-9. Apply torque to a bolt head only when a torque wrench cannot be used on the nut. After application of torque to a nut, further tightening to align the slot for cotter pin or lockwire is permitted.
>
> a. Torque Definitions. Torque definitions are explained in the following paragraphs.
>
> (1) Breakaway torque Breakaway torque(table 2-8) is defined as minimum torque repaired to start the movement of a nut on or off bolt with no azial load on the nut and with the bolt completely through the nut
>
> (2) Friction torque(tare, drag, run on). Friction torque is the torque required to overcome the internal friction between a self-locking nut and bolt as the nut is being turned on the bolt, but before the nut contacts the washer(no axial load).
>
> (3) Final torque. Final torque is the sum of the friction. torque plus the applicable torque values from table 2-9 or friction torque plus torque from applicable maintenance manual.
>
> (4) Break-loose torque Break-loose torque is defined as the effoet to break loose an axially loaded nut.

[그림] 4-16 토크값 종류

① Run on torque

일반적으로 self-locking fastener에 적용되는 토크로, self-locking fastener의 재사용(reuse) 가능성을 판단하는 기준이 되는 값이다. bolt 또는 stud에 장착될 nut를 장착 후, 완전히 1thread 이상이 나와 nut가 돌아가고 있을 때 걸리는 토크이다. Run on torque의 limit는 최소값과 최대값으로 주어지며, 측정된 break away 토크값이 반드시 limit 이내에 들어올 경우 nut 또는 bolt를 사용할 수 있다.

② Run on torque의 필요성

항공기에 사용되는 대부분의 fastener는 self-locking(nut, bolt, helical coil insert)으로 되어 있으며, 이는 재사용 시 주어진 토크값을 fastener에 가했을 때 정확히 seat되고, 설계자가 요구하는 주어진 값의 axial load를 가할 수 있도록 하기 위하여 재사용 전 run on torque check가 필요하다.

a. Fastener에 check한 run on torque의 최소값을 min break away torque값이라 하며, 이 값이 최대값보다 적을 경우 locking이 부정확하게 될 수 있으며, fastener로 피접합물에 가해지는 axial load값이 증가될 수 있다.

b. 반대로 run on torque의 최대값을 max locking torque값이라 하며, 이를 초과할 경우 피접합물에 가해지는 axial load값이 설계치 이하로 작용될 수 있다.

③ Break away torque

볼트에 너트를 장착하여 성지되었넌 너트가 막 움직이러 할 때 필요로 하는 토크로서, 볼트에서 어떠한 axial load도 없는 상태로 nut는 전혀 seating되지 않는 상태이다. Run on torque와 거의 유사하나, 토크를 풀 때의 값을 말한다. Break away torque 실시는 해당 MNL에 명기된 절차를 따른다.

a. Fastener의 thread size로 run on torque값을 확인한다.

b. MNL이 주어진 lubricant를 apply한다.

c. 적정의 토크 렌치와 common 공구를 사용하여 완전히 1개 이상의 thread가 nut 밖으로 나온 상태일 때, fastener에 가해지는 run on torque를 check한다.

d. 측정된 토크값이 주어진 run on torque limit 이내인지 확인한다.

e. Limit under 또는 over된 경우 폐기(scrap) 조치한다.

2. 볼트의 안전결선 작업하기(Safety Wire)

(1) 안전결선(Safety Wire)의 목적

체결부품이 비행 중 심한 진동에 의해 헐거워지거나 탈락되는 것을 방지하기 위한 안전 고정 작업은 모든 항공기 볼트, 너트, 스크류, 핀 또는 기타 고정물들을 진동에 의한 풀림 방지를 해주는 작업이다. 체결부품을 고정하는 작업으로는 주로 안전결선(sefety wire), 코터핀(cotter pin)을 이용하는 작업을 의미한다.

[그림] 4-17 안전결선 작업

(2) 안전 및 유의사항

1) 와이어의 지름이 결선구멍의 75% 정도가 되도록 하고, 일반적으로 기관 정비에 사용하는 와이어의 지름은 0.8[mm] = 0.032[inch]를 사용한다.

2) 작업할 부품을 청결하게 하고 한 번 사용한 와이어는 절대 다시 사용하지 않는다.

3) 와이어를 공구로 잡아당길 때는 항상 와이어의 끝을 잡고 구멍의 방향과 일치하는 방향으로 당긴다.

4) 와이어를 자를 때는 끝부분이 손이나 신체 부위가 절단면에 다치지 않도록 주의하며, 끝을 손으로 잡고 직각으로 잘라야 안전하다.

5) 와이어의 표면에는 부식방지 처리가 되어 있어 피막 손상에 주의한다.

6) 외부물질에 의한 손상(foreign objective damage) 방지를 위해 작업 후에는 반드시 테이블 위를 정리 정돈한다.

7) 공구로 심하게 당기면 응력이 집중되어 끊어질 수 있으므로 심하게 당기지 않도록 한다.

(3) 사전학습

1) 안전결선을 위한 와이어는 와이어 지름이 볼트 구멍의 75% 크기가 적당하다.

① **지름 0.020인치** : 볼트구멍 지름이 0.045인치 이하에 사용한다.

② **지름 0.032인치** : 볼트구멍 지름이 0.045인치 이상에 사용한다(항공기에서 가장 많이 사용한다).

③ **지름 0.041인치** : 엔진, APU 등의 고열을 받는 부분에 사용한다.

[그림] 4-18 항공기용 안전결선 철사

2) 안전결선 와이어의 재질은 볼트의 재질과 동일한 것을 쓰는 것이 원칙으로, 이질금속간의 부식을 방지하기 위함이다. 와이어의 재질은 연강, 황동, 구리, 내식강, 모넬, 알루미늄, 연강과 내식강 카드뮴의 합금 등이 있다.

[표] 4-1 안전결선 철사 재료

안전결선의 재료	사용조건
Ni-Cu 합금(모넬)	700F°까지의 장소
Ni-Cu-Fe 합금(인코넬)	1,500F°까지의 장소
5056 AL 합금	안전결선이 마그네슘 재료와 결합한 경우
Cu(지름 0.02in)	비상장치용

3) **단선식 결선법**(Single Wire Method)

3개 또는 그 이상의 fastener들이 좁은 간격으로 폐쇄된 기하학적 형상(삼각형, 정사각형, 직사각형, 원형 등)으로 밀집되어 있을 때 사용한다(Fastener 중심과 중심 간의 거리가 최대 2인치 이하의 경우). 결선의 길이는 24인치로 제한한다. 비상용 장치, 즉 비상구, 비상용 브레이크 레버, 산소 조정기, 소화제 발사 장치 등의 핸들커버의 가드 등에 사용한다. 단 좁은 간격이더라도 유압을 받거나 중요 부분에 사용되는 fastener는 복선식으로 체결한다.

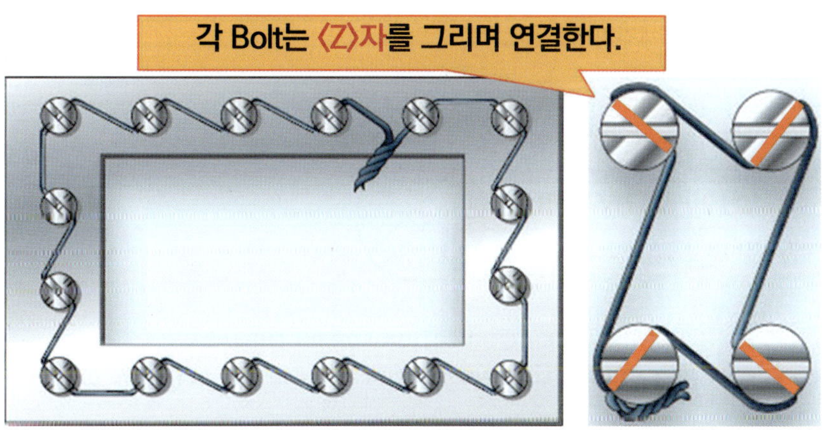

[그림] 4-19 단선식 볼트 안전결선 작업(출처 : FAA aviation maintenance technician handbook airframe)

[그림] 4-20 단선식 볼트 안전결선

4) 복선식 결선법(Double Wire Method)

기본적인 안전결선의 체결은 복선식으로 한다. 넓은 간격(4~6인치 정도)으로 여러 개가 모인 fastener들에 체결할 경우, 연속적으로 결합할 수 있는 최대 fastener 수는 3개까지이다. 좁은 간격(2인치 이하)으로 여러 개가 fastener에 연속해서 체결할 수 있는 최대 fastener수는 결선의 길이는 24인지로 제한한다. 6인치 이상 떨어져 있는 fastener 또는 fitting 사이에 안전결선을 체결해서는 안 된다. 1개의 fastener는 구조물에 뚫린 홀을 이용하여 체결할 수 있다.

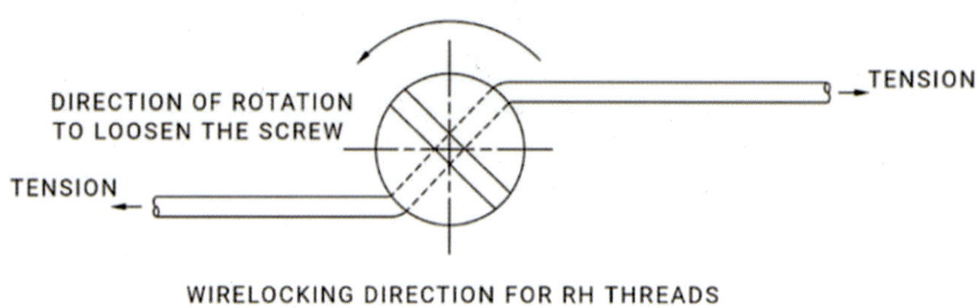

[그림] 4-21 복선식 볼트 안전결선 방향

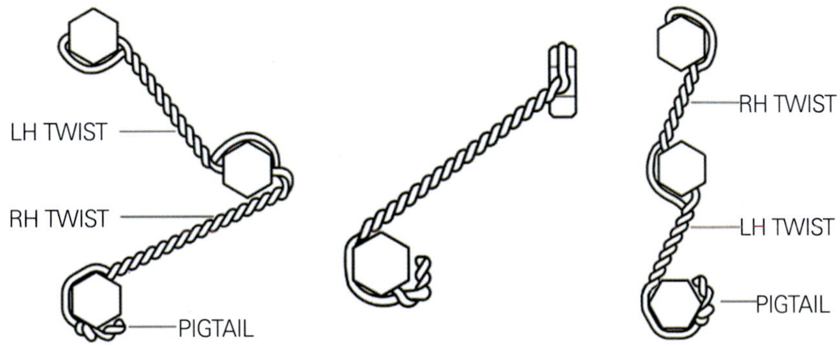

[그림] 4-22 복선식 볼트 안전결선 작업

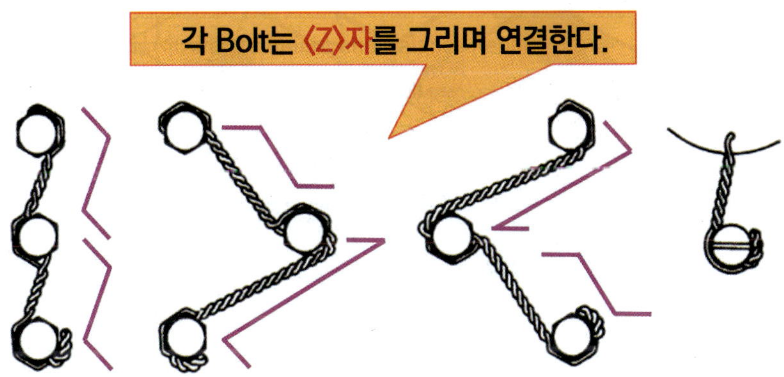

[그림] 4-23 복선식 볼트 안전결선 종류

5) 기타

볼트에 너트를 체결할 때 안전결선 홀이 권고된 범위에서 볼트에 있는 홈과 정렬되지 않는 경우도 있다. 큰 응력을 받는 엔진부품을 제외하고, 너트는 토크 범위를 넘지 않아야 한다. 이 경우 와셔, 볼트 등의 하드웨어(hardware)를 교체하여 홀 위치를 재조정한다. 제시되는 토크값은 거의 같은 나사산의 수와 같은 접촉 면적을 갖는 세목나사(피치가 작음) 또는 거친나사(피치가 큼) 계열의 기름을 바르지 않은 카드뮴 도금 강철 너트 모두에 적용하게 된다. 이 값은 정비매뉴얼에 특별한 토크 요구사항이 제시된 곳에는 적용하지 않는다.

(4) 안전결선용 공구

1) Wire twister

안전결선을 신속하고 일관성 있게 꼬일 수 있도록 해주고, wire cutter의 기능도 가지고 있다.

[그림] 4-24 와이어 트위스터

2) Long nose plier(needle nose plier)

항공기 전기나 전자 작업 시 작은 부품을 집을 수 있고 철사를 잡을 때도 사용된다. 손으로 접근할 수 없는 좁은 장소에 있는 조그만 부품을 잡거나, 얇은 금속판을 정교하게 구부리는데 사용한다.

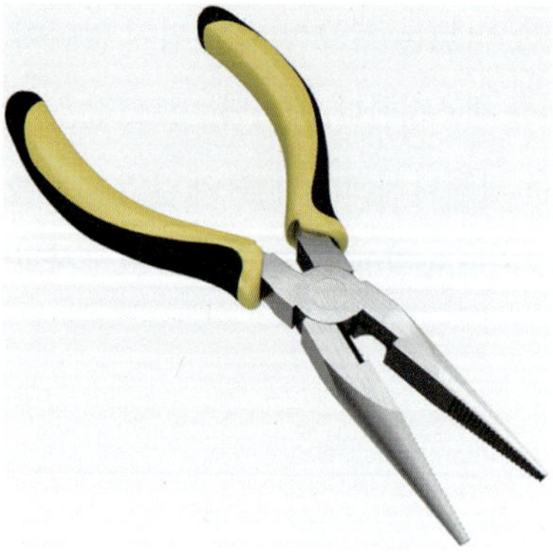

[그림] 4-25 롱 노즈 플라이어

3) Diagonal cutter plier

와이어를 집거나 자르는데 사용한다.

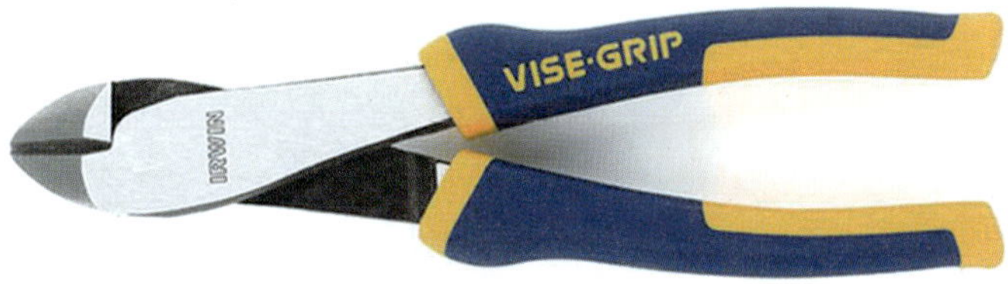

[그림] 4-26 커터 플라이어

4) Slip joint plier(plain plier)

일반적으로 금속조각이나 철사를 구부리는데 사용한다. 항공기정비에 가장 많이 사용되는 공구로 4~9인치까지 있으나 6인치를 가장 널리 사용한다. 볼트, 너트를 죄거나 푸는 데 사용하는 렌치 대용으로는 사용을 금지한다(볼트, 너트를 돌리는 데 사용하면 모서리가 마멸되어 부품의 손상을 준다. 특히 알루미늄이나 청동재 너트를 돌리는데 사용하면 재료가 연하여 더 많은 손상을 유발한다).

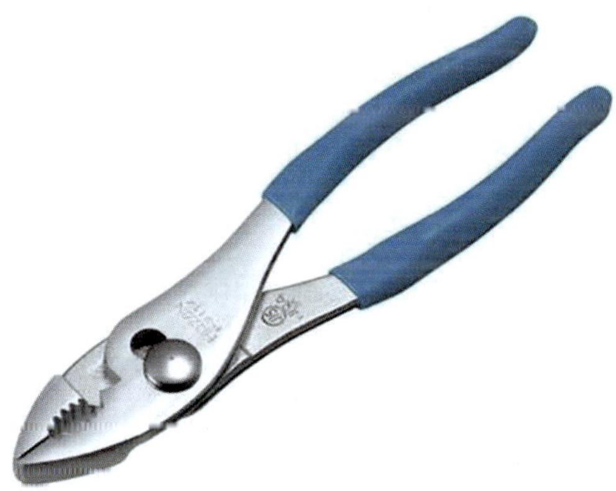

[그림] 4-27 슬립 조인트 플라이어

5) Steel Scale(for inch type)

복선식 결선의 각 마디 및 마무리(pig tail)의 꼬임 횟수와 길이를 정확하게 측정하기 위해 사용한다.

[그림] 4-28 인치식 직선자

(5) Practice – Safety wire

1) Position the hole(10:30 o'clock to 4:30 o'clock). Then, Place the wire in a Z shape.

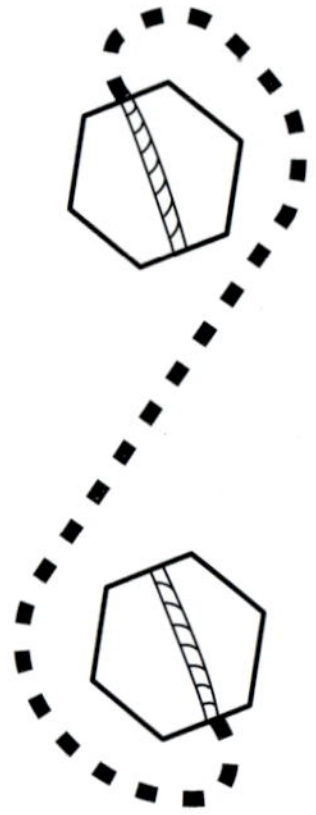

[그림] 4-29 철사 Z 모양 위치

2) Insert proper gage wire. To determine the proper wire to be used in conjunction with a particular tightening operation refer to the technical manual.

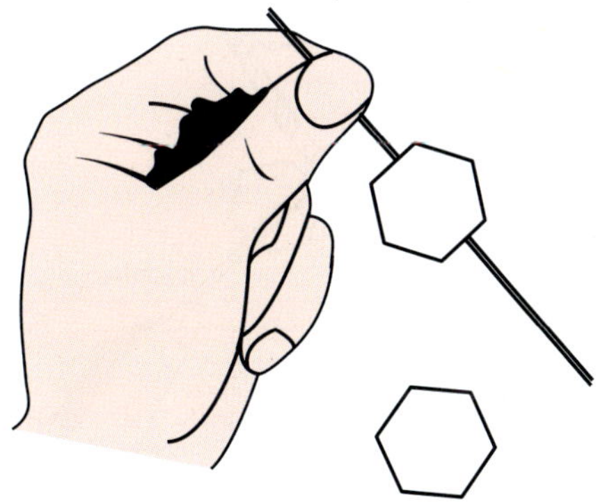

[그림] 4-30 정확한 철사 사용

3) Grasp under end of the wire and bend it around the head of the bolt; then under the other end of the wire. Be sure wire is tight around head.

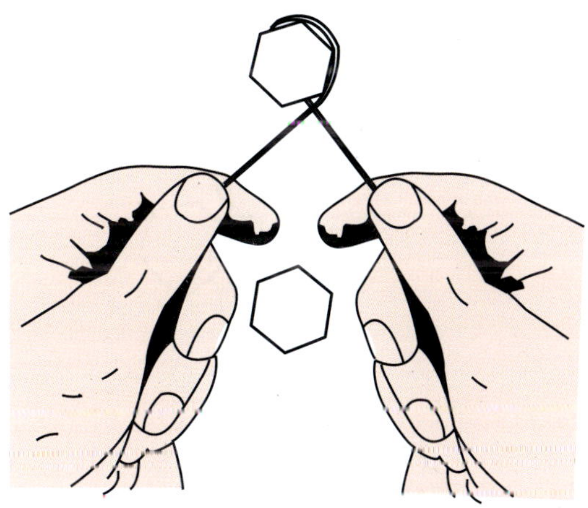

[그림] 4-31 시계 방향 철사 감기

4) Twist wire until wire is just short of hole in the second bolt.

[그림] 4-32 다음 볼트까지 철사 꼬음

5) Keeping wire under tension twist in a clockwise direction until the wire is tight. when tightened the wire shall have approximately 6~8 turns per inch.

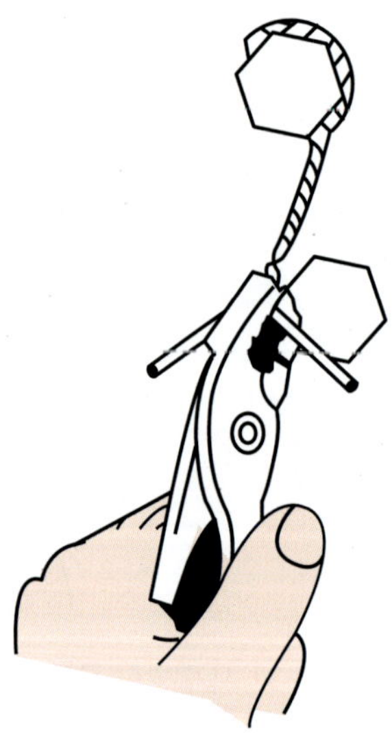

[그림] 4-33 시계 방향 공구 회전

6) Insert the uppermost wire, which points towards the second bolt, through the hole which lies between the nine and twelve o'clock position. Grasp the end of wire with a pair of wire twister and pull the wire tight.

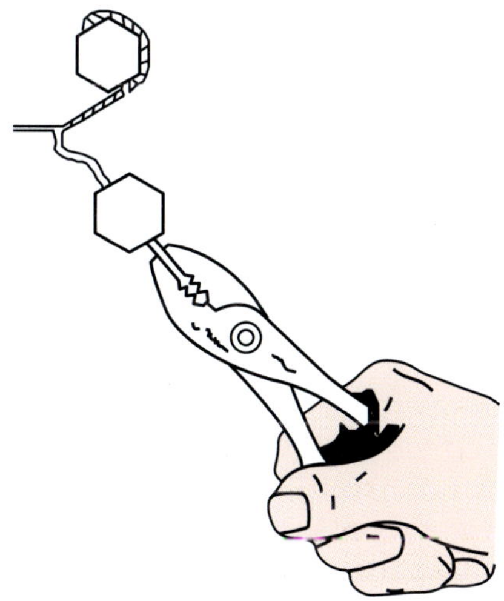

[그림] 4-34 철사 Z 모양 위치

7) Bring the free end of the wire around the bolt head in a counterclockwise direction and under the end protruding from the bolt hole. Twist the wire in a counterclockwise direction.

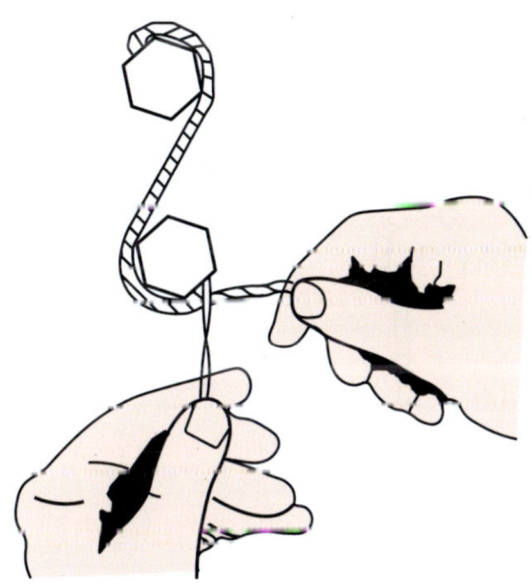

[그림] 4-35 반시계 방향 철사 감기

8) Grasp the wire beyond the twisted portion and twist the wire ends counterclockwise until tight.

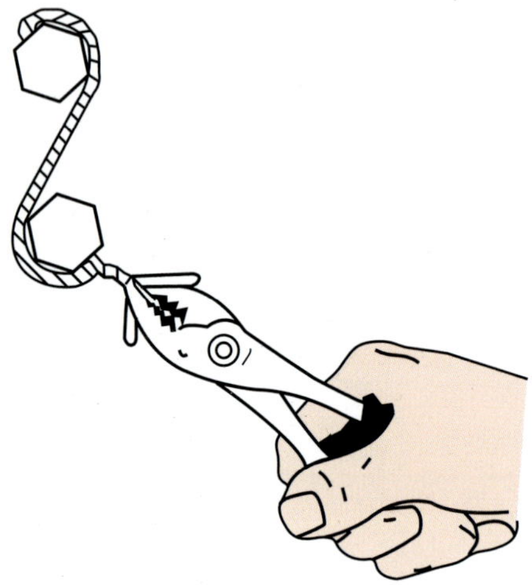

[그림] 4-36 반시계 방향 공구 회전

9) During the final twisting motion of the wire twisters, bend the wire down and under the head of the bolt.

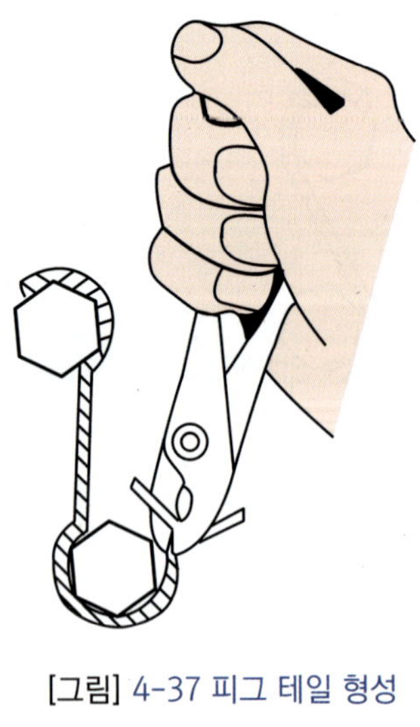

[그림] 4-37 피그 테일 형성

10) Cut off excess wire with diagonal cutting plier. Never twist the wire ends off with pliers; and, when cutting off ends, leave at least four to six complete turns (1/2 to 5/8 inch long) after the loop. Some aircraft manufacturer recommends that the length of the twisted part (pigtail) must be between 10[mm] to 15[mm]. Bend down or back.

[그림] 4-38 복선식 안전결선 마무리

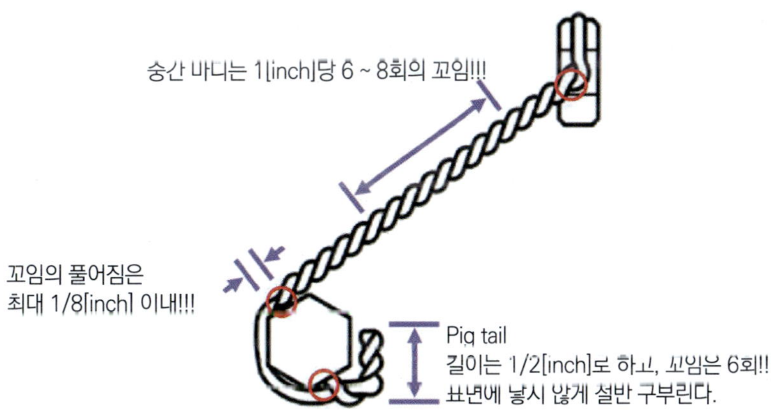

[그림] 4-39 복선식 안전결선 규격

3. 코터핀 작업하기(Cotter pin)

캐슬 너트는 코터핀 장착을 위해 볼트 생크에 구멍이 뚫려 있다. 코터핀은 미약한 마찰을 느끼며 알맞게 체결되어야 한다. 우선식과 차선식의 2가지 방법이 있다.

[그림] 4-40 코터핀 작업

(1) 볼트 위로 구부러진 가닥은 볼트 지름을 초과해서는 안 된다. 필요에 따라 여분을 절단한다.

(2) 아래쪽으로 구부러진 가닥은 와셔의 표면에 닿지 않는 범위에서 가능한 길어야 한다. 필요해 따라 여분을 절단한다.

(3) 별도의 지시가 있거나 우선식을 할 수 없을 때 차선식으로 한다. 캐슬 너트를 감싸듯 옆으로 돌리는 방법을 사용하며, 양가닥의 끝이 너트의 옆 끝선보다 바깥쪽으로 뻗어나가면 안 된다.

(4) 모든 가닥은 적당한 곡률로 구부러져야 한다. 너무 급격한 굽힘은 끊어지기 쉽다. 고무망치(mallet) 등으로 가볍게 두드려서 구부리는 것이 가장 좋은 방법이다.

(5) 관련 지식

① **우선식 방법** : 특별한 지시가 없는 경우 일반적으로 사용한다.

② **차선식 방법**(대체식 방법) : 너트나 볼트 끝부분에 구부려 접은 끝이 가까이 있는 부품과 닿을 것 같은 경우나 걸리기 쉬운 경우에 쓰는 방법이다.

③ 코터핀은 장착할 때마다 새것을 사용하고 재사용해서는 안 된다.

④ 핀 끝을 접어 구부릴 때는 펼쳐지게 해야 하고 꼬거나 또는 가로방향으로 구부려서는 안 된다.

⑤ 핀 끝을 절단할 때는 끝을 감싸는 등의 방법으로 절단 조각이 튀지 않게 해야 한다.

⑥ 핀 끝을 절단할 때는 핀 축에 직각으로 절단해야 한다.

(6) 작업 순서

① 핀 끝의 긴 쪽을 위로 해서 손으로 가능한 만큼 밀어 넣는다.

② 핀의 헤드가 너트의 벽과 동일면에 가깝도록 플라스틱 해머로 가볍게 두드린다. 이때 코터핀의 헤드가 변형되지 않게 주의한다.

③ 핀의 위쪽 끝을 플라이어로 확실히 잡고 앞으로 당기면서 볼트축 쪽으로 구부려 적당한 길이로 절단한다.

④ 절단된 끝을 해머로 가볍게 두드려 볼트 끝부분에 꼭 붙인다.

⑤ 남은 핀 끝을 플라이어로 확실히 잡고 앞으로 당기면서 약간 아래쪽으로 구부려 와셔에 닿지 않을 정도로 절단한다.

⑥ 핀 끝을 해머로 가볍게 두드려 너트 벽에 꼭 붙인다.

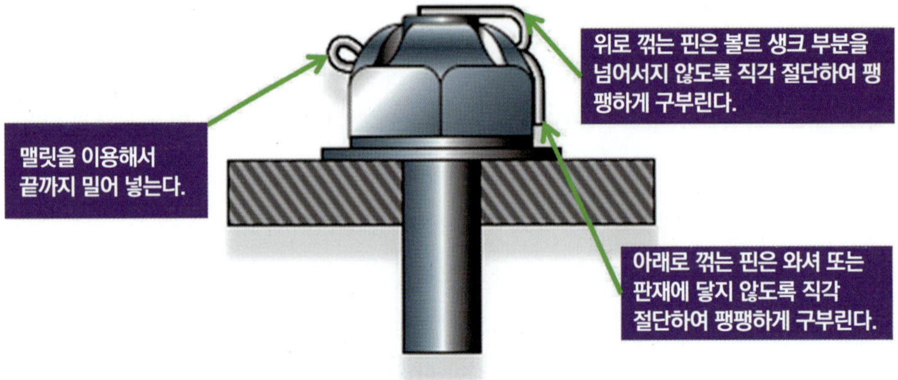

우선식 방법(Preferred)

[그림] 4-41 우선식(출처 : FAA aviation maintenance technician handbook airframe)

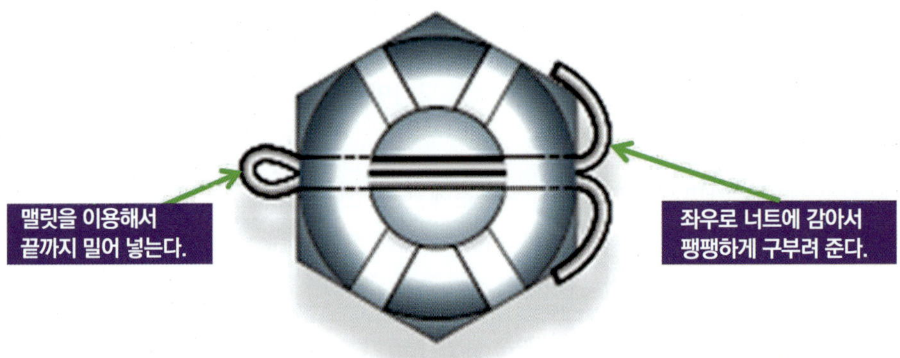

차선식 방법(Optional)

[그림] 4-42 대체식(출처 : FAA aviation maintenance technician handbook airframe)

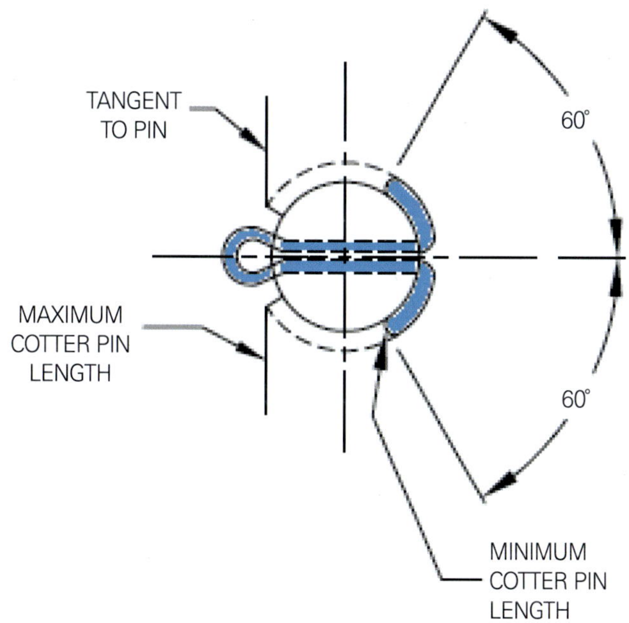

[그림] 4-43 대체식 핀 길이

4. 케이블 장력 측정(Measuring cable tension)

(1) 목적

항공기 내의 조종 계통에 사용되는 케이블이 온도나 그 외의 원인으로 변화하는 장력을 측정하여 확인하기 위한 작업이다.

(2) 공구 및 장비

인치식 측정공구, C-5 또는 C-8 케이블 텐션 미터

1) Micrometer

1[m]를 1,000,000분의 1로 나눈 정밀 측정 장비이다. [mm]식과 [inch]식으로 나뉘며, 케이블의 외경을 측정하는데 사용한다.

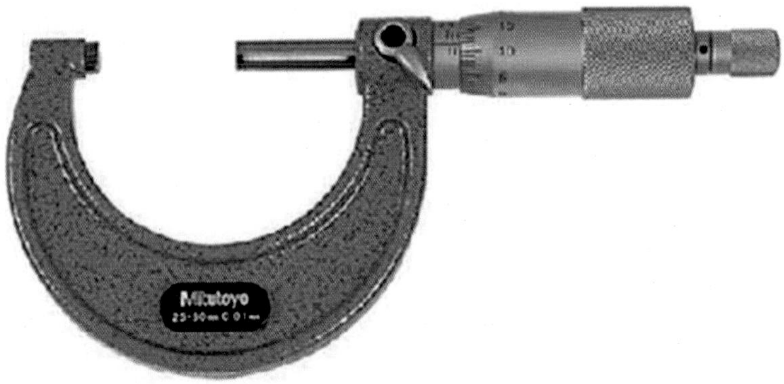

[그림] 4-44 마이크로미터

2) Vernier caliper

Micrometer보다 더 빨리 내측과 외측을 정밀하게 측정하는 공구이며, 마이크로미터로 잴 수 없는 범위의 치수를 측정할 수 있다.

[그림] 4 45 버니어 캘리피

3) Cable diameter gauge

정밀 측정 장비보다 정확하지는 않지만, 매우 빠른 속도와 시간 내에 각종 케이블의 외경을 파악할 수 있다. 카드 부분의 V자 홈 부분으로 케이블을 넣어 일치하는 곳이 외경값이 된다. 카드 사이즈로 제작되어 지갑이나 주머니에 넣어 간편하게 이동 및 보관이 가능하다.

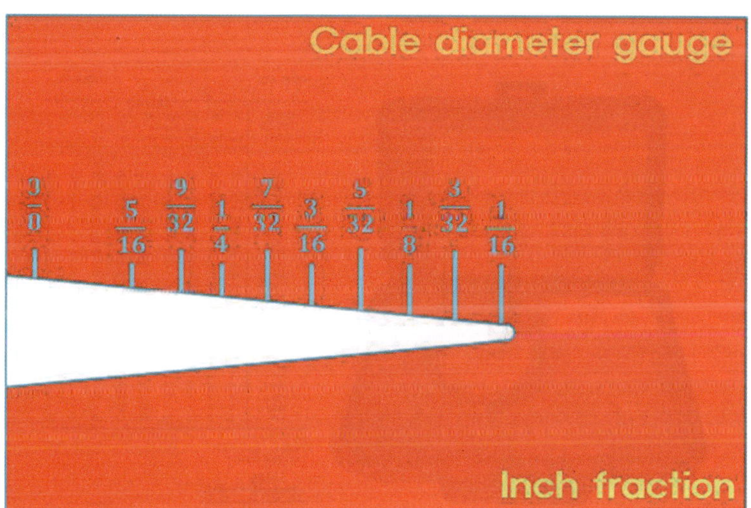

[그림] 4-46 케이블 지름 게이지

4) T-5 cable tension meter

해당 케이블의 장력값의 측정이 아닌 지시값을 측정할 수 있다. 눈금에 새겨진 지시값이 장력값은 아니다. 케이블의 외경도 측정할 수 없다. 따라서 해당 케이블의 외경을 측정하기 위해서는 별도의 측정 장비가 있어야 한다. 또한 케이블 외경에 따라 알맞은 라이저를 장착해서 지시값을 측정하고, 최종적으로 장력 환산표를 참조하여 해당 케이블의 장력값을 알 수 있어 사용자 입장에서는 다소 불편하다.

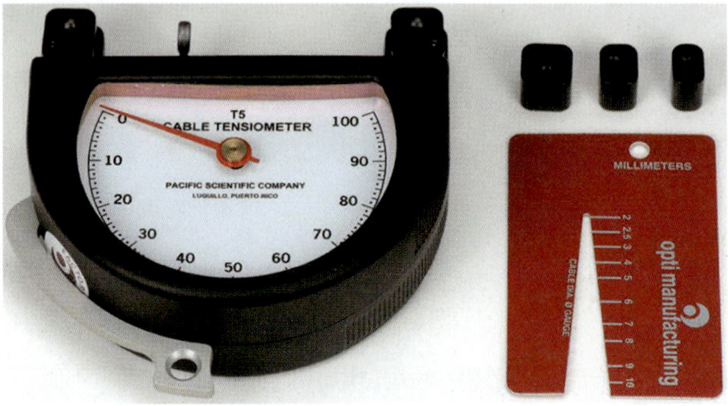

[그림] 4-47 T5 케이블 장력 측정기

5) Tension meter calibration card

T5 케이블 텐션 미터에 함께 포함되어 있는 표이다. 측정기의 지시값과 케이블의 지름으로 해당 케이블의 장력값으로 환산하기 위해 사용한다. 케이스 안에 3개의 라이저와 함께 동봉되어 있다. 카드가 없다면 장력값을 알 수 없다.

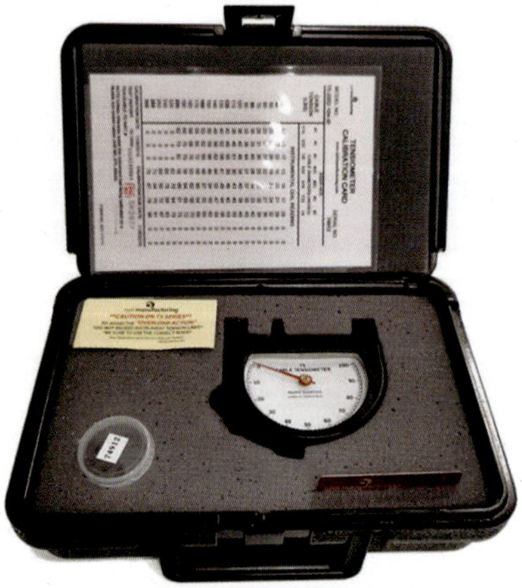

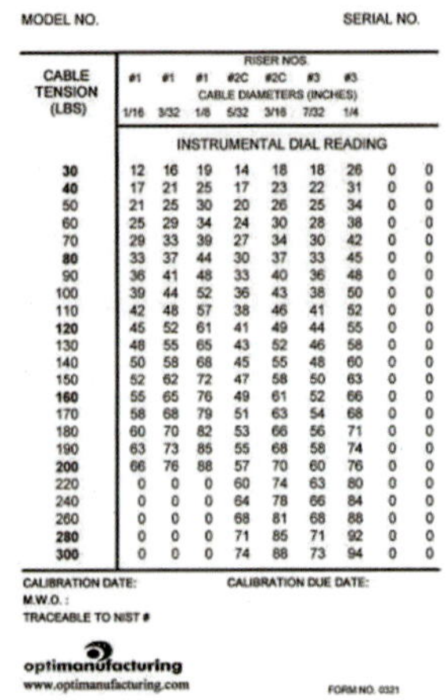

MODEL NO. SERIAL NO.

CABLE TENSION (LBS)	#1 1/16	#1 3/32	#1 1/8	#2C 5/32	#2C 3/16	#3 7/32	#3 1/4		
	RISER NOS. / CABLE DIAMETERS (INCHES)								
	INSTRUMENTAL DIAL READING								
30	12	16	19	14	18	18	26	0	0
40	17	21	25	17	23	22	31	0	0
50	21	25	30	20	26	25	34	0	0
60	25	29	34	24	30	28	38	0	0
70	29	33	39	27	34	30	42	0	0
80	33	37	44	30	37	33	45	0	0
90	36	41	48	33	40	36	48	0	0
100	39	44	52	36	43	38	50	0	0
110	42	48	57	38	46	41	52	0	0
120	45	52	61	41	49	44	55	0	0
130	48	55	65	43	52	46	58	0	0
140	50	58	68	45	55	48	60	0	0
150	52	62	72	47	58	50	63	0	0
160	55	65	76	49	61	52	66	0	0
170	58	68	79	51	63	54	68	0	0
180	60	70	82	53	66	56	71	0	0
190	63	73	85	55	68	58	74	0	0
200	66	76	88	57	70	60	76	0	0
220	0	0	0	60	74	63	80	0	0
240	0	0	0	64	78	66	84	0	0
260	0	0	0	68	81	68	88	0	0
280	0	0	0	71	85	71	92	0	0
300	0	0	0	74	88	73	94	0	0

CALIBRATION DATE: CALIBRATION DUE DATE:
M.W.O. :
TRACEABLE TO NIST #

optimanufacturing
www.optimanufacturing.com
FORM NO. 0321

[그림] 4-48 T5 케이블 장력 환산표

6) C-8 cable tension meter

T-5와는 다르게 케이블의 외경 측정을 위한 별도의 측정 장비가 필요 없이, C-8 자체적으로 외경 측정을 할 수 있다. 또한 T-5와는 다르게 라이저의 교체도 필요 없고, 직접적으로 장력값을 측정할 수 있어 장력 환산표를 참조하지 않아도 된다. 사용자 입장에서는 매우 편리하고 신속하게 케이블의 외경과 장력값을 알 수 있다.

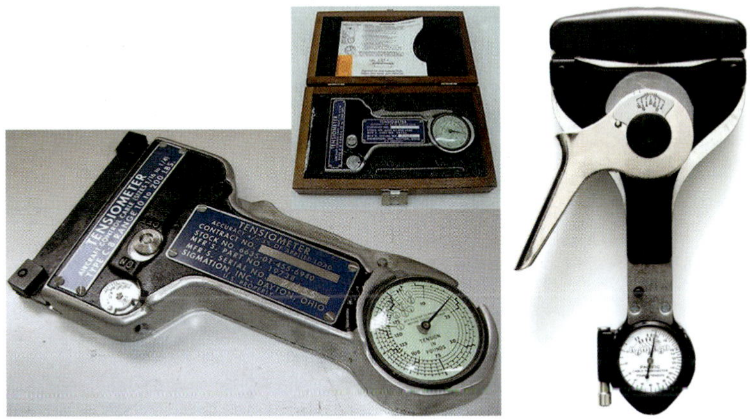

[그림] 4-49 C8 케이블 장력 측정기

(3) 관련 지식

1) 작업하기 전에 케이블에 이상이 없는지 확인해야 한다.

2) 케이블의 장력을 검사할 때에는 0점을 먼저 맞추어야 한다.

3) 케이블을 세척하고 세척액을 깨끗이 닦아내야 한다.

(4) 장력 측정기 사용 방법

1) T-5 장력 측정기(케이블 장력만 측정, 측정 범위 : 20~200lb)

① 장력 측정기의 트리거(trigger)를 아래로 내린다.
② 케이블을 앤빌(anvil) 밑에 놓는다.
③ 트리거를 위로 올리면 라이저(riser)가 올라간다.
④ 라이저가 케이블과 밀착되면서 지시 바늘이 돌아가 눈금을 지시한다.
⑤ 포인트 로크(pointer lock)를 아래로 누르면 눈금이 고정된다.
⑥ 트리거를 내려서 케이블을 들어내고 지시값을 읽은 다음 포인트 로크를 위로 뽑으면 지시 바늘이 0점으로 돌아간다.

2) C-8 장력 측정기(케이블의 장력 및 직경 측정 가능, 측정 범위 : 20~200lb)

① 손잡이를 고정 장치(handle lock)에 고정시킨다.

② 케이블 지름 지시계(cable size indicator)를 반시계 방향으로 멈출 때까지 돌린다.

③ 앤빌(anvil)과 플런저 사이에 케이블을 놓고 손잡이를 눌렀다 살며시 놓으면 케이블 지름 지시계가 시계 방향으로 움직이다 어느 지점에서 멈출 것이다. 이때 지시된 수치가 케이블의 지름이 된다.

④ 손잡이를 눌러서 고정 장치를 이용하여 고정한다.

⑤ 케이블 지름이 맞는 눈금에 지시계를 돌려 "0"setting을 한다.

⑥ 측정하고자 하는 케이블을 앤빌과 플랜저 사이에 놓고 손잡이를 눌렀다 놓는다. 이때 지시계의 눈금이 가리키는 곳의 눈금을 읽으면 된다.

(5) 측정 작업 절차

1) T-5 장력 측정기(케이블 장력만 측정, 측정 범위 : 20~200 lb)

① 케이블의 지름에 따라 라이저를 선택한다.

② 표에서 No.1, No.2, No.3는 라이저의 형을 말한다.

③ 분수의 숫자는 케이블의 지름을 말하며, 지름에 따라서 라이저를 선택한다.

④ No.2의 라이저를 케이블의 장력을 잰 결과 30이라는 숫자를 지시했다면, 30숫자의 옆에 있는 장력 항목과 일치하는 숫자, 즉 70이라는 숫자가 실제 케이블의 장력을 나타낸다.

No. 1			Riser	No. 2 ①		No. 3	
Diameter			Tension (lb)				
1/16	3/32	1/8		5/32	3/16	7/32	1/4
12	16	21	30	12	20		
19	23	29	40	17	26		
25	30	36	50	22	32		
31	36	43	60	26	37		
36	42	50	70 ④	30 ③	42		
41	48	57	80	34	47		
46	54	63	90	38	52		
51	60	69	100	42	56		
			110	46	60		
			120	50	64		

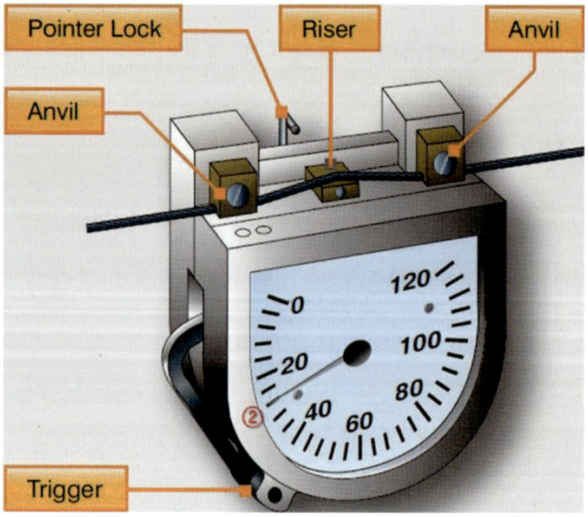

[그림] 4-50 T5 케이블 장력 측정기 사용법(출처 : FAA aviation maintenance technician handbook airframe)

2) C-8 장력 측정기(케이블의 장력 및 직경 측정 가능, 측정 범위 : 20~200lb)

① 지시계 고정 단추를 OFF에 맞추고 케이블 지름 지시계의 튀어나온 부분을 손톱으로 반시계 방향으로 끝까지 돌려준다.

② 트리거를 잡고 고정 버튼을 눌러 케이블이 고정된 지점으로부터 약 한 뼘 정도 위치한 곳에 엔빌과 플런저 사이에 케이블을 끼우고 트리거를 잡으면 고정이 풀린다.

③ 케이블 지름 지시계가 시계 방향으로 회전하면서 상부에 흰색 선과 일치하는데, 이때 일치하는 값이 해당 케이블의 지름이 된다.

④ 해당 케이블의 지름에 맞추어 장력 지시계의 지시테를 회전시켜 지시 바늘과 해당 케이블의 지름에 맞추어 0점 조정을 한다.

⑤ 트리거를 잡고 고정 버튼을 눌러 케이블이 고정된 지점으로부터 약 한 뼘 정도 위치한 곳에 엔빌과 플런저 사이에 케이블을 끼우고 트리거를 잡으면 고정이 풀린다.

⑥ 장력 지시계가 회전하면서 해당 케이블의 실제 장력값을 나타낸다.

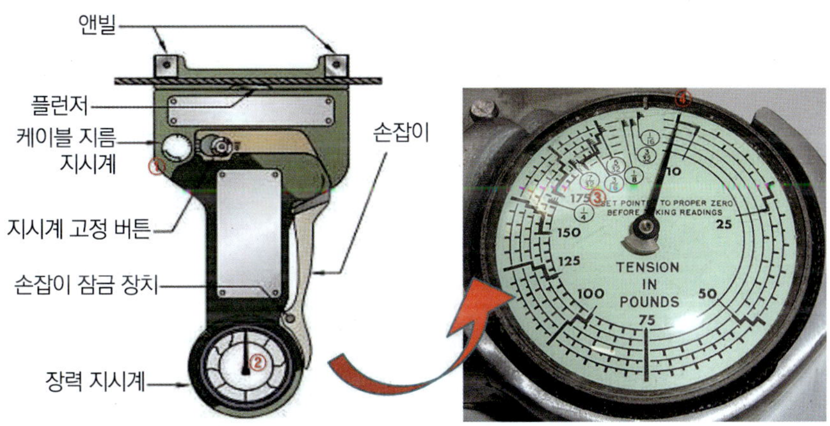

[그림] 4-51 C8 케이블 장력 측정기 사용법

5. 케이블 장력 조절(Adjusting cable tension)

(1) 목적

항공기 내의 조종 계통에 사용되는 케이블이 온도나 그 외의 원인으로 변화하는 장력을 조절하여 안전하게 조종면을 작동하기 위한 작업이다.

(2) 공구 및 장비

Rotator 또는 Cable puller

1) Turnbuckle rigging kit

체인의 양쪽 끝단에 부착된 볼트를 조절하고자 하는 턴버클의 왼나사와 오른나사의 안전결선용 구멍에 조여서 고정시키고, 톱니 모양의 본체를 턴버클 배럴의 안전결선용 구멍에 키워준다. 그리고 한쪽 손으로 체인을 잡고 고정시키고, 다른 한손으로 톱니 모양의 본체를 회전시켜 턴버클 배럴을 조이거나 풀어서 장력값을 변화시키기 위해 사용한다. 만약 공구가 없는 경우에는 턴버클 안전결선용 구멍 크기에 맞는 금속 막대를 이용해서 조이거나 풀어주면 된다.

[그림] 4-52 턴버클 리깅 키트

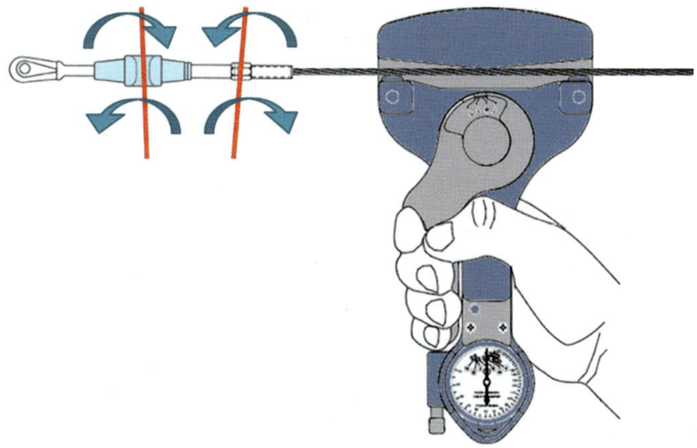

[그림] 4-53 턴버클 장력 조절

(3) 조절 작업 절차

1) 장력 조절을 위해 케이블이나 턴버클에 이물질이 있는지 확인하고 안전결선이 되어 있다면 미리 제거해 둔다.

2) 규정값 또는 원하는 값의 장력으로 맞추기 위해서 현재의 장력이 얼마인지 알아야 하기에 장력 지시계로 장력을 측정한다.

3) 규정값 또는 원하는 값의 장력으로 맞추기 위해서 턴버클의 배럴 중앙 구멍과 좌우나사의 구멍에 turnbuckle rigging kit를 장착하고 조이거나 풀어서 조절한다(만약 공구가 없다면 구멍에 맞게 들어가는 굵기의 쇠막대 등을 이용해서 조이거나 풀어주면 된다).

4) 측정한 값보다 장력을 작게 하려면 느슨하게 풀어주면 되고, 장력을 크게 하려면 팽팽하게 조이면 된다.

5) 케이블 재질이 금속으로 되어 있어 계절에 따라 온도에 맞추어 수축과 팽창을 일으킨다. 따라서 온도의 변화에 맞추어 매뉴얼을 참고하여 반드시 장력 조절을 해야 한다.

Typical cable rigging chart

가로축에는 온도와 세로축에는 장력값이 표시되어 있는 차트로서, 온도 변화에 따라 해당 케이블에 대해서 장력값을 조절하기 위한 내용이 반영되어 있다. 화씨 또는 섭씨인지 확인하고, 해당 온도에 수직으로 맞추고, 해당 지름의 케이블의 라인을 따라 수평으로 이동해서 장력값을 확인하고, rigging kit를 이용해서 조절하면 된다.

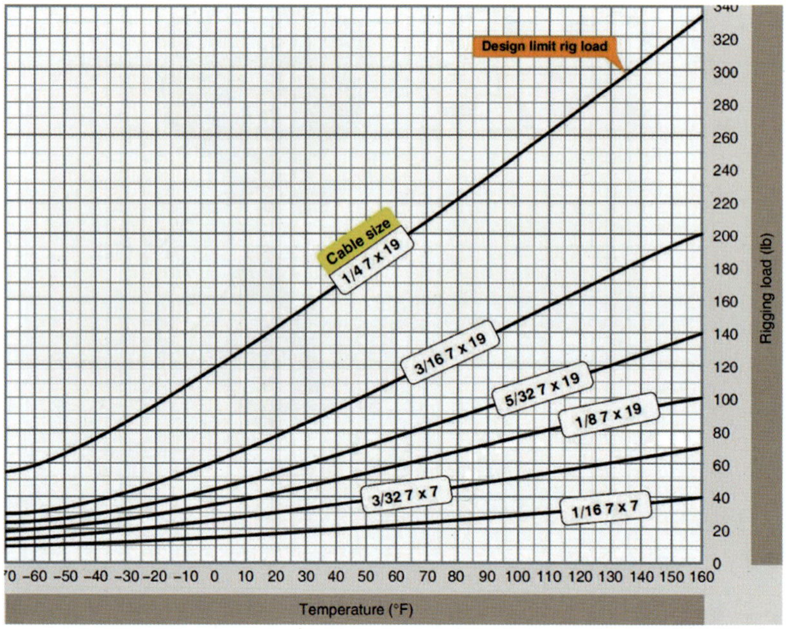

[그림] 4-54 케이블 장력 조절표(출처 : FAA aviation maintenance technician handbook airframe)

6. 턴버클의 안전결선 작업하기

(1) 목적

항공기 조종 계통의 케이블 교환이나 장력을 조절하기 위해 사용되는 턴버클의 풀림을 방지하기 위함이다.

(2) 공구

롱 노즐 플라이어, 다이애고날 커터 플라이어, 슬립조인트 플라이어

1) Long nose plier(Needle nose plier)

항공기 전기나 전자 작업 시 작은 부품을 집을 수 있고 철사를 잡을 때도 사용된다. 손으로 접근할 수 없는 좁은 장소에 있는 조그만 부품을 잡거나, 얇은 금속판을 정교하게 구부리는데 사용한다.

[그림] 4-55 롱노즈 플라이어

2) Diagonal cutter plier

와이어를 집거나 자르는데 사용한다.

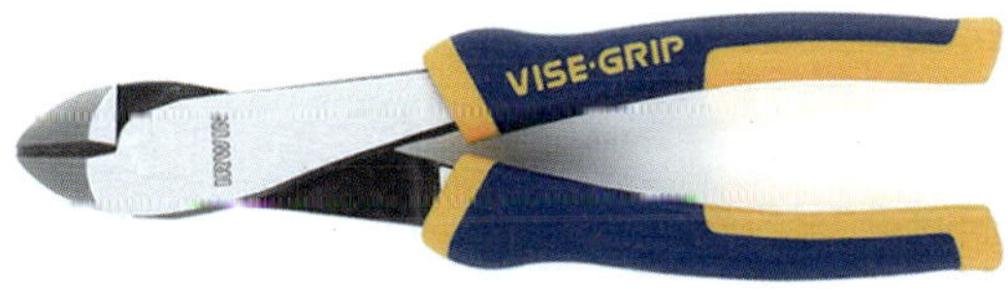

[그림] 4-56 커터 플라이어

3) Slip joint plier(Plain plier)

일반적으로 금속 조각이나 철사를 구부리는데 사용한다. 항공기 정비에 가장 많이 사용되는 공구로 4~9인치까지 있으나 6인치를 가장 널리 사용한다. 볼트, 너트를 죄거나 푸는 데 사용하는 렌치 대용으로는 사용을 금지한다(볼트, 너트를 돌리는 데 사용하면 모서리가 마멸되어 부품의 손상을 준다. 특히 알루미늄이나 청동재의 너트를 돌리는데 사용한다면 재료가 연하여 더 많은 손상을 유발한다).

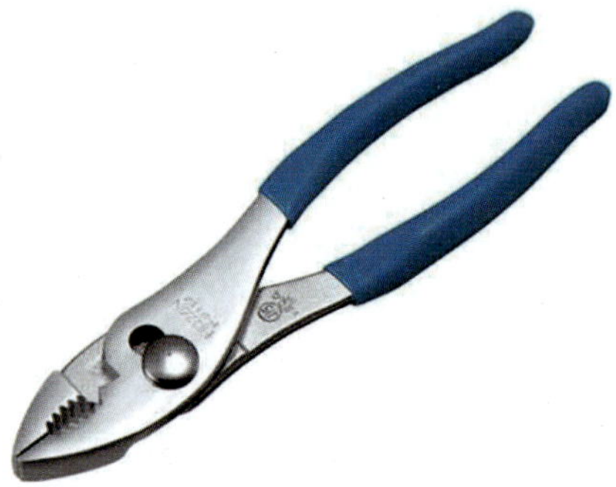

[그림] 4-57 슬립 조인트 플라이어

(3) 관련 지식

1) 턴버클의 구성은 배럴, 포크, 아이, 케이블 터미널로 되어 있다. 중앙에 배럴이 있고, 양쪽에 왼나사와 오른나사가 있다. 양쪽 나사에 포크, 아이, 케이블 터미널이 물려 있다. 배럴이 회전하는데 따라 케이블 전체의 길이를 조절하게 된다. 왼나사와 오른나사의 나사산이 3개 이상 보이거나 배럴 중앙의 구멍으로 핀을 넣어 들어가면 안 된다.

2) 안전결선에 사용되는 와이어

① **재질** : 아연 도금된 연강(QQ-W-461), 열처리된 내식강(QQ-W-423)

② **크기** : 1.6mm(1/16”), 1.6mm 또는 3.2mm(1/16” 또는 1/8”), 4.0mm(5/32” 이상)

③ **최소 지름** : 0.8mm(0.032”), 0.8 ~ 1mm(0.032”~0.041”), 1mm 또는 1.2mm(0.047” 또는 0.041”)

3) 조종 케이블의 종류

① **초가요성**(7 × 19) : 19가닥짜리 7뭉치를 꼬아서 만든 케이블(직경 1/8” ~ 3/8”)로 주조종 계통에 사용한다.

② **가요성**(7 × 7) : 7가닥짜리 7뭉치를 꼬아서 만든 케이블로 부조종 계통에 사용한다.

③ **비가요성**(1 × 7, 1 × 19) : 7가닥짜리 1뭉치, 19가닥짜리 1뭉치를 꼬아서 만든 케이블이다.

4) 케이블의 세척 방법

쉽게 닦아낼 수 있는 녹이나 먼지는 마른 천으로 닦아낸다. 케이블 표면에 칠해져 있는 오래된 방부제나 오일의 오물 등은 깨끗한 천에 솔벤트나 케로신을 사용해서 닦아낸다. 이때 솔벤트나 케로신을 너무 많이 묻히면 케이블 내부의 방부제를 녹여 밖으로 나오게 한다. 밖으로 흘러나온 방부제는 와이어의 마멸을 일으켜 케이블의 수명을 단축시킨다. 세척한 케이블은 깨끗한 마른 천으로 닦아낸 다음 부식에 대한 방지를 한다.

5) 케이블의 검사 방법

케이블의 와이어에 잘림, 마멸, 부식 등이 없는가를 검사한다. 와이어의 잘린 선을 검사할 때 천으로 케이블을 감싸서 검사한다. 풀리와 페어리드에 닿은 부분을 세밀히 검사한다. 7 × 7 케이블은 25.4mm(1인치)당 3가닥, 7 × 19 케이블은 25.4mm(1인치)당 6가닥 이상 잘렸으면 교환해야 한다.

6) 케이블 연결 방법

① 스웨이징(강도 100%)

② 5단 엮기(강도 75%)

③ 랩 솔더(강도 90%)

④ 니코프레스(강도 100%)

(4) 작업 절차

1) 단선식(single wrap) : 케이블의 지름이 3.2mm(1/8in) 이하일 경우에 사용한다.

① 턴버클의 죔이 적당한지를 확인한다(확인 방법은 나사산이 3~4개가 밖으로 나와 있거나 구멍에 철사를 넣어 막혀 있으면 된다).

② 턴버클 길이의 4배 정도가 되게 자른다.

③ 와이어를 턴버클 배럴 중앙의 구멍에 통하게 하고 턴버클 배럴의 끝으로 향하여 좌우로 접어 구부린다.

④ 와이어를 턴버클 배럴이 조여지는 방향으로 턴버클 배럴에 따라 반회전시켜 턴버클 엔드 접합기구의 구멍에 끼운 후 배럴의 중앙을 향하여 반대로 구부린다(반대쪽도 똑같이 작업한다).

⑤ 턴버클 생크 주위로 와이어를 4회전 이상 감는다.

⑥ 와이어를 절단하고 생크에 단단히 감아 조금 안쪽으로 구부려 놓는다(경사로 자르면 뾰족한 끝으로 작업자를 다치게 할 우려가 있으므로 반드시 직각으로 자른다).

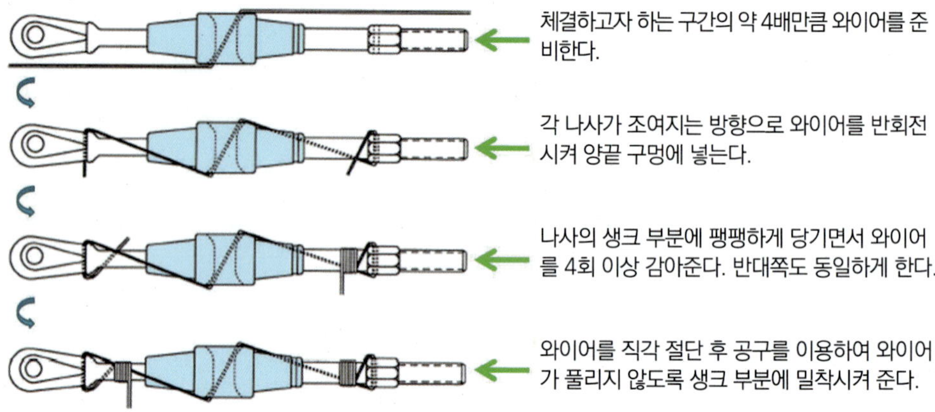

[그림] 4-58 턴버클 안전결선 단선식

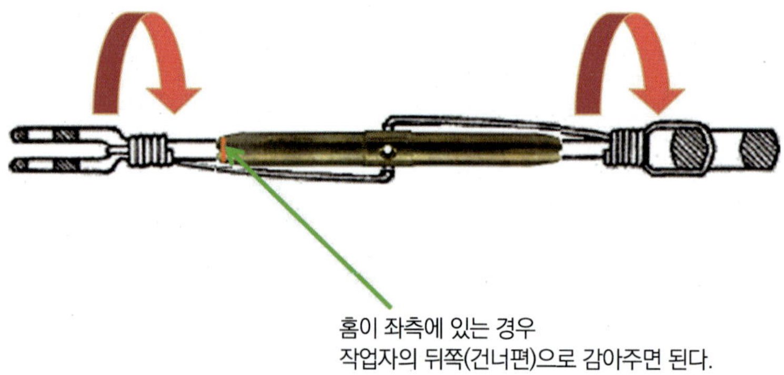

[그림] 4-59 좌측 홈 감는 방향

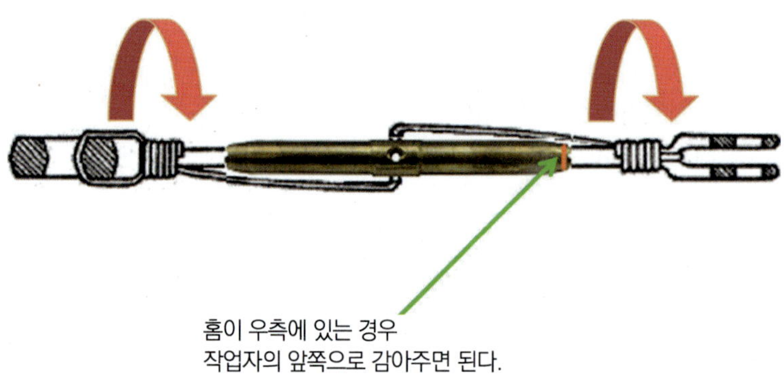

[그림] 4-60 우측 홈 감는 방향

2) **복선식**(double wrap) : **케이블의 지름이 3.2mm**(1/8in) **이상일 경우에 사용한다.**

① 작업에 적합한 재질과 지름의 와이어를 선택한다.

② 턴버클 길이의 4배 정도가 되도록 와이어를 두 가닥 자른다.

③ 턴버클 중심에 있는 구멍에 2개의 와이어를 끼워 턴버클의 끝을 향해 90°가 되도록 구부린 후 케이블 단자의 갈라진 틈 속으로 접어 넣어 구부린다.

④ 턴버클 배럴의 구멍에서부터 뚫고 나온 와이어를 각각 반대 방향으로 좌우로 구부려 턴버클 배럴에 따라 양쪽 끝으로 잡아당긴다.

⑤ 터미널의 구멍에서부터 튀어나온 와이어를 조이면서 턴버클 배럴 중앙측으로 되돌려 구부리고(이때 배럴에 대해서 터미널이 조이는 방향으로 되돌려 구부린다), 되돌려 구부린 와이어와 턴버클 배럴의 구멍에서 나온 와이어를 교차시켜 꼰다.

⑥ 비튼 2개의 와이어 가운데 1개의 와이어를 터미널에 최저 4회 이상 단단히 감아 여분을 절단한다.

⑦ 남은 와이어를 먼저 감은 와이어의 방향과 반대의 방향으로 최저 4회 단단히 감아 여분을 절단한다. 자른 와이어 끝이 손에 걸려 있지 않도록 끝부분을 조금 안쪽으로 구부려 준다. 반대측에 대해서도 똑같이 하여 작업을 종료한다.

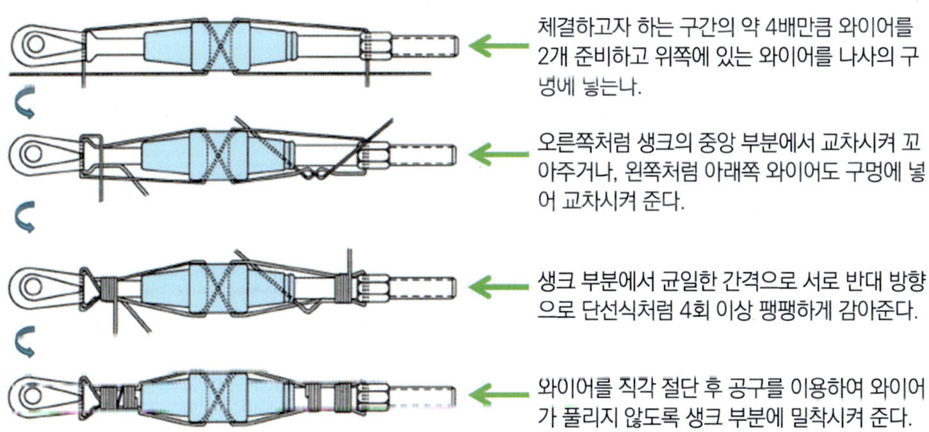

[그림] 4-61 턴버클 안전결선 복선식

(5) 안전결선 종류

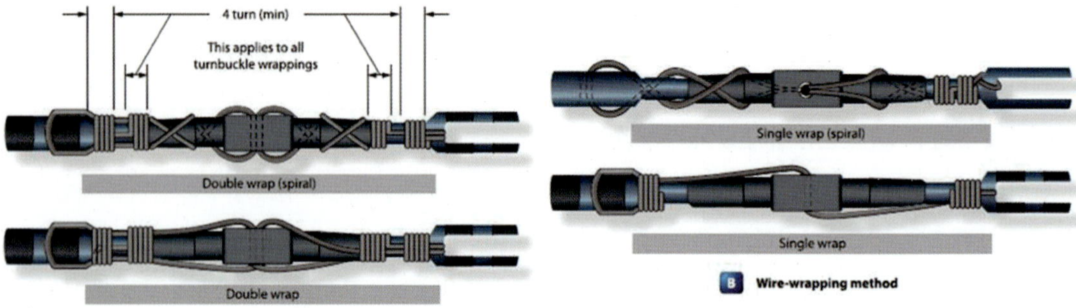

[그림] 4-62 턴버클 안전결선 종류(출처 : FAA aviation maintenance technician handbook airframe)

(6) 고정 클립(Locking clip)

와이어를 이용하지 않고도 고정 클립을 이용해서 간단하고 신속하게 결선 작업을 수행할 수 있다. 단선식이나 복선식에 비해서는 간편하지만, 강도면에서는 와이어 결선 방식보다는 약하다.

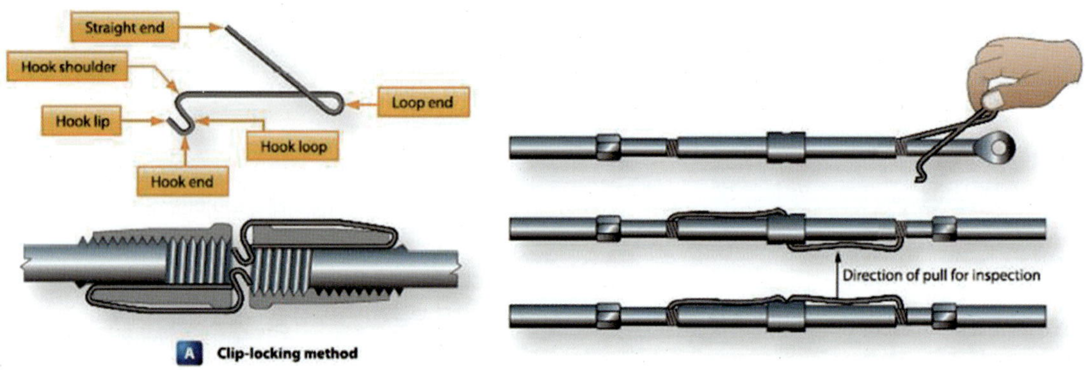

[그림] 4-63 고정 클립(출처 : FAA aviation maintenance technician handbook airframe)

1) 턴버클의 배럴과 좌우나사를 회전시켜 각각의 홈에 일치시킨다.

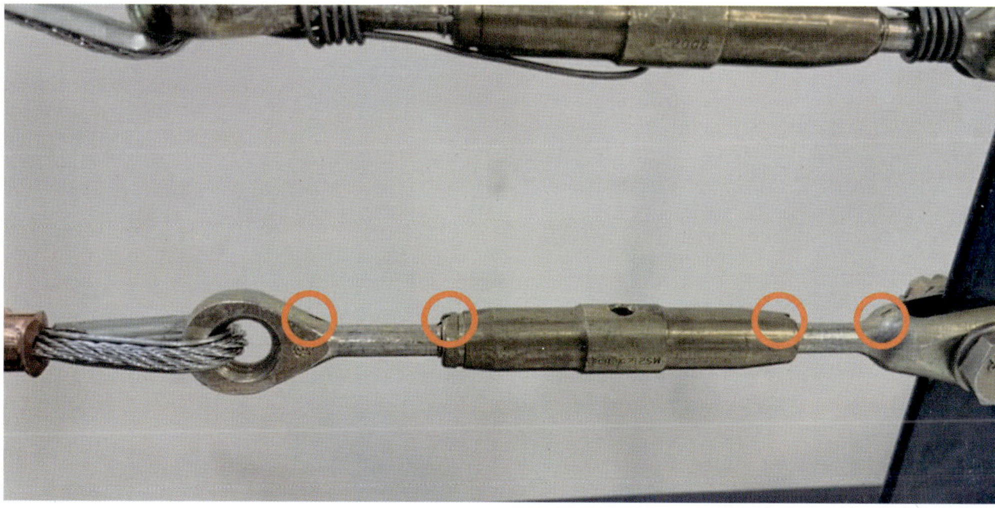

[그림] 4-64 턴버클 배럴 홈 확인

2) 클립의 직선 부분을 배럴의 v자 홈에 끼운다.

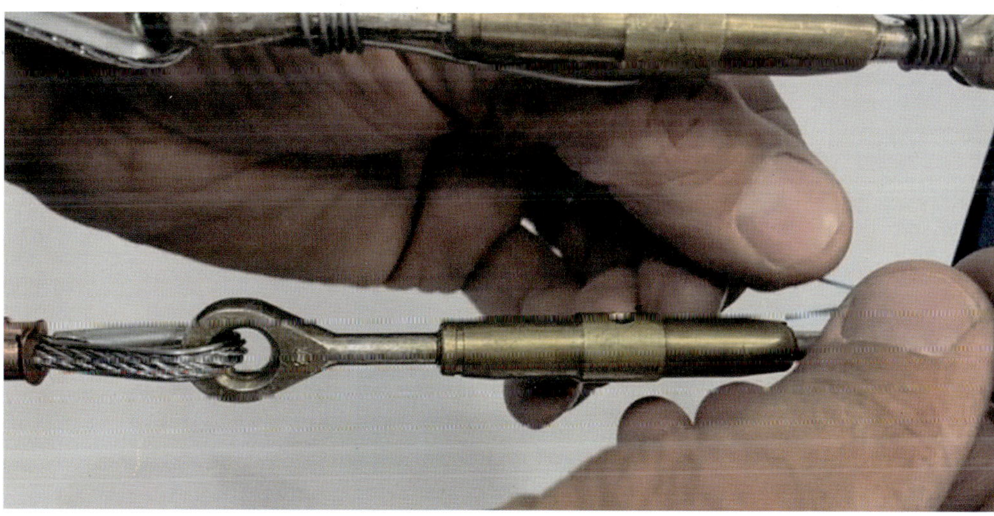

[그림] 4-65 배럴 고정 클립 장착

3) 플라이어를 이용해서 배럴에 끝까지 밀어넣는다.

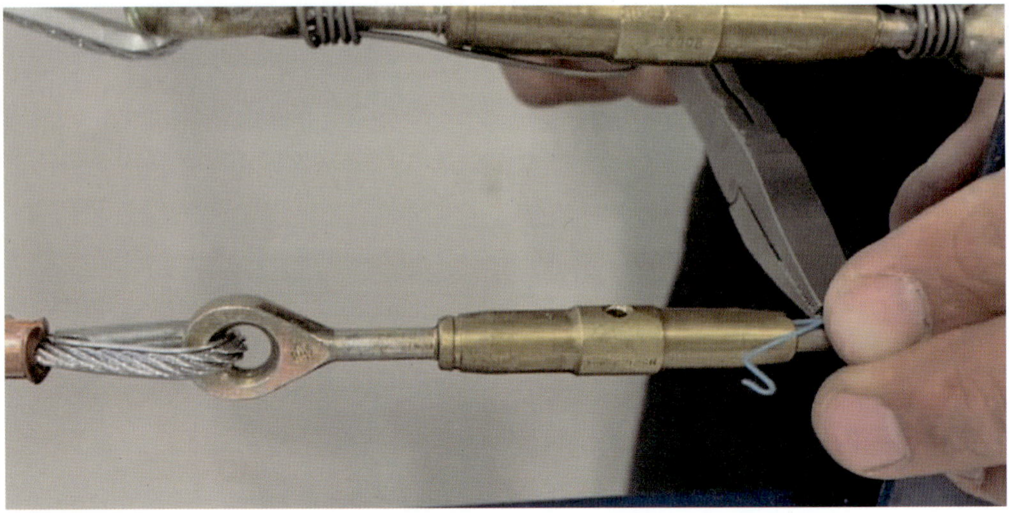

[그림] 4-66 배럴 끝까지 장착

4) 갈고리 부분을 배럴 중앙의 홀에 플라이어나 손으로 끝까지 눌러 넣고 배럴 내부 나사산에 걸려 있는지 살며시 당겨서 고정 여부를 확인한다.

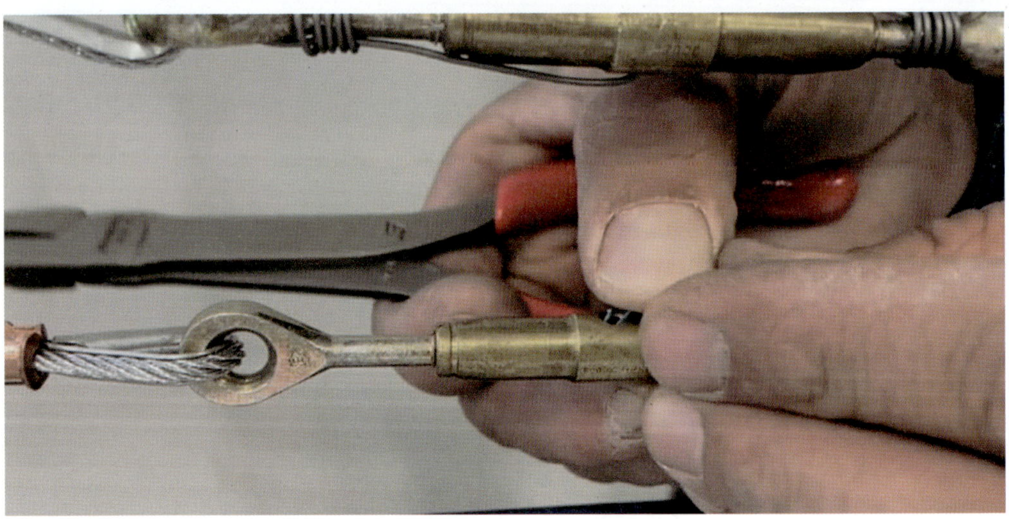

[그림] 4-67 배럴 홀 넣기

5) 반대쪽도 동일한 방법으로 고정 클립을 장착하면 된다.

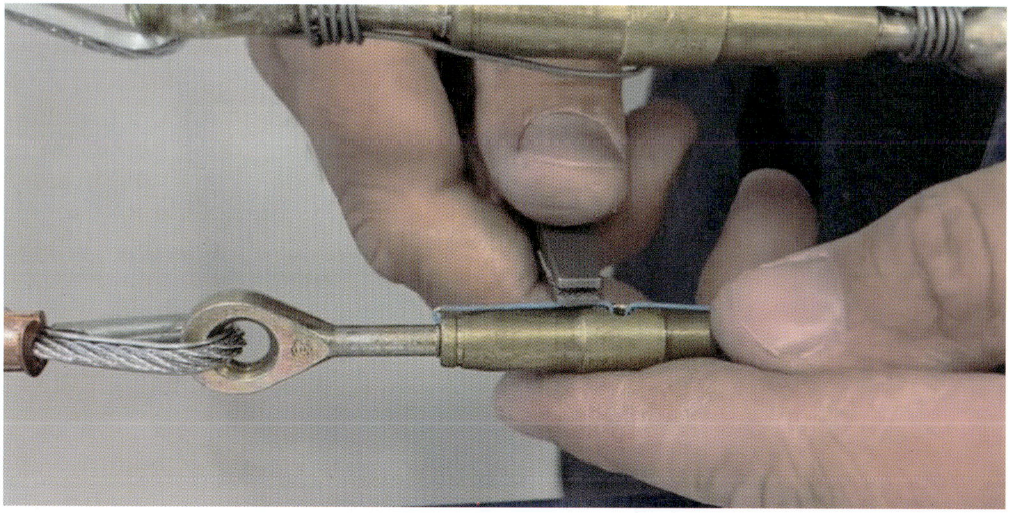

[그림] 4-68 반대쪽 장착

6) 고정 클립 제거 시에는 배럴에 손상을 주지 않도록 플라이어를 이용해 홀에서 갈고리를 잡아당긴다.

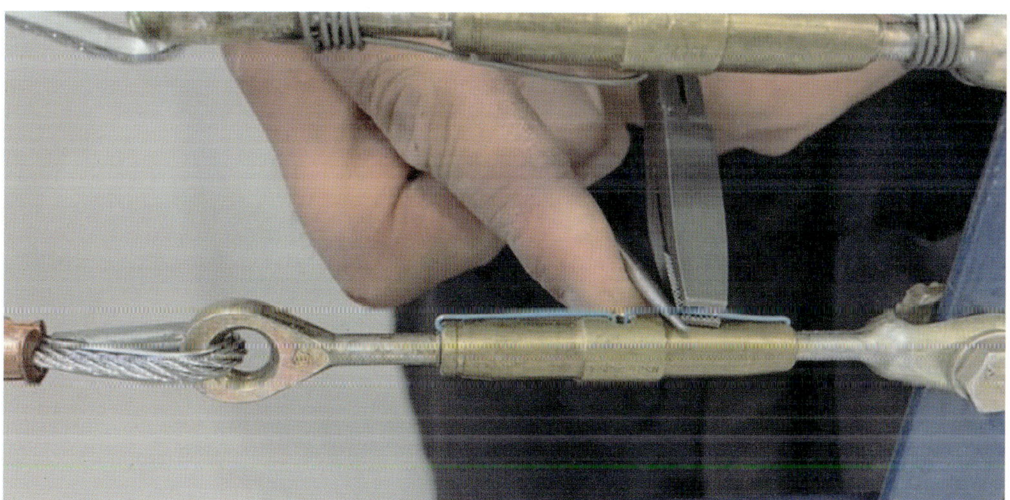

[그림] 4-69 고정 클립 제거

7) 플라이어로 빠져나온 갈고리 부분을 잡고 장착한 방향과 반대로 잡아당겨 제거하고 FOD 및 공구를 정리한다.

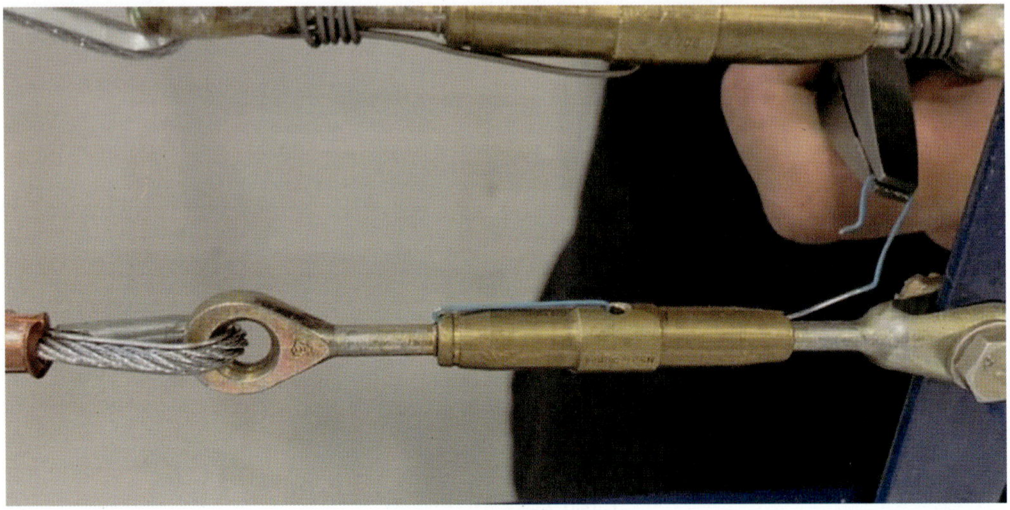

[그림] 4-70 고정 클립 빼기

PART

5

항공기 세척과 부식 방지처리

1. 항공기 세척(Aircraft Cleaning)

항공기를 청소하고 깨끗한 상태로 유지하는 것은 매우 중요하다. 항공정비사의 시각에서 볼 때 항공기 세척은 항공기 정비의 정기적인 부분으로 인식해야 한다. 항공기를 깨끗하게 유지하면 보다 정확한 검사 결과를 얻을 수 있으며, 심지어 조종사가 결함 발생이 임박한 구성품을 발견할 수도 있다. 착륙장치 fitting의 균열이 진흙이나 그리스로 덮여 있으면 쉽게 간과되어 큰 결함으로 이어질 수 있다. 외피의 오염은 갈라진 균열을 숨길 수 있으며, 먼지나 오염물질은 hinge fitting을 심하게 마모시키는 원인이 되기도 한다. 만약 항공기 동체 표면에 오염물질이 남아 있다면 추가적인 무게 증가가 발생하고 비행 속도를 감소시키게 된다.

항공기 내부의 먼지들은 짜증스럽고 위험한 요소로 작용할 수 있다. 만일 결정적인 순간에 먼지가 조종사의 눈 안으로 들어가면 조그마한 먼지 조각으로도 대형 참사를 유발할 수 있다. 가동부에 축적된 오염물과 그리스들로 만들어진 오염 덩어리들은 가동부의 과도한 마모의 원인이 될 수 있다. 소금물은 노출된 금속에 심각한 부식 작용을 일으킬 수 있기 때문에 발견 즉시 제거하여야 한다. 항공기 세척에 사용되도록 허가된 다양한 세척제들이 있지만, 세척제는 제거하고자 하는 물질의 종류, 항공기의 내부 또는 외부 세척 등 다양한 환경에서 사용하고자 하는 목적에 따라 달라질 수 있기 때문에 어떤 세척제 한 종류만으로 결정할 수는 없다. 일반적으로 항공기에 사용되는 세척제는 솔벤트, 비누 그리고 합성세제 등이 있는데, 정비교범에서 제시하는 제품을 사용해야 한다.

세척제는 경성 세척제와 중성 세척제로 구분하고 있다. 비누, 합성세제는 경성 세척제로 사용되고, solvent와 emulsion type cleaner는 중성 세척제로 사용된다. 보통 비독성이며, 불가연성인 경성 세척제가 자주 사용된다. 효과적인 헹굼이 가능하고 중화시킬 수 있는 세척제가 사용되어야 한다. Alkaline cleaner는 리벳 작업된 판금 또는 점 용접된 판금의 겹쳐진 부분에서 부식의 원인이 되게 한다.

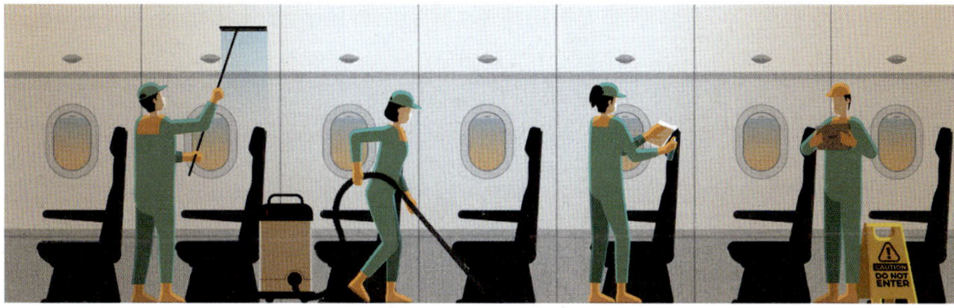

[그림] 5-1 항공기 세척

(1) 외부 세척(Exterior Cleaning)

항공기 외부 세척 방법에는 습식 세척, 건식 세척, 연마 세 가지가 있다. 연마는 수동 연마와 기계 연마로 세분화할 수 있다. 더러워진 형태와 크기 및 최후에 요구되는 형세에 따라 사용하고자 하는 세척 방법을 결정한다. 습식 세척은 오일, 그리스 또는 탄소 부착물 및 부식과 산화 피막을 제외한 대부분의 오물을 제거한다. 세척 화합물은 보통 고압의 물 헹굼이 사용되고 분사 또는 밀대 걸레를 사용한다. 알칼리인 유제 세척제는 습식 방법에서 사용된다. 건식 세척은 특별히 액체의 사용이 필요하지 않거나 적은 양의 먼지 오염물 축적을 제거하기 위해 사용한다.

특히 엔진 배기 장치 부분에 있는 탄소, 그리스 또는 오일의 부착물을 제거하는 것에는 적합하지 않다. 건식 세척을 위해서는 스프레이, 밀대 걸레, 천, 헝겊 등이 활용된다. 연마는 항공기의 도장 또는 미도장 표면에 광택을 복원시켜 주며, 보통 표면 세척이 종료된 후 마무리용으로 수행한다.

연마는 산화와 부식을 제거하는 방법으로도 사용된다. 광택제는 여러 가지 형태와 연마 정도에 따라 이용 가능하며, 정비 교범에 따라 사용해야 한다. 항공기 세척은 항공기 표면이 뜨거울 때 수행하면 표면에 얼룩이 남을 수 있으므로 가능하면 그늘진 곳에서 수행하도록 한다. 결함을 발생시키거나 수분이 침투할 수 있는 부분은 반드시 덮개 또는 커버를 장착하고 세척 작업을 수행해야 하며, 특히 동정압관(pitot static port) 부분은 더욱 주의해야 한다.

무광 페인트로 마무리된 레이돔 및 기수 부분 등은 필요 이상으로 세척하지 말아야 하며, 뻣뻣한 브러시나 거친 걸레로 문지르면 안 된다. 부드러운 스펀지나 면직물을 이용해서 손으로 세척해야 한다. 기름이나 배기가스의 오염 물질로 얼룩진 부분은 석유를 원료로 하는 solvent로 제거하고, 표면에서 건조되는 것을 방지하기 위해 세척 후에는 바로 표면 헹굼 절차를 수행한다. 복합소재나 플라스틱 표면은 비누와 물을 적용하기 전에 염분 부착물을 용해시키기 위해 깨끗한 물로 표면을 씻어내서 먼지 입자를 제거한다. 가능한 한 손으로 비누와 물을 제거하도록 한다. 윈드쉴드는 깨끗한 물로 헹구어 내고 합성 물질의 수건 또는 탈지면으로 건조시킨다.

부드럽고 약한 표면에 대해서는 긁힌 자국을 발생시킬 뿐만 아니라 표면에 먼지 입자를 끌어당기는 정전기가 발생하기 때문에 플라스틱을 마른 걸레로 닦아서는 안 된다. 먼지뿐만 아니라 전하는 깨끗하고 축축한 극세사로 가볍게 두드리거나 서서히 빨아들임으로써 제거한다. 복합소재나 플라스틱 표면을 훼손하는 연마제 또는 다른 물질을 사용하지 않는다. 비누와 물에 젖은 섬유로 서서히 문질러 오일과 그리스를 제거한다. 플라스틱을 연화시키고 스크래치가 발생하게 하는 원인이 되기 때문에 아세톤, 벤젠, 4염화 탄소(carbon tetrachloride), 래커(lacquer), 시너(thinner), 창문 세척제, 가솔린, 소화액 또는 제빙액을 플라스틱에 사용해서는 안 된다. 항공기 윈도우와 윈드쉴드에서는 플라스틱 광택제를 적용하여 깨끗하게 마무리한다.

플라스틱 광택제는 작은 표면의 긁힌 자국을 제거할 수 있고, 윈도우 표면에 축적되는 정전기를 방지하는 데 도움이 된다. 항공기 타이어에는 오일, 유압유, 그리스, 연료는 순한 비눗물로 씻어낸다.

(2) 내부 세척(Interior Cleaning)

깨끗한 항공기의 내부를 유지하는 것은 깨끗한 외부 표면을 유지하는 것처럼 중요하다. 부식은 세척 작업이 어느 특정 부분까지는 접근하기 어렵기 때문에 내부 구조물에 심각할 정도로 형성될 수 있다. 부주의하게 떨어뜨리거나 방치된 너트, 볼트, 와이어 조각들이 습기와 이질 금속이 결합하여 전기적 부식이 발생 가능하다. 항공기 안쪽에서 구조물 작업을 수행할 때 가능하면 바로 모든 금속 부스러기를 제거하도록 한다. 좀 더 쉽게 청소할 수 있고 접근하기 힘든 곳으로 금속 부스러기 등이 숨어들어가는 것을 방지하기 위해 부스러기가 떨어질 부근에 천을 깔아 두고 작업하면 효과적이다.

진공청소기를 사용하면 객실과 조종석의 실내 먼지와 오물들을 손쉽게 제거할 수 있다. 그러나 항공기 내부를 세척하는 동안에 주의해야 할 문제가 있다. 항공기 객실 내부가 좁은 공간으로 구성되어 있어 solvent나 연소 가능한 성분의 세척제 사용으로 공기와 혼합 가스의 배출이 안 되는 위험요소가 존재한다. 또한 같은 공간에서 전기적인 작업을 하게 되면 마찰 또는 정전기 발생 등의 잠재적인 점화 가능성이 수반된다. 따라서 가능하면 화재와 폭발의 위험요소를 최소화하기 위해 내부 세척 작업을 수행할 때에는 불연성 세척제를 사용해야 한다.

1) 항공기 객실의 세척 지역

정기적인 세척을 필요로 하는 항공기 객실 지역이다.

① **객실 부분** : 좌석, 사이드 패널, 헤드 라이너, 오버헤드 랙, 커튼, 창문, 도어, 장식 패널 등

② **조종석 부분** : 계기 패널, Control pedestal, Glare shield, 바닥재, 비행 조종 장치, 전기 케이블 등

③ **화장실과 갤리** : 변기, 쓰레기통, 캐비닛, 세면대, 거울, 오븐 등

2) 불연성 객실 세척제와 솔벤트(Nonflammable aircraft cabin cleaning agent and solvents)

① 세제와 비누(Detergents and soaps)

객실의 천, 헤드 라이너, 바닥재, 창문, 물에 의해 손상되지 않는 유사한 표면과 관련된 대부분의 항공기 청소 작업에 광범위하게 적용된다. 화염 확산 특성을 감소시키고 이러한 물질을 처리하기 위해 사용될 수 있는 수용성 또는 난연성 염의 침출을 방지하기 위한 관리가 필요하다. 난연성 염이 함유된 물이 시트 및 시트 레일의 AL framework에 닿으면 부식이 발생할 수 있다. 따라서 세척할 때 필요한 만큼의 수분만을 조심스럽게 사용해야 한다.

② 알카라인 세척제(Alkaline cleaners)

알카라인 세척제의 대부분은 수용성 물질로서 화재 위험 특성을 가지고 있지 않다. 본래 가지고 있는 세정제로서의 특성으로 기인한 약간의 추가 제한을 제외하면 세제나 비누처럼 동일한 방식으로 천, 헤드라인, 바닥재 등에 사용할 수 있다. 그러나 세척의 효과를 높일 수 있지만, 일부 천이나 플라스틱의 성능을 약화시키는 결과를 초래하게 된다.

③ 산성 용제(Acid solutions)

일부 산성 용제는 세척제로 사용하는 것이 가능하다. 일반적으로 탄소 덩어리 또는 부식성의 얼룩을 제거하기 위해 만들어진 용제이다. 수성 용제이므로 인화점은 없지만, 일부 천, 플라스틱 또는 표면의 손상을 방지하는 것뿐만 아니라 피부와 의복을 보호하는데 주의해야 한다.

④ 탈취 또는 소독제(Deodorizing or disinfecting agents)

항공기 객실의 탈취 또는 소독에 주로 사용하는 다수의 약품은 불연성(nonflammable)이다. 대부분의 약품들은 스프레이형으로 설계되었으며, 불연성 가압가스를 가지고 있지만, 일부는 가연성 충전가스를 함유하고 있으므로 주의해서 확인하는 것이 중요하다.

⑤ 연마재(Abrasive)

화재의 위험성이 없으며, 불연성의 연마재는 표면의 광택이나 페인트칠한 부분을 회복하는데 이용할 수 있다.

⑥ 드라이클리닝 용제(Dry-Cleaning agents)

Perchloro ethylene과 trichloro ethylene은 상온에서 사용되는 불연성 드라이클리닝제이다. 사용 시에 주의를 요하는 유독성 위험요소를 가지고 있으며, 일부 장소에서는 환경법의 적용으로 인해 사용이 금지되거나 엄격하게 제한된다. 수용성 물질은 해로울 수 있다. 난연 처리된 재료는 드라이클리닝제의 적용으로 인해 악영향을 받을 수 있다.

3) **연소성 물질**(Flammable and combustible agents)

① 고 인화점 솔벤트(High flash point solvents)

현재 여러 회사에서 다양한 상표명으로 판매되고 있는 특수 정제 석유 제품은 가솔린에 가까운 용제 특성을 가지고 있지만, 일반적으로 사용되는 Kerosene과 유사한 화재 위험 특성을 가지고 있다. 대부분은 비교적 낮은 수준의 유독성을 가지고 있으며, 100 ~ 140[°F]까지의 인화점을 갖는 안정적인 제품이다.

② 저 인화점 솔벤트(Low flash point solvents)

인화점이 100[°F] 이하인 class1 가연성 물질은 항공기 세척이나 재가공을 위해 사용하면 안 된다. Class1에 속하는 일반적인 물질들은 아세톤, 항공용 가솔린, MEK(methyl ethyl ketone), 나프타, 공업용 톨루엔 등이다. 어쩔 수 없이 가연성 물질을 사용해야 하는 경우에는 고 인화점 솔벤트를 사용하여야 한다.

③ 혼합 용제(Mixed liquids)

일부 상업용 용제는 여러 나프타 중 하나와 염소 처리된 물질을 혼합한 것과 같이 증발률이 다른 액체를 혼합한 것이다. 증발 속도가 다르면 독성 및 화재 위험 관점에서 문제가 발생할 수 있다. 이 혼합물은 위험에 대한 완전한 지식과 적절한 예방 조치를 취해 보관 및 취급하지 않는 한 사용해서는 안 된다.

2. 항공기 세척 작업

(1) 공구 및 장비

1) 외부 및 내부 세척제

항공기 외부 및 내부의 오염물질이나 먼지, 유분 등을 제거하기 위한 용제이다.

[그림] 5-2 세척제

2) 양동이

세척제와 물을 혼합하기 위해 사용한다.

[그림] 5-3 양동이

3) 스펀지

항공기 외부 세척 시 세척제를 묻혀 가까이 있는 오염물질을 닦기 위해 사용한다.

[그림] 5-4 스펀지

4) 브러시

항공기 외부 세척 시 세척제를 묻혀 멀리 있는 오염물질을 닦기 위해 사용한다.

[그림] 5-5 브러시

5) 고압 스프레이 건 및 호스

항공기 외부 세척 시 고압으로 물 분사를 위해 사용한다.

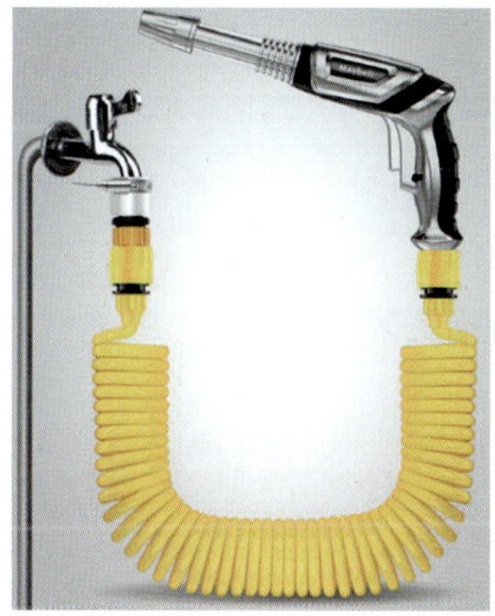

[그림] 5-6 고압 스프레이 건과 호스

6) 헝겊

항공기 외부 및 내부 세척 후 물기 제거용으로 사용한다.

[그림] 5-7 헝겊

(2) 작업 절차

1) 항공기 외부를 세척하기 위해 알맞은 세척제를 준비하고, 양동이를 이용해서 세척제에 물을 혼합하여 농도를 맞춘다.

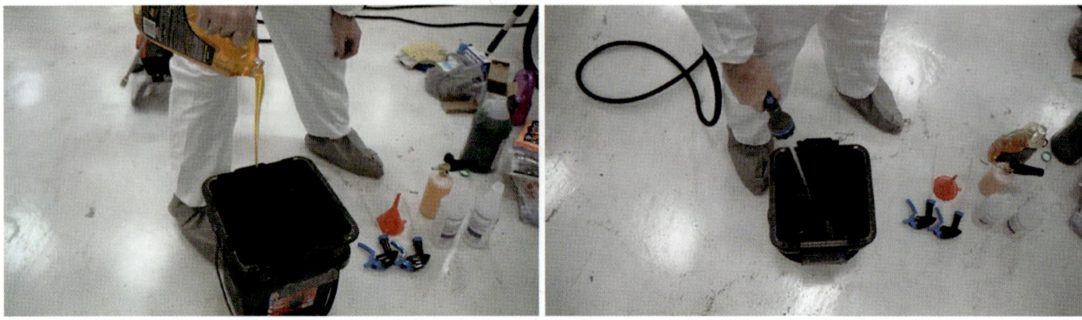

[그림] 5-8 세척제와 물 혼합

2) 고압의 스프레이 건으로 기본적인 오염물질들을 세척해준다(작업 전에 모든 창문, 입구, 배관 등 덮개나 입구는 막아두어야 한다).

[그림] 5-9 고압 세척

[그림] 5-10 날개 테이프 마스킹

[그림] 5-11 엔진 흡입구 덮개

[그림] 5-12 정압관 테이프 마스킹

[그림] 5-13 외부 고압 분사

[그림] 5-14 비퀴실 고압 분사

3) 준비해둔 세척제를 항공기 외부 전체에 구석구석 바르거나 뿌려준다.

[그림] 5-15 세척제 도포

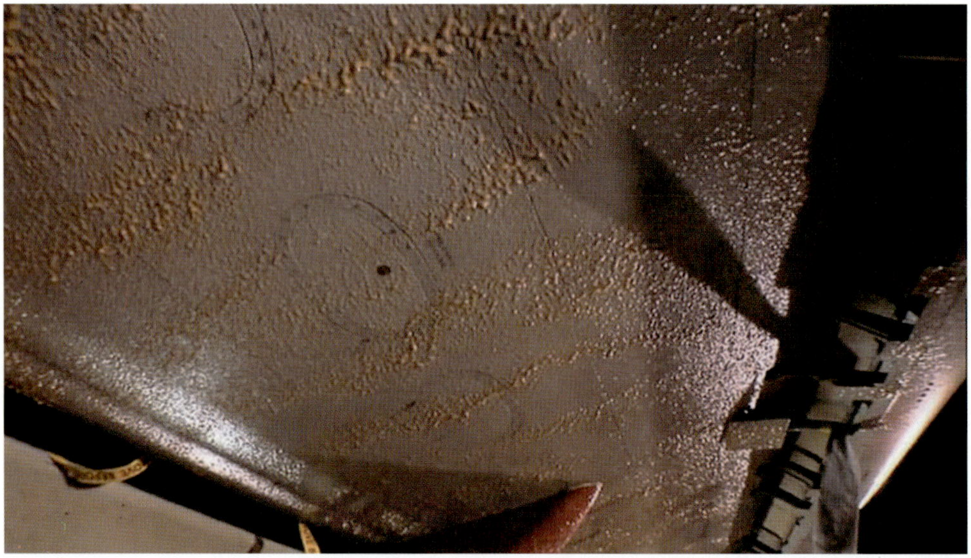

[그림] 5-16 세척제 도포

4) 스펀지나 걸레를 이용해서 세척제로 덮인 항공기 외부를 꼼꼼하고 부드럽게 닦아 세척한다.

[그림] 5-17 세척 작업

[그림] 5-18 세척 작업

5) 오염물질이 잘 제거되었다면 고압의 스프레이 건으로 물을 분사하여 세척제를 깨끗하게 씻어내고, 마른 헝겊이나 걸레로 물기를 닦아낸다.

[그림] 5-19 고압 세정

[그림] 5-20 날개 고압 세정

[그림] 5-21 동체 고압 세정

Dry wash(without water)

[그림] 5-22 세척제 도포

[그림] 5-23 세척제 닦기

Interior cleaning

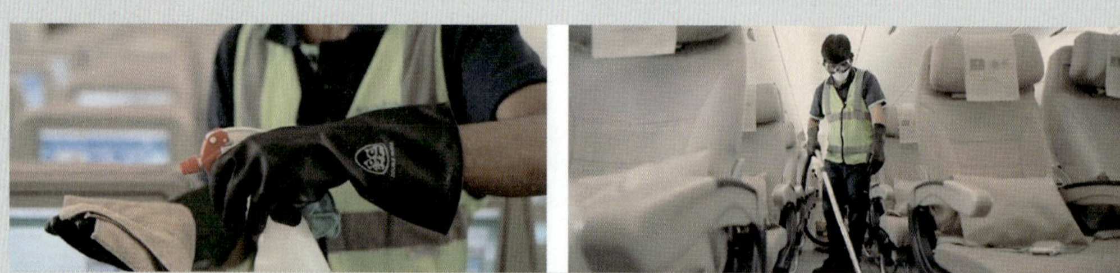

[그림] 5-24 좌석과 바닥 청소

[그림] 5-25 창문과 PES 청소

Engine cleaning

[그림] 5-26 엔진 세척

3. 부식 방지처리(Protecting Corrosion)

항공기 구조물(structure)의 대부분은 금속(metal)으로 만들어지며, 각 금속 구조물에 가장 서서히 진행되는 손상은 부식(corrosion)이다. 금속이 제조되는 순간부터 금속을 둘러싼 환경의 유해한 영향으로부터 보호되어야 한다. 보호하는 방법으로는 기본 금속에 특정 요소를 첨가하여 내식성 합금을 만들거나 화학적 산화피막, 금속 또는 페인트를 이용한 표면 코팅 등이 적용된다. 항공기를 사용하는 동안 점성 윤활제나 방습제 등과 같은 수분을 차단할 수 있는 방법을 적용하기도 한다. 주로 복합재료로 제작된 기체의 도입으로 부식에 관한 항공기의 세심한 모니터링에 대한 부담은 많이 감소하게 되었다.

기체 자체는 부식의 영향을 받지 않을 수 있지만, 기체 내의 금속 구성 요소와 부속품을 사용하면 항공기 검사 시 항공정비사는 부식의 여부를 신중하게 확인해야 한다. 금속 부식은 화학적 또는 전기화학적 침식에 의한 금속의 열화 현상이다. 부식에 의한 손상은 표면뿐만 아니라 내부에서도 발생할 수 있다. 금속의 매끄러운 표면을 변화시키고, 내부를 약화시키거나, 인접한 부품을 손상시키거나 결합을 느슨하게 할 수 있다. 또한 염분을 함유한 물이나 수증기는 대기 중의 산소와 결합하여 항공기 부식의 주요 원인이 된다. 해양 환경 또는 대기에 부식성이 있는 산업가스를 포함하는 지역에서 운항하는 항공기는 특히 부식에 취약하다. 만약 부식을 방치할 경우 항공기의 구조적 손상을 일으킬 수 있다.

부식의 유형은 금속에 따라 다르다. 알루미늄 합금과 마그네슘 합금의 표면에는 pitting 부식 또는 etching 부식 형태로 나타나며, 회색 또는 흰색의 가루로 된 부산물이 발생한다. 구리와 구리 합금 재료는 녹색의 부산물이 형성되며, 철 금속에서는 일반적으로 녹이라 불리는 적갈색 부산물이 형성된다. 이 부분의 부산물들을 제거하면 움푹 파이거나 긁힌 것처럼 보일 수 있는데, 부식의 흔적이 크지 않으면 금속의 강도에 영향을 주지 않을 수 있지만, 특히 부품에 큰 하중이 작용할 경우 균열 발생의 취약 부분이 될 수 있다. 일부 부식은 코팅 표면 안쪽과 금속 사이에서 발생하여 부품이 파손될 때까지 확산되기도 한다.

4. 부식의 요인(Factors affecting corrosion)

많은 요인들이 금속 부식의 유형, 속도, 원인 및 심각성에 영향을 미친다.

(1) 금속의 종류

(2) 열처리 및 조직(Grain)의 변화

(3) 부식성이 서로 다른 금속의 존재

(4) 양극 및 음극 표면 부분(갈바닉 부식)

(5) 온도

(6) 전해액(바닷물, 배터리액 등)의 유무

(7) 산소의 가용성

(8) 생물학적 유기체(곰팡이, 세균)의 존재

(9) 부식 금속에 대한 기계적 응력

(10) 부식성 환경에 노출되는 시간

(11) 항공기 금속 표면에 납 또는 흑연의 긁힌 자국

[그림] 5-27 동체 부식

5. 금속의 부식(Corrosion of metals)

[표] 5-1 금속 종류와 부식 유형

종류	취약한 부식의 유형	부식의 형태
마그네슘	피팅 부식	표면에 흰색 분말로 생긴 덩어리 및 흰색 반점 등
저합금강 (4,000 ~ 8,000 계열)	표면 산화, 피팅 부식, 입자간 부식	적갈색 산화물(녹)
알루미늄	표면 피팅, 입자 간 박리, 응력 부식 및 피로 균열 및 프레팅	회백색 분말
티타늄	내식성이 높음. 염소 처리 용제에 접촉할 경우 고온에서 금속의 구조적 특성이 저하	저온에서 부식 현상 없음. 700F°(370℃) 이상에서 착색된 표면 산화물 발생
카드뮴	균일한 표면 부식, 철강 재료의 보호를 위한 도금 재료로 사용	흰 가루 퇴적물로부터 갈색 또는 검은색의 표면 얼룩까지 발생
스테인리스강 (300 ~ 400 계열)	균열 부식, 해양 환경에서 피팅 부식, 입자간 부식(300 계통), 표면 부식(400 계통)	거친 표면, 때때로 균일한 적갈색 얼룩

출처 : FAA aviation maintenance technician handbook airframe

[표] 5-2 금속 종류와 부식 유형

종류	취약한 부식의 유형	부식의 형태
인코넬, 모넬(니켈 합금)	일반적으로 내성이 우수하며, 바닷물에서 피팅 부식에 취약	녹색 분말 침전물
황동, 청동(구리 합금)	표면 및 입자간 부식	청색 또는 청녹색 분말 침진물
크롬(도금)	피팅 부식(도금에서 구멍이 뚫리면 강의 부식을 촉진)	눈에 띄는 부식 현상 없음. 부식 및 부풀어 오르는 오름으로 인한 도금 피막의 기포 발생
은	유황과 만나면 변색	흑갈색 피막
금	높은 내식성	퇴적물이 표면의 광택을 어둡게 한
주석	결정입자(고분자 위스커)의 성장	바늘 모양의 위스커 침전물 발생

출처 : FAA aviation maintenance technician handbook airframe

6. 부식의 형태(Types of corrosion)

대부분의 특정 형태를 다루는 부식의 일반적인 분류에는 직접 화학 침식과 전기 화학 침식이 있다. 두 가지 유형의 부식에서 금속은 산화물, 수산화물 또는 황산염과 같은 금속화합물로 변화한다. 부식 과정에서 금속은 침식되거나 산화되는 양극 변화를 겪으며, 부식성 물질은 감소되고 음극 변화를 겪는 것으로 간주된다. 부식 과정에서는 두 가지 변화가 동시에 일어난다.

(1) 직접 화학 침식(Direct chemical attack)

직접 화학 침식 또는 순수한 화학적 부식은 부식성 액체 또는 가스 물질에 직접 노출되었을 때 발생하는 침식 형태이다. 전기 화학 침식과는 다르게 직접 화학 침식에서의 변화는 동일한 지점에서 동시에 일어난다. 항공기에서 직접 화학 침식의 원인이 되는 대부분의 일반적인 부식성 물질은 엎질러진 배터리 용액, 부적당한 세척, 용접, 땜납 또는 납땜 접합부에 존재하는 잔여 용제, 고여 있는 부식성 세척 용액 등이다. 용접 또는 납땜에 사용되는 많은 종류의 용제는 부식성으로 사용되는 금속 또는 합금을 화학적으로 침식시킨다. 그러므로 접합 작업 후 곧바로 금속 표면으로부터 잔여의 점착물을 제거하는 것은 매우 중요하다.

잔여 점착물들은 성질상 흡수성을 가지고 있어서 습기를 흡수하고, 주의 깊게 관리되지 않으면 침식 등 부식의 원인이 되기 쉽다. 농축된 형태의 부식성 세척 용액은 반드시 마개를 닫고 가능한 항공기로부터 멀리 떨어져서 보관해야 한다. 부식 제거에 사용되는 일부 세척 용액은 자체가 잠재적인 부식성 물질이기 때문에 항공기에 사용된 후 완전하게 제거될 수 있도록 주의 깊은 관리가 필요하며, 세척제 선택 시 부식의 위험성이 낮은 용제를 선택하여 사용하도록 한다.

(2) 전기 화학 침식(Electro chemical attack)

전기 화학적 부식이 발생하기 위해서는 네 가지 조건이 충족되어야 한다.

1) 부식될 수 있는 금속(양극)

2) 부식의 경향이 적은 이종 전도성 물질(음극)

3) 연속 전도성 액체 경로(전해액)의 존재

4) 양극과 음극 사이의 전기적 접촉(일반적으로 하드웨어에서)

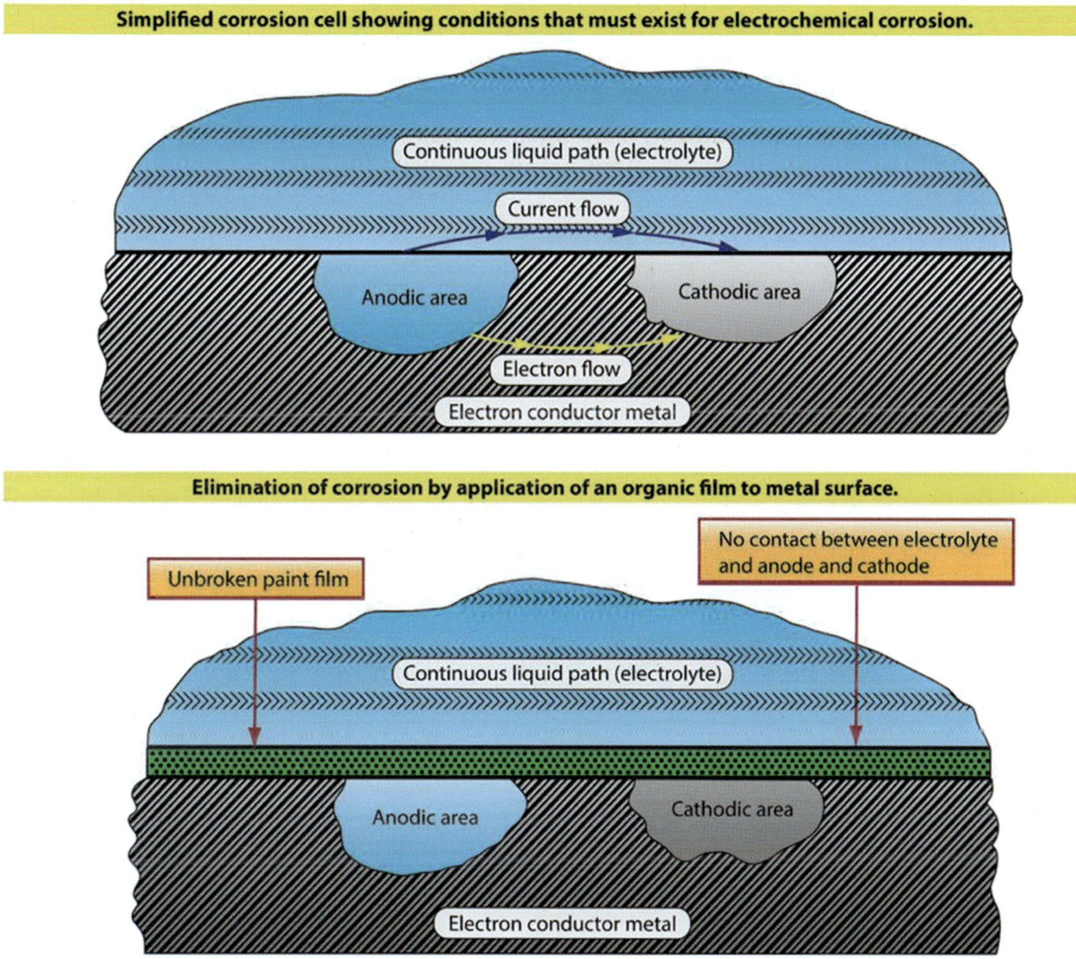

[그림] 5-28 전기 화학 침식(출처 : FAA aviation maintenance technician handbook airframe)

네 가지 조건 중 하나를 제거하면 전기 화학적 부식을 방지할 수 있다. 페인트는 부식의 초기 단계를 막아줄 수 있다. 부식물이 원래 금속보다 더 많은 부피를 차지하기 때문에 도장 표면의 부풀어 오른 기포, 떨어져 나감, 칩, 혹과 같은 불규칙성이 있는지 자주 검사해야 한다. 전기 화학적 침식은 전기 도금, 양극 산화 처리 또는 건조 셀 배터리에서 발생하는 전기적 반응과 비유될 수 있다. 부식성 침식에서의 반응은 미세한 전류를 전도할 수 있는 매개체(일반적으로 물)를 필요로 한다. 금속이 부식성 물질과 접촉하고 전자가 흐르는 액체나 기체 경로가 형성되면 산화 작용에 의해 금속이 침식되면서 부식이 시작된다. 침식 중 부식성 물질의 양은 감소하고, 교체하거나 제거하지 않을 경우 금속이 완전히 중화될 때까지 반응할 수 있다.

동일한 금속 표면의 다른 영역은 다양한 수준의 전위를 가지며, 소금물과 같은 전도체에 의해 연결될 경우 일련의 부식 셀을 형성하며 부식이 진행될 것이다. 모든 금속과 합금은 전기적으로 활성화되며 주어진 화학적 환경에서 특정한 전위를 가진다. 이때의 전위는 흔히 금속의 고귀성(nobility)이라고 한다. 금속의 고귀성이 낮을수록 부식되기 쉽다. 항공기 구조물에 사용하기 위한 금속은 강도, 중량, 내식성, 작업 가능성 및 비용 등이 구조적인 요구 사항과 균형을 이루도록 절충하여 선택한다. 또한 합금 성분들은 일반적으로 서로 다른 특정 전위를 가지고 있다. 합금 표면이 전도성의 부식성 매체에 노출되면 활성도가 높은 금속은 양극이 되고 활성도가 낮은 금속은 음극이 되어 부식 조건을 성립하게 된다.

국소적인 셀이라고 하며, 두 금속 사이의 전위차가 클수록 적절한 조건이 형성되면 부식성 침식의 심각성이 커진다. 부식 반응의 조건은 전도성 유체 및 전위차가 있는 금속의 존재이다. 정기적인 청소 및 표면 처리로 부식성 매체를 제거하여 미세한 전기 회로를 제거한다면 부식은 발생하지 않는다. 이는 효과적인 부식 방지의 기본이 된다.

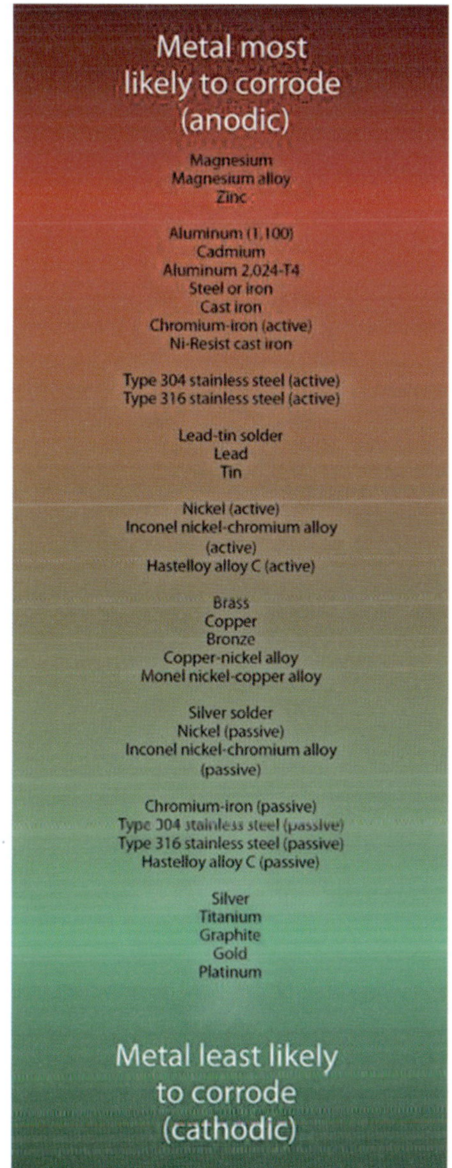

[그림] 5-29 부식 발생 높은 금속(출처 : FAA aviation maintenance technician handbook airframe)

7. 부식의 유형(Forms of corrosion)

부식은 금속의 종류, 크기, 모양, 대기 조건과 부식을 유발하는 원인물질의 존재 여부에 따라서 다양한 형태로 나타나며, 기체 구조에서 찾아볼 수 있는 가장 일반적인 형태의 부식을 나타낸다.

(1) 표면 부식(Surface corrosion)

직접 화학 침식 또는 전기 화학 침식에 의해서 형성되며 가루 모양의 부식 생성물로 확인 가능하고, 표면의 거칠어짐, 긁힘, 패임 등의 형태로 나타난다. 때로는 표면의 코팅이나 도장면의 안쪽에서 발생하기도 하여 표면 부식의 형태로 확인하기 어렵기도 하다.

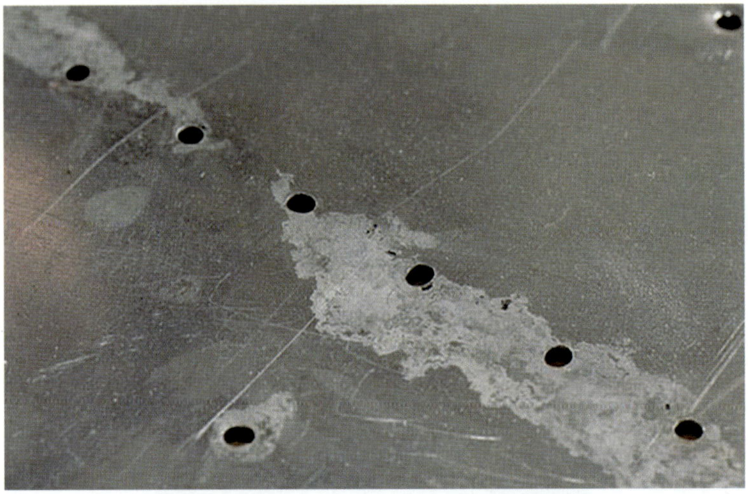

[그림] 5-30 표면 부식(출처 : FAA aviation maintenance technician handbook airframe)

(2) 필리폼 부식(Filiform Corrosion)

유기물 코팅을 한 금속 표면에서 발생하는 특별한 형태의 산소 농축 셀이다. 페인트 피막 아래에 있는 특유의 벌레가 지나간 것과 같은 흔적으로 알 수 있다. 폴리우레탄 도색은 특히 필리폼 부식에 취약하다. 필리폼은 공기의 상대 습도가 78 ~ 90% 사이이고, 표면이 약간 산성일 때 잘 발생한다. 보통 철과 알루미늄 표면을 침식한다. 철에서는 이 흔적들이 서로 교차하지 않지만, 알루미늄에는 서로 교차하기도 하기 때문에 그 피해가 점점 더 심해진다. 부식을 제거하지 않고 처리한 부분에 보호 마감처리를 할 경우, 부식은 특히 fastener 주변이나 seam 주변에서 입자간 부식으로 이어질 수 있다.

휴대용 blasting 장비를 이용하여 유리구슬 연마재를 고속 분사하여 연마하거나 사포를 이용하여 제거할 수 있다. 습도가 70% 미만인 환경에 항공기를 보관하고, 산소 및 수증기에 대한 확산율이 낮은 코팅 시스템을 사용하고, 항공기 세척을 통해 표면으로부터 산성 오염물질을 제거하면 방지할 수 있다.

[그림] 5-31 필리폼 부식(출처 : FAA aviation maintenance technician handbook airframe)

(3) 피팅 부식(Pitting corrosion)

가장 파괴적이고 강렬한 부식 형태 중 하나이다. 모든 금속에서 발생할 수 있지만, 알루미늄이나 마그네슘 합금과 같은 보호 산화 피막을 형성하는 금속에서 가장 흔하다. 먼지와 유사하게 표면을 얼룩지게 하는 흰색 또는 회색의 분말 침전물이 처음 눈에 띈다. 침전물을 제거하면 표면에 작은 구멍이나 움푹 파인 자국이 보인다. 작은 표면 손상은 구조 부재 내부 깊숙이 침투하여 표면 외형에 비례하여 완전히 손상될 수 있다.

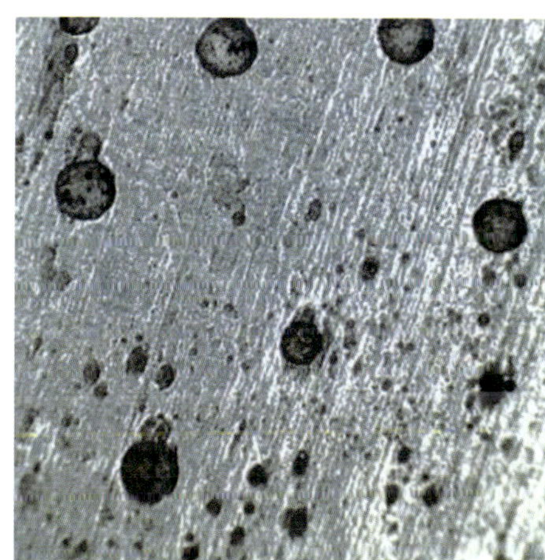

[그림] 5-32 피팅 부식(출처 : FAA aviation maintenance technician handbook airframe)

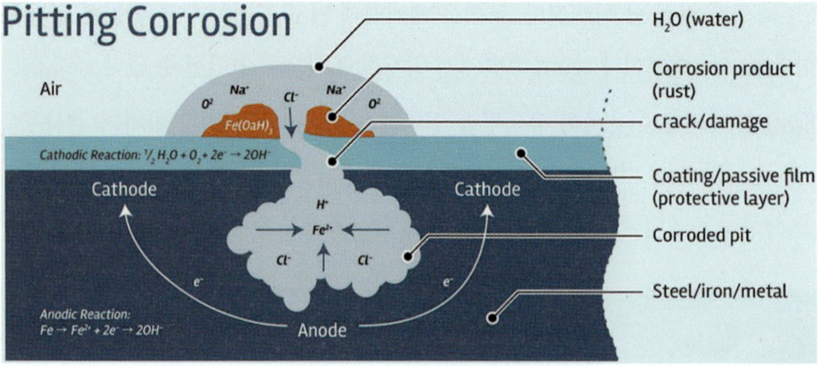

[그림] 5-33 피팅 부식 원리

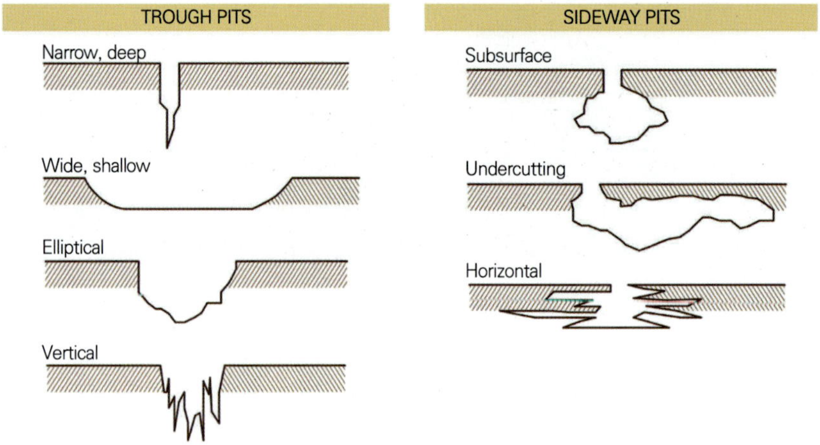

[그림] 5-34 피팅 부식 유형(출처 : FAA aviation maintenance technician handbook airframe)

(4) 이질 금속 간 부식(Dissimilar metal corrosion)

부식 조건에 있는 상태에서 이질 금속 부품 사이의 접촉은 광범위하게 움푹 파인 손상이 발생할 수 있다. 표면 부식이 일어날 수도 있고 일어나지 않을 수도 있지만, 전기 도금과 다르게 galvanic 작용은 표면 사이의 절연이 파괴되거나 생략된 접촉 지점 또는 접촉 영역에서 발생한다. 전기 화학적 침식은 대부분 보이지 않는 곳에서 진행되기 때문에 구조적 결함이 발생하기 전에 감지하는 것이 어려우므로 매우 심각한 상황에 처할 수 있다. 또한 기계적 방법에 의한 금속 표면의 오염은 이질 금속 간 부식을 유발할 수 있다.

강철 수세미나 강철 와이어 브러시와 같은 철제 세척 제품을 알루미늄이나 마그네슘 제품 세척에 부적절하게 사용하면, 작은 강철 조각이 세척되는 금속으로 들어가 이질 금속 간 부식을 일으키고 인접 표면을 손상시킬 수 있다. 한 종류의 금속 세척에 사용했던 패드가 다른 금속 세척에 다시 사용되지 않도록 주의 깊게 모니터링해야 한다.

[그림] 5-35 이질 금속 간 부식(출처 : FAA aviation maintenance technician handbook airframe)

(5) 농축 셀 부식(Concentration cell corrosion)

틈새 부식이라 하는데, 금속과 금속 접합부의 금속 부식, 접합된 금속이 동일하더라도 접합부 가장자리의 부식 또는 이물질로 덮인 금속 표면의 점 부식이다. 일반적인 농축 셀 부식의 종류는 3가지이다.

1) 금속 이온 농도 셀(Metal ion concentration cells)

용액은 물과 접촉하는 금속의 이온과 물로 구성될 수 있다. 일반적으로 고농도의 금속 이온이 용액이 정체된 faying 표면 아래에 존재하며, faying 표면에 의해 생성되는 틈새 근처에 낮은 금속 이온이 존재한다. 두 지점 사이에는 전위차가 존재한다. 즉, 금속 이온의 낮은 농도와 접촉하는 금속 부위는 양극이 되어 부식된다. 금속 이온이 높은 농도와 접촉하는 금속 부위는 음극을 띠며 부식의 징후를 보이지 않는다.

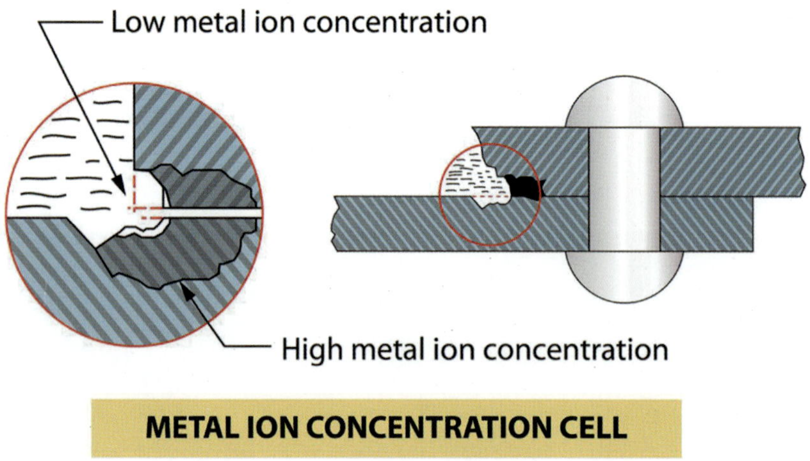

[그림] 5-36 금속 이온 농도 셀(출처 : FAA aviation maintenance technician handbook airframe)

2) **산소 농도 셀**(Oxygen concentration cells)

금속 표면에 접촉하는 용액은 보통 용해된 산소를 포함한다. 공기 중의 산소가 용액 내로 확산되지 않는 임의의 지점에서 산소 셀이 발생하여, 두 지점 사이의 산소 농도 차이가 발생한다. 산소 농도 셀의 일반적인 위치는 개스킷, 목재, 고무 및 기타 금속 표면에 접촉하는 물질 아래에 있다. 부식은 산소 농도가 낮은 영역(양극)에서 발생한다.

스테인리스강과 같은 합금은 특히 이러한 유형의 농축 셀 부식에 취약하다.

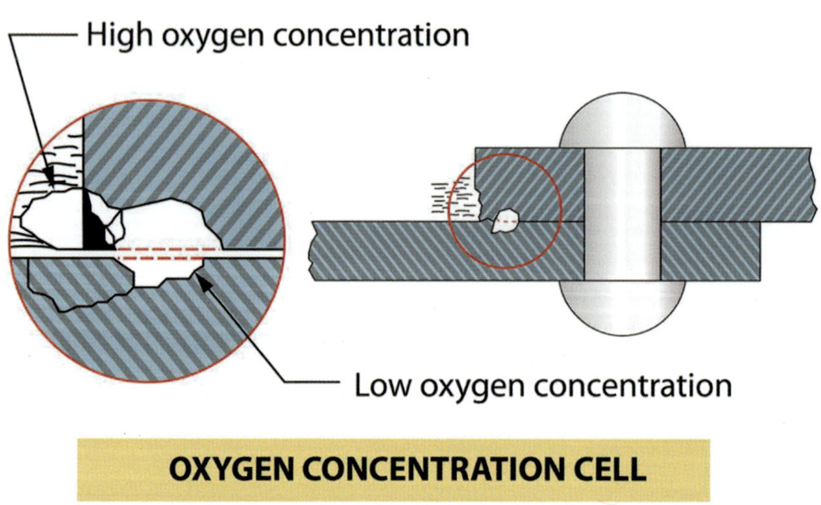

[그림] 5-37 산소 농도 셀(출처 : FAA aviation maintenance technician handbook airframe)

3) 액티브-패시브 셀(Active-passive cells)

단단히 달라붙는 패시브 피막에 의존하는 금속(보통 부식 방지를 위한 산화물)은 액티브-패시브 셀에 의해 급속한 부식성 침식을 받기 쉽다. 부식 작용은 보통 산소 농도 셀에서 시작된다. 패시브 피막이 먼지 입자에 의해 손상되면 활성 금속이 부식성 침식에 노출된다. 패시브 피막의 넓은 영역과 활성 금속의 작은 영역 사이에 전위차가 발생하여 빠르게 pitting 부식이 발생한다.

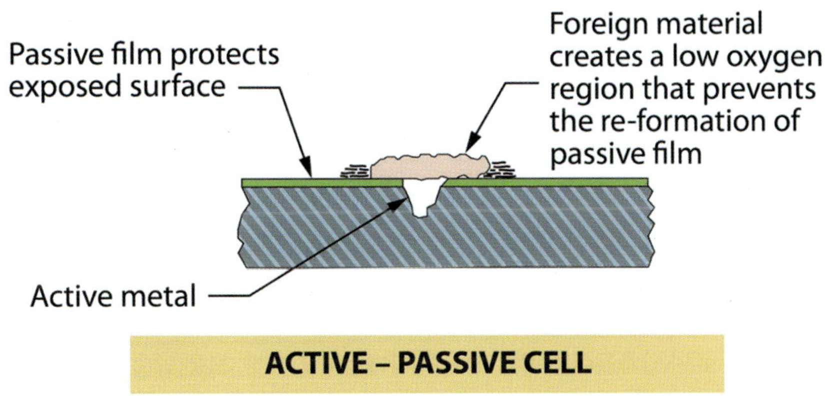

[그림] 5-38 액티브 패시브 셀(출처 : FAA aviation maintenance technician handbook airframe)

(6) 입자간 부식(Intergranular corrosion)

합금의 입자 경계를 따르는 침식이며, 일반적으로 합금 조직의 균일성이 결여되어 발생한다. 알루미늄 합금 및 일부 스테인리스강은 전기 화학적 침식에 취약하다. 균일성 결여는 가열 및 냉각 등 재료의 제조 과정에서 합금의 변화로 인해 발생한다. 2014 및 7075와 같은 고강도 알루미늄 합금은 부적절하게 열처리되고 부식 환경에 노출되면 입자간 부식에 더 취약하다. 입자 간 부식은 부식 발생 초기 단계에서 검출해 내기가 어렵다. Spar와 같은 압출 성형된 부재들은 취약하다. 초음파 검사와 와전류 탐상 검사는 검출해 내는데 효과적이다.

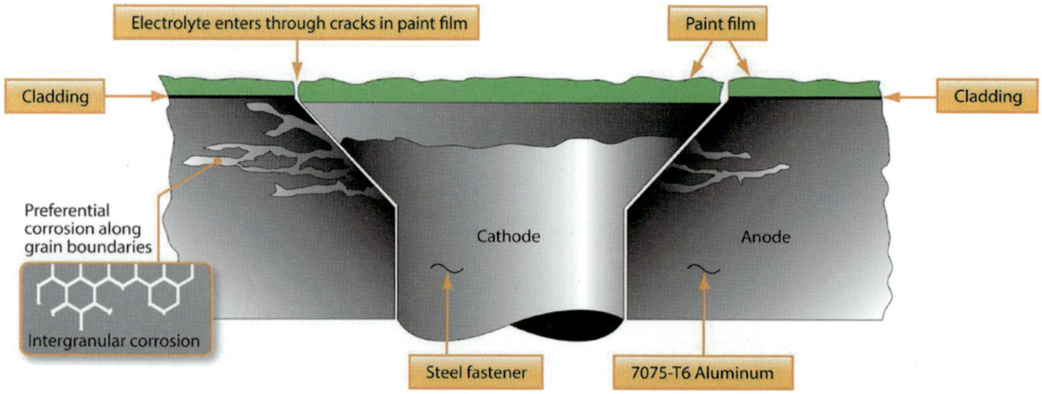

[그림] 5-39 입자간 부식(출처 : FAA aviation maintenance technician handbook airframe)

(7) 박리 부식(Exfoliation corrosion)

입자간 부식이 계속 진행되면 발생하는 형태로서, 표면 바로 아래 입자 경계에서 발생하는 부식 생성물의 팽창에 의해 금속 표면 입자들이 들떠서 떨어져 나가는 손상이다. 보통 압출 부재의 입자 두께가 얇은 부위에서 많이 볼 수 있다. 초기 단계에서는 검출하기 어렵다.

[그림] 5-40 박리 부식(출처 : FAA aviation maintenance technician handbook airframe)

(8) 응력 부식 균열(Stress corrosion cracking)

화학적 환경에 해가 되는 일정한 응력 또는 주기적인 응력에 의해 발생한다. 응력은 내부 또는 외부 하중에 의해 발생할 수 있다. 냉간 가공이나 고온에서 불균일한 냉각에 의해 구조물에 내부 응력이 쌓일 수 있다. 대부분의 제조업체는 응력 해소를 위한 작업을 한다. 그럼에도 불구하고 때로는 응력이 남아 있다. 리벳 작업, 용접, 볼트 체결, 클램프, 프레스 작업 등에 의해 일부 구조로 유입될 수도 있다. 약간의 불일치가 발생하거나 패스너를 과하게 체결하면 내부 응력이 발생한다. 설계 안전계수를 넘어서 손상되기 전에는 인식하기 어렵기 때문에 내부 응력은 설계 응력보다 더 중요하다. 금속 내에서의 응력 수준은 각 지점마다 다르다.

항복 강도 근처의 응력은 응력 부식 균열을 촉진하게 된다. 그렇지만 고장은 더 낮은 응력에서 발생할 수 있다. 특정 합금에 대한 응력 부식 및 균열을 일으키는 특정 환경이 확인되었다.

1) 소금 용액과 바닷물은 고강도, 열처리한 강철 및 알루미늄 합금의 응력 부식 균열을 유발한다.

2) 메틸알코올-염산 용액은 일부 티타늄 합금의 응력 부식 균열을 유발한다.

3) 마그네슘 합금은 습한 공기에서 응력 부식될 수 있다.

보호 코팅, 응력 제거 열처리, 부식 방지제 사용 또는 환경 제어를 통해 응력 부식을 줄일 수 있다. 금속 표면에 shot peening 작업을 하면 표면에 압축 응력을 발생시켜 응력 부식 균열에 대한 저항을 증가시키며, 임계 응력 수준이 높아진다.

[그림] 5-41 응력 부식 균열

(9) 마찰 부식(Fretting corrosion)

두 금속 간의 접합면에서 미세한 부딪힘이 지속되는 상대 운동에 의하여 발생하며, 부식성의 침식에 의해 손상되는 형태로 나타난다. 표면의 점식(pitting)과 가늘게 쪼개진 파편이 발생되는 특징을 가지고 있다. 2개 표면의 상대 운동은 제한된 영역에서 마모가 발생하며, 수분의 침투는 마찰 부식의 진행을 빠르게 한다. 베어링의 접촉면과 같이 접촉면이 작고 날카로운 형태인 경우 깊은 홈 또는 압축력에 의해 움푹 들어간 형태로 닳아 해지게 되며, 마찰 부식의 형태가 나타난다. 엔진 카울링 및 날개 외피에서 발견되는 들떠 있는 리벳이다. 전해질과 무관한 부식 현상의 하나이며, 실제로 수분은 부식 진행 반응을 억제하는 효과가 있다.

들떠 있는 리벳은 리벳 주위에 마찰 부식 흔적으로 검은색 고리를 띠기도 한다.

[그림] 5-42 마찰 부식(출처 : FAA aviation maintenance technician handbook airframe)

(10) 피로 부식(Fatigue corrosion)

주기적 응력과 부식성 환경의 조합에 의해 발생한다. 작용하는 응력이 금속의 피로 한계 이하라면 정상적인 금속은 무한 사이클의 응력을 견딜 수 있다. 피로 한계를 초과하면 금속은 결국 균열이 발생하고 피로로 인해 파괴된다. 그러나 주기적 응력을 받는 부품 또는 구조가 부식성 환경에 노출될 경우 고장에 대한 응력 수준은 상당히 감소하게 된다. 따라서 설계 피로 응력 이하의 응력 수준에서 고장이 발생할 수 있다. 피로 부식 진행은 2단계로 이루어진다. 1단계에서 부식과 순환 응력의 조합은 부식 환경이 완전히 제거하더라도 순환 응력에 의해 파단이 발생할 정도까지 균열이 형성되는 단계이다.

2단계는 기본적으로 균열의 전파에 의해 고장이 진행되는 피로 단계이다. 주로 응력 집중 효과와 금속의 물리적 특성에 의해 조절된다. 피로 부식으로 인한 금속 부품의 파손은 일반적으로 부식 정도가 심하지 않더라도 부식되지 않은 부품의 피로 한계보다 훨씬 낮은 응력 수준에서 발생한다.

[그림] 5-43 피로 부식

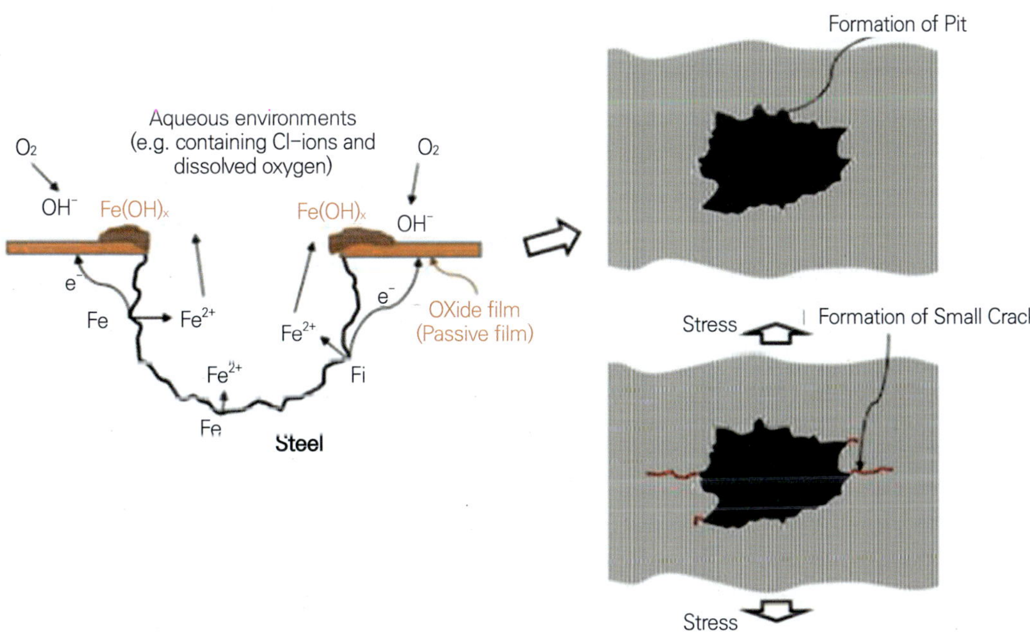

[그림] 5-44 피로 부식 원리

(11) 갈바닉 부식(Galvanic corrosion)

두 개의 이종 금속이 전해액이 있는 곳에서 전기적으로 접촉될 때 발생한다. 부식이 발생하는 속도는 활성도의 차이에 따라 달라진다. 활성도의 차이가 클수록 부식 속도가 빨라진다. 부식 속도도 접촉 부위의 크기에 따라 다르다. 부식성 금속의 표면 면적이 활성도가 낮은 금속의 표면 면적보다 작으면 부식은 빠르고 심하다. 부식성 금속이 활성도가 낮은 금속보다 크면 부식은 느리고 심하지 않다.

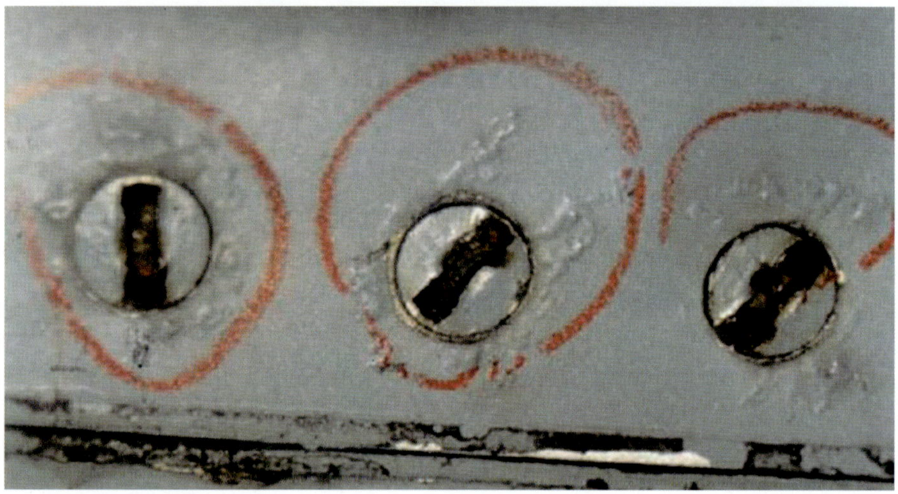

[그림] 5-45 갈바닉 부식

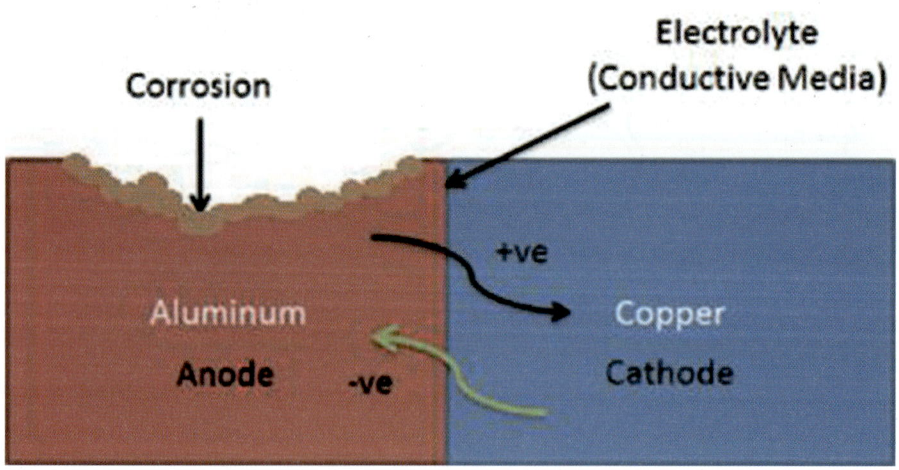

[그림] 5-46 갈바닉 부식 원리

8. 이질 금속 간의 접촉 방지(Protection of dissimilar metal contacts)

금속들은 서로 다른 금속과의 접촉을 통해 부식이 발생할 수 있다. 대개 전기적 부식 또는 이질 금속 간의 부식으로 알려져 있다. 서로 다른 비보호 금속(Bare Metal)의 접촉은 습기가 존재할 때 전해 작용을 만들어 낸다. 만약 습기나 소금 성분이 있을 경우 전해 작용은 가속된다. 이질 금속끼리의 접촉 결과는 한쪽 또는 양쪽 금속의 산화에 의해 부식이 일어난다. 금속 구조물의 보호를 위해 분리되어야 하는 재료의 조합이 있고, 분리시키는 재료로는 금속의 종류에 따라 금속 프라이머, 알루미늄 테이프, 와셔, 그리스 또는 밀폐제가 사용된다.

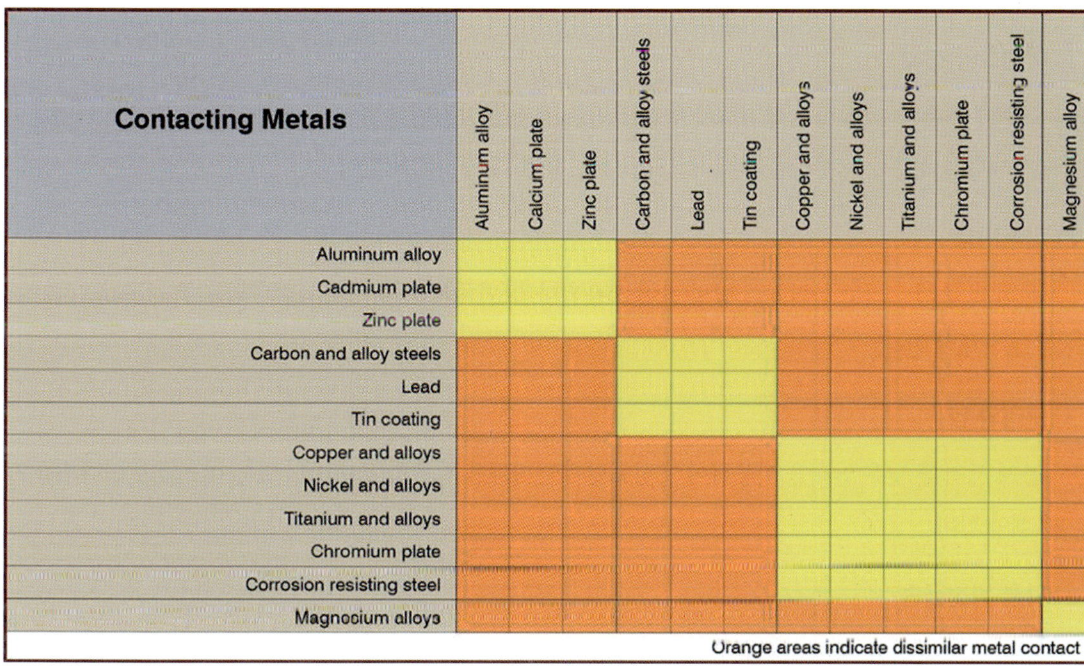

[그림] 5-47 이질 금속 간 접촉표(출처 : FAA aviation maintenance technician handbook airframe)

9. 재료에 따른 부식 제거

(1) 철재

금속 표면에는 항상 유분, 녹, 흑피(산화 피막), 먼지 등이 생성 또는 부착되어 있는데, 이들의 표면 처리 정도에 따라서 도막의 부착력, 도막의 내구력 등이 큰 영향을 받게 되어 결국은 금속의 수명을 좌우하게 된다. 블래스트에 사용되는 연마재는 철재 GRIT, SHOT, SAND가 적합하며, 알맞은 표면조도를 형성할 수 있는 연마재를 사용해야 하고, 연마재는 깨끗하고 건조된 것을 사용해야 한다.

(2) 비철금속

1) 아연도금 철재

표면에 유분 및 이물질을 제거하기 위해 적합한 용제를 사용해야 한다. 아연도금면에 백색의 아연염이 생성되었을 경우에는 부착을 저해하므로 수세미를 통해 제거해야 한다.

2) 알루미늄

용제 및 증기 그리고 화학처리 방법 등이 사용된다. 표면처리 후 워시 프라이머와 같은 etching primer를 도장해야 한다.

3) 구리와 납

용제 세척 후 낮은 압력을 이용하여 조심스럽게 연마재를 사용한 표면처리 또는 비철금속 연마재를 사용해야 한다.

4) 다른 비철금속

우선 용제 세척 후 워시 프라이머와 같은 etching primer를 도장해야 한다.

10. 부식 방지 작업

(1) 양극 산화 처리(Anodizing)

일본에서는 alumite라고 하며, 도금하지 않은 알루미늄 표면의 가장 일반적인 표면 처리 방법으로 Mil-C-5541E 또는 AMS-C-5541에 의거해서 특별하게 설계된 시설물에서 수행한다. 알루미늄 산화피막을 형성하기 위해서 알루미늄 합금 판재 또는 주조물은 전해 욕조(electrolytic bath) 안에 넣고, 양(+)극을 연결한다. 알루미늄의 산화는 자연적으로 표면 보호 기능을 가지고 있으며, 피막의 두께와 밀도를 증가시키는 역할을 한다. 사용 중에 산화피막이 손상되면 부분적인 표면 처리를 통해 복원할 수 있다.

항공정비사는 부식 제거를 위해 세척할 경우, 산화피막이 함께 제거되지 않도록 주의해야 한다. 양극 산화 처리된 피막의 코팅은 훌륭한 부식 방지 기능을 제공한다. 피막 코팅은 부드럽고 쉽게 긁힐 수 있기 때문에 프라이머를 칠하기 전까지는 조심스럽게 다루어야 한다. 알루미늄 섬유, 알루미늄 산화물을 포함한 나일론 띠, 연마 수세미 또는 섬유 브러시는 anodizing 처리된 표면의 세척을 위해 사용되며, 철제 와이어 브러시, 철 섬유 등의 사용은 금지해야 한다. 반면에 anodizing 처리된 표면은 다른 알루미늄의 마무리 작업과 동일한 방법을 적용한다. 추가적으로 anodizing 처리가 마무리되면 프라이머와 도장 작업을 바로 진행해야 한다. 양극 산화 처리된 표면은 낮은 전도성 특징을 갖고 있으며, bonding 연결이 필요할 경우 양극 산화 피막을 제거하고 접착시켜야 한다.

Alclad 표면에 페인트 도색이 필요할 경우 alclad 표면에 양극 산화 처리를 하고 도장 작업을 함으로써 도료가 잘 부착되도록 한다.

[그림] 5-48 양극 산화 처리

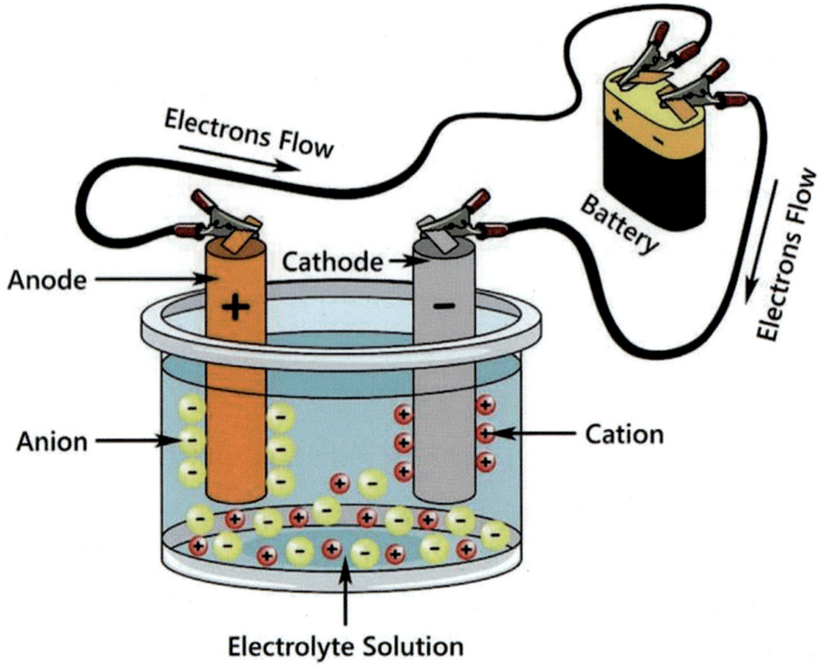

[그림] 5-49 양극 산화 처리 원리

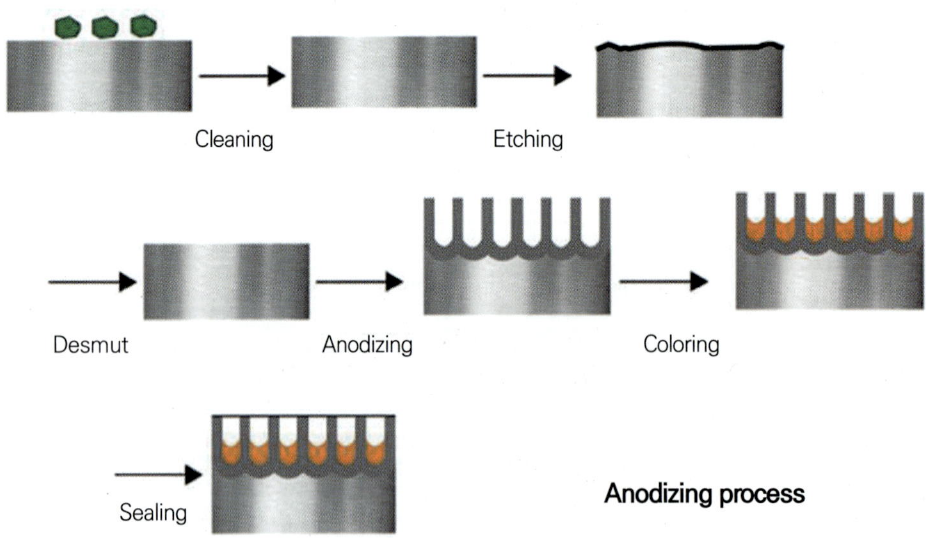

[그림] 5-50 양극 산화 처리 절차

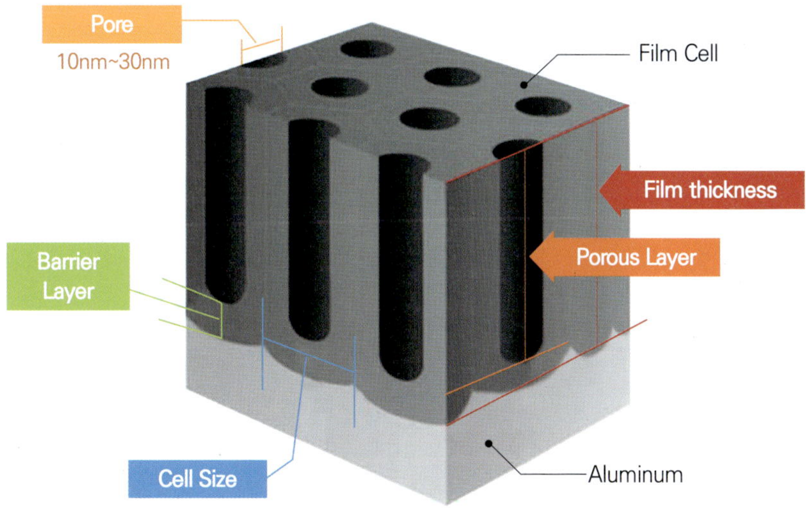

[그림] 5-51 양극 산화 처리 구조

(2) Anodizing 작업

1) 공구 및 장비

① 수조 (뚜껑 포함)

각각의 용제를 담기 위해 사용한다.

[그림] 5-52 수조

② 수산화나트륨 수용액(5%)

Etching 공정을 위해 사용한다(세정제인 가성소다 4.5%를 구매).

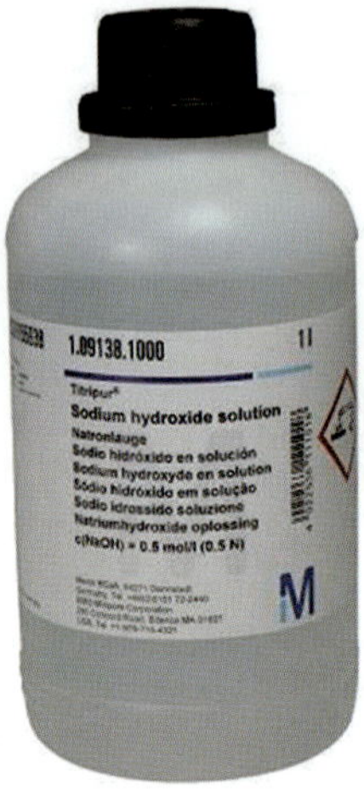

[그림] 5-53 수산화나트륨 용액

③ 질산 수용액(50%)

Desmut 공정을 위해 사용한다(질산 외에 smut 제거제 사용 가능).

[그림] 5-54 질산 수용액

④ 황산 수용액(20%)

산화 피막을 입히기 위해 사용한다(판매되는 배터리 전해액으로 가능).

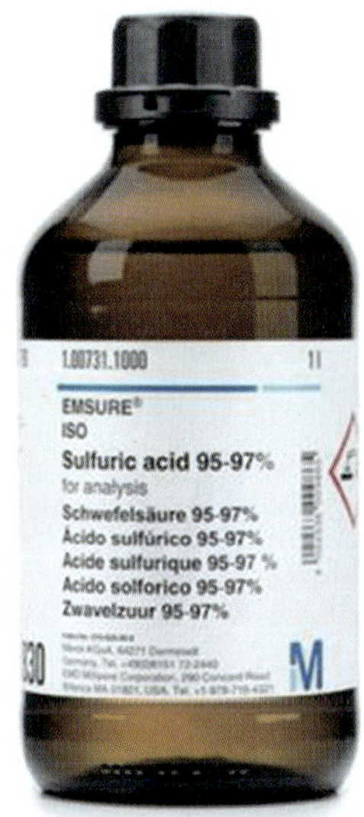

[그림] 5-55 황산 수용액

⑤ AL 판재

아노다이징 시험체로 사용한다.

[그림] 5-56 AL 판재

⑥ AL 와이어 및 납(lead) 시트

AL 시험체를 걸고 전극을 연결하기 위해 사용한다.

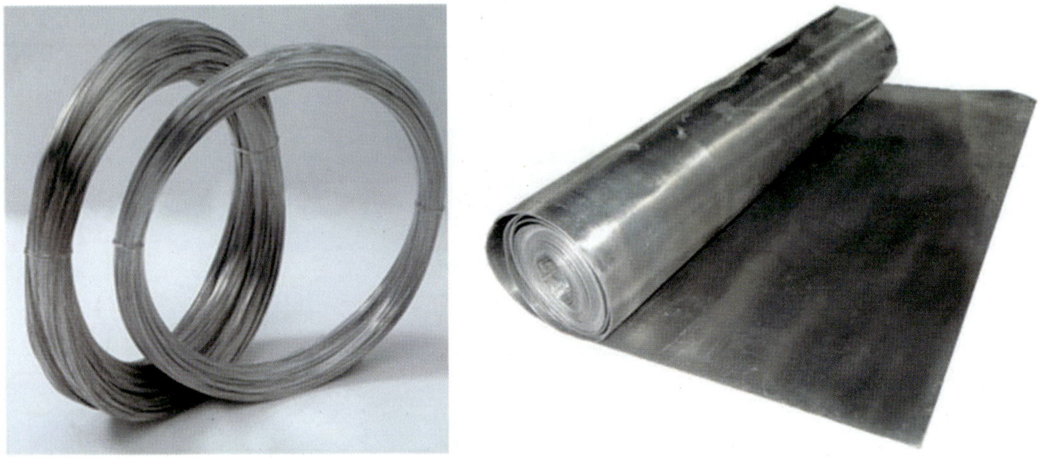

[그림] 5-57 AL 와이어와 납 시트

⑦ 직류 전원 공급 장치

Anodizing 작업 시 전압과 전류를 공급하기 위해 사용한다.

[그림] 5-58 직류 전원 공급 장치

⑧ 염색 안료

Coloring 작업 시 다양한 착색을 위해 사용한다.

[그림] 5-59 염색 안료

⑨ 스테인리스 냄비 및 가스버너

Sealing 작업 시 물을 가열하기 위해 사용한다.

[그림] 5-60 냄비와 버너

2) 작업 절차

① 먼저 준비된 수조에 물(증류수 또는 수돗물)을 가득 채운다.

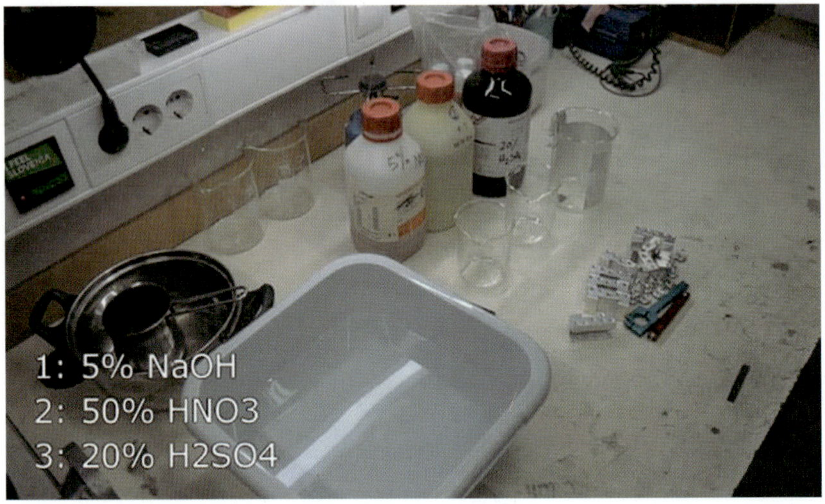

[그림] 5-61 수조와 물 준비

② Sanding 및 polishing 작업이 된 AL 시험체를 준비한다.

[그림] 5-62 AL 시험체 폴리싱

[그림] 5-63 AL 시험체 준비

③ AL 와이어를 이용해서 시험체에 걸어준다.

[그림] 5-64 AL 시험체와 와이어 결합

④ Etching(화학적으로 표면을 식각하는 공정) 작업을 위해 수조 또는 비커 등의 용기에 수산화나트륨(NaOH) 수용액을 넣고 AL 시험체를 30분 정도 담근다.

[그림] 5-65 AL 시험체 에칭

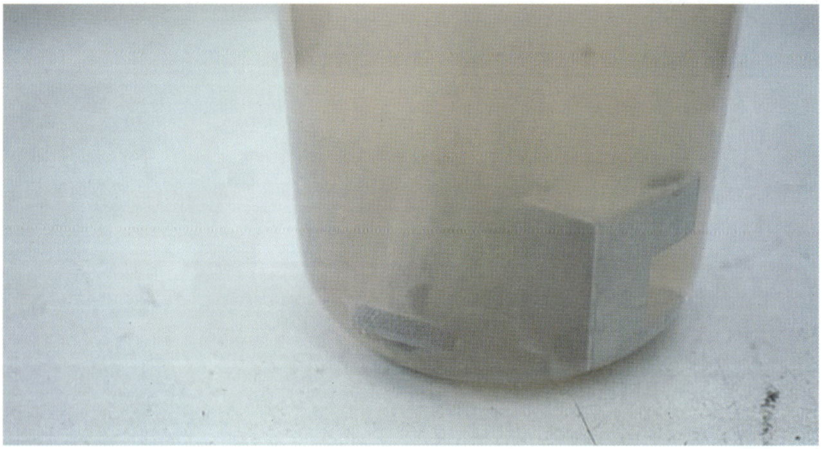

[그림] 5-66 에칭 과정

⑤ Etching 작업 후 바로 물이 들어 있는 수조에 넣어서 세척한다.

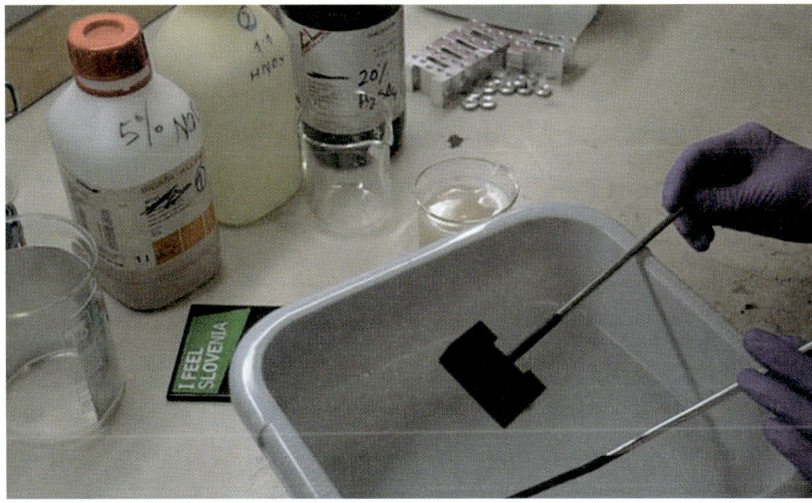

[그림] 5-67 세척 작업

⑥ Desmut(Etching 작업 후 표면에 발생한 검은색 분말의 smut를 제거하는 공정) 작업을 위해 수조 또는 비커 등의 용기에 질산(NHO_3) 수용액을 넣고 AL 시험체를 1분 정도 담근다.

[그림] 5-68 AL 시험체 디스머트

[그림] 5-69 디스머트 과정

⑦ Desmut 작업 후 바로 물이 들어 있는 수조에 넣어서 세척한다.

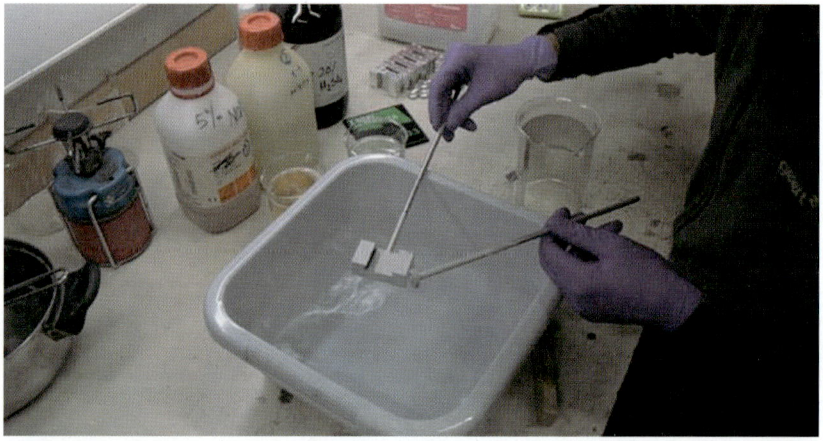

[그림] 5-70 세척 작업

⑧ Anodizing 작업을 위해 수조 또는 비커 등의 용기에 황산(H_2SO_3) 수용액을 넣고 AL 시험체를 담근다. AL 시험체에 걸어 놓은 AL 와이어에 양(+)극을 연결하고, 용기에 끼운 납(lead) 시트에 음(-)극을 연결한다.

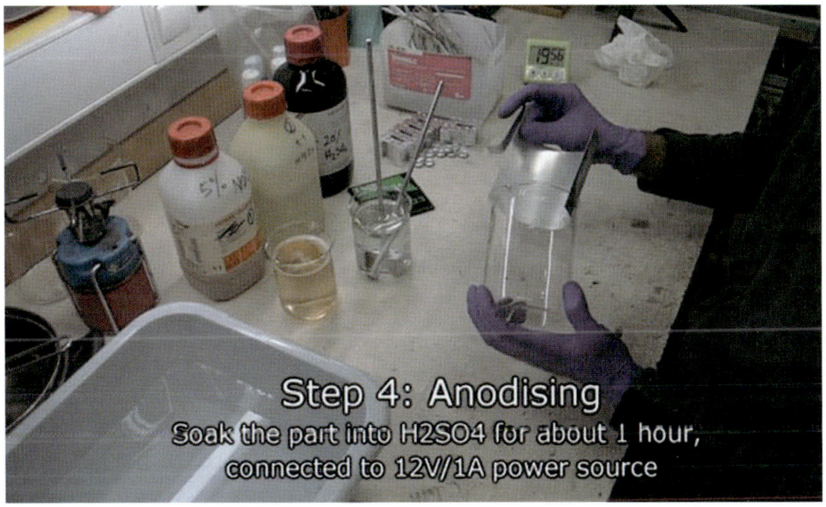

[그림] 5-71 비커 내 납 시트 장착

[그림] 5-72 황산 수용액 주입

⑨ DC power supply를 연결해서 12[v], 1[A]로 1시간 정도 담근다(부하에 연결되면 voltage drop은 발생한다).

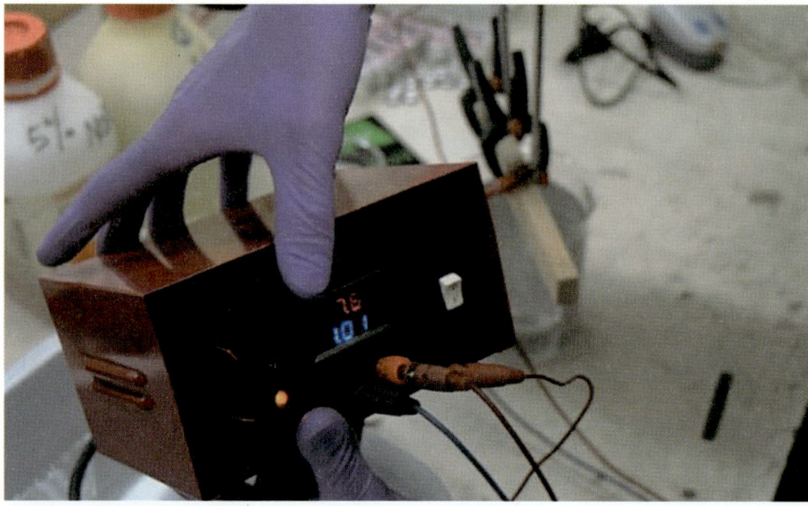

[그림] 5-73 전원 연결

[그림] 5-74 아노다이징 과정

⑩ Anodizing 작업 후 바로 물이 들어 있는 수조에 넣어서 세척한다.

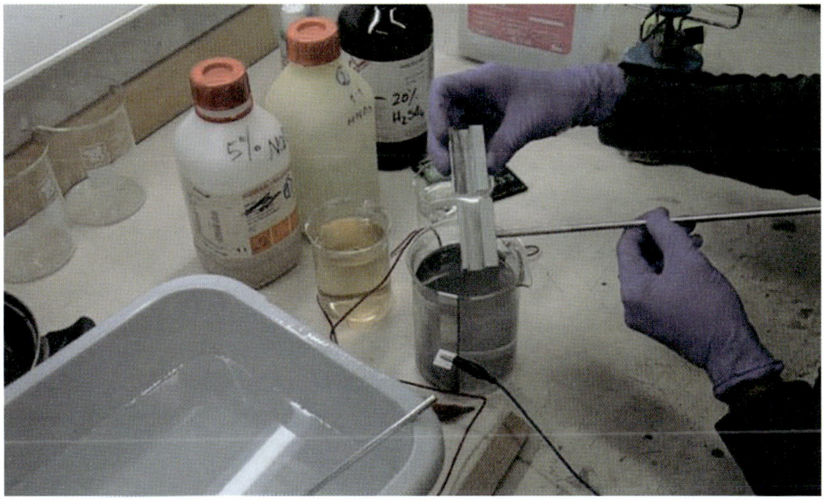

[그림] 5-75 세척 작업

⑪ Coloring 작업을 위해 냄비 등의 용기에 물과 색소를 혼합한 용액을 넣고 AL 시험체를 1 ~ 30분 정도 담근다(색상을 입히지 않을 때에는 바로 sealing 작업을 하면 된다).

[그림] 5-76 냄비 내 염료 주입

[그림] 5-77 염색 과정

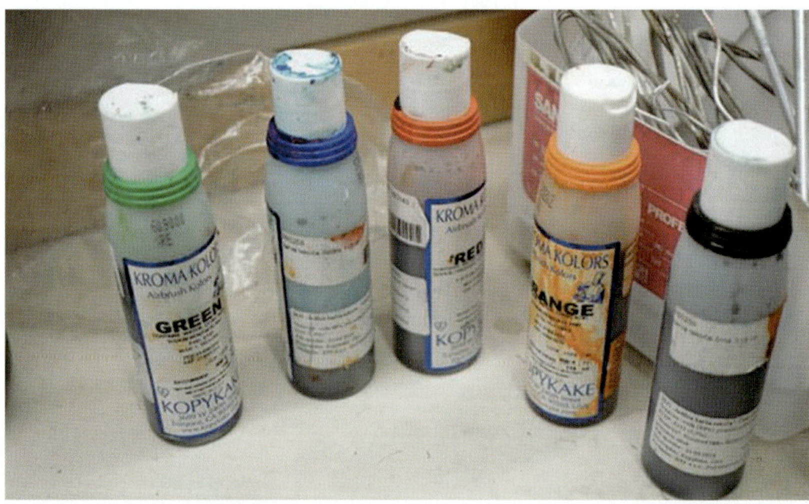

[그림] 5-78 염료 색상

[그림] 5-79 염색 과정

⑫ Sealing 작업을 위해 냄비 등의 용기에 물을 넣고 착색된 AL 시험체를 담근 후, 버너를 이용해서 몇 분 동안 뜨거운 물로 삶는다.

[그림] 5-80 염색 AL 시험체 열탕

⑬ Sealing 작업 후 바로 물이 들어 있는 수조에 넣어서 세척한다.

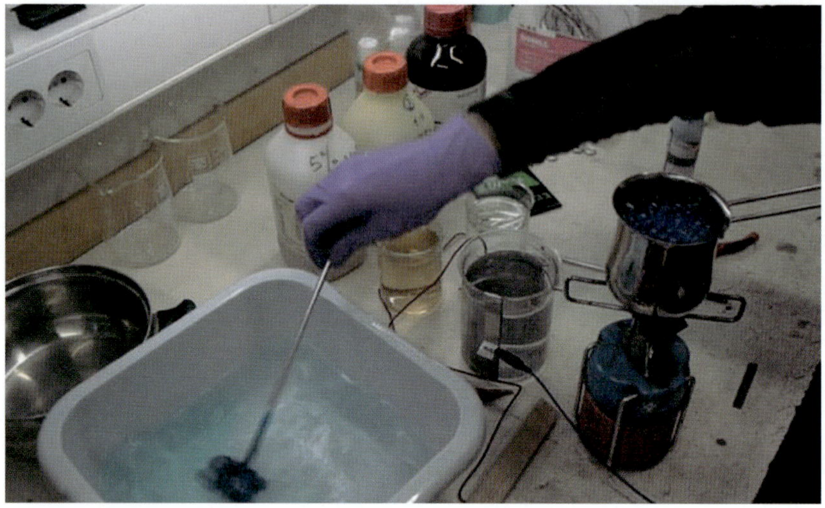

[그림] 5-81 세척 작업

⑭ 마른 걸레나 헝겊을 이용해서 polishing 작업을 해주고, 작업장 및 장비와 공구를 깨끗하게 정리한다.

[그림] 5-82 아노다이징과 염색 완성

염색 공정

황산계 욕조에서 알루미늄을 양극 산화함으로써 알루미늄 합금 위에 다공성 구조를 가진 투명 산화막 필름을 형성한다. 필름은 내식성 및 내마모성이 우수하며 높은 경도를 나타낸다. 염색 단계에서 염료는 다공성 구조물의 필름에 스며들고 흡착되며, 알루미늄에 다양한 색을 입혀 많은 제품을 장식하고 디자인할 수 있다.

[그림] 5-83 다양한 염료 색상

(3) 알로다인(Alodine)

Chromate conversion coating이라 하며, 내식성과 페인트 접착성을 향상시키기 위한 간단한 화학 처리 방법이며, 편리성으로 인해 항공기 정비 현장에서 anodizing을 대체하고 있다. 절차는 산성 또는 알칼리성 세척제로 세척하는 전처리 작업이 필요하다. 전처리 작업에 사용된 세척제는 10 ~ 15초 동안 깨끗한 물로 세척해야 한다. 완전히 세척 후 alodine 용액에 담그거나 분무기로 뿌리거나 붓으로 바른다. 얇고 두꺼운 코팅의 정도는 구리 성분이 포함되지 않은 합금의 약한 무지개 빛깔에서부터 구리 성분이 포함된 합금에서 올리브 그린색까지의 범위로 나타난다.

Alodine 용액은 처음 15 ~ 30초 동안 냉수 또는 온수에 세척하고 추가로 10 ~ 15초 동안 디옥시라이트 욕조(deoxylyte bath)에서 헹군다. 알칼리성을 중화시키고 얇은 alodine 표면을 만들고 건조하기 위한 목적으로 사용된다.

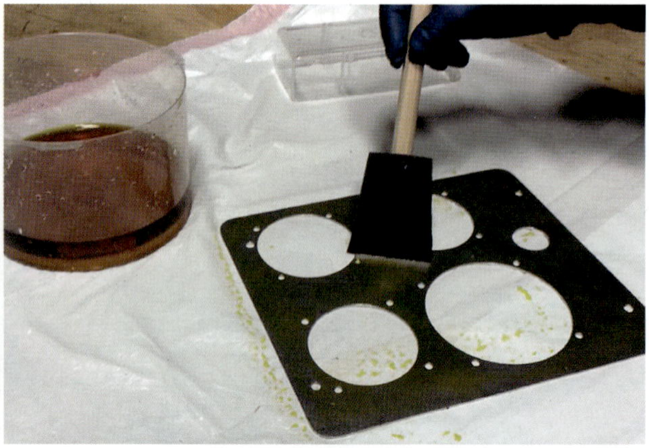

[그림] 5-84 알로다인 작업

(4) Alodine 작업

1) 공구 및 장비

① 수조(뚜껑 포함)

각각의 용제를 담기 위해 사용한다.

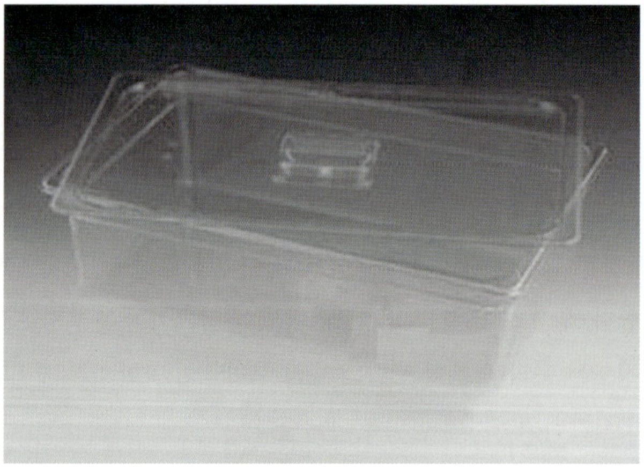

[그림] 5-85 수조

② 붓

용제를 AL 시험체에 바르기 위해 사용한다.

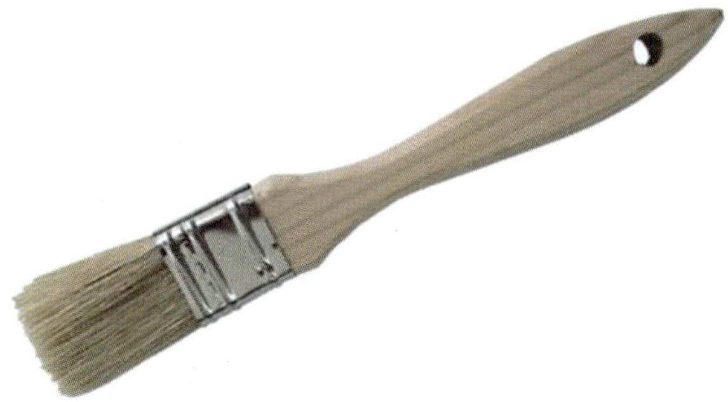

[그림] 5-86 붓

③ 스펀지

표면정리 및 세척 시 사용한다.

[그림] 5-87 스펀지

④ 세척제

Etching 공정을 위해 사용한다.

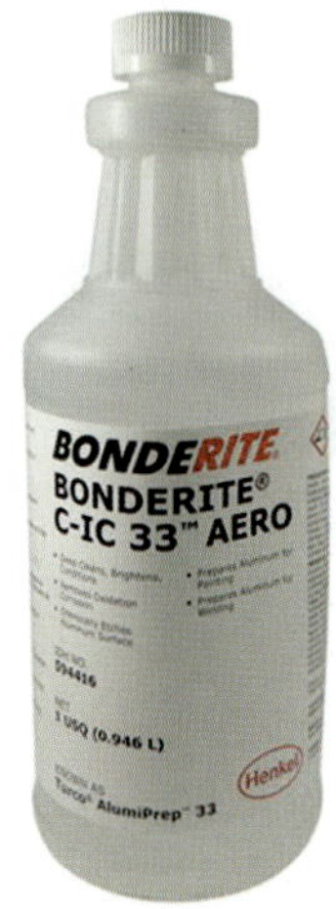

[그림] 5-88 세척제

⑤ 알로다인 코팅제

Alodine 공정을 위해 사용한다.

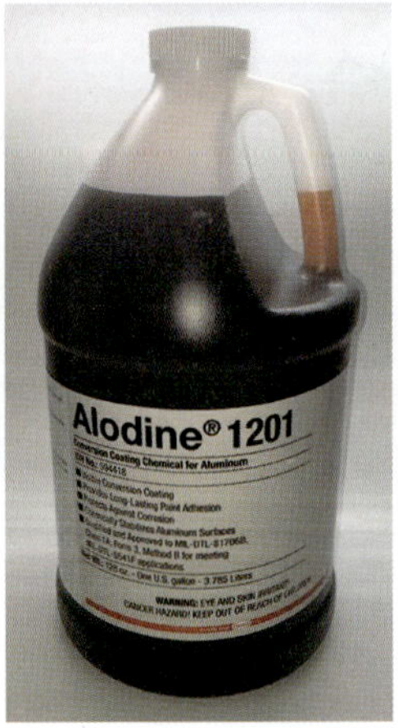

[그림] 5-89 알로다인 용액

2) 작업 절차(붓질법)

① 작업을 시작하기 위해 화학적 세척제와 알로다인 코팅제를 준비하고, 수조나 비커에 담아 준비한다.

[그림] 5-90 용액 준비

② 붓으로 세척제를 AL 시험체에 고르게 칠하고 몇 분 동안 건조한다.

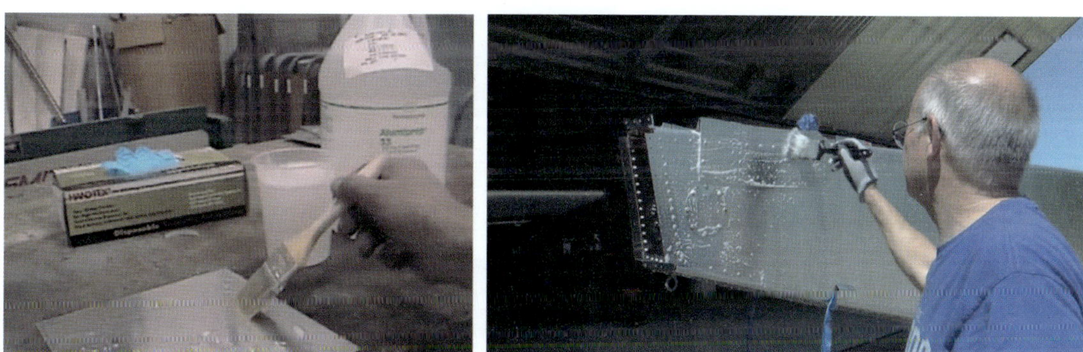

[그림] 5-91 세척제 도포

③ 스폰지로 산화된 표면을 polishing한다.

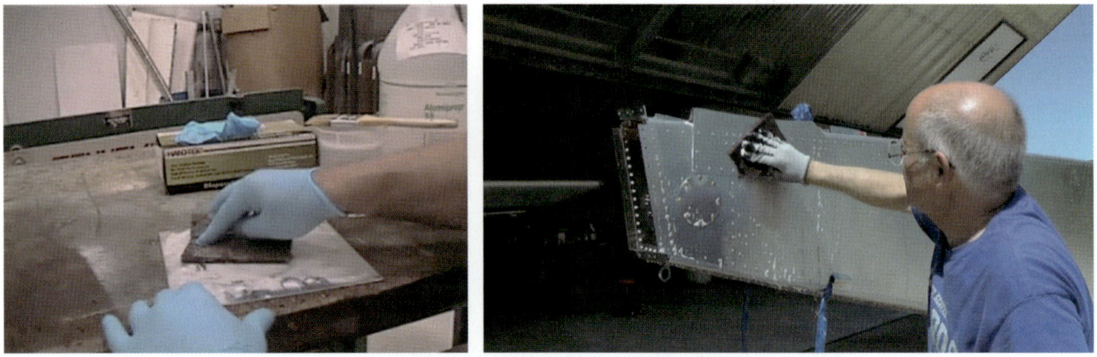

[그림] 5-92 폴리싱 작업

④ 흐르는 물을 이용해서 가볍게 세척하고 몇 분 동안 건조한다.

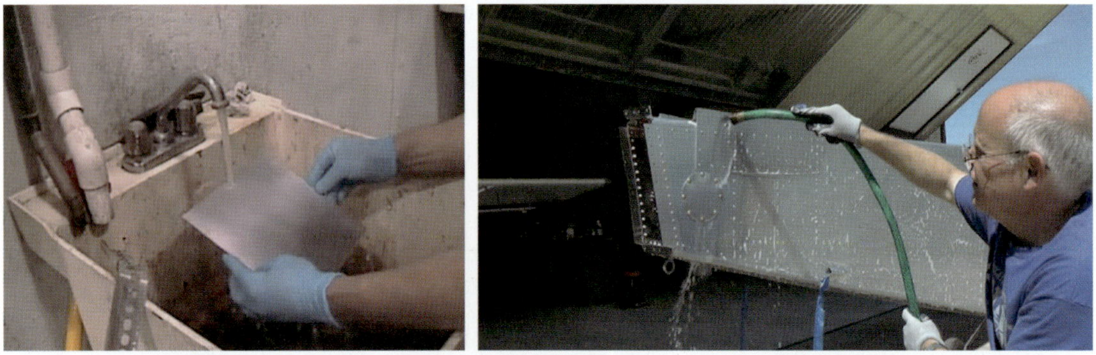

[그림] 5-93 물 세척 작업

⑤ 붓으로 alodine 코팅제를 AL 시험체에 고르게 칠하고 몇 분 동안 건조한다.

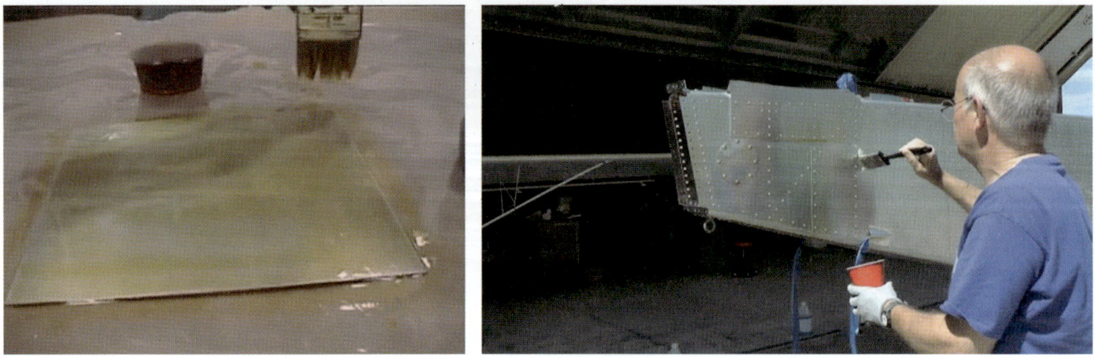

[그림] 5-94 알로다인 용액 도포

⑥ 흐르는 물을 이용해서 가볍게 세척하고 몇 분 동안 건조한다.

[그림] 5-95 물 세척 작업

3) 작업 절차(침지법)

① 코팅을 하기 위한 Al 시험체를 준비한다.

[그림] 5-96 AL 시험체 준비

② AL 시험체 표면을 sanding 및 polishing한다.

[그림] 5-97 폴리싱 작업

③ 스펀지와 비눗물을 이용해서 가볍게 세척한다.

[그림] 5-98 세척 작업

④ 화학적 세척제에 침지하여 Etching한다.

[그림] 5-99 에칭 작업

⑤ 각 파트별로 racking하고 건조한다.

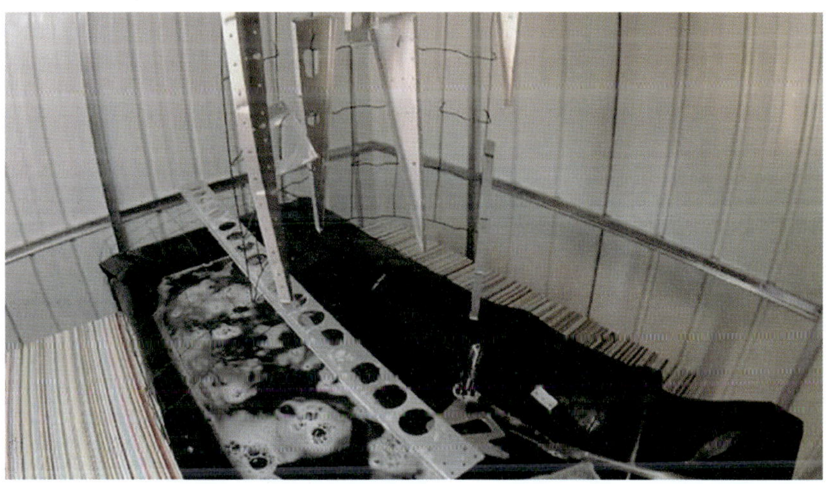

[그림] 5-100 건조 작업

⑥ Alodine 코팅제에 3분 정도 침지한다.

[그림] 5-101 알로다인 용액 침지

⑦ 각 파트별로 racking하고 건조한다. 작업장 및 장비와 공구를 깨끗하게 정리한다.

[그림] 5-102 건조 작업

(5) 부식방지 도색 작업(Protective paint finishes)

양호하고 완전한 페인트 마감은 금속 표면과 부식성 매체 사이에서 가장 효과적인 차단막이다. 가장 일반적인 마감 처리제에는 촉매 처리된 폴리우레탄 에나멜, 수성 폴리우레탄 에나멜 및 2액형 에폭시 페인트가 포함된다. 휘발성 유기 화합물(VOC)의 배출에 관한 새로운 규정이 시행됨에 따라 수성 페인트 계열의 사용이 증가하고 있다. 또한 천외피 항공기를 위한 질산염 및 butyrate 도포 마감도 여전히 이용 가능하다. 또한 특수 재료의 다양한 조합과 함께 높은 가시성 형광 재료가 사용될 수도 있다. 금속 선단에는 비침식 방지 코팅이 있으며, 엔진 케이스와 휠에는 여러 가지 에나멜 마감 처리가 되어 있다.

(6) Painting 작업

1) 공구 및 장비

① 스프레이 건

압축 공기와 도료를 분사하여 사용한다.

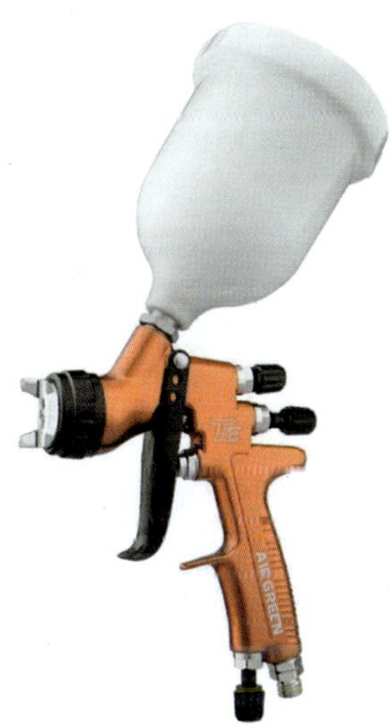

[그림] 5-103 스프레이 건

② 공기 압축기

압축 공기를 생성하여 스프레이 건에 공급하기 위해 사용한다.

[그림] 5-104 공기 압축기

③ 도료

베이스 코팅으로 다양한 색상을 입히기 위해 사용한다.

[그림] 5-105 도료

④ 희석제

도료를 분사하기에 알맞은 농도로 조절한다.

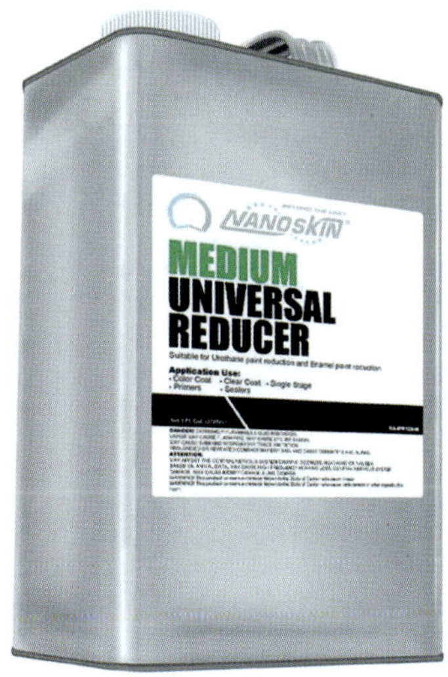

[그림] 5-106 희석제

⑤ 믹싱 스틱

도료와 희석제를 혼합하기 위해 사용한다.

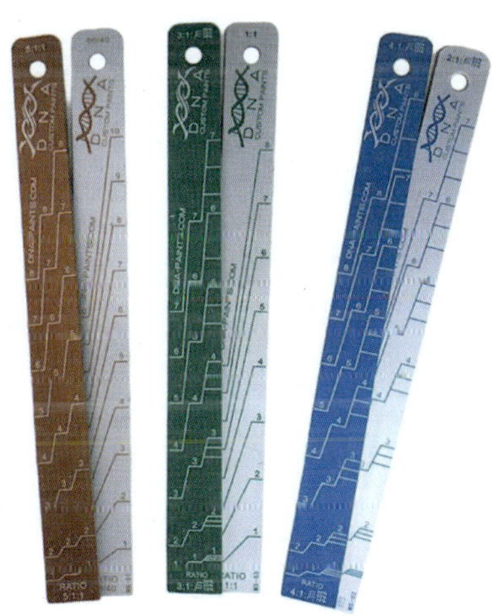

[그림] 5-107 믹싱 스틱

⑥ 계량컵

측면에 눈금이 있어 도료의 양을 파악할 수 있다.

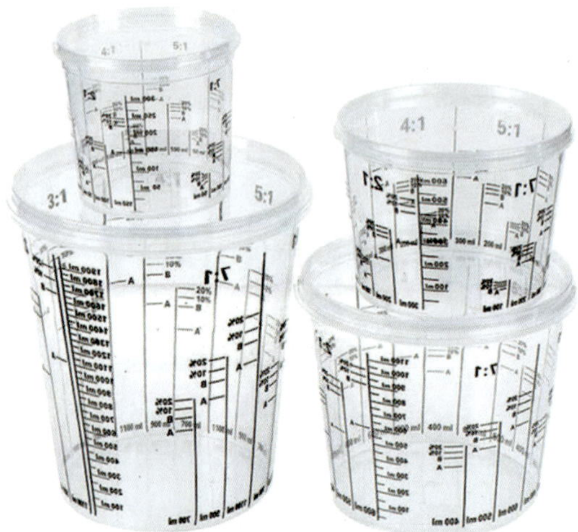

[그림] 5-108 계량컵

2) 작업 절차

① 도장 작업이 불필요한 곳은 masking 테이프를 이용해서 감싸 놓는다.

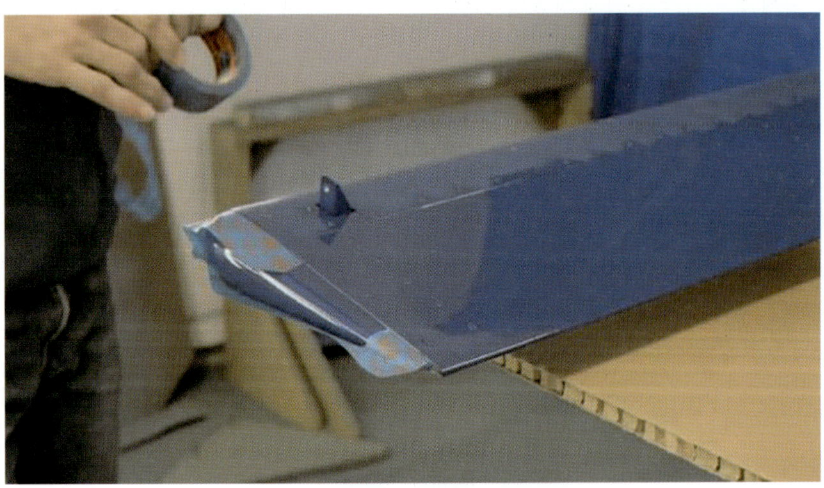

[그림] 5-109 마스킹 작업

② 페인트 리무버를 이용해서 고르게 칠한다.

[그림] 5-110 페인트 리무버 도포

③ 시간이 경과하면 도막이 벗겨지는데, 플라스틱 스크래퍼로 가볍게 긁어서 도막을 제거한다.

[그림] 5-111 도막 제거

④ 도막을 전부 벗겨내고 스펀지와 비눗물을 이용해서 꼼꼼하게 세척하고 건조한다.

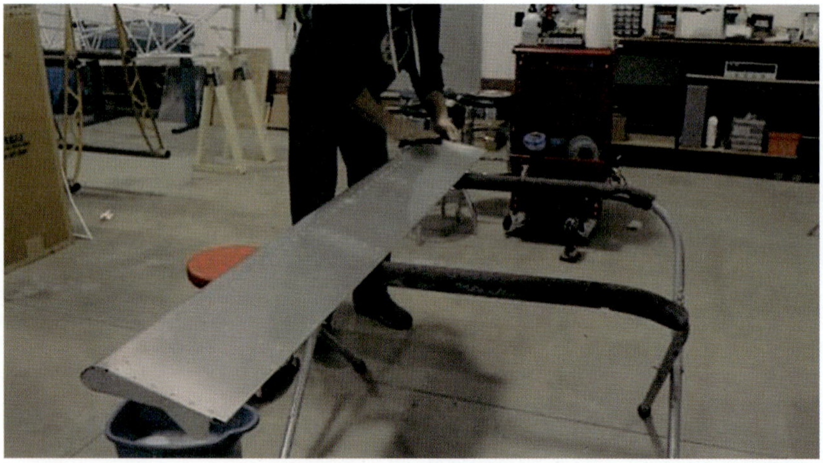

[그림] 5-112 세척 작업

⑤ 환기시설이 있는 도장 부스에서 스프레이 건을 이용해서 프라이머(회색)를 먼저 고르게 도포하고 건조한다.

[그림] 5-113 서페이서 도포

⑥ 원하는 색상의 베이스 도료를 2 ~ 3회 이상 도포하고 건조한다.

[그림] 5-114 베이스 코트 도포

⑦ 마무리로 투명의 클리어 코트를 도포하고 건조한다. 작업장 및 장비와 공구를 깨끗하게 정리한다.

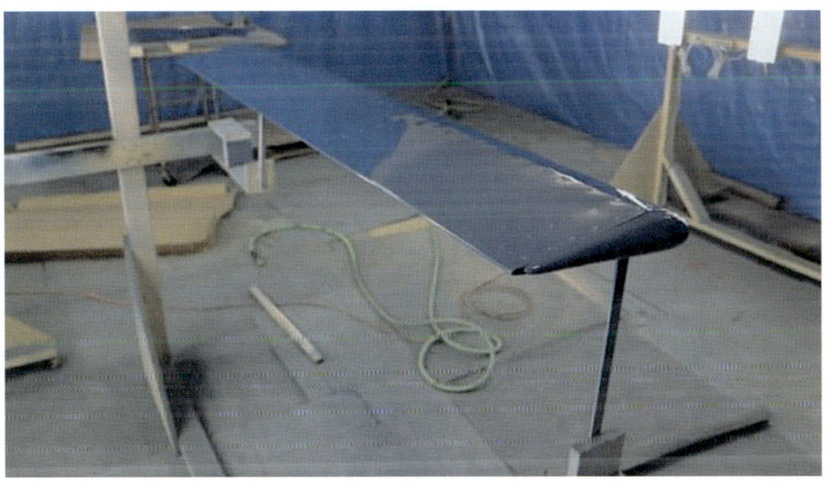

[그림] 5-115 클리어 코트 도포

PART 6

항공기 유체 라인과 체결 기구

1. 항공기 유체 라인
2. 경성 유체 라인
3. 연성 호스 유체 라인

1. 항공기 유체 라인

일반적으로 금속 배관 또는 유연성 호스로 만든다. 금속 배관(강성 유체 라인)은 움직임이 없는 분야에 사용되며, 길고 비교적 직선 구간을 연결할 때 사용한다. 금속 배관은 항공기의 연료, 오일, 냉매, 산소, 계기 및 유압 라인에 널리 사용된다. 유연성 호스는 일반적으로 움직이는 부품이나 진동이 많이 발생하는 곳에 사용한다. 때로는 손상된 항공기의 유체 라인은 교환이나 수리가 필요하다. 배관을 교환하는 것만으로 수리할 수 있는 경우가 많지만, 교환할 수 없는 경우에는 필요한 부품을 제작해야 한다. 교환용 배관은 원래의 배관과 동일한 크기 및 동일한 재질이어야 한다.

모든 배관은 최초 설치하기 전에 압력 시험을 거쳐야 하며, 정상 작동 압력의 몇 배를 견디도록 설계되어야 한다. 만약 배관이 터지거나 갈라졌다면 일반적으로 과도한 진동, 부정확한 장착, 다른 물체와의 충돌 등에 의한 손상의 결과이므로, 모든 배관의 손상은 세심하게 검사해서 손상의 원인을 찾아내야 한다.

[그림] 6-1 대형항공기 엔진 배관

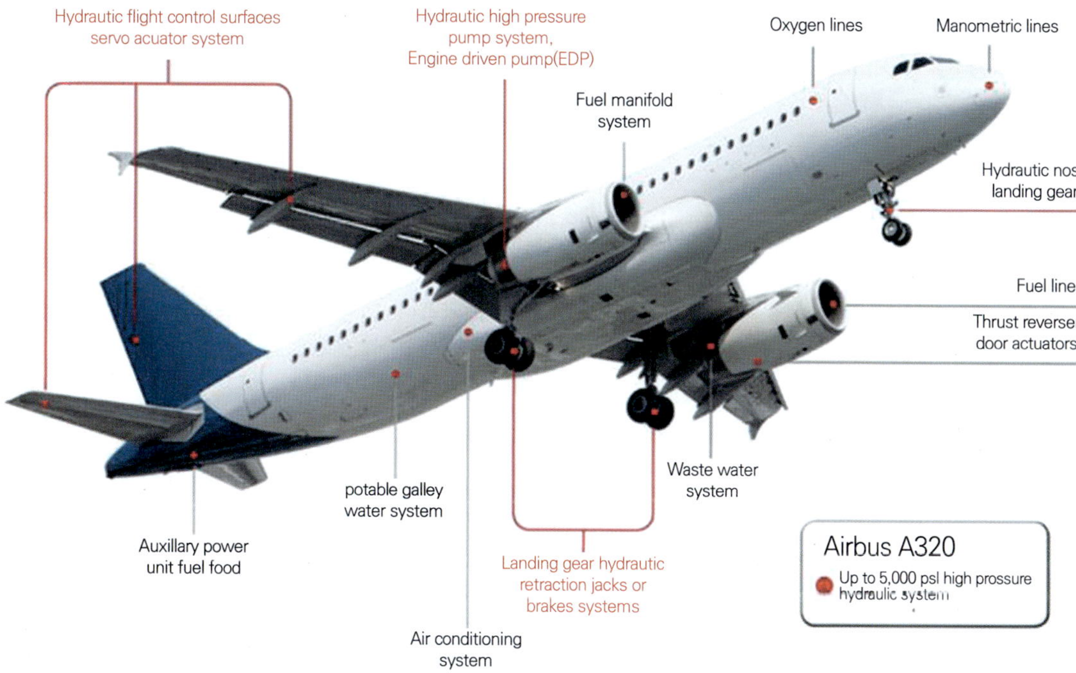

[그림] 6-2 A320 유체 사용처

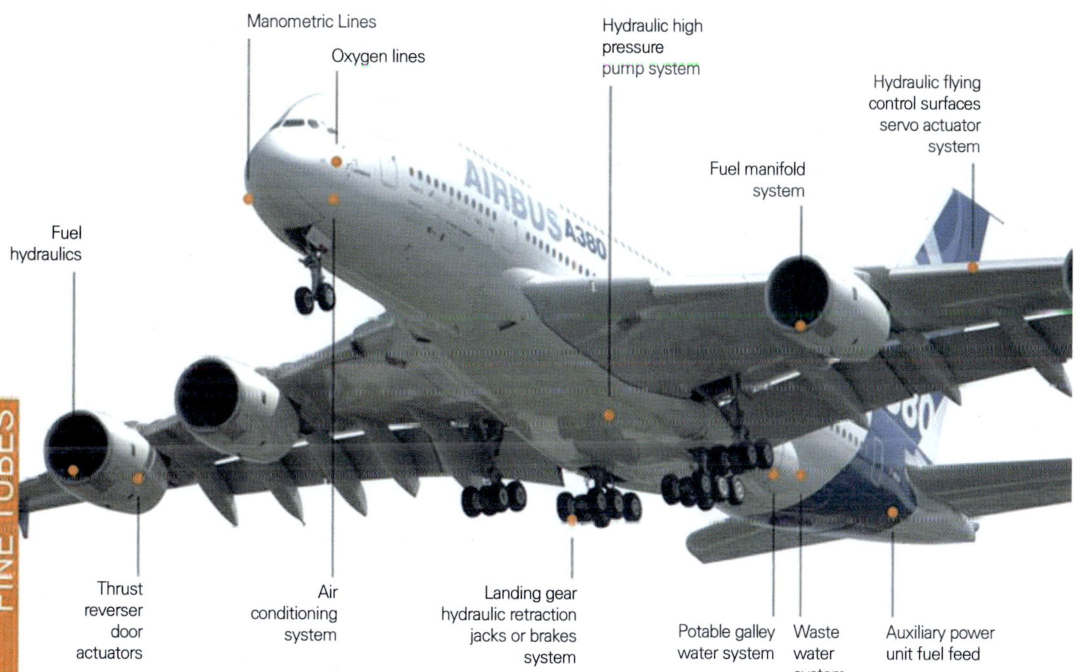

[그림] 6-3 A380 유체 사용처

2. 경성 유체 라인(Rigid fluid lines)

(1) 배관의 재질(Tubing materials)

1) 구리(Copper)

초기에는 구리 배관이 항공 유체 분야에 광범위하게 사용되었다. 현대 항공기에서는 알루미늄 합금, 내식강 또는 티타늄 배관이 구리 배관을 대체하게 되었다.

2) 알루미늄 합금(Aluminum alloy)

1100H14(1/2-hard) 또는 3003H14(1/2-hard) 재질로 만든 배관은 계기 라인과 환기 라인 등과 같이 압력이 낮은 일반적인 분야에 사용된다. 2024-T3, 5052-O, 6061-T6 알루미늄 합금 재질로 만들어진 배관은 1,000 ~ 1,500[psi]의 유압 및 공압 계통, 연료 계통, 오일 계통 등의 저압과 중압의 일반적인 부분에 사용된다.

3) 강(Steel)

풀림 처리된 CRES 304, CRES 321 또는 CRES 304-1/8-hard의 내식강으로 만들어진 배관은 착륙 장치, 플랩, 브레이크의 작동을 위한 부분이나 화재 발생이 가능한 지역, 3,000[psi] 이상의 고압 유압 계통에서 널리 사용된다. 내식강의 높은 인장 강도는 더 얇은 두께의 배관을 사용할 수 있게 하였다. 결과적으로 두꺼운 알루미늄 합금 배관을 장착하는 것과 비교해서 무겁지 않게 되었다. 강철 배관은 외부 물질에 의한 손상(FOD : Foreign Object Damage)의 위험이 있는 착륙 장지, 바퀴 수납실(wheel well) 부분 등에 사용한다. 표식에는 보통 제작사 이름이나 상표, SAE(Society of Automative Engineers) 번호, 금속의 물리적 조건 등이 포함된다.

4) 티타늄(Titanium)

티타늄 3AL-2.5V 배관 및 fitting은 1,500[psi] 이상의 압력에 대해 운송용 항공기 및 고성능 항공기의 유압 계통에 광범위하게 사용된다. 티타늄은 강관보다 50% 가볍지만 강도는 30% 더 강하다. 티타늄 배관은 cryofit 및 swaged fitting을 함께 사용한다. 그러나 티타늄과 티타늄 합금은 산소와 반응하므로 산소 계통에는 사용하지 않는다. 만약 새로이 형성된 티타늄 표면이 기체 산소에 노출되면 저압에서 자연 연소가 발생할 수 있다.

(2) 재료의 식별(Material identification)

항공기 배관을 수리하기 전에 재질을 정확하게 확인해야 한다. 알루미늄 합금, 강 또는 티타늄 배관은 기본 재료로 사용되는 경우 눈으로 쉽게 구분할 수 있다. 그러나 재료가 탄소강이나 스테인리스강 또는 1100, 3003, 5052-O, 6061-T6, 2024-T3 알루미늄 합금을 구분하는 것은 어렵다. 기존에 장착된 배관에 사용된 재질의 정확한 확인을 위해 배관에 표시된 식별 기호와 교환 및 장착되는 배관의 식별 기호를 비교해야 한다. 대형 알루미늄 합금 배관은 합금의 식별 기호가 표면에 스탬프로 표시되어 있다. 소형 알루미늄 배관은 표면에 식별 기호를 스탬프로 표시하기도 하지만, 배관의 양 끝단 또는 중간 위치에 폭이 4[inch] 이하인 색 띠로 표시한다.

두 가지 색 띠로 구성되는 경우 색 띠의 폭을 절반씩 나눠서 표시한다. 만약 식별이 어렵거나 불가능하다면 경도 시험을 통해 재질을 판별해야 한다.

[표] 6-1 재류 식별

AL 합금 번호	식별 색 띠
1,100	White
3,003	Green
2,014	Gray
2,024	Red
5,052	Purple
6,053	Black
6,061	Blue & Yellow
7,075	Brown & Yellow

출처 : FAA aviation maintenance technician handbook airframe

(3) 금속 배관의 크기(Sizes)

금속 배관의 크기는 바깥 지름을 1/16[inch] 단위의 분수로 표시한다. 따라서 No.6 배관은 6/16[inch] 또는 3/8[inch] 배관이고, No.8 배관은 8/16[inch] 또는 1/2[inch] 배관이다. 배관 지름은 모든 강성 배관에 인쇄되어 있다. 다른 분류 또는 식별 방법 이외에도 다양한 두께의 배관이 제작된다. 따라서 배관을 장착할 때는 재질과 바깥 지름뿐만 아니라 배관의 두께를 파악해야 한다. 두께는 1/1,000[inch] 단위를 소수로 배관 표면에 인쇄된다. 안 지름을 알기 위해서는 바깥 지름으로부터 벽두께의 2배를 빼면 된다.

(4) 금속 배관 라인의 제작(Fabrication of metal tube lines)

손상된 배관 및 유체 라인은 가능하면 항상 새 부품으로 교체하는 것이 원칙이지만, 때로는 수리가 필요할 때도 있다. 유체 배관의 외부 표면에 긁힘, 벗겨짐, 가벼운 부식 등의 간단한 손상은 연마 공구 또는 알루미늄 wool로 매끄럽게 처리할 수 있다. 유압 tube assembly를 교체해야 하는 경우 fitting은 재사용이 가능하고, 수리 작업에는 배관 성형의 cutting, bending, flaring 및 beading 등의 4가지 절차로 구성된다. 배관이 작고 연한 재료로 만들어졌다면 장착되는 동안에 손으로 굽힘 성형할 수 있지만, 배관의 지름이 1/4[inch] 이상이면 공구를 사용해야 한다.

[그림] 6-4 벤딩 머신

(5) 일반적인 배관 굽힘 작업(General tube bending)

배관 굽힘 작업 절차는 tube의 재질, 크기 및 fitting 종류에 따라 조금씩 차이가 있으나, 일반적으로 다음과 같은 기본 작업 절차를 따른다.

1) 도면의 내용을 충분히 이해한다.

2) 설계 도면에 따라 절곡 위치와 절단 위치를 표시한다.

3) 튜브 커터를 이용하여 배관을 절단한다.

4) 디버링 공구 또는 T형 리머를 이용하여 절단된 배관의 안쪽과 바깥쪽을 디버링(deburring)한다.

5) 배관을 bending한다(스프링 백을 고려하여 1~3° 까지 보정).

① Slide bar를 위로 들어 올린다.

② 배관을 hook bar에 걸치면서 radius block에 끼운다.

③ 굽힘이 시작되는 지점과 radius block의 0점을 일치시킨다.

④ 배관 위로 slide bar를 내려 고정한다.

⑤ 요구되는 bending 각도로 튜브를 절곡한다.

⑥ Slide bar를 들어 올리고 난 후 성형된 배관을 장탈한다.

⑦ 성형한 배관의 각도, 평평한 정도 찍힘 등을 점검하고, 이상이 없으면 다음 절곡을 진행한다.

⑧ 모든 절곡이 완료되면 최종 길이에 맞춰 절단한다.

⑨ 절단면을 디버링(deburring)하고 마무리 작업한다.

6) 배관의 크기에 따라 single flare 또는 double flare로 작업한다.

① 튜브 끝단의 진원도, 직각, 청결함 등을 점검한다.

② 튜브 내부와 외부의 거친 면을 제거하기 위해 디버링(deburring)한다.

③ 튜브에 fitting nut와 sleeve를 끼어 넣는다.

④ Grip die의 적당한 크기의 구멍에 배관을 끼우고 grip die면 위로 배관의 끝단이 1/64[inch] 정도 올라오도록 위치시킨다.

⑤ 배관 끝단 위에 plunger의 중심을 맞추고 grip die에 배관을 고정시키기 위해 yoke set screw를 잠근다.

⑥ Plunger handle을 돌려서 압착한다.

⑦ Flare가 완료되면 plunger handle을 풀고 yoke set screw를 느슨하게 하고 grip die에서 배관을 장탈한다.

⑧ 균열 유무를 확인하고 크기를 점검한다.

※ Caution : Single flare의 외경은 sleeve의 끝단보다 1/16[inch] 확장시켜야 하나, sleeve의 가장 큰 직경보다 커서는 안 된다.

7) Tube fitting을 연결한다.

8) 압력 누설 시험(proof pressure test)을 한다.

9) 튜브를 세척하고 부식보호 처리한다.

10) 배관 및 tube assembly의 식별 표식(Identification marking)를 부착한다.

11) 공구 및 장비

① Tube cutter

Tube를 절단할 때 사용한다.

[그림] 6-5 튜브 커터

② Copper pipe reamer

배관 작업 시 파이프 절단면의 burr 제거 및 매끄럽게 가공 시 사용한다.

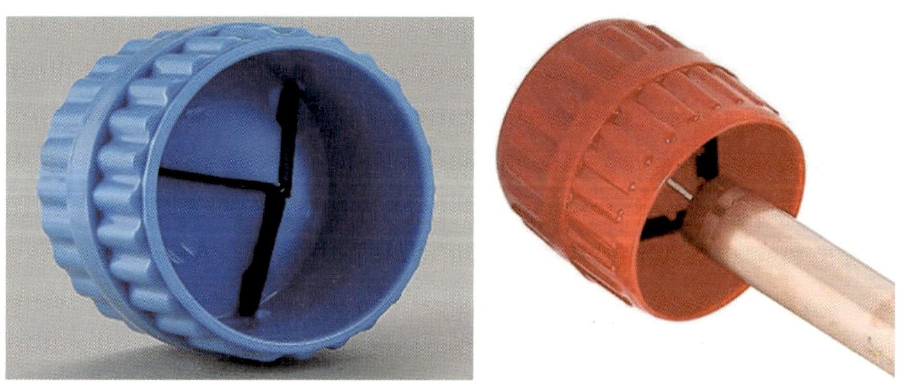

[그림] 6-6 파이프 리머

③ Tube bender

배관 작업을 위해 tube를 곡선으로 구부릴 때 사용한다. 공구에 각도가 표시되어 있어 도면대로 굽히면 된다.

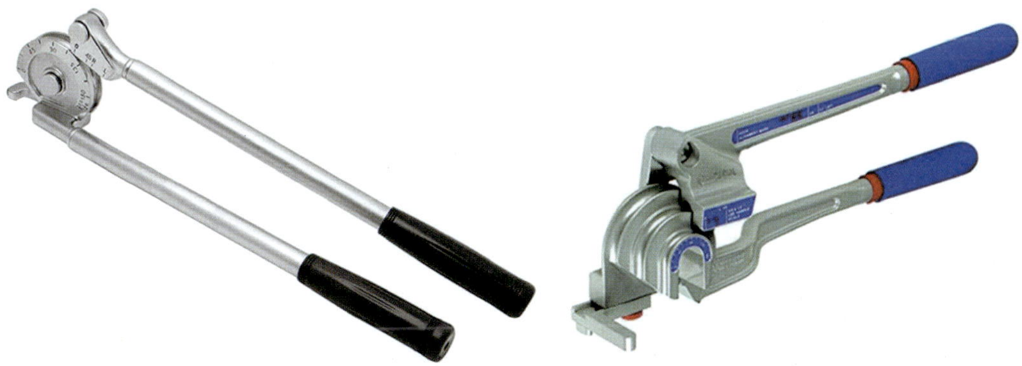

[그림] 6-7 튜브 벤더

④ Flaring tool

배관 연결 작업 fitting에 체결하기 위해 튜브의 끝부분을 넓게 넓힐 때 사용한다. 각 홀마다 치수가 표시되어 있어 배관 사이즈에 맞추어 작업한다.

[그림] 6-8 플래어링 툴

⑤ Beading tool

배관 연결 작업 flareless fitting에 체결하기 위해 튜브의 끝부분을 항아리 모양으로 주름지게 할 때 사용한다(1/4 ~ 1[inch] 배관에 사용).

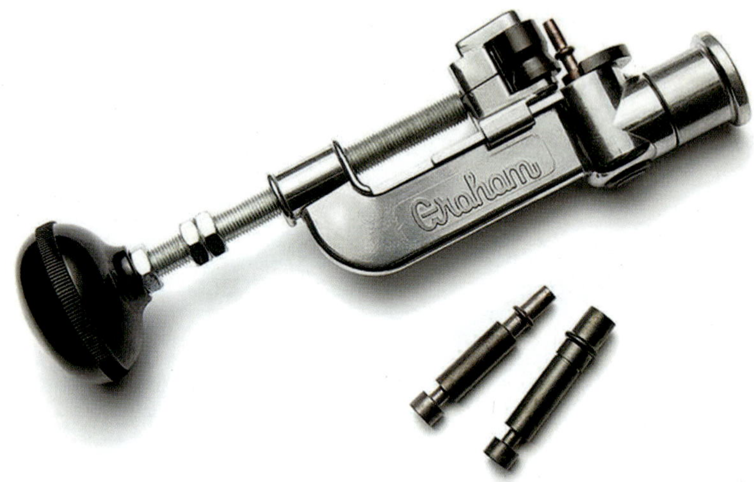

[그림] 6-9 비딩 툴

⑥ 직선자

각 구간별로 계산된 치수를 배관에 표시하기 위해 사용한다.

[그림] 6-10 직선자

⑦ Protractor

일명 분도계라 하며 각도를 측정하는데 사용되며, 반원형의 원둘레에 최소 눈금 1/2° 또는 1°가 새겨져 있다.

[그림] 6-11 각도기

⑧ 공학계산기

도면에 제시된 각 구간별 치수를 계산하기 위해 사용한다.

[그림] 6-12 공학계산기

⑨ 필기도구

도면 계산 및 배관에 각 치수 표시를 기록하기 위해 사용한다.

[그림] 6-13 필기도구

⑩ Tube fitting

배관과 배관을 서로 연결하기 위해 플래어링된 튜브를 fitting과 너트를 이용하여 연결할 수 있다.

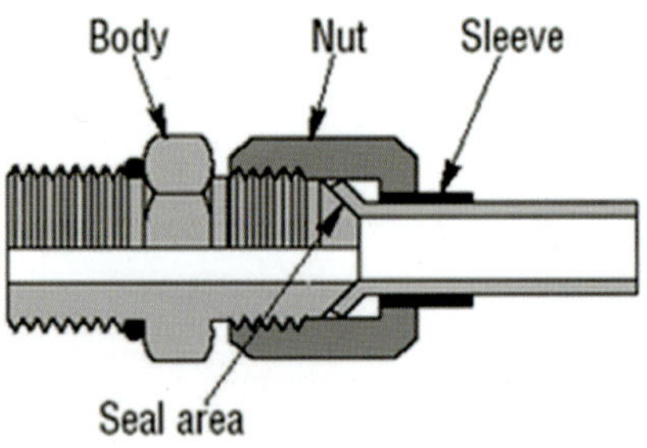

[그림] 6-14 튜브 피팅

⑪ Hose fitting & nipple

호스와 fitting을 서로 연결하기 위해 사용한다.

[그림] 6-15 호스 피팅과 니플

⑫ Hose fitting assembly kit

호스 fitting에 nipple을 장착하기 위해 사용한다.

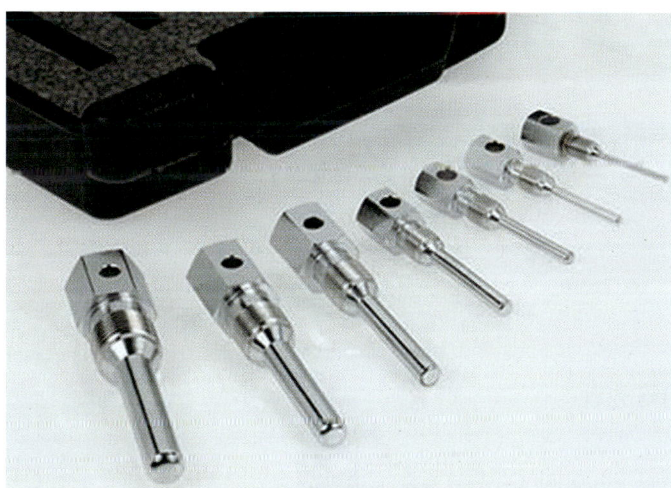

[그림] 6-16 호스 피팅 조립 키트

12) 관련 지식

① 배관을 절단할 때는 반드시 tube cutter를 이용한다.

② Tube bender로 굽힐 때는 정확히 0점을 맞추어야 한다.

③ **굽힘 허용값**(bending allowance) : 배관을 굽힐 때 필요한 길이를 말한다. 배관을 굽힐 때에는 굽힘 허용값을 계산해야 한다. 굽힘 허용값은 굽힘 정도, 곡률 반지름, 배관의 두께, 금속의 종류 등 네 가지 요소에 따라 결정된다.

④ **세트 백**(set back) : 배관을 굽힐 때 직선 구간의 길이를 결정하기 위해서는 굽히는 부분의 시작점과 끝점을 알아야 한다. 세트 백을 결정하는 중요한 요소는 배관의 곡률 반지름과 두께이다. 세트 백은 굽힘 접선에서 굽힘점(mold point)까지의 길이를 나타낸 것이다.

⑤ Double flare는 0.32[mm](1/8[inch]) ~ 0.95[mm](3/8[inch])까지의 알루미늄 합금 배관에 적용된다.

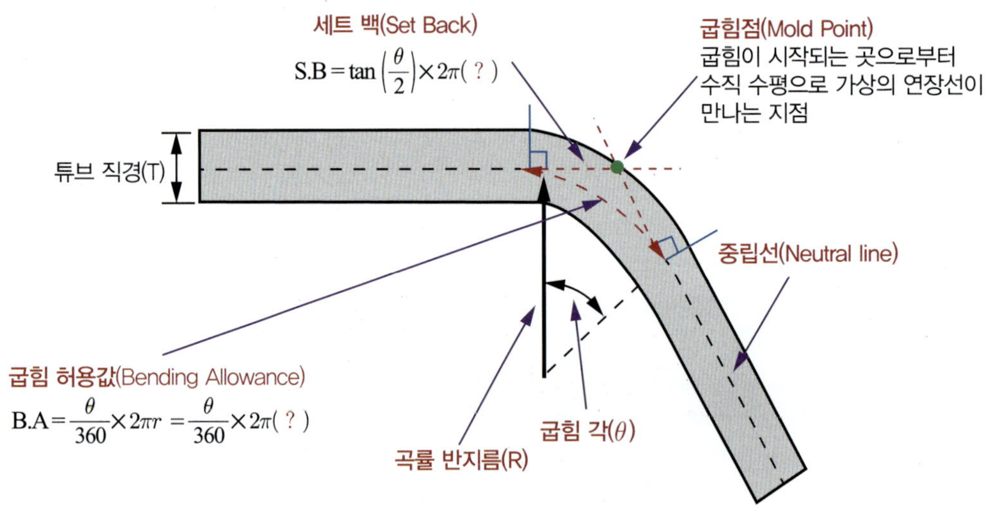

[그림] 6-17 배관 작업 용어

곡률 반지름(R)의 정의

Tube bender 제작인 Imperial사의 매뉴얼을 참조하면 길이의 변화가 없는 중립선까지의 길이(Radius to center of tube)를 R값으로 하고 있다.

NOTE : https://imperial-tools.com/

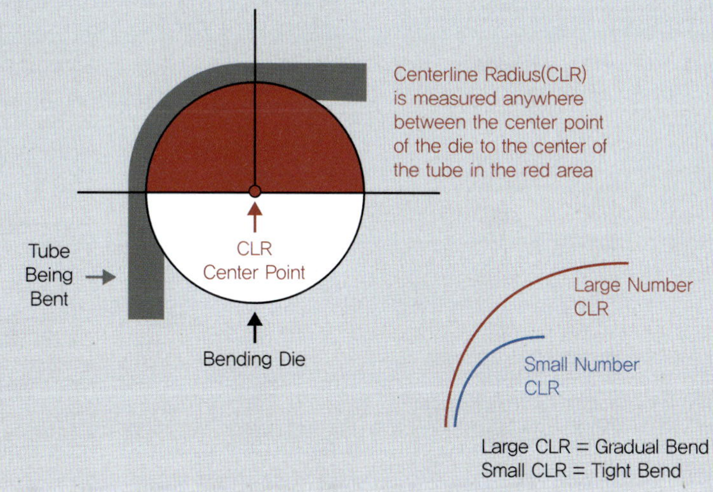

[그림] 6-18 중립선과 반지름 의미

[그림] 6-19 튜브 벤더 radius(출처 : Imperial Homepage)

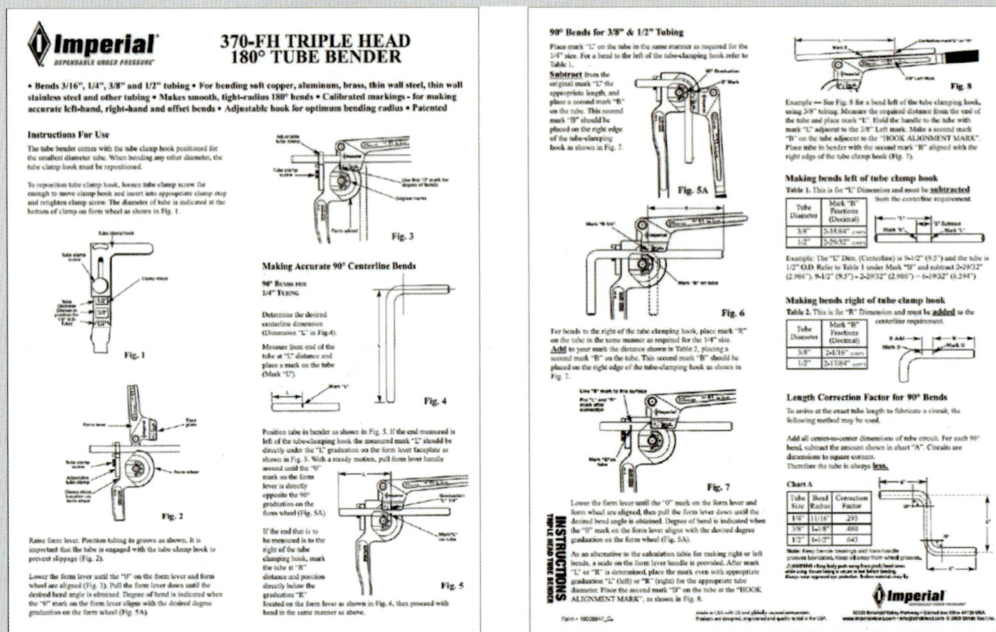
Imperial
DEPENDABLE UNDER PRESSURE

370-FH TRIPLE HEAD 180° TUBE BENDER

• Bends 3/16", 1/4", 3/8" and 1/2" tubing • For bending soft copper, aluminum, brass, thin wall steel, thin wall stainless steel and other tubing • Makes smooth, tight-radius 180° bends • Calibrated markings - for making accurate left-hand, right-hand and offset bends • Adjustable hook for optimum bending radius • Patented

Instructions For Use

Making Accurate 90° Centerline Bends

90° Bends for 3/8" & 1/2" Tubing

Making bends left of tube clamp hook

Making bends right of tube clamp hook

Length Correction Factor for 90° Bends

INSTRUCTIONS TRIPLE HEAD TUBE BENDER

[그림] 6-20 3단 튜브 벤더 매뉴얼(출처 : Imperial manual)

도면에 따른 곡률 반지름(R)의 결정

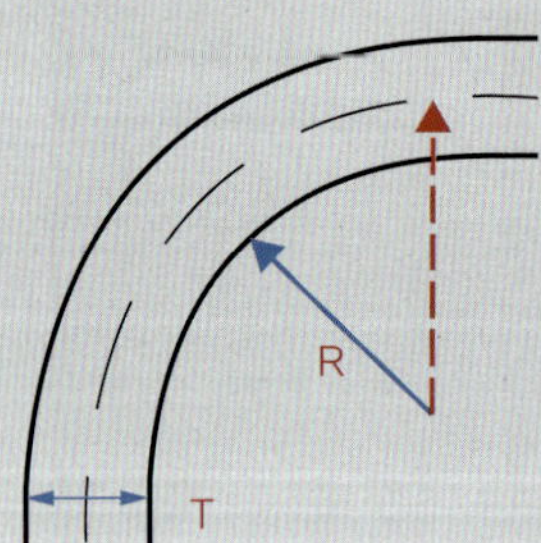

$$B.A = \frac{\theta}{360} \times 2\pi \left(R + \frac{T}{2}\right)$$

$$S.B = \tan\left(\frac{\theta}{2}\right) \times \left(R + \frac{T}{2}\right)$$

[그림] 6-21 내경 시 R 산출

도면에 따른 곡률 반지름(R)의 결정

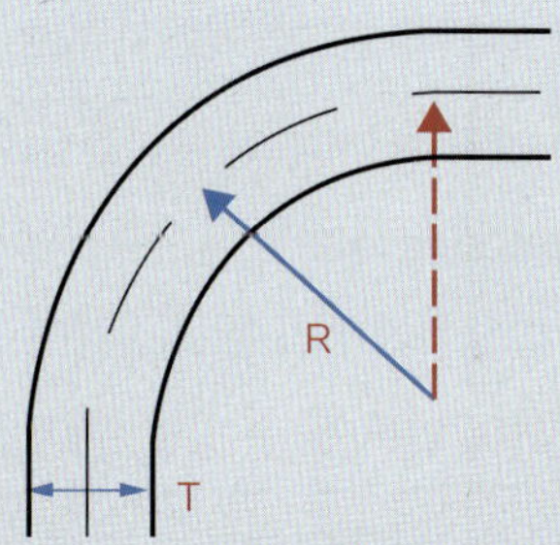

$$B.A = \frac{\theta}{360} \times 2\pi (R)$$

$$S.B = \tan\left(\frac{\theta}{2}\right) \times (R)$$

[그림] 6-22 중립선 시 R 산출

도면에 따른 곡률 반지름(R)의 결정

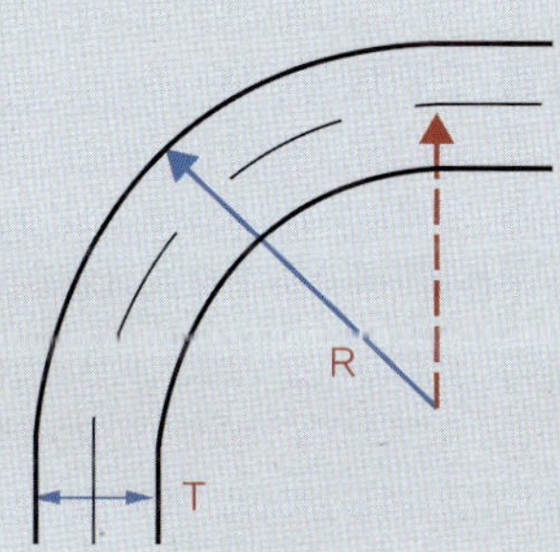

$$B.A = \frac{\theta}{360} \times 2\pi \left(R - \frac{T}{2}\right)$$

$$S.B = \tan\left(\frac{\theta}{2}\right) \times \left(R - \frac{T}{2}\right)$$

[그림] 6-23 외경 시 R 산출

(6) 배관 절단(Tube cutting)

배관을 절단할 때에는 burr가 없도록 매끄럽게 하고, 절단면을 직각이 되도록 자르는 것이 중요하다. 배관의 절단은 전용 tube cutter 또는 pipe cutter를 이용하거나 쇠톱, 기계톱, 연마용 절단기 등으로 절단하는 방법이 있다. tube cutter는 구리, 알루미늄 또는 알루미늄 합금과 같은 부드러운 금속 배관의 절단에 사용한다. burr가 없이 절단되는 특수한 tube cutter는 알루미늄 6061-T6, 내식강 또는 티타늄 배관을 절단하는 데 사용할 수 있다. 배관을 절단할 때는 굽힘 작업 시 발생하는 변화를 고려하여 교체하고자 하는 배관보다 약 10% 정도 더 여유 있게 절단해야 한다.

절단하고자 하는 지점에 커팅 날을 위치시키고 조절 손잡이를 돌려 적절한 압력을 가하면서 tube cutter를 회전시킨다. 너무 강한 압력을 가하면 배관이 찌그러지거나 많은 burr가 발생하는 원인이 된다. 배관을 절단한 후 안쪽과 바깥쪽에 발생한 burr를 deburring tool을 이용하여 조심스럽게 제거한다. Deburring 공구는 회전시키는 것만으로 안쪽과 바깥쪽 burr를 제거할 수 있다. Deburring 작업을 할 때 배관 끝부분의 두께가 얇아지거나 작은 손상이 발생하지 않도록 조심해야 한다. 발생한 작은 손상과 같은 결함은 flare 균열이나 결함이 발생하여 누설의 원인이 될 수 있다. 매끄럽고 직각인 절단면으로 만들기 위해 고운 줄을 사용하면 효과적이다. 만약 tube cutter를 이용할 수 없거나 재질이 강한 배관을 절단해야 할 때는 1[inch]당 32개 이상의 톱니를 갖는 쇠톱으로 절단한다.

배관을 쇠톱으로 절단하는 경우 작업하는 동안에 발생할 수 있는 가공 경화를 줄일 수 있다. 쇠톱 작업 후 배관 절단면의 직각 상태 유지와 부드럽게 가공하기 위해 줄 작업을 실시한다. 작은 지름의 배관을 절단할 때 쉽게 고정하는 방법으로는 배관을 flaring tool에 물리고 탁상 바이스에 고정하면 효과적이다. 이때 flaring tool로부터 약 1/2[inch] 정도 떨어진 곳을 절단한다. 톱질할 때 발생하는 진동을 최소화하고 톱 손잡이가 배관에 충돌하면서 발생하는 손상을 예방한다.

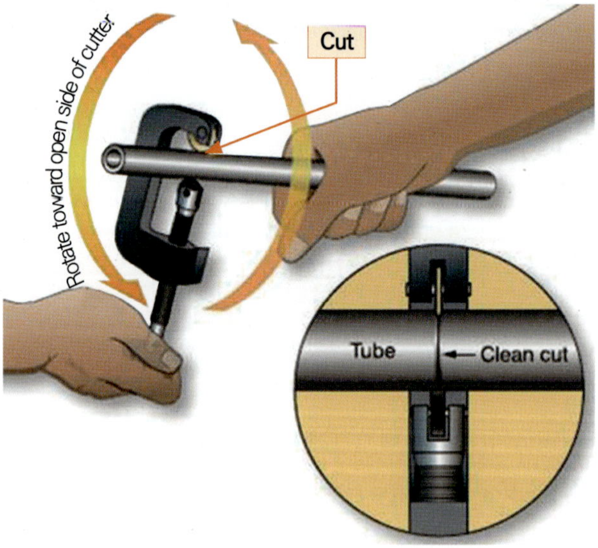

[그림] 6-24 튜브 절단(출처 : FAA aviation maintenance technician handbook airframe)

1) 배관의 절단하고자 하는 곳을 미리 유성펜으로 표시하고, tube cutter에 끼우고 손잡이를 돌려서 조여준다.

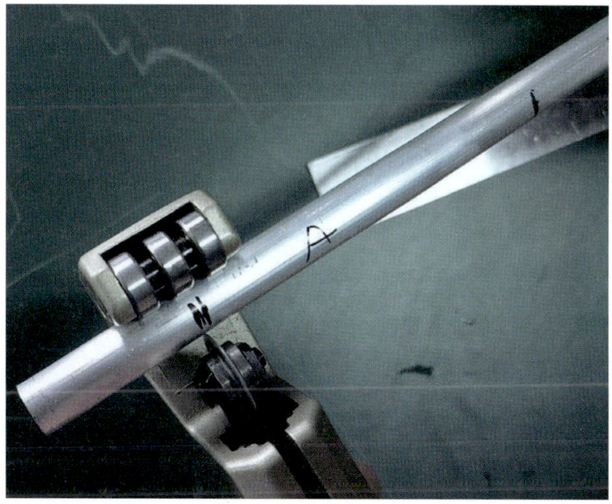

[그림] 6-25 절단 부위 표시하고 튜브 커터 장착

2) 한손으로는 tube cutter를 잡고 다른 손으로 배관을 잡은 후, tube cutter를 돌려주면 절단되는데, 손잡이를 돌려서 조여가면서 계속해서 절단한다.

[그림] 6-26 튜브 커터 회전

3) 거의 절단되었을 때 벌어진 쪽을 작업자 앞으로 해서 꺾으면 깨끗하게 절단할 수 있다.

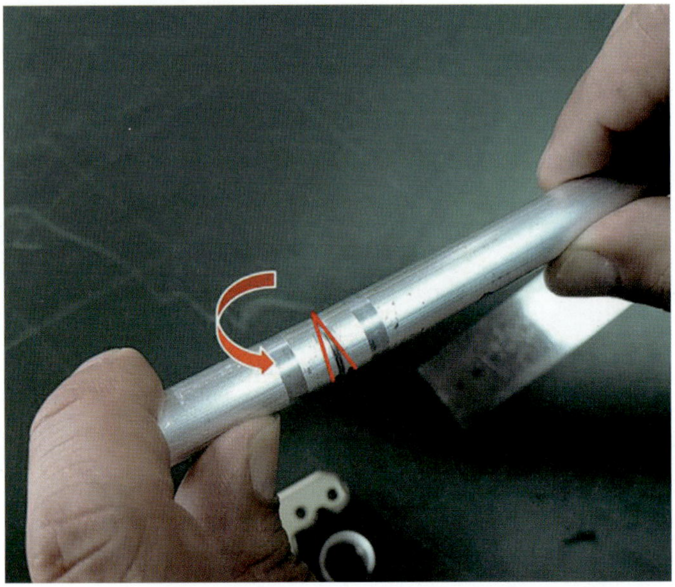

[그림] 6-27 튜브 절단 방향

4) Pipe reamer를 이용해서 칼날이 있는 곳에 배관 끝단을 물리고, 힘을 주면서 회전시킨다.

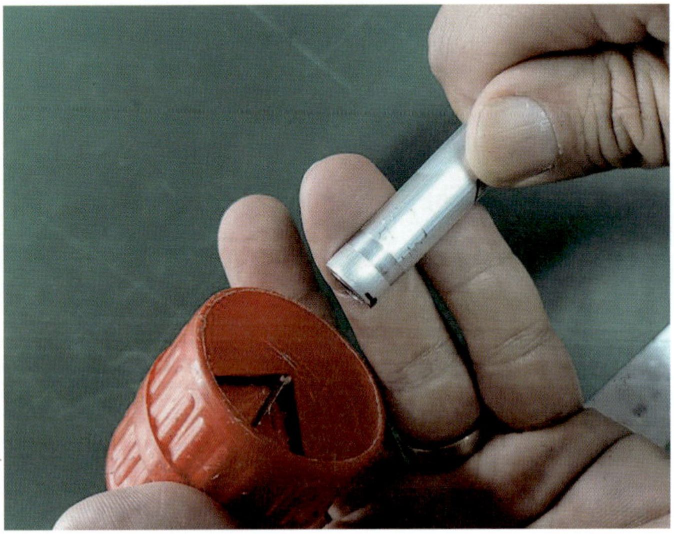

[그림] 6-28 파이프 리머 사용

5) **배관 끝단의 burr만 제거한다**(너무 많이 절삭하면 얇아지거나 길이가 줄어들게 되므로 주의한다).

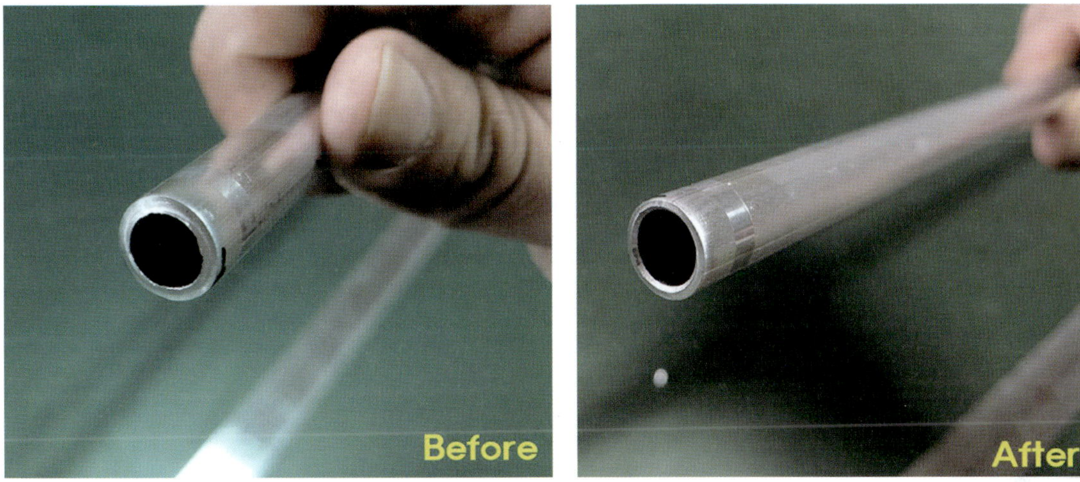

[그림] 6-29 버 제거

(7) 배관 굽힘 작업(Tube bending)

굽힘 작업은 납작하게 하지 않고 부드러운 굴곡을 유지하면서 원하는 각도로 구부려야 한다. 배관의 지름이 1/4[inch] 미만인 배관은 굽힘 공구(bending tool)를 사용하지 않고, 손으로 굽힘 가공을 할 수 있다. 지름이 1/4[inch] 이상인 배관은 일반적으로 tube bender 또는 bending machine을 사용한다. 수동 tube bender를 사용하는 과정은 우선 왼손으로 tube bender의 고정 핸들을 잡고 슬라이드 바를 위로 젖힌다. 측정된 끝(시작 부분)이 폼 블록의 왼쪽으로 가도록 tube bender의 홈(Groove)에 배관을 끼우고 hook에 걸친다. 슬라이드 바의 0점과 블록의 0점을 일치시킨다.

Spring back을 고려하면서 원하는 각도까지 부드럽게 한 번에 굽힌다. 슬라이드 바의 0점과 블록의 원하는 각도가 일치하는지를 확인한다. 수동 tube bender는 배관의 지름에 맞춰서 다양한 크기로 제작되므로, 원하는 배관의 지름에 맞는 tube bender를 선택해야 한다. 일반적으로 tube bender에는 해당하는 배관의 크기가 표시되어 있다. 굽힘 가공을 할 때에는 배관이 납작하게 되거나 비틀림 또는 주름이 잡히는 것을 방지하기 위해 조심스럽게 구부린다. 굽힘 작업 시 경미하게 납작해지는 것은 허용되지만, 납작해진 부분이 본래 바깥 지름의 75%보다 작아져서는 안 된다. 배관이 납작하게 변형되고 비틀리거나 주름진 상태로 장착되어서는 안 된다.

주름진 상태는 얇은 두께의 배관을 tube bender 없이 굽힘 가공하거나 크기가 맞지 않는 tube bender를 사용해서 굽힘 가공할 때 발생할 수 있다. 규정보다 납작하게 가공된 배관은 피로 파괴의 원인이 될 수 있다.

[표] 6-2 표준 굽힘 반지름

A-Hand B-portable hand benders C-Production bender

Type Bender	AB	AB	B	B	B	BC	B	BC	B	BC	C	BC	C
Tube OD	1/8"	3/16c	1/4"	5/16"	3/8"	3/8"	7/16"	1/2"	1/2"	5/8"	5/8"	3/4"	3/4"
Standard bend	3/8"	7/16"	9/16"	11/16"	11/16"	15/16"	$1\frac{3}{8}$"	$1\frac{1}{2}$"	$1\frac{1}{4}$"	2"	$1\frac{1}{2}$"	$2\frac{1}{2}$"	$1\frac{3}{4}$"

Type Bender	C	B	C	C	C	C	C	C	C	C	C	C	C
Tube OD	7/8"	1"	1"	$1\frac{1}{8}$"	$1\frac{1}{4}$"	$1\frac{3}{8}$"	$1\frac{3}{8}$"	$1\frac{1}{2}$"	$1\frac{1}{2}$"	$1\frac{3}{4}$"	2"	$2\frac{1}{2}$"	3"
Standard bend	2"	$3\frac{1}{2}$"	3"	$3\frac{1}{2}$"	$3\frac{3}{4}$"	5"	6"	5"	6"	7"	8"	10"	12"

출처 : FAA aviation maintenance technician handbook airframe

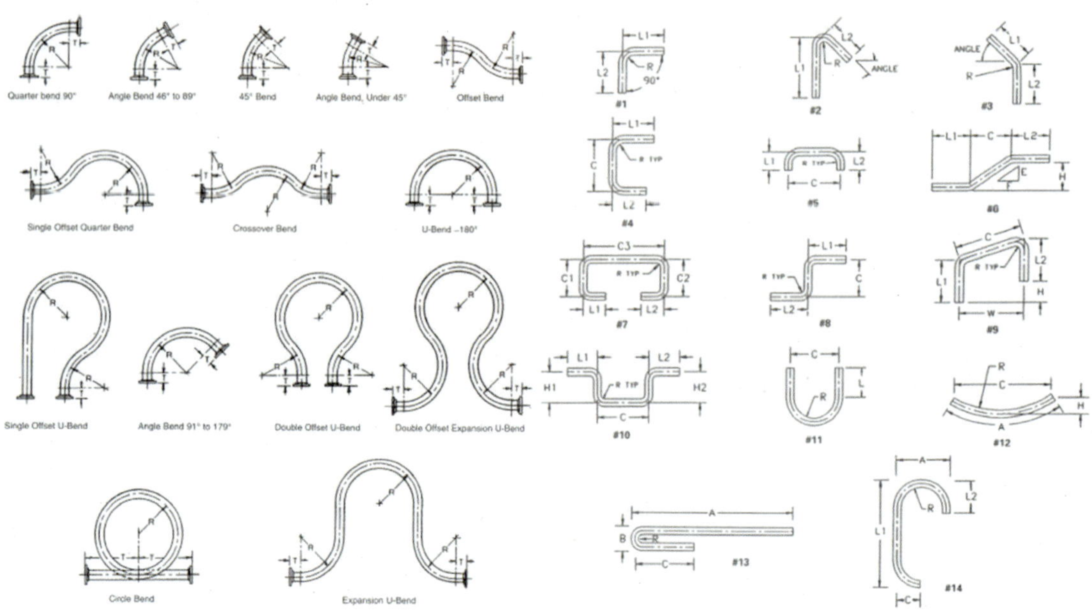

[그림] 6-30 튜브 성형 샘플

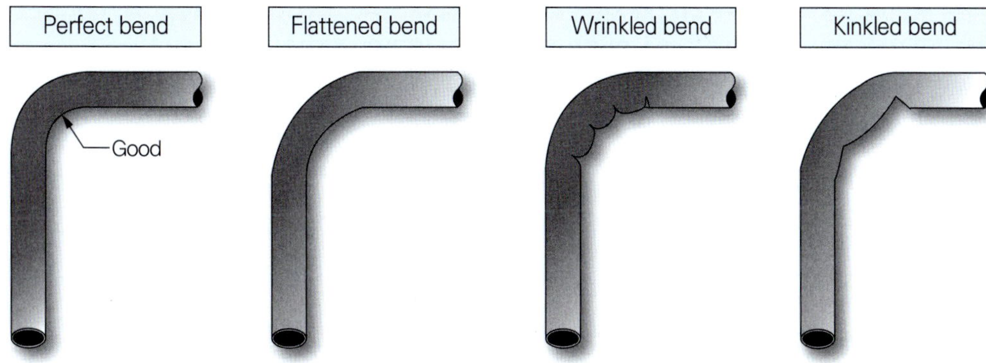

[그림] 6-31 벤딩 상태(출처 : FAA aviation maintenance technician handbook airframe)

Spring back

물체가 변형에 저항하려는 물체 내부의 복원력에 의하여 발생한다. 스프링 백의 크기는 굽힘 가공 시 굽힘 각도로부터 벌어지게 되는 각도량으로 측정되며 물체의 복원력에 비례한다. 동일한 재질로 만들어진 물체에 있어서도 스프링 백의 크기는 물체의 모양과 변형시키려는 형태에 따라 달라진다. 철사를 〈ㄱ〉자가 아니라 〈U〉자 모양으로 구부리면 스프링 백의 양은 보다 커진다. 얇은 판으로 되어 있는 금속을 구부릴 때가 두꺼운 판을 구부리는 경우보다 스프링 백이 적다.

물체에 힘을 가하여 변형시킨 후 힘을 제거하면 물체의 두 가지 상반된 성질, 즉 변형된 모양을 영구히 보존하려는 성질(소성 : plasticity)과 초기 형상으로 복원하려는 성질(탄성 : elasticity)에 의하여 물체의 최종 변형이 결정된다. 스프링 백은 물체를 변형시킨 후 물체 내부의 잔여 탄성에 따라 그 크기가 결정된다. 스프링 백은 각 부품을 조립하는 과정에서 치수의 정확도에 심각한 영향을 미치기 때문에 부품이나 조립품 설계과정에서 사전에 고려해야 할 필수사항이다.

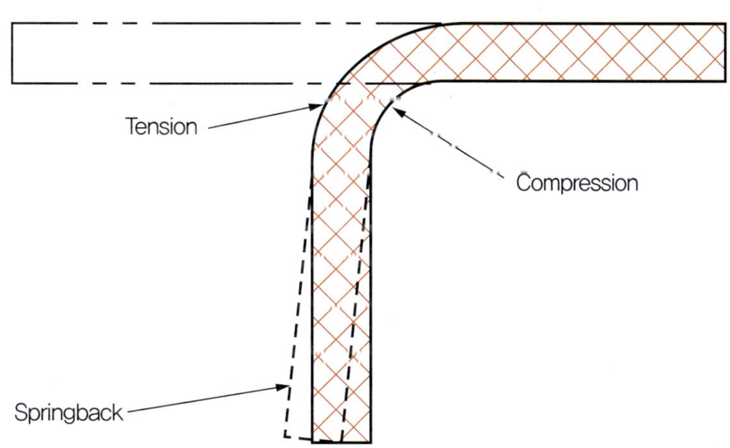

[그림] 6-32 스프링 백

1) 제시된 도면에 표시되어 있는 각각의 치수, 화살표의 위치(I.D, M.D, O.D), 단위 등을 확인한다. 그리고 직선과 곡선을 구간별로 나누고, BA 및 SB를 계산해서 배관의 총 길이를 산출한다(도면에 주어진 곡률 반지름의 위치에 주의한다).

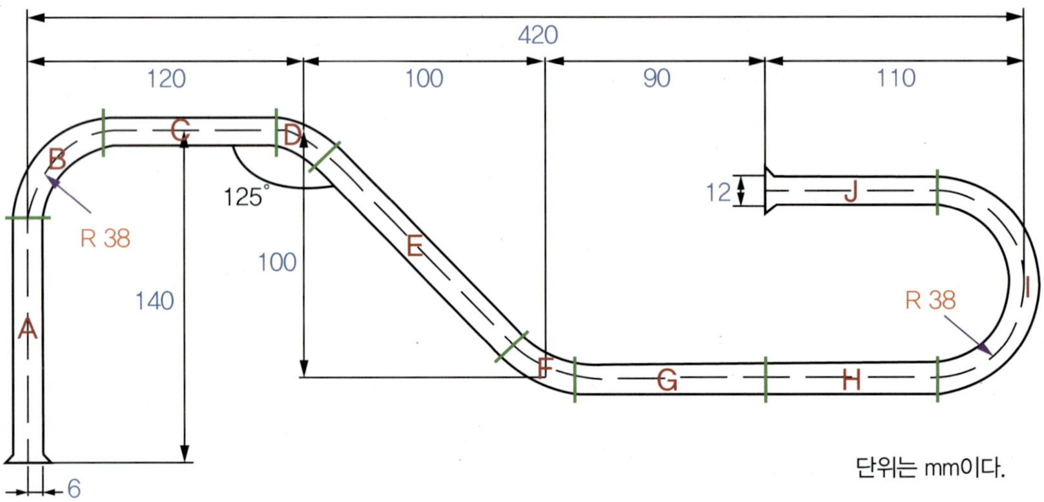

[그림] 6-33 도면 산출 샘플

① A = 140 − 38 = 102 + 2 = 104mm(Flaring 포함)

② B = (90/360) × 2Π × 38 = 59.66mm

③ C = 120 − 38 − S.B = 120 − 38 − 15.74 = 66.26mm

④ D = (45/360) × 2Π × 38 = 29.83mm

⑤ E = $100\sqrt{2}$ − S.B − S.B = 141.4 − 15.74 − 15.74 = 109.94mm

⑥ F = (45/360) × 2Π × 38 = 29.83mm

⑦ G = 90 − S.B = 90 − 15.74 = 74.26mm

⑧ H = 110 − 38 = 72mm

⑨ I = (180/360) × 2Π × 38 = 119.32mm

⑩ J = 110 − 38 = 72 + 2 = 74mm(Flaring 포함)

총 길이 = 735.1mm

2) 각 구간별로 나누어 산출한 치수들을 직선자와 펜을 이용해서 배관에 표시한다.

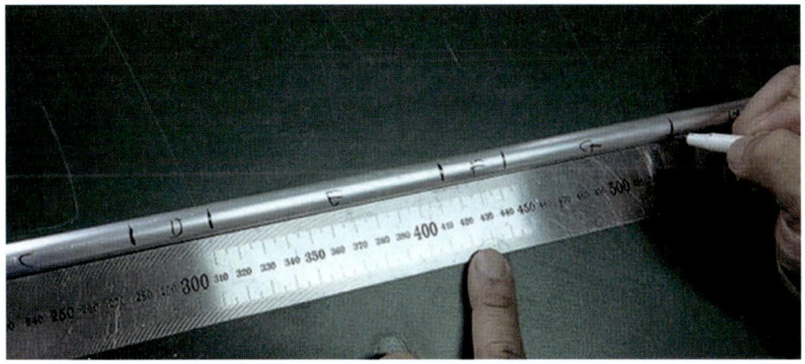

[그림] 6-34 튜브 구역 표시

3) Bender의 hook와 홈에 배관을 끼우고, 90°로 굽힘 작업하기 위해 배관에 표시한 곳과 bender의 블록에 있는 0을 일치시킨다.

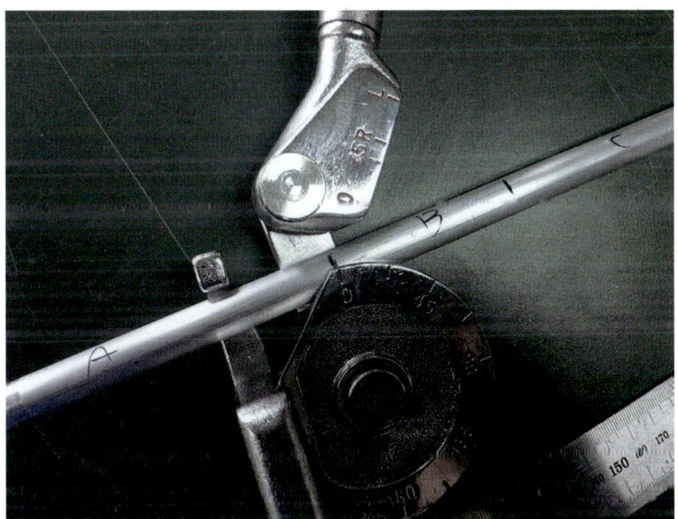

[그림] 6-35 벤너 상착

4) Bender에서 슬라이드 바의 0과 블록의 0을 일치시킨다.

[그림] 6-36 90° 지점 0 세팅

5) 한손으로 고정 손잡이를 잡고, 다른 손으로 슬라이드 바 손잡이를 잡는다. 블록의 90과 슬라이드 바의 0이 일치할 때까지 슬라이드 바 손잡이를 힘을 주고 배관을 꺾어 준다.

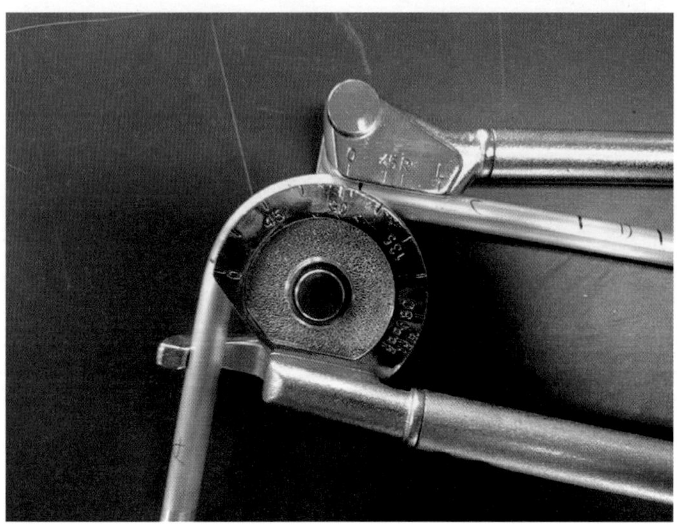

[그림] 6-37 90° 굽힘

6) 45˚로 굽힘 작업하기 위해 배관에 표시한 곳과 bender의 블록 및 슬라이드 바에 있는 0을 일치시킨다.

[그림] 6-38 45˚ 지점 0 세팅

7) 45˚로 굽힘 작업하기 전에 측면을 확인한다. 90˚ 굽힘 작업된 곳과 비교하여 수평이 맞는지 확인하고 최대한 hook의 수직면과 맞추면 된다.

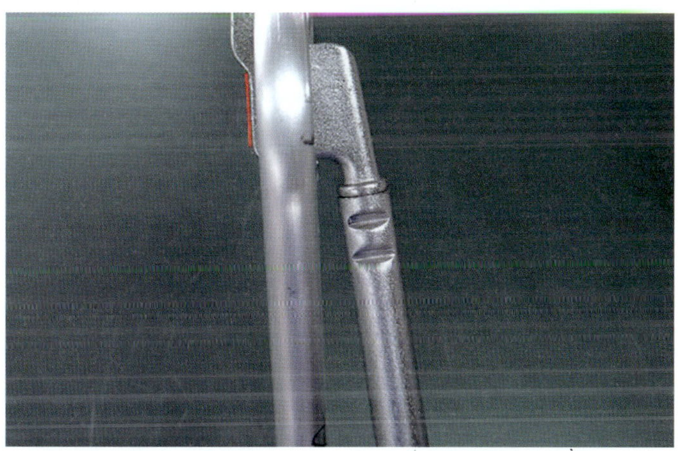

[그림] 6-39 측면 수평 확인

8) 한손으로 고정 손잡이를 잡고, 다른 손으로 슬라이드 바 손잡이를 잡는다. 블록의 45와 슬라이드 바의 0이 일치할 때까지 슬라이드 바 손잡이를 힘을 주고 배관을 꺾어 준다.

[그림] 6-40 45° 굽힘

9) 반대편 45° 굽힘 작업도 동일하게 수행하면 된다. 단, 반전 대칭에 주의해서 반드시 작업 전에 도면 및 배관의 굽힘 방향을 확인해야 한다.

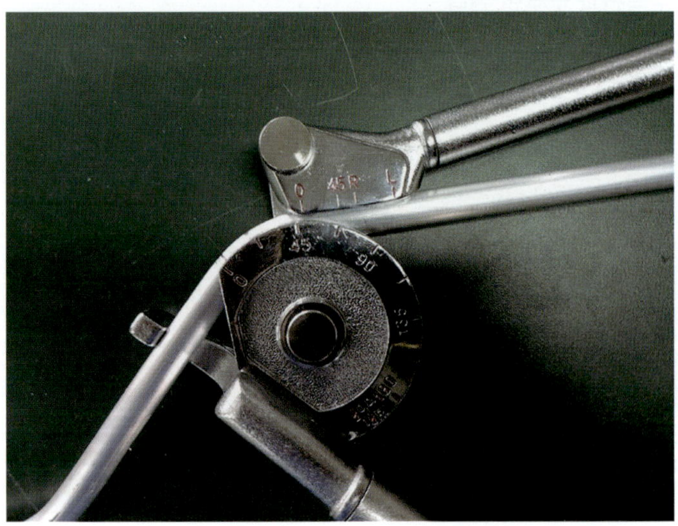

[그림] 6-41 반대편 45° 굽힘

10) 180˚로 굽힘 작업하기 위해 배관에 표시한 곳과 bender의 블록 및 슬라이드 바에 있는 0을 일치시킨다.

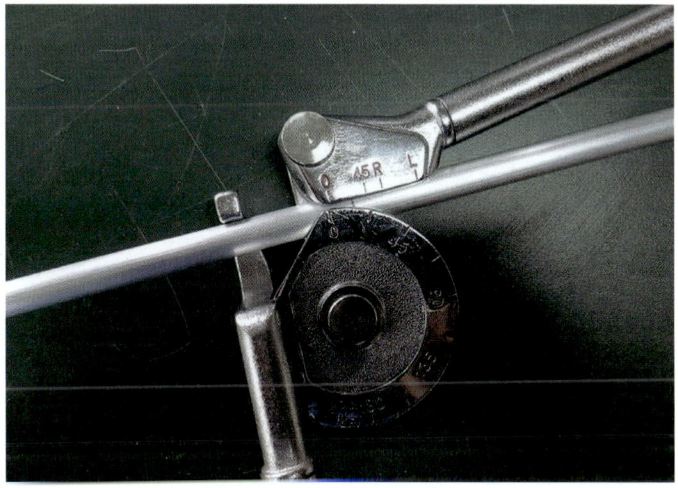

[그림] 6-42 180˚ 지점 0 세팅

11) 한손으로 고정 손잡이를 잡고, 다른 손으로 슬라이드 바 손잡이를 잡는다. 블록의 180과 슬라이드 바의 0이 일치할 때까지 슬라이드 바 손잡이를 힘을 주고 배관을 꺾어 준다.

[그림] 6-43 180˚ 굽힘

12) 표시해 둔 절단면에 tube cutter를 이용해서 절단하고, 공구 및 장비, 실습장 정리정돈을 한다.

[그림] 6-44 튜브 절단

13) 완성된 배관의 찍힘, 균열, 비틀림 등의 상태를 확인한다. 수평 상태, 길이 및 각도는 양손으로 잡고 어느 정도 보정한다.

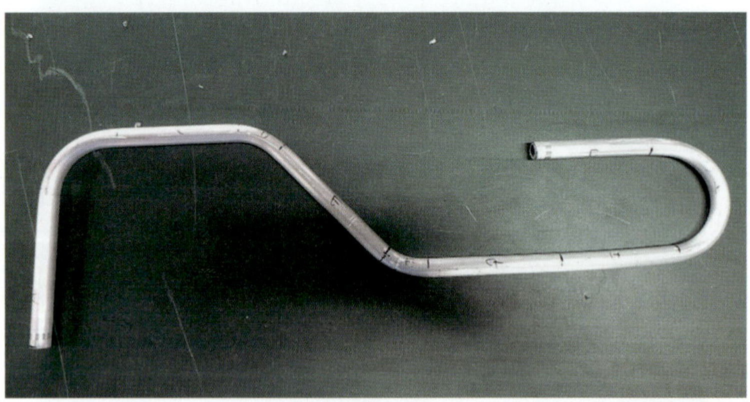

[그림] 6-45 튜브 검사와 보정 작업

BA값을 계산하지 않는 방법(90° 또는 180°)

1) 도면에서 굽혀진 후의 C 구간까지의 세트 백과 A 구간을 합한 140[mm] 지점을 직선자와 펜을 이용해서 배관에 눈금을 표시한다.

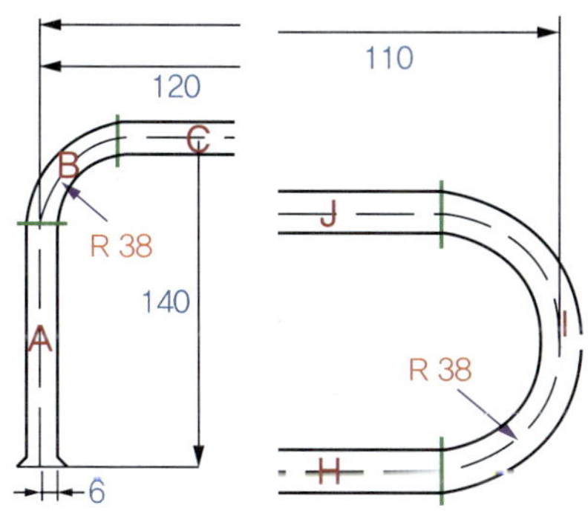

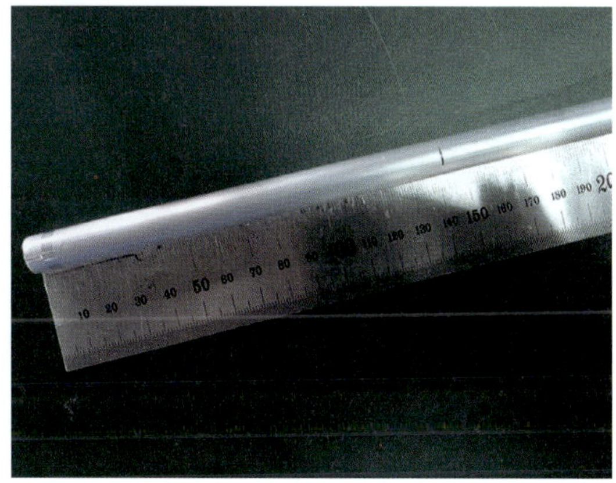

[그림] 6-46 직선 구간 표시

2) Bender의 슬라이드 바에서 배관의 직경인 1/2 LEFT의 눈금과 140[mm] 지점에 미리 표시한 눈금을 일치시킨다.

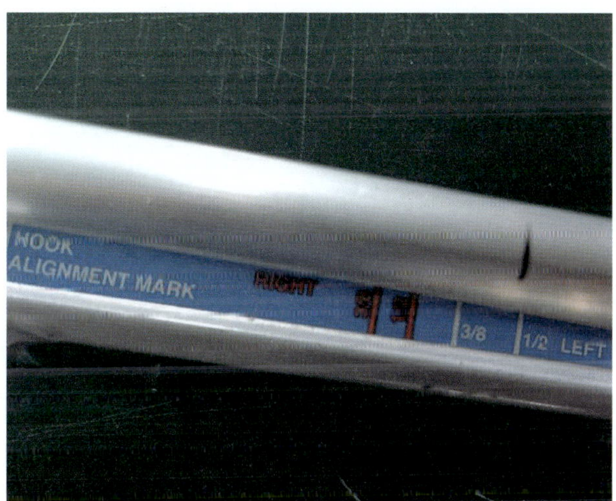

[그림] 6-47 슬라이드 바 눈금 일치

3) 이때 슬라이드 바에 있는 hook alignment mark 눈금을 배관에 펜으로 표시한다.

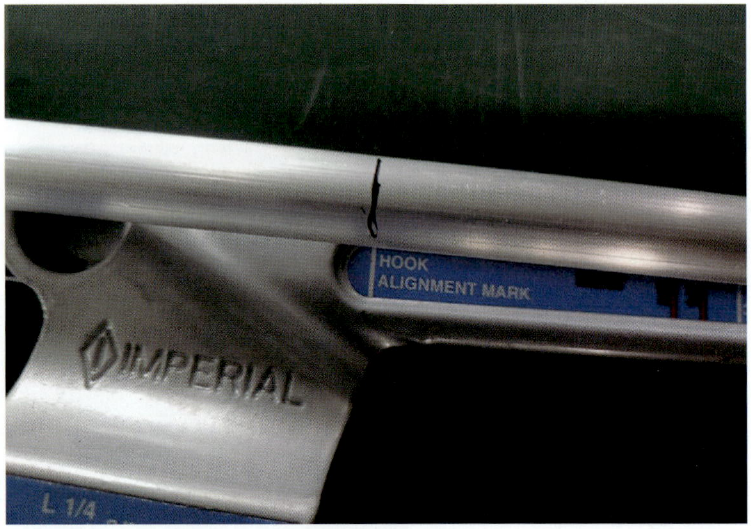

[그림] 6-48 눈금 표시

4) Bender의 hook에 배관을 끼우고, 표시한 H.A.M. 눈금을 틈새에 일치시킨다.

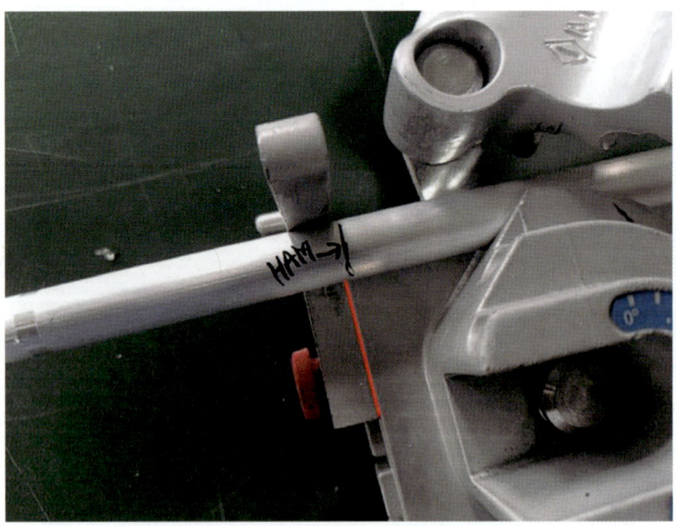

[그림] 6-49 벤더와 HAM 표시 일치

5) 블록의 0과 슬라이드 바의 0의 눈금을 일치시킨다.

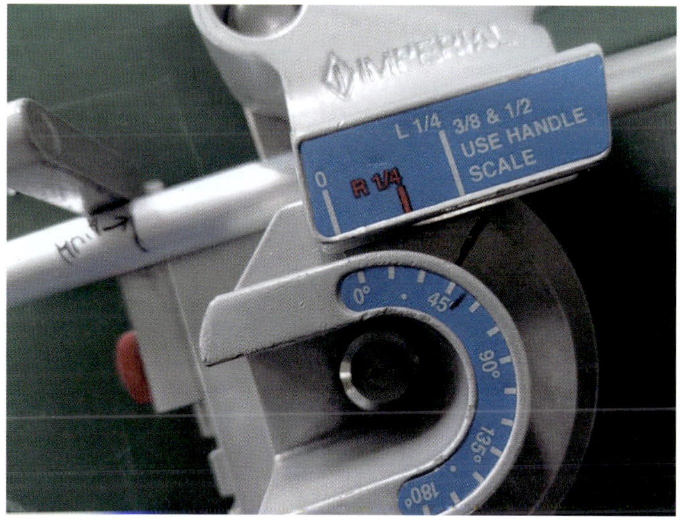

[그림] 6-50 슬라이드 바 0 세팅

6) 한손으로 고정 손잡이를 잡고, 다른 손으로 슬라이드 바 손잡이를 잡는다. 블록의 90과 슬라이드 바의 0이 일치할 때까지 슬라이드 바 손잡이를 힘을 주고 배관을 꺾어 준다.

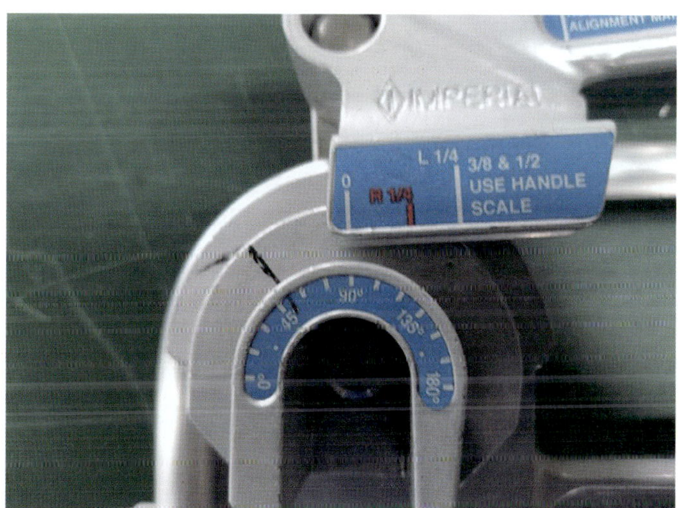

[그림] 6-51 90° 굽힘

BA값을 계산하지 않는 방법(45°)

1) 도면에서 D 또는 F 구간의 주어진 굽힘점까지의 치수인 120[mm] 지점을 직선자와 펜을 이용해서 배관에 눈금을 표시한다.

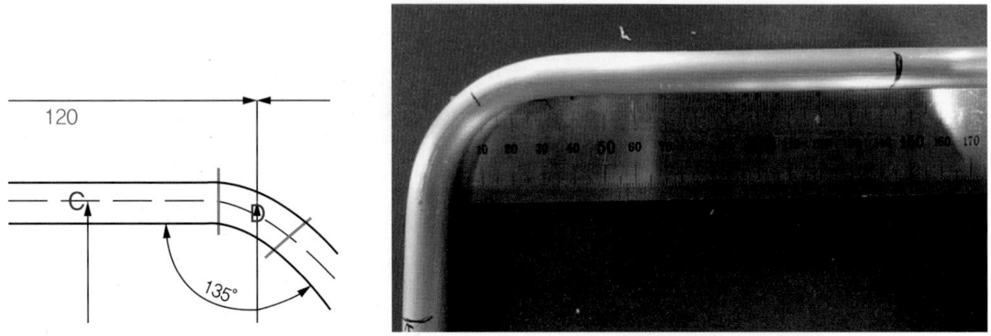

[그림] 6-52 45° 구간 굽힘점 표시

2) 표시한 굽힘점에서 역방향으로 세트 백 치수를 뺀 지점을 직선자와 펜을 이용해서 배관에 눈금을 표시한다(굽힘점보다 앞서서 굽힘 작업을 하기 때문이다).

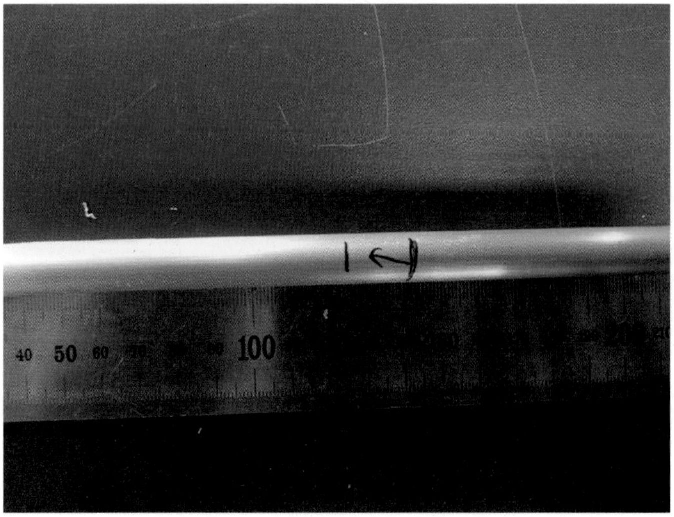

[그림] 6-53 45° 구간 세트백 제외 표시

3) Bender의 hook에 배관을 끼우고 블록의 접합선과 세트 백을 빼고 표시한 눈금을 일치시킨다.

[그림] 6-54 45° 블록 접합선 일치

4) 한손으로 고정 손잡이를 잡고 다른 손으로 슬라이드 바 손잡이를 잡는다. 블록의 45와 슬라이드 바의 0이 일치할 때까지 슬라이드 바 손잡이를 힘을 주고 배관을 꺾어 준다.

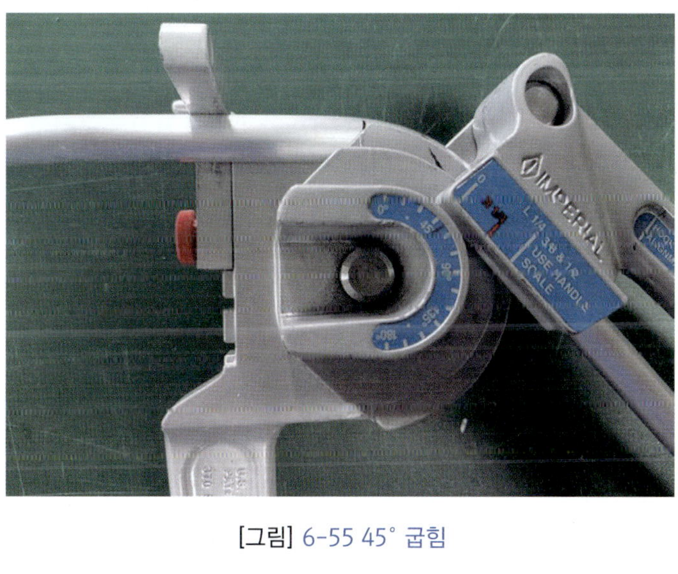

[그림] 6-55 45° 굽힘

연습 예제

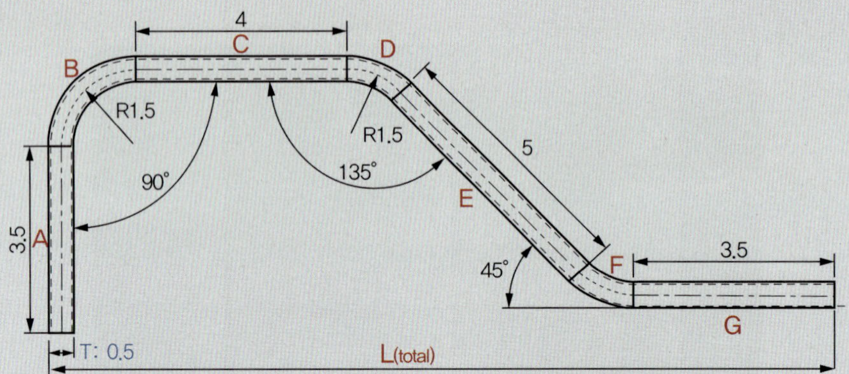

[그림] 6-56 연습 도면(출처 : FAA aviation maintenance technician handbook airframe)

(8) 배관 플레어링(Tube flaring)

일반적으로 항공기 배관에 사용되는 플레어(flare)는 단일 플레어(single flare)와 이중 플레어(double flare) 두 종류가 있다. 플레어들은 자주 높은 압력을 받게 된다. 따라서 배관에 만들어진 플레어는 적절한 형태로 제작되어야 하며, 그렇지 못할 경우에는 플레어가 망가지거나 압력 누설이 발생한다. 플레어를 너무 작게 만들면 누설이 발생하거나 분리될 위험이 있으며, 너무 크게 만들면 fitting과 nut의 체결을 방해하기 때문에 누설이 발생할 수 있다. 비뚤어진 플레어는 절단할 때 직각으로 자르지 못한 경우 발생한다. 플레어가 정상적으로 만들어지지 않을 경우 추가적인 토크를 준다고 해도 문제가 해결되지는 않는다.

배관과 플레어는 균열, 움푹 파임, 긁힘 등의 결함이 없어야 한다. 항공기 배관에 사용되는 flaring tool은 35 ~ 37°의 플레어를 만들기 위한 die 세트이다. 45°의 플레어는 자동차용으로 항공기에 사용해서는 안 된다. 수동형 flaring tool은 flaring block 또는 grip die, yoke 및 flaring pin으로 구성된다. flaring block은 여러 사이즈의 배관 지름에 맞는 구멍이 형성되는 두 개의 막대가 hinge로 연결되어 있다. flaring block의 구멍들은 배관에 만들어지는 플레어의 바깥 면과 맞물리는 끝단이 counter sunk 처리가 되어 있다. Yoke는 배관의 플레어를 만드는 끝단을 덮는 flaring pin의 중앙부 역할을 한다. Impact type과 rolling type의 두 종류의 flaring tool이 배관에 플레어를 만들어 주는데 사용된다.

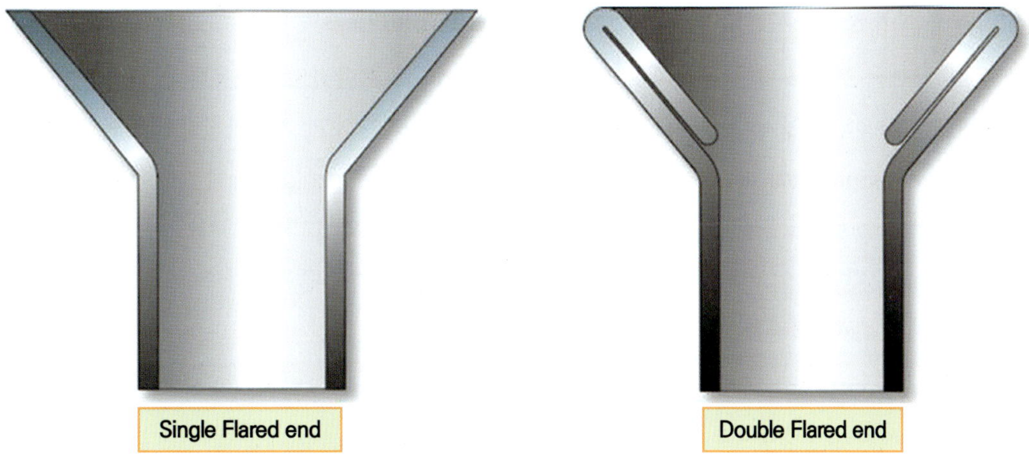

[그림] 6-57 플래어 종류(출처 : FAA aviation maintenance technician handbook airframe)

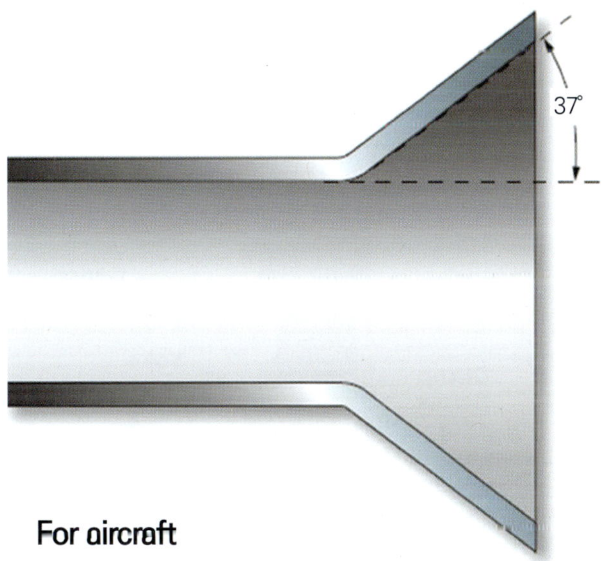

[그림] 6-58 플래어 각도(출처 : FAA aviation maintenance technician handbook airframe)

1) 압착식 플레어 공구의 사용법(Instruction for rolling type flaring tools)

황동, 알루미늄 그리고 연한 구리 재질 배관의 flaring 제작에 제한적으로 사용하며, 티타늄이나 내식강 배관에는 사용하면 안 된다. 배관을 절단할 때는 직각으로 절단하고, 거칠거칠한 burr를 제거하도록 한다. 배관에 fitting nut와 sleeve를 방향이 맞도록 끼워 넣는다. Die holder 안에 슬라이딩 부품을 고정시키는 clamping screw를 풀어준다. 나사를 풀어주면 die holder와 슬라이딩 부품이 느슨해진다. 배관 끝단이 grip die 윗면과 일치하도록 맞물리면 적절한 크기의 flare가 만들어진다. Flare를 만들 배관의 지름에 맞는 grip die에 배관을 끼워 넣는다.

Clamping screw를 잠기는 방향으로 단단히 조인다. Yoke를 grip die 윗부분의 배관 중심에 오도록 일치시킨 후 압착시키는 방향으로 약간의 저항감이 느껴질 때까지 핸들을 계속 돌려준다. 적절한 저항감이 느껴질 때까지 돌려주어야 배관 두께가 납작해지지 않고 알맞게 완성된 플레어를 얻을 수 있다. 다양한 종류의 압착식 플레어 공구가 있으며, 종류별로 사용 방법이 다르기 때문에 공구 사용 전에 사용법을 반드시 확인해야 한다.

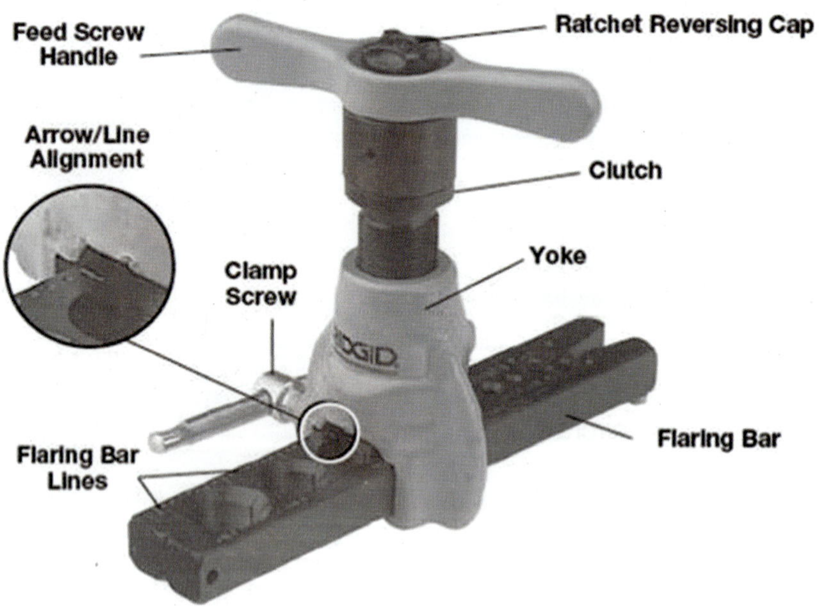

[그림] 6-59 플래어링 툴 구조

① 수동 플레어링 공구의 yoke를 flaring bar(또는 grip die)의 hinge 부분까지 슬라이드시키고 열어준다.

[그림] 6-60 단일 플래어링 툴 준비

② 작업하고자 하는 사이즈의 배관을 flaring bar(또는 grip die)의 윗면에 적혀 있는 사이즈에 맞추어 끼우고 힘주어 닫아준다(배관의 끝단을 flaring bar의 윗면에 일치시킨다).

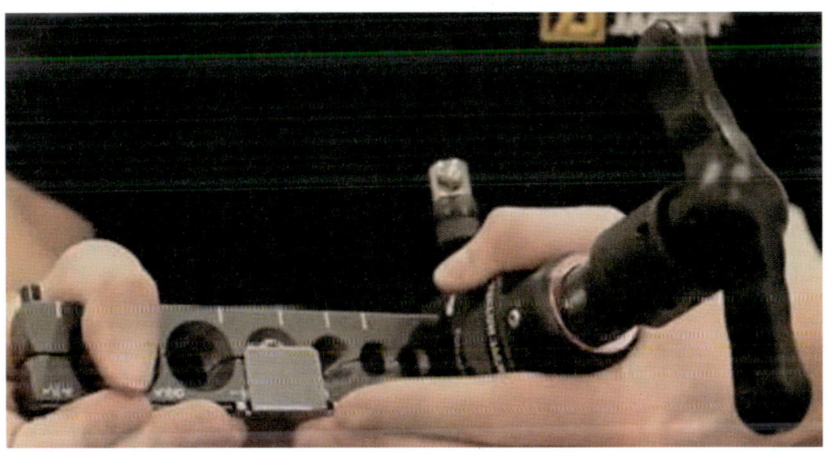

[그림] 6-61 튜브 사이즈 확인 후 장착

③ Yoke를 해당 사이즈의 배관 끝단이 있는 위치까지 슬라이드시키면서 flaring bar(또는 grip die)의 눈금과 yoke의 화살표를 일치시킨다.

[그림] 6-62 요크 일치

④ Clamping screw를 잠기는 방향으로 회전시켜서 yoke와 flaring bar(또는 grip die)가 서로 고정되도록 조여준다.

[그림] 6-63 플래어링 바 고정

⑤ Yoke의 상단에 있는 handle을 잠기는 방향으로 회전시켜서 저항감이 느껴질 때까지 조여준다(너무 세게 조이면 공구가 망가지거나 배관의 플레어가 찢어질 수 있다).

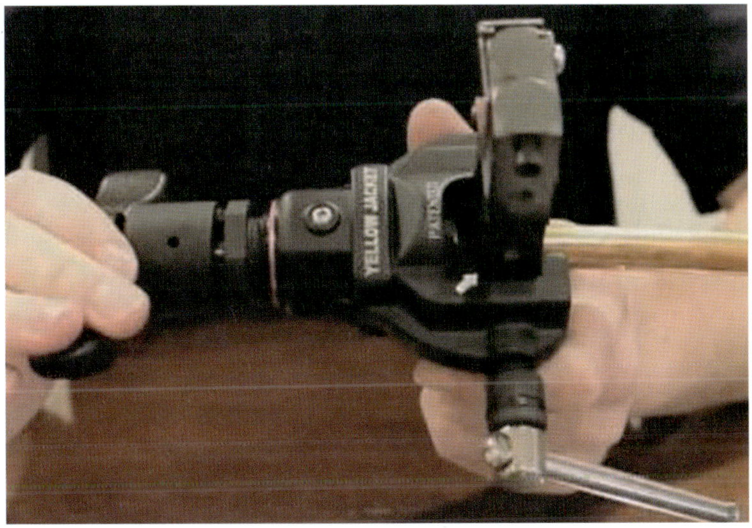

[그림] 6-64 핸들 조임

⑥ Yoke 상단의 handle과 측면의 clamping screw를 풀어주고, yoke를 슬라이드시키고 flaring bar(또는 grip die)를 열어주면 단일 플레어가 완성된다.

[그림] 6-65 단일 플래어 완성

2) **이중 플레어링**(Double flaring)

3/8[inch] 이하의 연질 알루미늄 합금 배관에 사용된다. 두께가 얇은 배관에서 작동 압력에 의한 플레어의 손상과 균열을 방지하기 위해 사용한다. 이중 플레어는 싱글 플레어보다 더 매끄럽고 둥글게 성형되기 때문에 기밀 효과가 우수하고 토크의 전단 효과에 더 잘 견딘다.

3) **이중 플레어 제작 절차**(Double flaring instructions)

플레어가 만들어지는 배관의 안쪽과 바깥쪽 모두 거칠게 남은 burr를 제거한다. 배관이 손상되었다면 그 부분을 절단하여 제거한다. 황동, 구리와 알루미늄 합금 등은 풀림 처리를 해야 하는 경우, 연한 붉은 빛을 띨 때까지 가열한 후, 찬물로 빠르게 냉각시킨다. 두 개의 clamping screw를 풀어 flaring tool을 열어준다. 배관의 지름에 맞는 flare hole을 선택하고 배관을 결합한다. 배관을 adaptor insert의 계단의 두께와 같은 높이만큼 flaring bar 위로 나오도록 고정한다. Clamping screw를 조여서 배관을 단단히 고정한다. 알맞은 크기의 adaptor pilot을 배관 구멍에 끼운다.

Flaring bar의 adaptor insert 중심과 yoke의 cone이 정렬되도록 yoke를 조립한다. 조립이 완료된 flaring bar의 한쪽 끝을 탁상 바이스에 물려서 고정한다. Adaptor insert의 상부가 flaring bar에 닿을 때까지 아래쪽으로 yoke의 cone을 전진시킨다. 이렇게 하면 배관의 끝이 항아리처럼 둥글게 성형된다. 그리고 yoke cone을 조금 풀고 adaptor를 제거한다. 다시 배관의 끝단에 yoke cone을 일치시킨 후 아래로 합착한다. 이렇게 하면 배관의 균열이나 찢어짐 없이 정확한 이중 플레어가 형성된다. 플레어 두께가 얇아지는 것을 방지하기 위해 너무 강하게 압착하면 안 된다.

① 이중 플레어링 작업을 위한 배관 및 동일한 사이즈의 adaptor insert를 준비한다.

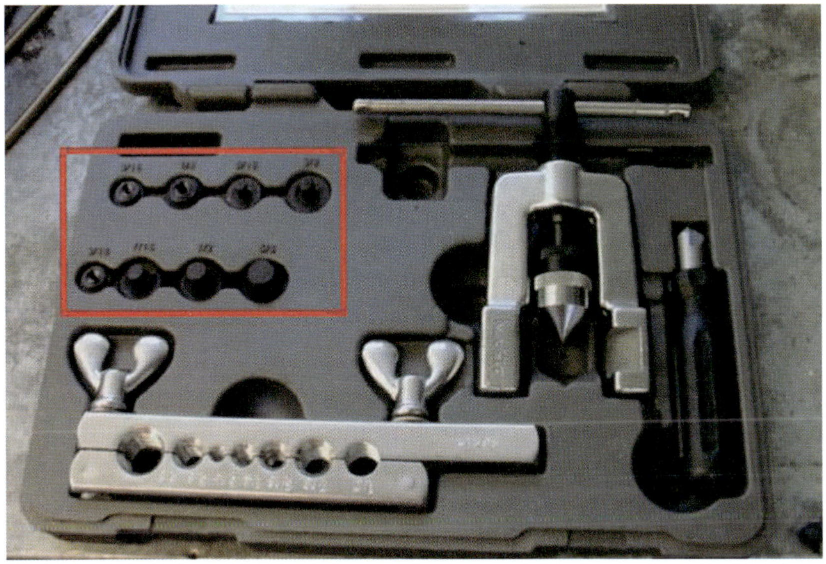

[그림] 6-66 이중 플레어링 툴 준비

② 탁상 바이스에 flaring bar를 고정시킨 후 나사를 풀어 열어준다.

[그림] 6-67 플레어링 바 준비

③ 배관 사이즈에 맞는 flaring bar의 홀에 끼우고, 동일한 사이즈의 adaptor insert를 준비해서 배관의 끝단 옆에 놓는다.

[그림] 6-68 튜브 사이즈 확인 후 장착과 어댑터 인서트 준비

④ Flaring bar의 윗면에서부터 배관의 끝단의 높이와 adaptor insert의 계단 높이를 동일하게 맞춘다.

[그림] 6-69 튜브와 어댑터 인서트 높이 일치

⑤ Flaring bar의 나사를 돌려서 배관을 단단하게 고정시키고, adaptor pilot을 배관에 끼운다.

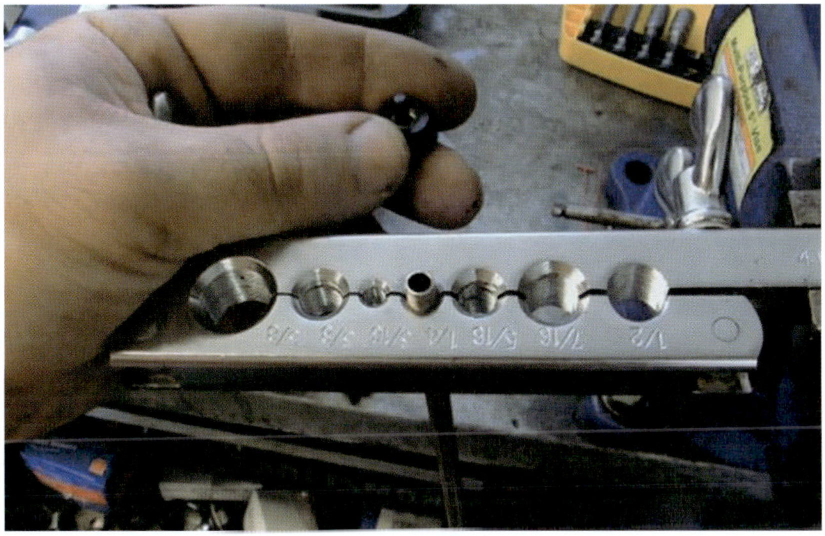

[그림] 6-70 어댑터 인서트 튜브 장착

⑥ Flaring bar에 yoke를 장착하고, yoke의 cone과 adaptor insert의 홈을 일치시킨다.

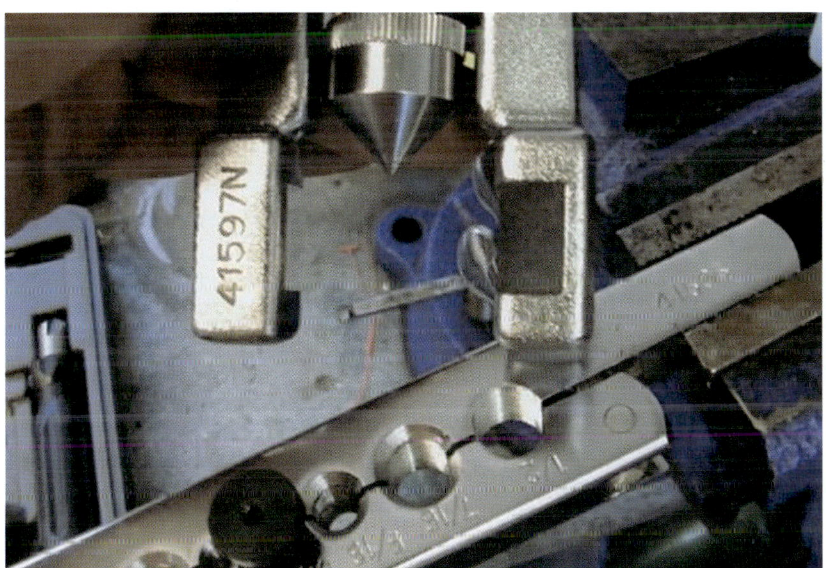

[그림] 6-71 요크 일치

⑦ Yoke의 상단에 있는 handle을 잠기는 방향으로 회전시켜서 저항감이 느껴질 때까지 조여준다(너무 세게 조이면 공구가 망가진다).

[그림] 6-72 핸들 조임

⑧ Flaring bar의 윗면에 adaptor insert가 닿을 때까지 조여준다.

[그림] 6-73 어댑터 인서트 조임

⑨ Yoke의 handle을 풀고 yoke와 adaptor insert를 분리하면 항아리 모양의 배관의 끝단이 만들어진다.

[그림] 6-74 어댑터 인서트 분리

⑩ 다시 flaring bar에 yoke를 장착하고 yoke의 cone과 항아리 모양의 배관 끝단 홈을 일치시킨다.

[그림] 6-75 요크 재 장착

⑪ Yoke의 상단에 있는 handle을 잠기는 방향으로 회전시켜서 저항감이 느껴질 때까지 조여준다(너무 세게 조이면 공구가 망가지거나 배관의 플레어가 찢어질 수 있다).

[그림] 6-76 핸들 조임

⑫ Yoke의 handle을 풀고 yoke와 flaring bar를 분리하면 이중 플레어가 완성된다.

[그림] 6-77 이중 플래어 완성

⑬ 완성된 이중 플레어의 찍힘, 균열, 비틀림 등의 상태를 확인하고, 공구 및 장비, 실습장 정리정돈을 한다.

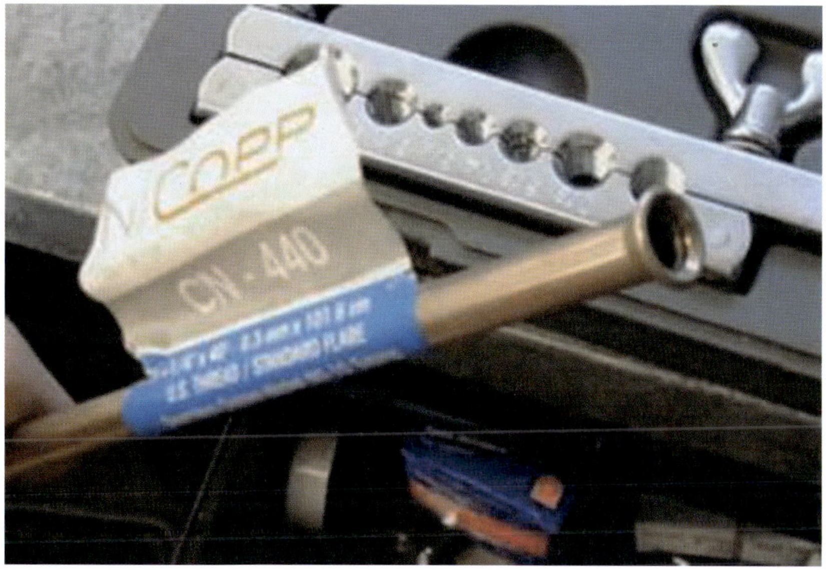

[그림] 6-78 플래어 검사와 정리

(9) 비딩(Beading)

배관은 수동 비딩 공구, 기계식 비딩 롤러 또는 grip dies 등을 이용해서 비드를 만들 수 있다. 비딩 방법은 배관의 재질, 배관의 두께 그리고 지름에 따라 달라진다. 수동 비딩 공구는 1/4 ~ 1[inch] 지름의 배관에 사용된다. 비드는 적절한 롤러가 부착된 beader frame을 이용하여 성형한다. 비드를 만드는 동안 롤러 사이의 마찰을 줄이기 위해서 배관 내부와 외부에 오일로 윤활한다. Beader frame의 크기는 비드를 만들 수 있는 배관의 지름이 롤러에 1/16[inch] 단위로 표시되어 있다. 각각의 배관 크기에 맞게 내부에 끼워지는 별도의 롤러가 필요하며, 비딩 시 올바른 부품을 사용할 수 있도록 주의해야 한다.

수동 비딩 공구는 롤러가 회전하는 동안 간단히 손잡이로 조여진다는 점에서 tube cutter와 유사하나. 배관 비딩 공구에는 작은 바이스(tube holder)가 세트로 함께 사용된다. 다양한 비딩 공구와 기계 장치가 사용되기도 하지만 수동 비딩 공구가 가장 많이 사용된다. 일반적으로 beading machine은 특별한 롤러가 제공되지 않는 한 inch 이상 큰 지름의 배관 비딩에 사용하도록 제한하며, grip die 방법은 작은 지름의 배관에 제한적으로 사용된다.

[그림] 6-79 비딩 작업

1) Beading tool의 사용법은 tube cutter와 거의 유사하다. 우선 tool에 배관을 끼울 수 있게 handle을 풀어준다.

[그림] 6-80 비딩 툴 준비

2) Frame의 끝부분을 당겨서 inner roller를 빼낼 수 있다.

[그림] 6-81 프레임 당김

3) 작업하기 위한 배관 사이즈에 맞는 inner roller로 교체하고 빼낸 순서의 반대로 해서 frame에 끼우면 된다.

[그림] 6-82 튜브 사이즈 인너 롤러 장착

4) Roller와 배관의 마찰에 의해 beading이 되므로, 배관의 안쪽과 바깥쪽에 윤활유를 뿌리거나 발라준다.

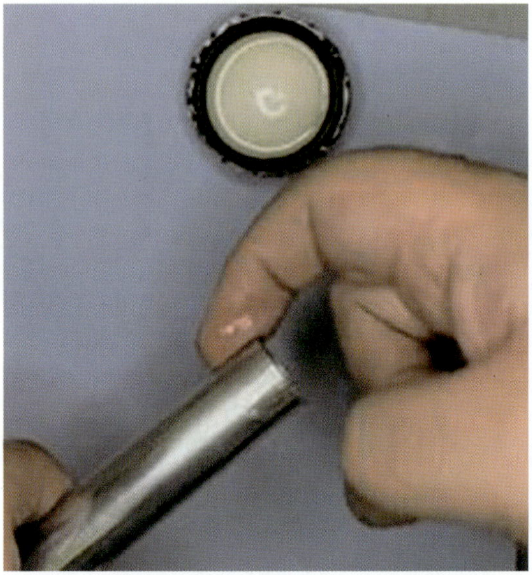

[그림] 6-83 튜브 주위 오일 도포

5) Inner roller에 배관을 끝까지 끼워준다.

[그림] 6-84 튜브와 인너 롤러 장착

6) 한손으로 배관과 frame을 함께 잡고, 다른 손으로 outer roller와 배관이 밀착되도록 handle을 조여준다.

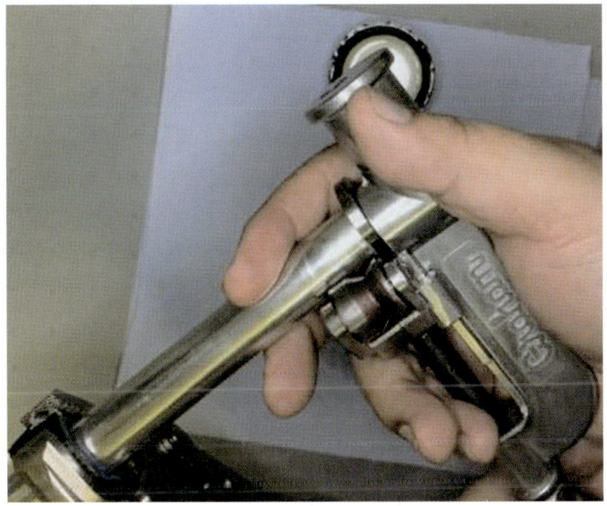

[그림] 6-85 핸들 조임

7) Plier 또는 tube holder로 배관을 잡고 bead 모양이 나올 때까지 회전시켜 준다.

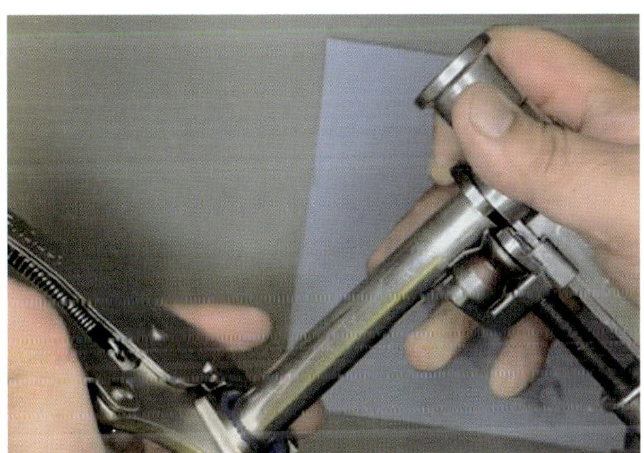

[그림] 6-86 튜브 회전

8) Bead가 완성되었으면 handle을 풀고 배관을 분리한다. 배관과 공구에 묻어 있는 윤활유를 깨끗이 닦아 낸다. Bead 상태를 확인하고, 공구 및 장비, 실습장 정리정돈을 한다.

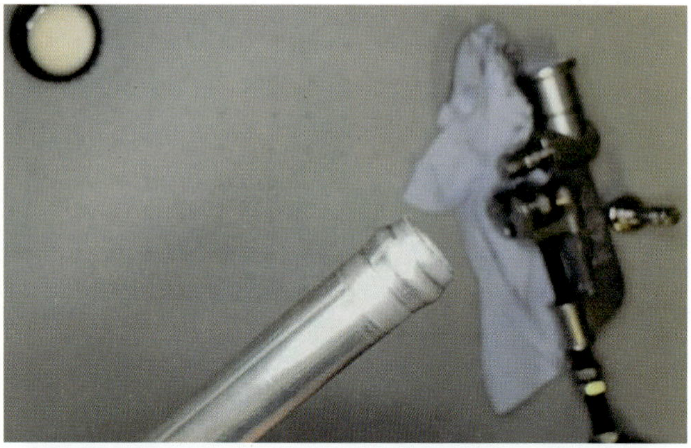

[그림] 6-87 비딩 검사와 정리

Inner roller

Inner roller는 필요에 따라 원하는 배관 사이즈에 맞추어 교환할 수 있다. Inner roller 사이즈는 n/16[inch]로 표시된다.

[그림] 6-88 인너 롤러 교환

1) No.6 inner roller는 6/16[inch]이므로 3/8[inch] 배관에 사용된다.

[그림] 6-89 6번 인너 롤러

2) No.8 inner roller는 8/16[inch]이므로, 1/2[inch] 배관에 사용된다.

[그림] 6-90 8번 인너 롤러

3) No.10 inner roller는 10/16[inch]이므로, 5/8[inch] 배관에 사용된다.

[그림] 6-91 10번 인너 롤러

(10) 피팅(Fitting)

강성 배관은 항공기 부품(브레이크 실린더 등), 다른 강성 배관 또는 연성 호스 등에 연결될 수 있다. 항공기 부품 또는 다른 배관과 연결하는 경우 배관의 플레어를 필요로 하거나 또는 플레어를 필요로 하지 않는 fitting을 이용한다. 호스를 배관과 연결할 경우 호스가 배관으로부터 빠지지 않고 단단히 고정될 수 있도록 배관 끝에 bead를 만들기도 한다.

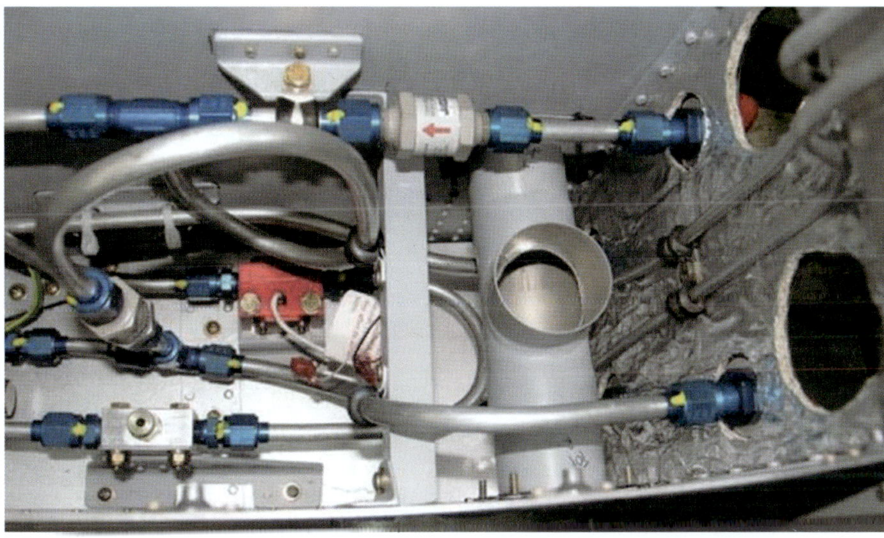

[그림] 6-92 항공기 튜브 피팅

AN flare fitting

MS flareless fitting

[그림] 6-93 AN 피팅과 MS 피팅(출처 : FAA aviation maintenance technician handbook airframe)

1) AN 규격 flared fitting

Sleeve와 nut로 구성되며, nut가 sleeve 위에 일치된 후 조여지면 sleeve와 tube flare가 fitting에 단단히 밀착되면서 기밀이 형성된다. 조립 전에 배관은 flaring되어 있어야 한다. 수나사 fitting은 flare의 안쪽 면과 같은 각도를 가진 원뿔 모양의 표면을 갖는다. Sleeve는 배관을 지지해서 진동이 flare 끝부분에 집중되지 않도록 하고, 가해지는 전단 작용을 더 넓은 지역으로 분산시켜 강도를 증가시킨다. 이질 금속 간 부식을 방지하기 위해 가능하면 서로 다른 합금으로 된 fitting의 조합은 피해야 한다. 모든 fitting은 조립의 용이성, 정렬 및 적절한 윤활이 보장되어야 한다. 표준 AN 규격 fitting은 검정색 또는 파랑색으로 식별한다.

모든 AN 철재 fitting은 검정색을 착색하고, 알루미늄 fitting은 청색으로 착색하며, 알루미늄 청동 fitting은 카드뮴 도금이 되어 있다. AN flare fitting은 MS flareless fitting과 다르며, 상호 교환이 불가능하다. Flareless fitting은 끝부분이 직선인 반면 flare fitting은 원뿔형이기 때문에 쉽게 구분할 수 있다.

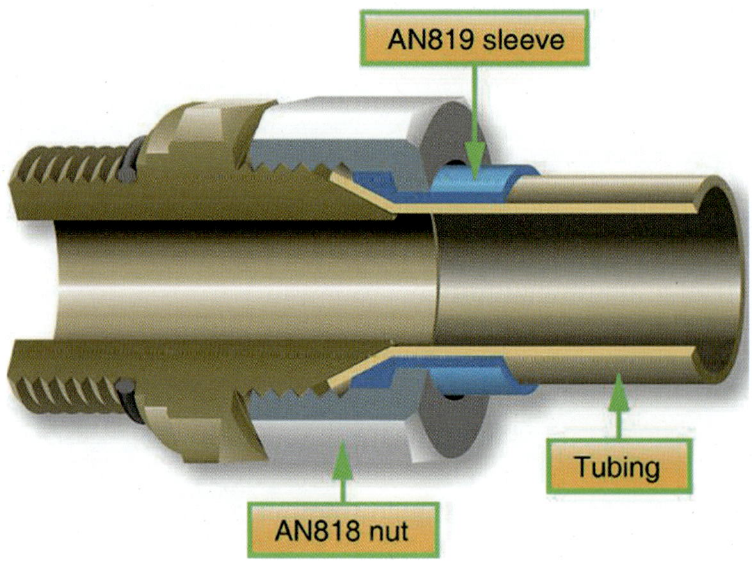

[그림] 6-94 AN 피팅 구조(출처 : FAA aviation maintenance technician handbook airframe)

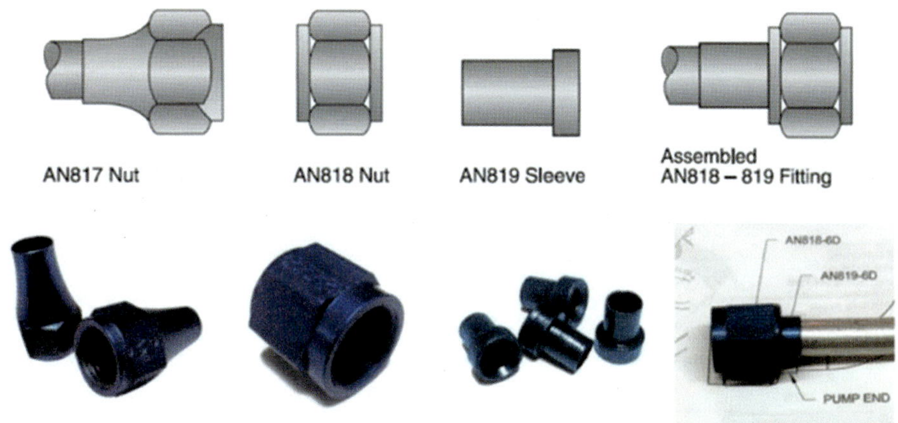

[그림] 6-95 AN 피팅 구성품

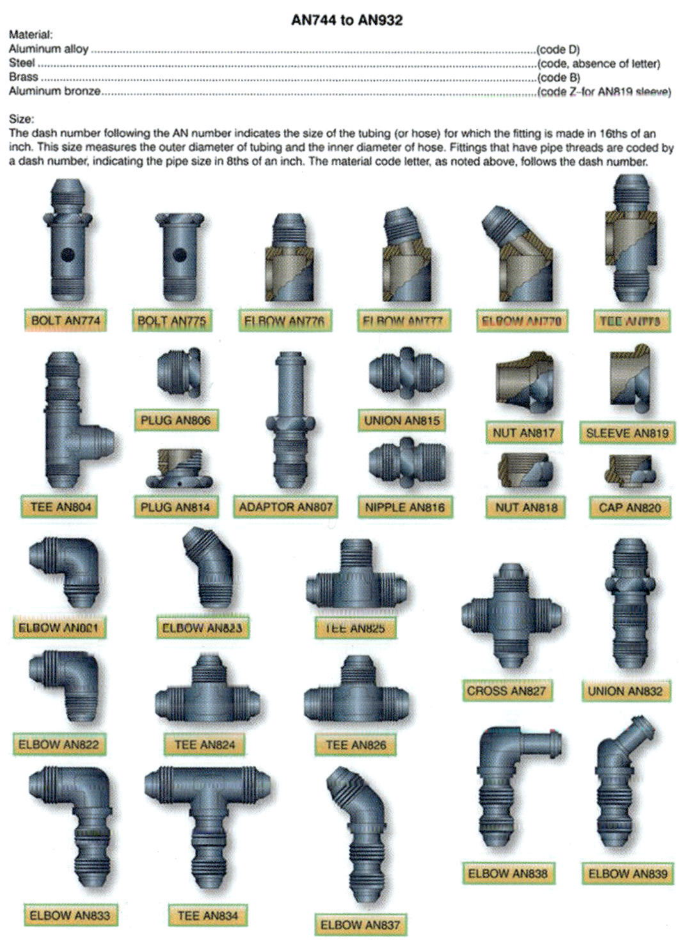

[그림] 6-96 AN 피팅 종류(출처 : FAA aviation maintenance technician handbook airframe)

[표] 6-3 AN 피팅 규격

Tubing outer Diameter (inches)	Fitting Bolt or Nut Size	Aluminum Alloy Tubing, Bolt, Fitting or Nut Torque (im-lb)	Steel Tubing, Bolt, Fitting or Nut Torque (im-lb)	Hose End Fittings and Hose Assemblies MS28740 or Equivalent End Fitting		Minimum Bend Radii (inche$1\frac{1}{8}$s)	
				Minimum	Mazimum	Alum. Alloy 1100-H14 5052-0	Steel
$1\frac{1}{8}$	-2	20-30				3/8	
3/16	-3	30-40	90-100	70	120	7/16	21/32
1/4	-4	40-65	135-150	100	250	9/16	7/8
5/16	-5	60-85	180-200	210	420	3/4	$1\frac{1}{8}$
3/8	-6	75-125	270-300	300	480	15/16	$1\frac{5}{16}$
1/2	-8	150-250	450-500	500	850	$1\frac{1}{4}$	$1\frac{3}{4}$
5/8	-10	200-350	650-700	700	1,150	$1\frac{1}{2}$	$2\frac{3}{16}$
3/4	-12	300-500	900-1,000			$1\frac{3}{4}$	$2\frac{5}{8}$
7/8	-14	500-600	1,000-1,100				
1	-16	500-700	1,200-1,400			3	$3\frac{1}{2}$
$1\frac{1}{4}$	-20	600-900	1,200-1,400			$3\frac{3}{4}$	$4\frac{3}{8}$
$1\frac{1}{2}$	-24	600-900	1,500-1,800			5	$5\frac{1}{4}$
$1\frac{3}{4}$	-28	850-1,050				7	$6\frac{1}{8}$
2	-32	950-1,150				8	7

출처 : FAA aviation maintenance technician handbook airframe

① 도면에 따라 완성된 배관 사이즈에 알맞은 AN sleeve와 AN nut를 배관에 장착한다. 단 nut를 먼저 넣고 sleeve를 넣어야 한다.

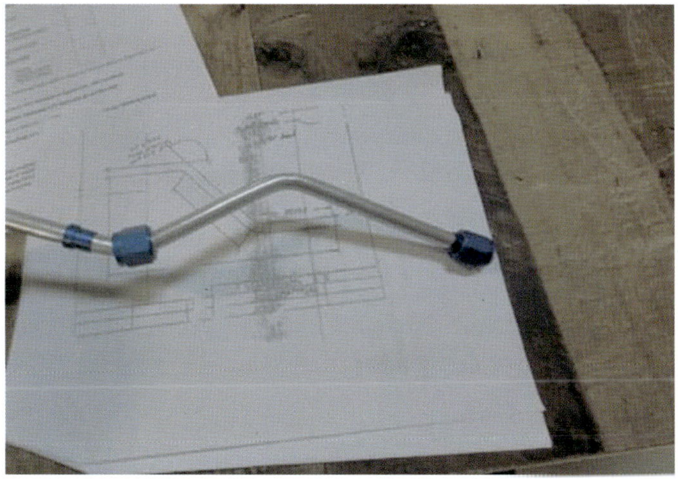

[그림] 6-97 슬리브와 너트 장착

② 배관 끝단에 flaring 작업을 해준다.

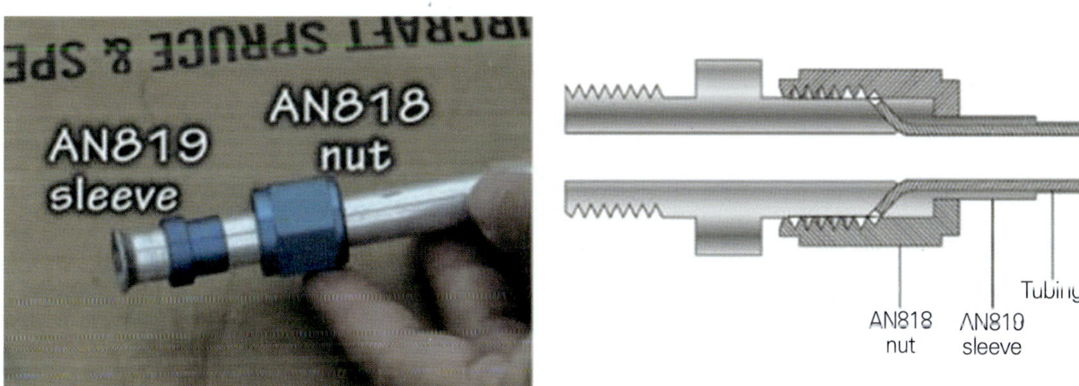

[그림] 6-98 튜브 플래어 작업

③ 장착해야 하는 위치의 tube fitting에 AN nut를 hand tight로 어느 정도 조여준다.

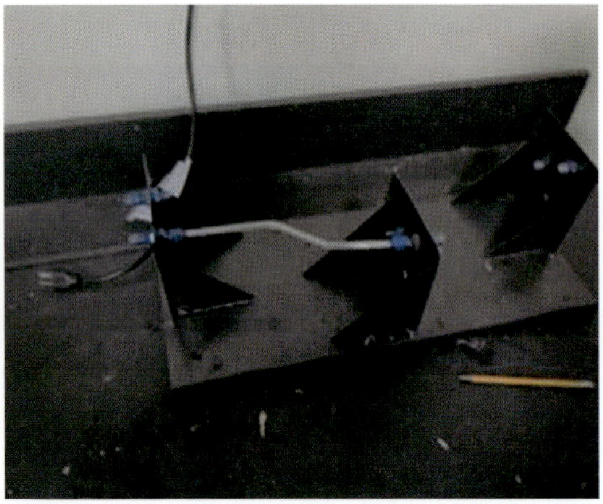

[그림] 6-99 AN 피팅 장착

④ 배관 외경 및 재질, 해당 AN nut의 torque value에 대해서 매뉴얼을 참조한다.

TABLE 9-2. Tube data.

Dash Nos. Ref.	Tubing OD inches	Wrench torque for tightening AN-818 Nut (pour				Alu (Fla or
		Aluminum-alloy tubing		Steel tubing		
		Minimum (for 3003)	Maximum	Minimum	Maximum	Min
-2	1/8	20	30	75	85	
-3	3/16	25	35	95	105	
-4	1/4	50	65	135	150	
-5	5/16	70	90	170	200	
-6	3/8	110	130	270	300	
-8	1/2	230	260	450	500	
-10	5/8	330	360	650	700	
-12	3/4	460	500	900	1000	
-16	1	500	700	1200	1400	
-20	1-1/4	800	900	1520	1680	
-24	1-1/2	800	900	1900	2100	
-28	1-3/4	--	--	--	--	
-32	2	1800	2000	2660	2940	

[그림] 6-100 토크값 확인

⑤ AN nut 사이즈와 동일한 socket을 찾아서 토크 렌치에 장착하고, 토크값을 세팅한다.

[그림] 6-101 토크렌치 토크 세팅

⑥ Over torque에 주의하며 AN nut에 토크를 걸어준다. 장착 상태를 확인하고 공구 및 장비, 실습장 정리 정돈을 한다.

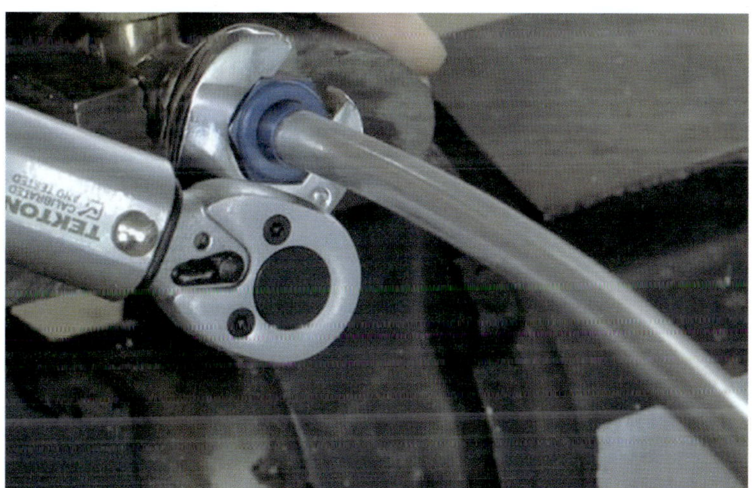

[그림] 6-102 토크값 적용

2) MS 규격 flareless fitting

진동이나 움직임이 심하고 높은 압력을 받는 3,000[psi] 유압 계통에 사용하기 위해서 개발되었다. Flareless fitting을 사용하면 모든 배관의 flaring은 제거되며, 강하고 안전하며 신뢰할 수 있는 배관의 연결이 가능하다. Flareless fitting은 body, sleeve, nut의 3가지 부품으로 구성된다. Body의 내부적인 설계에 따라 body와 nut가 결합될 때 sleeve가 배관의 외벽을 압착하면서 물리도록 성형된다. Body 안에 있는 counter bore shoulder는 알루미늄 fitting은 45°, 강철 커넥터는 15°의 반대 방향 각도로 설계된다.

반대 방향의 각도는 배관이 조여졌을 때 배관의 안쪽 방향으로 찌그러지는 것을 방지하고, body counter bore의 주변에 대하여 부분적인 기밀을 제공한다. Flareless fitting을 사용하면 flaring은 생략되지만 새로운 flareless tube assembly를 설치하기 전에 presetting이라는 다른 작업이 필요하다.

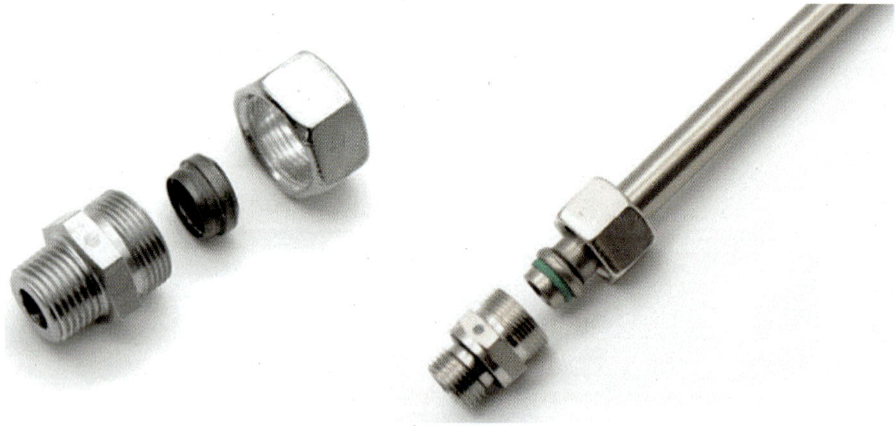

[그림] 6-103 MS 피팅

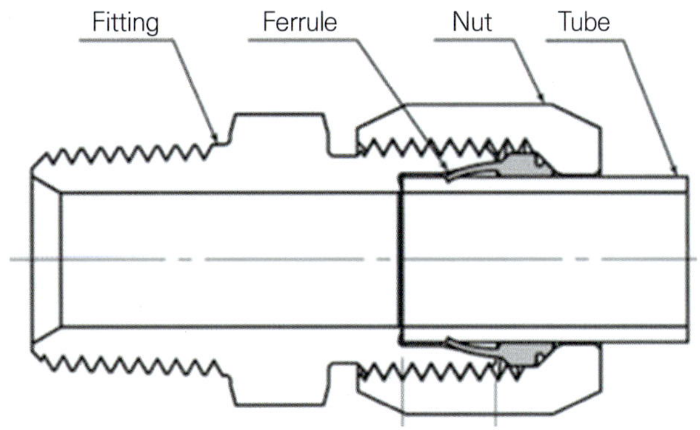

[그림] 6-104 MS 피팅 구조

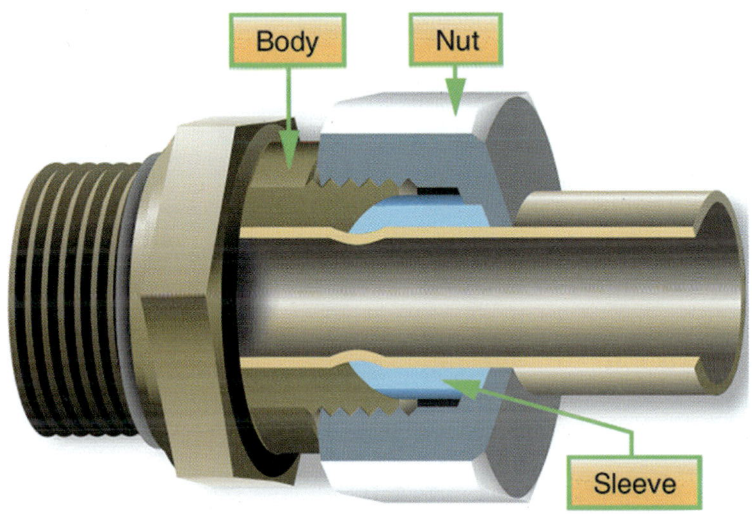

[그림] 6-105 MS 피팅 구조(출처 : FAA aviation maintenance technician handbook airframe)

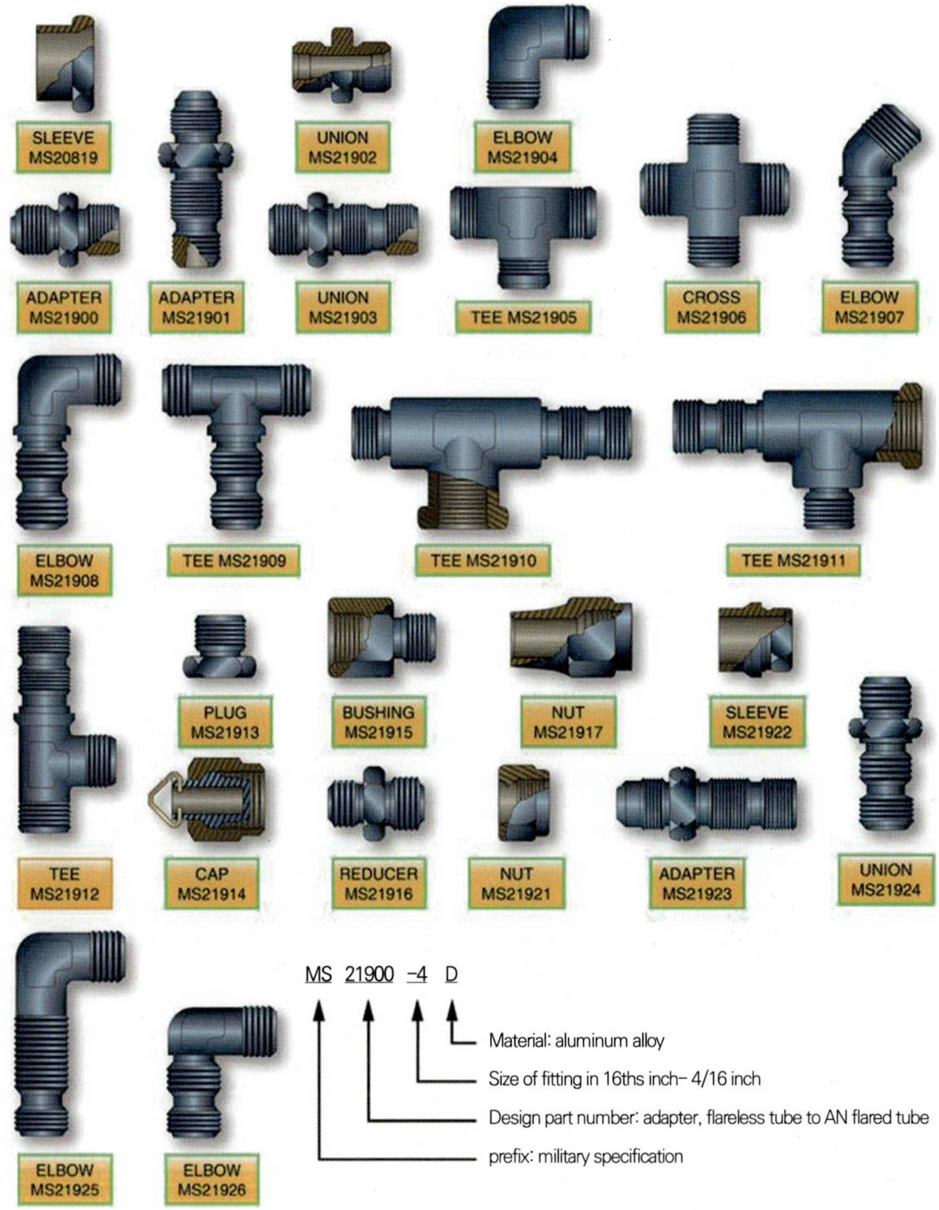

[그림] 6-106 MS 피팅 종류(출처 : FAA aviation maintenance technician handbook airframe)

Presetting 작업

1) 정확한 길이로 직각이 되도록 배관을 절단한다. 배관의 안쪽과 바깥쪽에 형성된 burr를 제거한다. 배관에 nut를 끼우고 sleeve를 끼운 후, fitting과 nut의 나사산을 유압 오일로 윤활한다.

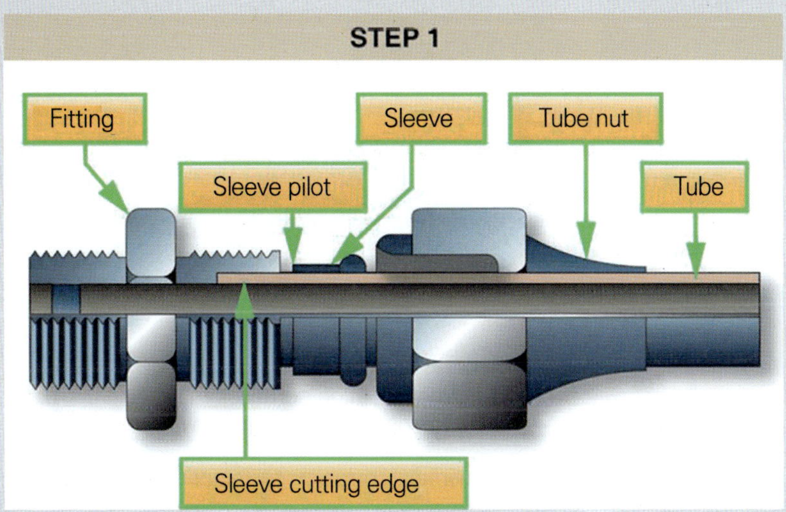

[그림] 6-107 너트와 슬리브 장착(출처 : FAA aviation maintenance technician handbook airframe)

2) Fitting을 바이스에 고정시킨 후 fitting 안에 배관을 단단하고 수직이 되도록 고정시킨다(배관은 fitting의 아래 부분과 밀착되어야 한다). Sleeve grip의 끝 부분이 배관을 잡을 때까지 nut를 조인다. Nut를 조이는 동안 배관을 전후 방향으로 조금씩 돌려본다. 배관이 더 이상 돌아가지 않을 때 nut를 조일 준비 상태가 된 것이다.

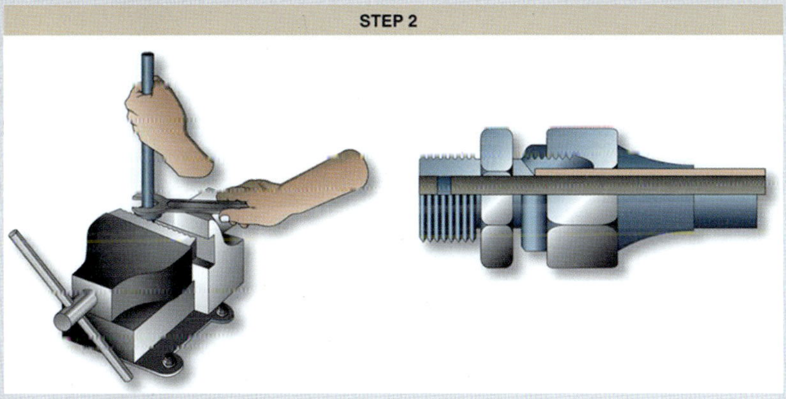

[그림] 6-108 너트 조임(출처 : FAA aviation maintenance technician handbook airframe)

3) 최종 조임은 배관의 종류와 크기에 따라 달라진다. 알루미늄 합금 배관의 경우 지름이 최대 1/2[inch]까지는 nut를 1~$1\frac{1}{16}$바퀴 돌려서 조인다. 또한 강관이나 지름이 1/2[inch]를 넘는 알루미늄 합금 배관의 경우는 $1\frac{1}{16}$ ~ $1\frac{1}{2}$바퀴를 조인다.

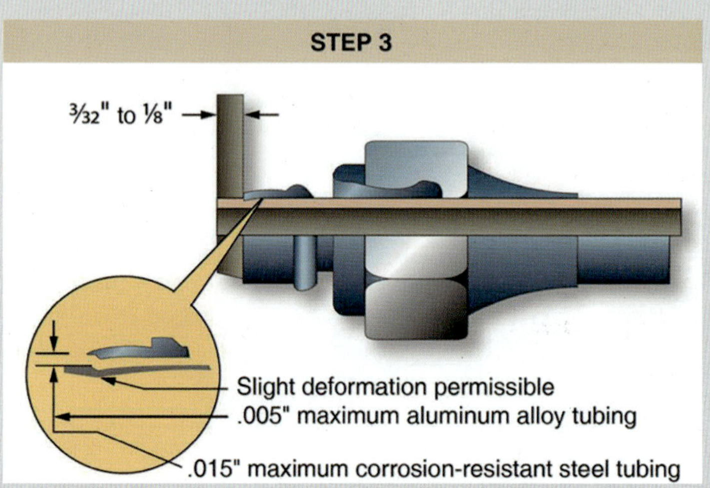

[그림] 6-109 너트 조임 규격(출처 : FAA aviation maintenance technician handbook airframe)

① 배관 끝단의 burr를 정리하고, 배관 사이즈에 알맞은 MS nut와 sleeve(or ferrule)를 끼운다.

[그림] 6-110 너트와 슬리브 장착

② 장착하려는 tube fitting과 sleeve(or ferrule)에 윤활유를 발라준다.

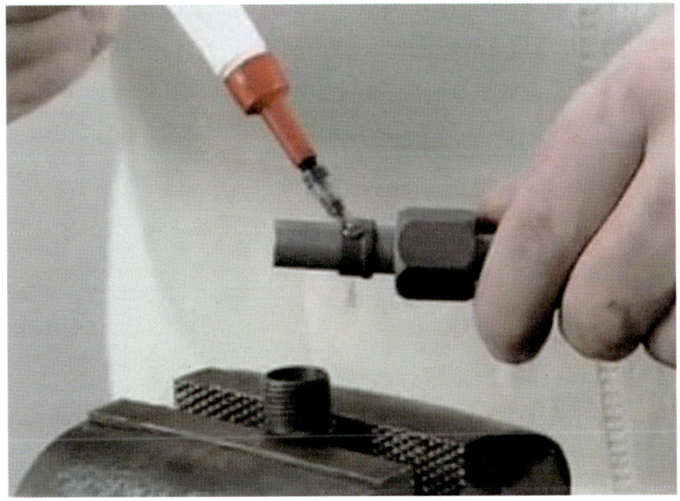

[그림] 6-111 MS 피팅과 슬리브에 오일 도포

③ 배관 끝단을 tube fitting의 끝까지 넣어준다.

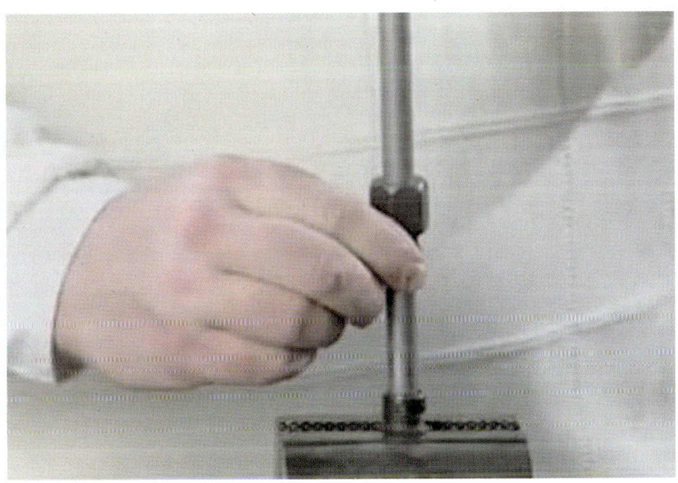

[그림] 6-112 MS 피팅과 튜브 결합

④ Tube fitting에 MS nut를 hand tight로 어느 정도 조여준다.

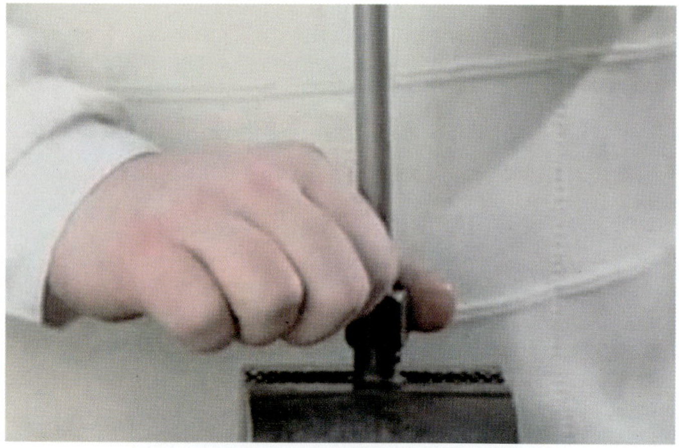

[그림] 6-113 너트 가장착

⑤ Tube fitting에 MS nut와 동일한 렌치를 이용해서 단단하게 조여준다.

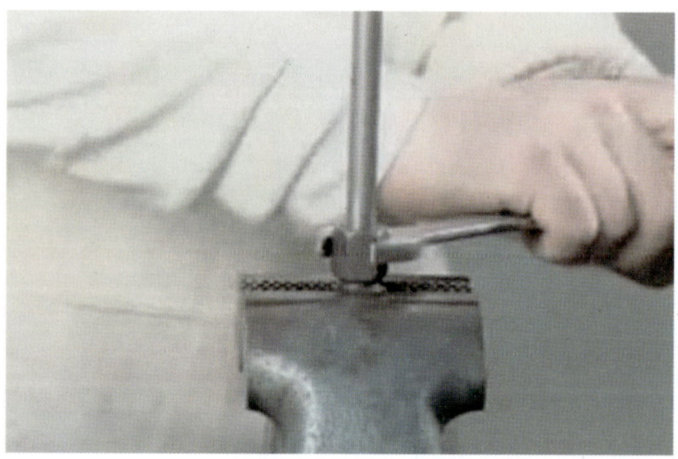

[그림] 6-114 너트 조임

⑥ 다시 MS nut를 렌치를 이용해서 풀어내면 내부에서 sleeve(or ferrule)와 배관이 함께 찌그러지면서 배관에 단단하게 밀착된다.

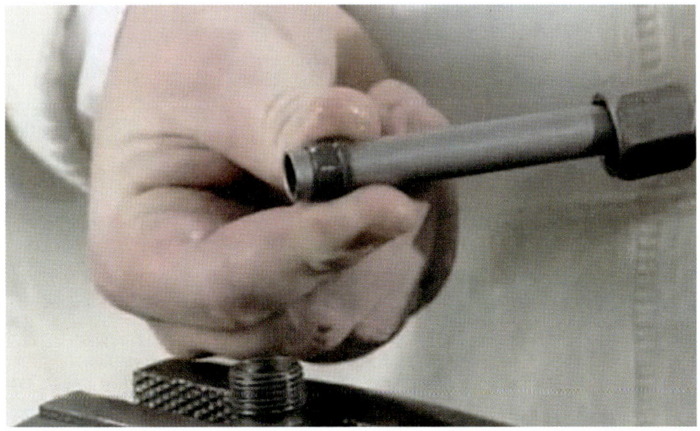

[그림] 6-115 슬리브 장착 확인

⑦ 토크 렌치를 이용해서 Over torque에 주의하며, MS nut에 토크를 걸어준다. 장착 상태를 확인 및 윤활유를 닦아내고, 공구 및 장비, 실습장 정리정돈을 한다.

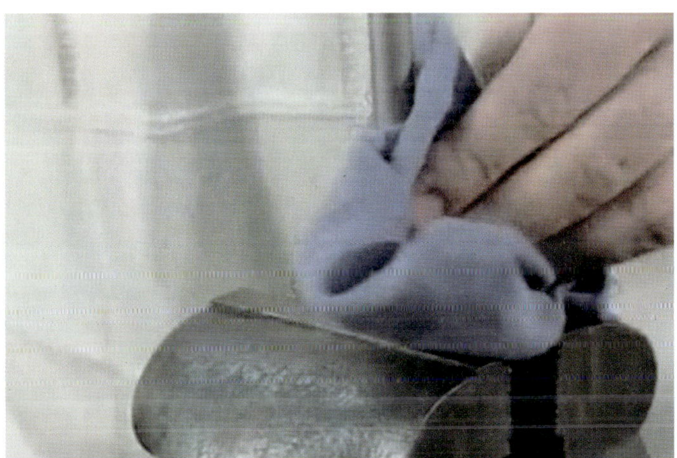

[그림] 6-116 토크 값 적용

(11) 유체 라인의 식별(Fluid line identification)

항공기에 사용되는 유체 라인은 색상 코드, 문자 그리고 기하학적인 기호로 구성된 표식에 의해 식별할 수 있다. 이 표식은 각 유체 라인의 기능, 내용 및 주요한 위험 요소를 식별해 준다. 식별자는 그 계통의 종류와 내부의 유체 종류를 식별하는데 사용되는 다양한 색상 코드와 기호를 보여준다. 유체 라인은 대부분의 경우 폭이 1[inch] 테이프 또는 decal을 붙여서 표시한다. 지름이 4[inch] 이상 큰 배관, 오일에 노출되는 배관, 뜨거운 배관 또는 차가운 배관에는 태그를 붙여서 표시하도록 한다. 엔진 흡입구 쪽으로 빨려 들어 갈 수 있는 공간에 위치한 배관에는 decal이나 테이프 대신에 페인트로 표시하기도 한다.

언급한 표시 외에도 추가하여 계통 내의 특별한 기능(드레인, 벤트, 압력 또는 리턴 등)에 관한 특정 라인을 문자를 통해 추가로 식별할 수 있다. 연료를 공급하는 배관에는 FLAM, 유독 물질을 포함하는 튜브에는 TOXIC, 산소, 질소 또는 프레온과 같은 물리적으로 위험한 물질을 포함할 경우 PHDAN으로 표시한다. 항공기나 엔진 제작사는 유체 라인의 식별 표식에 대한 최초 설치 책임이 있지만, 항공정비사는 그 표식을 유지 관리할 책임이 있다. 일반적으로 테이프와 decal은 유체 라인의 양쪽 끝에 배치하며, 배관이 지나가는 각 구역에 적어도 하나씩 배치한다. 또한 테이프나 decal은 유체 라인 내에서 밸브, 조절기, 필터 또는 액세서리와 가까운 곳에 배치한다. 페인트나 태그가 사용되는 장소에도 해당 요구 조건이 동일하게 적용된다.

[그림] 6-117 항공기 유체라인 식별

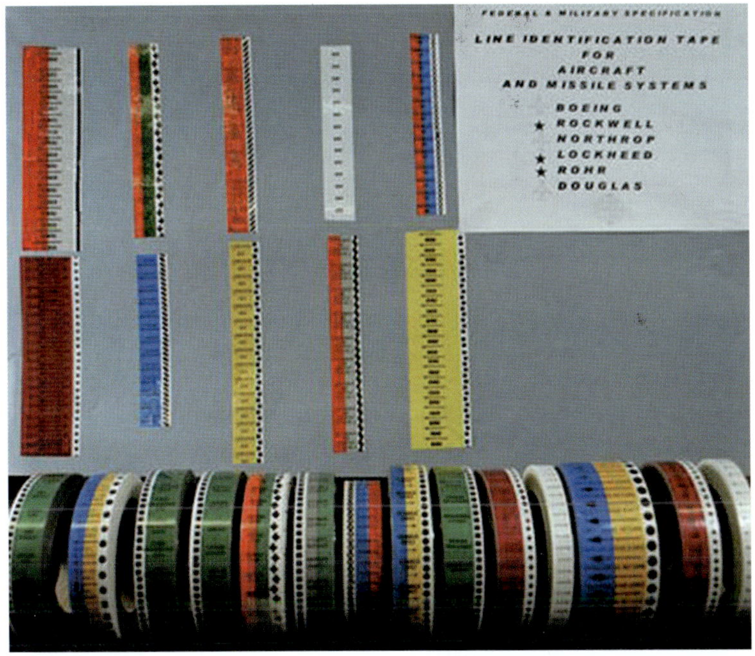

[그림] 6-118 항공기 유체라인 데칼

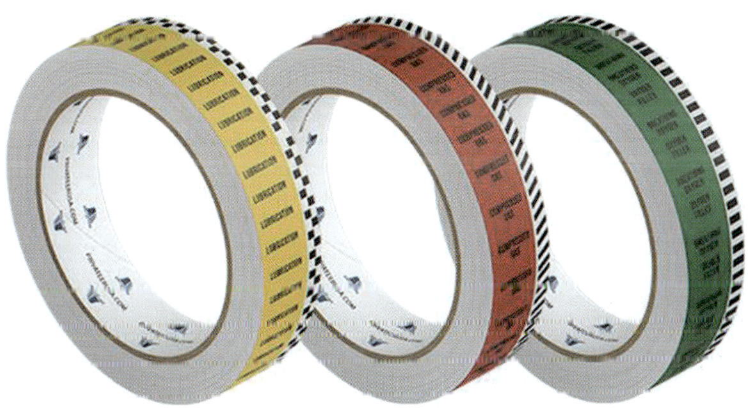

[그림] 6-119 항공기 유체라인 데칼

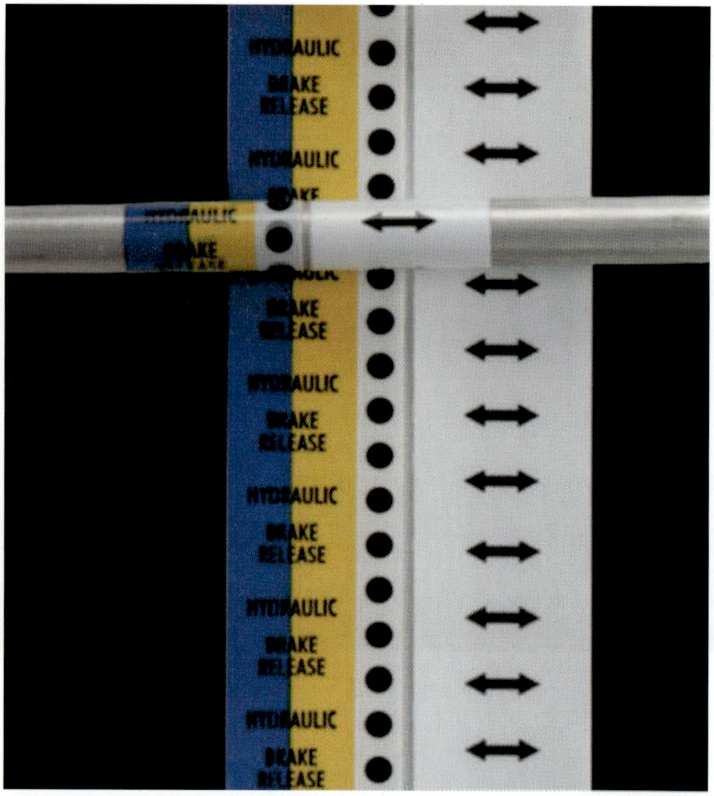

[그림] 6-120 데칼 부착

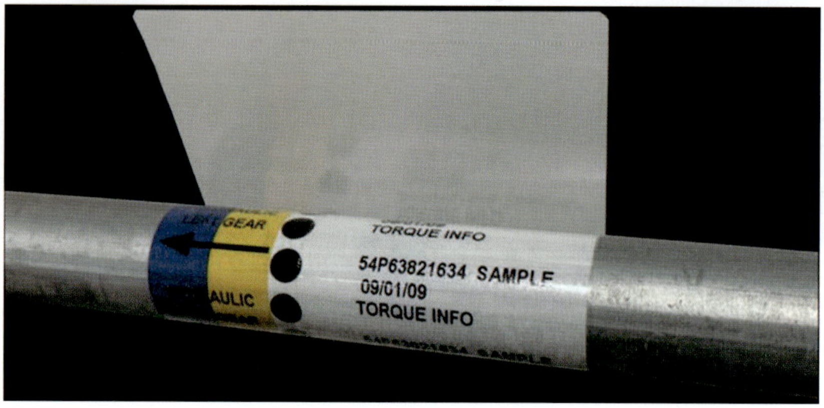

[그림] 6-121 데칼 부착

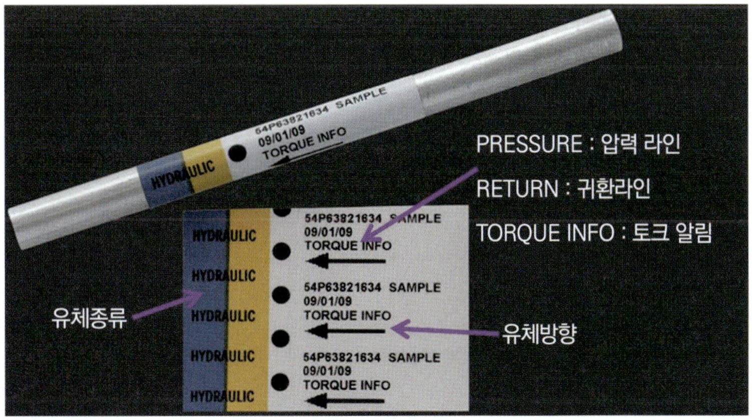

[그림] 6-122 데칼 부착

1) Letters shall be printed in black, 3/32[inch] high with 1/32[inch] between lines of a legend and 1/4[inch] between a legend and its repetition.

2) Arrow shall be black, head 3/32[inch] high, and shaft 1/32[inch] wide.

3) Arrow to have head on both ends for reversible flow.

4) Tape shall be a minimum of 1[inch] wide.

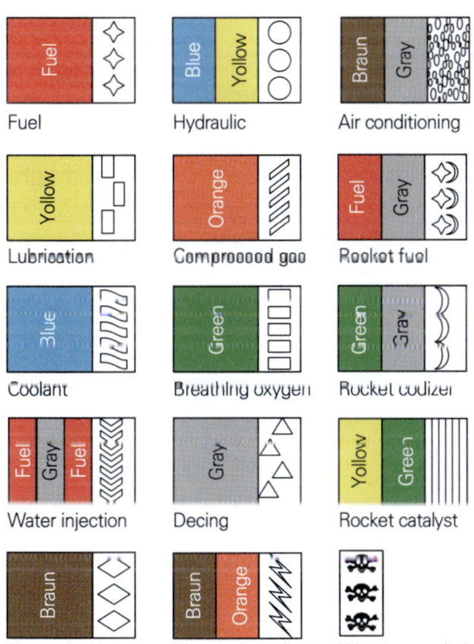

Rigid tubing is marked with colored tape and symbol to identify its contents.

Identification tape code indicate the function, contents, hazards, direction of flow and pressure in the fluid line.

Tapes are applied in accordance with FAA regulations and MIL-STD-1247C.

Roduel fuel

[그림] 6-123 데칼 종류

(12) 경성 배관의 장착과 검사(Rigid tubing installation and inspection)

항공기에 tube assembly를 장착하기 전에 배관을 주의 깊게 검사해야 한다. 찌그러지거나 긁힌 부분이 없어야 하고, 모든 nut와 sleeve는 부드럽게 접촉면과 맞물려야 하고, 배관에 제작된 flare에 의해 단단히 장착되는지 면밀히 확인한다. Tube assembly는 깨끗하게 관리되어야 하고 외부 물질 오염에서 차단되어야 한다.

1) 연결과 토크(Connection and torque)

Fitting 또는 flare의 접촉면에 어떠한 화학물질도 바르지 말아야 한다. 화학물질을 바르면 fitting과 flare가 맞물리면서 생성되는 밀폐 기능을 방해하게 된다. Fitting을 고정시키기 전에 tube assembly의 정렬 상태를 확인해야 한다. Nut를 장착하기 위해 배관을 잡아당기지 말아야 한다. Nut를 장착할 때 적용하는 적정 토크값을 확인하고 적용해야 한다. 토크값은 flare fitting에 한정해서 적용되어야 한다. Tube assembly를 장착할 때는 항상 정확한 토크값으로 fitting을 장착해야 한다. 과도한 토크를 적용하는 것은 fitting에 손상을 주거나 tube flare의 파손을 유발하고, fitting nut 또는 sleeve를 파손하게 된다.

느슨한 토크 작업은 assembly의 유격으로 인한 계통의 압력을 떨어뜨리게 되는 유압유의 누설(Leak)과 같이 매우 심각 현상을 유발시킬 수 있다. 토크 렌치의 사용과 규정된 토크값은 over torque나 under torque를 예방할 수 있다. Tube fitting assembly가 정확하게 장착되었다면 반복해서 여러 번 장탈착을 반복해도 신뢰할 수 있다.

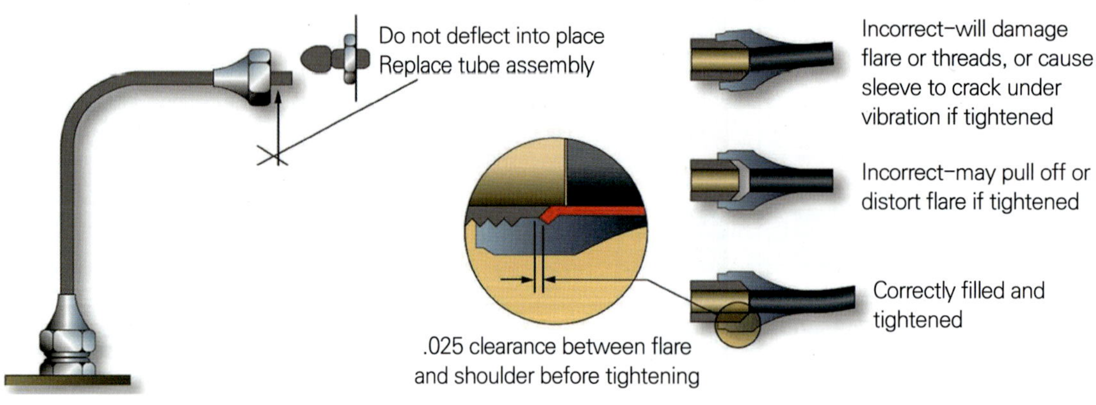

[그림] 6-124 튜브 장착 주의(출처 : FAA aviation maintenance technician handbook airframe)

2) 플레어리스 배관의 장착(Flareless tube installation)

회전 저항이 증가하여 더 이상 돌릴 수 없을 때까지 nut를 손으로 돌려준다. 더 이상 손으로 조일 수 없을 때 렌치를 사용하며, 끝단에 닿는 징후에 주의하면서 조인다. Nut가 끝단에 닿기 시작하는 곳에서부터 마무리 조임 작업을 시작하는 것이 중요하다. 마무리 조임 작업으로 렌치를 사용해서 nut를 1/6바퀴 돌린다. Nut를 조일 때 커넥터기 따라 돌지 않도록 렌치를 사용해서 고정해야 한나. Tube assembly가 장착된 후 계통은 압력을 가해 시험해야 한다. 연결 부분에서 압력이 누설되면 1/6바퀴 더 잠그는 것은 허용되지만, 총 1/3바퀴를 넘어서는 안 된다.

총 1/3바퀴를 조여 준 후에도 누설 현상이 계속되면 assembly를 분리하고 오염물질이 접촉부에 존재하는지, 깨지거나 긁힌 결함이 존재하는지 또는 과도한 토크로 인해 결함이 발생했는지 등을 점검한다. 몇몇 항공기 제작사에서는 flareless fitting에도 적정 토크값을 적용하는 절차를 매뉴얼에 포함시키기도 하였다. 참고(Note), 주의(Caution), 결함(Faults) 사항은 강성 튜브(rigid tube)의 체결에 적용된다.

① NOTE

Flareless 배관의 nut를 과도하게 조이면 배관 안쪽의 sleeve의 날이 배관의 벽을 깊숙이 파고 들어가게 되어, 항공기의 정상 비행 시 발생하는 진동에 의해 전단될 수 있는 강도까지 배관이 약해진다. 만약 점검 후 결함이 발생되지 않으면 배관을 재조립하고 압력을 걸어 검사하는 절차를 반복해야 한다.

② CAUTION

Nut를 1/3 이상 회전시켜 조이면 안 된다(육각 너트의 평면 2개분 정도). Sleeve와 nut를 영구적으로 손상시키지 않고 피팅을 조일 수 있는 최대값이다.

③ FAULT

Nut의 나사산에 의해 flare가 비틀리거나 sleeve에 균열의 발생, 플레어가 갈라지거나 분리되며, 플레어 안쪽 면에 긁힘 또는 마모가 발생하고, nut의 나사산 또는 유니온(Union)이 오염되거나 손상되는 결함이 일반적으로 발생할 수 있는 결함의 양상이다.

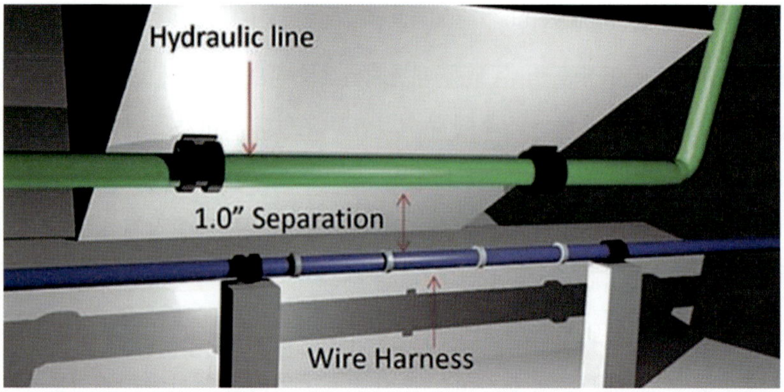

[그림] 6-125 전선 다발과 장착 주의

- Fluid line should be installed below the wire bundle to prevent a leak wetting the wires.
- Fluid line must be installed in such a way that they are supported and protected from physical damage.
- Each section of rigid tubing should have at least one bend in it to absorb vibration and the dimensional changes that occur when the tubing is pressurized and when the temperature of the fluid increases.
- The tubing should fit squarely against the fitting before the nut is started. Pulling a tube to the fitting with the nut will deform the flare and can cause a flare to fail.
- Metal fluid lines are installed in an aircraft with bonded cushion clams.

[그림] 6-126 튜브 장착 주의 사항

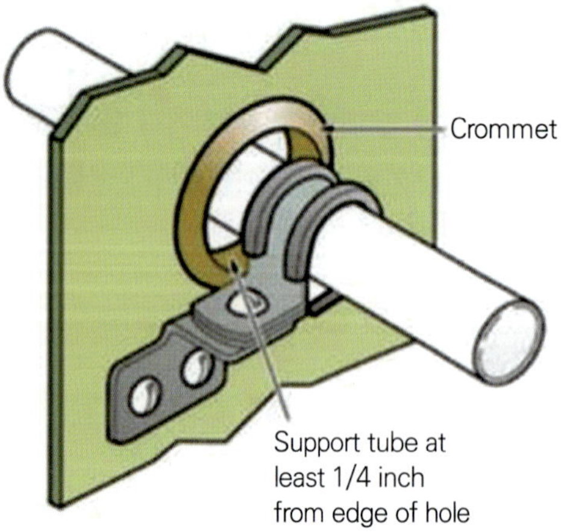

Metal fluid lines are installed in an aircraft with bonded cushion clamps.

- Bonded clamps have a strip of metal inside the cushion that electrically connects the tubing to the aircraft structure.
- To provide a good electrical connection between the tubing and the aircraft structure remove all of the paint and the anodized oxide film from the location to which the clamp is fastened.

[그림] 6-127 클램프 장착

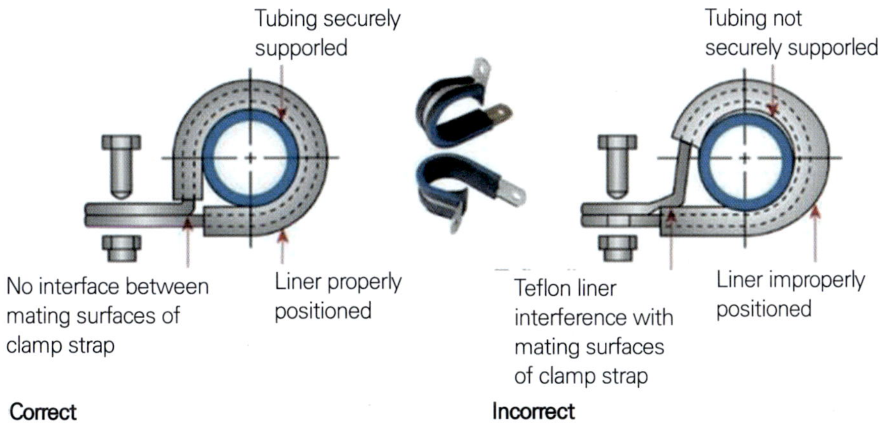

Correct and incorrect ways of installing the clamps to hold fluid lines.

[그림] 6-128 클램프 장착 주의

3. 연성 호스 유체 라인(Flexible hose fluid lines)

움직이는 부분에 장착된 부품과 고정된 부품을 연결할 때, 진동이 심한 곳, 유연성이 많이 요구되는 항공기 배관에 사용한다. 또한 연성 호스는 금속 튜브를 연결하는 커넥터로도 사용되고 있다.

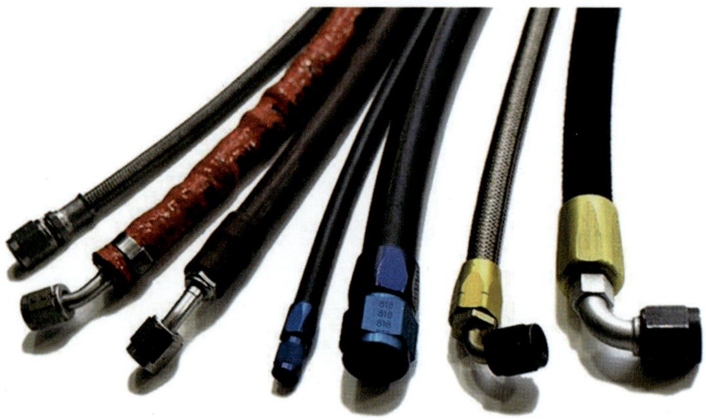

[그림] 6-129 호스 종류

(1) 호스의 재질(Hose materials)

순수한 고무는 연성 유체 라인을 구성하는 재료로 사용할 수 없다. 요구되는 강도, 내구성, 가동성에서 요구되는 조건을 충족시키기 위해 순수한 고무 대신 합성 고무를 사용한다. 연성 호스를 제작할 때 일반적으로 활용되는 합성 고무(Buna-N, neoprene, butyl, ethylene propylene diene rubber)와 teflon 등을 사용한다.

1) Buna-N

석유 제품에 훌륭한 저항성을 갖는 합성 고무 재질이다. Buna-N은 Buna-S와 혼동해서는 안 된다. Buna-N은 phosphate ester로 만들어진 Skydrol와 함께 사용할 수 없다.

2) Neoprene

Acetylene으로 만들어진 합성 고무로서 Buna-N만큼 석유 제품에 대한 저항성이 좋지는 않지만, 마멸 특성은 Buna-N보다 더 양호하다. Neoprene도 phosphate ester로 만들어진 Skydrol과 함께 사용할 수 없다.

3) Butyl

석유 원료로 만들어진 합성 고무로서 phosphate ester로 만들어진 skydrol과 사용하기에 적합하다. Butyl은 석유 제품과 함께 사용하지 말아야 한다.

(2) 호스의 구조(Hose construction)

연성 고무호스는 이음매 없는 합성 고무층인 내부 배관을 보강하는 cotton braid 및 wire braid로 덮인 부분과 고무를 함침시킨 cotton braid의 외부층으로 구성된다. 연성 고무호스는 연료, 오일, 냉매 및 유압계통에 사용한다. 호스의 종류는 정상작동 조건에서 견딜 수 있도록 설계된 압력의 크기에 따라 등급이 분류된다.

1) **저압 호스** : 250[psi] 이하의 압력에서 사용이 가능하며, 직물 보강제로 구성되어 있다.

2) **중압 호스** : 3,000[psi]까지의 압력에서 사용 가능하며, 하나의 철사층으로 보강되어 있고, 작은 크기의 호스는 3,000[psi]까지 사용 가능하며, 큰 크기의 호스는 1,500[psi]까지 사용 가능하다.

3) **고압 호스** : 모든 크기의 호스는 3,000[psi]까지 사용 가능하다.

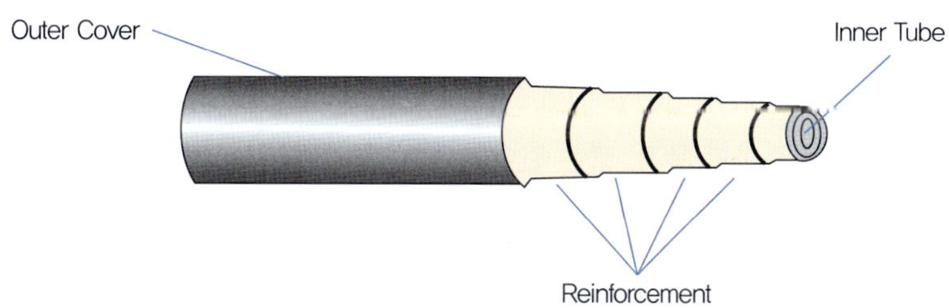

Construction material			Intended Use	Cautions	Use To Fabricate Hose Assy
Inner Tube	Reinforcement	Outer Cover			
Synthetic rubber compound, seamless construction, resistant to: petroleum base fuel, lubricating oil, hydraulic fluid	Inner cotton braid and wire braid	Synthetic rubber impregnated cotton braid, resistant to: oil(petroleum base)	Medium-pressure hydraulic fuel, and petroleum base oil system applications		MIL-DTL-8785

[그림] 6-130 호스 구조와 재질

(3) 호스의 식별(Hose identification)

호스 표면에 문자, 라인(line), 숫자가 인쇄되어 있다. 대부분의 유압 호스는 호스의 종류, 제작사 제작년월일, 압력 및 온도한계 등이 표시되어 있다. 이러한 표시는 호스의 꼬임 상태를 판단하기 쉽도록 강조된 컬러의 문자와 숫자가 9[inch] 간격으로 반복적으로 인쇄되어 있다. 식별 표시는 대체물을 추천하거나 같은 규격의 호스로 교환할 때 도움을 준다. 일반적으로 phosphate ester계 유압유에 사용하기 적합한 호스는 skydrol use라고 표현된다. 어떤 경우에는 여러 종류의 호스가 같은 용도에 모두 적합할 수도 있다. 정확한 호스의 선택을 위해서는 항상 항공기 정비 교범 또는 부품 교범을 참고해야 한다.

Teflon은 tetrafluoroethylene이라고 불리는 Dupont사의 상품명이다. -65 ~ 450[°F]까지의 사용 온도 범위가 넓으며, 거의 대부분의 물질이나 약품과 호환된다. 점성 물질이 달라붙지 않기 때문에 흐름에 대한 저항이 거의 없다. 또한 고무와 비교했을 때 팽창률이 적고 저장 기간과 사용 수명의 제한이 없다. Teflon 호스는 유연하며, 현재 항공기와 같은 높은 작동 온도와 높은 압력을 충족하도록 설계되었다. 일반적으로 teflon 호스는 고무 호스와 같은 방법으로 사용할 수 있다. Teflon 호스는 요구되는 모양과 크기로 압출 성형하며, 호스의 외부는 강도와 보호를 위해 스테인리스 와이어가 덮여 있다. Teflon 호스는 항공기에 사용되는 연료, 합성 오일, 알코올, 냉각수 또는 솔벤트와 같은 용제에도 영향을 받지 않는다.

Teflon 호스는 사실상 제한 없는 저장기간, 광범위한 사용 가능 온도 범위 그리고 유압유, 연료, 오일, 냉각수, 물, 알코올과 같은 광범위한 사용처 등의 장점을 갖고 있다. 중압에 사용되는 teflon hose assembly는 간혹 장애물을 피할 목적, 짧은 길이의 호스로 연결하기 위한 성형 방법이 사용된다. 성형 방법은 특별한 elbow의 필요성을 제거할 때 사용되며, 성형된 teflon 호스의 사용은 무게와 공간을 절약할 수 있다. 성형된 teflon 호스는 똑바로 잡아당겨서 사용하면 안 된다. 정비를 위해 장탈한 teflon 호스는 변형을 방지하기 위해 지지 wire를 사용해야 한다.

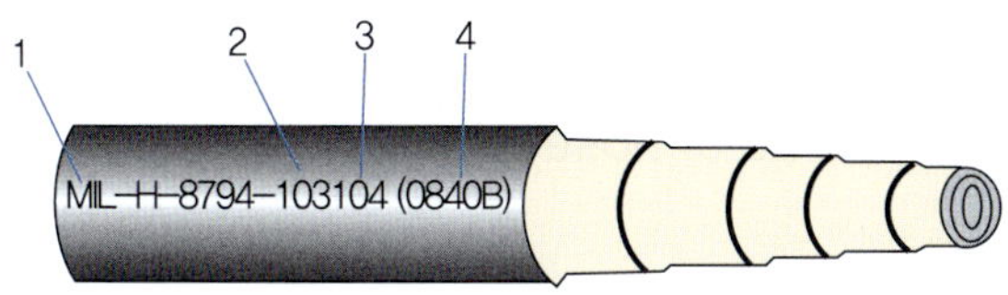

Synthetic Rubber Hose

Wire Braid Covered Synthetic Rubber Hose

1. Military specification of hose
2. Size indicated by a dash (–) No. or fraction of an inch for MIL–DTL–6000 hose
3. Cure date for age control
4. Manufacturer's Federal Supply Code No.

Manufacturer	ACME
Manufacturer's code	0840B
Part No. with dash (size) No.	AB123-10
Lot No.	16160
operating pressure	3000 PSI
Military specification	MIL_H83298

Wire Braid Covered PTFE Hose Label

[그림] 6-131 호스 식별자

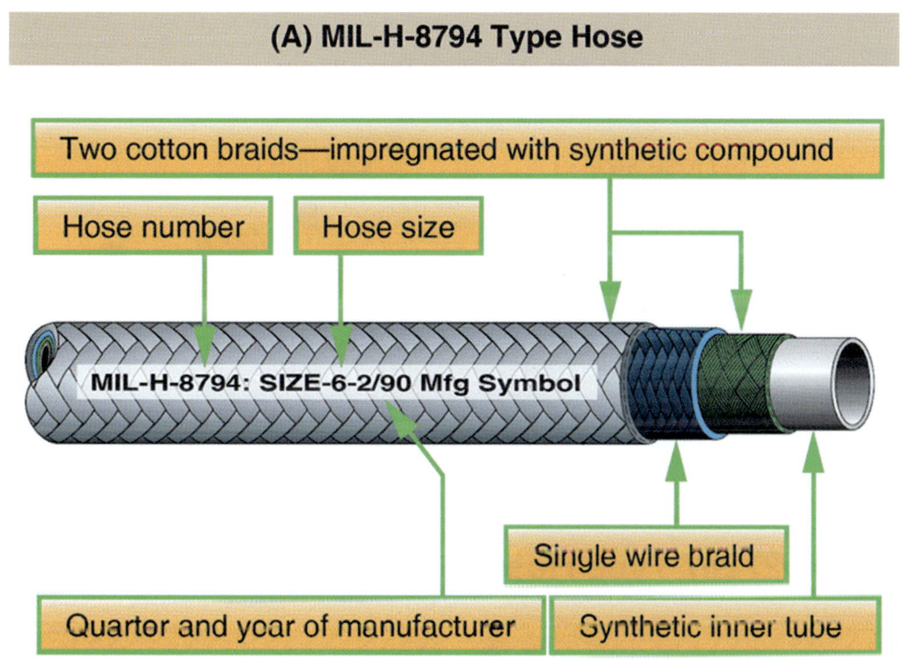

[그림] 6-132 호스 식별자 의미(출처 : FAA aviation maintenance technician handbook airframe)

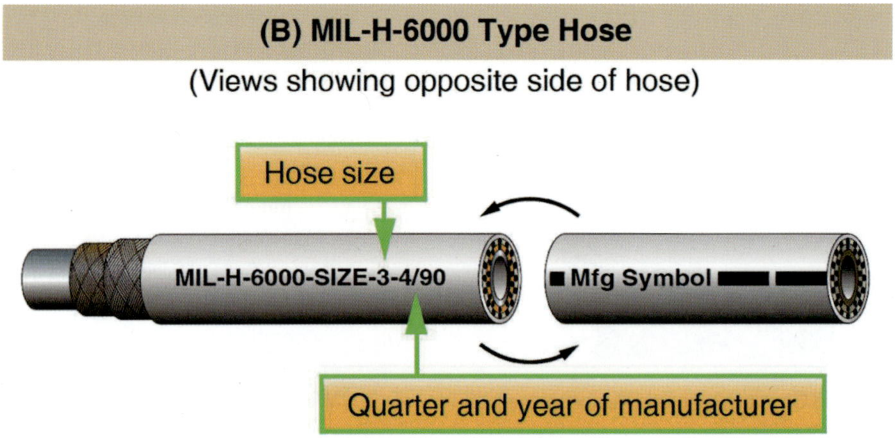

[그림] 6-133 MIL-H-6000(출처 : FAA aviation maintenance technician handbook airframe)

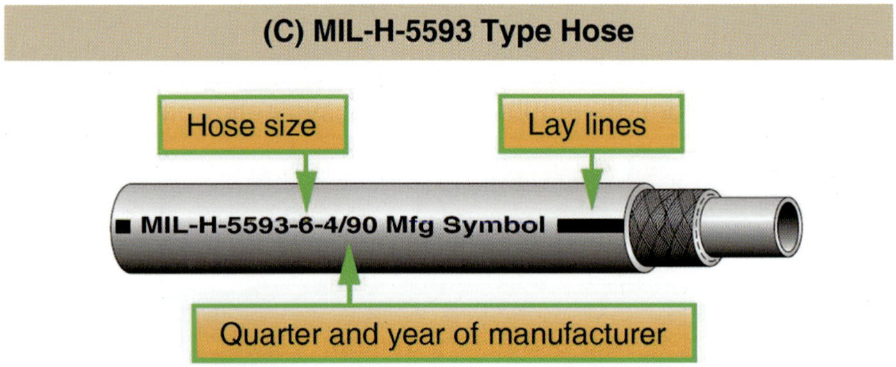

[그림] 6-134 MIL-H-5593(출처 : FAA aviation maintenance technician handbook airframe)

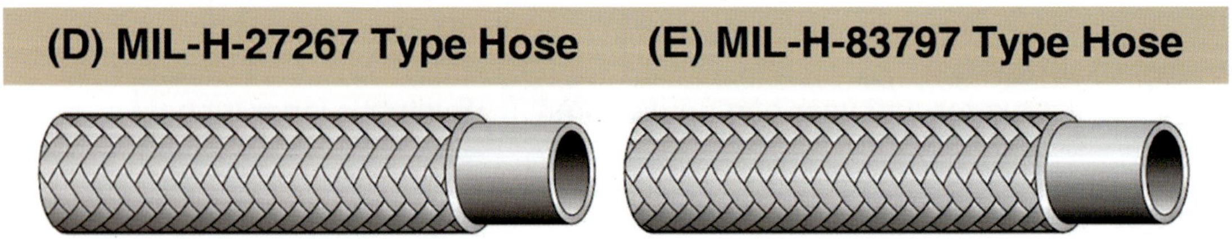

[그림] 6-135 MIL-H-27267과 MIL-H-83797(출처 : FAA aviation maintenance technician handbook airframe)

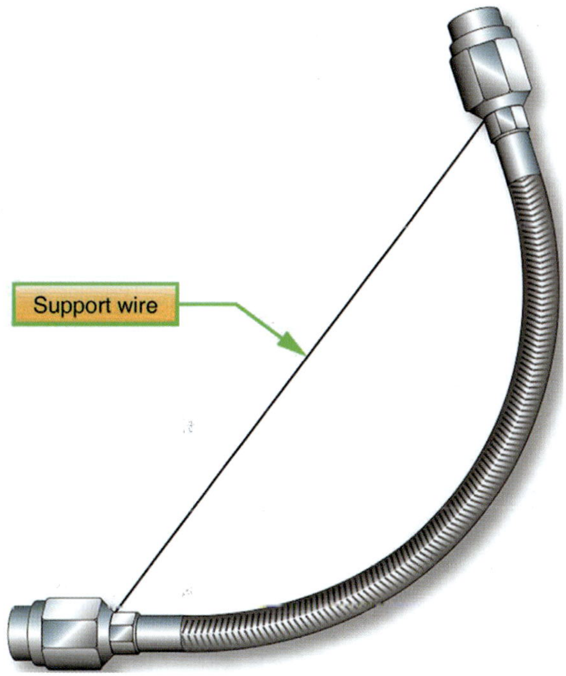

[그림] 6-136 서포트 와이어 사용(출처 : FAA aviation maintenance technician handbook airframe)

(4) 연성 호스의 검사(Flexible hose inspection)

각각의 점검 주기에 따라서 호스와 호스 assembly의 기능 저하 등의 상태 점검을 해야 한다. 누출, 튜브 안쪽 면의 고무 또는 보강층의 분리, 균열, 경화, 유연성의 감소, 과도한 저온 유동(cold flow) 등이 나타나면 기능이 저하되었다는 신호이며, 교체해야 하는 원인이 된다. 저온 유동은 hose clamp 또는 지지물의 압력에 의해 호스에 만들어진 영구적인 눌린 자국으로 알 수 있다. 스웨이지로 처리된 fitting을 포함하고 있는 연성 호스에 결함(failure)이 발생하였을 때 전체 assembly를 교체해야 하며, 정확한 크기와 길이의 새 호스를 확보하고 제작사에서 완성된 fitting으로 마무리한다.

재사용이 가능한 end fitting을 장착한 호스에 결함이 발생하였을 때는 조립 절차를 수행하는데 필요한 제작사에서 제공하는 적정 공구를 활용하여 교환 튜브를 조립할 수 있다.

(5) 연성 호스의 조립과 교체(Fabrication and replacement of flexible hose)

Hose assembly를 만들려면 적절한 크기의 호스와 end fitting을 선택해야 한다. 연성 호스를 위한 MS type end fitting은 사용 가능하다고 확인되면 분리해서 재사용할 수 있다. Fitting의 안지름은 장착될 호스의 안지름과 같은 크기여야 한다.

1. Place hose in vise and cut to desired length using fine tooth hacksaw or cut off wheel.

[그림] 6-137 호스 절단(출처 : FAA aviation maintenance technician handbook airframe)

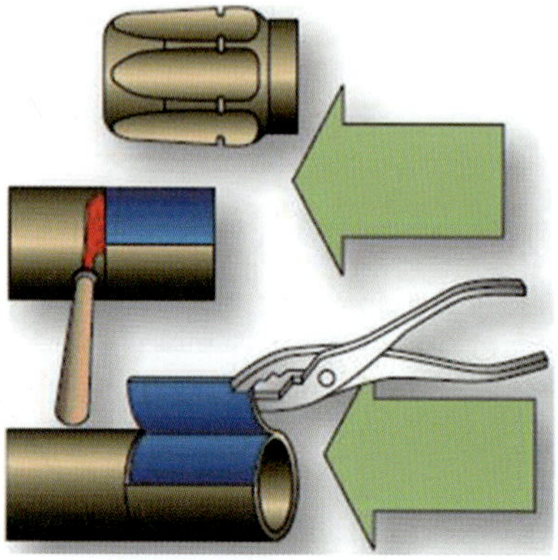

2. Locate length of hose to be cut off and slit cover with knife to wire braid. After slitting cover, twist off with pair of pliers(See note below).

[그림] 6-138 호스 끝단 피복 제거(출처 : FAA aviation maintenance technician handbook airframe)

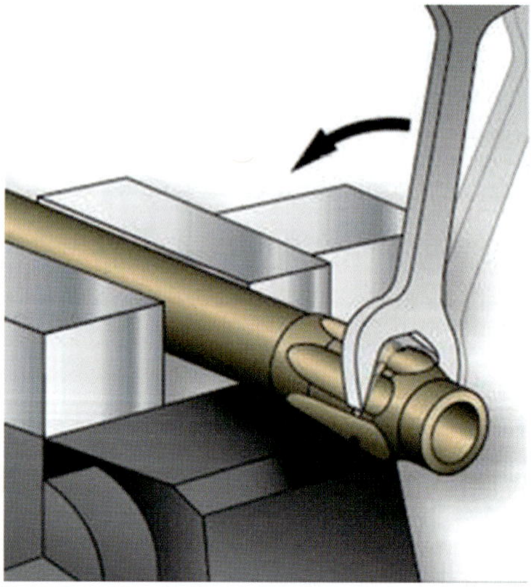

3. Place hose in vise and screw socket on hose counterclockwise.

[그림] 6-139 호스 피팅 장착(출처 : FAA aviation maintenance technician handbook airframe)

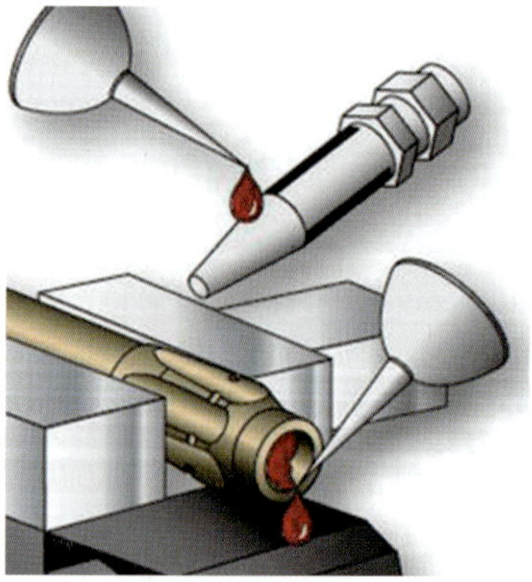

4. *Lubricate inside3 of hose and nipple threads liberally.

[그림] 6-140 호스와 니플 오일 도포(출처 : FAA aviation maintenance technician handbook airframe)

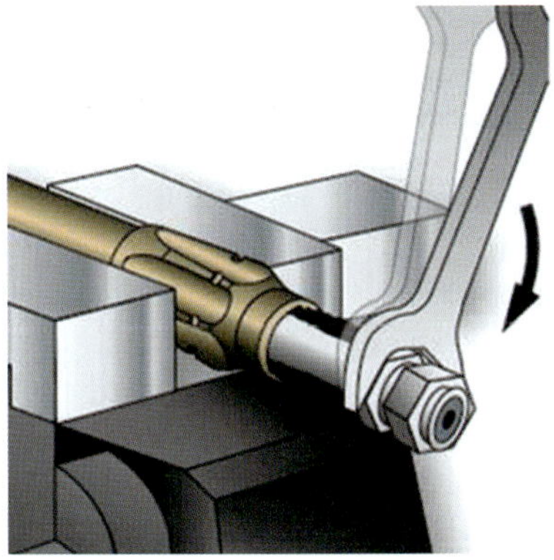

[그림] 6-141 니플 장착 후 조임(출처 : FAA aviation maintenance technician handbook airframe)

NOTE : Hose assemblies fabricated per 〈IL-H-8790 must have the exposed wire braid coated with a special sealant.

NOTE : Step 2 applies to high-pressure hose only.

* CAUTION : Do not use any petroleum product with hose designed for synthetic fluids(SkydrolTM and/or HYJET product). For a lubricant during assembly, use a vegetable soap liquid.

(6) 크기 표시법(Size designations)

호스의 크기와 관련된 dash number로 지정된다. 대시 번호는 호스의 옆면에 인쇄되어 있고, 호스와 호환되는 tube의 크기를 나타낸다. 대시 번호는 호스의 안 지름이나 바깥 지름을 표시하는 것은 아니다. 호스의 대시 번호가 tube의 대시 번호와 일치할 때 정확한 크기의 호스가 사용되고 있음을 의미하는 것이다.

Single Wire Braid Fabric Covered							
MIL. Part No.	Tube Size OD (inches)	Hose Size ID (inches)	Hose Size OD (inches)	Recomm. Operating Pressure (PSI)	Min. Burst Pressure (PSI)	Max. Proof Pressure (PSI)	Min. Bend Radius (inches)
MIL-H-8794-3-L	3/16	1/8	.45	3,000	12,000	6,000	3.00
MIL-H-8794-4-L	1/4	3/16	.52	3,000	12,000	6,000	3.00
MIL-H-8794-5-L	5/16	1/4	.58	3,000	10,000	5,000	3.38
MIL-H-8794-6-L	3/8	5/16	.67	2,000	9,000	4,500	4.00
MIL-H-8794-8-L	1/2	13/32	.77	2,000	8,000	4,000	4.63
MIL-H-8794-10-L	5/8	1/2	.92	1,750	7,000	3,500	5.50
MIL-H-8794-12-L	3/4	5/8	1.08	1,750	6,000	3,000	6.50
MIL-H-8794-16-L	1	7/8	1.23	800	3,200	1,600	7.38
MIL-H-8794-20-L	$1\frac{1}{4}$	$1\frac{1}{8}$	1.50	600	2,500	1,250	9.00
MIL-H-8794-24-L	$1\frac{1}{2}$	$1\frac{3}{8}$	1.75	500	2,000	1,000	11.00
MIL-H-8794-32-L	2	$1\frac{13}{16}$	2.22	350	1,400	700	13.25
MIL-H-8794-40-L	$2\frac{1}{2}$	$2\frac{3}{8}$	2.88	200	1,000	300	24.00
MIL-H-8794-48-L	3	3	3.56	200	800	300	33.00

Construction: Seamless synthetic rubber inner tube reinforced with one fiber braid,, one braid of high tensile steel wire and covered with an oil resistant rubber impregnated fiber braid.

Identification: Hose is identified by specification number, size number, quarter year and year, hose manufacturer's identification.

Uses: Hose is approved for use in aircraft hydraulic, pneumatic, coolant, fuel, and oil systems.

Operating Temperatures:
Sizes 3 through 12: −65F° to + 250F°
Sizes 16 through 48: −40F° to + 275F°

Note: Maximum temperatures and pressures should not be used simultaneously.

[그림] 6-142 단일 직조 호스 규격(출처 : FAA aviation maintenance technician handbook airframe)

Multiple Wire Braid Rubber Covered							
MIL. Part No.	Tube Size OD (inches)	Hose Size ID (inches)	Hose Size OD (inches)	Recomm. Operating Pressure (PSI)	Min. Burst Pressure (PSI)	Max. Proof Pressure (PSI)	Min. Bend Radius (inches)
MIL-H-8788-4-L	1/4	7/32	.63	3,000	16,000	8,000	3.00
MIL-H-8788-5-L	5/16	9/32	.70	3,000	14,000	7,000	3.38
MIL-H-8788-6-L	3/8	11/32	.77	3,000	14,000	7,000	5.00
MIL-H-8788-8-L	1/2	7/16	.86	3,000	14,000	7,500	5.75
MIL-H-8788-10-L	5/8	9/16	1.03	3,000	12,000	6,000	6.50
MIL-H-8788-12-L	3/4	11/16	1.22	3,000	12,000	6,000	7.75
MIL-H-8788-16-L	1	7/8	1.50	3,000	10,000	5,000	9.63

Construction: Seamless synthetic rubber inner tube reinforced with one fiber braid,, two or more steel wire braids and covered with synthetic rubber cover(for gas applications request perforated cover).

Identification: Hose is identified by specification number, size number, quarter year and year, hose manufacturer's identification.

Uses: High pressure hydraulic, pneumatic, coolant, fuel and oil.

Operating Temperatures: -65F° to + 200F°

[그림] 6-143 다중 직조 호스 규격(출처 : FAA aviation maintenance technician handbook airframe)

(7) 호스 피팅(Hose fittings)

연성 호스는 스웨이지 fitting 또는 분리형 fitting을 장착할 수 있으며, bead나 hose clamp와 함께 사용할 수 있다. 스웨이지 fitting이 장착된 호스의 경우 제작사에서 정확한 길이로 제작되며, 일반적으로 정비사는 조립할 수 없다. 제작사에 의해 스웨이지 및 테스트를 거치고 표준 fitting을 장착한다. 연성 호스에 사용하는 분리형 fitting은 손상이 없다면 재사용이 가능하지만, 결함이 있어 사용할 수 없다면 새 제품으로 교환해서 사용해야 한다.

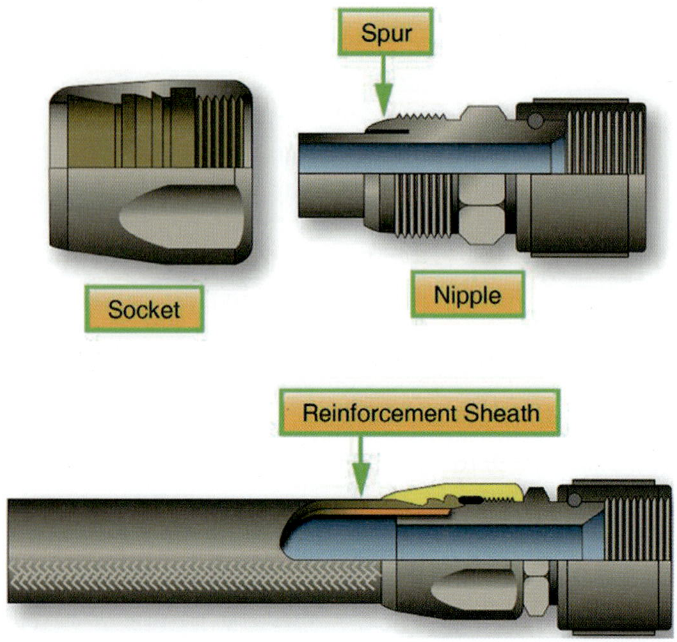

[그림] 6-144 호스 피팅 구조(출처 : FAA aviation maintenance technician handbook airframe)

1) 호스 절단 시 braid의 올이 풀리는 것을 방지하기 위해 호스의 양단에 마스킹 테이프를 감아준다.

[그림] 6-145 절단면 테이프 감기

2) 자와 펜을 이용해서 호스의 길이를 맞추고 테이프 위에 절단할 위치를 표시한다.

[그림] 6-146 호스 길이 확인과 표시

3) 탁상 바이스에 호스를 고정하고 톱을 이용해서 테이프에 표시한 위치에 맞추어 절단한다.

[그림] 6-147 호스 절단

4) 호스의 절단면을 다듬고 hose fitting을 바이스에 고정한 후, 양손으로 힘을 주어 호스를 fitting에 끝까지 밀어 넣는다.

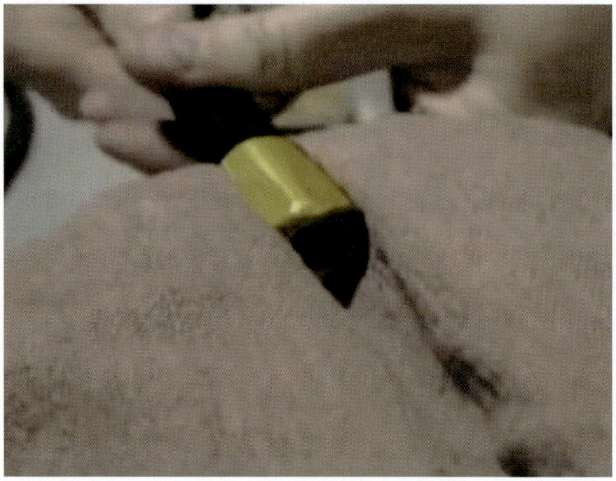

[그림] 6-148 호스 피팅 장착

5) Nipple에 알맞은 사이즈의 hose fitting assembly kit를 장착한다.

[그림] 6-149 니플과 호스 피팅 조립 키트 장착

6) Hose fitting과 nipple에 윤활유를 바르고, 렌치를 이용해서 끝까지 조여준다.

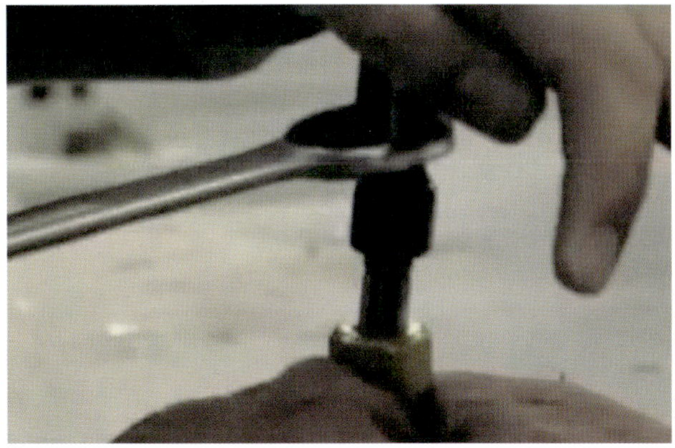

[그림] 6-150 호스 피팅과 니플 오일 도포

7) Hose fitting assembly kit를 빼낸 후 상태 확인 및 압력 시험을 하고, 공구 및 장비, 실습장 정리정돈을 한다.

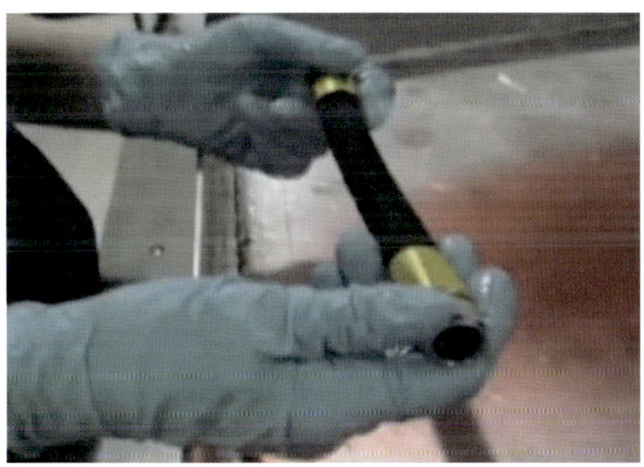

[그림] 6-151 조임 후 키트 제거

(8) 연성 호스 어셈블리의 장착(Installation of hose assemblies)

1) 느슨함(Slack)

Hose assembly는 일반적으로 호스에 기계적인 하중(load)이 작용하는 경우 장착하면 안 된다. 연성 호스를 장착할 때는 압력을 가하고 발생할 수 있는 길이 변화를 보상하기 위해 튜브 총 길이의 5 ~ 8%에 해당하는 여유 길이를 제공해야 한다. 연성 호스에 압력이 가해지면 길이는 수축하고 지름은 확장한다. 모든 연성 호스를 과도한 열기로부터 보호하기 위해 영향을 받지 않도록 배관 위치를 조정하거나 배관 주변에 방열판을 설치한다.

2) 휨(Flex)

Hose assembly가 심한 진동 또는 굴곡에 노출될 경우, 강성 피팅(rigid fitting) 사이에 충분한 느슨함이 있어야 한다. End fitting에서 굴곡이 발생하지 않도록 호스를 장착해야 한다. 호스는 end fitting으로부터 적어도 호스 지름의 2배 정도는 직선을 이루고 있어야 한다. 호스의 굴곡을 제한하거나 방해하는 clamp를 설치하는 것은 피해야 한다.

3) 꼬임(Twisting)

호스의 파열 가능성을 피하거나 장착된 너트의 풀림을 방지하기 위해 호스는 꼬임 현상 없이 장착해야 한다. 한쪽 끝 또는 양쪽 끝에 회전 연결부(Swivel)를 사용한다면, 꼬임 스트레스를 경감시킬 수 있다. 꼬임은 호스의 표면에 길이 방향으로 표시된 identification stripe의 상태를 보고 확인할 수 있다.

4) 굽힘(Bending)

Hose assembly에서 급격한 굽힘을 피하기 위해 elbow fitting, elbow end fitting이 있는 호스 또는 적당한 굽힘 반지름을 사용해야 한다. 급격한 굽힘은 휘어지는 호스의 파열 압력을 호스의 정격값 이하로 상당히 감소시킨다.

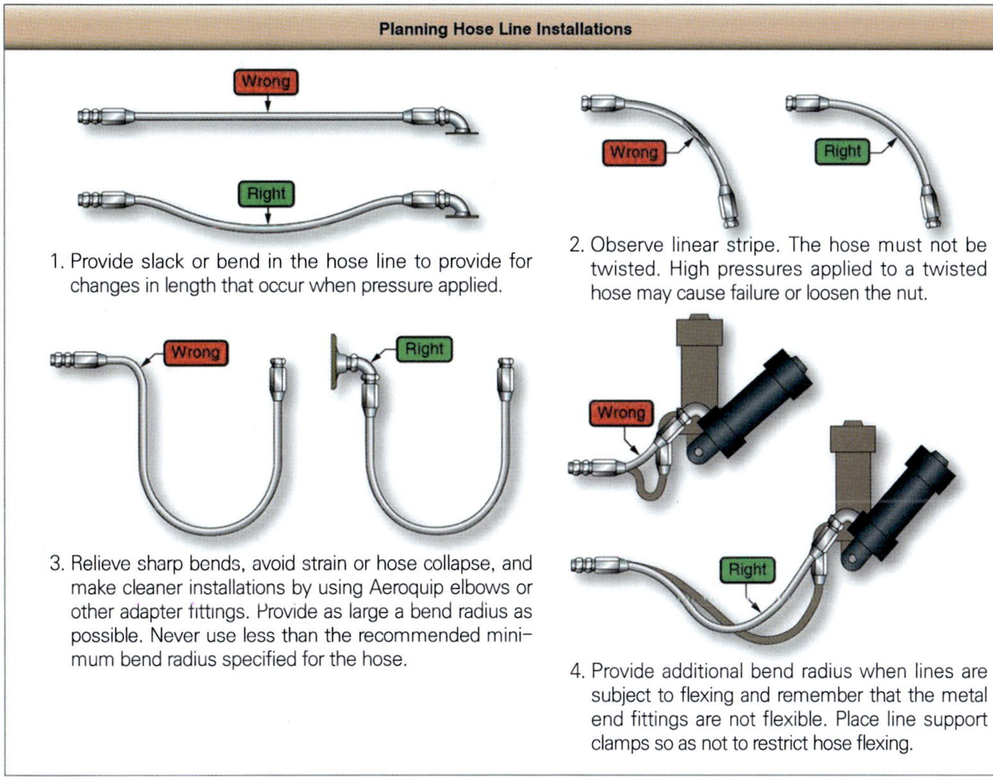

[그림] 6-152 호스 장착 주의(출처 : FAA aviation maintenance technician handbook airframe)

5) 간격(Clearance)

Hose assembly는 모든 작동 조건에서 다른 배관, 장비와 인접한 구조물에 닿지 않아야 한다. 연성 호스는 작동 조건에서 조금은 유동적으로 움직일 수 있도록 장착되어 있으며, 적어도 24[inch]마다 clamp 등과 같은 지지대를 장착하여 고정시켜야 한다. 가능하다면 좀 더 촘촘하게 고정시키는 것을 권고한다. 또한 연성 호스는 두 개의 fitting 사이가 절대 팽팽하게 잡아당겨져서 장착되어서는 안 된다. 만약 clamp가 적정값으로 조여졌음에도 불구하고 연결 부위가 정확하게 장착되지 않는 경우 부품을 교환한다. 처음 장착할 때 적용되는 조건이며 풀린 clamp에 적용되지는 않는다. 중간에 풀려진 clamp를 다시 조이기 위해서는 절차를 따른다.

자체 sealing이 되지 않는 호스는 clamp 나사가 손으로 조여지지 않는 경우 및 누출의 증거가 없는 경우에는 그대로 두고, 만약 누출의 흔적이 나타난다면 1/4바퀴 더 조여 준다. 자체 sealing 호스는 만약 손가락으로 단단히 조인 것보다 느슨하다면, 가능한 손으로 꽉 조이고 추가로 1/4바퀴 더 조인다.

Initial Installation Only	Worm screw type clamp (10threads per inch)	Clamps-radial and other type (28threads per inch)
Self-sealing hose approximately 15in-lb	Finger-tight plus 2 complete turns	Finger-tight plus 2½ complete turns
All other aircraft hose approximately 25in-lb	Finger-tight plus 1¼ complete turns	Finger-tight plus 2 complete turns

PART

7

항공기 수공구와 측정기기

1. 수공구
2. 탭
3. 다이스
4. 안전 및 유의 사항
5. 탭과 다이스 연습하기
6. 정밀 측정 장비
7. 버니어 캘리퍼스
8. 마이크로미터
9. 다이얼 게이지

1. 수공구(Hand tool)

물건을 만들 때 사용하는 도구로서 기계가공, 전기공사, 대형공사 등의 다양한 용도를 가진 공구를 말한다. 수공구, 전동공구, 공압공구, 유압공구, 계측공구, 절삭공구, 연삭공구, 연마공구 등으로 분류된다.

[그림] 7-1 수공구

(1) Common screw driver

나사를 조이거나 풀 때 주로 사용한다. 사용 용도에 따라 길이가 1½[inch]부터 12[inch]까지 있고 특수한 사용 목적에 적합한 20[inch]의 긴 드라이버도 있다.

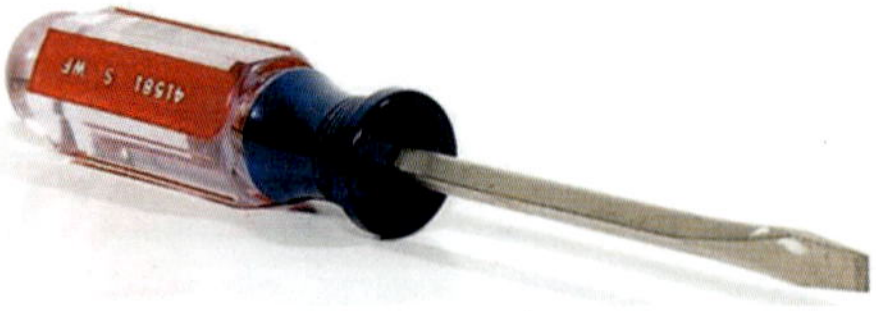

[그림] 7-2 커먼 스크류 드라이버

(2) Cross point driver

나사를 조이거나 풀 때만 사용해야 한다(정 작업이나 기타 다른 용도로 사용금지). 특히 전기회로 검사 시 회로에 드라이버를 사용하면 아크(Arc)로 인해 드라이버 끝이 상하게 된다.

[그림] 7-3 크로스 포인트 드라이버

(3) Off set screw driver

작업 공간이 협소하거나 좁은 공간에서 일반 드라이버의 사용이 불가할 경우, 나사를 돌리거나 풀 때 사용한다.

[그림] 7-4 오프 셋 스크류 드라이버

(4) Stubby driver

일반 드라이버로 작업할 수 없는 협소하거나 좁은 공간의 작업 시 사용된다.

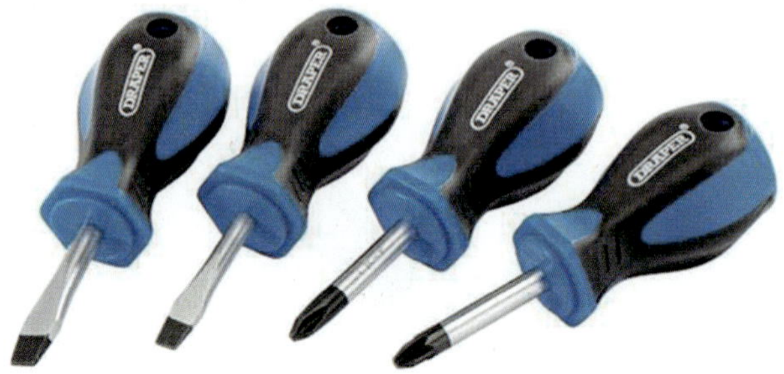

[그림] 7-5 스터비 드라이버

(5) Precision screw driver

아주 작은 나사를 조이거나 풀 때(전기회로 부품) 사용한다.

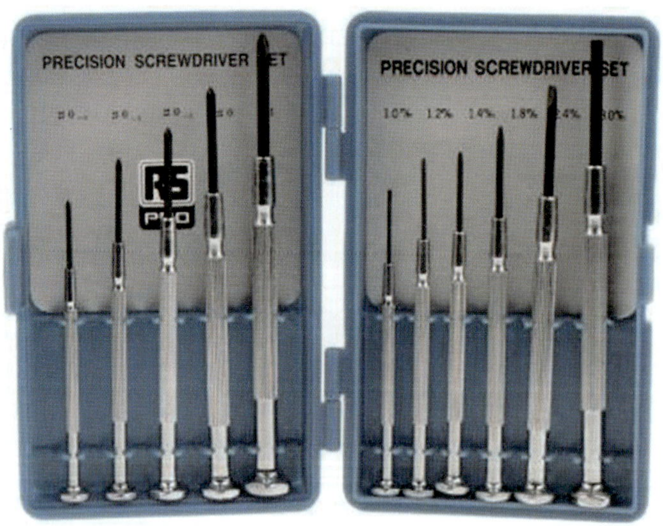

[그림] 7-6 프리시전 스크류 드라이버

(6) Bits driver

육면체 형태의 1/4[inch] 크기의 비트(bit)를 드라이버에 끼워 사용한다. 모든 드라이버 사용 시 반드시 screw 홈 너비의 최소한 75% 이상 되는 드라이버 날을 사용한다.

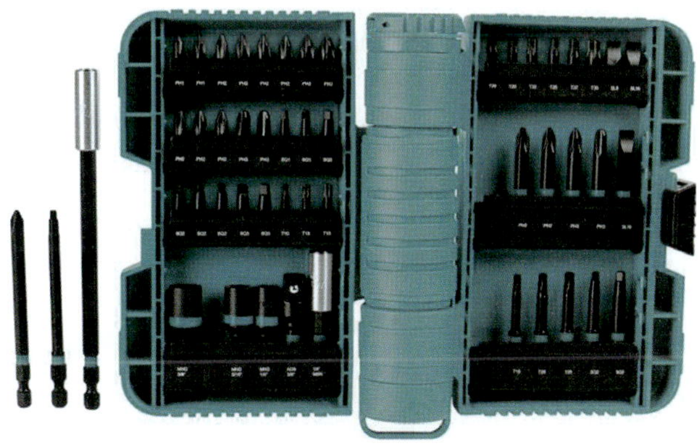

[그림] 7-7 비트 드라이버

(7) Standard socket

6각 홈이나 12각 홈이 있으며 볼트나 너트를 풀거나 조일 때 사용된다(shot socket이라고도 한다).

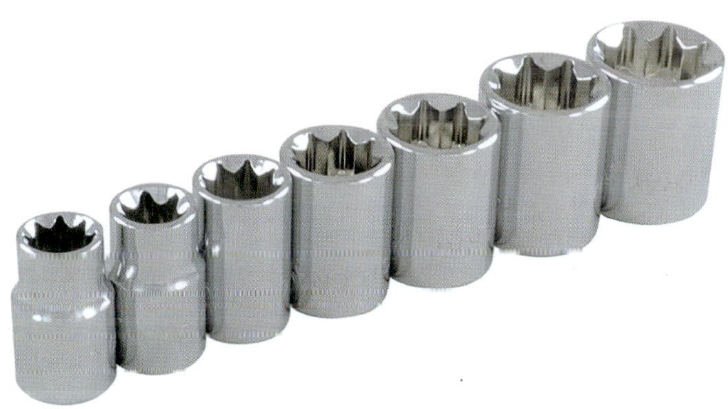

[그림] 7-8 스탠다드 소켓

(8) Deep socket

Standard socket으로 작업하기 어려울 때 혹은 볼트의 길이가 긴 너트 작업을 할 때 사용한다(long socket이라고도 한다).

[그림] 7-9 딥 소켓

(9) Flexible socket

유니버셜 조인트가 장착되어 있어 일반 소켓으로 작업하기 어려운 각도에서 사용된다.

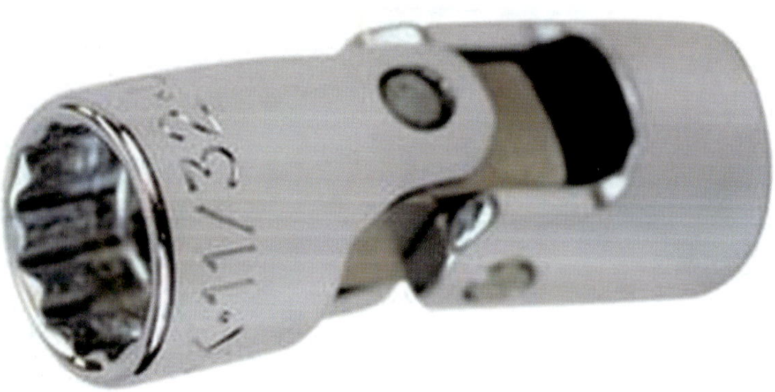

[그림] 7-10 플렉시블 소켓

(10) Crowfoot socket

일반 렌치로 사용하여 작업이 어려울 때 너트를 돌리는데 필요한 소켓으로 주로 핸들을 연결할 수 있는 정사각형 홈을 가지고 있다.

[그림] 7-11 크로우 풋 소켓

(11) Ratchet handle

핸들을 돌림에 따라 너트나 볼트가 풀리거나 조여지게 된다. 핸들 헤드에 있는 선택 레버의 선택에 따라 핸들을 잡아당기거나 밀어주면 내부 장치가 한 방향으로만 힘이 소켓으로 전달하도록 허용해주어 너트나 볼트를 신속하게 풀거나 조여지도록 한다.

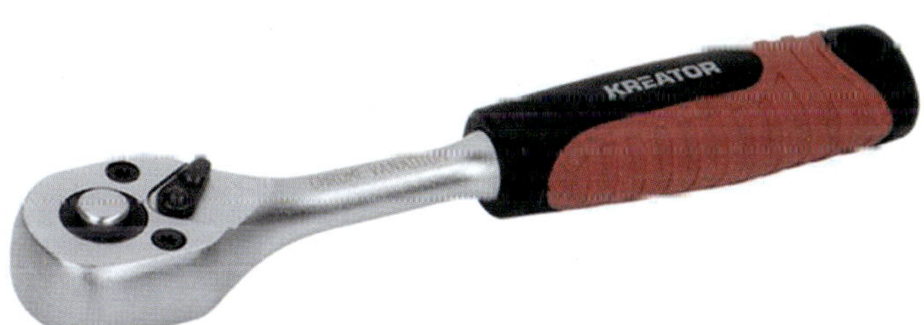

[그림] 7-12 라쳇 핸들

(12) Hinge handle

너트를 풀기가 어렵거나 많은 힘을 필요로 할 때 사용된다(Breaker Bar라고도 한다).

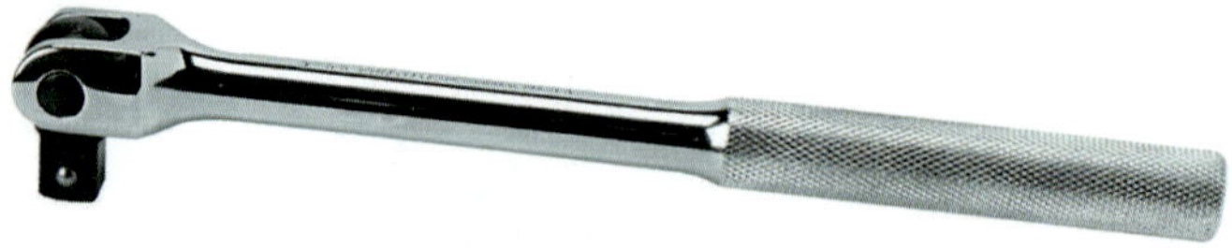

[그림] 7-13 힌지 핸들

(13) T handle

양손을 이용하여 신속한 작업이 가능하다.

[그림] 7-14 핸들

(14) Speed handle

빠른 속도로 너트나 screw 등을 신속하게 조이거나 풀 때 사용된다.

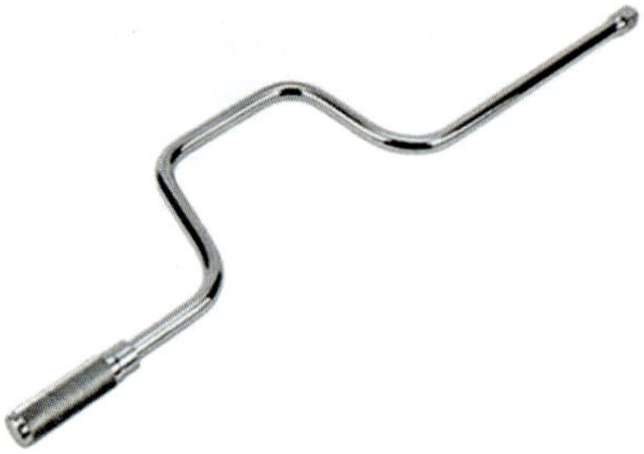

[그림] 7-15 스피드 핸들

(15) Adjustable spanner

Open end wrench와 거의 흡사하게 생겼지만 이동식 턱(Jaw)을 가지고 있어서 광범위한 크기의 너트나 볼트를 조이거나 푸는데 사용한다. 사용 시 너트나 볼트머리에 꽉 맞도록 조절나사를 반드시 조여서 사용해야 한다.

[그림] 7-16 조절 스패너

(16) Extension bar

작업 시 렌치 핸들로부터 작업거리에 미치지 않을 때 사용한다.

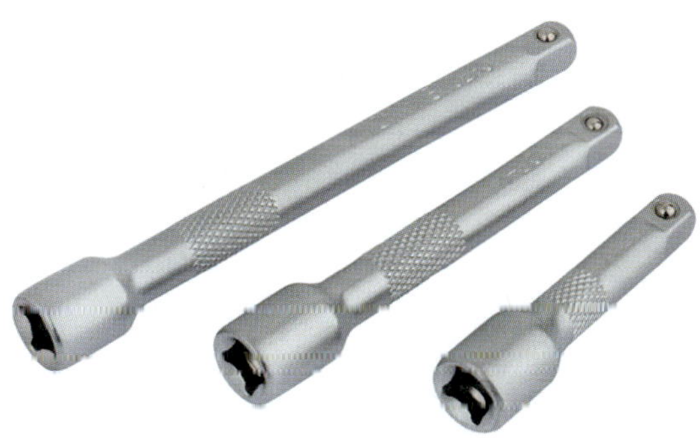

[그림] 7-17 익스텐션 바

(17) Universal joint

Flex socket이랑 흡사한 형태로 여러 각도로 자유자재로 핸들을 사용할 수 있다.

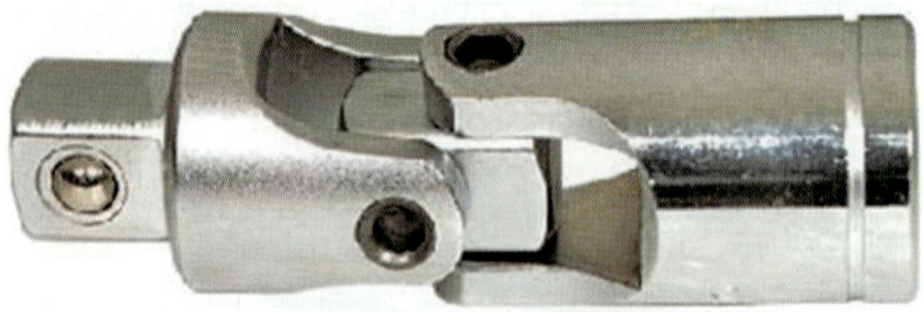

[그림] 7-18 유니버설 조인트

(18) Adapter

규격이 서로 다른 핸들과 소켓의 사용을 가능하게 하는 기능이 있다.

[그림] 7-19 어댑터

(19) Wire twister

안전결선 작업 시 와이어를 꼬거나 절단하는데 사용한다.

[그림] 7-20 와이어 트위스터

(20) Mill file

균일한 두께로 되어 있으며 줄의 폭이 경사되어 있다. 절삭가공(금속 재료를 갈아서 깎아 냄) 시 사용한다.

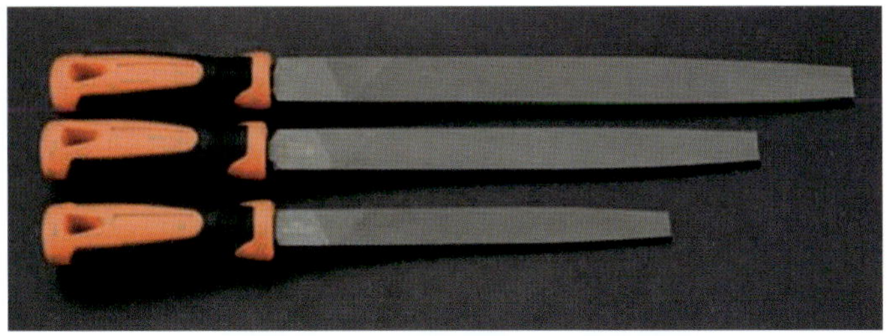

[그림] 7-21 줄

(21) Tin snip

판새를 사를 때 사용되며 이 가위는 곡선을 왼손 또는 오른손으로 사용하여 자를 수 있게 고안되어 있고, 크기는 7[inch]에서 12[inch]까지 있다.

[그림] 7-22 원통 가위

(22) Aviation snip

비교적 두꺼운 금속을 자를 때 사용하고, 항공가위는 세 가지 종류가 있다(오른쪽, 왼쪽, 일직선).

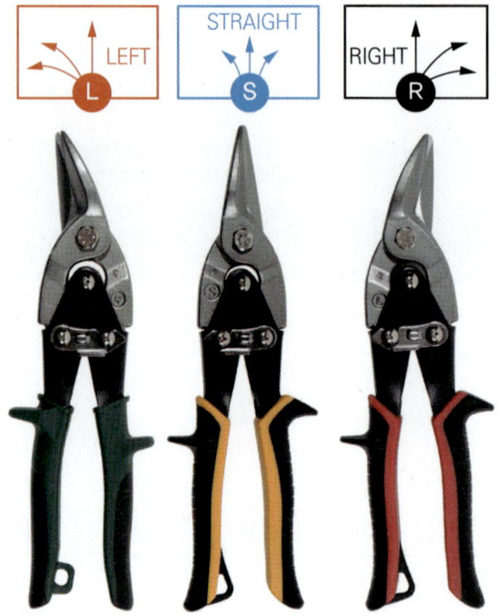

[그림] 7-23 항공 가위

(23) Hack saw(Metal saw)

손으로 금속을 절단하는데 사용한다. 금속 톱날은 10[inch]나 12[inch]의 길이의 것이 사용되며, 인치당 18~32개의 날을 가지고 있다.

[그림] 7-24 톱

(24) Divider

도면제도 시 원을 그릴 때 사용한다. 표시공구로 두 개의 다리에 바늘 끝을 가지고 있고 상부가 회전축에 연결되어 있어 이를 축으로 임의대로 벌리거나 좁힐 수가 있다.

[그림] 7-25 디바이더

(25) Steel scale(Ruler)

금속으로 만든 눈금 자. 인치식과 밀리미터식이 있으므로 단위를 확인한다.

[그림] 7-26 직선자

(26) Carpenter square

재료의 직각 상태를 검사하는 측정 공구이다. 주로 직각도를 측정하는 것으로 측정물에 대고 햇볕이나 광원에 비쳐보아 틈새를 검사할 수 있다.

[그림] 7-27 직각자

(27) Valve spring compressor

왕복기관의 밸브스프링을 누르는네 사용한다.

[그림] 7-28 밸브 스프링 압축기

(28) Piston ring compressor

왕복엔진에서 실린더 장·탈착 시 피스톤 링을 조일 때 사용한다.

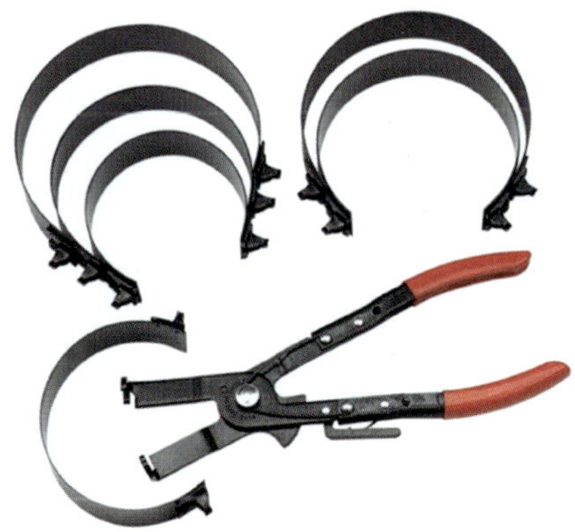

[그림] 7-29 피스톤 링 압축기

(29) Piston ring expender plier

왕복엔진에서 실린더 장탈 시 피스톤 링을 넓힐 때 사용한다.

[그림] 7-30 피스톤 링 확장 플라이어

(30) Push rod tube spring compressor

왕복엔진에서 실린더 장탈 시 푸시로드 하우징의 스프링을 압축할 때 사용한다.

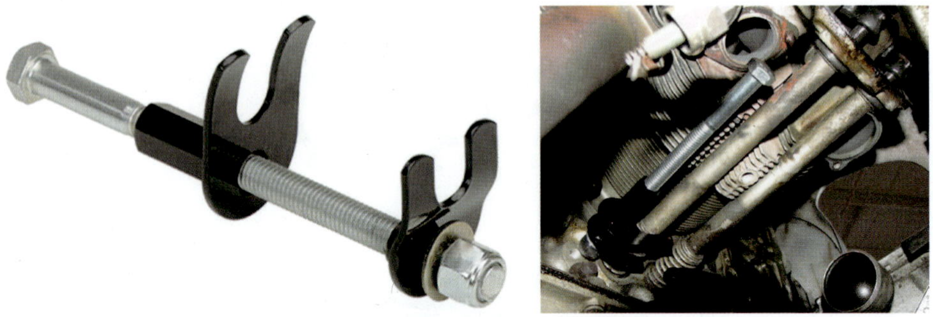

[그림] 7-31 푸시로드 튜브 스프링 압축기

(31) Plumb-bob(평형추)

중력에 의한 추의 무게를 이용하여 모재의 평형점 및 기준점을 찾는데 사용한다.

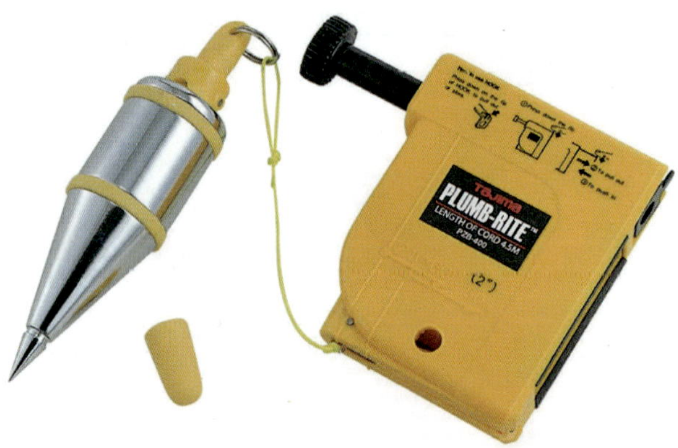

[그림] 7-32 평형추

(32) Steel metal clamp

일명 duck bill vice grip이라 하며, 두 판재를 잡아줄 때 사용한다.

[그림] 7-33 금속 클램프

(33) Wire rope cutter

Wire rope 절단 시 사용한다.

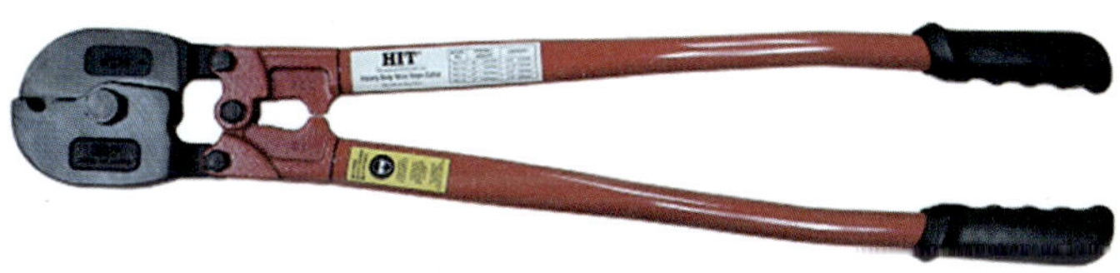

[그림] 7-34 와이어 로프 커터

(34) Grease gun

Grease을 주입하는데 사용한다.

[그림] 7-35 구리스 건

(35) Center punch

금속판에 드릴 작업할 구멍을 표시하는데 사용한다. 센터 펀치의 끝각은 드릴의 절삭각으로 파지게 하기 위해서 60도로 되어 있다.

[그림] 7-36 센터 펀치

(36) Pin punch

리벳 제거 시 판재로부터 드릴로 헤드를 제거하고, 생크를 밀어내서 빼낸다.

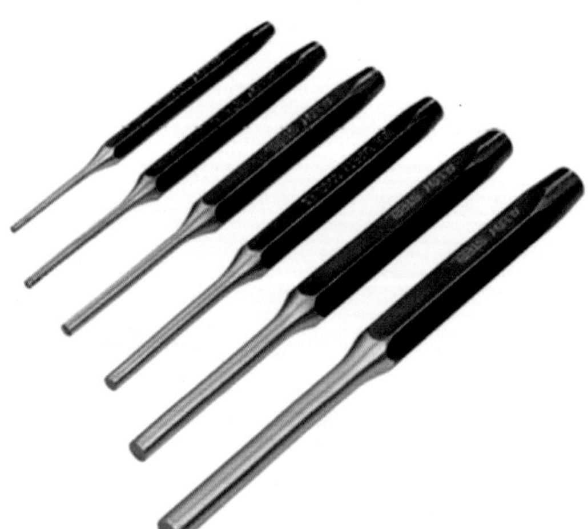

[그림] 7-37 핀 펀치

(37) Rivet cutter

리벳 지름(D)에 맞추어 커터 홀에 넣어 압착해서 자른다. 회전면 상부에 리벳 길이(L)에 맞추어 절단할 수 있게 스페이서가 장착되어 있다.

[그림] 7-38 리벳 커터

(38) Square type vise

작업대에 부착하여 작업할 공작물을 물려서 고정시키기 위한 공구이다. 강하게 조여서 변형을 주거나 손상을 주지 않도록 주의한다.

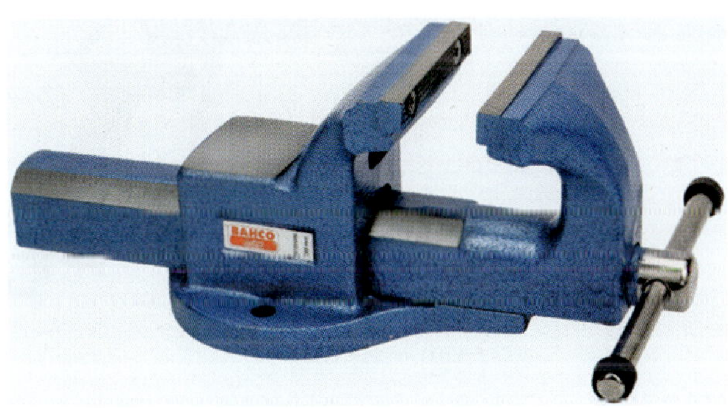

[그림] 7-39 탁상 바이스

(39) Scratch brush

용접 시 모재 표면의 이물질 및 금속의 녹을 제거할 때 사용한다.

[그림] 7-40 스크래치 브러시

(40) Air gun

압축기에 연결해서 압축공기 분출 시 사용한다.

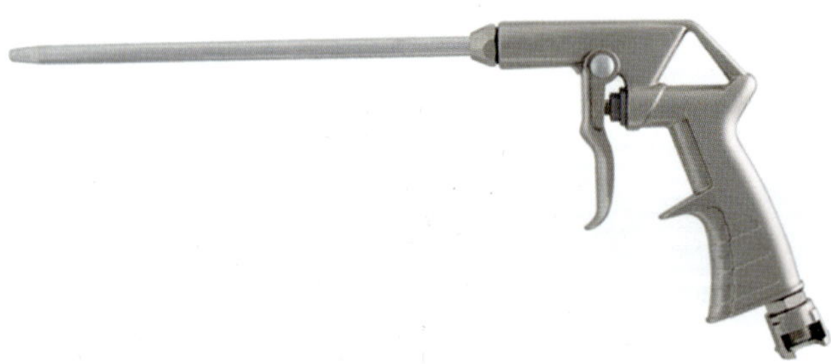

[그림] 7-41 에어 건

(41) Air drill gun

압축기에서 나오는 압축공기를 이용해서 모재의 구멍을 뚫을 때 사용한다. 드릴날 장탈 시 드릴 척 핸들을 이용한다.

[그림] 7-42 에어 드릴 건

(42) Drill chuck handle

드릴건에서 드릴 날을 교체하기 위해 조이거나 풀 때 사용한다.

[그림] 7-43 드릴 척 핸들

(43) Air rivet gun

압축기의 압축공기를 이용해서 판재 체결을 위한 리벳 성형 작업 시 사용한다. 사용되는 리벳머리 종류와 크기에 따라 리벳셋을 교체해서 사용한다.

[그림] 7-44 에어 리벳 건

(44) Rivet set

리벳 종류에 따라 헤드 모양이 다르기 때문에 해당 리벳셋을 리벳건에 결합하여 사용한다.

[그림] 7-45 리벳 셋

(45) Cherry rivet gun

특수 리벳인 cherry rivet을 성형 작업하는데 사용된다.

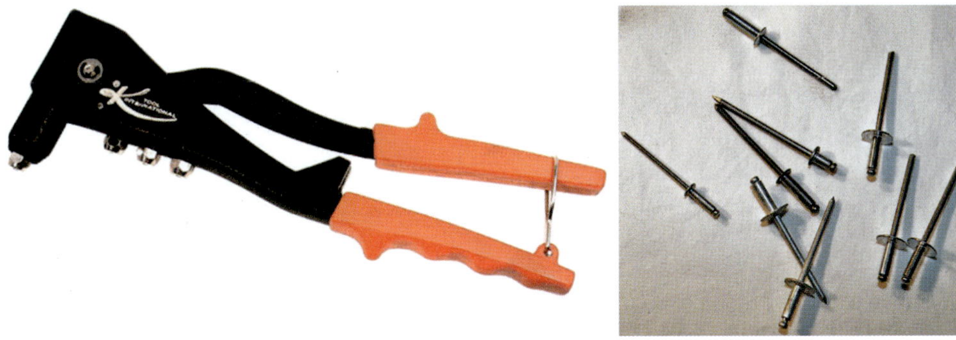

[그림] 7-46 체리 리벳 건

(46) Hand reamer

드릴로 구멍을 뚫은 다음 구멍을 넓히고 정확한 치수로 다듬는 절삭공구이다. 드릴링 후 burr를 제거하기 위한 용도로도 사용된다.

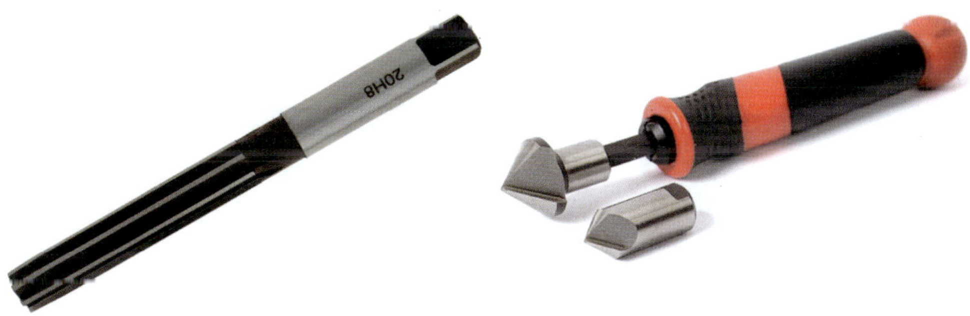

[그림] 7-47 헨드 리미

(47) Gilding needle

판재에 금을 긋는데 사용한다.

[그림] 7-48 금긋기 바늘

(48) C-type clamp

판금 작업 시 두 개 이상의 판재를 고정시킬 때 사용한다.

[그림] 7-49 C 클램프

(49) Tube bender

배관 작업을 위해 tube를 곡선으로 구부릴 때 사용한다. 공구에 각도가 표시되어 있어 도면대로 굽히면 된다.

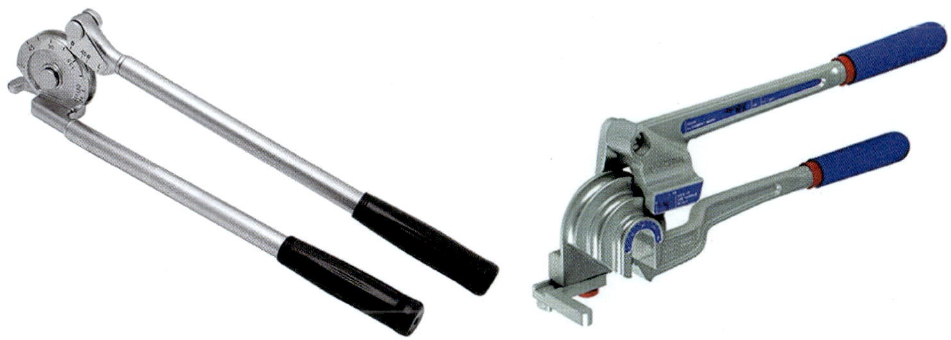

[그림] 7-50 튜브 벤더

(50) Tube cutter

Tube를 절단할 때 사용한다.

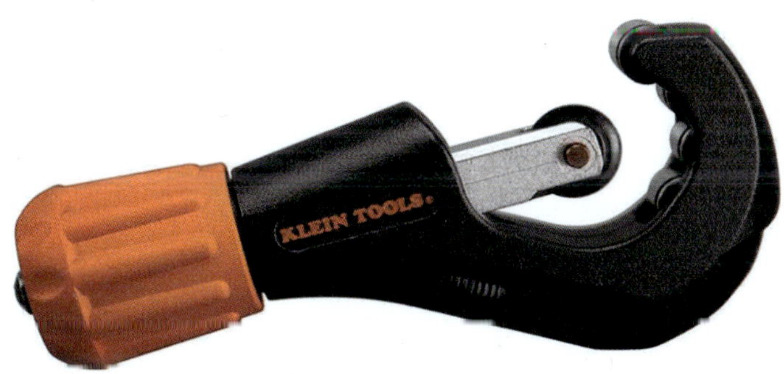

[그림] 7-51 튜브 커터

(51) Copper pipe reamer

배관 작업 시 파이프 절단면의 burr 제거 및 매끄럽게 가공 시 사용한다.

[그림] 7-52 파이프 리머

(52) Flaring tool

배관 연결 작업 fitting에 체결하기 위해 튜브의 끝부분을 넓게 넓힐 때 사용한다. 각 홀마다 치수가 표시되어 있어 배관 사이즈에 맞추어 작업한다.

[그림] 7-53 플래어링 툴

(53) Pipe wrench

수도관, 가스관 등의 배관 공사에 주로 사용한다.

[그림] 7-54 파이프 렌치

(54) Combination wrench

BOX, open and wrench의 장점을 이용한 렌치이다. 측면에서 보면 핸들(box)이 15도 경사로 구부러져 있다.

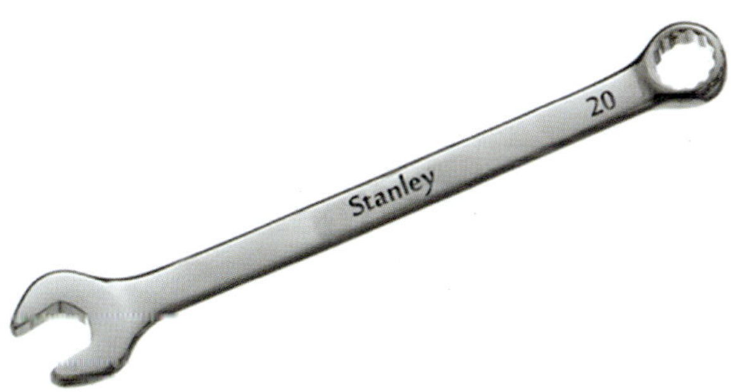

[그림] 7-55 컨비네이션 렌치

(55) Open end wrench

작업공간이 제한된 곳에서 너트나 볼트를 돌리기 위해서 사용한다. 끝의 약 15% 정도가 핸들축으로부터 구부러져 있다.

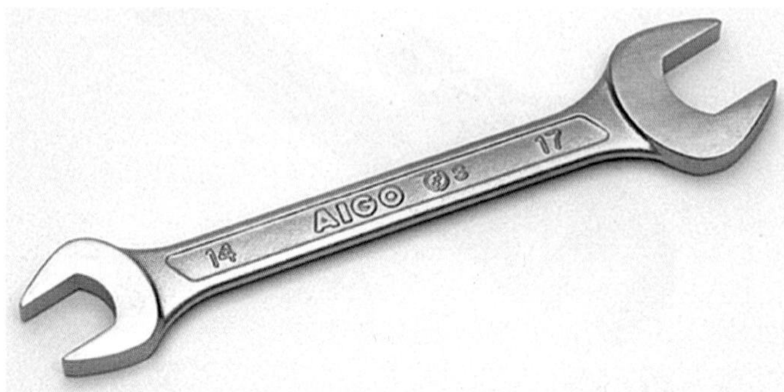

[그림] 7-56 오픈 엔드 렌치

(56) Box end wrench

Open end wrench로 너트를 꽉 조이거나 너무 꽉 조여진 너트를 풀 때 생길 수 있는 비끄러짐이나 너트의 손상을 보호하기 위해서 고안된 렌치로 핸들 안쪽 15도의 경사로 구부러져 있다.

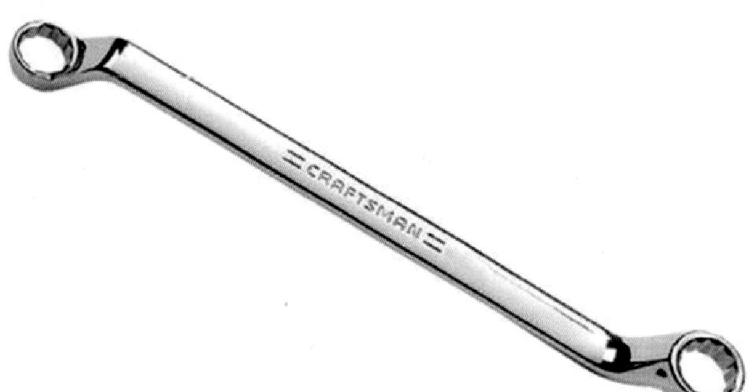

[그림] 7-57 박스 엔드 렌치

(57) Allen wrench

L형의 육각형 단면 강 재질로 소켓 머리 캡 screw나 머리가 없는 screw에 육각형 형태의 홈에 맞도록 되어 있다. 짧은 쪽은 screw를 조이거나 풀 때 사용되며, 긴 쪽은 빠른 속도로 풀거나 조일 때 사용한다. 볼트머리에 육각형 홈이 파여져 있는 내부 렌칭볼트를 풀거나 조일 때 사용한다.

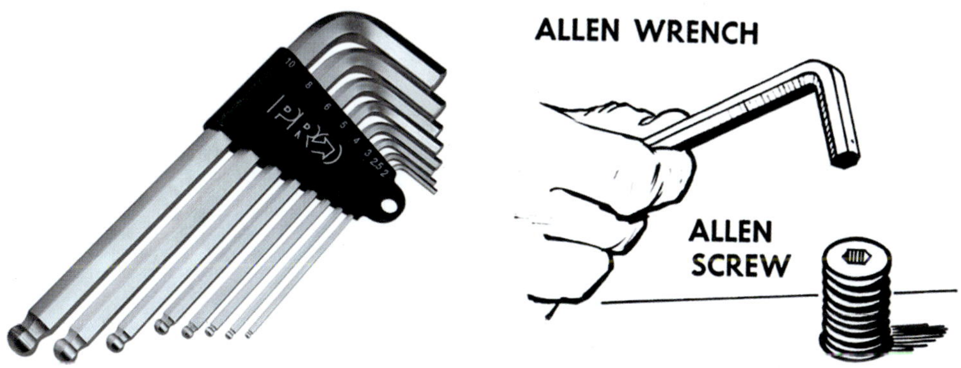

[그림] 7-58 알렌 렌치

(58) Strap wrench

소재의 표면에 손상을 주지 않고 돌리기 위해 사용한다. 특히 둥근 원통형 부품이 표면에 손상을 입지 않고 유연하게 회전할 수 있도록 하는 수단을 제공한다. 부품이 회전해야 할 방향의 반대로 스트랩을 부품 주위로 감싼 후 꼭 맞도록 잡아당긴다. 그런 후 핸들을 부품이 요하는 방향으로 당기면 된다.

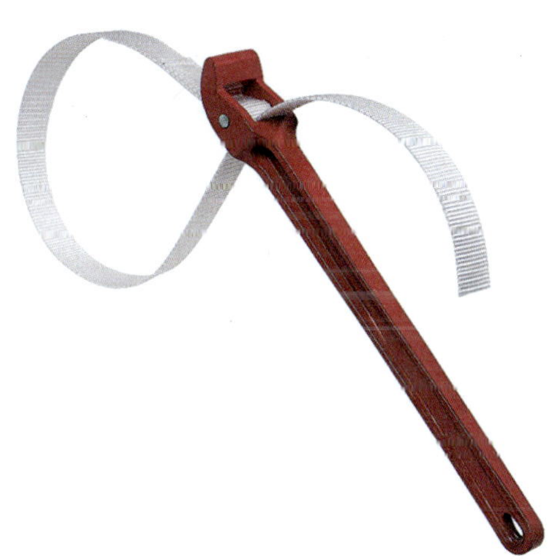

[그림] 7-59 스트랩 렌치

(59) Motor wrench

여러 크기의 볼트나 너트를 조이거나 풀 때 사용한다.

[그림] 7-60 모터 렌치

(60) Tap & Handle

구멍 안에 암나사를 만드는데 사용되는 절삭공구인 탭(tap)을 장착시켜 주는데 사용한다(tap은 구멍의 내측에 암나사를 내는데 사용). Tap 핸들에는 일자형 또는 T자형 핸들 등이 있다.

[그림] 7-61 탭과 핸들

(61) Dies & Handle

봉이나 파이프 등의 외부에 수나사를 만드는 데 사용하는 공구이다.

[그림] 7-62 다이스와 핸들

(62) Flare nut wrench

주로 동관 접속용 플레어 너트를 조이는데 쓰이는 공구로, 복스 렌치를 둘로 나눈 형식의 것과 플레어 너트에 쓰이는 동관 치수에 입의 벌어짐을 맞추고 벌어진 입을 통해서 너트에 끼우는 것이 있다.

[그림] 7-63 플레어 너트 렌치

(63) Adjustable wrench

크기를 조절할 수 있는 턱(jaw)이 있어 여러 크기의 볼트나 너트를 조이거나 풀 때 용이하다. 여러 개의 open-end wrench 구실을 할 수 있다. 이동식 턱을 가지고 있어서 광범위한 크기의 볼트나 너트를 조이거나 푸는 데 사용할 수 있다. Adjustable wrench는 open end wrench, box wrench, socket wrench와는 달리 볼트나 너트에 꽉 맞지 않기 때문에 작업 시 미끄러지는 경향이 있어 항공기 정비에 사용하기에는 바람직하지 않다.

[그림] 7-64 조절 렌치

(64) Chain wrench

원통형의 모재를 조이거나 풀 때 사용한다.

[그림] 7-65 체인 렌치

(65) Hook wrench

갈고리 모양으로 톱니 같은 원통형의 모재에 걸어서 조이거나 풀 때 사용한다.

[그림] 7-66 훅 렌치

(66) Rigid frame torque wrench

지시식 또는 다이얼식이라고도 하는 토크 렌치로 토크가 걸리면 바늘이 지시값을 가리킨다.

[그림] 7-67 리지드 프레임 토크 렌치

(67) Audible indicating torque wrench

다이얼이 지시하는 토크값을 볼 수 없는 장소의 볼트와 너트를 장착할 때 주로 사용되는데, 가볍고 사용하기가 편리하다. 토크값은 마이크로미터와 같이 눈금으로 조정하게 되어 있고, 규정값의 토크값이 걸리면 소리가 나도록 되어 있다. 제한식 토크 렌치라고도 부른다.

[그림] 7-68 오디블 인디케이팅 토크 렌치

(68) Deflecting beam torque wrench

핸들 부분에 눈금이 새겨진 핀이 있어 토크가 걸리면 레버가 휘어져 지시바늘의 끝이 토크의 양을 지시한다. 간단히 빔식 토크 렌치라고도 한다.

[그림] 7-69 디플렉팅 빔 토크 렌치

(69) Preset torque driver

Screw 작업에 사용되며 규정된 토크값을 미리 드라이버에 고정시켜 놓고 작업을 한다. 작업 도중 규정 이상의 토크가 걸리면 헛돌게 되어 있다.

[그림] 7-70 프리셋 토크 드라이버

(70) Water pump plier(Interlocking plier)

물림 턱의 간격을 쉽게 조절할 수 있어 여러 작업에 적합하다. 물림 턱이 깊어 보다 강력하게 잡을 수 있다.

[그림] 7-71 워터 펌프 플라이어

(71) Connector plier(Cannon plier)

일명 canon plier라고도 하며 electrical connector를 풀거나 조일 때 사용되며, connector의 굵기에 따라 여러 단계로 조절된다. 빨간색 부분이 절연체이며 바디 역시 절연체로 만들어져 있는 것도 있다. Connector를 보호하기 위해 교환할 수 있는 nylon insert가 부착되어 있어, 커넥터에 손상을 주지 않고 전기적인 위험으로부터 안전하게 만들어져 있다.

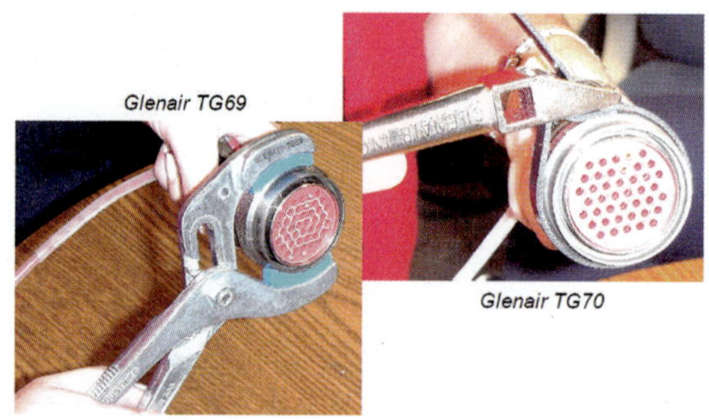

[그림] 7-72 커넥터 플라이어

(72) Slip joint plier(Plain plier)

일반적으로 금속 조각이나 철사를 구부리는데 사용한다. 항공기정비에 가장 많이 사용되는 공구로 4~9인치까지 있으나 6인치를 가장 널리 사용한다. 볼트, 너트를 죄거나 푸는 데 사용하는 wrench 대용으로는 사용을 금지한다(볼트, 너트를 돌리는 데 사용하면 모서리가 마멸되어 부품의 손상을 준다. 특히 알루미늄이나 청동재의 너트를 돌리는데 사용한다면 재료가 연하여 더 많은 손상을 유발한다).

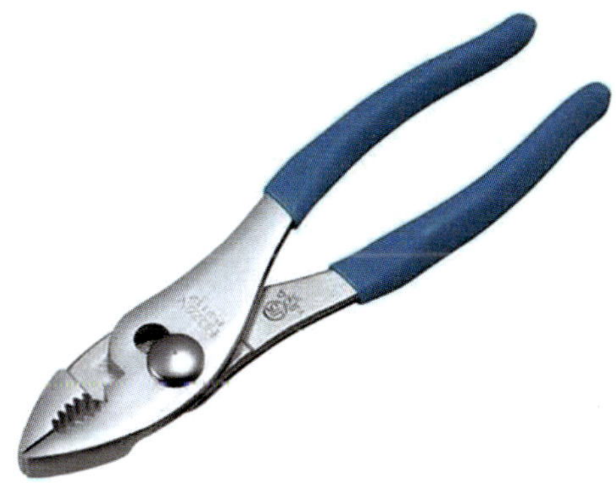

[그림] 7-73 슬립 조인트 플라이어

(73) Vise grip plier(Locking plier)

부러진 스터드나 꽉 낀 코터핀 등의 장탈에 사용한다. 플라이어 턱의 개구가 핸들에 의한 나사에 의하여 조절할 수 있다. 핸들을 꽉 잡으면 상당한 힘이 턱에 가해지게 되며 핸들을 풀기 전까지 턱은 열리지 않는다. 파이프를 잡는 역할도 하고, C-클램프의 역할을 하기도 한다.

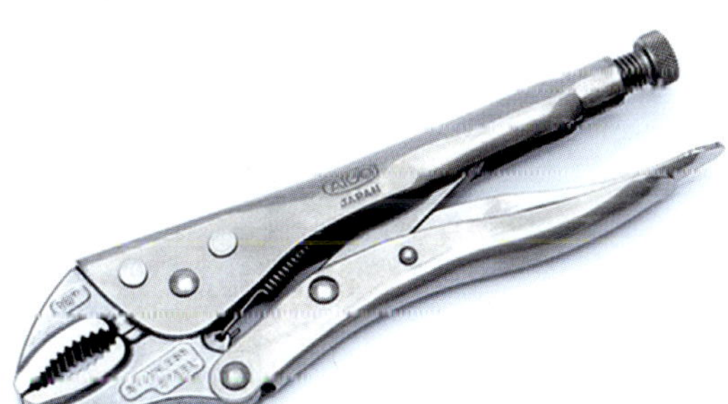

[그림] 7-74 바이스 그립 플라이어

(74) Snap ring plier

Internal형과 external형 두 가지가 있다. 원통형의 축에 장착되는 snap ring을 빼거나 장착하는데 사용된다.

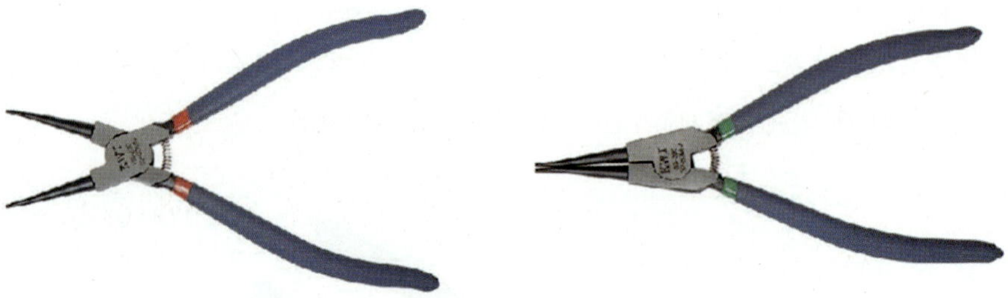

[그림] 7-75 스냅 링 플라이어

(75) Long nose plier(Needle nose plier)

일명 바늘코 플라이어라고도 한다. 항공기 전기나 전자 작업 시 작은 부품을 집을 수 있고 철사를 잡을 때도 사용된다. 손으로 접근할 수 없는 좁은 장소에 있는 조그만 부품을 잡거나 얇은 금속판을 정교하게 구부리는 데 사용한다.

[그림] 7-76 롱 노즈 플라이어

(76) Diagonal cutter plier

와이어(wire)를 집거나 자르는데 사용한다.

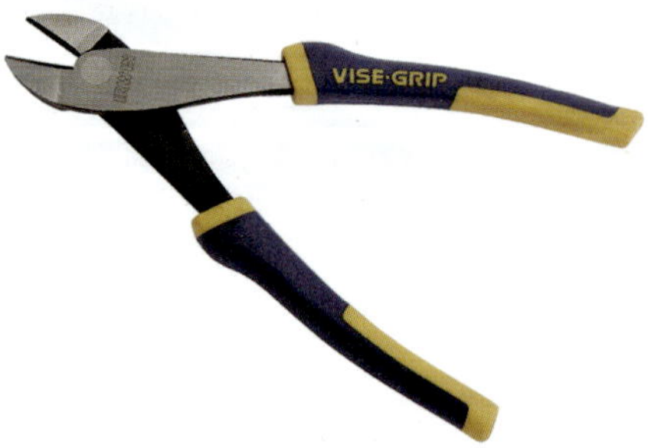

[그림] 7-77 커터 플라이어

(77) Cleco & Plier

Sheet metal 작업 시 두 개의 판재 고정을 위해 리벳홀에 클레코를 장·탈착하기 위해 사용한다.

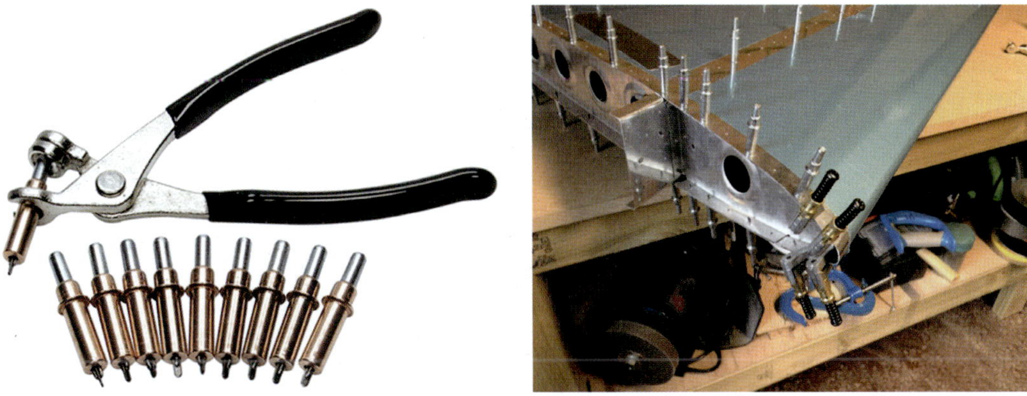

[그림] 7-78 클레코 플라이어

(78) Crimping plier

배선 연결을 위해 스플라이스 또는 터미널을 장착시킬 때 사용한다. 크림핑, 컷팅, 스트립퍼 등 다목적 용도가 가능한 multi purpose crimper도 있다.

[그림] 7-79 크림핑 플라이어

(79) Wire stripper

절연 피복 전선 등의 피복을 벗기는데 사용한다. 각종 전선의 지름에 맞는 크기의 구멍들이 따로 뚫려 있어, 구리선에 손상을 입히지 않도록 되어 있는 것이 특징이다.

[그림] 7-80 와이어 스트립퍼

(80) Contact IN/RE tool

커넥터의 플러그와 리셉터클에 컨택트 핀(Contact Pin)을 장착 또는 장·탈착하기 위한 공구이다.

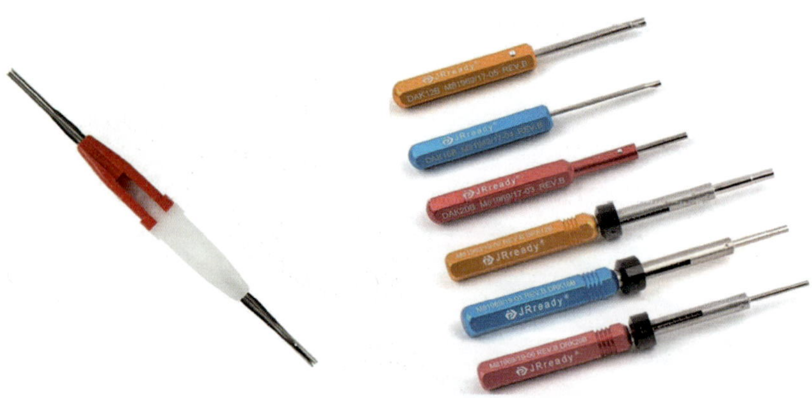

[그림] 7-81 컨택트 장탈착 툴

(81) Contact crimping tool

커넥터의 플러그와 리셉터클에 삽입할 contact pin과 wire를 연결하기 위한 압착 공구이다.

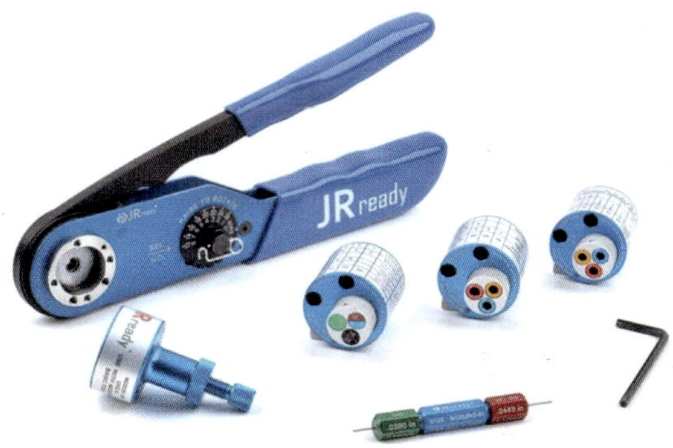

[그림] 7-82 컨택트 크림핑 툴

(82) Standard wire gauge

둘레에 도선 또는 와이어의 지름에 해당하는 다수의 노치(notch)가 있는 원형 또는 직사각형으로 된 판으로, 도선을 넣어 보고, 그중 맞는 위치에 기록된 숫자로 도선의 호칭지름 또는 게이지 번호를 알 수 있게 되어 있다. 번호의 숫자가 커질수록 지름이 작다(해당 도선의 번호로 diameter에서 굵기를 알 수 있다).

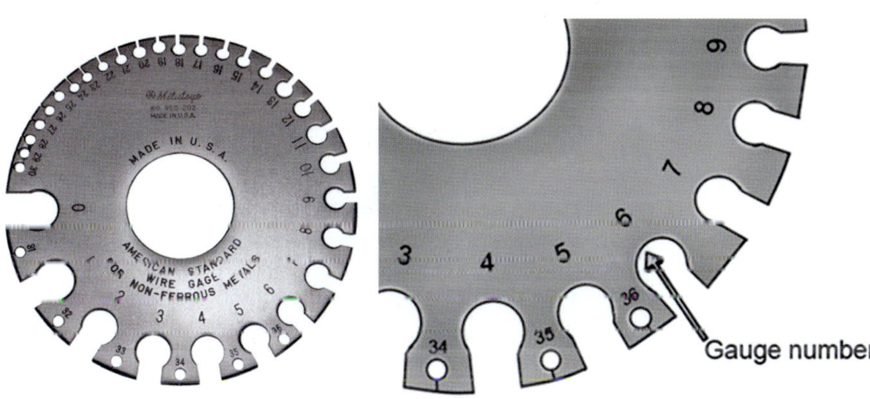

[그림] 7-83 스탠다드 와이어 게이지

(83) Multi-meter

멀티 테스터 또는 볼트-옴 미터(VOM)라고 하며, 전압, 전류, 전기 저항을 측정하는 계측기이다(기기에 따라 기타 측정 기능이 추가된다). 선로나 회로가 고장이 있는지, 2곳의 접점을 연결하여 도통 체크도 한다.

[그림] 7-84 멀티 미터

(84) Megger(Mega ohm meter)

옥내 배선 또는 전기 기기의 절연 저항을 측정할 때 사용하는 장비이다. 일반적으로는 500[V]이며, 특고압으로 1,000[V]까지 측정 가능하다. 때문에 그에 비례해서 저항값도 1[MΩ](1,000,000[Ω]) 단위부터 시작된다. 각 단자 사이에는 높은 전압이 나타나므로 측정할 때 감전에 유의해야 한다.

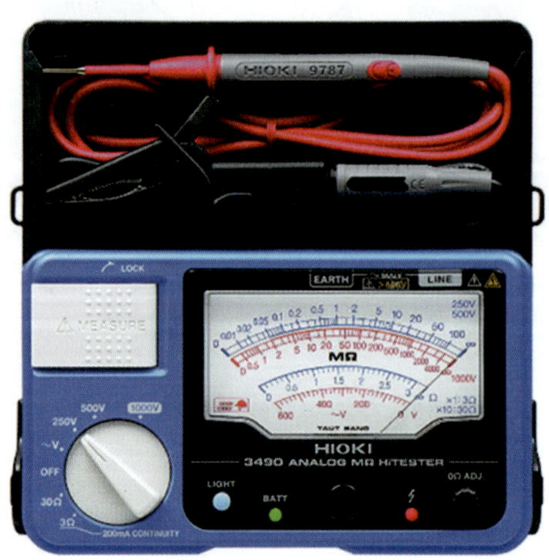

[그림] 7-85 메가 옴 미터

(85) Oscilloscope

특정 시간 간격(대역)의 전압 변화를 볼 수 있는 장치이다. 주로 주기적으로 반복되는 전자 신호를 표시하는데 사용하고, 시간에 따라 변화하는 신호를 주기적이고 반복적인 하나의 전압 형태로 파악할 수 있다. 멀티미터가 전압, 전류, 저항 등의 신호의 크기만 표시한다면, 오실로스코프는 신호의 시간적 변화에 따른 신호 파형까지 표시하므로 회로 설계자에게 신호처리 시 많은 정보를 준다.

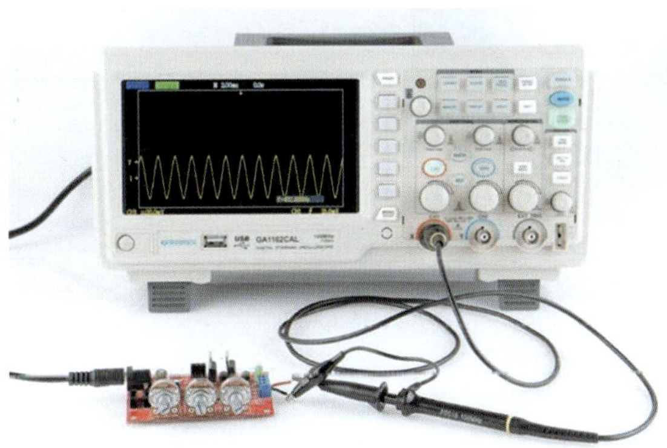

[그림] 7-86 오실로스코프

(86) Micrometer depth gauge

구멍의 깊이를 정밀하게 측정하는 장비로 딤블이 안으로 들어올수록 최대의 지시값을 갖는다.

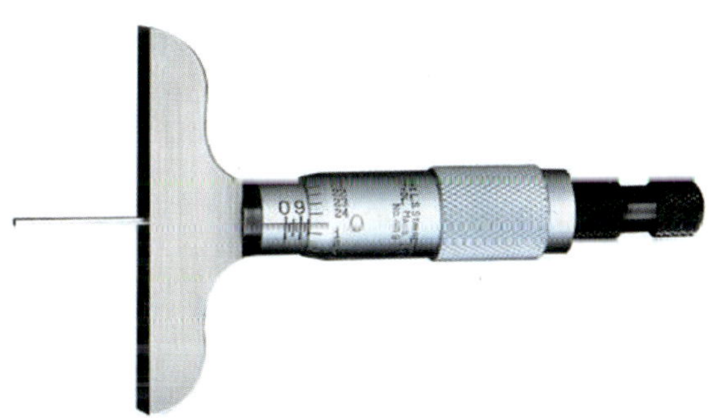

[그림] 7-87 마이크로 미터 뎁스 게이지

(87) Micro meter

10,000분의 1인치의 정밀도를 요하는 재료를 측정하는데 사용하는 계측공구이다. 1[inch] 간격으로 크기가 정해져 있다.

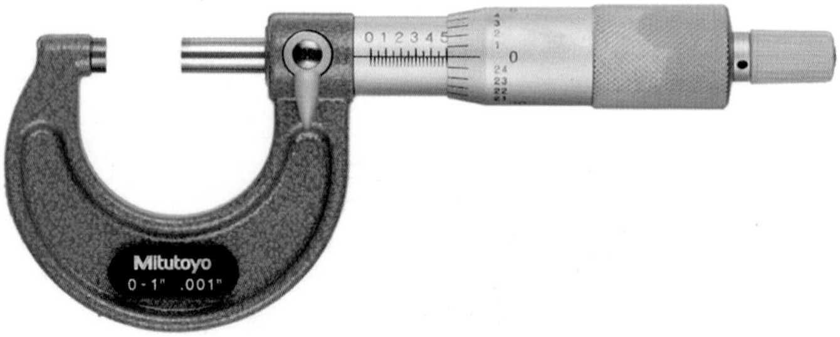

[그림] 7-88 마이크로 미터

(88) Telescoping gauge

일명 망원경 게이지라고 하며, 마이크로미터나 버니어 캘리퍼스를 이용하여 구멍을 1,000분의 1인치 허용 오차로 측정할 수 있다.

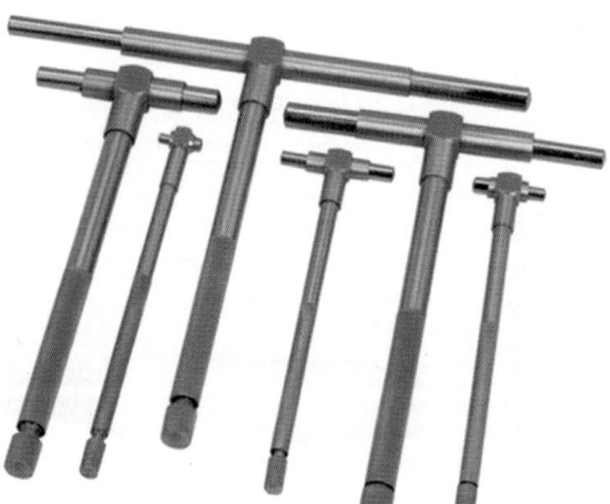

[그림] 7-89 텔레스코핑 게이지

(89) Vernier caliper

마이크로미터(micrometer)보다 더 빨리 내측과 외측을 정밀하게 측정하는 공구이며, 마이크로미터로 잴 수 없는 범위의 치수를 측정할 수 있다.

[그림] 7-90 버니어 캘리퍼

(90) Feeler gauge(Thickness gauge)

일명 틈새 또는 간극 게이지라고도 하며, 여러 개의 날을 가지는 얇은 강판으로 된 부채 형태로 부품 사이의 틈새 또는 좁은 홈 폭을 측정하는데 쓰인다(0.0015 ~ 0.040[inch]까지 사용).

[그림] 7-91 필러 게이지

(91) Dial gauge

측정자의 움직임인 직선 또는 원호 운동을 기계적으로 확대하여 그 움직임을 지침(바늘)의 회전 변위로 변환시켜 눈금으로 읽을 수 있는 길이 측정기로서, 일종의 비교측정기(comparator)이다. 직접, 비교. 진원, 편심 측정이 가능하다.

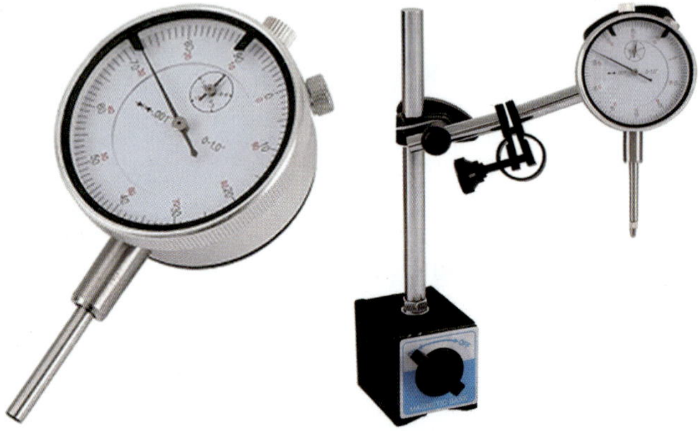

[그림] 7-92 다이얼 게이지

(92) Cable tension meter

Cable의 인장력을 측정하기 위한 측정기로 cable에 걸리는 장력의 변화를 기계적인 확대 구조를 통해 dial reading으로 지시케 하는 측정 장비이다.

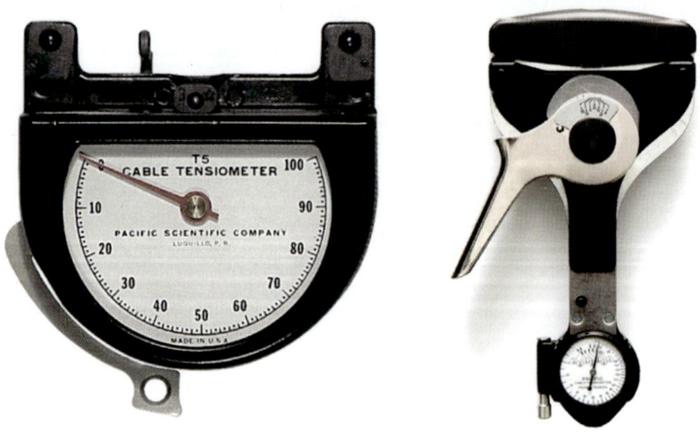

[그림] 7-93 케이블 텐션 미터

(93) Plug thickness gauge

점화 플러그의 간극을 측정한다.

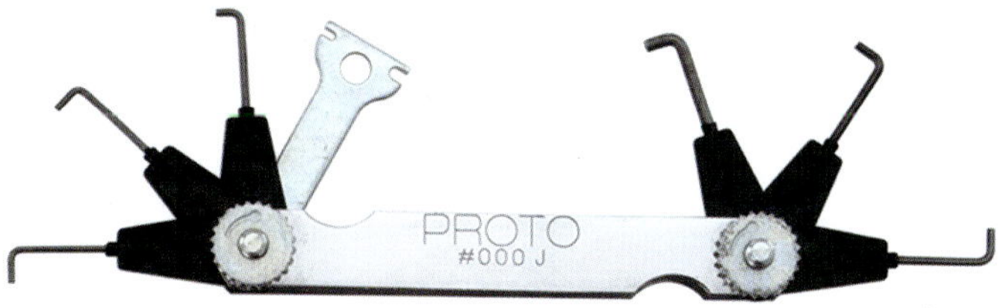

[그림] 7-94 점화 플러그 간극 게이지

(94) Screw pitch gauge

볼트 또는 스크류의 나사산을 측정하는데 사용된다.

[그림] 7-95 스크류 피치 게이지

(95) Vernier height gauge

버니어 캘리퍼스의 기본 원리를 응용한 것으로 고정식 턱(fixed jaw)과 이동식 턱(movable jaw) 사이의 거리를 측정하는 대신, 이동식 턱과 게이지가 접촉하는 표면 사이의 거리를 측정한다.

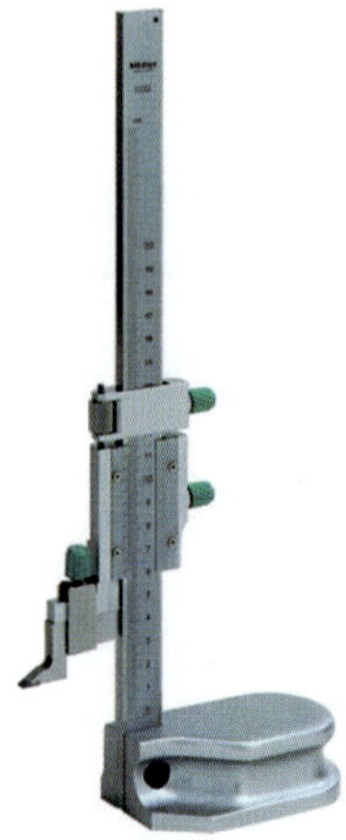

[그림] 7-96 버니어 하이트 게이지

(96) Protractor

일명 분도계라 하며, 각도를 측정하는데 사용된다. 반원형의 원둘레에 최소 눈금 1/2도 또는 1도가 새겨져 있다.

[그림] 7-97 프로트랙터

(97) Timing light

왕복기관의 점화 시기를 나타내주는 장비이다. 검은색 도선은 기관에 접지하고, 붉은색 도선은 브레이커 포인트에 접지한다.

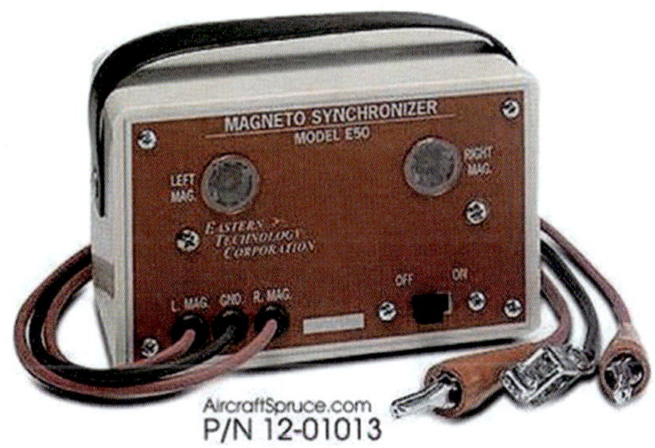

[그림] 7-98 타이밍 라이트

(98) Time rite(Piston position indicator)

왕복기관의 실린더 내에서 피스톤의 위치를 표시해주는 장비이다.

[그림] 7-99 타임 라이트

(99) Cylinder gauge(Bore gauge)

다이얼 게이지와 조합하여 실린더의 내경, 마멸량 및 테이퍼 마모량을 측정하는데 사용한다.

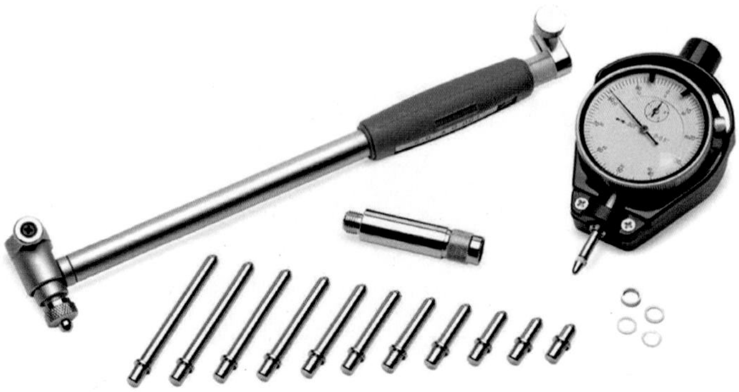

[그림] 7-100 실린더 보어 게이지

(100) Inside caliper

재료의 내경을 측정하는데 사용한다.

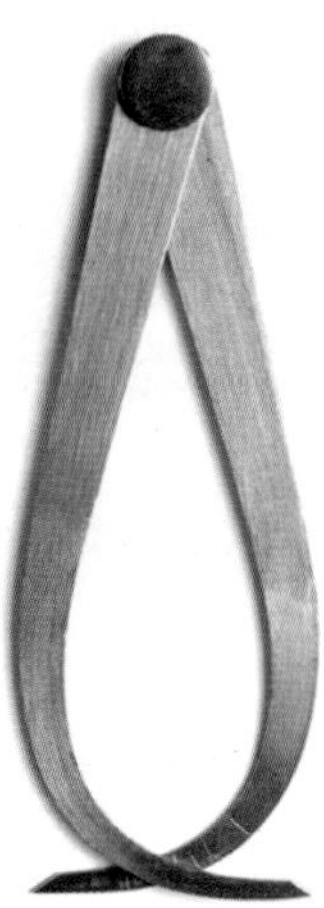

[그림] 7-101 인사이드 캘리퍼

(101) Outside caliper

재료의 외경을 측정하는데 사용한다.

[그림] 7-102 아웃사이드 캘리퍼

(102) Ball peen hammer(Steel hammer)

항공기 판금 작업에 많이 사용하고, 해머의 한쪽 날은 평평하고 다른 한쪽 날은 볼 형태로 이루어졌다 (1 ~ 3파운드의 무게까지 여러 종류가 있다). 강철이나 동을 재료로 하여 만들어졌고, 기계 부품 공장에서 주로 사용하는 해머이다. 이 해머는 자루를 제외한 헤드의 무게로 구분한다.

[그림] 7-103 볼 핀 해머

(103) Mallets hammer

원래 항공기 판금 작업을 위해 가죽으로 만들어져 사용되었으나, 요즘에는 플라스틱 재료로 개발되어 팁(tip)이 사용 중 마모되면 해머를 교체하지 않고 팁만 새로 교환해서 사용한다. 금속 표면을 상하지 않게 하기 위해 타격 부위가 가죽 또는 플라스틱 재료로 되어있다.

[그림] 7-104 말렛 해머

(104) Sledge hammer

양쪽으로 평평한 사용면을 가지고 있고 큰 힘을 요하는 작업에 사용한다.

[그림] 7-105 슬랫지 해머

(105) Cross pin hammer

해머 날이 핸들과 90도로 설치되어 있으며 주로 판금 작업 시 금속판을 굽히는데 사용한다.

[그림] 7-106 크로스 핀 해머

(106) Claw hammer

이 해머는 항공용 공구로 사용되지 않으며 주로 목수들이 못을 박거나 제거할 때 사용한다.

[그림] 7-107 크로우 해머

(107) Brick cut hammer

벽돌을 자르기 위해 끝을 뾰족하게 깎아놓은 망치이다.

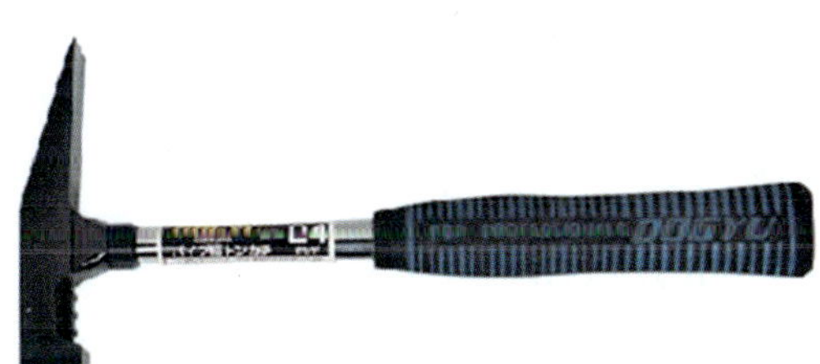

[그림] 7-108 브릭 컷 해머

2. 탭(Tap)

탭은 모재에 나사산을 만들어 주어 나사를 체결할 수 있도록 해주는 절삭공구로서, 드릴로 가공된 구멍이나 환봉(파이프) 등에 암나사를 내는 작업이다.

[그림] 7-109 탭과 핸들

(1) 탭의 구조 및 재질

탭은 나사부와 자루부로 구성되어 있고, 재질은 탄소 공구강이나 고속도강이 사용된다.

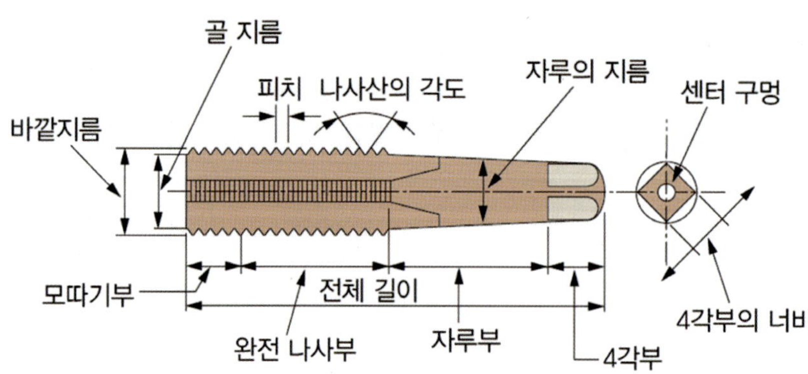

[그림] 7-110 탭 구조

(2) 탭의 종류

탭은 크게 기계용 탭과 핸드 탭으로 나뉜다., 핸드 탭은 손 다듬질 작업에서 암나사를 가공하는 공구로서 직경이 일정한 등경 탭과 직경이 번호별로 증가하여 최종 3번 탭이 목표로 하는 최종 치수가 되는 증경 탭이 있다. 일반적으로 수동 탭은 25[mm] 이하의 나사내기에 쓰이며, 1번, 2번, 3번 탭으로 구성되어 3개가 한 개의 조로 되어 있다. 드릴로 구멍을 직각으로 뚫은 후 탭을 탭 핸들에 끼워 나사의 진행 방향으로 1회전에 1/2 역회전을 시키며 나사를 가공한다.

1) **수동 탭** : 나사의 정밀도를 높이기 위해 3개가 1조로 구성되어 있고, 번호가 높을수록 정밀도가 높다.

2) **기계 탭** : 드릴링 머신, 나사내기 머신, 선반 등에 장착하여 나사를 내는 탭이다.

3) **파이프 탭** : 오일 캡, 가스 파이프, 파이프 이음 등의 내밀용이나 기계 결합용 암나사를 가공하는 데 사용하는 탭이다.

4) 수동 탭의 나사부

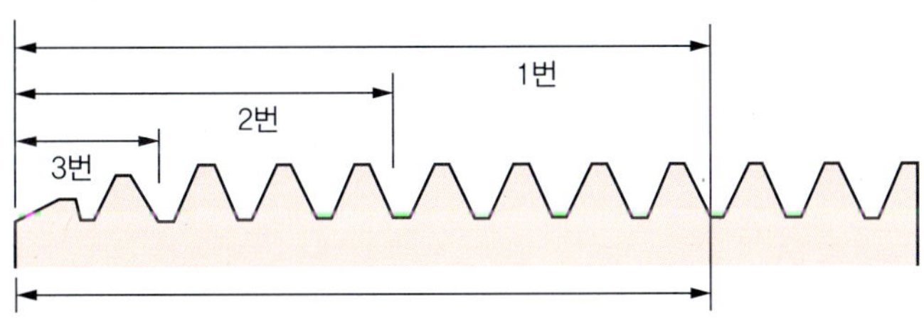

[그림] 7-111 탭 나사산

5) 탭의 나사부 테이퍼 산 수와 가공률

[표] 7-1 탭 나사산과 가공률

구분 \ 탭	1번 탭	2번 탭	3번 탭
나사부 모따기의 테이퍼 산 수	9산	5산	1.5산
가공률	50%	30%	20%

① 테이퍼 탭

6 ~ 7개의 나사산에 테이퍼(구배) 형태로 되어 있기 때문에 탭 작업 시작 시에 사용한다. 테이퍼 윗부분이 절삭될 때 나사산이 절삭된다. 가는 부분을 통해 연장되는 구멍을 탭핑할 때 필요한 유일한 탭이다.

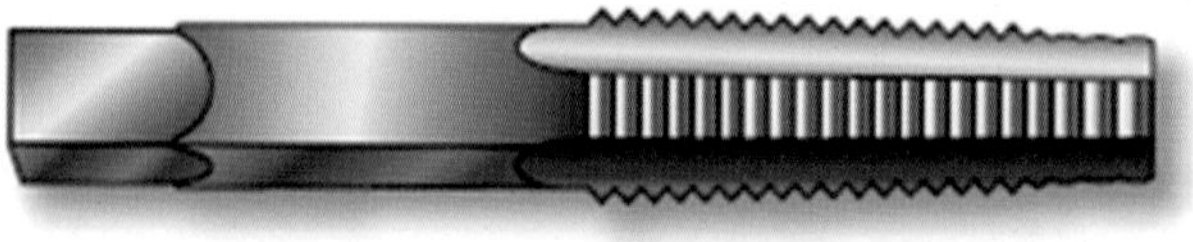

Taper

[그림] 7-112 태이퍼 탭(출처 : FAA aviation maintenance technician handbook airframe)

② 플러그 탭

두꺼운 기둥 안의 구멍을 탭핑할 때 테이퍼 탭을 돕는 역할을 한다.

Plug

[그림] 7-113 플러그 텝(출처 : FAA aviation maintenance technician handbook airframe)

③ 바터밍 탭

테이퍼가 지지 않고 막혀있는 구멍의 밑부분의 전체 나사산을 만들기 위해 사용한다.

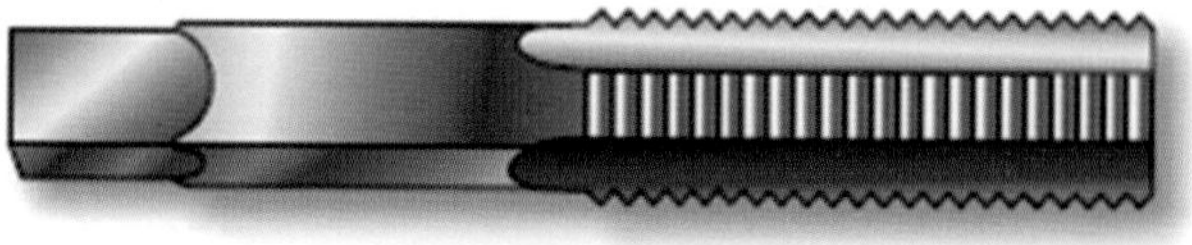

Bottoming

[그림] 7-114 바터밍 탭(출처 : FAA aviation maintenance technician handbook airframe)

(3) 탭 작업하기

금긋기 작업 → 센터 펀치 작업 → 드릴 작업 → 탭 작업

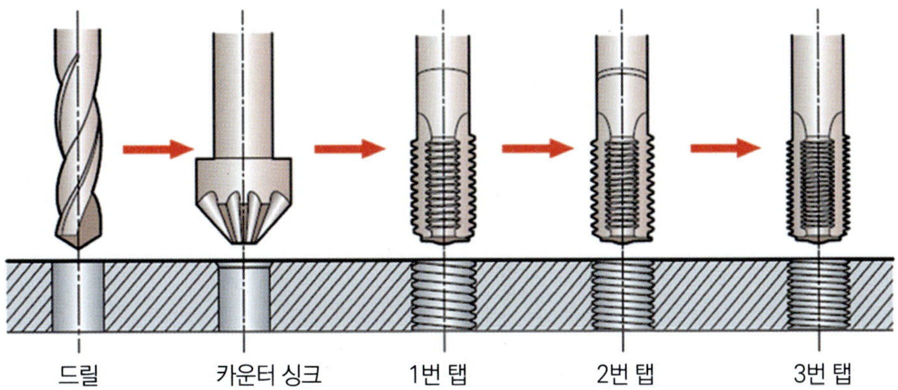

[그림] 7-115 탭 작업 절차

1) 나사 구멍의 편심 및 중심 굽힘을 검사한다.

2) 관통되지 않은 구멍의 경우 깊이를 측정한다.

3) 나사 구멍이 수직이 되도록 공작물을 바이스에 고정한다.

4) 탭 핸들에 1번 탭을 장착한다.

5) 탭 핸들의 양쪽 끝을 잡고, 구멍과 탭이 수직이 되도록 누르면서 오른쪽으로 돌린다.

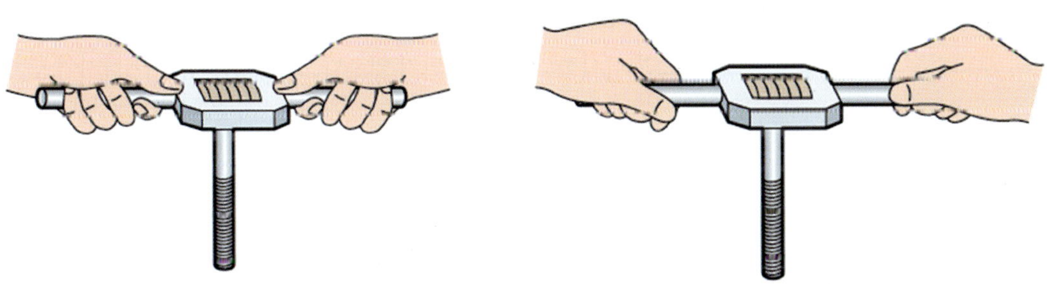

[그림] 7-116 탭 핸들 잡기

6) 직각자를 이용하여 탭의 직각 여부를 확인한 후 작업한다.

7) 주기적으로 역회전시켜 칩을 배출하는 작업을 반복하고, 절삭유를 주입하면서 작업한다.

8) 탭이 구멍을 통과하면 2번, 3번 탭을 순차적으로 사용하여 절삭한다.

9) 암나사의 가공 상태를 확인한다.

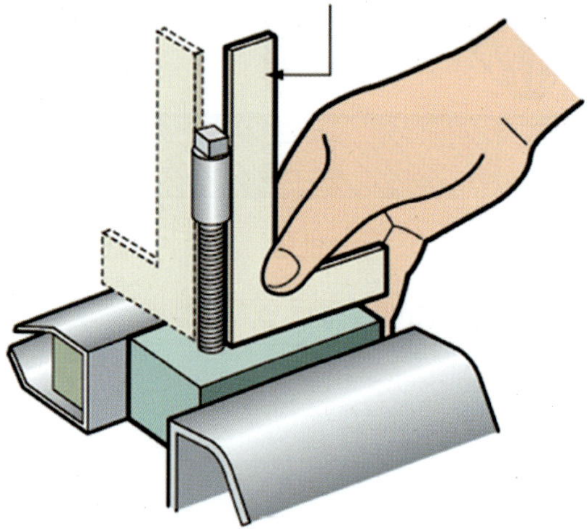

[그림] 7-117 직각 확인

(4) 탭 작업 시 참고사항

1) 정확한 나사내기 여유의 확보

드릴로 구멍을 뚫을 때 탭으로 나사를 가공할 여유를 정확히 남겨야 한다. 가공 여유를 너무 많이 남기면 부러지는 원인이 되고, 너무 작으면 나사산의 생성이 되지 않는다. 그러므로 정확한 나사가공 여유를 주어야 한다.

d(드릴의 직경) = D(나사의 외경) − P(나사의 피치)

2) 탭의 선택

탭은 공작 공구의 재질과 가공의 조건, 가공 방법에 따라 선택해야 하며, 관통 구멍의 경우 탭의 진행 방향으로 관통시켜 빼낸다. 드릴 구멍을 직각으로 잘 뚫고 탭은 전후좌우를 살펴 90도가 되도록 직각으로 세운 다음 나사 절삭을 시작해야 한다.

3. 다이스(Dies)

환봉(원형 막대나 파이프 등)에 수나사를 가공하는 절삭 공구로서 내면에 나사산이 구성되어 있고, 칩이 빠져나올 수 있도록 홈이 있다. 다이스 핸들에 끼워서 사용하며, 탭 가공과 동일하게 2회전에 1회전 또는 1회전에 1/2회전을 역회전 하여 칩을 끊어주어야 하며, 부하가 걸리면 절삭유(tapping oil)를 공급해서 작업한다.

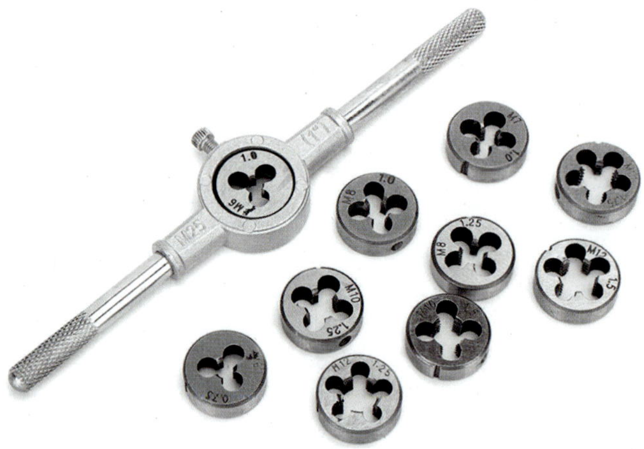

[그림] 7-118 다이스와 핸들

(1) 다이스의 구조 및 재질

다이스의 재질은 합금 공구강이며, 절삭 칩 구멍과 절삭날로 구성되어 있다. 다이스의 치수는 수나사의 호칭 지름으로 표시한다.

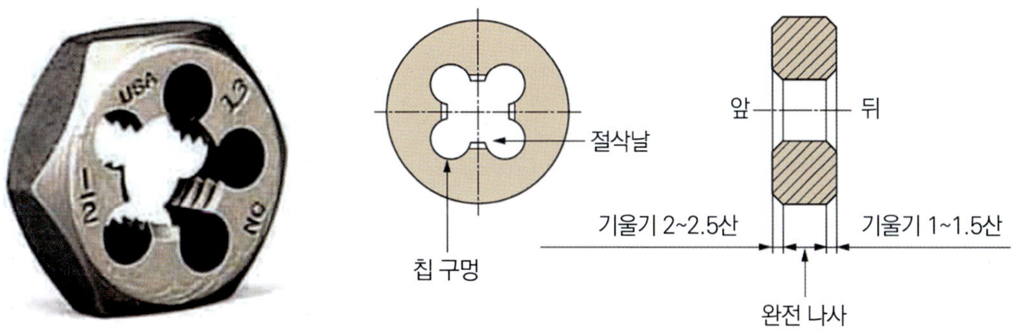

[그림] 7-119 다이스 구조

(2) 다이스의 구분

직경의 조절이 가능한 다이스와 조절이 불가능한 다이스로 구분된다.

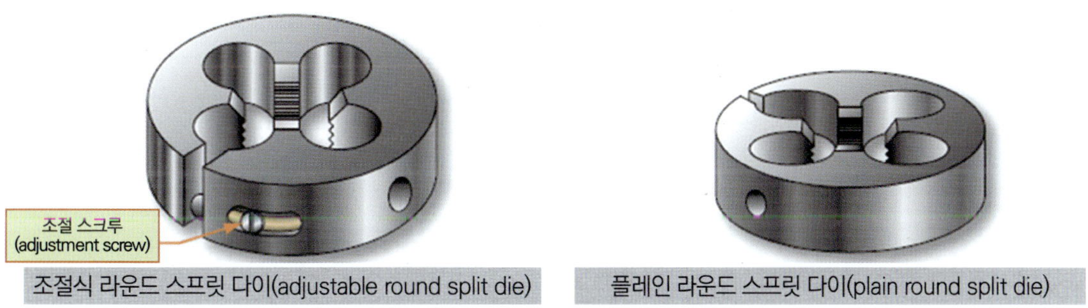

[그림] 7-120 다이스 구분(출처 : FAA aviation maintenance technician handbook airframe)

(3) 다이스의 종류

1) 분할 다이스

절삭 칩 구멍으로부터 5° ~ 10°의 모따기로 되어 있으며, 날수는 3매, 4매, 5매, 6매이며, 지름이 클수록 날 수가 많아진다.

2) 단체 다이스

정밀도가 높은 나사나 선반 등으로 거친 다듬질을 한 나사를 일정 치수로 다듬질할 때 사용한다.

(4) 다이스 작업하기

1) V형 물림쇠를 이용하여 공작물을 단단히 고정한다.

2) 드라이버를 사용하여 다이스 조정 나사를 조절한다.

3) 다이스와 공작 공구가 직각을 이루게 한다.

4) 다이스 핸들을 잡은 두 손에 균일한 압력을 주고 천천히 돌린다.

5) 다이스 작업이 끝나면 다이스를 역회전시켜 빼낸다.

6) 나사 링 게이지 등을 이용하여 나사의 정밀도를 검사한다.

① V형 물림쇠를 이용한 공작물 고정

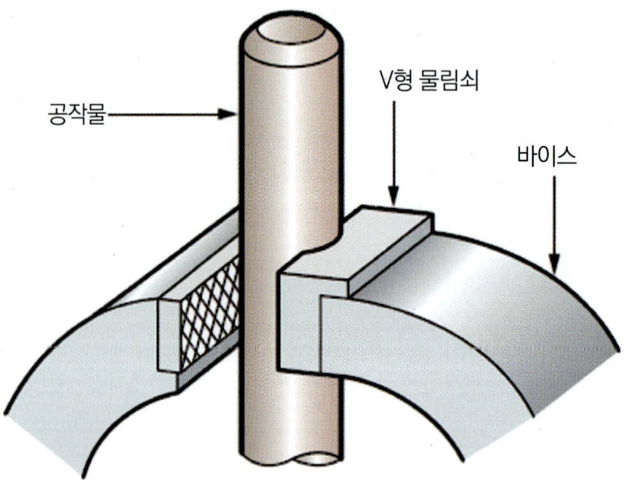

[그림] 7-121 시험체 고정

② 다이스 조정 나사의 조절

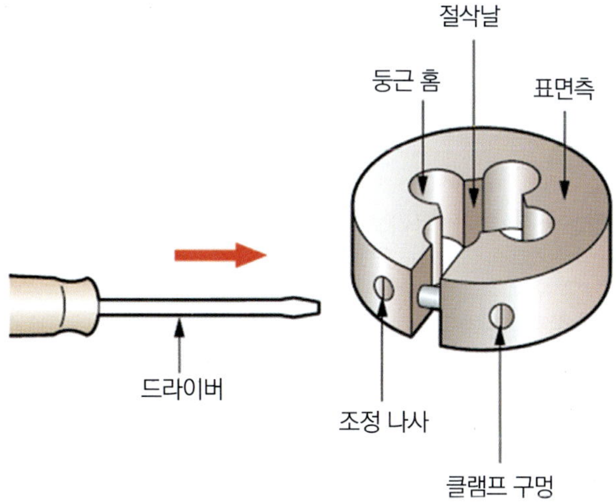

[그림] 7-122 다이스 조정

③ 다이스의 직각 검사

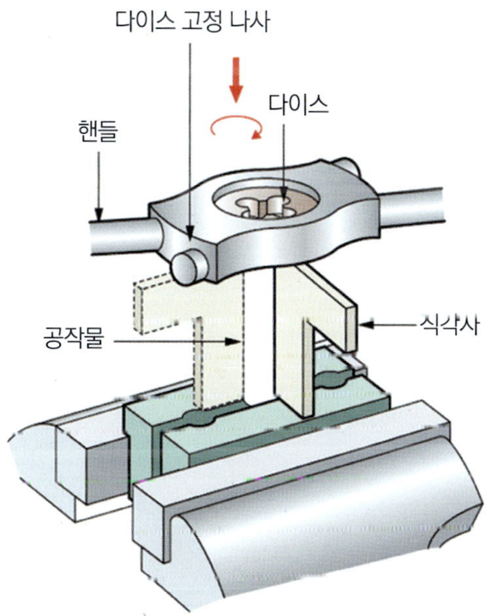

[그림] 7-123 직각 확인

4. 안전 및 유의 사항

(1) 드릴 작업을 할 때에는 회전수와 이송을 적절히 하여 드릴이 파손되지 않도록 한다.

(2) 탭 작업을 위한 기초 구멍은 규격에 맞는 크기로 뚫는다.

(3) 탭 및 다이스 작업을 할 때에는 양손에 균등하게 힘을 가한다.

(4) 한쪽이 막힌 구멍에 탭 작업을 할 때에는 칩 배출에 유의하여야 한다.

(5) 탭 핸들은 탭 머리 부분의 사각이 일치하는 것을 사용해야 한다.

(6) 탭이나 다이스가 자리 잡을 때에는 반드시 직각자로 직각도를 검사한다.

(7) 다이스 작업을 할 때에는 공작물의 끝지름에 모따기 가공을 한다.

5. 탭(Tap)과 다이스(Dies) 연습하기

[표] 7-2 탭과 다이스 작업 재료

품명	재질 및 규격	수량	품명	재질 및 규격	수량
평철	SM20C, 56mm×35mm×10mm	1개	헝겊	면제품, 300mm×300mm	1장
환봉	SM20C, ø7×20mm	1개			

6. 정밀 측정 장비(PME : Precision measuring Equipment)

(1) 측정과 계측

1) **측정**(Measurement)

어떤 양의 값을 결정하기 위한 일련의 작업으로 무게나 길이를 재어 측정 대상의 크기를 숫자로 표현하는 행위를 의미한다.

2) **계측**(Instrumentation)

측정을 포함하는 큰 개념으로 측정할 방법을 연구하고, 측정방법의 설계 등을 통해 측정의 형식을 정하고, 그 측정으로 인해 얻는 결과값의 응용 및 적용까지를 의미한다.

(2) 정밀 측정 장비(PME)

장비와 보급품이 기준 설계도와 규격에 명시된 기준에 적합한가를 측정, 시험, 검사, 분석, 조정하는데 사용하는 장비를 말한다.

1) 측정 장비

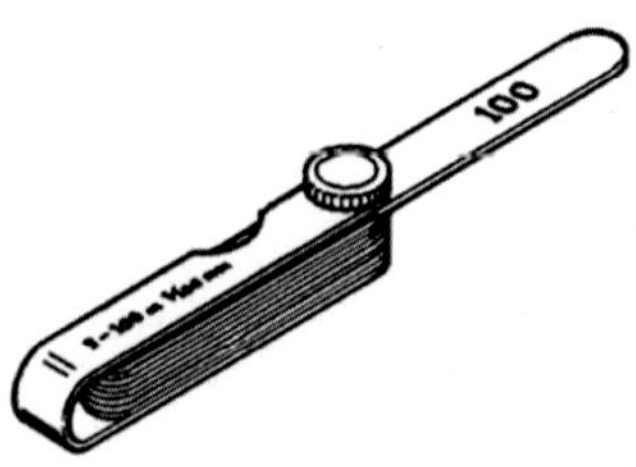

feeler gauge

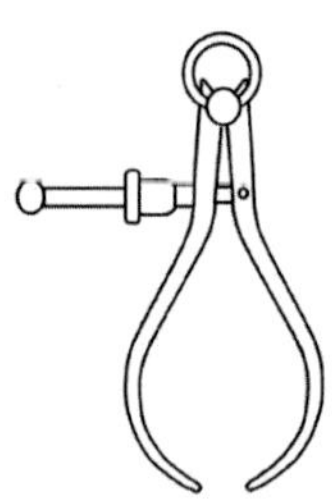

outside calliper

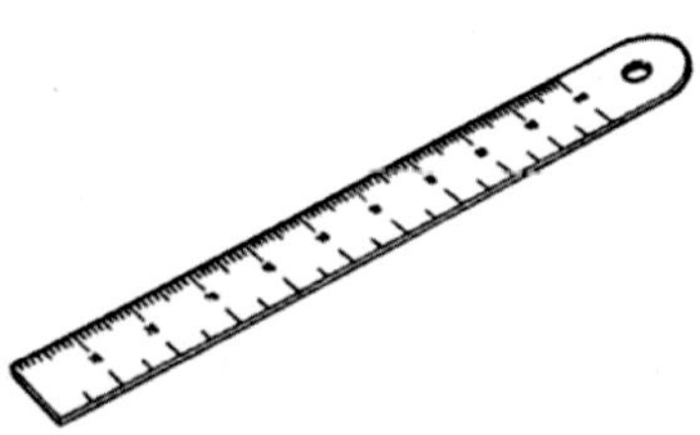

steel rule

[그림] 7-124 측정 장비

2) 정밀 측정 장비(PME)

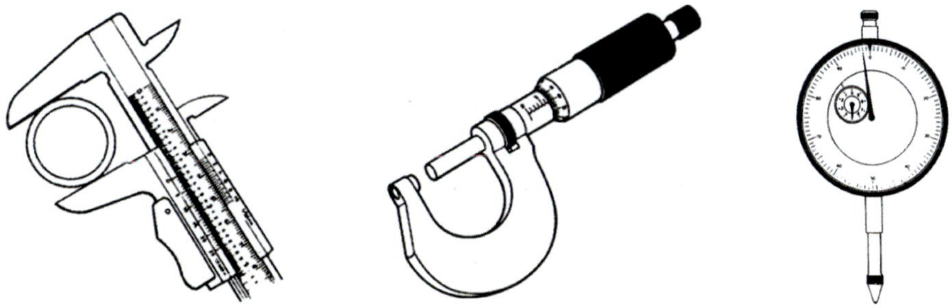

vernier calliper　　micrometer　　dial indicator

[그림] 7-125 정밀 측정 장비

(3) 측정 작업

1) 측정은 반드시 정확하게 해야 한다.

2) 길이, 크기, 적합성, 간격, 압력, 온도 또는 기타 사양을 측정한다.

3) 측정 도구를 올바르게 취급한다.

4) 작업에 적합한 측정 도구를 선택한다.

5) 측정 툴이 정확하게 판독되는지 점검한다.

6) 측정 도구는 쉽게 손상될 수 있다.

7) 손상된 공구는 정확하지 않다.

8) 떨어뜨리거나 잘못 다루지 마라.

9) 정확성을 정기적으로 점검한다.

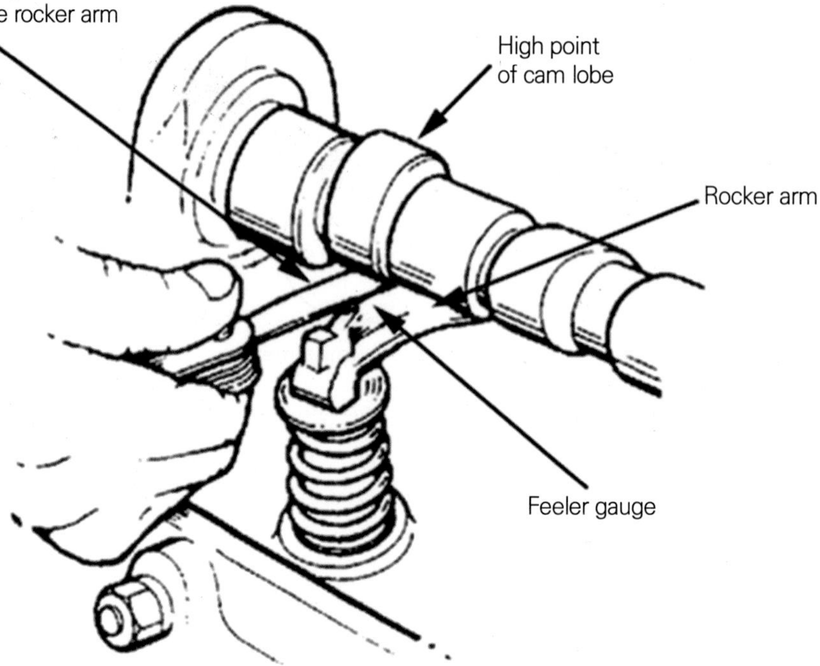

[그림] 7-126 필러 게이지 측정

(4) 아베의 원리(Abbe's principle)

치수 측정 시의 정밀도와 관련된 원리이자, 측정 기기를 설계할 때 중요한 지침이 된다. 측정 정밀도를 높이기 위해서는 측정 대상 물체와 측정 기구의 눈금을 측정 방향의 동일선상에 배치해야 한다는 것이다. 길이 측정 시 오차를 최소로 줄이기 위해서 물체의 길이를 기준이 되는 척도와 일직선상에 나란히 세워 놓아야 한다. 실제 측정 기구에 적용하면 외측 마이크로미터는 눈금과 측정의 위치가 동일선상에 있는데 비해 버니어 캘리퍼스는 눈금과 측정 위치가 떨어져 있다는 것을 알 수 있다.

다시 말해 외측 마이크로미터는 아베의 원리를 따르지만, 버니어 캘리퍼스는 이 원리를 따르지 않는다. 따라서 측정 정밀도는 외측 마이크로미터가 더 높다고 볼 수 있다.

1) **아베의 원리 불만족** : 하이트게이지, 버니어 캘리퍼스, 다이얼게이지

2) **아베의 원리 만족** : 마이크로미터, 자

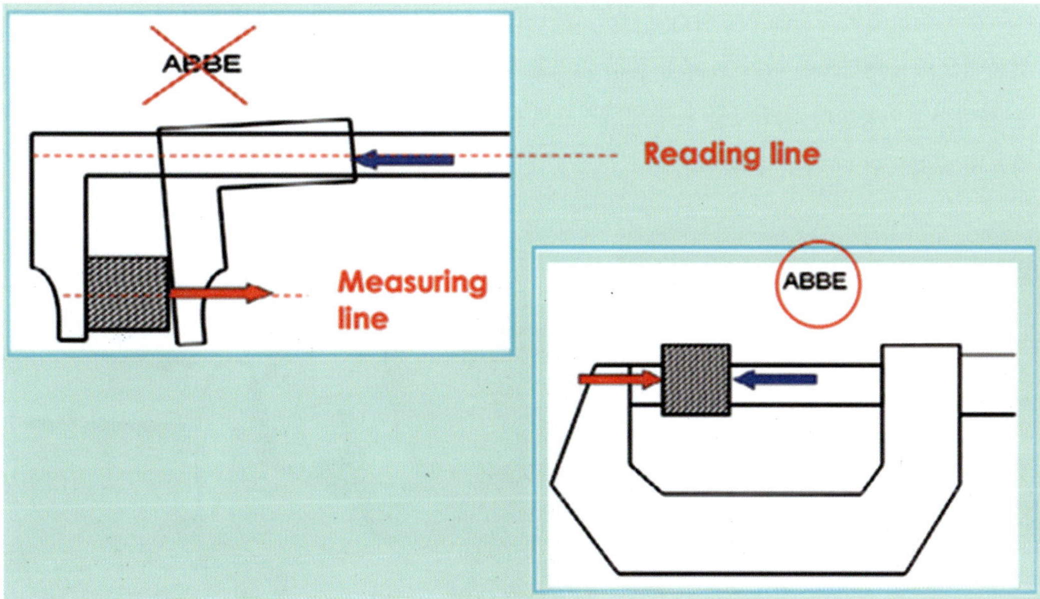

[그림] 7-127 아베 원리

(5) PME 교정(PME calibration)

항공기 정비사는 매일 공구와 장비를 함께 사용하여 작업하며 일종의 정밀한 측정이 가능한 수공구와 전문 시험 장비를 여러 차례 사용한다. 항공기 유지 관리 작업에 사용되는 다양한 유형의 정밀 측정 장비(PME)는 토크 렌치 또는 캘리퍼스, 전기 진단 장비용 압력계, 항공기의 시스템을 점검하는데 사용되는 특수 시험 장비 등 다양한 수공구일 수 있다. 이들 모두가 공통적으로 갖고 있는 한 가지는 정기적 일반 점검, 항공기 정비사들이 문제를 해결하고 수리하기 위해 사용하는 정밀 측정, 항공기나 시스템이 실제로 올바른지 확인하기 위해 교정 점검이 필요하다는 것이다.

대부분의 공구 및 장비 제조업체는 검사 및 교정을 위한 검증 기간에 대한 권장사항 또는 요건을 작성하여 PME를 구입할 때 이 정보를 제공한다. 일부 항공사는 제조업체의 교정을 위한 기간을 충족하거나 초과하도록 설계된 자체 PME 보정 프로그램을 수립하여 관리한다. 이러한 프로그램은 일반적으로 고유한 유형의 유지보수 작업, PME 사용 및 특수 장비가 사용되는 환경을 기반으로 개발된다. 회사의 규모, 정비 중인 항공기의 크기, 정비 작업의 복잡성과 관계없이 정비 및 검사를 수행하는데 사용되는 PME의 정확성을 확보하는 것이 매우 중요하다. 모든 측정 장비들은 주기적으로 교정을 시행하며 측정기의 정확도를 체크해야 한다.

측정기 교정 전문 인력을 채용하거나 내부 인력 훈련 프로그램을 통해 공장 내에서 측정기 교정 업무를 전문적으로 수행하도록 하거나, 교정 전문 인력을 투입할 여건이 안 되는 곳은 외부 교정 기관이 제공하는 서비스를 이용한다. 정확도를 위해 일반적으로 6개월 또는 1년에 1회를 규정된 간격으로 수행하거나 충분하지 않으면 더 자주 수행한다.

[그림] 7-128 PME 교정

1) 측정기 보관 관리

① 자주 사용하지 않는 측정기라 할지라도 1년에 2~3회 정도는 점검을 실시할 수 있도록 점검 일자를 계획·관리하여야 하며, 점검된 내용은 기록 관리를 실시해야 측정기의 성능을 최상의 상태로 유지할 수 있다.

② 측정기 보관함에는 각 측정기의 관리번호, 품명, 규격, 사용자 등을 기록한 현황판을 비치하여 측성기의 사용 실태를 파악할 수 있도록 한다.

③ 측정기는 취급에 충분한 주의를 하여야 하며, 온도 변화가 적고 습도가 낮은 곳을 보관장소로 선정하여야 한다. 철은 습도가 70% R.H. 전후에서 녹이 발생하기 쉽다. 특히 공기 중의 가스입자 등 불순물은 측정기에 부착되어 녹 발생을 가속화시키므로 측정기를 사용한 이후에는 반드시 점검하고, 먼지 및 지문을 없애고 방청유를 도포하여 표준환경(온도 20℃, 습도 55%)에서 보관하여야 한다.

④ 측정기에 도포하는 방청유는 되도록 얇게 칠하도록 하고 불필요한 곳에는 바르지 않아야 한다. 특히 광학 측정기에는 광학계에 기름이 스며들 수 있기 때문에 주의를 하여야 하며 플라스틱 제품에는 알코올을 사용하지 않아야 한다.

⑤ 측정기를 보관할 경우에는 측정기의 구조적인 특성을 고려하여 보관 방법을 달리 하는 경우도 있다. 만약 온도가 높은 장소에서 마이크로미터를 보관할 경우에는 열팽창에 의해 마이크로미터의 프레임이 변형이 될 수 있기 때문에 스핀들과 엔빌을 분리하여 보관해야 한다.

⑥ 측정기 보관함에는 측정기와 공구 및 기타 소모 자재 등의 혼용 보관을 가급적 피하도록 하고, 측정기를 포개거나 겹쳐서 보관하는 경우에는 충격에 의한 고장이 발생할 수 있으므로 주의하여야 한다. 측정기 전용 보관함(진열장 등)을 갖추고, 보관 테이블 바닥면은 충격방지를 위하여 완충재(융, 카펫, 고무, 스펀지 등)를 깔아 놓으면 도움이 될 수 있다.

⑦ 예비(spare) 측정기 및 유휴 측정기는 공구실의 보관대에서 측정기별로 식별이 용이하도록 분리하여 보관한다.

2) 측정기 일상 점검

측정기의 정밀 정확도를 유지하기 위해서 정기적인 교정만으로는 불충분하며, 평상시 간이적으로 실시하는 일상점검이 필요하다. 측정기 일상점검 내용으로는 사용자가 측정기의 이상 유무를 확인하는 중간 점검과 외관 및 작동 상태 점검 등을 포함한다.

① 측정기의 영점 점검

측정기의 영점이 틀리는 경우에는 측정 데이터에 지대한 영향을 미치게 되므로 작업 전에는 반드시 측정기에 대한 영점 조정을 실시하여야 한다.

② 측정기의 외관 상태 점검

측정기의 손상이나 변형 또는 타흔, 각부의 느슨함 등으로 측정에 오차를 발생시킬 수 있으므로, 작업 전에는 반드시 측정기의 외관 상태를 점검하여야 한다.

③ 측정기의 작동 상태 점검

측정기의 오작동이나 측정자의 흔들림 등으로 측정에 오차를 유발시킬 수 있으므로, 측정자는 작업 전에 반드시 측정기 각 부위의 작동 상태를 점검하여야 한다.

④ 측정기의 에너지원 공급 상태 점검

정밀 측정 장비를 사용하는 경우에는 전원 및 공기압 등이 일정하게 유지되어야 하기 때문에 항상 유틸리티의 공급 상태를 확인해야 한다.

⑤ 일상 점검 결과 작동이 원활하지 못하거나 정밀 정확도가 미달된다고 판단되는 측정기는 교정을 실시하여 사용가능 여부를 확인하도록 한다.

⑥ 측정기를 사용 후 보관할 경우에는 절삭유나 먼지 등의 이물질을 제거하여 보관하고, 1개월 이상 장시간 사용되지 않는 경우에는 측정면에 녹 발생이 우려되므로 방청유를 도포하여 보관한다. 이 경우 최소한 월 1회 정도는 측정기의 보관 상태를 점검해 주는 것이 좋다.

3) 측정기 교정 관리

① 정기교정은 등록된 측정기를 법정주기나 사내 표준에서 규정한 교정주기에 따라 일정한 주기로 교정을 실시하는 것을 말한다.

② 측정기가 사용부서와 관리부서로 구분되어 있는 경우 측정기 사용부서는 통보된 측정기 교정계획서(측정기 관리 전산시스템 화면으로 통보되는 경우도 있음)의 일정에 따라 측정기를 측정기 관리부서에 교정을 의뢰한다.

③ 교정결과 사내에서 정한 기준이나 해당 공정의 계속 사용가능 여부를 판단하여 합격된 측정기는 교정필증(스티커, 라벨, 택)을 부착하여 사용부서로 불출한다.

④ 교정결과 해당 공정에 계속 사용할 수 없는 불합격으로 판정된 측정기는 교정관리부서에서 그 결과를 사용부서에 통보하여, 다른 공정에 사용할 수 있도록 조치하거나 폐기하여야 한다.

⑤ 외부 교정기관을 통해 교정성적서를 받아 관리한다.

교정성적서(Calibration certificate)

① 제품 일련번호와 교정제품에 대한 설명
② 측정기 교정을 위해 사용된 장비의 일련번호
③ 교정의 불확도 수준(데이터 공차)
④ 표준 문구(Statement)
⑤ 교정기관의 자체 표준에 기반한 테스트를 식별하는 일련번호
⑥ 측정기를 교정할 때의 온도
⑦ 고객사의 정보(상호와 주소)
⑧ 교정일자 및 교정작업자의 날인
⑨ 시험결과(측정기 에러, 적절한 간격 측정 여부, 측정기 보정 등)

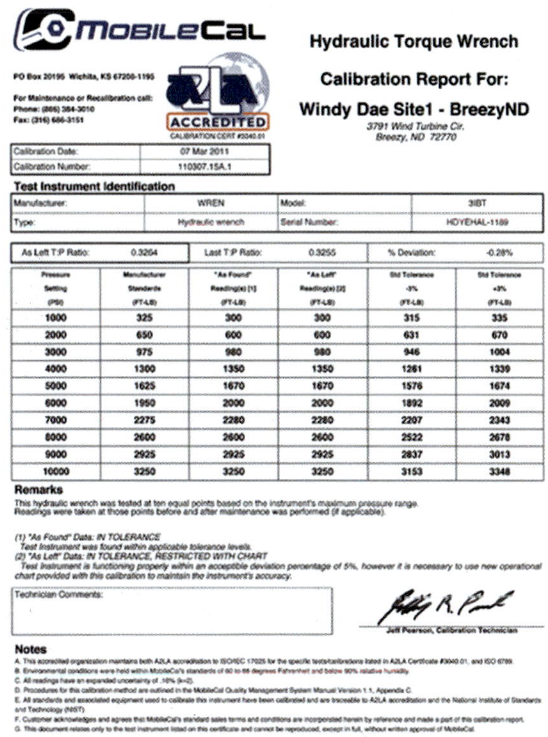

MobileCal

PO Box 20195 Wichita, KS 67208-1195

For Maintenance or Recalibration call:
Phone: (866) 384-3010
Fax: (316) 686-3151

A2LA ACCREDITED
CALIBRATION CERT #3040.01

Hydraulic Torque Wrench

Calibration Report For:

Windy Dae Site1 - BreezyND

3791 Wind Turbine Cir.
Breezy, ND 72770

Calibration Date:	07 Mar 2011
Calibration Number:	110307.15A.1

Test Instrument Identification

Manufacturer:	WREN	Model:	3IBT
Type:	Hydraulic wrench	Serial Number:	HDYEHAL-1189

As Left T:P Ratio:	0.3264	Last T:P Ratio:	0.3255	% Deviation:	-0.28%

Pressure Setting (PSI)	Manufacturer Standards (FT-LB)	"As Found" Reading(s) [1] (FT-LB)	"As Left" Reading(s) [2] (FT-LB)	Std Tolerance -3% (FT-LB)	Std Tolerance +3% (FT-LB)
1000	325	300	300	315	335
2000	650	600	600	631	670
3000	975	980	980	946	1004
4000	1300	1350	1350	1261	1339
5000	1625	1670	1670	1576	1674
6000	1950	2000	2000	1892	2009
7000	2275	2280	2280	2207	2343
8000	2600	2600	2600	2522	2678
9000	2925	2925	2925	2837	3013
10000	3250	3250	3250	3153	3348

Remarks

This hydraulic wrench was tested at ten equal points based on the instrument's maximum pressure range.
Readings were taken at those points before and after maintenance was performed (if applicable).

(1) "As Found" Data: IN TOLERANCE
Test Instrument was found within applicable tolerance levels.
(2) "As Left" Data: IN TOLERANCE, RESTRICTED WITH CHART
Test Instrument is functioning properly within an acceptible deviation percentage of 5%, however it is necessary to use new operational chart provided with this calibration to maintain the instrument's accuracy.

Technician Comments:

Jeff Pearson, Calibration Technician

Notes

A. This accredited organization maintains both A2LA accreditation to ISO/IEC 17025 for the specific tests/calibrations listed in A2LA Certificate #3040.01, and ISO 6789.
B. Environmental conditions were held within MobileCal's standards of 60 to 68 degrees Fahrenheit and below 90% relative humidity.
C. All readings have an expanded uncertainty of .16% (k=2).
D. Procedures for this calibration method are outlined in the MobileCal Quality Management System Manual Version 1.1, Appendix C.
E. All standards and associated equipment used to calibrate this instrument have been calibrated and are traceable to A2LA accreditation and the National Institute of Standards and Technology (NIST).
F. Customer acknowledges and agrees that MobileCal's standard sales terms and conditions are incorporated herein by reference and made a part of this calibration report.
G. This document relates only to the test instrument listed on this certificate and cannot be reproduced, except in full, without written approval of MobileCal.

[그림] 7-129 교정 성적서

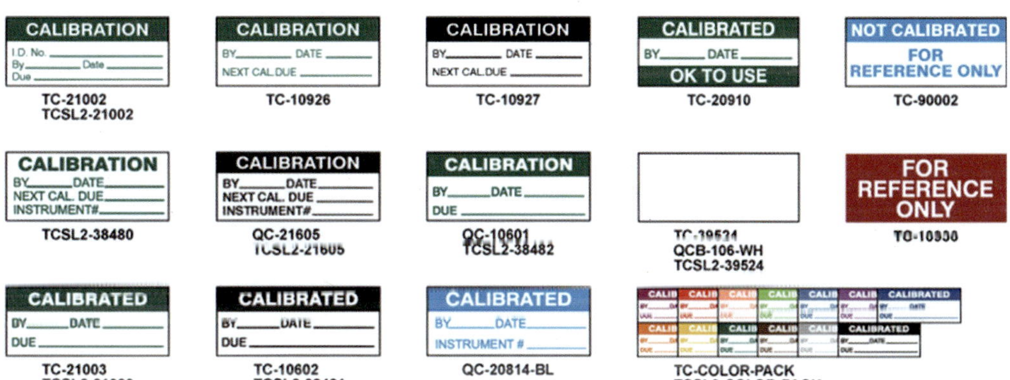

[그림] 7-130 교정 라벨

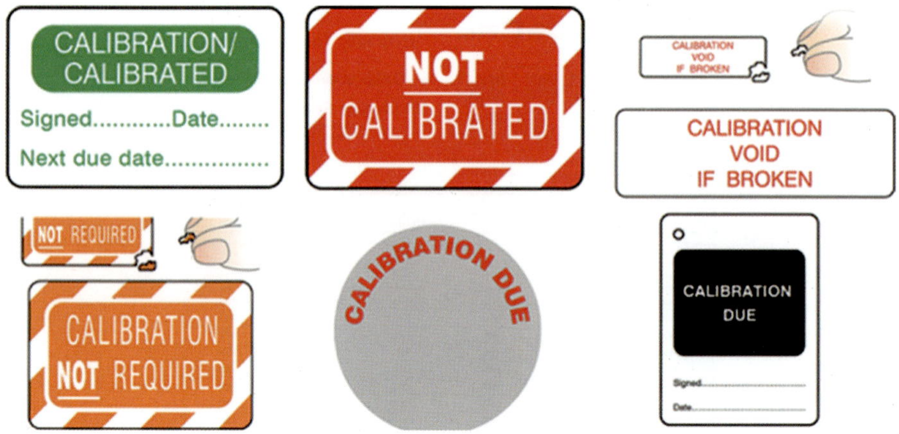

[그림] 7-131 교정 라벨 샘플

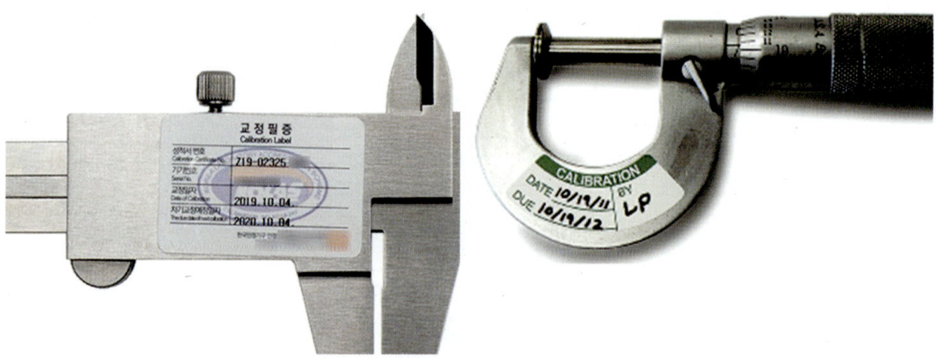

[그림] 7-132 교정 필증

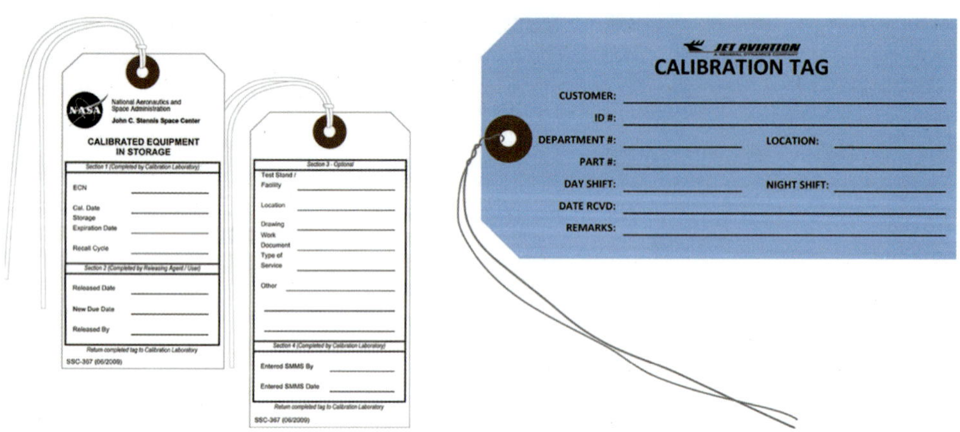

[그림] 7-133 교정 태그

7. 버니어 캘리퍼스(Vernier calipers)

노비스/버니어는 부척(아들자)을 뜻하며, 각각 고안자(1542년)인 포르투갈의 P.누네스와 제작자(1631년)인 프랑스의 피에르 베르니에에서 유래되었다. 고정된 어미자와 움직이는 아들자로 구성되어 있어 아들자를 움직여서 그 움직인 길이를 측정한다. 일반적인 길이 측정 뿐 아니라 철판의 두께, 틈 사이의 간격이나 파이프의 직경이나 또는 내경, 파인 구멍의 깊이 같은 것도 측정할 수 있다. 재질은 스테인리스 재질이 대부분이고, 길이는 주로 최대 측정 가능 치수가 150, 200, 300mm이다.

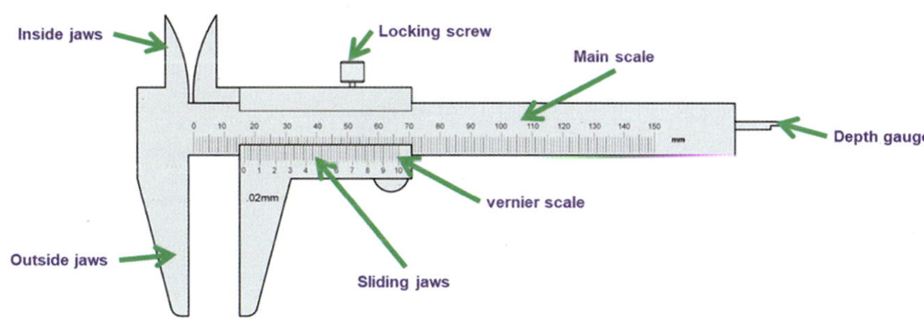

[그림] 7-134 버니어 캘리퍼스 구조

아들자의 눈금은 어미자의 (n±1)눈금을 n등분한 간격으로 새긴 것으로, 눈금 하나의 1/n까지 읽을 수 있다. 예를 들어, 1mm 단위인 어미자의 9눈금을 10등분했다면 0.1mm 단위까지 읽을 수 있다. 9mm를 10등분했으므로 아들자의 한 눈금은 0.9mm가 되고, 어미자와의 눈금 차이가 0.1mm씩 생기게 된다. 표준적인 버니어 캘리퍼스는 19눈금을 20등분하고 있어 1/20mm까지 측정이 가능하다. 종류는 M1형, M2형, CM형, CB형으로 나뉘어 있고, 많이 사용하는 것은 M1형이 가장 많이 사용한다.

[표] 7-3 버니어 캘리퍼스 눈금

버니어 캘리퍼스의 호칭 치수 및 눈금				
종류	호칭치수	눈금		
		최소 눈금 읽기 길이	주척	버니어
M형 캘리퍼스	15cm, 20cm, 30cm	1/20mm	1mm	19mm를 20등분한 것
CB형 캘리퍼스	15cm, 20cm, 60cm 100cm	1/50mm	1/2mm	12mm를 25등분한 것
CM형 캘리퍼스	15cm, 20cm, 30cm, 60cm 100cm	1/50mm	1mm	49mm를 50등분한 것

(1) 사용 목적

버니어 캘리퍼스는 내경, 외경, 깊이 측정을 하기 위해 사용한다.

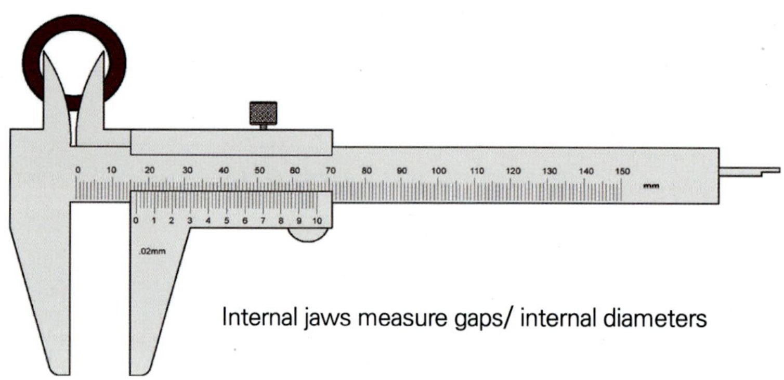

[그림] 7-135 내경 측정

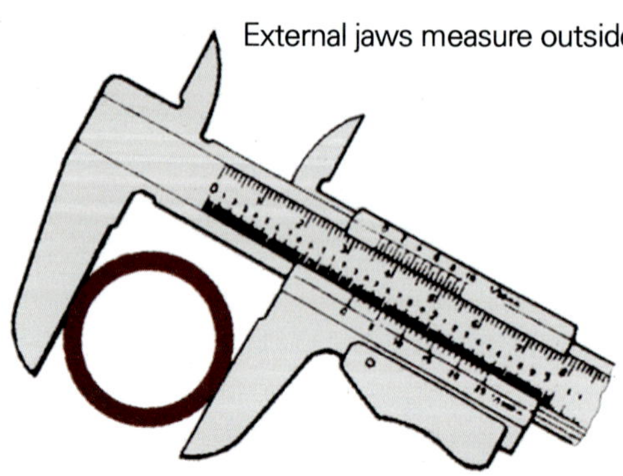

[그림] 7-136 외경 측정

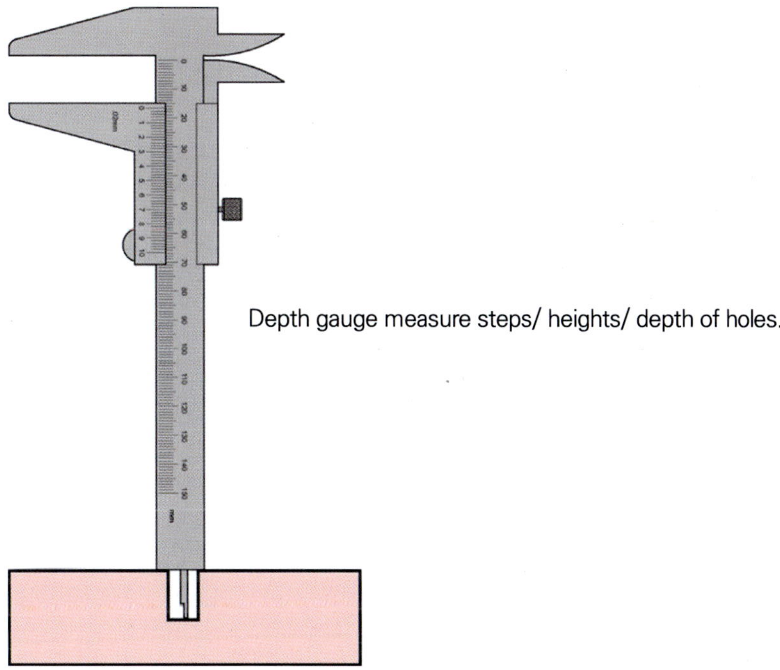

[그림] 7-137 깊이 측정

(2) 측정 시 유의사항

1) 0점 조정을 한다.

2) 교정에 대한 정보가 있는 라벨을 확인한다.

3) 단위와 최소 눈금을 확인한다.

4) 측정물을 깨끗하게 한다.

5) 정확하게 측정물에 결합한다.

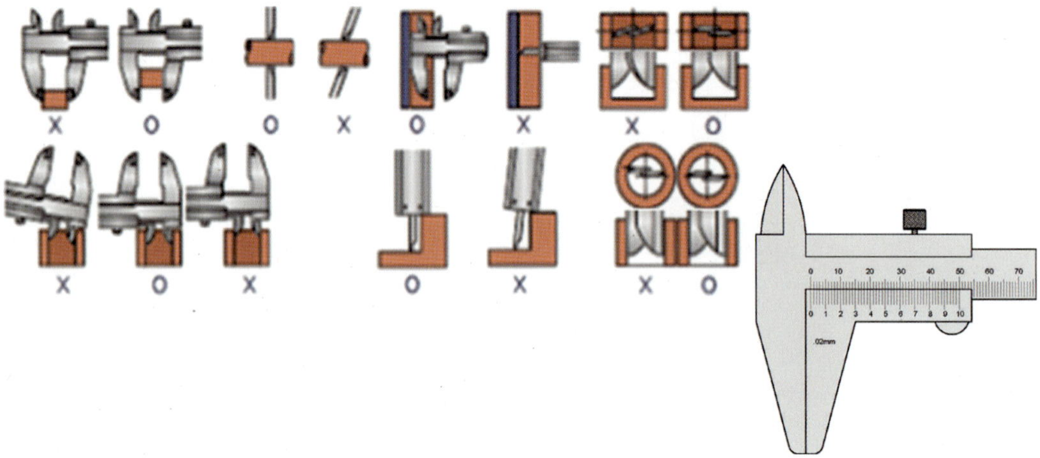

[그림] 7-138 측정 시 주의 사항

(3) 눈금 읽기

1) 1/50[mm] 읽기

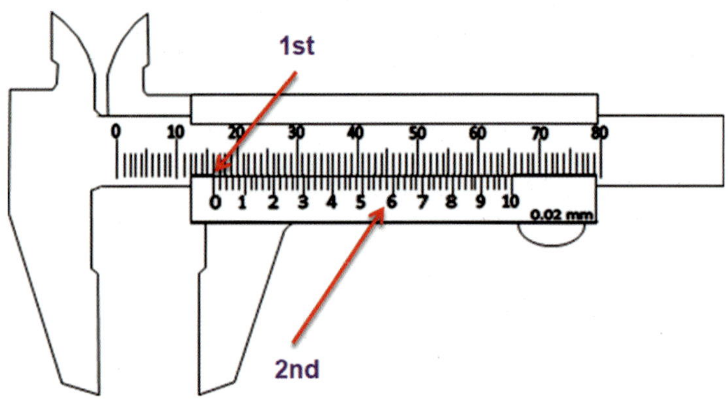

[그림] 7-139 1/50[mm] 눈금 읽기

2) 1/20[mm] 읽기

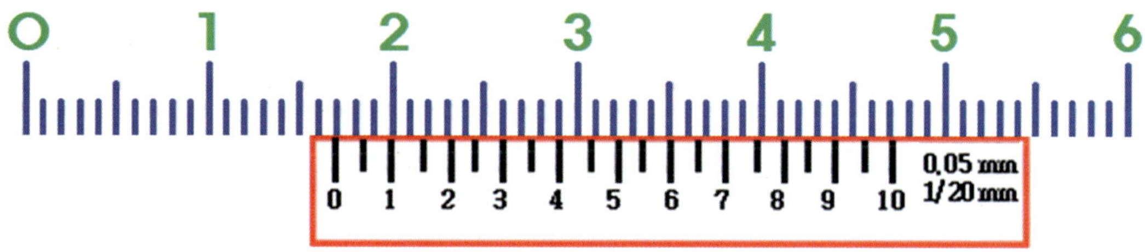

[그림] 7-140 1/20[mm] 눈금 읽기

3) 1/128[inch] 읽기

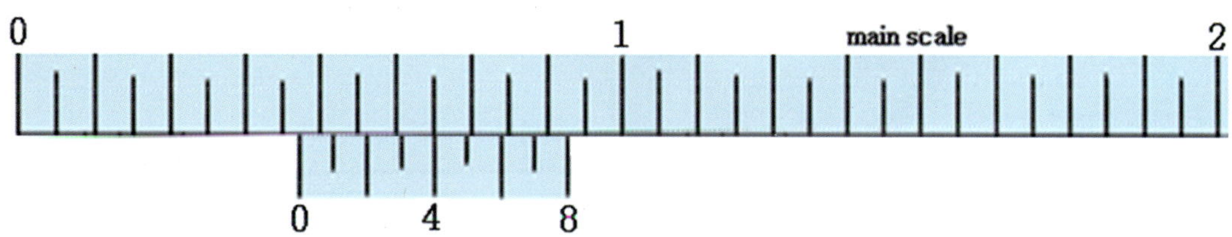

[그림] 7-141 1/128[inch] 눈금 읽기

4) 1/1,000[inch] 읽기

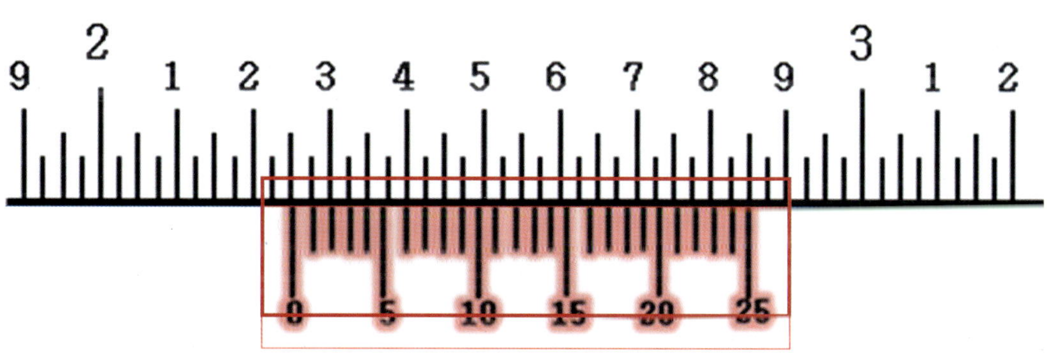

[그림] 7-142 1/1000[inch] 눈금 읽기

8. 마이크로미터(Micrometer)

1m의 백만분의 일까지 측정할 수 있는 공구로서, 측정하고자 하는 물체를 끼우게 되어 있다. 종류에 따라 바깥 지름을 측정할 수 있는 것 외에 안 지름, 구멍의 깊이, 기어의 노치, 나사의 지름을 측정할 수 있는 것도 있다. 액정에 숫자로 표시되는 디지털 방식도 있고, 공기와 전기를 이용한 마이크로미터도 있다.

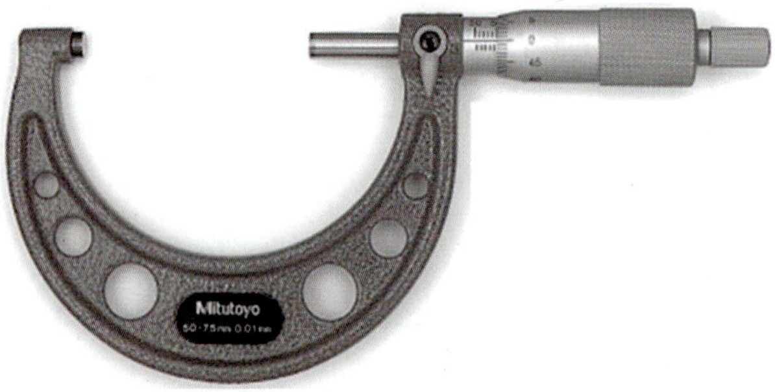

[그림] 7-143 마이크로미터

고정되어 있는 앤빌(anvil)과 회전시키면 축방향으로 이동할 수 있는 스핀들로 되어 있다. 슬리브의 기준선과 딤블이 일치하는 것이 최소값이 된다. 딤블에는 원주방향으로 눈금이 새겨져 있고, 한 바퀴 회전시켰을 때 슬리브의 한 눈금만큼 움직인다.

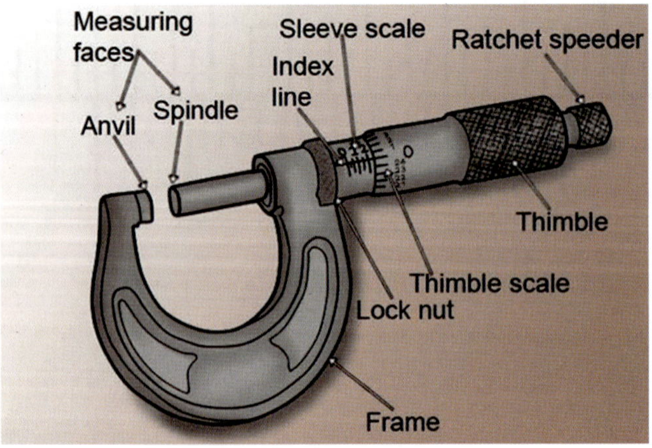

[그림] 7-144 마이크로미터 구조

(1) 사용 목적

각기 다른 마이크로미터로 내경, 외경, 깊이 측정을 할 수 있다.

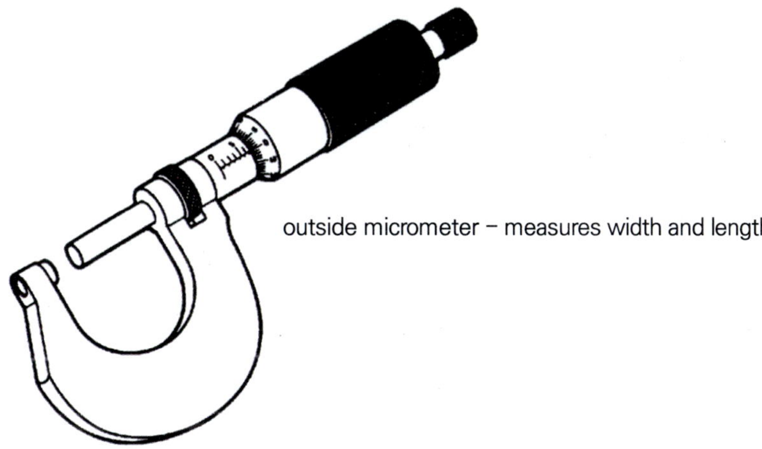

[그림] 7-145 외경 측정

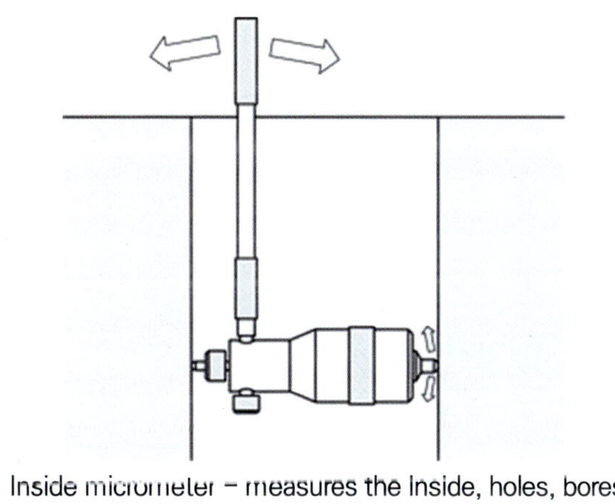

[그림] 7-146 내경 측정

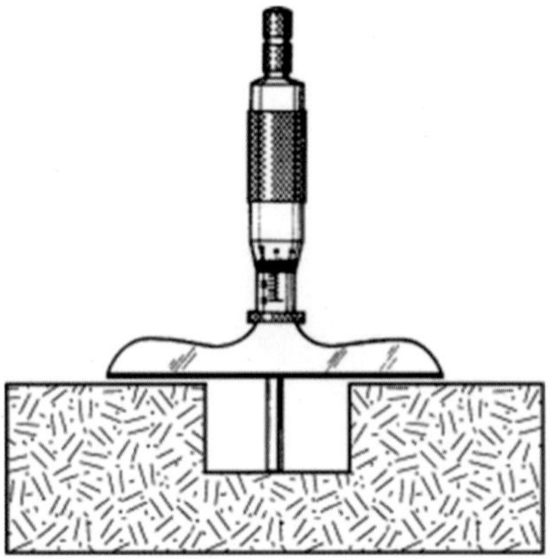

Depth micrometer - measures the depth of holes/ grooves/ recesses and the height of shoulders

[그림] 7-147 깊이 측정

(2) 측정 시 유의사항

1) 사용 전 앤빌과 스핀들을 깨끗이 한다.

2) 보관 시 스핀들이 움직이지 않게 고정 너트로 고정해서 박스에 담는다.

3) 측정물 고정 시 래칫을 과하게 회전시키지 않는다.

4) 0점 조정을 한다.

5) 스크류에 방청유를 주입시킨다.

6) 보관 시에 앤빌과 스핀들이 서로 붙여 놓지 않는다.

7) 스크류에 방청유를 주입한다.

8) 딤블은 손바닥으로 돌리지 않는다.

9) 사용 전 게이지 블록을 이용하여 원점 측정 후 사용한다(마이크로미터는 영점 오차가 없어야 한다).

10) 스핀들은 원활하게 움직이는지 확인 후 사용한다.

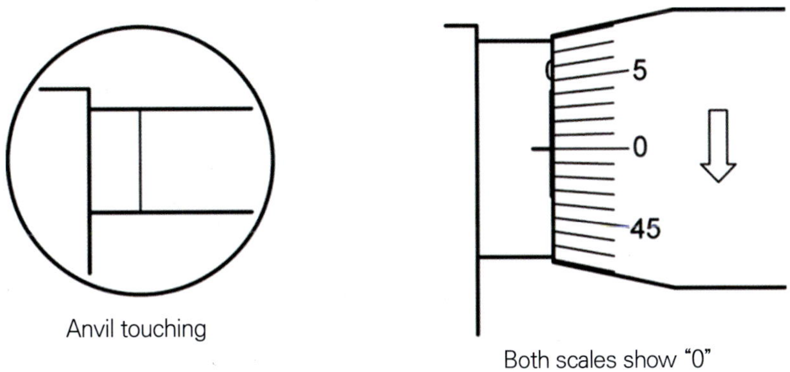

[그림] 7-148 측정 시 주의 사항

(3) 눈금 읽기

1) 1/100[mm] 읽기

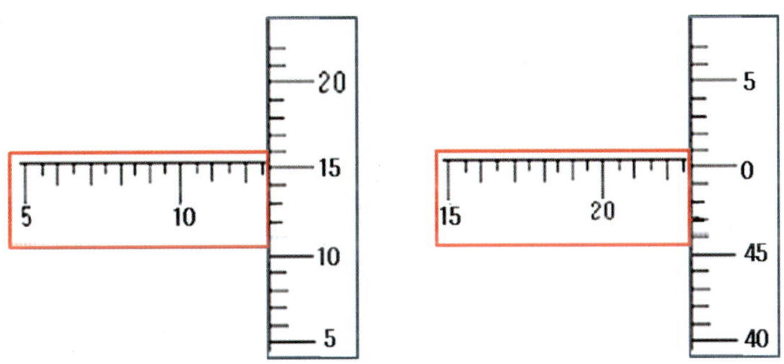

[그림] 7-149 1/100[mm] 눈금 읽기

2) 1/1,000[mm] 읽기

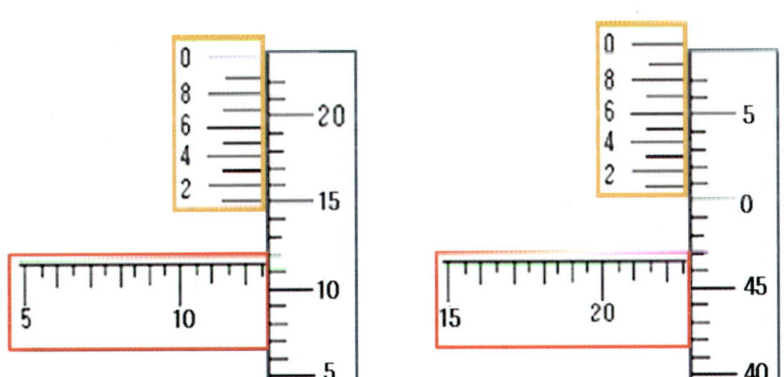

[그림] 7-150 1/1000[mm] 눈금 읽기

3) 1/1,000[inch] 읽기

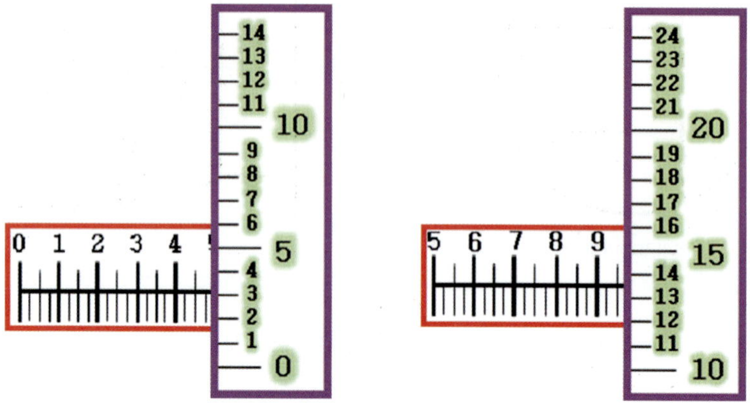

[그림] 7-151 1/1,000[inch] 눈금 읽기

4) 1/10,000[inch] 읽기

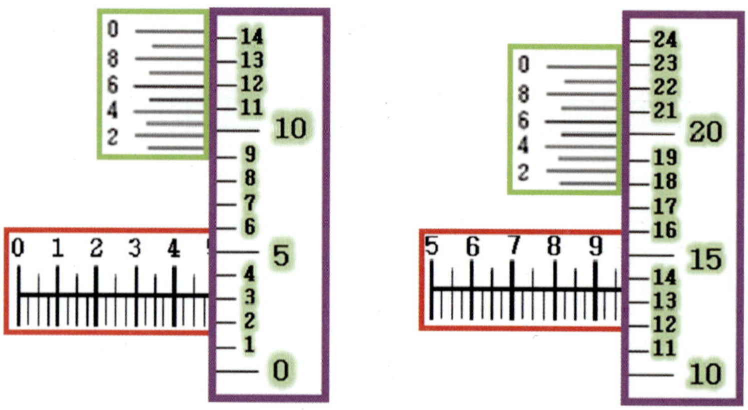

[그림] 7-152 1/10,000[inch] 눈금 읽기

9. 다이얼 게이지(Dial gauge)

측정하려고 하는 부분에 측정자를 대어 스핀들의 미소한 움직임을 기어장치로 확대하여, 눈금판 위에 지시되는 치수를 읽고 길이를 비교하는 길이 측정기이다. 다이얼 게이지는 다이얼 인디케이터(dial indicator)라고도 한다. 측정물의 길이를 직접 측정하는 것이 아니라 길이를 비교하기 위한 것으로, 평면의 요철(凹凸), 공작물 부착 상태, 축 중심의 흔들림, 직각의 흔들림 등을 검사하는 데 사용한다.

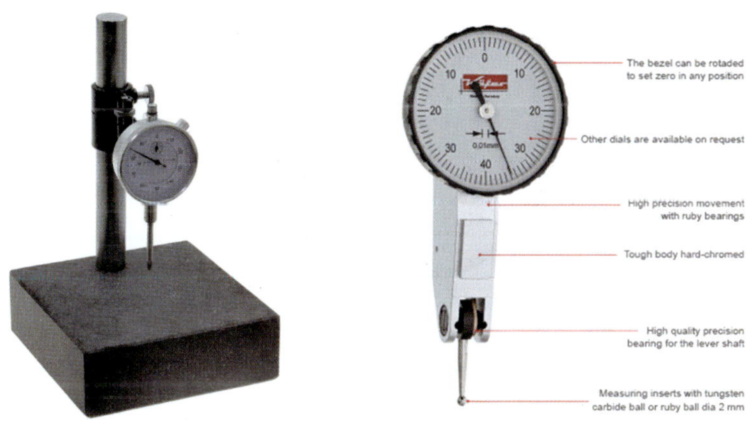

[그림] 7-153 다이얼 게이지

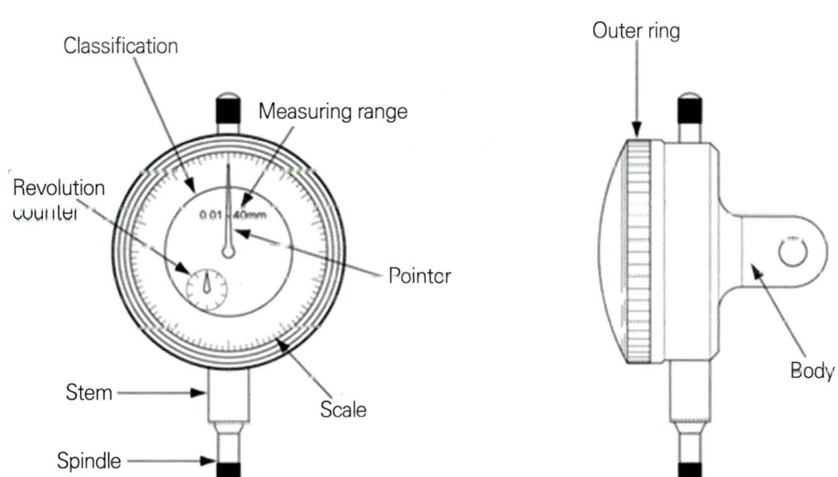

[그림] 7-154 다이얼 게이지 구조

스핀들에는 래크가 새겨져 있어 스핀들의 움직임을 기어에 전달한다. 스핀들이 1[mm] 움직이는 데 대해 지침이 1회전하는 것이 흔히 사용된다. 작은 원이 1회전하면 큰 원이 1칸 움직인다. 큰 원의 눈금과 작은 원의 눈금을 더해서 측정한다. 눈금판은 1눈금이 0.01[mm]인 것과 0.001[mm]인 것이 있다. 0.01[mm]의 것으로는 10[mm] 것을 측정할 수 있고, 0.001[mm]인 것으로는 0.3[mm], 1[mm], 2[mm] 등을 측정할 수 있다. 다이얼 게이지의 오차는 보통 최대 한 눈금-몇 눈금이 허용된다.

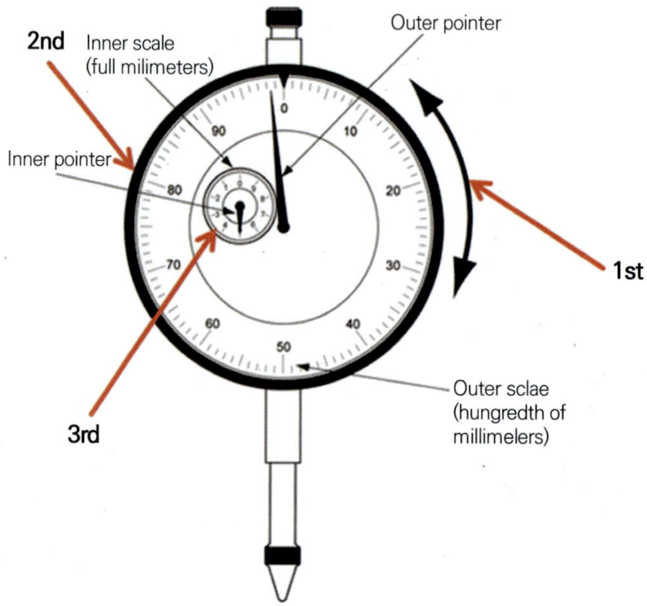

[그림] 7-155 다이얼 게이지 읽는 법

다이얼 게이지로 평면상태, 원통의 진원, 축의 휘어짐과 편심상태, 기어의 백래쉬, 원판의 런아웃, 크랭크축 및 캠축의 움직임 크기 측정을 위해 사용한다. 축의 run-out을 측정하기 위해 V블록을 사용한다(캠/크랭크 등).

(1) 사용 목적

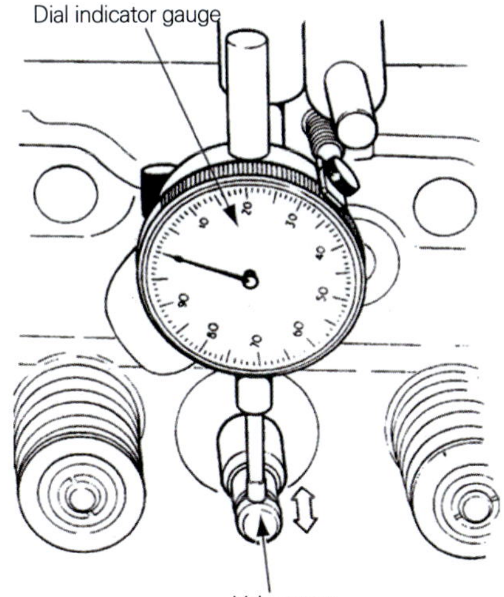

• Must be firmly mounted.
A magnetic stand or a stand with a screw clamp is often used.

[그림] 7-156 밸브 편심 측정

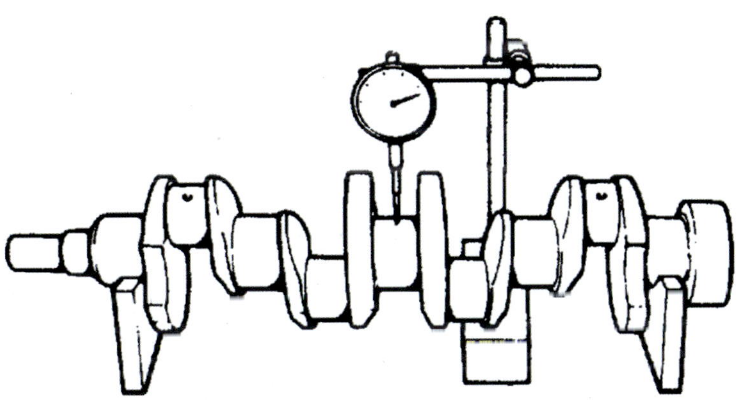

• Used to measure:
tho bond or run-out in a shaft
the clearance between two parts between an engine valve and its guide.

[그림] 7-157 크랭크샤프트 편심 측정

(2) 측정 시 유의사항

1) 직접 측정하지 않는다(원래 영점 설정과의 차이를 표시한다).

2) 다이얼 게이지를 스탠드에 단단히 장착한다.

3) 떨어뜨리거나 과도한 진동이 발생하지 않도록 한다.

4) 스핀들을 점검하는 표면에 직각(직각)으로 유지한다.

5) 0점 조정한다.

6) 스핀들의 움직임에 따라 값이 증가하거나 감소한다.

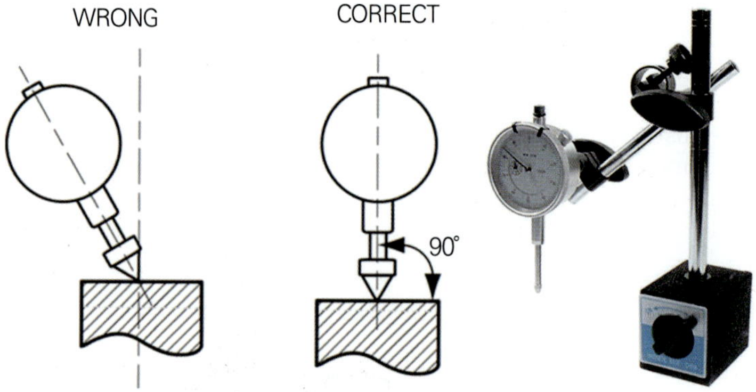

[그림] 7-158 측정 시 주의 사항

(3) 눈금 읽기

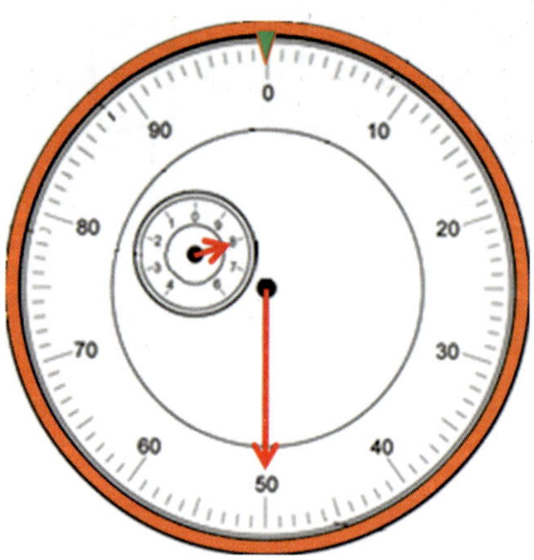

[그림] 7-159 눈금 읽기

(4) 측정 방법

1) 직접 측정

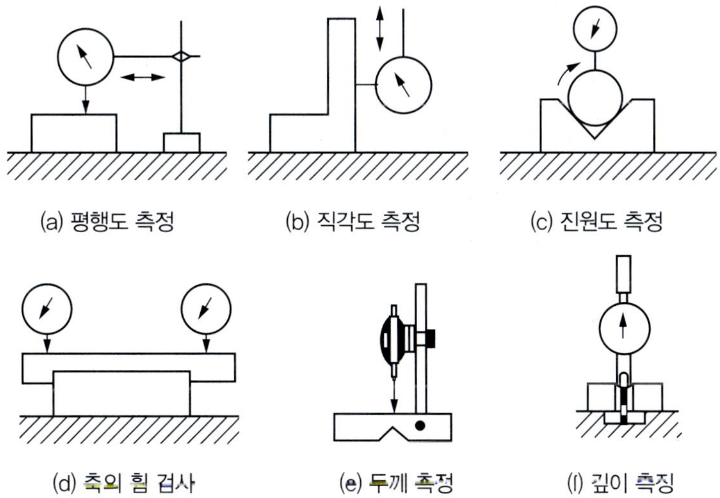

[그림] 7-160 직접 측정

2) 비교 측정

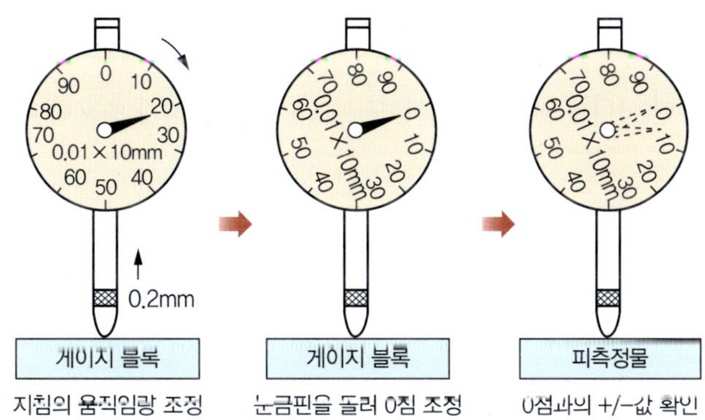

[그림] 7-161 비교 측정

게이지 블록(Gauge block)

비교 측정 시 측정물에 맞추어 함께 사용한다.

[그림] 7-162 게이지 블록

3) 진원도 측정

유압밸브의 실린더나 샤프트에서 기밀성을 요하는 부품은 치수 정밀도가 매우 엄격하고, 한층 더 진행되면 원통도라고 하는 기하 공차의 요구도 엄격해 진다. 공작기계의 회전축도 부품의 기하학적인 형상에 따라서는 마모하기 쉬운 것이 있다. 그 결과 반동이 발생하여 가공 정밀도가 나빠진다. 이러한 부품의 관리에는 치수 정밀도 뿐만 아니라 진원도나 원통도(기하 공차)의 관리가 중요하다.

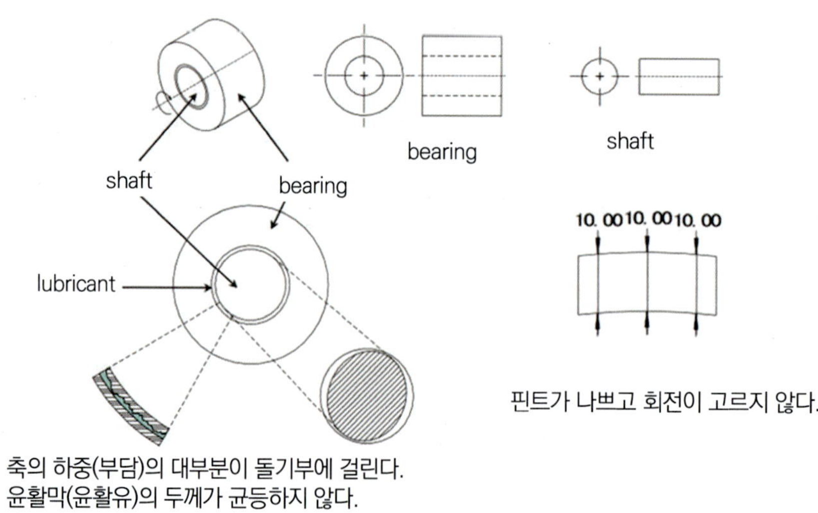

[그림] 7-163 진원 측정

4) 진원도 측정 목적

① 조립부품의 고정밀화

일반 조립부품이 5[㎛] 이하 또는 3[㎛] 이하의 엄격한 치수 정밀 부품의 경우, 단순한 치수 관리만이 아니라 진원도나 원통도의 관리가 필요하다.

② 고속 회전 기계의 주축과 베어링

선반, 연삭반 등의 회전 주축과 베어링에서는 회전 편차에 의한 고속 회전 시, 에너지 손실이나 부품 정밀도 불량의 요인이 된다.

③ 기밀성이 필요한 부품

유압밸브, 각종 패킹, 엔진밸브 등의 기밀성

④ 진동이나 소음이 문제가 되는 기구

축과 베어링, 각종 패킹 등의 진원도나 원통도의 이상이 진동이나 소음의 원인이 된다.

5) 진원도 불량의 원인

① 공작기계의 진동에 의한 진원도나 원통도 불량

② 공작기계의 회전부의 열화에 의한 진원도나 원통도 불량

③ 센터 홀의 형상 불량에 의한 진원도나 원통도 불량

④ 센터 연삭의 경우 전 가공의 변형에 의한 진원도나 원통도 불량

⑤ 링 상태 부품의 보관 유지 도구나 보관 유지 방법에 의한 가공물의 비틀림

⑥ 절삭 공구의 마모나 부착 불량에 의한 진동이 진원도 불량의 원인

⑦ 마무리 후에 열을 더 가해서 발생하는 변형

6) 진원도 측정 방법

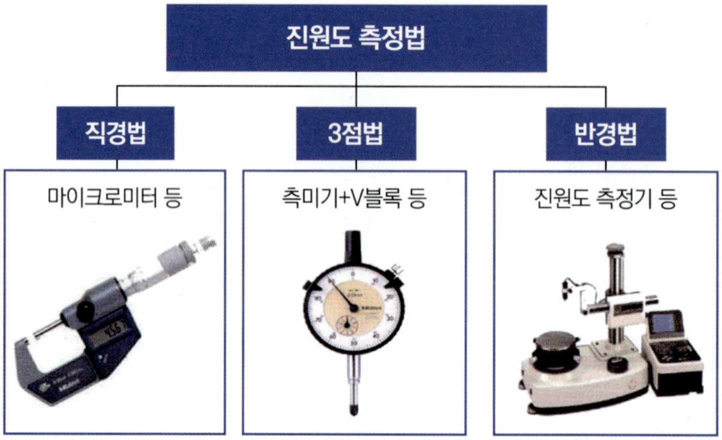

[그림] 7-164 진원 측정 방법

① 직경법

원형 부품의 측정물 1단면을 마이크로미터나 버니어캘리퍼스, 다이얼 게이지와 정반으로 직경을 여러 방향으로 측정하여, 그 최대치와 최소치의 차이를 표현한다(홀의 경우는 내경을 측정한다). 이 방법은 측정물의 단면이 주로 타원 형상의 경우에 유효한 수단으로 현장에서 쉽고 빠르게 측정할 수 있으나, 요철이 있을 때나 삼각형이나 5각형의 등 경왜원을 측정할 때는 진원도가 아닌 것도 진원이라고 틀린 값을 내는 것이 있다.

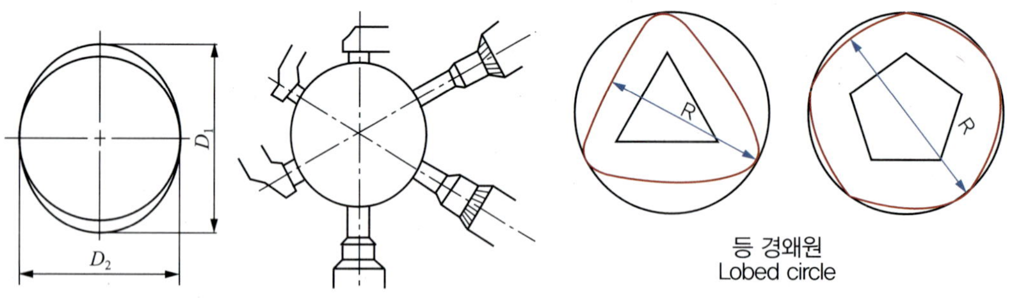

[그림] 7-165 직경법

② 3점법

V블록 위에 원형 샤프트를 올려 측정기를 접촉시킨 상태에서 샤프트를 천천히 회전시켜, 1회전 이동할 때 측정기의 바늘이 쏠리는 양에 의해 표현한다. 원형 부분을 2점에서 지지하고, 그 2점의 수직 2등분 선상에 측정기를 위치시킨 후, 피측정물을 360도 회전시켰을 때 지침의 최대 변위량의 1/2으로 정의한다. 단면이 타원 또는 삼각 형상의 경우로는 같은 감도로 검출할 수 없다. 까다로운 형상의 진원도 측정은 불가능하고, 대략적인 진원도값만 파악할 수 있다. V블록을 사용할 경우 측정 단면과 무관한 다른 단면의 요철에 의해 측정값이 달라질 수 있다.

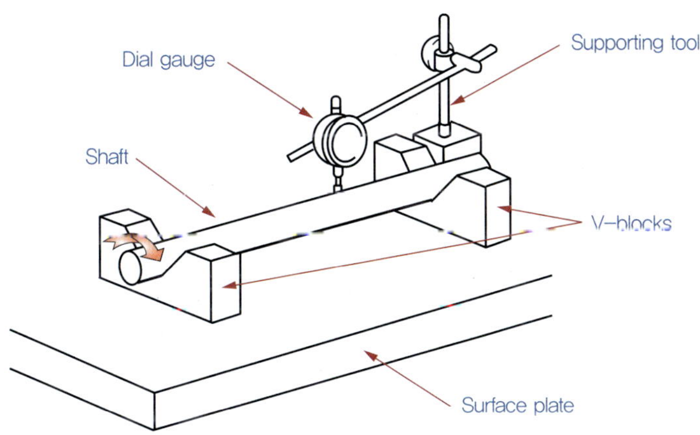

[그림] 7-166 3점법

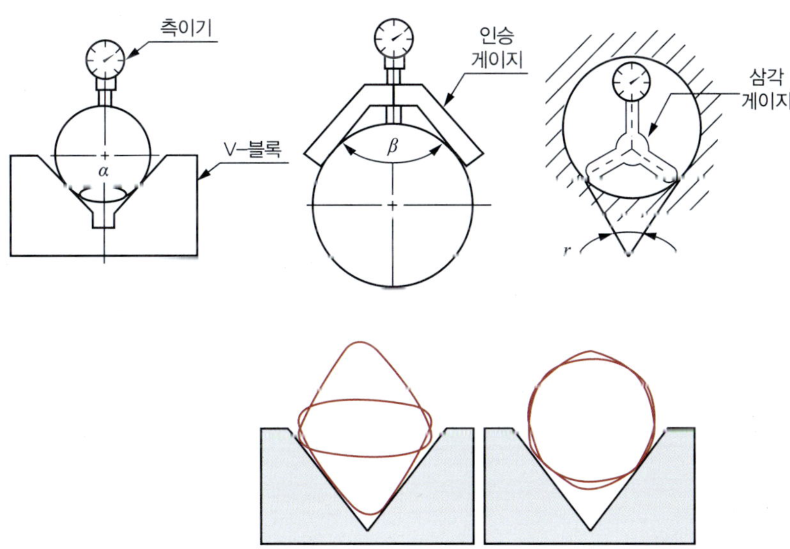

[그림] 7-167 측정 보조 도구

3점법 오차

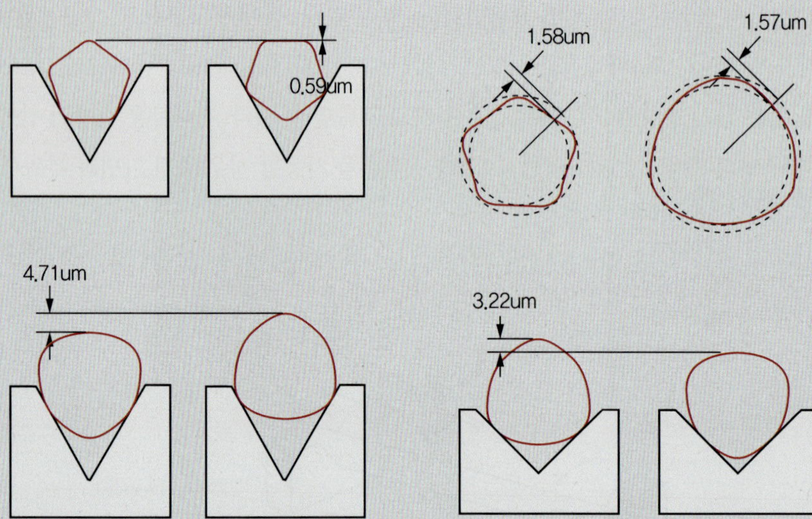

[그림] 7-168 3점법 오차

③ 반경법

피측정물을 센터에 지지하고 롤러에 의해서 회전시켰을 때 측정기의 최대치와 최소치의 차로 표현한다. 원형 부분의 형상을 이론적으로 가장 정확하게 구할 수 있어 현장에서 널리 사용된다. 센터의 축선과 회전 중심이 다를 경우 계산(보정)해 주어야 한다.

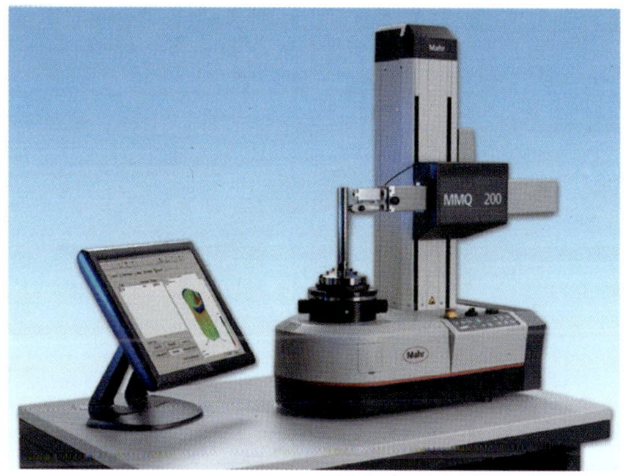

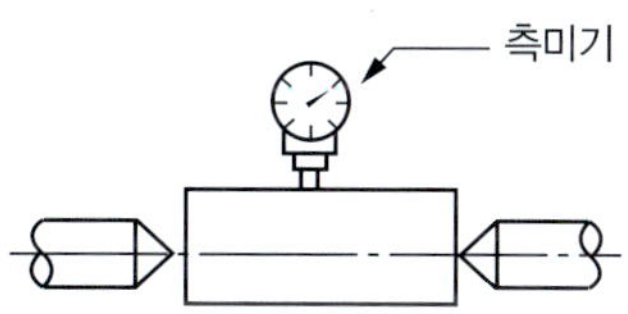

(a) 센터에 의한 반지름법

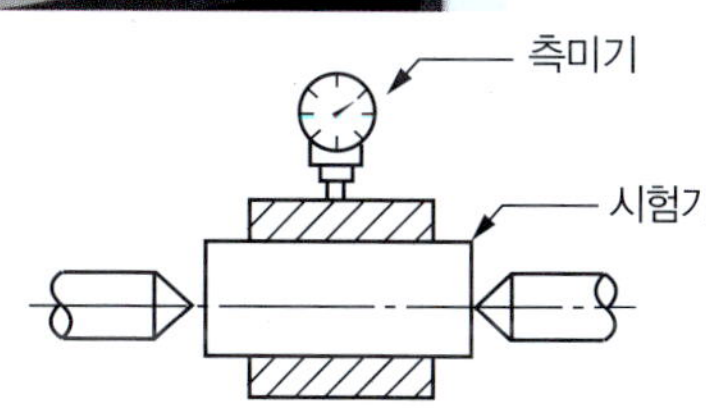

(b) 센터에 의한 반지름법

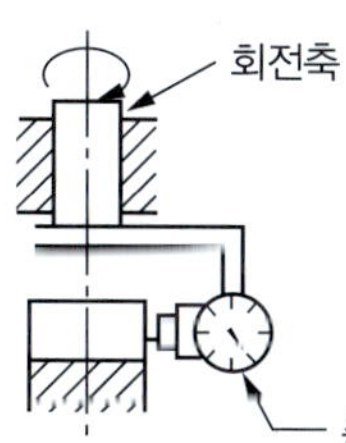

(c) 검사기 회전식 반지름법

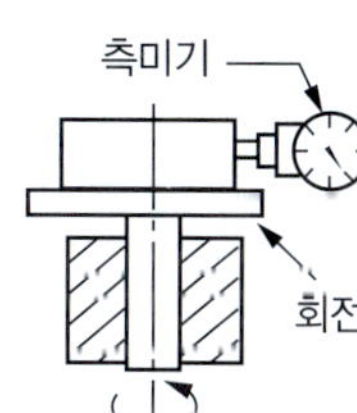

(d) 테이블 회전식 반지름법

[그림] 7-169 반경법

PART 8

항공기 안전, 지상취급과 서비스 작업

1. 작업장 안전
2. 운항 정비 안전
3. 화재 예방
4. 계류 절차
5. 항공기 지상 이동
6. 항공기 보급

1. 작업장 안전(Shop safety)

안전하고 효율적인 정비를 위해서는 격납고(hangar), 작업장(shop) 및 격납고 주변의 주기장 등을 깨끗하게 정리하고 유지하는 것이 반드시 필요하다. 그러므로 항공기 정비 작업 시에는 작업장의 정리 및 정돈과 청결에 최선을 다해야 한다. 교대 근무 시 퇴근조는 개인 공구, 공구함, 작업대, 정비 스탠드, 호스(hose), 전기 코드 및 호이스트(hoist) 등이 제대로 분리되고, 적절히 보관되었는지 확인해야 한다. 위험 표시는 위험한 장비 또는 위험 상태를 식별할 수 있도록 눈에 잘 띄게 게시하여야 한다. 또한 구급 용품과 방화 설비의 위치를 쉽게 찾을 수 있도록 안내 표지를 게시하여야 한다. 격납고에는 안전 통로, 보행자 인도 및 소방도로 등을 페인트로 표시하여야 한다.

작업에 관련이 없는 보행자가 작업 영역 밖으로 이동할 수 있도록 함으로써 사고를 미연에 방지하기 위한 안전 조치이다. 안전은 모든 사람의 직무이며, 의사소통은 모든 사람의 안전을 보장하는 열쇠이다. 그러므로 정비사와 관리자는 자신의 안전과 자기 주변의 다른 작업자의 안전을 위해 주의를 기울여야 한다. 만약 불안전한 행동을 보이는 사람이 있다면 안전하게 행동할 수 있도록 적극적으로 의사소통을 실시하여야 한다.

(1) 전기 안전(Electrical safety)

전기 장치를 이용하여 작업하는 것은 신체적으로 감전의 위험을 가지고 있다. 전기가 인간의 신체에 접촉되어 감전이 되면 중화상을 입을 수 있으며, 추가로 신경 계통이 영향을 받아서 위험 또는 사망에 이를 수 있다. 그러므로 정비사는 전기의 원리에 대한 실용적인 지식을 통하여 안전한 작업과 손상 방지를 위하여 전기를 안전하게 다룰 수 있는 능력을 갖추어야 한다. 적절한 안전 보호 장구의 착용 또는 사용은 정신적인 안정감을 줄 뿐만 아니라 사용자를 육체적으로도 보호해 줄 수 있다.

고무장갑, 보안경, 고무 매트(rubber met) 또는 접지 안전 매트(grounded safety mat) 등의 보호 장구 착용 및 사용은 전기 관련 작업을 수행하거나 전기 장치를 사용하는 정비사의 정신적인 안전에 기여한다. 또한 전기를 발전하거나 송전할 때에는 언제나 전류는 흐르게 되고 열이 발생하게 된다. 전류가 더 많이 흐를수록 더 많은 열이 발생한다. 열이 너무 높아졌을 때 과도한 전류와 과도한 열을 일으키는 단락(short)의 원인이 되어 전선에 있는 보호 피막과 다른 전기 장치를 녹일 수 있다. 전기 화재를 방지하기 위해서는 전기 작업장 또는 전기 장치 주변을 청결하게 유지하여야 하며, 불필요한 모든 가연성 물질은 제거하여야 한다. 모든 전원 코드, 전선 및 라인(line)은 꼬임(kink)과 굽힘(bend)이 없는지 확인해야 한다.

전선이나 코드(cord)는 사람이 다니는 통로 또는 다른 장비가 이동하는 통로에 절대로 놓아두어서는 안 된다. 전원 코드 내에서 몇 가닥의 전선이 끊어지게 되면 나머지 전선을 거쳐 지나가는 전류는 더욱 증가하게 되어 전선에 과도한 부하로 인하여 절연 피막보다 더 많은 열을 발생시켜서 화재를 유발시킬 수 있다.

(2) 고압 가스 안전(Safety around compressed gases)

1) 공기 호스(air hose)는 끊어지거나 닳은 곳은 없는지 주기적으로 검사해야 하며, 문제가 있는 호스(hose)는 곧바로 교체해야 한다.

2) 호스 연결은 누설이 없는 상태로 유지해야 한다.

3) 수분이 응축되어 발생하는 물을 배출하기 위한 장치를 설치하여야 하며, 주기적으로 물을 배출시켜야 한다.

4) 페인트(paint) 분무를 위해 사용되는 공기는 기름이나 물 등이 제거될 수 있도록 여과되어야 한다.

5) 절대로 손이나 작업복의 오염물질을 털어내기 위하여 고압 공기를 사용해서는 안 된다.

6) 피부에 이물질이 박힐 수 있다.

7) 절대로 다른 사람의 지역으로 고압 공기를 분사해서는 안 된다.

8) 작업이 종료되면 공기 호스는 곧게 펴서 감아주고, 적절하게 보관해야 한다.

(3) 위험물 안전(Safety around hazardous materials)

화학물질을 취급하는 작업장에서는 화학물질별로 한글로 작성된 물질 안전 보건 자료(MSDS : Material Safety Data Sheet)를 구비하여 작업자가 쉽게 볼 수 있는 장소에 게시하거나 비치하여야 하며, MSDS를 참고하여 화학물질을 취급하는 작업 공정별로 관리 요령을 게시해야 한다. 또한 작업장에서 사용하는 화학물질을 담은 용기 및 포장에는 경고 표지를 부착해야 하며, 경고 표지에 들어갈 내용은 명칭, 그림 문자, 신호, 유해 및 위험 문구, 예방 조치 문구 및 공급자 정보 등이 포함되어야 한다.

아울러 화학물질을 취급하는 작업자는 사용하는 화학물질에 대하여 취급하기 전에 해당 화학물질의 유해성 및 위험성, 취급상의 주의 사항, 적절한 보호구 및 사고 발생 시 대처 방법 등에 대한 MSDS 교육을 반드시 이수해야 하고, 화학물질을 소분해서 용기에 덜어서 사용하는 경우 용기에 경고 표지를 부착해야 하며, 작업 공정별 관리 요령을 준수하면서 작업해야 한다. 또한 화학물질을 취급하기 전에 MSDS에서 제시한 적절한 개인 보호구를 착용해야 하고, 화학물질 취급으로 건강 이상이 발생하는 경우에는 사업주에게 즉시 보고해서 조치를 받아야 한다.

(4) 공작 기계 안전(Safety around machine tools)

1) 드릴 작업(Drilling)

① 보안경을 착용한다.

② 가공할 물품은 구멍을 뚫는 동안 움직이지 않도록 적절히 고정한다.

③ 사용되는 재료에 대해 적절한 회전수(rpm)를 설정한다.

④ 드릴 절삭면의 길이보다 깊은 구멍을 뚫을 때에는 드릴을 자주 빼내어 구멍을 청소하고, 드릴이 chip에 걸려 움직이지 않게 되는 것을 방지한다.

⑤ 드릴이 박혀서 움직이지 아니할 때에는 먼저 드릴을 정지시켜야 하며, 드릴을 빨리 멈추려고 회전 중인 chuck을 손으로 잡아서는 안 된다.

⑥ 작업이 끝나면 깨끗하게 청소해야 한다.

2) 선반 작업(Lathing)

① 보안경을 착용한다.

② 절삭 공구(cutting tool)는 예리하게 갈아서 사용한다.

③ 선반의 고정 상태 및 가공물의 설치 조임 상태를 확인한다.

④ 손으로 chuck을 멈추려는 시도는 하지 않는다.

⑤ 선반 작동 중에 공구가 튕겨나갈 수 있으므로, 선반에 공구를 놓지 않는다.

⑥ 가공물을 측정할 때에는 선반 작동을 멈춘다.

⑦ 절삭 작업 시 반드시 냉각액을 사용해야 한다.

⑧ 회전 절삭 중 chip을 제거할 때는 손으로 제거하지 말고 제거용 공구를 사용한다.

3) 밀링 작업(Milling)

① 보안경을 착용한다.

② 작업을 시작하기 전에 기계가 깨끗하고 쇳조각, 흠집, 쇳가루가 없는가를 확인한다.

③ 재료는 shim, block 및 clamp를 사용하여 고정시킨다.

④ 작업에 적당한 직경의 cutter인지 확인하여 주의 깊게 선택해야 하며, 지나치게 큰 cutter를 사용하는 것은 피한다.

⑤ 재료를 절삭 중에 기계의 속도와 이송(feed) 비율을 변경하여서는 안 된다.

⑥ 회전하는 cutter 밑으로 재료를 되돌아 나오게 할 때에는 그 전에 table을 낮게 한다.

⑦ 재료를 고정시키는 clamp나 bolt가 축이나 cutter에 닿지 않을 정도의 낮은 위치에 있는가를 확인한다.

4) 연삭 작업(Grinding)

① 연삭기(grinder)에 연삭 분진이 튀어나오는 것을 방지하기 위하여 숫돌 전면에 깨지지 않는 투명 실드(shield)가 설치되었다 하더라도 보안경을 착용한다.

② 사용하기 전에 숫돌에 결함이 없는지 검사한다.

③ 측면을 사용하는 것을 목적으로 하는 것 이외의 숫돌은 측면을 사용하지 않는다.

④ Flange는 직경 및 접촉 폭 등의 구조 규격이 적합해야 하며, 지경은 최소한 숫돌 지름의 1/3 이상이 되어야 한다.

⑤ 작업 중에 숫돌이 깨졌을 때 파편이 튀어 나가지 않도록 숫돌의 2/3를 덮을 수 있는 견고한 금속제 cover를 설치한다.

5) 용접 작업(Welding)

① 용접하는 동안에는 연료 탱크를 열지 말아야 하며, 연료 계통의 작업은 중단해야 한다.

② 용접하는 동안 페인트 작업은 중단해야 한다.

③ 용접하는 동안 35[feet] 이내에 다른 항공기가 있지 않아야 한다.

④ 용접 작업 주변에 가연성 물질은 없어야 한다.

⑤ 용접 자격이 있는 작업자만이 용접 작업을 수행해야 한다.

⑥ 용접 작업 주변은 밧줄을 쳐서 외부로부터 차단하고, 용접 작업 중임을 표시해야 한다.

⑦ 적정한 소화 장비를 비치해야 한다.

⑧ 용접 작업 주변에서 화재 감시를 훈련시켜야 한다.

⑨ 비상 시 즉시 항공기를 대피시킬 수 있도록 장애가 될 수 있는 것을 제거하고, 당해 항공기에 견인 트랙터(tow tractor)를 연결하고 운전자를 승차시켜 놓아야 한다. 항공기의 parking brake는 풀어놓는다. 격납고 문(hangar door)은 열려져 있어야 한다.

2. 운항 정비 안전(Flight line safety)

(1) 청력 보호(Hearing protection)

운항 정비 지역에서 소음은 많은 곳에서 발생한다. 항공기 소음은 여러 소음의 근원 중 하나이며, 보조 동력 장치(auxiliary power unit), 연료 트럭, 수화물 취급 장비 등에서 발생하는 소음들이 있다. 대다수의 음향은 여러 가지 파장으로 이루어져 있으며, 파장들이 함께 섞여서 발생하는 소음은 계류장(ramp)과 비행 대기선(flight line)에서 작업하는 운항정비사의 청력을 상실하게 하는 원인이 될 수 있다. 소음 수준을 안전한 수준으로 감소시키기 힘든 경우 청력 보호를 위해 여러 가지 보호구를 사용해야 한다.

또한 air drill, rivet gun 등과 같은 큰 소음을 유발하는 공구나 기계류를 사용하여 작업할 때에도 보호구를 착용해야 한다. 청력 보호 장구 유형에는 소모성 및 재사용 가능 귀마개, 맞춤 귀마개, ear muff 등이 있다. 특히 ear muff는 귀마개보다 높은 수준의 일관된 차음 효과를 얻을 수 있고, 같은 크기의 ear muff를 대부분의 작업자들이 사용할 수 있다. 귀에 염증이 있는 경우에도 사용할 수 있으며, 크기가 커서 사용 여부를 확인하기가 쉽다.

(2) 외부 이물질에 의한 손상(FOD : Foreign object damage)

FOD는 항공기, 사람, 장비 등에서 떨어진 물체에 의해 일으키는 손상을 말한다. 떨어진 물체는 활주로에서 깨진 콘크리트 조각에서부터 작업장에서 사용하는 shop towel, safety wire까지 다양하다. FOD를 방지하기 위해서는 계류장(ramp)과 운영 지역을 깨끗하게 유지해야 한다. 또한 공구 관리 프로그램을 갖추고, 사용하고 남은 hardware 및 기타 소모품들을 보관할 수 있는 별도의 저장 공간을 마련해야 한다. 최신의 gas turbine engine은 엔진 흡입력에 의하여 바닥에 떨어진 이물질들을 빨아들이며, 엔진 배기가스 또한 엔진 후방으로 이물질들을 먼 거리까지 다른 물체에 손상을 줄 만큼 강력하게 불어낸다.

FOD 프로그램의 중요성은 엔진 및 부분품 등의 손상에 따른 비용 발생 및 작업자의 생명까지도 위협하므로 지나친 강조가 아닐 수 없다. 따라서 정비사는 turbine engine의 intake 주변에 공구와 기타 물품들을 방치하지 않도록 주의해야 한다.

(3) 비행기 안전(Safety around airplanes)

활주(taxiing) 중인 항공기의 조종사가 정비사를 비롯한 사람들을 보고 피해갈 것이라는 생각은 착각이다. 따라서 정비사는 계류장에 있을 때는 조종사를 잘 볼 수 있는 위치에 있어야 한다. 터빈 엔진의 공기 흡입구와 배기 부분 또한 매우 위험한 지역이므로 항공기가 작동 중인 부근에서는 절대로 금연해야 하며, 인화성 물질을 소지해서도 안 된다. 항공기 외피(skin)에 유해한 액체류의 누설 흔적은 없는지 확인해야 한다. 항공기 주변에서 지상 장비를 작동할 때에는 항공기와의 간격을 적절히 유지하고 장비가 항공기 쪽으로 굴러가지 않도록 고정해야 한다. 항공기 기동 지역에 있는 모든 물품은 외부에 노출되지 않게 적절하게 보관되어야 한다.

(4) 화재 안전(Fire safety)

항공기와 장비품 등을 정비할 때 열을 발산하는 공구와 장비, 가연성 액체와 폭발성 액체 및 가스, 불꽃(spark)을 일으킬 수 있는 전동공구(electrical tool) 등을 사용하면 화재 발생의 가능성이 높아진다. 화재 발생을 방지하기 위해서는 화재의 근원을 찾아내고 화재를 진압하기 위한 대책을 갖추어야 한다. 격납고, 작업장 및 항공기 계류 지역 등에서의 화재 진압 훈련 등은 공항 소방대 또는 인근 지역 소방서의 협조를 얻어서 실시할 수 있다.

[그림] 8-1 지상 작업

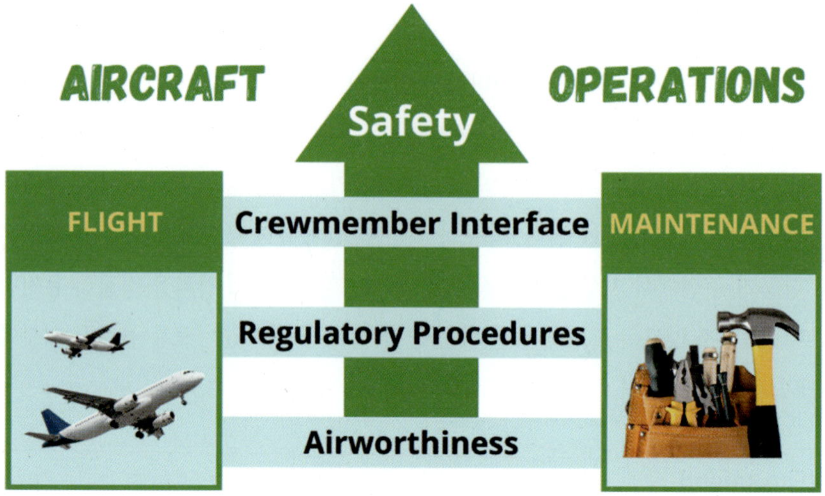
AIRCRAFT
Safety
OPERATIONS
FLIGHT
Crewmember Interface
MAINTENANCE
Regulatory Procedures
Airworthiness

[그림] 8-2 정비 안전

3. 화재 예방(Fire protection)

(1) 화재 발생 요소(Requirements for fire to occur)

항공기 화재의 주 요인은 크게 3가지로 분류된다. 엔진에 공급되는 연료, 승객 또는 승무원의 공기 순환을 위한 산소, 엔진 및 APU 주위의 고온이다. 이외에도 전기, 작동유 등의 복합적인 원인에 의해서도 발생한다.

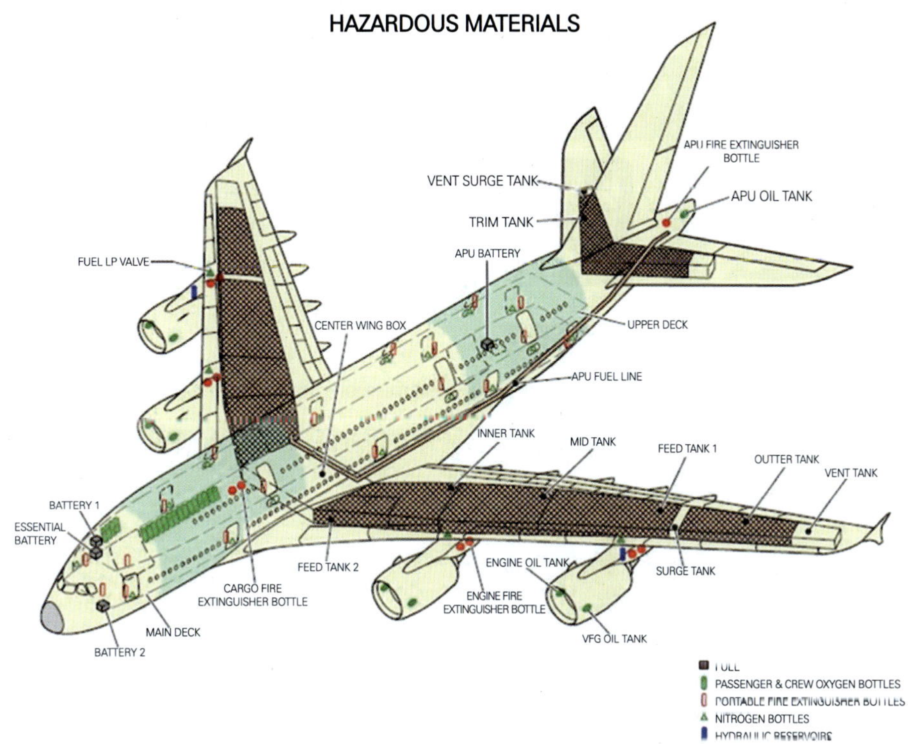

[그림] 8-3 항공기 발화 요소

(2) 화제의 분류(Classification of fires)

국제화재방지협회(NFPA : national fire protection association) Standard 10, 휴대용 소화기에 정의된 것처럼 기내에서 일어나는 것이 가능하다고 생각되는 화재의 등급은 4등급으로 분류된다.

1) **A급 화재**(Class A Fires) : 일반 화재. 기본적으로 목재, 직물, 종이, 고무제품 그리고 플라스틱과 같은 통상의 가연재료에 발생하는 화재.

2) **B급 화재**(Class B Fires) : 기름 화재. 가연성 액체, 석유계 오일, 그리스, 타르, 유성도료, 래커(lacquer), 솔벤트, 알코올 그리고 인화성가스에서 발생하는 화재.

3) **C급 화재**(Class C Fires) : 전기 화재. 비전도성인 소화 용재의 사용이 중요한 곳에서 전압을 가한 전기 장치에서 발생하는 화재.

4) **D급 화재**(Class D Fires) : 금속 화재. 마그네슘, 티타늄, 지르코늄, 나트륨, 리튬, 포타슘과 같은 가연성 금속에서 발생하는 화재.

Fire Class	Geometric Symbol		Pictogram	Intended Use	Mnemonic
A				Ordinary solid combustibles	A for "Ash"
B				Flammable liquids and gases	B for "Barrel"
C				Energized electrical equipment	C for "Current"
D			None	Combustible metals	D for "Dynamite"
K				Oils and fats	K for "Kichen"

[그림] 8-4 화재 등급

(3) 소화기의 종류(Types of fire extinguishers)

1) 물 소화기(Water extinguisher)

객실에 비치되어 일반 화재(A급)에 사용하며, 전기나 유류 화재 시에는 사용이 금지되어 있다. 소화제인 물에는 동결을 막기 위한 부동액이 섞여 있다. 물 소화기의 구조는 핸들 안에 이산화탄소 통이 들어 있어 핸들을 시계방향으로 돌리면 이산화탄소가 방출되어 물을 가압한다. 상부의 분사 레버를 누르면 노즐을 통하여 물이 방출된다. 핸들에는 안전 결선(Safety wire)이 되어 있고, 납으로 밀봉되어 있으며, 분사 시간은 30 ~ 40초이다.

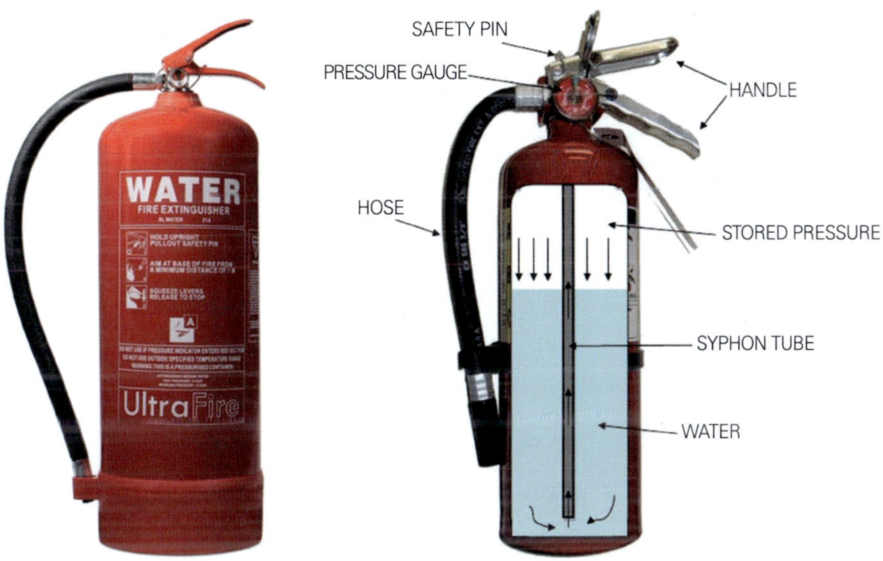

[그림] 8-5 물 소화기

2) 이산화탄소 소화기(Carbon dioxide extinguisher)

일반 화재(A급), 전기 화재(B급), 유류 화재(C급)에 사용한다. 용기 안에는 액체 이산화탄소가 봉입되어 있으며, 안전핀을 빼고 방아쇠를 당기면 소화제가 분사된다. 분사하고 있는 동안은 단열 변화에 의하여 드라이아이스 상태가 되기 때문에 인체에 해를 입지 않도록 주의해야 한다. 그러므로 소화기를 사용할 때에는 장갑 등을 끼고 사용하고, 노즐은 확실하게 손으로 조정한다. 소화기에 따라 압력계가 설치되어 있기도 하다. 분사 시간은 약 15초이며, 좁고 밀폐된 장소에서 사용하면 질식으로 인체에 위험하다.

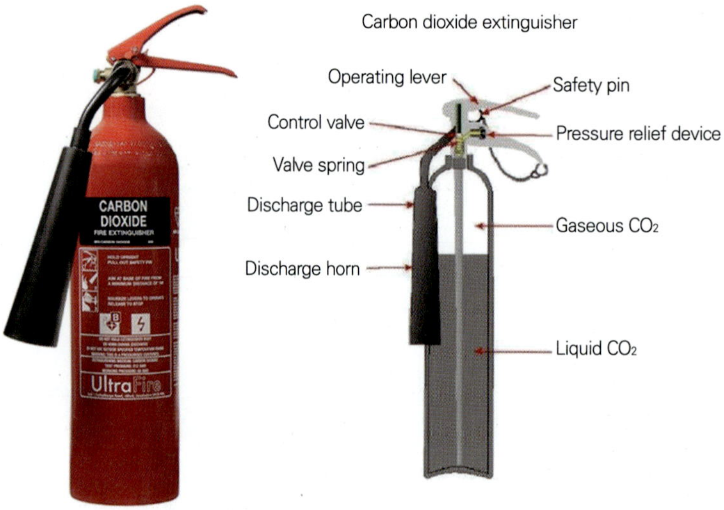

[그림] 8-6 이산화탄소 소화기

3) 분말 소화기(Dry chemical extinguisher)

분말을 이산화탄소나 질소 가스로 가압, 봉입되어 있다가 가스에 의해 분말이 분사된다. 금속 화재(D급)에 가장 유효하지만, 분말이 시야를 방해하고, 주변 기기의 전기 접점에 비전도성의 분말이 부착될 가능성이 있기 때문에 조종실에서 사용해서는 안 된다. 소화제 분말은 소화기의 안전핀을 뽑고 분사 레버를 누르면 강하게 분사된다. 분사력이 매우 강하게 연소물에 퍼지므로 화재 구역에서 다소 떨어진 곳에서 작동시키고, 사용하기 전에 용기를 잘 흔들어야 한다.

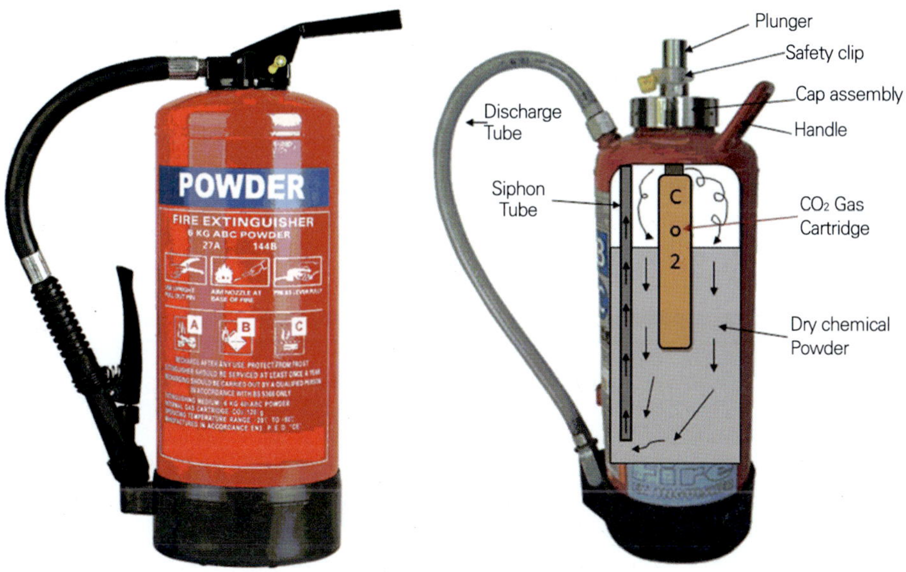

[그림] 8-7 분말 소화기

4) 하론 소화기(Halon extinguisher)

조종실이나 객실에 장비되어 있고, 하론 1301(CF3Br)과 소화기용으로 쓰이는 하론 1211(CF2ClBr)이 있다. 소화기용으로 쓰이는 하론 1211의 경우 분말 소화기에 비해서 가격은 고가이지만, 화재가 났을 때 불만 깨끗하게 끄고 날아가 버리는 특성이 있어 조종실에서 사용 가능하고, 무전도성으로 전기가 흐르는 전자 설비에도 안전하게 사용할 수 있고, 소화 후에 소화제 잔여물이 남지 않아 항공기 전체에 활용된다. 적은 양으로도 화재를 진압할 수 있지만, 오존층 파괴의 원인이 될 수 있어 필수 용도를 제외한 곳에서는 지속적으로 사용할 수 없다. 국내에서는 하론 1211과 하론 1301 소화기만 생산하고 있고, 전기 화재(B급), 유류 화재(C급)에 유효하고 소화 능력도 강력하다.

[그림] 8-8 하론 소화기

기내 소화기 배치수

운송용 항공기는 기내 화재 발생 시 화재 진압을 위해 승객 인원에 따라 휴대용 소화기(portable extinguisher)를 비치해야 한다. 수량은 항공법에 따라 정해져 있다. 조종실이나 객실 사용을 위한 각각의 소화기는 유독가스 농도의 위험을 최소화하도록 설계되어야 한다.

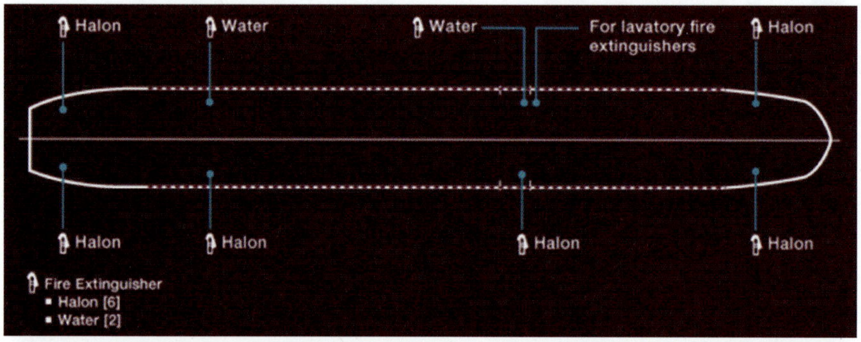

Airplane Passenger Capacity	Number of Extinguishers	Airplane Passenger Capacity	Number of Extinguishers
60~200	3	401~500	6
201~300	4	501~600	7
301~400	5	601~700	8

[그림] 8-9 기내 휴대용 소화기 배치수

4. 계류 절차

(1) 항공기 계류를 위한 준비(Preparation of aircraft)

항공기는 갑작스러운 강풍으로부터 파손을 방지하기 위하여 비행 종료 후에는 계류시켜야 한다. 항공기의 주기와 계류시킬 방향은 예상되는 풍향에 의해 결정된다. 항공기는 주기 구역(parking area)의 고정 계류 지점의 위치에 따라 가능한 정풍으로 향하게 해야 한다. 항공기 계류의 공간은 날개 끝 간격을 유지해야 한다. 항공기 계류 위치가 정해지면 전후 위치에서 전륜(nose wheel) 또는 후륜(tail wheel)을 고정시켜야 한다.

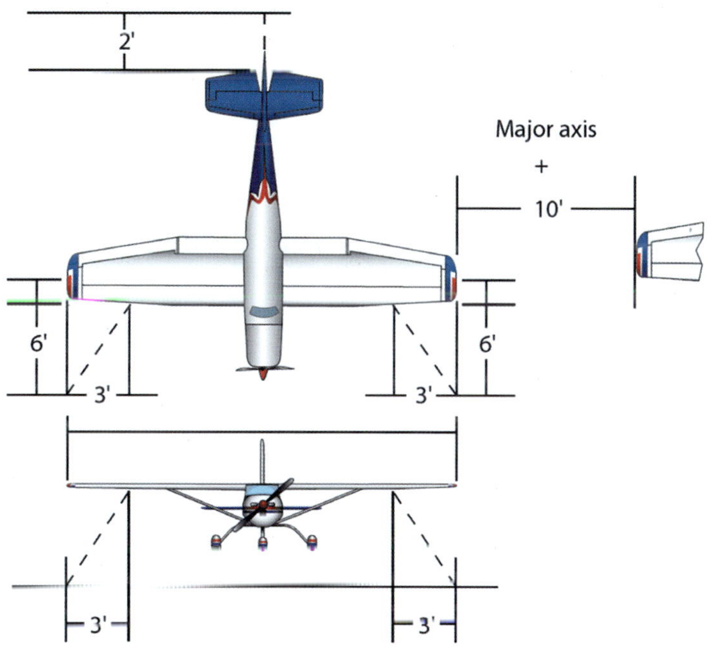

[그림] 8-10 계류 간격

(2) 경량 항공기 고정(Securing light aircraft)

경량 항공기는 대부분 고정을 목적으로 하는 경우 항공기의 tie-down ring에 rope로 묶어주는 방법을 많이 사용한다. 로프가 더 이상 느슨해지지 않는 점까지 미끄러질 경우 버팀대를 구부릴 수도 있기 때문에 lift strut에 묶어서는 안 된다. Manila rope가 젖으면 수축되기 때문에 약 1[inch] 정도 유격이 있게 느슨하게 묶어야 한다. 그러나 너무 느슨하면 항공기를 갑작스럽게 움직이게 하는 원인이 된다. Tie-down rope는 매듭을 지어 고정한다. Bowline 매듭과 같은 anti-slip knot는 빠르게 묶고 쉽게 풀어낼 수 있는 방식이다. Tie-down fitting이 없는 항공기는 제작사의 지침에 따라 고정시켜야 한다.

High wing monoplane에서는 버팀대(strut)의 바깥쪽 끝에 묶어야 하고, 제작자가 장치하지 않았을 경우에는 구조 강도가 허용된다면 적당한 고리장치를 설치해야 한다.

[그림] 8-11 계류 작업

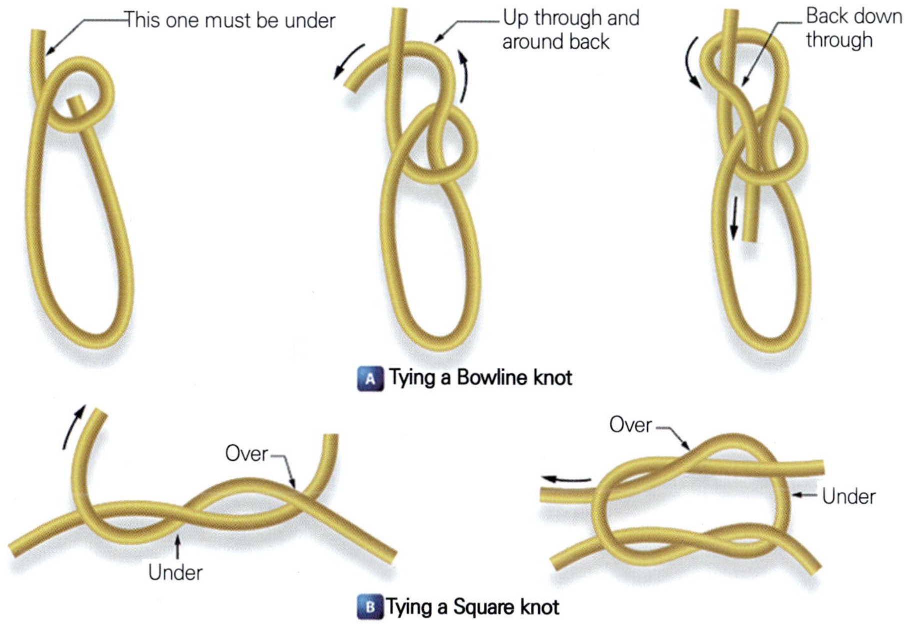

[그림] 8-12 로프 매듭법(출처 : FAA aviation maintenance technician handbook airframe)

(3) 대형 항공기 고정(Securing heavy aircraft)

대형 항공기의 일반적인 계류 절차는 로프 또는 cable tie-down 방식을 쓰고 있다. 예상되는 기상 조건에 의해 결정된다. 대부분의 대형 항공기는 항공기를 고정시킬 때 조종면이 움직이지 않도록 서로 맞물리게 하거나 고정 장치를 사용한다. 조종면을 고정시키는 방법은 항공기 형식에 따라 다르므로 고정 장치의 장착이나 서로 맞물리게 하는 절차에 대해서는 제작사 매뉴얼을 참조해야 한다.

1) 가능하면 비행기의 기수는 언제나 바람이 부는 방향으로 향하게 한다.

2) 조종면을 고정하고, 모든 cover와 guard를 장착한다.

3) 모든 전후방 바퀴에 고임목(chock)을 고인다.

4) Tie-down loop와 tie-down anchor 또는 tie down stake에 tie-down reel을 부착시킨다. 일시적인 계류일 경우에도 tie-down stake를 사용한다. 만약 tie-down reel이 없을 경우에는 1/4[inch] wire cable 또는 1/2[inch] manila line을 사용한다.

[그림] 8-13 대형항공기 계류(출처 : FAA aviation maintenance technician handbook airframe)

(4) 계류 작업(Mooring)

강풍이 불 때 항공기를 보호하기 위한 작업으로, 일반적으로 대형 항공기의 경우에 100[kt] 이상의 강풍이 불 때에는 항공기를 다른 지역으로 이동시켜야 하지만, 항공기 작동이 불가능한 상황에서는 정확한 계류 작업 절차를 수행하여 항공기 손상을 방지한다. 만일 항공기가 바람을 정면에서 받고 항공기에 적절한 계류 조치가 된 상태라면 풍속 135[kt]까지 견딜 수 있다.

1) 계류 장치

항공기 주기장(parking area)에는 바닥에 계류 로프(tie-down rope), 계류 케이블(tie-down cable) 또는 계류 체인(tie-down chain) 등을 연결할 수 있는 계류 장치가 있다. 패드 아이(pad eye)라고 불리는 계류 앵커(tie-down anchor)는 주기장을 만들 때 설치되는 고리 모양의 피팅(fitting)이다. 계류 앵커가 설치되어 있는 장소는 일반적으로 노란색 및 흰색 페인트로 표시되어 있다. 소형 단발 항공기의 계류 앵커는 최소 약 300[lb]의 장력을 가지고 있어야 한다. 소형 항공기를 고정시키는 데에는 주로 계류 로프를 사용한다.

[그림] 8-14 F35 로프 계류

대표적인 계류 로프는 마닐라 로프(manila rope)이다. 마닐라 로프는 곰팡이나 습기에 약하므로 주기적인 검사를 해야 하며, 물에 젖거나 습할 때는 길이가 달라지고, 나일론이나 데이크론(dacron) 재질보다 인장력이 작다는 단점을 가지고 있다. 대형 항공기를 계류할 때에는 주로 계류 케이블이나 계류 체인을 사용한다. 계류 케이블을 사용할 때에는 모든 항공기를 빠르고 신뢰성 있게 고정할 수 있도록 설계된 계류 릴(tie-down reel)을 사용하기도 한다.

2) 관련 지식

① 소형 항공기는 강풍으로 인한 파손을 방지하기 위하여 비행을 종료할 때마다 계류시킨다.

② 항공기를 계류시키는 방향은 예상되는 바람 방향에 따라 결정한다.

③ 계류 공간은 항공기 날개 끝과 다른 항공기 날개 끝 간격이 충분히 유지되도록 한다.

④ 항공기는 접지시키고, 착륙 장치, 안전 고정 장치를 모두 설치하며, 바람에 움직일 수 있는 조종면에는 돌풍 고정 장치(gust lock)를 설치한다. 그리고 날개의 양력 발생을 방지하기 위해 flap은 완전히 접어 올리고, 필요에 따라 모래주머니를 날개의 앞전 날개보(spar) 위에 설치하는 경우도 있다. 항공기에 따라서는 정비 지침서에 제시된 연료를 연료 탱크에 채우기도 한다.

⑤ 계류 장소에 눈이나 얼음이 있을 때 타이어가 지상에 얼어붙는 것을 방지하기 위해 모래나 매트 등의 적절한 물체를 타이어 주변에 깔고 작업한다.

⑥ 항공기를 강풍 위험 지역으로부터 대피시키거나 격납고에 넣는 것이 가장 바람직한 방법이며, 엔진을 떼어 냈거나 분해된 항공기는 강풍이 예상되면 격납고에 넣어야 한다.

3) 공구 및 장비

① 나일론 로프

계류 작업 시 항공기를 묶기 위해 사용한다.

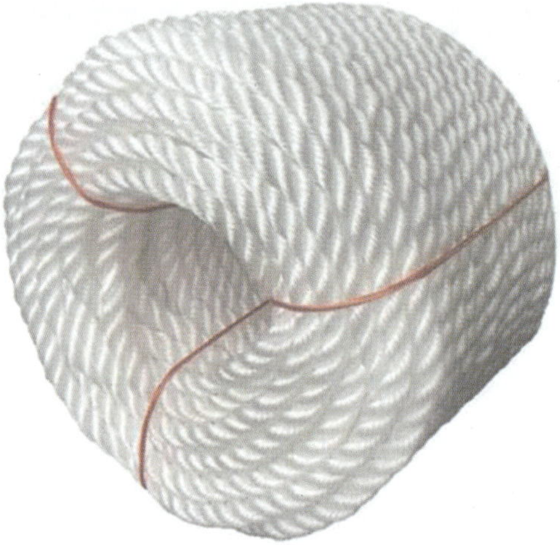

[그림] 8-15 로프

[표] 8-1 로프 재질과 강도

Material	Sizw	Breaking strength
Manila	3/8 [inch] 3 strand	1,200[lb]
Manila	1/2 [inch] 3 strand	2,300[lb]
Polypropylene	3/8 [inch] 3 strand	2,440[lb]
Polypropylene	1/2 [inch] 3 strand	3,780[lb]
Nylon	3/8 [inch] 3 strand	3,340[lb]
Nylon	1/2 [inch] 3 strand	5,750[lb]
Double braid nylon	3/8 [inch] 3 strand	4,900[lb]
Double braid nylon	1/2 [inch] 3 strand	8,500[lb]

② 마스킹 테이프

로프 절단면의 올이 풀리지 않기 위해 사용한다.

[그림] 8-16 마스킹 테이프

③ 커터칼

로프를 자르기 위해 사용한다.

[그림] 8-17 기디 칼

4) 계류 작업 연습

① Take the tie-down rope up and through the aircraft's tie-down hook (do not tie to an airplane strut). You will have two parallel lines of rope, and a third on the tail.

[그림] 8-18 로프 준비

② Pull tightly and loop the loose end of the rope around the other and up through the center.

[그림] 8-19 고리 만들기

③ Make another loop around the first loop.

[그림] 8-20 재 고리 만들기

④ Cross the second loop over the first loop.

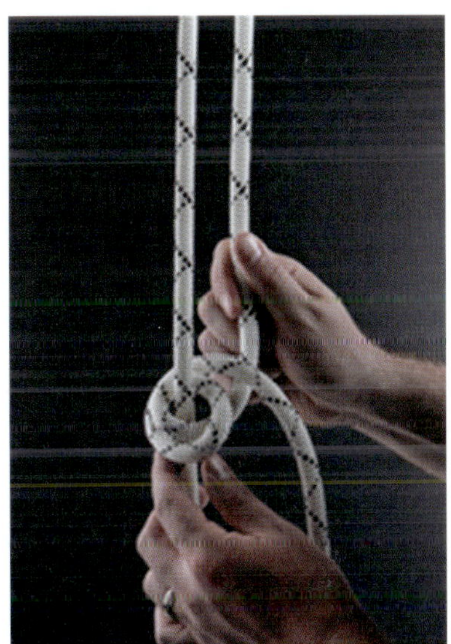

[그림] 8-21 고리 사이 통과

⑤ Lock the loops with a sharp tug on the rope.

[그림] 8-22 잡아 당겨 고정

⑥ About 10 to 15 inches from the first knot, repeat the loop-and-lock process for a second, securing knot.

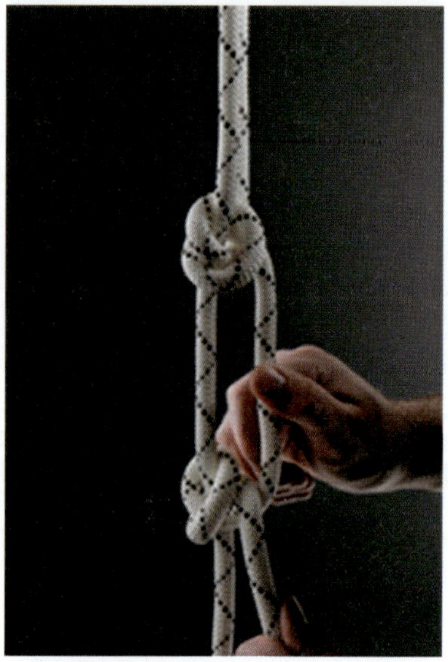

[그림] 8-23 다음 고리 만들기

5. 항공기 지상 이동(Ground movement of aircraft)

(1) 왕복 엔진 시동(Reciprocating engines starting)

1) 항공기에 보조 연료 펌프(auxiliary fuel pump)가 있으면 작동시킨다.

2) 시동된 엔진과 기화기(carburetor)의 조합을 위해 혼합비 조종(mixture control)을 권고된 위치에 놓는다. 일반적인 규정에 따르면 혼합비 조종의 위치는 연료분사식(fuel injection)은 idle cut- off 위치이며, 부자식 기화기(float-type carburetor)는 full rich 위치에 있어야 한다.
대부분 경량 항공기의 혼합비 조종은 중간 위치(intermediate position)가 없는 풀 로드(pull rod)로 되어 있다. 계기판(instrument panel) 쪽으로 완전히 밀어주었을 때, 혼합비 조종(mixture control)은 full rich 위치로 배치된다. 반대로 조절 로드(control rod)를 완전히 바깥쪽으로 잡아당기면 기화기는 idle cut-off 또는 full lean 위치가 된다. 엔진 작동자는 요구되는 혼합비 설정을 위해 2개의 위치 사이에 표시가 없는 중간 위치를 선택할 수 있다.

3) 1,000 ~ 1,200[rpm]으로 회전할 수 있는 위치로 스로틀(throttle)을 연다. Closed 위치에서 약 1/8 ~ 1/2[inch].

4) 역화(back fire)가 발생하였을 경우에는 손상 또는 화재를 방지하기 위해 예열 또는 기화기 공기 조절(carburetor air control)을 cold 위치에 놓는다. 보조 가열 장치(auxiliary heating device)는 엔진이 warm up 후에 사용되어야 하는데, 연료의 기화(vaporization)를 촉진시키고, 점화 플러그의 오염과 얼음 생성(ice formation)을 방지하며, 흡입 계통(induction system)의 결빙을 제거해 준다.

5) 항공기에 장착된 유형에 따라 시동 사이클 중에 primer switch를 간헐적으로 ON시키거나 priming pump를 1 ~ 3회 정도 가동시켜 연료를 주입한다. 날씨가 추우면 추울수록 priming은 더욱 필요하다.

6) 적어도 프로펠러를 완전히 2바퀴 이상 회전시킨 후에 시동기를 작동시키고 점화 스위치를 ON시킨다. Induction vibrator가 장착된 엔진의 경우에는 점화 스위치를 both 위치로 돌려주고, 시동 스위치를 start 위치로 돌려주면 시동기가 작동된다. 엔진이 시동된 후 시동기 스위치는 both 위치로 놓아준다. Impulse coupling magneto를 사용하는 엔진을 시동할 때에는 left 위치로 점화 스위치를 돌린다. 시동 스위치가 start 위치에 있는 상태에서 엔진이 시동되면 시동 스위치(start switch)는 해제된다. 시동기로 1분 이상 엔진을 가동시키지 말아야 한다. 재시동을 시도할 경우에는 시동기 냉각을 위하여 3 ~ 5분간 기다려야 한다. Duty cycle을 준수하지 않으면 시동기는 과열로 인하여 타버릴 수도 있다.

7) 엔진이 원활하게 작동되면 혼합비 조종을 full rich 위치로 놓고, 오일 압력(oil pressure)을 점검한다.

How to start a Cessna 172 - POH Guide

(1) Mixture — RICH.
(2) Carburetor Heat — COLD.
(3) Master Switch — ON.
(4) Prime — AS REQUIRED(2 to 6 strokes; none if engine is warm).
(5) Throttle — OPEN 1/8 INCH.
(6) Propeller Area — CLEAR.
(7) Ignition Switch — START(release when engine starts).
(8) Oil Pressure — CHECK.

[그림] 8-24 C172 계기 패널

(2) 터보 팬 엔진 시동(Starting a turbofan engine)

1) 동력 레버를 idle 위치에 놓는다.

2) 연료 승압 펌프 스위치(fuel boost pump switch)를 ON시킨다.

3) 연료 입구 압력 지시계가 읽혀지면 연료가 엔진 연료펌프 입구로 들어가고 있음을 나타낸다.

4) 엔진 시동기 스위치를 ON시키고, 엔진이 회전하기 시작하면 오일 압력이 상승하는지 확인한다.

5) 점화 스위치를 ON시킨다. 일반적으로 시동 레버를 ON 위치 쪽으로 밀면 레버에 연결된 마이크로 스위치(micro switch)가 점화한다.

6) 시동 레버를 idle 또는 start 위치로 밀면 엔진으로 연료 흐름이 시작된다.

7) 점화가 되어 엔진 시동이 되고 있다는 것은 배기 가스 온도의 상승으로 확인할 수 있다.

8) Dual spool 엔진일 경우에는 Fan 또는 N1 회전을 점검한다.

9) 오일 압력이 적절한지 점검한다.

10) 적절한 속도에서 엔진 시동기 스위치를 Off시킨다. 최신 항공기는 자동적으로 시동기가 꺼진다.

11) 엔진이 완속 위치(idle position)에서 안정되면 엔진 작동 한계가 초과되는지 확인한다.

General Start up Procedure for 737-NG

Assuming that the engines are off, all electrical is off, all fuel pump switches and engine valves are in the "OFF" position, and all pack and engine bleed switches and isolation valve are also in the "OFF" position as well. Otherwise adjust for your situation.

(1) Turn on the Main Battery.

(2) Select either of the Left Main fuel pump switches to the "ON" position.

(3) Select the APU switch to the "START" position. Monitor the APU Exhaust Gas Temperature gauge for stabilization.

(4) With the APU fully powered up, select the APU Bleed switch to the "ON" position to provide pneumatic air to the bleed system.

(5) Select the Isolation Valve switch to the "ON" position. This will open the pneumatic duct for APU Bleed-air to the Engine 2 start valve.

(6) Turn on any of the Right Side Fuel pumps.

(7) Select the Eng2 starter knob to the "Ground" position. Start valve Open light will illuminate for Eng2.

(8) Monitor Eng2 N2 (make sure the secondary engine indications are visible). At around 19-20% N2, turn on the right side engine valve to the "IDLE" position.

(9) Turn the Isolation valve to the "OFF" position. (overhead panel)

(10) Right side fuel is already selected for the APU.

(11) Select the Eng1 starter knob to the "Ground" position. Start Valve Open light will illuminate for Eng1.

(12) Monitor Eng1 N2. At around 19-20% N2, turn on the left side engine valve to the "IDLE" position.

(13) Turn the APU Bleed Valve to the "OFF" position.

(14) With both engines running, you may now turn the APU off by selecting the "OFF" position of the APU switch.

(15) Turn on both Eng1 and Eng2 Bleed air valves and select packs on if desired.

(16) Select the fuel pumps to your desired tank. The center tank is used first in most all conditions.

(17) Turn on both Eng1 and Eng2 Hydraulic switches.

(18) Turn Flight Control switches on, and when needed, turn on Spoilers switches. Yaw damper as necessary.

Note : The Engine bleed valves may be used to start the opposite engine. Turn off the APU bleed valve to perform this.

[그림] 8-25 B737 오버해드 패널

[그림] 8-26 B787 스로틀 레버

(3) 항공기 견인(Towing of aircraft)

항공기를 견인할 때 견인차(towing vehicle)는 규정된 속도를 준수하고, 감시자를 배치하여 사주경계를 하도록 해야 한다. 항공기를 정지시킬 때에는 견인차의 제동 장치에만 의존해서 항공기를 멈추어서는 안 된다. 조종석의 감시자는 견인차와 맞추어 항공기 제동 장치(brake)를 병행하여 사용해야 한다. 항공기 지상조업 요원은 견인 항공기의 유형에 맞는 절차와 항공기 지상조업을 통제하는 현지의 운영 기준을 충분히 숙지해야 하며, 오직 유자격자만이 항공기 견인팀(towing team)을 시위해야 한다. 견인자(towing vehicle) 운전자는 안전한 방식으로 차량을 운전하고, 감시자의 비상정지 지시에 따라야 한다.

견인 감독자는 날개 감시자(wing walker)를 배치해야 한다. 날개 감시자는 항공기의 경로에 있는 장해물로부터 적절한 여유 공간을 확보할 수 있는 위치에서 각 날개 끝에 배치되어야 한다. 후방 감시자(tail walker)는 급회전이 요구되거나 항공기가 후방으로 진행할 경우에 배치한다. 유자격자가 조종실의 좌석에 앉아서 항공기 견인을 지시하고 필요 시 제동 장치를 작동한다. 때에 따라 또 다른 유자격자를 배치하여 항공기 유압 계통의 압력을 감시하기도 한다. 견인 감독자는 조향할 수 있는 앞바퀴를 갖춘 항공기에서 locking scissors가 견인을 위한 충분한 회전 고리라는 것을 검증해야 한다. 잠금 장치는 towing bar가 항공기에서 제거된 후 원래 상태로 돌려져야 한다. 항공기에 배치된 사람은 towing bar가 항공기에 부착되어 있을 때 앞바퀴를 조향시키거나 돌려서는 안 된다.

어떠한 일이 있어도 항공기의 앞바퀴와 견인차 사이에서 걷거나 타고 가는 행위는 어느 누구든지 허락해서는 안 될 뿐만 아니라, 이동하는 항공기의 외부에 올라타거나 견인차에 타서도 안 된다. 안전을 위하여 이동하는 항공기 또는 견인차에 타거나 내리는 것은 절대 용납될 수 없다. 항공기의 견인 속도는 감시 팀원들의 보행 속도를 초과하면 안 된다. 항공기의 엔진은 항공기가 견인이 완료되어 자리를 잡을 때까지 작동시키지 않는다. 항공기 제동 계통은 견인 작업 전에 점검되어야 한다. 제동 장치에 결함이 있는 항공기는 오직 제동 장치의 수리를 위해 견인되어야 하며, 비상시를 대비하여 고임목(wheel chock)을 든 사람이 따라가야 한다. 고임목은 견인 작업 중에 발생하는 긴급한 상황에서 즉각적으로 이용될 수 있어야 한다.

견인 작업 중에 발생 가능한 작업원의 상해와 항공기 손상을 피하기 위해 출입구(entrance door)는 닫아야 하며, 사다리는 접어 넣고, gear down lock이 장착되어야 한다. 어떤 항공기라도 견인하기 전에 모든 타이어와 landing gear strut가 적당하게 팽창되었는지 점검한다. landing gear strut의 팽창은 오버홀 또는 보관 시에는 제거한다.

항공기를 움직일 때 급출발 및 급제동을 하지 않는다. 안전성을 높이기 위해 항공기 제동 장치는 긴급한 경우를 제외하고 견인하는 동안에 절대로 작동시키지 말아야 하고, 위급 신호는 견인 팀원 중 단 한 사람만이 하도록 해야 한다. 항공기는 반드시 지정된 장소에만 주기시켜야 한다.

일반적으로 주기된 항공기 열 사이의 간격은 화재 발생 같은 긴급한 상황에서 긴급 차량들이 즉각 출동할 수 있을 뿐만 아니라 장비나 자재의 이동이 자유로울 만큼 충분히 넓어야 한다. 고임목은 반드시 주기된 항공기의 주 착륙 장치의 앞쪽과 뒤쪽에 고여야 한다. 항공기가 주기되면 내부 또는 외부의 조종 잠금 장치를 사용해야 한다. 활주로(run way) 또는 유도로(taxi way)를 횡단하여 항공기를 이동시킬 때에는 공항 관제탑(airport control tower)과 교신하여 승인을 받은 후 이동한다. 항공기를 접지시키지 않고 격납고에 주기해서는 안 된다.

1) 공구 및 장비

① Tow bar

견인 작업 시 항공기에 연결하여 이동하기 위해 사용한다. 경량 항공기의 기내에 장착되어 있다.

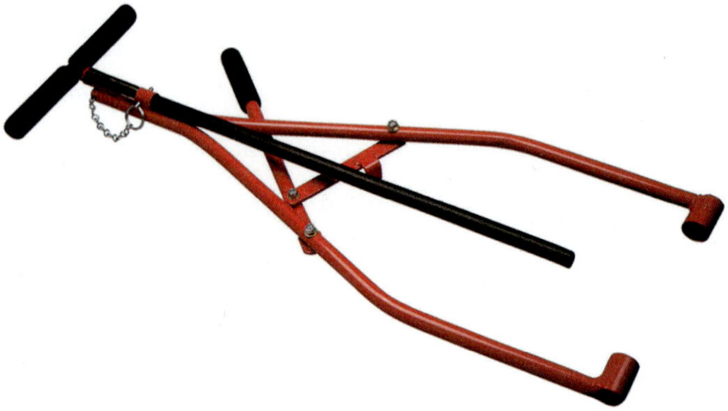

[그림] 8-27 토잉 바

2) 견인 작업 연습

① Tow bar 장착을 위해서 경량 항공기의 프로펠러를 회전시켜 수평으로 위치시킨다.

[그림] 8-28 프로펠러 수평

② Nose landing gear 2곳의 PIN을 확인한다.

[그림] 8-29 앞 바퀴 핀 확인

③ 2곳의 PIN에 tow bar를 장착하고, 손잡이를 조여 단단히 고정시킨다.

[그림] 8-30 토잉 바 장착

④ 하단의 exhaust duct에 주의하면서 tow bar를 잡고 밀거나 당기면서 원하는 방향으로 이동시킨다.

[그림] 8-31 항공기 이동

TOWING procedure (172RG)

Moving the aircraft by hand is accomplished by using the wing struts and landing gear struts as push points. A tow bar attached to the nose gear should be used for steering and maneuvering the aircraft on the ground. The tow bar is stowed under the rear seat with the handle secured behind the forward seat legs.

CAUTION : When towing the aircraft, never turn the nose wheel more than 29 degrees either side of center or the nose gear will be damaged. Do not push on control surfaces or outboard empennage surfaces. When pushing on the tail cone. always apply pressure at a bulkhead to avoid buckling the skin.

AIRPLANE TOWING

General

You tow the airplane with a towbar that connects to the nose gear tow fitting.

You install a special eyebolt on each main gear to move the airplane in non-normal conditions.

You can also tow the airplane with towbarless equipment.

WARNING: WHEN YOU TOW THE AIRPLANE, ALL PERSONS MUST STAY OUT OF THE DANGEROUS AREAS AROUND THE TOW VEHICLE, TOW BAR, AND NOSE WHEELS. PERSONNEL ON THE GROUND MUST BE AWARE OF THE POSSIBILITY OF BEING RUN OVER BY THE NOSE WHEELS. THE TOW VEHICLE, TOW BAR, AND AIRPLANE WILL CHANGE POSITION DURING PUSHBACK AND TOWING. MAINTAIN A MINIMUM OF 10 FEET SEPARATION BETWEEN PERSONS ON THE GROUND AND THE EQUIPMENT THAT MOVES. A FATAL INJURY COULD OCCUR.

See part two of the maintenance manual for more information about towing the airplane.

[그림] 8-32 대형항공기 토잉 작업(출처 : A320 TM)

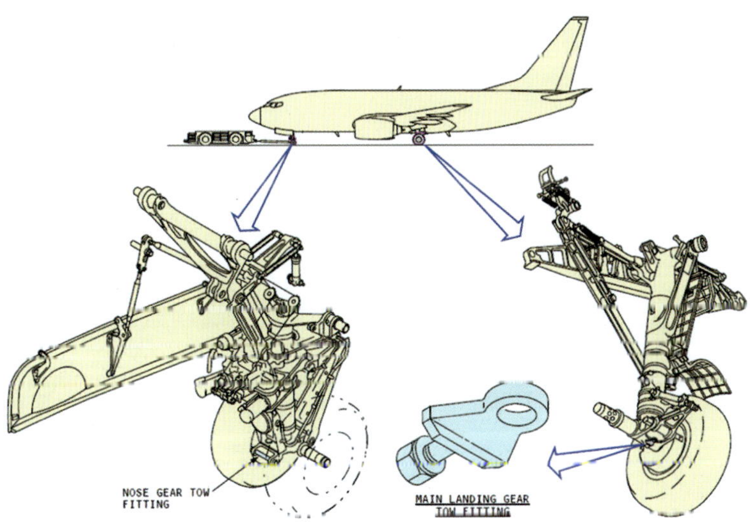

[그림] 8-33 대형항공기 토우 피팅(출처 : A320 TM)

TOWING OPERATION

General

You push or pull the airplane with a suitable tow vehicle. The design of the airplane lets you tow the airplane from the nose or the main landing gear.

You normally tow the airplane by the nose gear. A tow bar from a tow vehicle connects to a fitting on the nose gear. The maximum turn angle is 78 degrees for normal towing. Red stripes on the nose gear doors show this towing limit. Disconnect the nose gear torsion link for turn angles more than 78 degrees. Disconnect the torsion link and the taxi light cable for turn angles more than 90 degrees.

You use towbarless equipment to move the airplane as an alternate tow vehicle.

You tow from the main gear for unusual towing conditions such as towing on soft ground or on an incline. This prevents loads more than the nose gear structural limits. A tow fitting connects to an eye in the jacking cone on each main gear. A locally made cable connects the tow fitting to the tow vehicle. The maximum turn angle is 30 degrees when you tow from the main gear.

[그림] 8-34 대형항공기 토잉 운영(출처 : A320 TM)

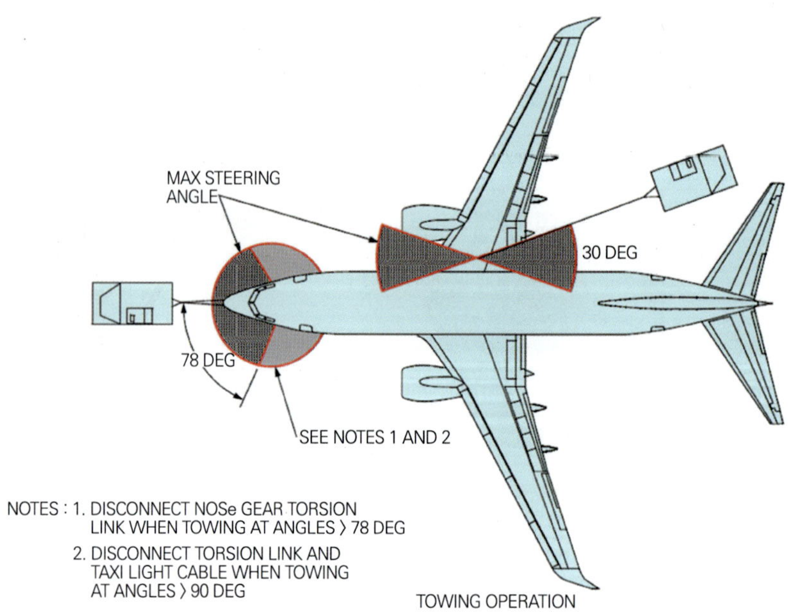

[그림] 8-35 대형항공기 토잉 조향 각도(출처 : A320 TM)

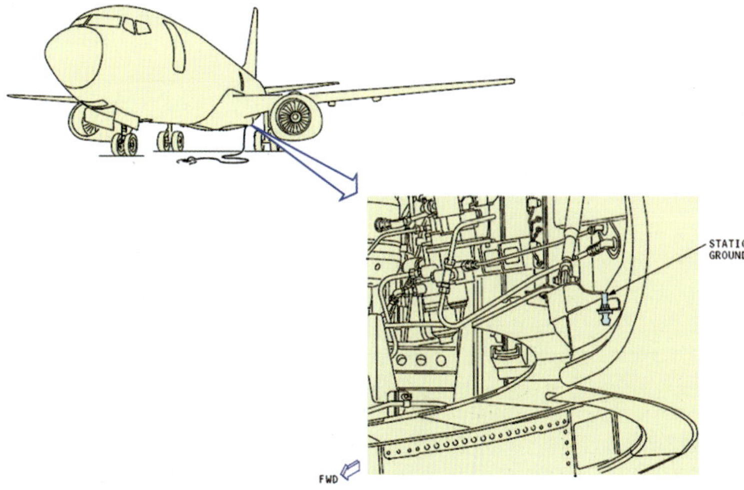

[그림] 8-36 대형항공기 지상 접지 지점(출처 : A320 TM)

(4) 항공기 유도(Taxiing aircraft)

항공기가 착륙하여 주기장으로 들어올 때는 항공기 조종사에게 정확한 유도를 제공해야 한다. 최근에 개항하는 신공항들은 대부분 시각 주기 유도 시스템(Visual Docking Guidance System : VDGS)이 설치되어 있어 인력에 의한 수신호를 사용하는 경우가 많지 않다. 그러나 아직도 많은 공항에서는 수신호에 의한 항공기 유도가 이루어지고 있고, VDGS가 설치된 공항이라 해도 비상 상황에는 수신호에 의해 항공기를 유도해야 할 경우가 발생할 수 있으므로 국제민간항공기구(ICAO)의 표준 유도 신호 동작을 정확히 숙지하고 있어야 한다.

일반적으로 승인된 조종사와 자격이 있는 항공정비사만이 항공기를 시동, 시운전 및 유도(taxi) 작업을 할 수 있다. 유도는 해당 지역의 규정에 준하여 수행되어야 한다. 항공기를 유도 조종하기 위해 관제탑(control tower)에서 사용하는 표준 유도 등화 신호(standard taxi light signal)가 있다.

[그림] 8-37 시각 주기 유도 시스템

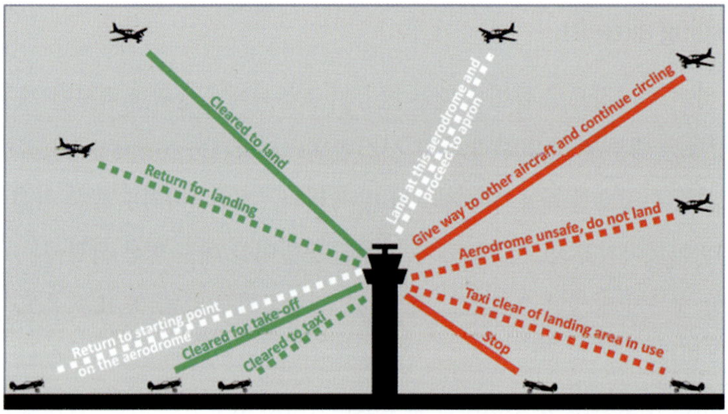

[그림] 8-38 VDGS 신호

[표] 8-2 VDGS 색상과 의미

Light Gun Signals			
Color and Type of Signal	Movement of Vehicles, Equipment and Personnel	Aircraft on the Ground	Aircraft in Flight
Steady Green	Clared to cross, proceed or go	Cleared for takeoff	Cleared to land
Flashing Green	Not applicable	Cleared for taxi	Return for landing(to be followed by steady green at the proper time)
Steady Red	Stop	Stop	Give way to other aircraft and continue circling
Flashing Red	Clear the taxiway/runway	Taxi clear of the runway in use	Airport unsafe, do not land
Flashing White	Return to starting point on aiport	Return to starting point on aiport	Not applicable
Alternating Red and Green	Excercise Extreme Caution!!	Excercise Extreme Caution!!	Excercise Extreme Caution!!

[표] 8-3 표준 유도 등화 신호

Standard taxi light signals	
Lights	Meaning
Flashing green	Cleared to taxi
Steady red	Stop
Flashing red	Taxi clear of runway in use
Flashing white	Return to starting point
Alternating Red and Green	Exercise extreme caution

출처 : FAA aviation maintenance technician handbook airframe

(5) 유도 신호(Taxi Signals)

많은 지상 사고가 유도 중인 항공기에서 부적절한 방법에 의해서 일어났다. 엔진이 정지될 때까지는 조종사가 항공기에 대해 궁극적으로 책임이 있더라도 유도원(taxi signalman)은 비행 대기선(flight line) 주위에서 조종사를 도와줄 수 있다. 일부 항공기의 형태에 따라 지상이라도 조종사의 시야를 방해한다. 조종사는 바퀴 가까이 또는 날개 밑, 뒤쪽의 장애물을 볼 수 없다. 결국 조종사는 유도원에 의존하여 방향을 잡는다. 손바닥이 서로 마주보게 하여 양팔을 머리 위쪽으로 충분히 뻗어서 항공기의 유도를 위해 준비가 되었음을 표시한다. 유도원의 표준 위치는 항공기의 왼쪽 날개 끝 선상에서 약간 전방에 위치한다.

유도원이 항공기와 마주볼 때 항공기의 기수(nose)는 왼쪽에 있어야 한다. 유도원은 조종사가 잘 볼 수 있도록 날개 끝 전방으로 충분히 떨어져 있어야 한다. 그 다음 조종사가 모든 신호를 볼 수 있는지를 확실하게 시험해보고 조종사와 눈이 마주치면 조종사는 신호를 볼 수 있게 되는 것이다. ICAO와 항공법 시행규칙 별표 29에 있는 표준 항공기 유도 신호(standard aircraft taxing signal)에 의해 신호를 전달한다. 유도원은 항공기 조종사가 유도업무 담당자임을 알 수 있는 복장을 해야 하며, 주간에는 형광색 봉, 유도봉 또는 유도 장갑을 이용하고, 야간 또는 저시정 상태에서는 발광 유도봉을 이용하여 신호를 전달해야 한다.

유도 신호는 조종사가 잘 볼 수 있도록 유도봉을 손에 들고 고정익 항공기의 경우에는 항공기의 왼쪽에서 조종사가 가장 잘 볼 수 있는 위치, 헬리콥터는 조종사가 유도원을 가장 잘 볼 수 있는 위치에서 조종사와 마주 보며 실시한다. 또한 유도원은 신호를 사용하기 전에 항공기를 유도하려는 지역 내에 항공기와 충돌할 만한 물체가 있는지를 확인해야 한다.

[그림] 8-39 항공기 유도 수신호

1) 공구 및 장비

① 유도봉

유도원이 항공기 유도 신호를 손으로 하는 것보다 시각적으로 우수하기 때문에 사용한다. 야간에는 LED를 점등시켜 조종실에서 더욱 시인성을 확보하게 해준다.

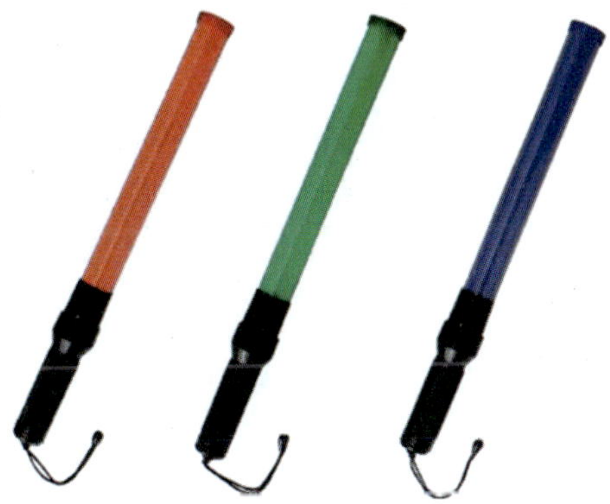

[그림] 8-40 유도봉

② 안전 조끼

항공기가 지상 활주 또는 유도 시 조종실에서 정비사, 유도원 등의 지상 작업자를 식별할 수 있게 착용한다. 특히 야간에 빛에 의해 반사되어 형광색이 더욱 눈에 띄게 해준다.

[그림] 8-41 안전 조끼

③ 귀마개

활주로 주변의 각종 소음으로부터 귀를 보호하기 위해 사용한다.

[그림] 8-42 귀마개

2) 유도원(Marshaller)의 위치

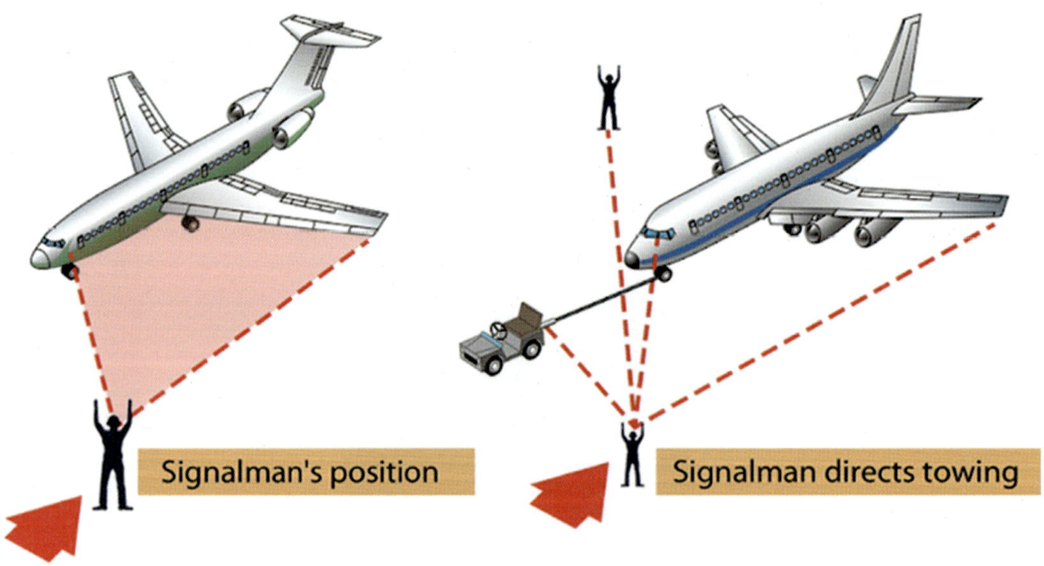

[그림] 8-43 유도원 위치(출처 : FAA aviation maintenance technician handbook airframe)

3) 유도 신호(Taxi Signals)의 종류

① 항공기 안내

오른손의 막대를 위쪽을 향하게 한 채 머리 위로 들어 올리고, 왼손의 막대를 아래로 향하게 하면서 몸쪽으로 붙인다. 날개 감시자(wing walkers)가 항공기 입출항 시 조종사, 유도원, 견인차 운전자 등에게 보내는 신호이다.

[그림] 8-44 항공기 안내

② 출입문의 확인

양손의 막대를 위로 향하게 한 채 양팔을 쭉 펴서 머리 위로 올린다. 항공기가 입항할 때 입항 gate를 조종사에게 알려주기 위한 동작이다.

[그림] 8-45 출입문 확인

③ 다음 유도원에게 이동 또는 관제기관으로부터 지시받은 지역으로 이동

양쪽 팔을 위로 올렸다가 내려 팔을 몸의 측면 바깥쪽으로 쭉 편 후 다음 유도원의 방향 또는 이동구역 방향으로 막대를 가리킨다.

[그림] 8-46 지시 지역 이동

④ 직진

팔꿈치를 구부려 막대를 가슴 높이에서 머리 높이까지 위아래로 움직인다. 항공기의 진행을 직진으로 유도하기 위한 동작으로 항공기 nose tire가 유도 line 위를 정확히 주행하고 있을 경우에 보내는 신호이다.

[그림] 8-47 직진

⑤ 좌회전(조종사 기준)

오른팔과 막대를 몸쪽 측면으로 직각으로 세운 뒤 왼손으로 직진 신호를 한다. 신호 동작의 속도는 항공기의 회전속도를 알려준다. 항공기 nose tire가 유도 line을 벗어날 경우 조종사가 바라보는 방향을 기준으로 좌측 방향으로 진행하라는 신호이다.

[그림] 8-48 좌회전

⑥ 우회전(조종사 기준)

왼팔과 막대를 몸쪽 측면으로 직각으로 세운 뒤 오른손으로 직진 신호를 한다. 신호 동작의 속도는 항공기의 회전속도를 알려준다. 우측 방향으로 진행을 유도하는 신호이며, 이때 움직이는 팔의 각도가 클수록 회전 각도를 크게 주라는 신호이다.

[그림] 8-49 우회전

⑦ 정지

막대를 쥔 양쪽 팔을 몸쪽 측면에서 직각으로 뻗은 뒤 천천히 두 막대가 교차할 때까지 머리 위로 움직인다. 정상적으로 stand에 진입한 후 정지 신호이다.

[그림] 8-50 정지

⑧ 비상정지

빠르게 양쪽 팔과 막대를 머리 위로 뻗었다가 막대를 교차시킨다. 항공기 진입 중 주변에 장애물과의 접촉이 우려되거나 다른 위험 요인이 인지될 경우 보내는 긴급정지 신호이다. 화살표와 같이 반복적이고 빠르게 신호를 보내야 한다.

[그림] 8-51 비상 정지

⑨ 브레이크 정렬

손바닥을 편 상태로 어깨 높이로 들어 올린다. 운항 승무원을 응시한 채 주먹을 쥔다. 승무원으로부터 인지 신호(엄지손가락을 올리는 신호)를 받기 전까지는 움직여서는 안 된다.

[그림] 8-52 브레이크 정렬

⑩ 브레이크 풀기

주먹을 쥐고 어깨 높이로 올린다. 운항 승무원을 응시한 채 손을 편다. 승무원으로부터 인지 신호(엄지손가락을 올리는 신호)를 받기 전까지는 움직여서는 안 된다.

[그림] 8-53 브레이크 풀기

⑪ 고임목 삽입

팔과 막대를 머리 위로 쭉 뻗는다. 막대가 서로 닿을 때까지 안쪽으로 막대를 움직인다. 운항 승무원에게 인지 표시를 반드시 수신하도록 한다.

[그림] 8-54 고임목 장착

⑫ 고임목 제거

팔과 막대를 머리 위로 쭉 뻗은 다음 막대를 바깥쪽으로 움직인다. 운항 승무원에게 인가받기 전까지 초크를 제거해서는 안 된다.

[그림] 8-55 고임목 제거

⑬ 엔진시동 걸기

오른팔을 머리 높이로 들면서 막대는 위를 향한다. 막대로 원 모양을 그리기 시작하면서 동시에 왼팔을 머리 높이로 들고 엔진시동 걸 위치를 가리킨다.

[그림] 8-56 엔진 시동 걸기

⑭ 엔진 정지

막대를 쥔 팔을 어깨 높이로 들어올려 왼쪽 어깨 위로 위치시킨 뒤 막대를 오른쪽 및 왼쪽 어깨로 목을 가로질러 움직인다.

[그림] 8-57 엔진 정지

⑮ 서행

허리부터 무릎 사이에서 위 아래로 막대를 움직이면서 뻗은 팔을 가볍게 툭툭 치는 동작으로 아래로 움직인다. 항공기의 속도를 줄여 서서히 진입하라는 신호이다.

[그림] 8-58 서행

⑯ 한쪽 엔진의 출력 감소

손바닥이 지면을 향하게 하여 두 팔을 내린 후 출력을 감소시키려는 쪽의 손을 위아래로 흔든다.

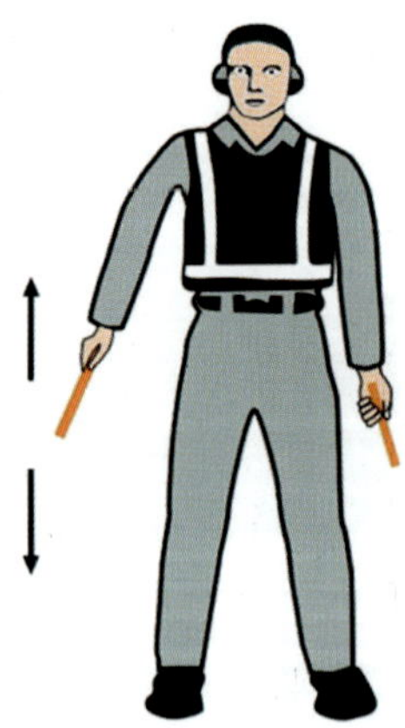

[그림] 8-59 한쪽 엔진 출력 감소

⑰ 후진

몸 앞쪽의 허리 높이에서 양팔을 앞쪽으로 빙글빙글 회전시킨다. 후진을 정지시키기 위해서는 정지 및 비상정지 신호를 사용한다.

[그림] 8-60 후진

⑱ 후진하면서 선회(후미 우측)

왼팔은 아래쪽을 가리키며 오른팔은 머리 위로 수직으로 세웠다가 옆으로 수평 위치까지 내리는 동작을 반복한다.

[그림] 8-61 후진하면서 우측 선회

⑲ 후진하면서 선회(후미 좌측)

오른팔은 아래쪽을 가리키며 왼팔은 머리 위로 수직으로 세웠다가 옆으로 수평 위치까지 내리는 동작을 반복한다.

[그림] 8-62 후진하면서 좌측 선회

⑳ 위치 대기

양팔과 막대를 측면에서 45° 아래로 뻗는나. 항공기의 다음 이동이 허가될 때끼지 움직이지 않는다.

[그림] 8-63 위치 대기

㉑ 항공기 출발

오른손 또는 막대로 경례하는 신호를 한다. 항공기의 지상이동(taxi)이 시작될 때까지 운항 승무원을 응시한다.

[그림] 8-64 항공기 출발

㉒ 조종 장치를 손대지 말 것

머리 위로 오른팔을 뻗고 주먹을 쥐거나 막대를 수평방향으로 쥔다. 왼팔은 무릎 옆에 붙인다.

[그림] 8-65 조종 장치 터치 금지

㉓ 지상 전원공급 연결

머리 위로 팔을 뻗어 왼손을 수평으로 손바닥이 보이도록 하고, 오른손의 손가락 끝이 왼손에 닿게 하여 T자 형태를 취한다. 밤에는 광채가 나는 막대 T를 사용할 수 있다.

[그림] 8-66 지상 전원 연결

㉔ 지상 전원공급 차단

지상 전원공급 연결과 같이 한 후 오른손이 왼손에서 떨어지도록 한다. 운항 승무원이 인가할 때까지 전원 공급을 차단해서는 안 된다. 밤에는 광채가 나는 막대 T를 사용할 수 있다.

[그림] 8-67 지상 전원 차단

㉕ 긍정 / 모두 정상

오른팔을 머리 높이로 들면서 막대를 위로 향한다. 손 모양은 엄지손가락을 치켜세운다. 왼쪽 팔은 무릎 옆쪽으로 붙인다.

[그림] 8-68 긍정과 정상

㉖ 부정 / 비정상

오른팔을 어깨에서부터 90°로 곧게 뻗어 고정시키고, 막대를 지상 쪽으로 향하게 하거나 엄지손가락을 아래로 향하게 표시한다. 왼손은 무릎 옆에 붙인다.

[그림] 8-69 부정과 비정상

㉗ 인터폰을 통한 통신의 구축

몸에서부터 90°로 양팔을 뻗은 후 양손이 두 귀를 컵 모양으로 가리도록 한다.

[그림] 8-70 인터폰 통신 구축

㉘ 계단 열기 및 닫기

오른팔을 측면에 붙이고 왼팔을 45° 머리 위로 올린다. 오른팔을 왼쪽 어깨 위쪽으로 쓸어 올리는 동작을 한다.

[그림] 8-71 계단 열기와 닫기

6. 항공기 보급(Servicing aircraft)

(1) 항공기 공기/질소 보급(Servicing aircraft air/nitrogen)

타이어 또는 버팀대(strut)에 고압 질소(high-pressure nitrogen)를 보충할 때 정비사는 주의를 기울이며 정비 작업을 수행해야 한다. 충전 호스(filling hose)를 연결하기 전에 주변을 깨끗이 하고 과충전이 되지 않도록 한다.

1) 공구 및 장비

① 호스 & 용기

앞바퀴 버팀대의 밸브를 통해서 작동유를 보급하기 위해 사용한다. 밸브에 연결하기 위한 호스와 작동유를 담기 위한 용기가 세트로 되어 있다. 별도의 호스와 양동이를 사용해도 된다.

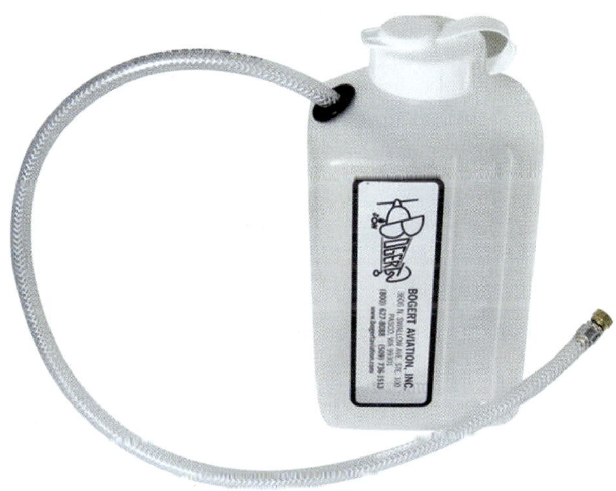

[그림] 8-72 호스와 용기

② 질소 가스 용기 & 압력 조절기

조절기에 의해 원하는 압력으로 질소 가스를 보급하기 위해 사용한다.

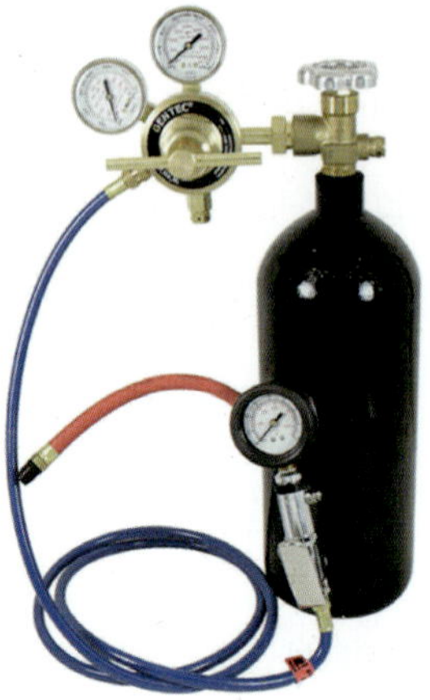

[그림] 8-73 질소 가스와 압력 조절기

③ 작동유

항공기 서비스 매뉴얼에 지시된 규격의 작동유를 사용한다.

[그림] 8-74 작동유

2) 앞바퀴 버팀대 작동유 및 질소 보급 작업

① 항공기 카울을 장탈하고, 앞바퀴만 들어 올려 버팀대를 자유롭게 한다.

[그림] 8-75 항공기 기수 올림

② 버팀대 상단에 있는 밸브를 열어준다.

[그림] 8-76 스트러트 밸브 오픈

③ 작동유를 용기에 담아 호스를 버팀대 밸브에 연결한다.

[그림] 8-77 작동유 밸브 주입

④ 앞바퀴를 잡고 끝까지 올려준다.

[그림] 8-78 스트러트 압축

⑤ 다시 앞바퀴를 잡고 끝까지 내려주면 작동유가 호스를 통해 버팀대로 주입된다. 계속 반복해서 앞바퀴를 움직여서 작동유를 전부 보급한다.

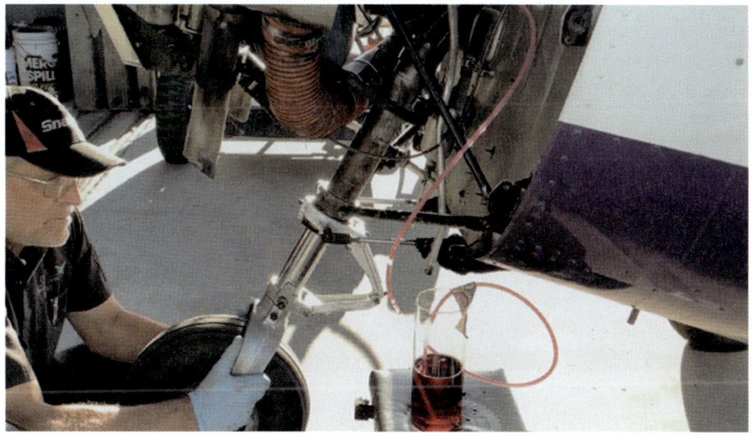

[그림] 8-79 스트러트 팽창

⑥ 작동유 보급이 완료되면 질소 가스 용기와 조절기를 통해 지시한 압력만큼 질소를 보급한다.

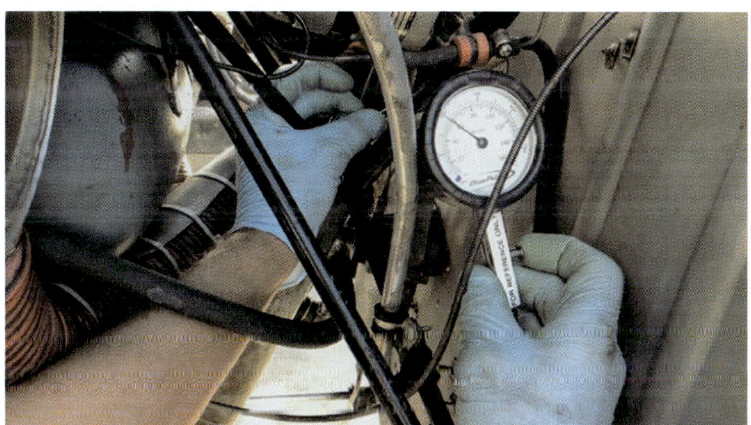

[그림] 8-80 질소 가스 보급

⑦ 보급 작업이 완료되면 앞바퀴를 지상에 내려놓고, 작동유의 누출 여부를 확인하고, 공구 및 장비, 실습장 정리정돈을 한다.

[그림] 8-81 작동유 누설 확인

NOSE LANDING GEAR SHOCK STRUT – SERVICING (172R)

(1) General

1) The nose gear shock strut requires a periodic check to make sure the strut is filled with hydraulic fluid and is inflated to the correct air pressure. The procedures give only replenishing and servicing instructions.

(2) Shock Strut Servicing Procedures

1) The nose landing gear shock strut must be serviced every 100 hours.
2) To service the nose gear shock strut, proceed as follows :
① Raise airplane nose to remove pressure from shock strut.
② Remove valve cap and release all air.
③ Remove valve housing assembly.
④ Compress strut completely (stops in contact with outer barrel hub).
⑤ Check and replenish oil level.
NOTE : Fluid used must comply with specification MIL-PRF-5606.
a. Fill strut to bottom of valve installation hole.
b. Maintain oil level at bottom of valve installation hole.

⑥ Fully extend strut.
⑦ Reinstall valve housing assembly.
⑧ With strut fully extended and nose wheel clear of ground, inflate strut to 45[psi].
NOTE : The nose landing gear shock strut will normally require only a minimum amount of service. Strut extension pressure must be maintained at 45[psi]. Machined surfaces must be wiped free of dirt and dust using a clean, lint-free cloth saturated with MILPRF-5606 or kerosene. All surfaces must be wiped free of excessive hydraulic fluid.

(2) 항공기 오일 및 유압유 보급(Servicing aircraft oil and fluids)

항공기 액체류를 점검하거나 보급하는 것은 중요한 정비 직무 중의 하나로서 상세한 보급 절차와 장비에 대해서 항공기 정비 매뉴얼을 참고해야 한다. 항공기 엔진 오일은 일반적으로 dip stick 또는 sight gauge로 점검한다. 오일 양은 stick의 눈금이나 sight gauge 주위의 표시로 측정할 수 있다. 왕복 엔진은 엔진이 작동하지 않을 때 점검하면 되지만, 가스터빈 엔진은 엔진이 정지되고 곧바로 점검해야 하고, dry sump oil system은 오일 탱크에서 엔진의 gear case로 스며들어가는 경향이 있다.

오일은 엔진이 시동되거나 작동될 때까지는 dipstick에 나타나지 않으며, 이러한 상태에서 오일을 보급하게 되면 과도하게 오일이 보급된다. 오일 탱크는 절대로 과보충해서는 안 된다. 오일은 엔진을 거쳐 순환되면서 뜨거워지고, 팽창하는데, 공기와 혼합되는 과정에서 거품이 일어나 팽창되기 때문이다. 오일 탱크에서 여분의 팽창 공간은 거품과 팽창을 허용하여 넘쳐흐르는 것을 방지한다. 또한 엔진에 적합한 해당 형식의 오일을 보급해야 한다. 유압유(hydraulic fluid), 연료 및 오일이 피복이나 피부에 묻었을 경우에는 화재 위험과 건강을 위하여 곧바로 닦아내야 한다. 유압유를 보급할 때에는 올바른 유압유인지 확인해야 하며, 용기(container) 또는 색깔(color)로 판별할 수 있다. 일부 유압유 저장통(reservoir)은 공기로 가압되어 있으므로 유압유를 보급하기 전에 반드시 공기를 빼야 한다.

보급하는 동안에는 오염되지 않도록 노력해야 한다. 또한 유압 필터(hydraulic filter)를 교환할 경우 여과기(filter)를 장탈하기 전에 유압 계통의 작동이 중지되어 압력이 제거되었는지 확인해야 한다. 필터를 교환한 후에 유압유의 양이 많이 감소되었다면 공기를 제거해서 계통의 누출(leak)을 점검한다.

1) 공구 및 장비

① 호스 & 용기

엔진 오일 배출 시, 폐오일을 저장하기 위해 사용한다. 밸브에 연결하기 위한 호스와 엔진 오일을 담기 위한 용기가 세트로 되어 있다. 별도의 호스와 양동이를 사용해도 된다.

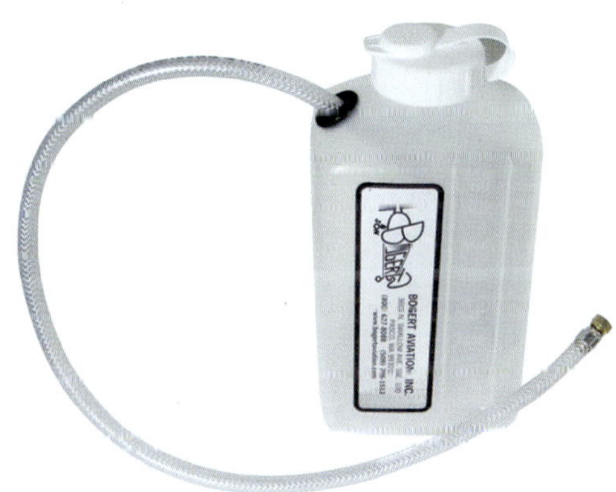

[그림] 8-82 호스와 용기

② 엔진 오일

항공기 서비스 매뉴얼에 지시된 규격의 오일을 사용한다.

[그림] 8-83 엔진 오일

③ 오일 필터

항공기 서비스 매뉴얼에 지시된 규격의 오일 필터를 사용한다.

[그림] 8-84 오일 필터

④ Diagonal cutter plier

와이어(wire)를 집거나 자르는데 사용한다.

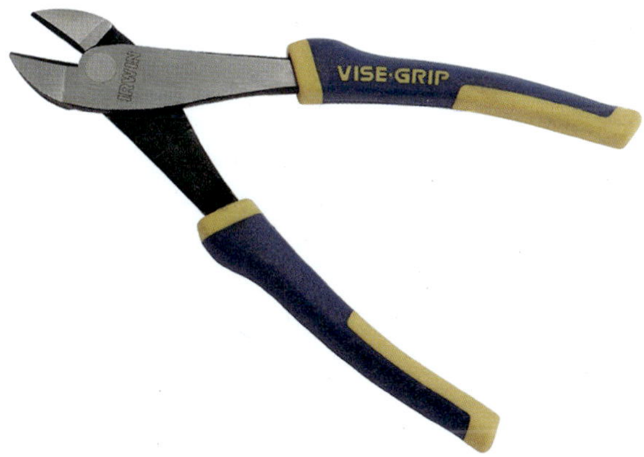

[그림] 8-85 커터 플라이어

⑤ Wire twister

안전결선 작업 시 와이어를 꼬거나 절단하는데 사용한다.

[그림] 8-86 와이어 트위스터

⑥ Wrench set

엔진 오일 필터를 장 · 탈착하는데 사용한다.

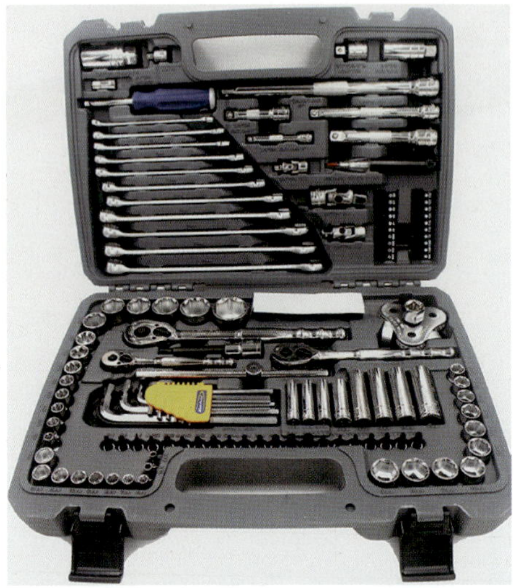

[그림] 8-87 렌치 세트

2) 엔진 오일 교환 작업

① 항공기 카울을 장탈하고, 엔진 오일 배출을 위한 호스와 용기를 준비한다.

[그림] 8-88 호스와 용기 준비

② 섬프 하단에 있는 배출 밸브에 호스를 연결하고 밀어 올린다.

[그림] 8-89 밸브와 호스 연결

③ 엔진 오일이 잘 배출되는지 확인하고 전부 배출되면 호스를 빼고 정리한다.

[그림] 8-90 오일 배출

④ 엔진 좌측에 장착되어 있는 엔진 필터를 교환하기 위해 안전결선을 제거하고, FOD를 정리한다.

[그림] 8-91 안전결선 제거

⑤ 사이즈에 맞는 렌치를 이용해서 필터를 장탈한다.

[그림] 8-92 오일 필터 장탈

⑥ 필터 내에도 엔진 오일이 있으므로 헝겊으로 받쳐주면서 손으로 천천히 풀어내고, 잔류 오일을 깨끗하게 닦아낸다.

[그림] 8-93 누설 오일 정리

⑦ 교환하기 위한 새 오일 필터를 준비하고 안쪽의 가스켓 주위에 엔진 오일 기밀을 위해 실링제를 바른다.

[그림] 8-94 실링제 도포

⑧ 엔진에 오일 필터를 장착하고 알맞은 사이즈의 렌치를 이용해서 조여준다.

[그림] 8-95 오일 필터 장착

⑨ 오일 필터에 안전결선을 해준다.

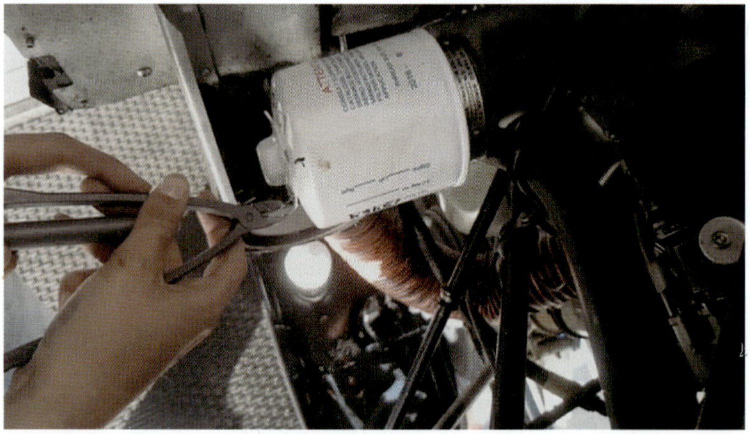

[그림] 8-96 안전결선 체결

⑩ 엔진 우측에 있는 엔진 오일캡을 풀어준다.

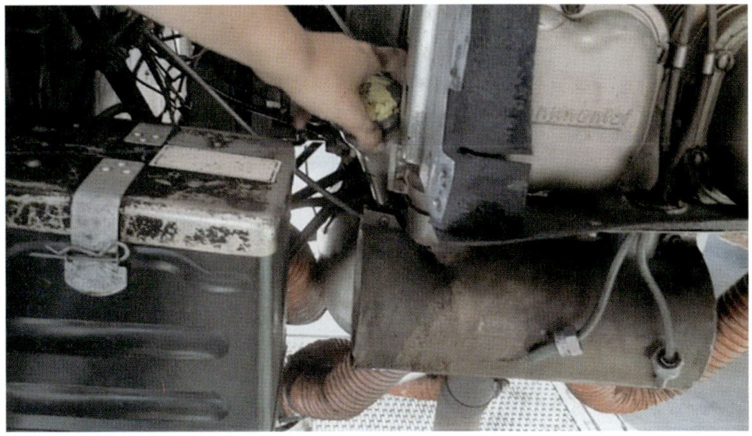

[그림] 8-97 오일 캡 오픈

⑪ 새 엔진 오일을 주입한다.

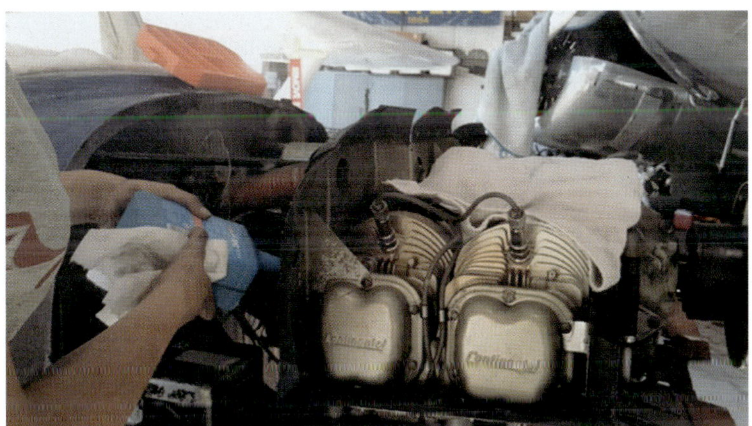

[그림] 8-98 새 오일 주입

⑫ 보급 작업이 완료되면 캡을 잠그고, 엔진 오일의 누출 여부를 확인하고, 공구 및 장비, 실습장 정리정돈을 한다.

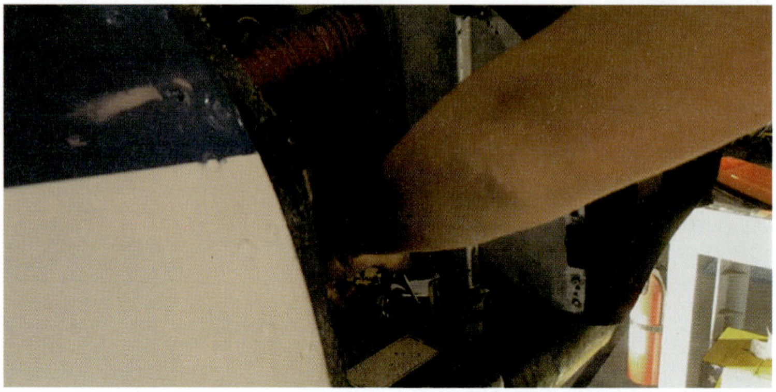

[그림] 8-99 캡 잠금 후 오일 누설 확인

Engine Oil Level (172R)

(1) Engine Oil Check (Refer to Figure 301).

1) Make sure the airplane is in a level position for the best indication.

2) Wait five to ten minutes after the engine has stopped, then examine the engine oil level on the dipstick.

① Open engine oil door on the top cowl.

② Remove the dipstick from the engine.

③ Wipe the dipstick with a clean cloth.

④ Fully insert the dip stick into the oil filler tube and remove the dipstick.

⑤ Read oil level on dipstick.

CAUTION : THE AIRPLANE CAN OPERATE WITH SAE J1966 STRAIGHT MINERAL OIL DURING THE INITIAL BREAK-IN PERIOD OR AFTER AN OVERHAUL. AFTER THE BREAK-IN PERIOD, USE AN ASHLESS DISPERSANT OIL THAT AGREES WITH SAE J1899. MAKE SURE YOU USE THE CORRECT OIL TYPE WHEN YOU SERVICE THE ENGINE.

3) If the oil is low, add the correct quantity and viscosity of aviation grade engine oil. Refer to Replenishing - Description and Operation.

4) Insert the dipstick into the oil filler tube.

5) Do a check for the correct fit of the dipstick to make sure it is not loose.

6) Close engine oil door.

Engine Oil Change (172R)

(1) Change the Engine Oil (Refer to Figure 301).

1) Operate engine until oil temperature is at a normal operating temperature.

NOTE : Normal temperature operation is within the green arc of the oil temperature gage. The engine oil must drain while the engine is still warm.

WARNING : AVOID SKIN CONTACT WITH ENGINE OIL. ENGINE OIL THAT GETS ON THE SKIN MUST BE IMMEDIATELY REMOVED.

2) Shut off the engine.
3) The front of the airplane must be raised slightly to drain sludge that can collect in the engine oil sump.
4) Remove the top cowl to get access to the oil drain plug and external oil filter.
5) Put a cover such as a plastic bag over the lower vacuum pump when you replace the oil or oil filter to prevent contamination of the vacuum pump.
6) Remove and discard the safety-wire from the drain plug.

WARNING : YOU MUST PREVENT SKIN CONTACT WITH ENGINE OIL. ANY ENGINE OIL THAT GETS ON THE SKIN MUST BE REMOVED IMMEDIATELY.

7) Remove the drain plug and let the oil drain into an applicable container.
8) After the engine oil has drained, install the drain plug. Refer to the Lycoming SSP-1776 Table of Limits or latest revision, for the torque requirements.
9) Attach safety-wire to the drain plug.
10) Remove suction screen from oil sump.
   ① Complete an inspection for metal particles. If you see metal content, keep the material from the oil sump for identification. Additional investigation will be required to find the source of the metal and possible need for corrective maintenance. Refer to Lycoming SSP500 (or latest revision) and contact a Textron Lycoming representative.
   ② Install the suction screen with a new gasket. Refer to the Lycoming SSP-1776 Table of Limits (or latest revision) for torque requirements.
   ③ Attach safety-wire to the suction screen.
11) Remove the external oil filter.
   ① Open the filter can and examine the oil from the filter for metal particles.

② Carefully remove and unfold the paper element. Do an inspection of the material in the filter. If metal content is shown, keep the material from the filter for identification. Additional investigation will be required to find the source of the metal and possible need for corrective maintenance. Refer to Lycoming SSP500 and contact a Textron Lycoming representative.

③ Install a new external oil filter.

④ Attach safety-wire to the oil filter.

12) Fill the engine oil sump through the filler tube. Make sure you use the correct grade and quantity of oil. Refer to Replenishing - Description and Operation. Refer to Figure 302 for oil grade versus temperature chart.
13) Install the dipstick and make sure of the correct fit on the filler tube.
14) Remove the bag from the lower vacuum pump.
15) Operate the engine until the normal operating temperature shows on the oil temperature indicator.
16) Shutdown the engine.
17) Examine the engine for oil leaks.

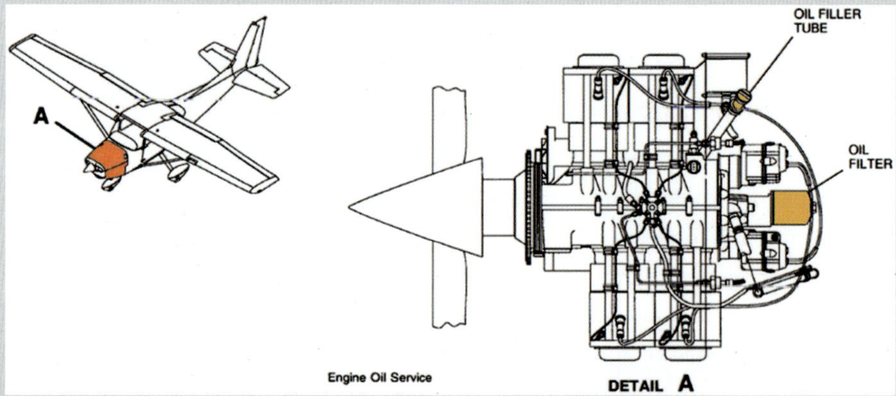

[그림] 8-100 오일 필터 위치(출처 : C172R POH)

HYDRAULIC BRAKES – SERVICING (172R)

(1) General

1) The brake master cylinders must be serviced every 100 hours.
2) The brake master cylinders are on the pilot's rudder pedals and are filled with MIL-PRF-5606 hydraulic fluid.

NOTE : For bleeding procedures, refer to Chapter 32, Brakes – Maintenance Practices.

① Remove the filler plug on the top of each master cylinder to fill the brake master cylinders.
② Fill to the top of the internal reservoir with MIL-PRF-5606 hydraulic fluid.

(3) 항공기 연료 보급(Fuel Servicing of Aircraft)

경량 항공기는 날개 위에서 연료를 급유한다. 연료 호스를 사용하여 날개 상부의 주유구(fueling port)를 통해 연료를 보급한다. 대형 항공기에서 사용되는 방법은 단일 지점(single point) 급유 장치이다. 한 지점에서 모든 연료 탱크를 채우기 위해 날개 하부의 앞전(leading edge)에 있는 receptacle을 이용한다. 항공기 급유 시간을 줄여주고, 오염을 감소시키며, 연료를 발화시키는 정전기를 줄여준다. 대부분의 가압 급유 장치(pressure fueling system)는 가압 급유 호스(pressure fueling hose), 제어 패널(control panel) 그리고 한 사람이 항공기의 일부 또는 모든 연료 탱크에 연료를 급유 또는 배유(defuel) 작업을 가능하게 하는 gauge로 구성된다. 각각의 탱크는 미리 설정된 수준(level)으로 채워지게 된다. 급유하기(fueling) 전에 각 사항들을 점검해야 한다.

1) 항공기의 모든 electrical system과 radar를 포함한 전자 장치(electronic device)가 꺼졌는지(turn off) 확인한다.

2) 연료 탱크로 떨어뜨릴 수 있기 때문에 작업복 주머니에는 아무거나 넣으면 안 된다.

3) 순간적인 방심이 사고를 불러오기 때문에 급유 작업에 인화성 물질을 소지하지 않았는지 확인한다.

4) 항공용 가솔린과 제트 연료를 혼유해서는 안 되기 때문에 적절한 형식과 등급의 연료인지 확인한다.

5) 모든 sump가 배출되었는지 확인한다.

6) 보안경을 착용한다. 보안경만큼 중요하지는 않지만, 고무장갑(rubber gloves)과 앞치마(apron)는 넘치거나 튀어 오르는 연료로부터 피부를 보호할 수 있다.

7) 연료를 보급하고 있는 항공기 방향으로 다른 항공기의 후류에 의해 불순물들이 날아올 경우에는 연료 보급을 중단한다. 바람에 날아온 오물(dirt), 먼지(dust) 및 기타 오염물은 열려져 있는 연료 탱크로 유입되어 탱크를 오염시킬 수 있다.

8) 5[mile] 이내에서 번개가 칠 때에는 연료 보급을 하면 안 된다.

9) 지상 레이더(ground radar)가 500[feet] 이내에서 작동할 경우 연료 보급을 하면 안 된다.

[그림] 8-101 항공기 연료 보급

이동식 급유 장치(mobile fueling equipment) 사용 시 주의사항

1) 항공기에 주의 깊게 접근한다. 비상시 철수 등을 고려하여 후진하지 않고 빠르게 출발할 수 있도록 연료 트럭을 배치한다.
2) 연료 트럭의 hand brake를 당기고, 흔들림을 방지하기 위해 차륜에 고임목을 고인다.
3) 항공기를 접지시키고 연료 트럭을 접지시킨 후, 항공기와 연료 트럭을 함께 접지 또는 접속시킨다. 3점 접지는 연료 트럭에 있는 3개의 분리된 접지선(ground wire) 또는 Y 케이블을 이용하여 이루어진다.
4) 접지가 금속 또는 항공기에 적절한 접지 지점(ground point)에 접촉되어 있는지 확인한다. 엔진 배기 장치(engine exhaust) 또는 프로펠러(propeller)를 접지 지점으로 이용하지 않는다. 프로펠러에 손상을 줄 수 있으며, 엔진과 기체 사이에 정확한 접속을 보장할 수 없기 때문이다.
5) 노즐(nozzle)을 항공기에 접지한 후 연료 탱크를 연다.
6) 넘친 연료 또는 노즐(nozzle), 호스(hose) 또는 접지선의 부주의한 취급으로 발생할 수 있는 손상으로부터 항공기 날개와 관련 부품을 보호한다.
7) 항공기를 떠나기 전에 연료 마개(fuel cap)가 잘 닫혔는지 점검한다.
8) 역순으로 접지선을 장탈한다. 만약 항공기가 비행에 바로 투입되거나 이동하지 않는다면, 항공기 접지선은 장착된 상태로 놓아둘 수 있다. 급유 pit 또는 cabinet으로 급유할 때에도 연료 트럭 급유와 동일한 절차를 따른다. Pit 또는 cabinet은 영구적인 접지로 설계되어 있다. 그러나 항공기는 반드시 접지되어야 하며, 장비는 이동식 장치(mobile equipment)처럼 항공기에 접지되어야 한다.

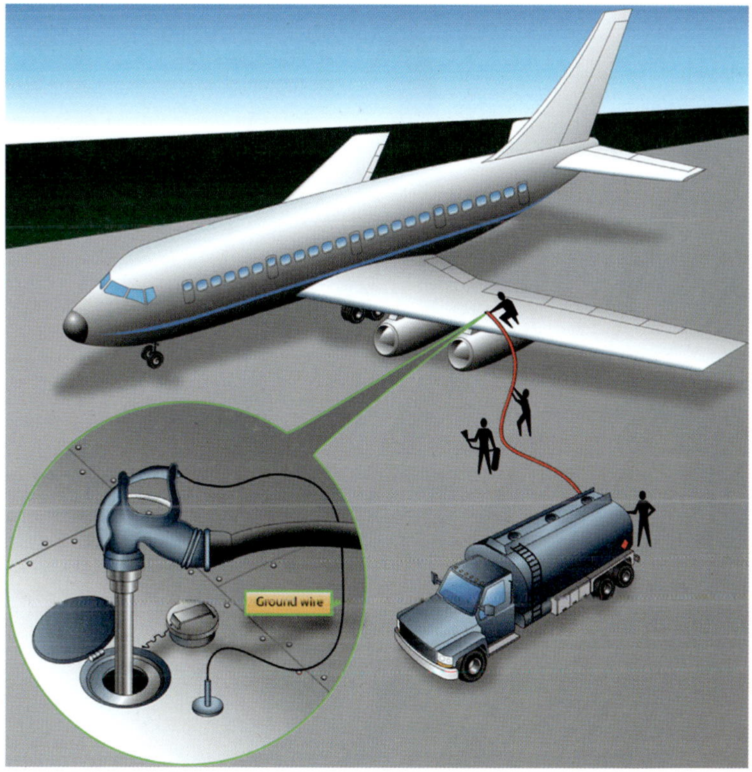

[그림] 8-102 연료 보급 시 3점 접지(출처 : FAA aviation maintenance technician handbook airframe)

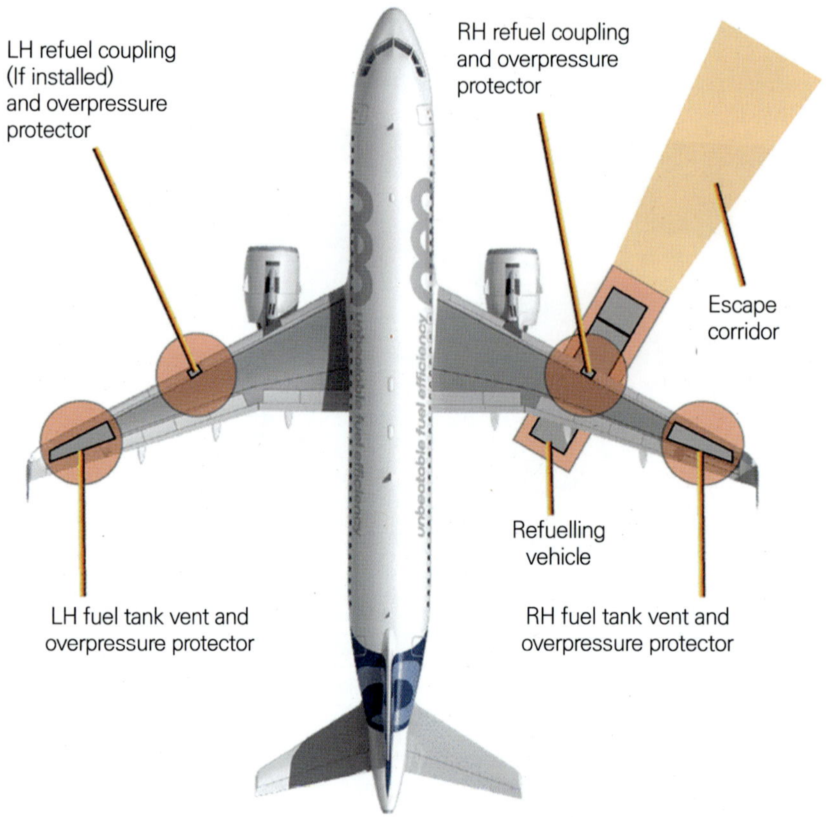

[그림] 8-103 대형항공기 연료 주입구

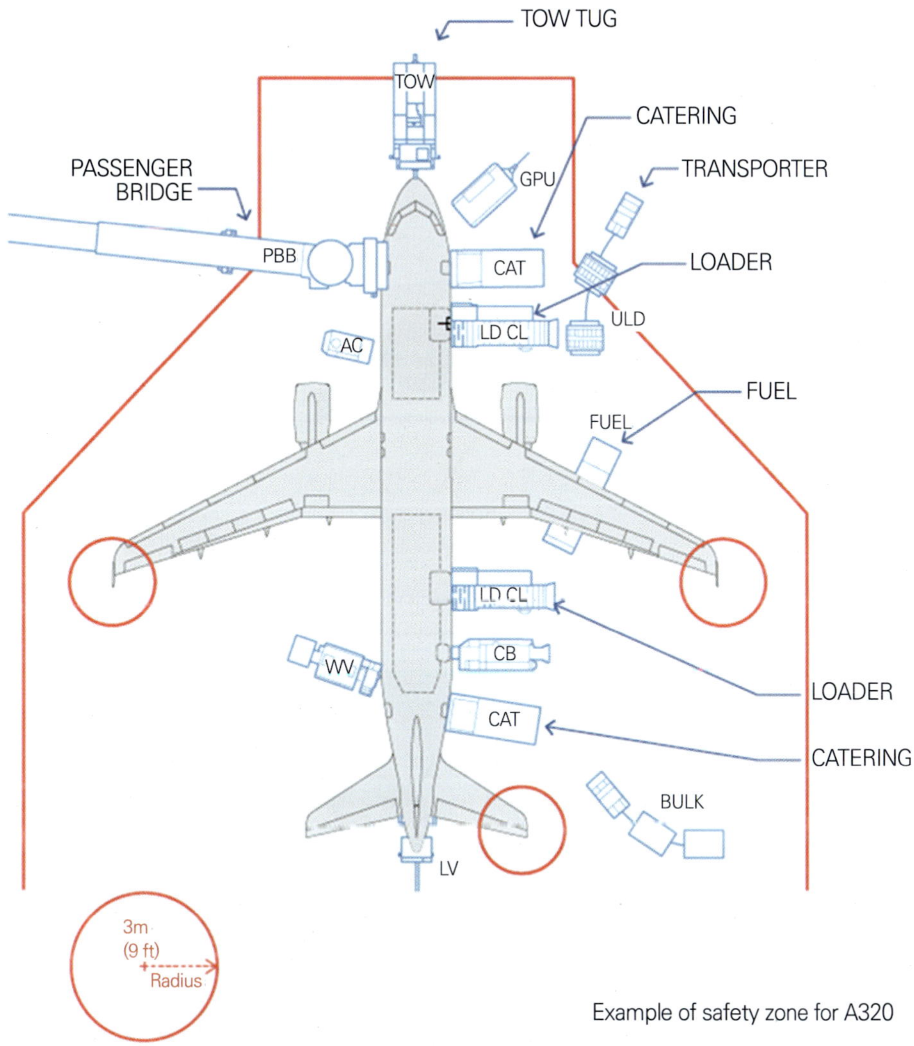

[그림] 8-104 지상 지원 차량 위치

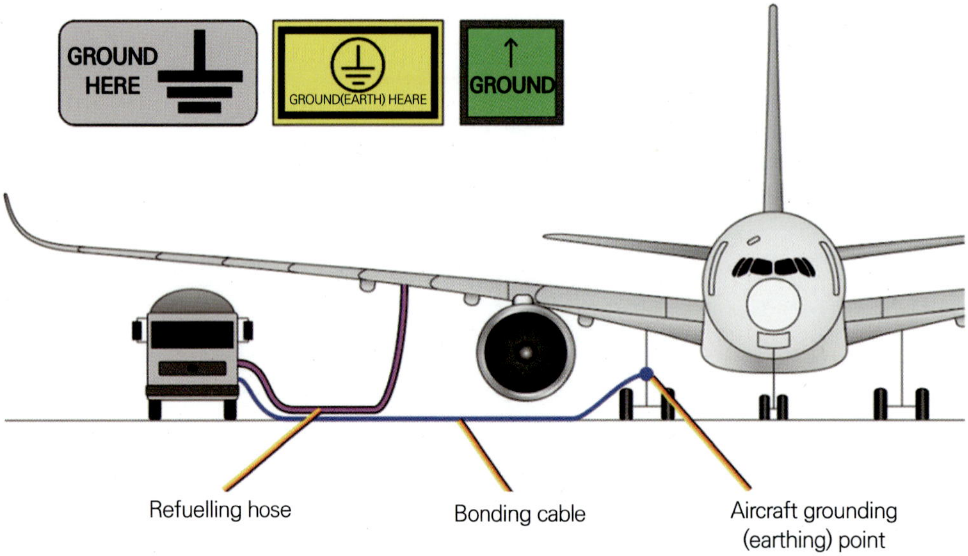

그림] 8-105 3점 접지 위치

[그림] 8-106 대형항공기 연료 주입

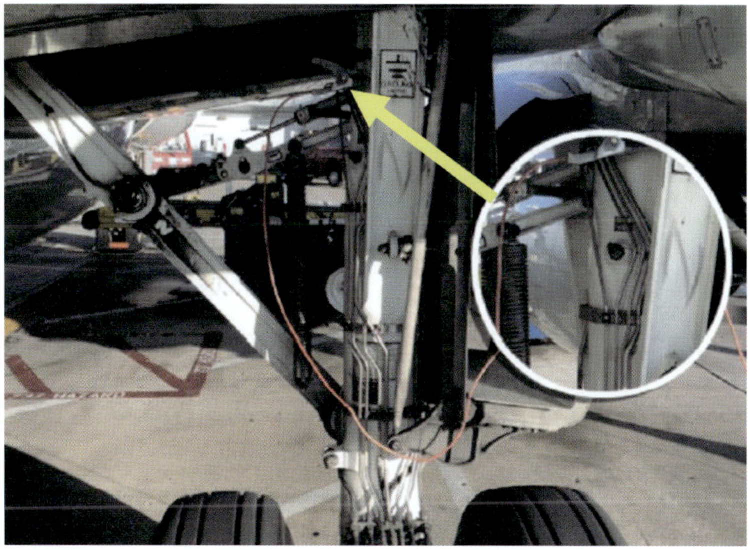

[그림] 8-107 대형항공기 접지 지점

1) 공구 및 장비

① 접지 케이블

연료 보급 시 항공기와 연료 차량을 접지하기 위해 사용한다.

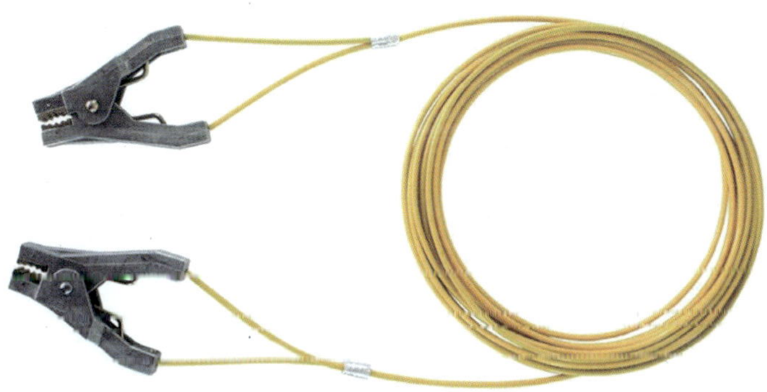

[그림] 8-108 접지 케이블

2) 연료 공급 작업

① 항공기를 연료 보급할 수 있는 곳까지 위치한다.

[그림] 8-109 연료 보급 위치 확인

② Shut down, master, ignition S/W를 OFF시킨다.

[그림] 8-110 각 스위치 차단

③ 바퀴 전부를 고임목으로 고정시킨다.

[그림] 8 111 고임목 장착

④ 연료차와 항공기를 접지 케이블로 연결한다.

[그림] 8-112 접지 케이블 연결

⑤ 날개 윗면에 있는 연료 캡을 열고, 연료를 주입한다.

[그림] 8-113 연료 주입

⑥ 보급 작업이 완료되면 캡을 잠그고, 연료의 상태를 확인하고, 공구 및 장비, 실습장 정리정돈을 한다.

[그림] 8-114 연료 상태 확인 후 정리

⚲ Fueling and Defueling (172R)

(1) Fueling Procedures.

CAUTION : Make sure that the correct grade and type of fuel is used to service the airplane. Refer to Pilot's Operating Handbook and FAA Approved Airplane Flight Manual for a list of approved fuels.

1) Ground airplane and vehicle as outlined above.
2) Ensure battery switch is turned OFF.
3) Place protective mat around fuel filler area and remove fuel filler caps.
4) Fuel airplane. Ensure correct grade of aviation fuel is used.
5) Replace filler caps. Wipe up excess fuel from wing area.
6) Remove grounding equipment.

(2) Defueling Procedures.

1) Ground airplane and vehicle as outlined above.
2) Ensure battery switch is turned OFF.
3) Remove fuel filler caps.
4) Insert defueling nozzle into fuel bay and begin defueling.
5) Remove as much fuel as possible with defueling nozzle.
6) Drain fuel from drains located on underside of fuselage.
7) Remove drain valves from bottom of fuel tank and drain remaining fuel.
8) Remove grounding equipment.

PART

9

검사 개념과 기법

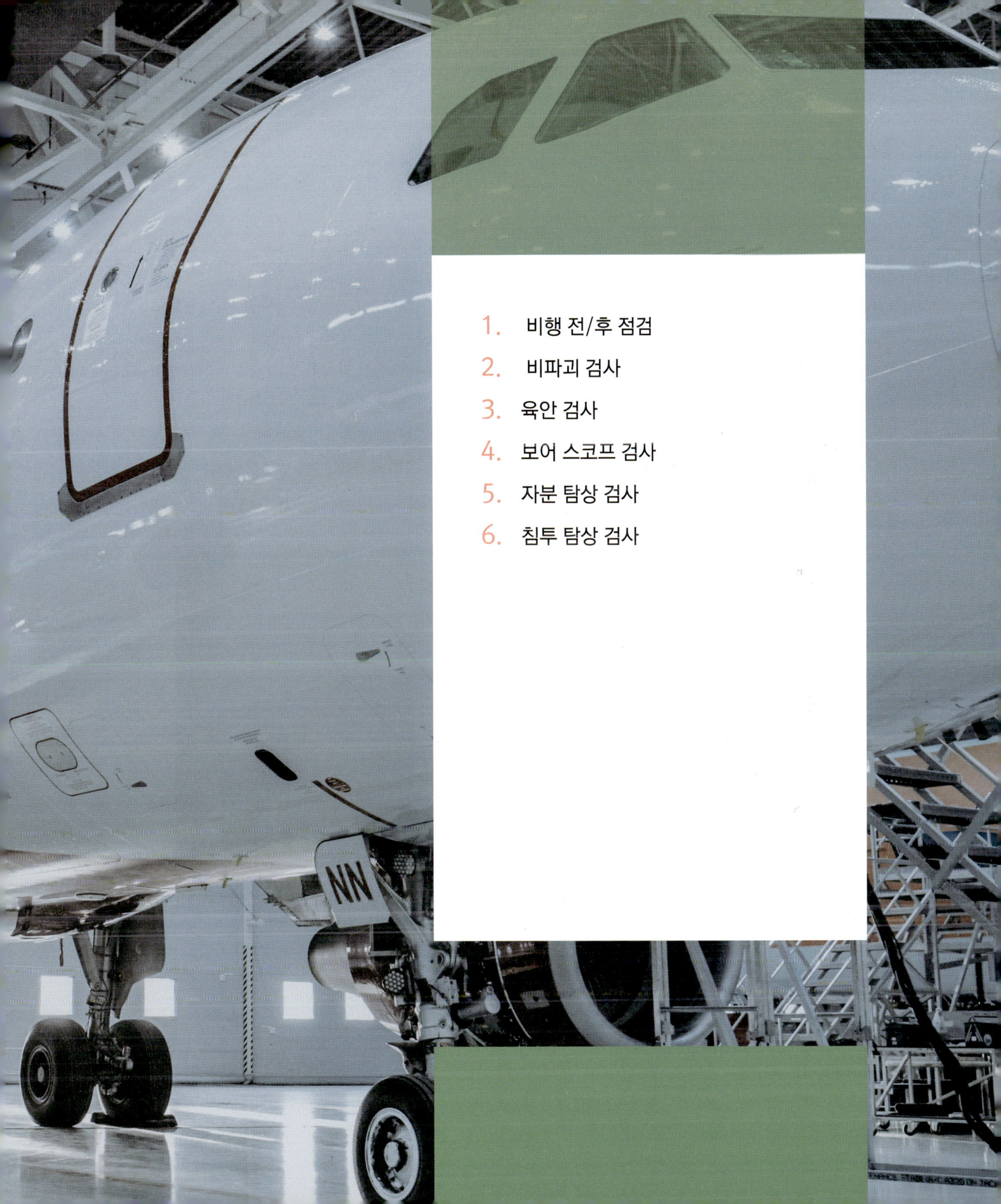

1. 비행 전/후 점검
2. 비파괴 검사
3. 육안 검사
4. 보어 스코프 검사
5. 자분 탐상 검사
6. 침투 탐상 검사

1. 비행 전/후 점검(PR·PO : Pre/Post-Flight check)

최종 비행을 마치고 다음 비행 전까지 항공기의 출발 태세를 확인하는 점검이다. 조종사(pilot)는 항공기를 운항할 때 POH(Pilot's Operating Handbook)의 체크리스트에 따라야 한다. 체크리스트는 조종사가 항공기 주위를 걸어서 육안에 의해 항공기의 일반적 상태를 검사하는 일명 "work around" 점검을 포함한다. 조종사는 항공기 내외의 청결, 탑재물의 하역, 비행에 필요한 연료, 오일, 기체 등의 보급, 결함 교정 등을 확인해야 한다. 감항성 유지여부를 확인을 위해 탑재되어 있는 감항성 관련 증명서 확인과 항공일지의 정비기록도 검토한다. 또한 매 비행을 완료한 후에는 운항 중 발생한 고장이나 결함 등을 정비사에게 제공하여, 비행 후 점검에서 다음 비행 준비를 위한 수리나 보급 작업이 이루어지도록 해야 한다. 국내 대형 운송용 항공기의 점검 수행 시기는 국내선의 경우 최종 비행 후 다음 비행이 계획된 날 첫 비행 이전에 수행하고, 국제선의 경우 최종 비행 후 첫 비행 시각으로부터 48시간 이내에 수행되어야 한다.

[그림] 9-1 항공기 외부 점검

(1) 경비행기의 PR·PO check

1) 조종실

① 마그네토 스위치(magnetos switch)를 차단하여 기관의 정지 상태를 점검한다.

② 마스터 스위치를 켜서 조종실의 각종 계기상태와 조종 장치의 트림 상태를 확인한다.

③ 연료량을 확인한다.

④ 인터폰 스위치를 켜서 무선 통신 장치와 기내 방송 상태를 확인한다.

2) 꼬리 날개 부분

① 수평 꼬리 날개 안정판의 장착 상태와 손상을 점검한다.

② 승강키의 장착 상태와 힌지, 핀, 케이블 상태 확인의 장착 상태를 점검한다.

③ 수직 꼬리 날개 안정판의 장착 상태와 손상을 점검한다.

④ 방향키의 장착 상태와 힌지, 핀, 케이블 상태를 점검한다.

⑤ 항법등 및 수신기의 장착 상태를 점검한다.

3) 우측 날개

① 도움 날개 및 플랩의 장착 상태와 힌지, 핀, 케이블 상태를 점검한다.

② 날개, 끝단 부분과 날개 앞전의 손상을 점검한다.

③ 피토관 등 먼지 덮개의 제거를 확인한다.

4) 연료 탱크 및 드레인 라인

① 연료 탱크의 외관 상태를 점검한다.

② 연료 드레인 라인의 상태를 점검한다.

5) 기수

① 엔진 방풍판의 장착 상태를 점검한다.

② 방풍창(windshield)의 균열 및 청소 상태를 확인한다.

③ 프로펠러의 장착 상태 및 균열을 점검한다.

④ 연료 라인과 클램프(clamps)의 장착 상태를 점검한다.

⑤ 기화기와 공기 여과기(air filter)의 상태를 점검한다.

⑥ 엔진 오일의 상태와 엔진 오일량을 점검한다.

6) 좌측 날개

① 피토 튜브관의 장착 상태를 확인한다.

② 날개 앞전, 끝단 부분, 뒷전의 손상을 점검한다.

③ 도움 날개 및 플랩의 장착 상태와 힌지, 핀, 케이블 상태를 점검한다.

④ 착륙 장치의 장착 상태와 타이어의 공기압을 점검한다.

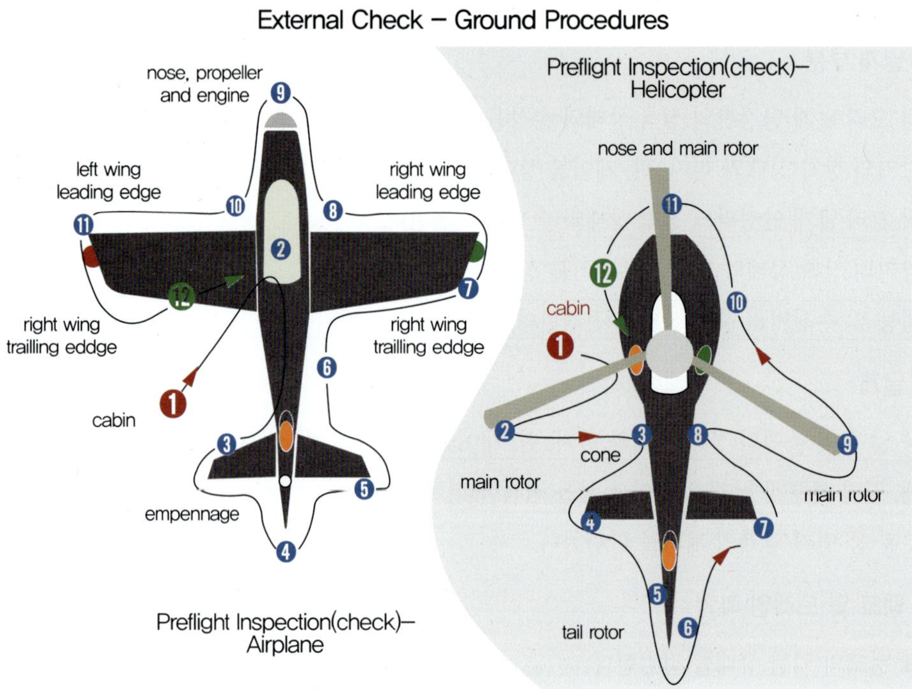

[그림] 9-2 항공기 외부 점검 순서

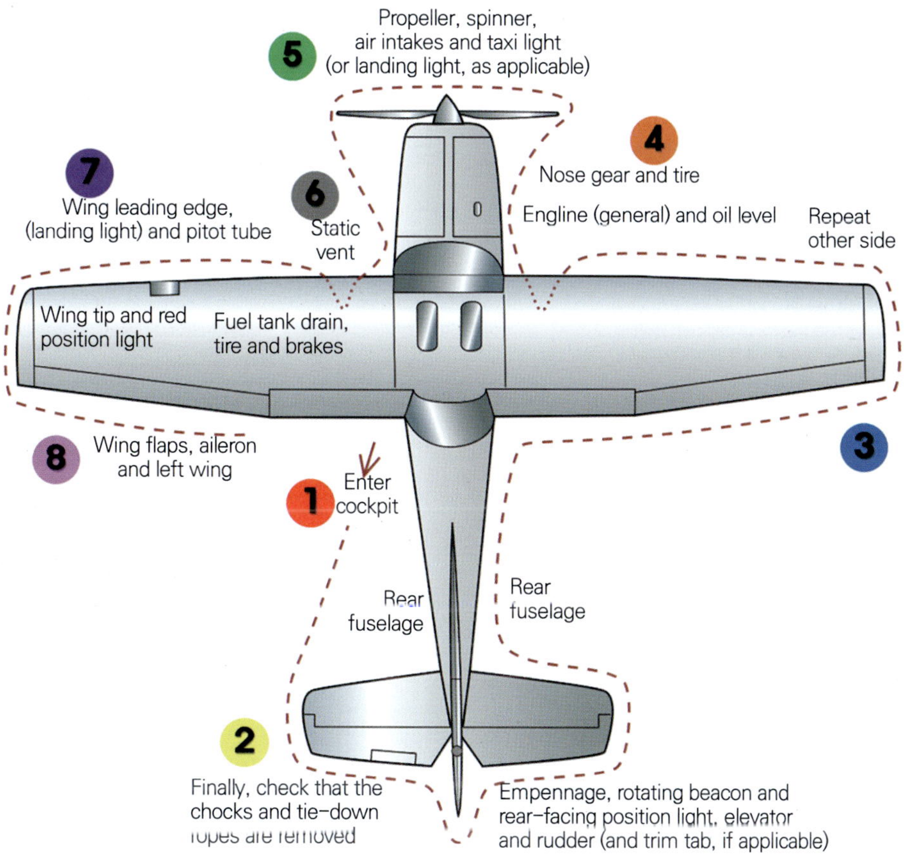

[그림] 9-3 세스나 외부 점검 순서

(2) 안전 및 유의사항

1) 정확하게 수행해야 한다.

2) 뛰지 않도록 한다.

3) 꼼꼼하게 점검해야 한다.

4) 누락되지 않도록 순번대로 확인한다.

5) 비행 전후 검사는 비행의 가장 중요한 단계의 하나이다.

6) 점검 사항에 의구심이 느껴지면 다시 한 번 점검해야 한다.

(3) 작업 준비

1) Cessna 172 항공기 : 1대

2) 점검 Checklist : Cessna 172 Owner's Manual 참고

3) 타이어 압력 측정 게이지 : 1대

4) 타이어 누설 점검액 : 1개

5) 점검 스탠드 : 1대

6) 점검등(flash light) : 1개

7) 점검용 소형 거울 : 1개

8) 인치 자(Steel Rule 6 inch) : 1개

9) 점검기록부 및 필기구 : 1세트

10) 정비용 장갑 : 1켤레

11) 정비용 걸레 : 소량

12) 안전모 : 1개

13) 정비복 : 1개

14) 정비화 : 1켤레

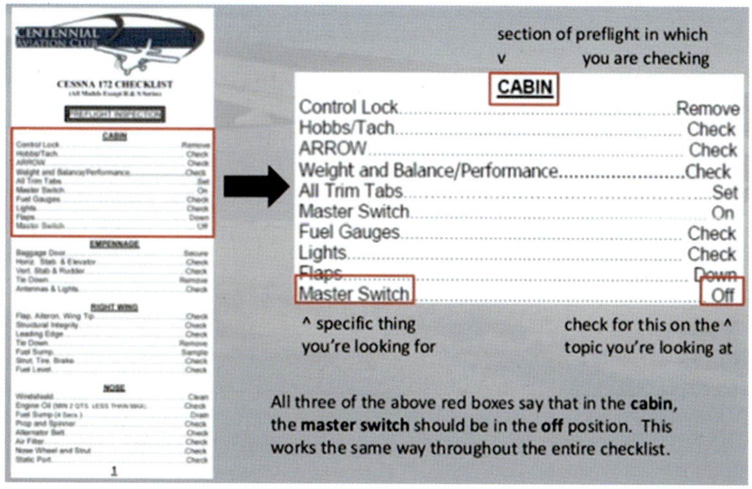

[그림] 9-4 외부 점검 체크 리스트

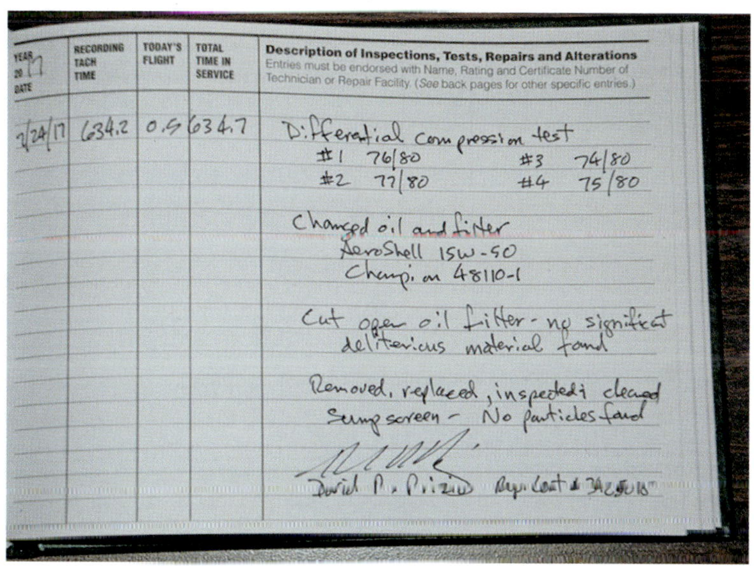

[그림] 9-5 외부 점검 기록부

DATE	MAINTENANCE RECORD DESCRIPTION OF WORK PERFORMED	SIGNATURE
3/5/20	1. Changed oil. Added 8 Quarts of Aeroshell	
	50wt. compounded Oil.	

[그림] 9-6 항공기 정비 기록부

(4) 점검 준비

검사를 시작하기 전에 검사할 부위의 모든 외형판(plates), 접근창(access dor), 페어링(fairing) 및 방풍판(cowling)을 열거나 탈거하고, 검사 부위 구조물이 깨끗한가를 확인한다. 검사 부위를 세척하기 전에 윤활유, 유압유 등 액체의 누설 여부를 확인한다. 철저한 검사를 수행하기 위해서 검사 전에 대상 항공기의 기술도서, 각종 지침이나 정보를 검토한다. 항공 일지(Flight & Maintenance Log book)의 정비 이력도 검토한다. 검사를 수행할 때는 항상 체크리스트를 사용하여 잊어버리거나 빠뜨리는 항목이 없는지를 확인한다.

기술도서, 검사지침이나 정보는 서면 또는 전자도서로 이용할 수 있어야 한다. 이러한 간행물은 항공기 제작회사와 엔진 제작회사, 장비품 제작회사 및 감항 당국이 제공한다.

1) 항공기 일지(Aircraft Logs)

항공기 운항을 위해 항공사가 감항 당국으로부터 발급받은 증명서를 운항증명서(air operator certificate)라고 하며, 이를 소지한 회사는 항공 일지를 작성하여 보존해야 한다.

① 탑재용 항공 일지(Flight & Maintenance Log book)

항공기를 운항할 때 반드시 탑재하여야 하며, 표지 및 경력표, 비행 및 주요 정비 일지, 정비 이월 기록부를 포함한다. 항공법으로 탑재용 항공 일지가 지상비치용 항공 기체 일지(airframe logs)를 일부 포함하면서 지상 비치용 장비품 일지(component log/record)를 별도로 운영하고 있다.

② 지상 비치용 항공 일지(Aircraft logs)

기체 일지, 발동기 일지(engine logs) 및 프로펠러 일지(propeller logs)로 구분한다. 항공 일지 크기는 회사별로 다르다. 비행시간이 많은 항공기는 여러 권의 항공 일지를 가지게 되고 영구 보존해야 한다. 탑재용 항공 일지는 항공기에 관한 모든 데이터가 기록되어 있다. 항공기 상태, 검사일자, 기체, 엔진 그리고 프로펠러의 사용시간과 사이클이 기록된다. 항공기, 엔진, 장비품에서 발생된 모든 주요 정비 이력을 반영하고, 감항성 개선 지시, 제작회사에서 발행하는 정비회보의 수행 사실이 기록된다.

검사는 감항성을 인정하는 인증 문구를 쓰고 서명하거나 검사인을 날인하여 완료한다. 인증 문구는 누가 읽든 확실하게 이해할 수 있도록 좋은 글씨체를 사용하고 쉽게 쓴다. 높은 품질의 항공 일지는 항공기의 가치를 높인다.

2) 점검 항목표(Check lists)

검사를 수행할 때 항상 체크리스트를 사용한다. 체크리스트는 항공기 운용자가 작성한 것이거나 제작회사가 제공한 것 또는 다른 공급원에 의해 제공된 것일 수도 있다.

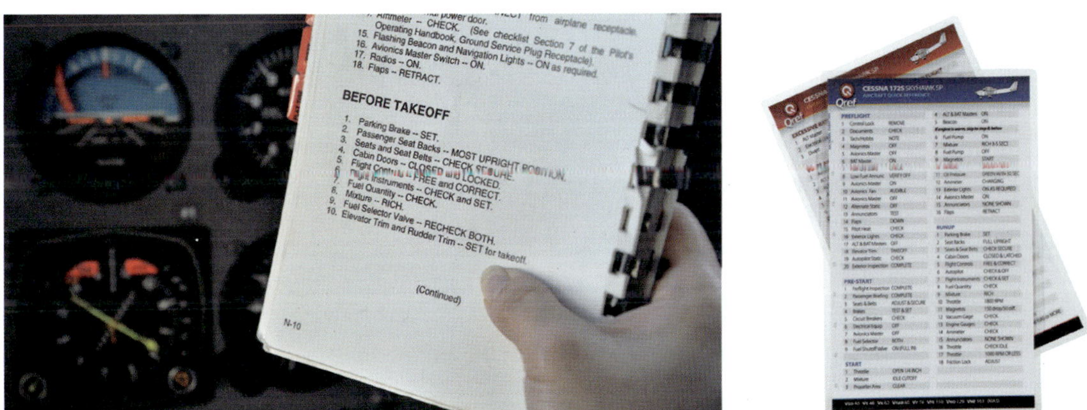

[그림] 9-7 점검 항목표

① 동체 부문(Fuselage and Hull Group)

a. 외피(skin) : 퇴화(deterioration), 뒤틀림(distortion), 결함 징후, 체결기구(fitting)이 결함 또는 불안정한 부착 상태

b. 계통과 장비품 : 장착 상태, 결함, 양호한 작동 상태

c. 공기 주머니(envelop gas bags), 평형용 탱크(ballast tank) 그리고 관련 부품 상태

② 기내 부문(Cabin and Cockpit Group)

a. 일반적인 청결 상태, 기내용품(loose equipments)의 고정 상태

b. 좌석 및 안전벨트 : 상태와 안전성(security)

c. 창문과 방풍창(window & windshield) : 퇴화, 파손 여부

d. 계기류 : 장착 상태, 표기 상태 그리고 가능할 경우 작동 상태

e. 비행조종 장치와 엔진제어 장치 : 장착 상태, 작동 상태

f. 축전지(battery) : 장착 상태, 충전 상태

g. 전 계통 : 장착 상태, 외부적 결함, 장착 부위 이완 여부

③ 엔진과 격실 부문(Engine and Nacelle Group)

a. 엔진 계통(engine system) : 오일, 연료 또는 유압유의 누설 여부 및 누설의 근원

b. 스터드(stud) 및 너트(nut) : 토크(torque)값의 적정성, 분명한 결함

c. 엔진 내부 : 실린더 압축비, 실린더 내부 상태와 공차 점검, 배기가스 온도, 압축기와 터빈 내부 상태, 스크린과 드레인 플러그(drain plug)에서 금속입자 등 이물질 존재 여부

d. 엔진 장착대(engine mount) : 균열, 장착 상태의 이완, 엔진과 장착대 사이 이완 여부

e. 방진구(flexible vibration dampener) : 장착 상태 및 퇴화 여부

f. 엔진 제어(engine control) : 결함, 작동 상태, 행정, 안전 장치

g. 관(line), 호스(hose) 그리고 클램프(clamp) : 누설 여부

h. 배기통(exhaust stack) : 균열, 결함, 장착 상태

i. 액세서리(accessory) : 장착 상태의 안전성

j. 전 계통 : 장착 상태. 일반적인 상태와 결함 여부

k. 방풍판(cowling) : 균열 및 결함 여부

l. 지상 시운전과 기능 점검 : 모든 동력 장치의 조종 장치와 계통의 정확한 반응, 모든 계기의 작동 상태, 지시 상태

④ 착륙 장치(Landing Gear Group)

a. 전 부품 : 장착 상태와 안전성

b. 완충 장치 : 작동유액(oleo fluid)의 충전 수준(level)

c. 연동 장치, 버팀대(truss), 구성부재(members) : 마모 상태, 피로, 뒤틀림

d. 작동 및 삼금 기계 장치(retracting & locking mechanism) : 작동 상태

e. 유압유 배관 및 호스 : 누설 여부

f. 전기 계통 : 전선의 접촉 손상(chafing)과 스위치의 작동 상태

g. 바퀴(wheel) : 균열, 결함, 베어링 상태

h. 타이어 : 마모 상태, 절단 상태

i. 제동 장치(brake) : 적정한 조정

j. 부양기(float)와 스키(ski) : 장착 상태, 결함 상태

⑤ 날개 및 동체 중앙부(Wing and Center Section)

a. 모든 장비품 : 장착 상태와 안전성

b. 외피 : 퇴화, 뒤틀림, 결함 징후, 체결기구의 결함, 부착 상태

c. 내부 구조(internal structure) : 스파, 리브, 압축재의 균열, 굴곡, 부착 상태

d. 가동면(movable surface) : 손상, 결함, 우포 또는 외피 부착 상태, 행정의 적정성

e. 조종 장치 (control mechanism) : 움직임, 정합(alignment), 장착 상태

f. 조종 계통 (control cable) : 장력, 절단, 마모, 페어리드와 도르래 등 경로 검사

⑥ 후방 동체 부문(Empennage Group)

a. 고정 날개 표면 : 손상, 결함, 패스너 등 결합 부품의 풀림 또는 장착 상태

b. 가동 조종면(movable control surface) : 손상, 결함, 페스너 등의 풀림, 외피의 비틀림

c. 외피 : 도피제(coating)나 도색제(paint)의 벗겨진 상태, 찢어진 곳, 절단, 결함, 뒤틀림, 퇴화

⑦ 프로펠러(Propeller Group)

a. 프로펠러 장치(propeller assembly) : 균열, 찍힘(nick), 구부러짐(bend), 오일 누설

b. 볼트 : 조임치(torque value), 안전결선(safety wire) 상태

c. 방빙 장치 : 작동 상태, 결함

d. 조종 장치(control mechanism) : 작동 상태, 장착 상태, 행정 거리

⑧ 통신 및 항법 장비(Communication and Navigation Group)

a. 통신 라디오 및 전자 장비 : 장착 및 작동 상태, 보안

b. 배선과 배관 : 경로의 적정성, 장착 안전성, 결함

c. 부품간 접속선(bonding wire)과 전선의 차폐(shielded conductor) : 장착 상태

d. 안테나 : 장착 상태, 작동점검

⑨ 기타(ETC)

a. 구급용구 : 일반적인 상태와 보관의 적정성, 제작사 권고에 의한 검사

b. 낙하산 : 제작사 권고에 의한 검사

c. 자동비행 시스템 : 일반적인 상태, 장착의 안전성, 작동 상태

(5) Walk around inspection 작업 절차

1) General : Check the aircraft log book for completion of maintenance and servicing.

[그림] 9-8 항공기 탑재 일지

2) General : Wheel chocks positioned forward and aft of main landing gear wheels.

[그림] 9-9 항공기 고임목 확인

고정목(Wheel chock)

휠 초크(또는 초크)는 항공기의 우발적인 움직임을 방지하기 위해 휠에 가깝게 배치된 견고한 재질의 쐐기형이다. 항공기 주기 시 주기장의 경사면, 유압 계통의 압력 저하, 고장, 브레이크 냉각 등으로 브레이크 외에 안전을 위해 배치된다. 바닥 표면은 때로 고무로 코팅되어 지면과의 그립을 강화한다. 제거하기 쉽도록 밧줄을 초크나 두 개의 초크 세트에 묶을 수 있다. 쐐기의 한쪽 가장자리는 오목한 프로파일을 가지고 있어 바퀴에 윤곽을 드러내고 초크를 over run하는 필요한 힘을 증가시킨다. 목재와 플라스틱으로 만들어지며, 민간용은 적색, 군용은 황색을 사용한다.

[그림] 9-10 항공기 고임목

3) General : Insure serviceable fire extinguisher properly positioned.

[그림] 9-11 소화기 배치 확인

화재의 등급(Classes of Fires)

국제화재방지협회(NFPA : national fire protection association) Standard 10, 휴대용 소화기에 정의된 것처럼 기내에서 일어나는 것이 가능하다고 생각되는 화재의 등급은 4등급으로 분류된다.

1) A급 화재(Class A Fires) : 일반 화재. 기본적으로 목재, 직물, 종이, 고무제품 그리고 플라스틱과 같은 통상의 가연재료에 발생하는 화재.
2) B급 화재(Class B Fires) : 기름 화재. 가연성 액체, 석유계 오일, 그리스, 타르, 유성도료, 래커, 솔벤트, 알코올 그리고 인화성가스에서 발생하는 화재.
3) C급 화재(Class C Fires) : 전기 화재. 비전도성인 소화용재의 사용이 중요한 곳에서 전압을 가한 전기장치에서 발생하는 화재.
4) D급 화재(Class D Fires) : 금속 화재. 마그네슘, 티타늄, 지르코늄, 나트륨, 리튬 그리고 포타슘과 같은 가연성 금속에서 발생하는 화재.

Fire Class	Geometric Symbol		Pictogram	Intended Use	Mnemonic
A				Ordinary solid combustibles	A for "Ash"
B				Flammable liquids and gases	B for "Barrel"
C				Energized electrical equipment	C for "Current"
D			None	Combustible metals	D for "Dynamite"
K				Oils and fats	K for "Kichen"

[그림] 9-12 항공기 화재 등급

4) General : Insure airplane statically grounded.

[그림] 9-13 접지 연결 확인

[그림] 9-14 항공기 접지 포트

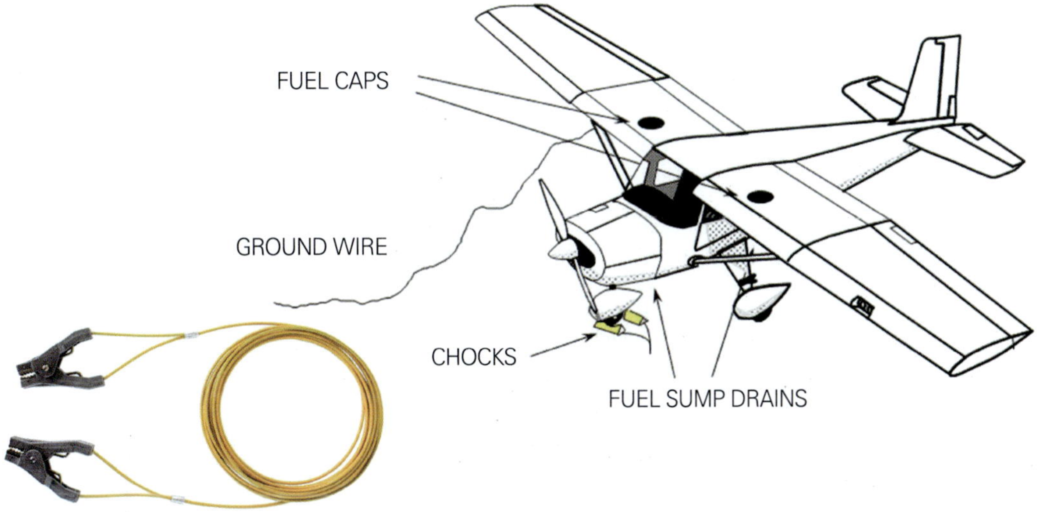

[그림] 9-15 항공기 접지 연결

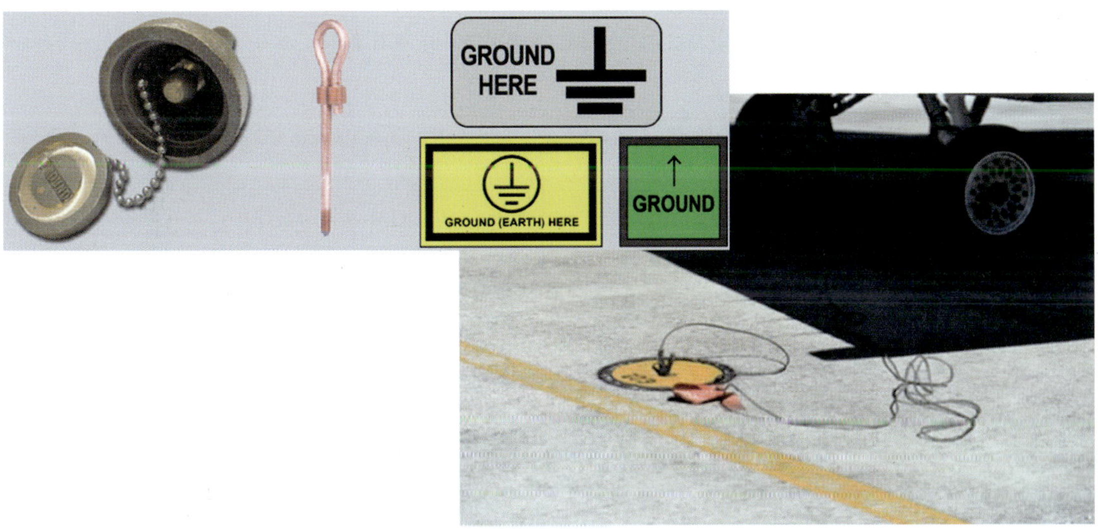

[그림] 9-16 지상 접지 지점

5) Cabin & Environs : Turn on master switch and check fuel quantity indicators.

[그림] 9-17 마스터 스위치와 연료량 계기 확인

회로 차단기 패널(Circuit breaker panel)

조종사 제어 휠의 왼쪽 하부 계기판에 있다. 회로 차단기 패널에는 전기 회로 차단기, MAGNETO 스위치, ALT BAT MASTER 스위치, AVIONICS MASTER 스위치 및 패널 조명 컨트롤이 있다.

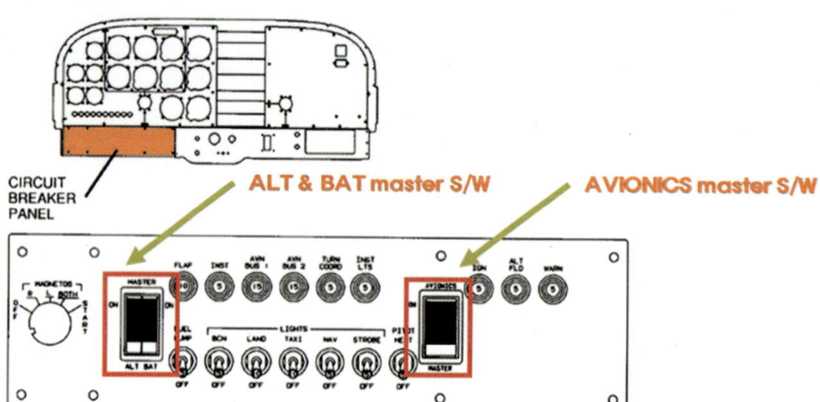

[그림] 9-18 마스터 스위치 위치(출처 : C172 POH)

연료량 지시계(Fuel quantity indicator)

모든 항공기의 연료 계통은 연료량계를 갖추어야 하고, 계통의 복잡성과 항공기에 따라 다양하다. 초기에는 전기를 필요로 하지 않는 간단한 연료량계가 사용되었으며, 현재도 사용하고 있다. 직독식 지시계(direct-reading indicator)는 연료탱크가 조종석에 아주 가깝게 있는 경항공기 등에서 사용된다. 그 외 경항공기와 대형항공기는 전기식 지시계(electric indicator) 또는 전자 용량식 지시계(electronic capacitance-type indicator)가 사용된다.

[그림] 9-19 연료량 지시계

6) Cabin & Environs : Turn off master switch, check ignition switch for "OFF" position, check tank selector valve handle on "BOTH".

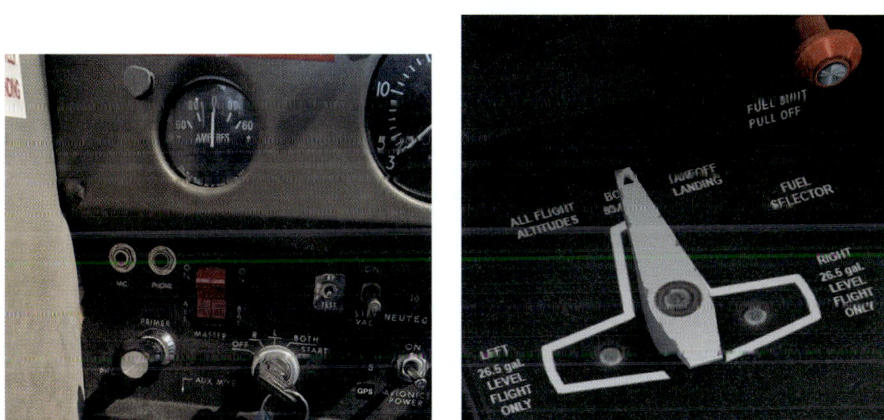

[그림] 9-20 점화 스위치와 연료 선택 밸브 확인

점화 스위치(Ignition Switch)

조종석에서 왼쪽 하부 회로 차단기 패널에 있고, 마그네토의 작동을 조절한다.

1) R 또는 L을 선택한 경우 연결된 마그네토만 활성화되며, BOTH는 이 둘을 동시에 사용한다.
2) 점화 스위치를 처음 BOTH에서 RIGHT로 이동한 후, BOTH에서 L로 이동할 때 발생하는 rpm의 감소를 관찰하여 오작동되는 점화 시스템을 확인할 수 있다.
3) 허용 감소량은 AFM(Aircraft Flight Manual) 또는 POH(Pilot`s Operating Handbook)에 기술되어 있다.
4) 하나의 마그네토로 전환했을 때 엔진이 정지하거나, rpm 강하가 허용 한도를 초과하거나, 강하가 발생하지 않을 경우 문제가 해결될 때까지 항공기를 띄우면 안 된다.
5) 원인은 점화 플러그가 오염되었거나, 마그네토와 점화 플러그 사이에 고압선이 파손 또는 단락되었거나, 점화 플러그의 타이밍이 부적절할 수 있다.
6) 엔진이 셧다운된 후 점화 스위치를 OFF 위치로 돌린다.
7) 점화 스위치, 배터리, 마스터 스위치가 OFF 위치에 있는 경우에도 마그네토와 점화 스위치 사이의 접지선이 분리 또는 파손되면 외부 전원이 필요 없기 때문에 실린더 안의 잔류 연료로 프로펠러가 움직여지면 엔진이 우발적으로 시동될 수 있다.
8) 이 경우 엔진을 정지시킬 수 있는 유일한 방법은 mixture lever를 idle cutoff 위치로 옮기는 것이다.

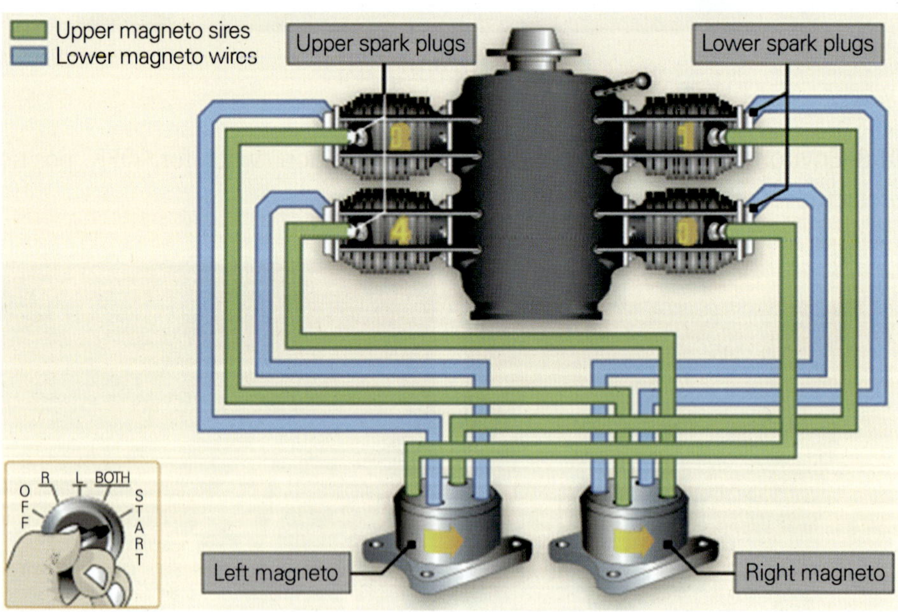

[그림] 9-21 항공기 마그네토 연결 구조

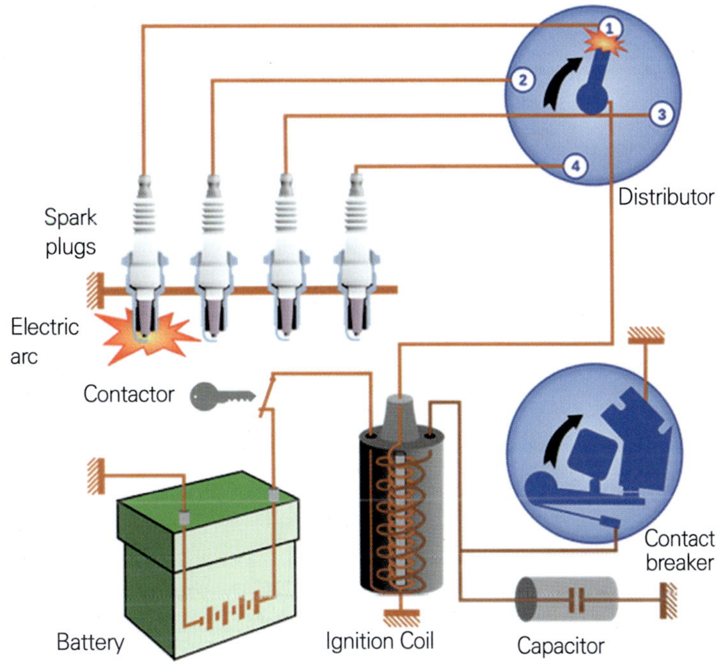

[그림] 9-22 항공기 마그네토 작동 원리

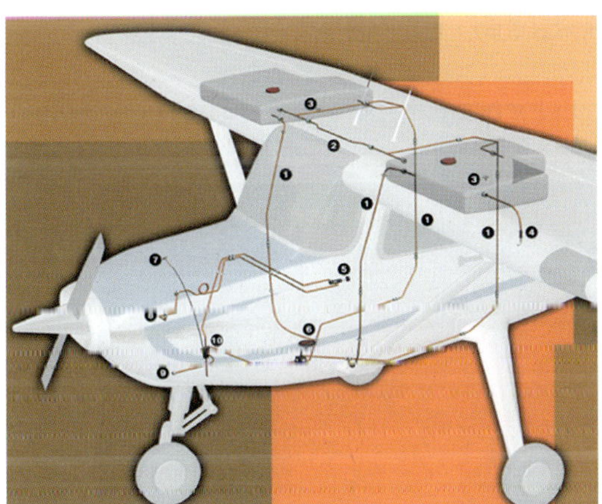

1. Fuel supply lines
2. Tand vent interconnect line
3. Fuel drains
4 Fuel tank overflow vent lines
5. Primer
6. Fuel tank selcetor switch
7. strainer drain control
8. Primer lines
9. Carburetor feed
10. Strainer drain

[그림] 9-23 경량항공기 연료 라인

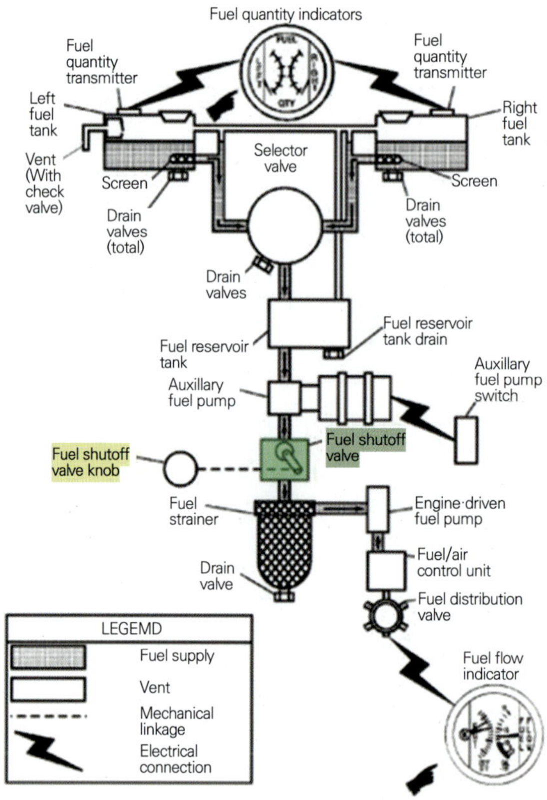

[그림] 9-24 경량항공기 연료 계통

7) Cabin & Environs : Check both brake pedals for normal operation and no sponge phenomenon.

[그림] 9-25 스펀지 현상 확인

⅄ 제동 계통(Brake system)

세스나 172는 싱글 디스크 시스템을 사용한다. 토우 브레이크를 누르면 브레이크 페달에 부착된 마스터 실린더가 호스 및 강관을 통해 착륙 기어 스트럿에 부착된 브레이크 유닛 하우징으로 유압 오일을 밀어 넣는다. 하우징 내의 피스톤은 라이닝에 압력을 가하며, 라이닝은 브레이크 디스크를 밀어서 반대편 정지된 라이닝에 밀어 넣는다. 디스크 양쪽의 동일한 마찰은 비행기를 느리게 하고 멈추게 하는 것이다. 비행기에 조종사와 부조종사의 토우 브레이크가 장착된 경우, 각 브레이크에 대한 마스터 실린더와 저장 장치 그리고 주차 브레이크에 대한 마스터 실린더와 저장 장치가 있다.

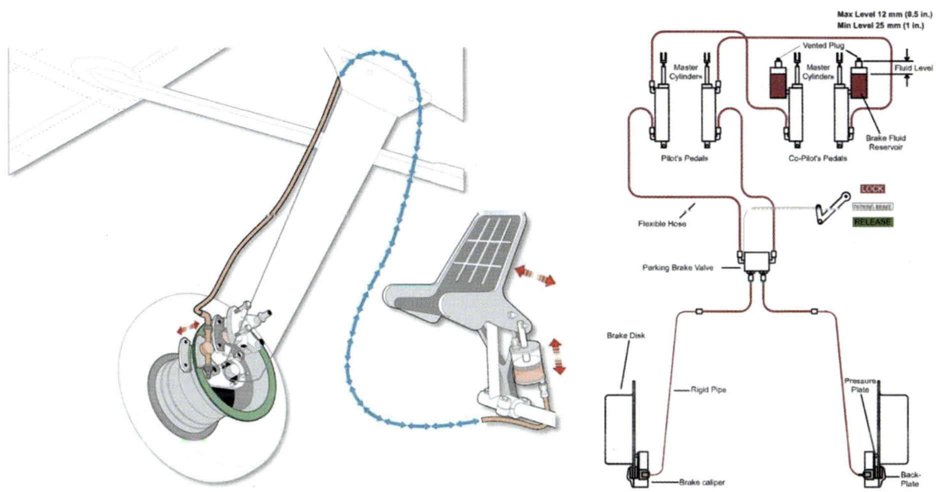

[그림] 9-26 경량항공기 제동 계통

⅄ 제동 계통 점검 시 확인 사항

1) **유압 오일의 누설** : 브레이크 시스템이 필요한 유압을 잃었고, 시스템에 공기가 유입되었을 가능성이 높다는 것을 의미한다. 정비사가 점검할 때까지 비행하면 안 된다. 모든 유압액의 누설이 외부적인 요인은 아니다. 일반적으로 외부에서 확인할 수 없는 계통 내에서 일부 누설이 발생할 수도 있다.
2) **라이닝의 마모** : 올바른 두께인지, 아니면 얇거나 편마모인 웨이퍼 두께인지를 확인한다.
3) **엔진 시동 후 브레이크 점검** : 페달을 밟아 움직이지 않거나, 스펀지 현상을 감지하면 유압 오일 누설이 원인일 수 있다.

압력식 공기빼기(Pressure Air Bleeding)

펌프를 이용해서 공기를 빼낸다.

1) 조종 lock이 풀려 있는지 확인한다.
2) 마스터 실린더 주입구의 캡을 분리하고, 블리드 호스를 연결하고 한쪽 끝은 용기에 담근다.
3) 브레이크 실린더의 블리드 스크류를 제거한다.
4) 블리드 밸브에 수동펌프나 동력펌프 호스를 부착하여 작동유를 보급한다.
5) 작동유가 주입됨에 따라 기포가 발생되는지 관찰하고, 기포가 발생되지 않으면 마스터 실린더로부터 호스를 제거하고 주입구 캡을 부착한다.
6) 블리드 밸브로부터 펌프 호스를 제거하고 스크류에 새 와셔를 끼우고 조인다(O-ring).

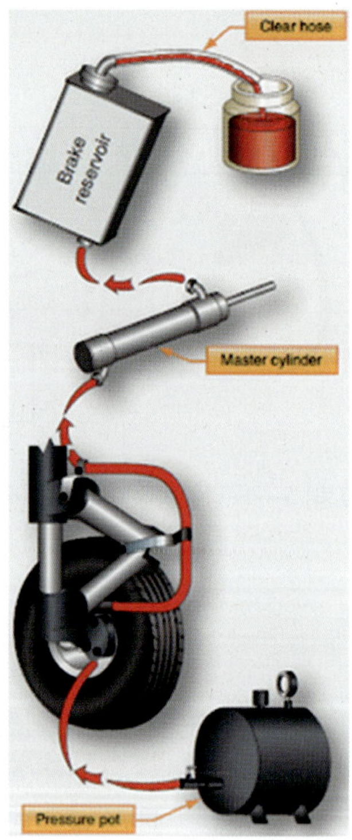

[그림] 9-27 제동 계통 압력식 공기 제거(출처 : FAA aviation maintenance technician handbook airframe)

중력식 공기빼기(Gravity Air Bleeding)

탱크에 있는 작동유를 밑으로 보내서 공기를 빼낸다.

1) 공기는 브레이크 어셈블리의 블리드 밸브를 통해 빼낸다.
2) 블리드 호스를 블리드 밸브에 장착하고 호스의 한쪽 끝은 용기에 넣는다.
3) 브레이크를 작동해서 계통에서 공기가 섞인 작동유를 빼낸다.
4) 브레이크 계통이 주 유압 계통이면 휴대용 유압 테스트 스탠드를 사용하여 압력을 공급한다(멀티 디스크).
5) 독립 마스터 실린더 계통이면 마스터 실린더가 필요한 압력을 공급한다(싱글 디스크).
6) 매번 브레이크 페달이 풀리면 블리드 밸브는 닫히거나 블리드 호스를 막아서 공기가 거꾸로 계통 안으로 들어가지 못하게 한다.
7) 블리딩은 계속해서 블리드 호스를 통해서 기포가 나오지 않을 때까지 한다.

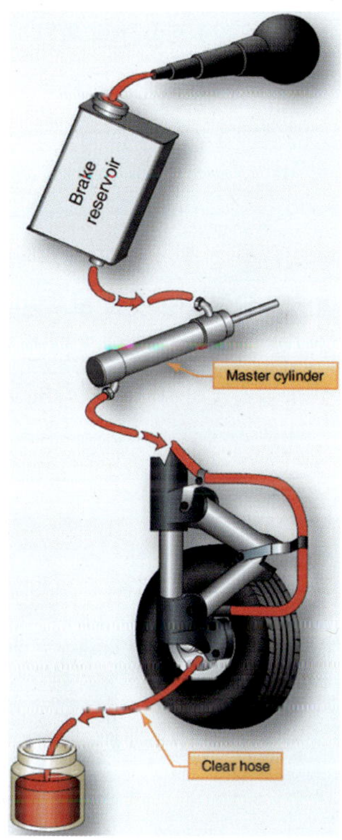

[그림] 9-28 제동 계통 중력식 공기 제거(출처 : FAA aviation maintenance technician handbook airframe)

8) Cabin & Environs : Remove control wheel locks, if installed.

[그림] 9-29 조종간 락 확인

조종간 잠금 장치(Control lock)

대부분의 cessna 단발 엔진 항공기에서 비표준 조종간 잠금 장치는 조종간에 연결되어 있으며, 지상에서 강한 바람에 의해 비행 제어 장치인 에어론이 펄럭이는 것을 보호한다. 금속 깃발은 조종석의 좌측 하단에 있는 점화 스위치(ignition switch)의 일부를 가려지게 해서 조종간 잠금 장치가 설치되었을 때, 점화 스위치의 오조작으로 비행기를 출발시키는 것이 불가능하지는 않더라도 어렵게 만든다.

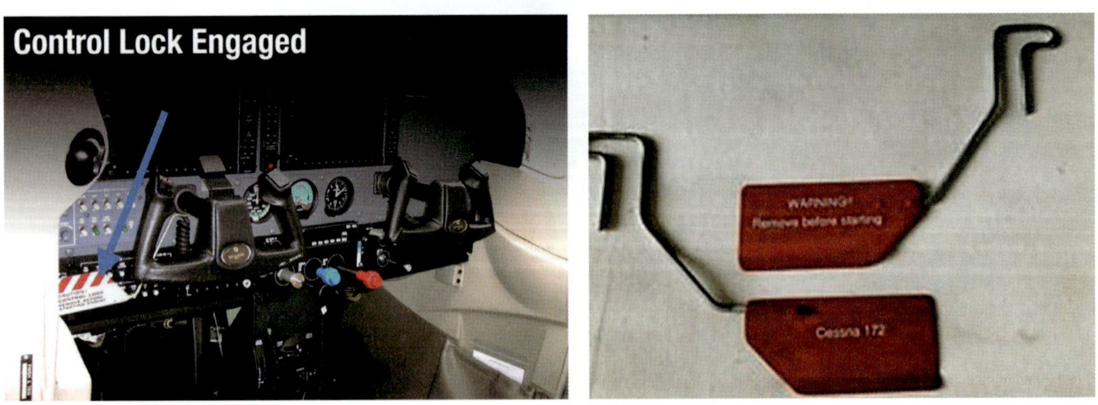

[그림] 9-30 조종간 잠금 장치 위치

9) Cabin & Environs : Check cabin area for cleanliness and foreign objects.

[그림] 9-31 객실 확인

10) Cabin & Environs : Check baggage door for security.

[그림] 9-32 화물실 확인

11) Empennage : Remove elevator and rudder gust locks, if installed.

[그림] 9-33 승강타와 방향타 잠금 확인

돌풍 잠금 장치(Gust lock)

지상 계류 중 항공기 외부의 1차 조종면이 지상에서 강한 바람에 펄럭이는 것을 보호한다. 잠금 장치가 없으면 돌풍에 의해 조종면과 시스템 또는 주위의 사람, 화물 또는 기계에 손상을 줄 수 있다. 일부 돌풍 잠금 장치는 항공기의 1차 조종면에 직접 부착되는 외부 장치이다.

[그림] 9-34 돌풍 잠금 장치

12) Empennage : Inspect tail surface hinges and hinge bolts for security.

[그림] 9-35 꼬리날개 힌지 확인

13) Empennage : Check elevator trim tab for security.

[그림] 9-36 트림 탭 확인

Trim tab

Elevator의 날개 뒷전(trailing edge)에 장착되어 비행 시, 1차 조종면의 작동과 반대로 움직여 공기 저항에 의한 압력을 줄여 조종면을 유지시켜 주는 2차 조종면이다. 고속으로 비행하게 되면 조종사는 조종면에 더 많은 힘을 가해야 하는데, 이때 탭을 사용하면 적은 힘으로도 가능하게 된다. 1차 조종면을 움직이고, 트림탭으로 조절하는 것이 서보탭과는 다르다.

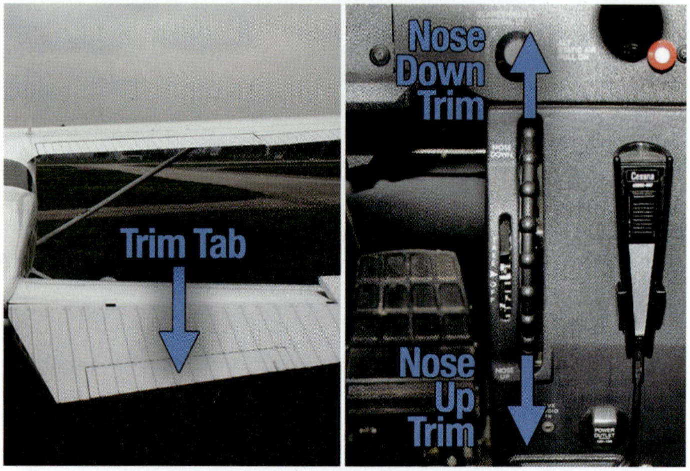

[그림] 9-37 트림 탭 위치와 작동

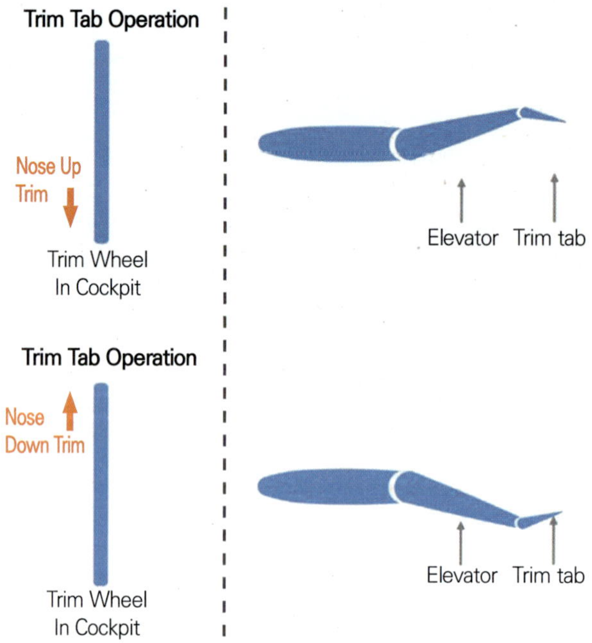

[그림] 9-38 트림 탭 작동 원리

[표] 9-1 탭 종류와 작동

Flight Control Tabs			
Type	Direction of Motion (in relation to control surface)	Activation	Effect
Trim	Opposite	Set by pilot from cockpit. Uses independent linkage.	Statically balances the aircraft in flight. Allows "hands off" main-tenance of flight condition.
Balance	Opposite	Moves when pilot moves control surface. Coupled to control surface linkage.	Aids pilot in overcoming the force needed to move the control surface.
Servo	Opposite	Directly linked to flight control input device. Can be primary or back-up means of control.	Aerodynamically positions control surfaces that require too much force to move manually.
Anti-balance or Anti-servo	Same	Directly linked to flight control input device.	Increases force needed by pilot to change flight control position. De-sensitizes flight controls.
Spring	Opposite	Located in line of direct linkage to servo tab. Spring assists when control forces become too high in high-speed flight.	Enable moving control surface when forces are high. Inactive during show floght.

출처 : FAA aviation maintenance technician handbook airframe

14) **Empennage** : Apply moderate force to each elevator, in opposite directions, checking for looseness at the attachment of the elevators to the torque tube adapter.

[그림] 9-39 승강타 작동 확인

torque tube adapter

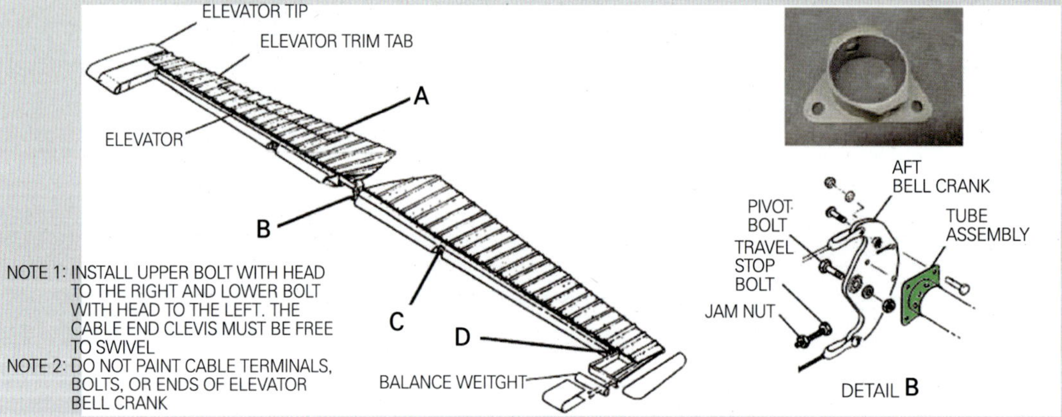

[그림] 9-40 토크 튜브 어댑터 위치(출처 : C172R POH)

15) Empennage : Disconnect tail tie down rope or chain.

[그림] 9-41 꼬리날개 로프 확인

16) LH & RH Wing Area : Remove aileron gust locks, if installed(Left side only).

[그림] 9-42 도움날개 잠금 확인

17) LH & RH Wing Area : Check ailerons and flaps hinges for security(Left side only).

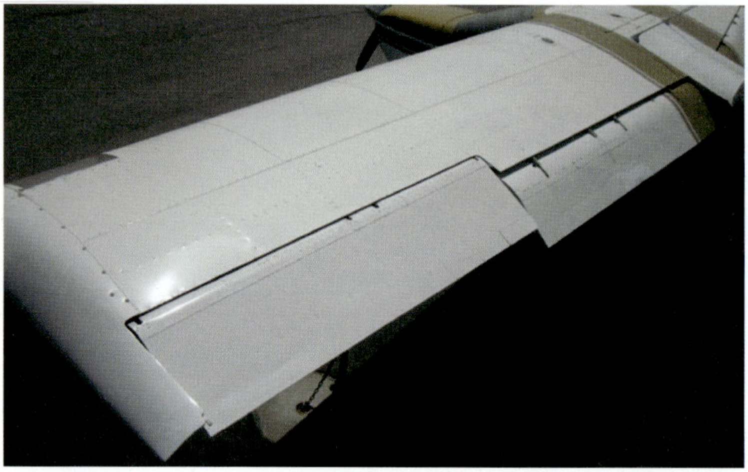

[그림] 9-43 도움날개와 플랩 힌지 확인

18) LH & RH Wing Area : Check navigation lights for damage(Left side only).

[그림] 9-44 항법등 확인

Navigation lights

ICAO의 유일한 의무 등으로 모든 항공기는 항법등을 장착해야 한다. 우측 날개 끝에 녹색(혹은 청색), 좌측 날개 끝에 적색으로 전방으로부터 110°, 꼬리 날개에 백색으로 좌우 70°씩 140° 방향으로 상시 점등시켜, 항공기의 위치와 자세를 알려주는 등이다. 각 날개에 다른 색의 등을 켜서 항공기가 어느 방향을 향하고 있는지를 알려준다. 특히 지상에서 항공기 날개 끝의 위치를 알려주어서 활주로나 유도로에서 다른 항공기가 야간에 날개를 확인하지 못하고 부딪히는 것을 방지한다.

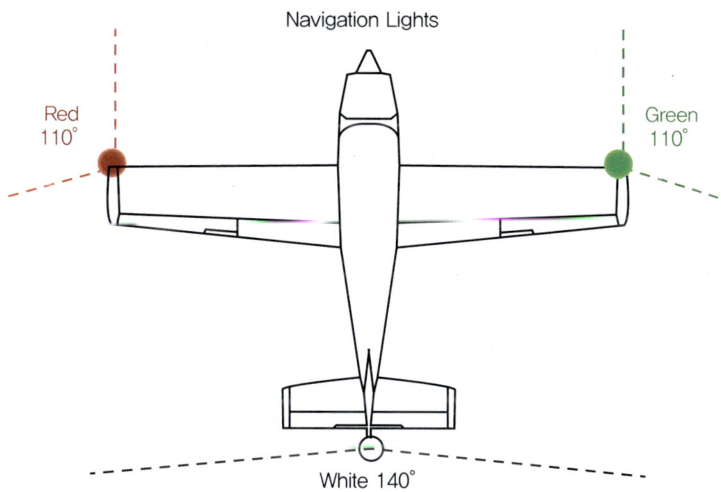

[그림] 9-45 항법등

19) LH & RH Landing Gear Area : Check main wheel tires for cuts, bruises, and proper inflation(Left side only).

[그림] 9-46 뒷바퀴 타이어 상태 확인

20) LH & RH Landing Gear Area : Check main wheels for damage, cracks, distortion and evidence of leakage in area adjacent to brake(Left side only).

[그림] 9-47 뒷바퀴 휠과 브레이크 상태 확인

21) LH & RH Landing Gear Area : Inspect airspeed static source hole on side of fuselage for stoppage(Left side only).

[그림] 9-48 정압공 확인

[그림] 9-49 정압공

22) LH & RH Landing Gear Area : Remove fuel tank caps and check fuel level, then reinstall the caps(Left side only).

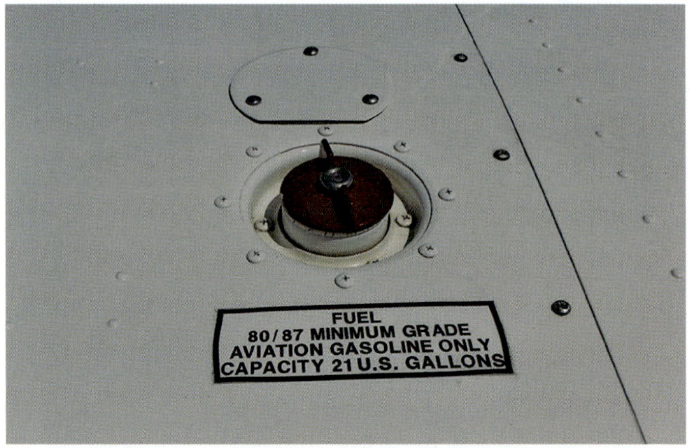

[그림] 9-50 연료량 확인

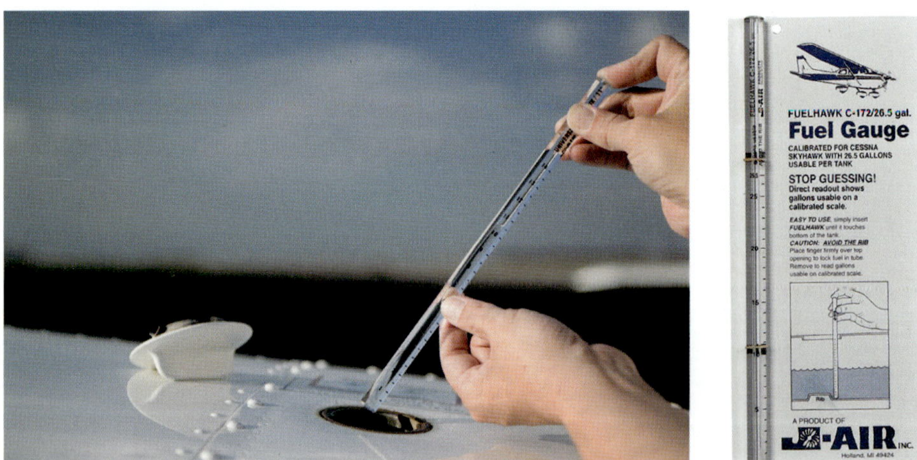

[그림] 9-51 딥 스틱 게이지

23) **LH & RH Landing Gear Area :** Disconnect wing tie-down ropes or chains(Left side only).

[그림] 9-52 주 날개 로프 확인

24) **LH & RH Landing Gear Area :** Check wing tank drain valves for security(If optional quick drain valves are installed, drain a two-ounce quantity of fuel from each wing tank sump to check for presence of water and sediment) (Left side only).

[그림] 9-53 연료 배출 밸브 확인

⩚ 연료 저장소(Fuel tank)

항공기 연료 탱크에는 세 가지 기본적인 형태가 있는데, 경식 분리형 탱크(rigid removable tank), 부낭형 탱크(bladder tank) 그리고 일체형 연료 탱크(integral fuel tank)이다. 대부분의 탱크는 부식에 강한 방식 재료로 조립된다. 일반적으로 통기관(vent line)을 통하여 연료 공급이 원활하게 되도록 제작된다. 연료탱크의 밑면에는 침전된 오염 물질과 물을 배출하는 배수조(sump)가 있다. 배수조는 비행 전 walk-around 검사 시 불순물 및 물을 제거하기 위해 사용되는 배수 밸브(drain valve)를 갖추고 있다. 대부분의 항공기 연료 탱크 내에는 항공기의 자세 변화에 의한 연료의 자유로운 이동을 막기 위한 배플(baffle)이 장착되어 있다.

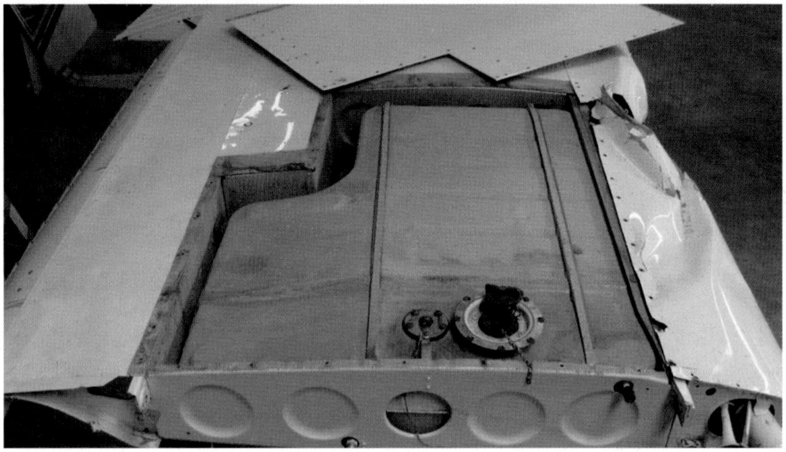

[그림] 9-54 연료 탱크

⩚ 연료 계통의 배수(Fuel System Drainage)

항공기 연료 계통은 항공기가 정상적인 자세로 지상에 있을 때, 전체 연료 계통이 안전하게 배수(drain)될 수 있는 적어도 하나의 배수관이 장착되어야 한다. 배수관은 항공기의 모든 부분과 간섭 없이 연료를 방출시켜야 한다. 배수 밸브(drain valve)는 닫힘(closed) 위치에서 쉽게 작동하지 못하게 수동 또는 자동 잠금 장치(locker)가 있어야 하고, 닫힘 상태를 확인할 수 있어야 한다. 밸브의 위치는 동체 착륙을 해도 연료의 누출이 안 되는 곳에 있어야 한다. 비행 전 검사 키트를 이용하여 연료 노즐에서 드레인시켜 연료의 오염 및 종류, 색상 등을 확인하고, 확인이 끝난 연료는 탱크에 다시 보급한다.

[그림] 9-55 연료 배출

25) Nose & Cowl Area : Check outer surface of windshield for cleanliness.

[그림] 9-56 윈드실드 확인

26) **Nose & Cowl Area** : Check engine oil level(Do not operate with less than six quarts).

[그림] 9-57 오일량 확인

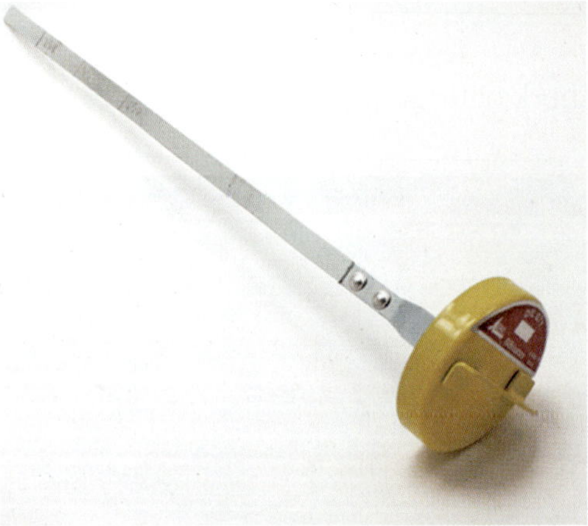

[그림] 9-58 오일 캡

27) Nose & Cowl Area : Check Oil tank filler cap and dipstick for proper installation.

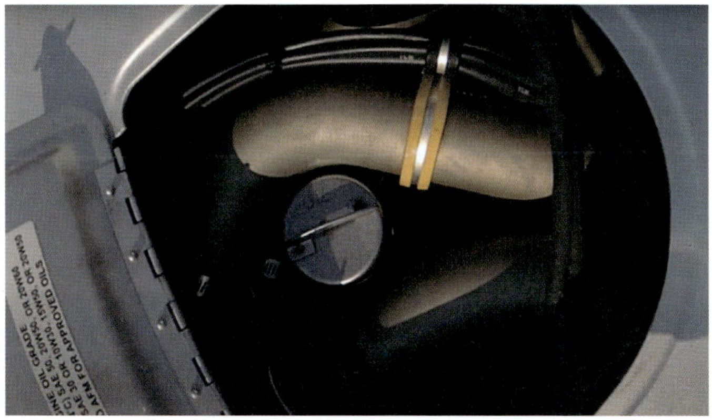

[그림] 9-59 오일 캡 장착 확인

28) Nose & Cowl Area : Close cowl access door, and then door fasteners for security.

[그림] 9-60 카울과 문 패스너 확인

29) Nose & Cowl Area : Check carburetor air filter and cooling air inlet for restrictions by dust or other foreign matter.

[그림] 9-61 기화기 흡입구 확인

30) Nose & Cowl Area : Check propeller and spinner for nicks and security.

[그림] 9-62 프로펠러 확인

31) Nose & Cowl Area : Check nose wheel strut for proper inflation.

[그림] 9-63 앞바퀴 팽창 확인

착륙 장치 공기 보급(Servicing Shock Strut)

1) Jacking the aircraft.
2) Release air valve slowly(ensure the strut compress).
3) Fill the strut with approved fluid to the level service.
4) Inflate the strut using nitrogen air pressure.
5) Tighten the air valve.
6) Inspect shock strut for leakage and proper extension.

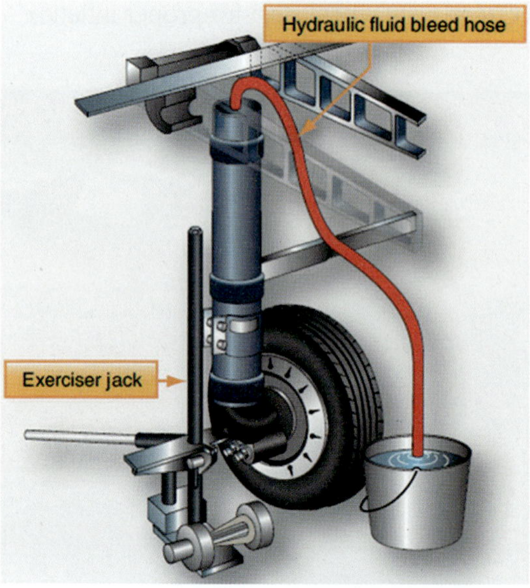

[그림] 9-64 작동유 보급(출처 : FAA aviation maintenance technician handbook airframe)

32) Nose & Cowl Area : Check nose wheel tire for cuts, bruises and proper inflation.

[그림] 9-65 앞바퀴 타이어 상태 확인

33) Nose & Cowl Area : Disconnect nose tie down rope or chain.

[그림] 9-66 기수 로프 확인

34) LH Wing FWD : Remove pitot tube cover, if installed.

[그림] 9-67 피토관 커버 확인

35) LH Wing FWD : Inspect pitot tube opening for stoppage.

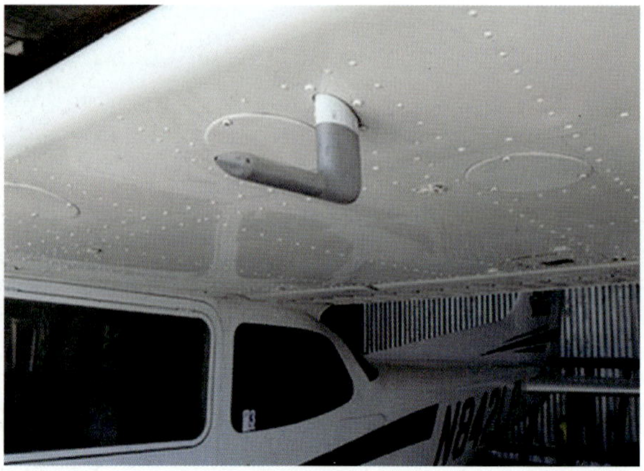

[그림] 9-68 피토관 막힘 확인

동정압관(Pitot static tube)

유속(流速) 측정 장치로서 피토관이라고도 한다. 유체 흐름의 전압(총압)과 정압(靜壓)의 차이를 측정하고 유속을 구한다. 1728년 프랑스의 피토가 발명하였다. 동정압관을 유체의 흐름에 따라 놓으면 정면에 뚫은 구멍에는 유체의 정압과 동압(動壓)을 더한 전압(총압)이 걸리고, 측면 구멍에는 정압이 걸리므로, 양쪽의 압력차를 측정함으로써 베르누이의 정리에 따라 흐름의 속도가 구해진다. 풍속의 측정, 항공기나 선박 등의 속도계에 이용되고, 유속의 측정을 바탕으로 흐름의 양을 재는 유량계에도 사용된다.

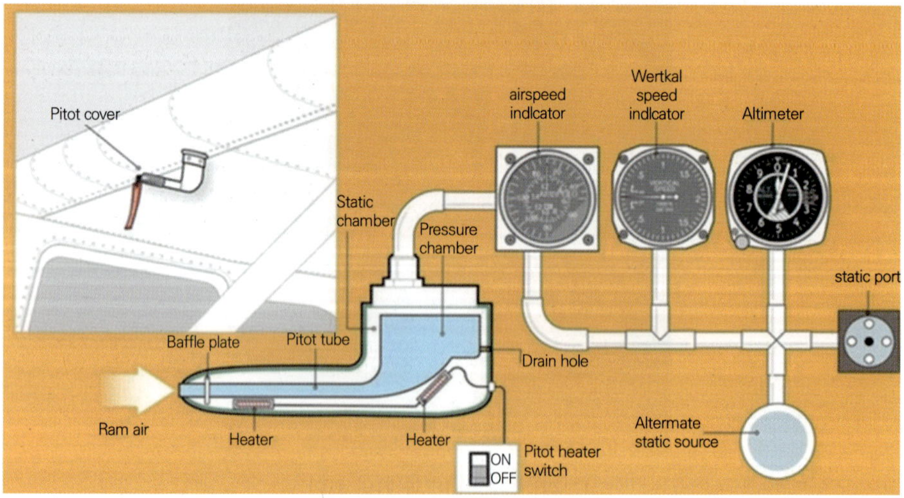

[그림] 9-69 동정압관

36) LH Wing FWD : Check fuel tank vent opening for stoppage.

[그림] 9-70 연료 탱크 벤트 막힘 확인

Fuel tank vent

랜 에어를 흡입할 수 있게 비행 방향을 향하여 홀이 있는 구조이다. 비행 중에 에어가 홀에 들어가게 되면 연료탱크 내부에 공기를 가압시켜 주는 효과가 발생하여 연료 공급을 더욱 원활하게 해준다.

37) LH Wing FWD : Check stall warning transmitter tab for freedom of operation.

[그림] 9-71 실속 경고 송신 탭 확인

⚲ 실속 경고 스위치(Stall warning switch)

일반적인 실속 경고 장치는 받음각이 항공기 실속 근처 지점까지 증가할 때, 조종석에 경고음을 울려주는 것이다. 이 실속 경고 장치에는 경고 회로를 작동시키는 스위치가 있다. 이 스위치는 경고음과 경고등도 동시에 작동하도록 회로로 연결되어 있다. 스위치는 왼쪽 날개 앞전에 있다. 이 스위치는 소형으로 약한 용수철 탭(tab)으로 작동하며, 정상적인 받음각에서는 정체 지점에서 갈라지는 공기에 의해, 탭은 그대로 있어서 스위치는 작동이 멈춰 있다. 그러다가 받음각이 증가하면 정체 지점은 밑으로 내려오고 갈라지는 공기는 날개 위로 흐르면서 탭을 위쪽으로 움직여서 스위치가 작동하여 경고음과 경고등이 작동한다.

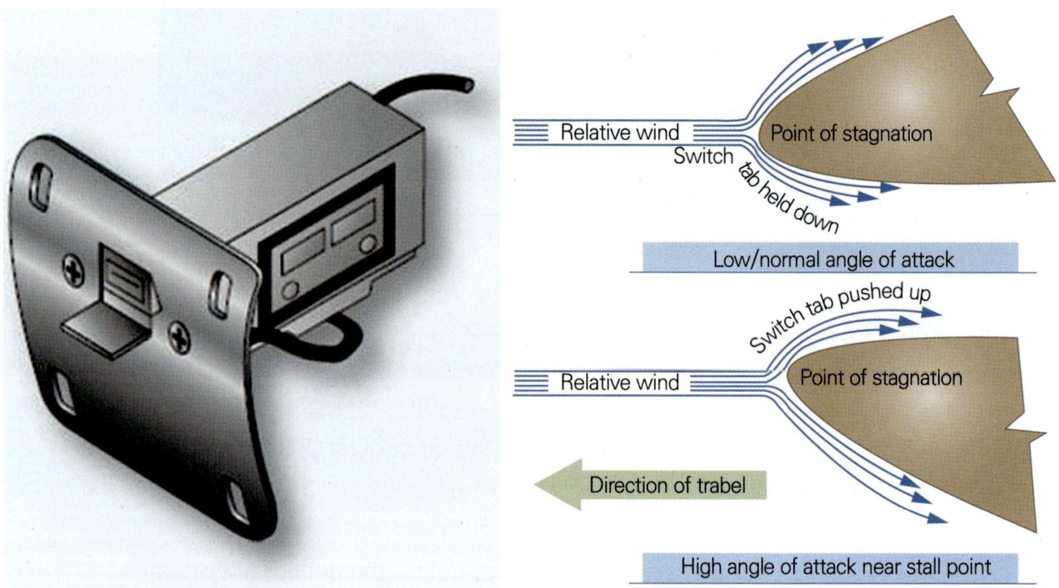

[그림] 9-72 실속 경고 스위치(출처 : FAA aviation maintenance technician handbook airframe)

Pre-flight inspection procedures (C172RG)

SECTION 4
NORMAL PROCEDURES

CESSNA
MODEL 172RG

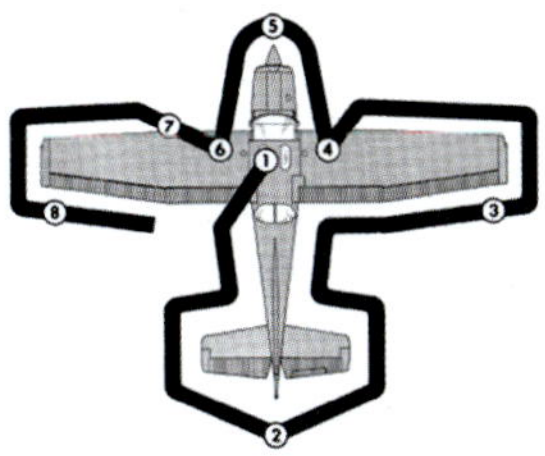

NOTE

Visually check airplane for general condition during walk-around inspection. In cold weather, remove even small accumulations of frost, ice or snow from wing, tail and control surfaces. Also, make sure that control surfaces contain no internal accumulations of ice or debris. Prior to flight, check that pitot heater (if installed) is warm to touch within 30 seconds with battery and pitot heat switches on. If a night flight is planned, check operation of all lights, and make sure a flashlight is available.

Figure 4-1. Preflight Inspection

4-4 1 July 1979

CESSNA
MODEL 172RG

SECTION 4
NORMAL PROCEDURES

CHECKLIST PROCEDURES

PREFLIGHT INSPECTION

① CABIN

1. Pilot's Operating Handbook -- AVAILABLE IN THE AIRPLANE.
2. Landing Gear Lever -- DOWN.
3. Control Wheel Lock -- REMOVE.
4. Ignition Switch -- OFF.
5. Avionics Power Switch -- OFF.
6. Master Switch -- ON.

WARNING

When turning on the master switch, using an external power source, or pulling the propeller through by hand, treat the propeller as if the ignition switch were on. Do not stand, nor allow anyone else to stand, within the arc of the propeller, since a loose or broken wire, or a component malfunction, could cause the propeller to rotate.

7. Fuel Quantity Indicators -- CHECK QUANTITY.
8. Landing Gear Position Indicator Light (green) -- ILLUMINATED.
9. Master Switch -- OFF.
10. Fuel Selector Valve -- BOTH.
11. Static Pressure Alternate Source Valve (if installed) -- OFF.
12. Baggage Door -- CHECK for security, lock with key if child's seat is to be occupied.

② EMPENNAGE

1. Rudder Gust Lock -- REMOVE.
2. Tail Tie-Down -- DISCONNECT.
3. Control Surfaces -- CHECK freedom of movement and security.

③ RIGHT WING Trailing Edge

1. Aileron -- CHECK freedom of movement and security.

④ RIGHT WING

1. Wing Tie-Down -- DISCONNECT.
2. Main Wheel Tire -- CHECK for proper inflation.

1 July 1979 4-5

SECTION 4
NORMAL PROCEDURES

CESSNA
MODEL 172RG

3. Before first flight of the day and after each refueling, use sampler cup and drain small quantity of fuel from fuel tank sump quick-drain valve and fuel selector quick-drain valve (located on bottom of fuselage) to check for water, sediment, and proper fuel grade.
4. Fuel Quantity -- CHECK VISUALLY for desired level.
5. Fuel Filler Cap -- SECURE and vent unobstructed.

⑤ NOSE

1. Static Source Openings (both sides of fuselage) --CHECK for stoppage.
2. Engine Oil Level -- CHECK. Do not operate with less than five quarts. Fill to eight quarts for extended flight.
3. Before first flight of the day and after each refueling, pull out strainer drain knob for about four seconds to clear fuel strainer of possible water and sediment. Check strainer drain closed. If water is observed, the fuel system may contain additional water, and further draining of the system at the strainer, fuel tank sumps, and fuel selector valve will be necessary.
4. Propeller and Spinner -- CHECK for nicks, security and oil leaks.
5. Landing Lights -- CHECK for condition and cleanliness.
6. Nose Gear Doors -- CHECK for security.
7. Nose Wheel Strut and Tire -- CHECK for proper inflation.
8. Nose Tie-Down -- DISCONNECT.

⑥ LEFT WING

1. Main Wheel Tire -- CHECK for proper inflation.
2. Before first flight of day and after each refueling, use sampler cup and drain small quantity of fuel from fuel tank sump quick-drain valve to check for water, sediment and proper fuel grade.
3. Fuel Quantity -- CHECK VISUALLY for desired level.
4. Fuel Filler Cap -- SECURE.

⑦ LEFT WING Leading Edge

1. Pitot Tube Cover -- REMOVE and check opening for stoppage.
2. Fuel Tank Vent Opening -- CHECK for stoppage.
3. Stall Warning Vane -- CHECK for freedom of movement while master switch is momentarily turned ON (horn should sound when vane is pushed upward).
4. Wing Tie-Down -- DISCONNECT.

⑧ LEFT WING Trailing Edge

1. Aileron -- CHECK for freedom of movement and security.

4-6 1 July 1979

[그림] 9-73 비행 전 점검 절차(출처 : C172RG POH)

2. 비파괴 검사(Non-destructive inspection)

(1) NDI 목적

사고를 미연에 방지하기 위해서 금속을 비롯한 각종 소재의 표면이나 내부의 결함을 외부에서 검사할 수 있는 방법으로, 재료나 시험체의 원형과 기능을 전혀 변화시키지 않고도 결함의 유무, 형태, 성질, 상태, 내부 구조 등을 알아내는 검사이다. 신뢰성 향상, 제조기술의 개량, 원가의 절감 등을 얻을 수 있다.

(2) 검사 방법

1) NDT(Non-Destructive Test) : 파괴하지 않고 건전성, 성능, 결함 유무와 상태 등을 조사하기 위한 결함 검출기법이다.

2) NDI(Non- Destructive Inspection) : 비파괴 시험 결과로 판정 기준에 근거하여 시험 대상물의 사용 가능성 여부 판정이다.

3) NDE(Non- Destructive Evaluation) : 재료의 부하 조건, 환경 조건을 파악하고 파괴역학적으로 재료의 수명을 예측하여 종합적으로 재료의 건전성을 평가한다.

(3) 항공기 외부 결함 요인

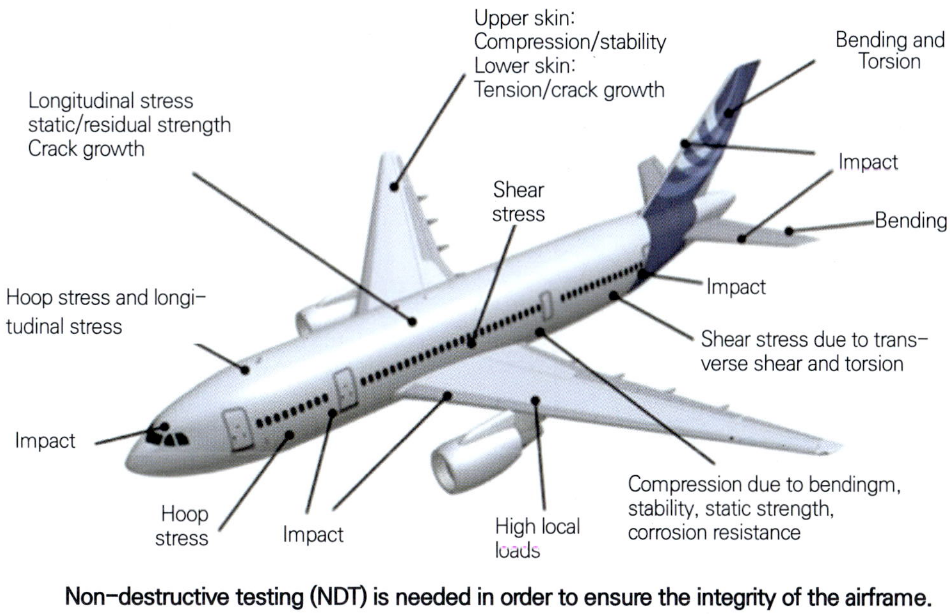

[그림] 9-74 항공기 외부 결함 요인

(4) NDI 종류

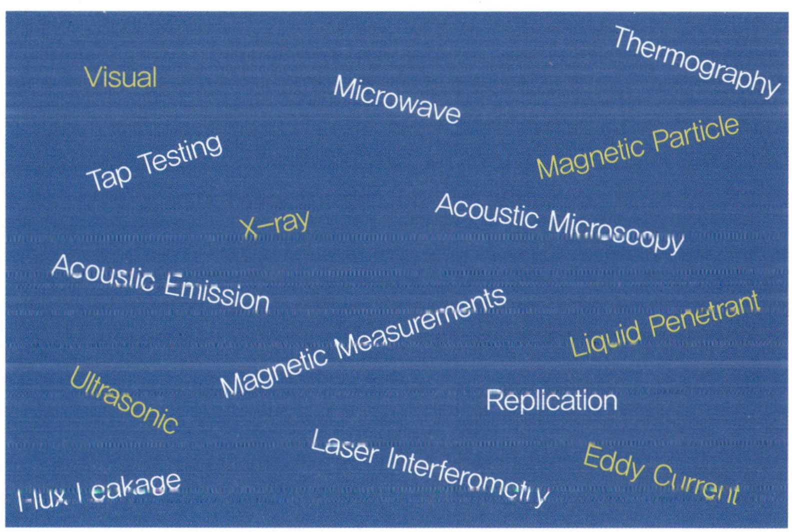

[그림] 9-75 비파괴검사 종류

1) 표면 결함 검출 방법

육안 검사 (Visual Testing)	VT
침투탐상 검사 (Liquid Penetrant Testing)	PT
자분탐상 검사 (Magnetic Particle Testing)	MT
와전류탐상 검사 (Eddy Current Testing)	ET

[그림] 9-76 표면 결함 검출 방법

2) 내부 결함 검출 방법

방사선투과 검사 (Radiographic Testing)	RT
초음파탐상 검사 (Ultrasonic Testing)	UT

[그림] 9-77 내부 결함 검출 방법

3) 기타 검출 방법

[그림] 9-78 기타 검출 방법

3. 육안 검사(Visual inspection)

항공기 부품들이 기술적 요구 사항과 품질 요구 사항에 부합하는지를 결정하기 위하여, 이미 설정되어 있는 standard와의 결과를 비교/분석하는 절차이며, 대상 부품이 한정된 요구사항을 충족시키는지를 육안으로 검사하는 품질 보증의 단계이다. 대상 부품이 정상인가를 육안으로 확인 및 점검하여 불량 상태를 찾아내는 것이다.

[그림] 9-79 육안 검사

⩓ 엔진에서의 주요 결함

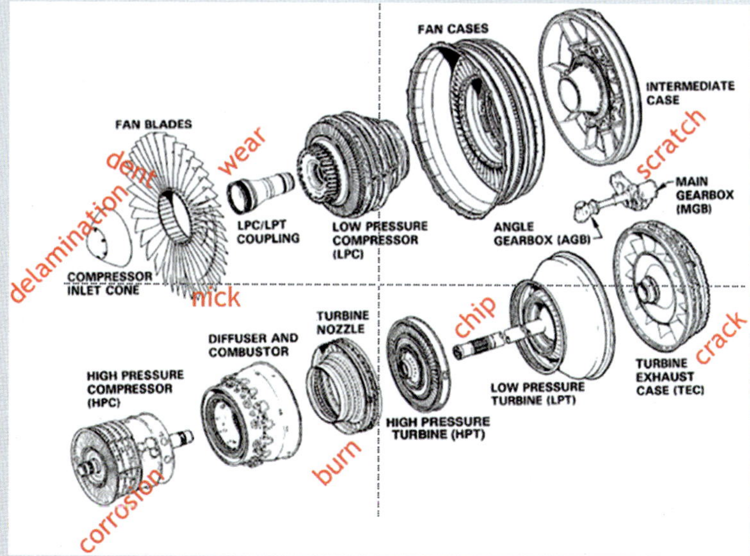

[그림] 9-80 엔진 주요 결함

(1) Bend

구조의 일반적인 변형되는 현상이며, 열의 불규칙한 전달, 과열, 압력, 압축, 인장 또는 전단력에 의해 원래의 구조에서 굽힘 변형이 발생한다.

[그림] 9-81 굽힘

(2) Distortion

물체의 충격, 구조적 피로도의 증가, 과도한 열에 국부적인 노출로 인한 part의 원래의 형상이 과도하게 변형되는 현상이다.

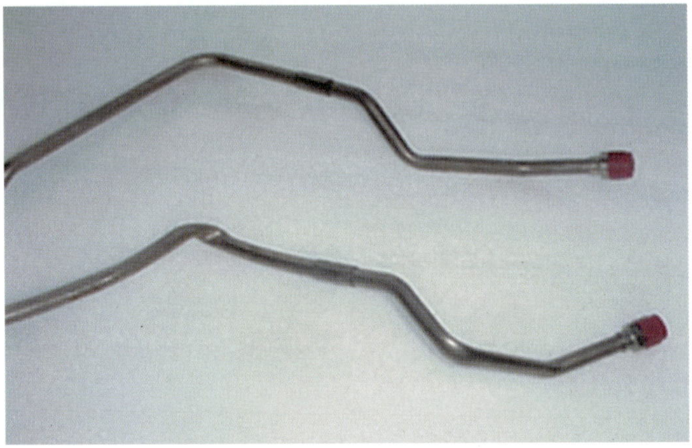

[그림] 9-82 뒤틀림

(3) Chafing

적절하지 못한 부품간 간격으로 인해 맞닿은 부품들이 표면을 따라 압력 및 마찰이 발생한 상태이며, 이로 인해 부품이 마모된 상태이다.

[그림] 9-83 마찰

(4) Fretting

Bolting 또는 결합된 표면에서 과도한 압력에 의해 금속 사이에서 미세입자의 움직임으로 산화에 의해 발생할 수 있는 변색현상으로, steel은 붉은 갈색, Al/Mg은 검은색 산화물이 생긴다.

[그림] 9-84 마손

(5) Galling

과도한 마찰로 인해 울퉁불퉁하게 거칠어진 표면 손상의 한 형태로서, 대개의 경우 heavy loading 상황하에서 열 내지는 기계적 작용에 의해 손상되는 것이다. 서로 맞붙어 있는 표면의 한쪽에서 다른 한쪽으로 material의 전이가 발생하는 fretting corrosion의 발전된 형태이며, 대부분의 경우 양쪽 표면 모두를 손상시킨다. Engine 작동 중에 일어나는 fretting action 또는 심한 chafing이 원인이 된다.

[그림] 9-85 갉음

(6) Pitting

Corrosion 또는 chipping에 의해 모재가 표면으로부터 떨어져 작고 불규칙한 모양의 빈 공간을 만들며 떨어져 나가는 현상이다.

1) **Mechanical Pitting** : Overloading, 부적절한 clearance 또는 불순물의 잔존 때문에 하중을 받은 표면이 chipping되는 현상이다.

2) **Corrosive Pitting** : Base metal 위에 부식물질로 인해 형성된 퇴적물을 대개 동반하며, 산화 또는 다른 화학, 전기적 작용에 의해 표면이 손상된 형태이다.

Corrosive Pitting

Mechanical Pitting

[그림] 9-86 박리

(7) Chipping

Nick, dent, scratch 등의 부주의한 취급 등이 원인이 되어 stress가 집중되면서 기계적인 작용에 의해 coating 입자가 떨어져 나가는 현상이다.

[그림] 9-87 입자 박리

(8) Delamination

층을 이루며 겹합된 재료의 층이 분리되는 현상이다. 두 재료의 bonding line 또는 그 근처에서 재료가 서로 분리되거나 fiber glass의 경계층이 분리되는 현상이다.

[그림] 9-88 층 분리

(9) Flaking

얇은 층의 형태를 이루면서 모재 또는 도금된 표면에서 떨어져 나간 박편을 의미한다. Base metal에는 손상이 없고, coating에 손실이 나타난다. 대개의 경우 불완전한 coating, excessive loading 등에 의해 발생한다.

Tear

예리하지 않은 공구류나 너무 무거운 물체 등에 의한 장력의 스트레스로 부품이 부분적으로 떨어져 나간 상태이다.

[그림] 9-89 박편

(10) Corrosion

불필요한 화학, 전기적 작용으로 인해 금속의 표면에 pitting이 발생하거나 금속의 표면이 눈에 띄게 변질되는 현상이다. 대개의 경우 부식 유발물질로 인한 산화가 원인이 된다(일반적으로 녹이라고 한다).

[그림] 9-90 부식

(11) Erosion

고온의 gas, grit(연마가루) 또는 화학물질에 의해 재료의 일부가 침식되어 떨어져 나가는 현상이다. 부식을 유발하는 액체, 고온의 gas 또는 불순물이 포함된 oil의 흐름 등에 의해서도 발생한다. Compressor blades의 leading & trailing edge에서도 동일 현상이 발생한다.

[그림] 9-91 침식

(12) Dent

충격에 의해 raised edge, sharp corner를 형성하지 않는 둥근 형태의 재료 함몰 결함, 칼로 벤듯한 자국 또는 V자 형태의 표면 손상이 없는 형태이다.

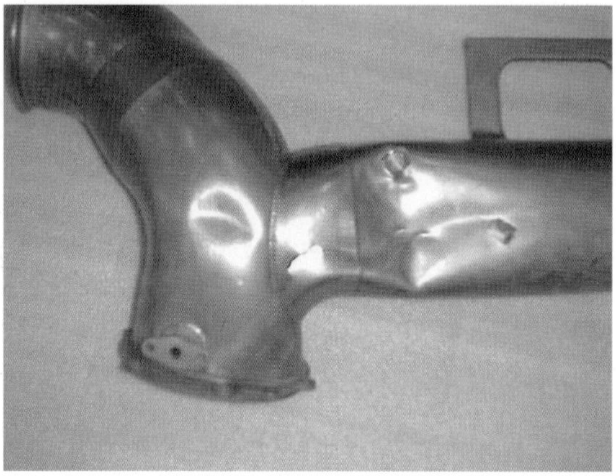

[그림] 9-92 찌그러짐

(13) Nick

날카로운 edge, corner를 가지고 칼로 벤듯한 자국 또는 V자 형태의 함몰이 특징이며, 재료의 두께를 감소시키고 raised edge 또는 모재의 손상을 유발한다.

[그림] 9-93 찍힘

(14) Crack

Internal stress, external stress 또는 피로 현상이 독립적 혹은 조합되어 가는 선형의 틈을 만들며, 재료의 분리가 발생한 부분적인 파손 현상이다. 대개의 원인은 갑작스러운 overloading, nick 또는 scratch의 진행 또는 overheating으로 인한 과도한 stress 때문이다. 도금 표면 등에 feeling으로 감지할 수 없는 잔금들이 발생한 현상이다.

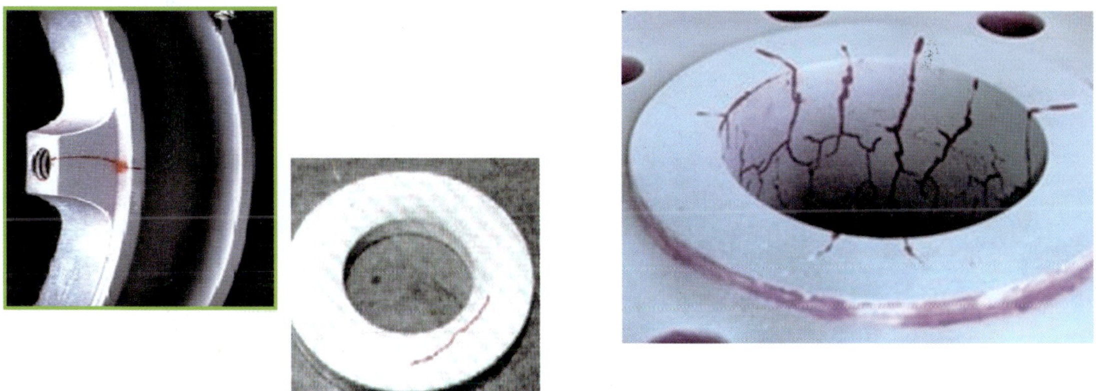

Hair line crack **Crazing crack**

[그림] 9-94 균열

(15) Broken & Fracture

Internal stress, external stress 또는 피로 현상이 독립적 혹은 조합되어 재료가 완전히 부서지는 파손 현상이다.

[그림] 9-95 깨짐

(16) Burn & Heat Discoloration

불충분한 윤활, 적절치 못한 clearance 또는 비정상적인 flame pattern으로 인하여 과도한 열 때문에 발생되는 현상이며, 타거나 변색이 발견되거나 여러 경우 원재료의 손실이 발견된다.

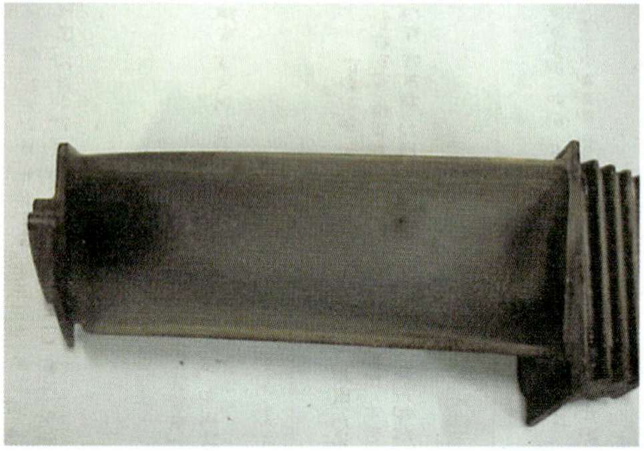

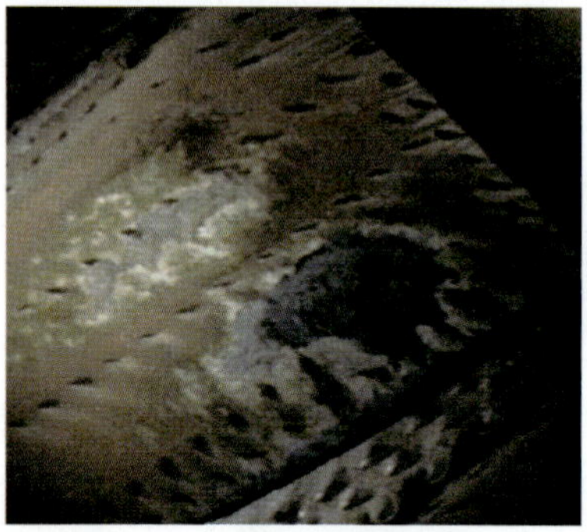

[그림] 9-96 소손

(17) Scratch

깊이와 넓이를 측정할 수 없는 긁힘 상태로서, 모재의 표면을 가로질러 날카로운 물체나 입자의 운동에 의해, 예리한 찌꺼기를 남기는 좁고 얕은 선형의 표면 긁힘이다. 함몰 현상이며, 대개의 경우 부주의한 취급 또는 engine 작동 중 얇은 불순물 또는 모래에 의해서도 발생한다.

(18) Score

깊이와 넓이를 측정할 수 있는 정도의 긁힘 상태이다.

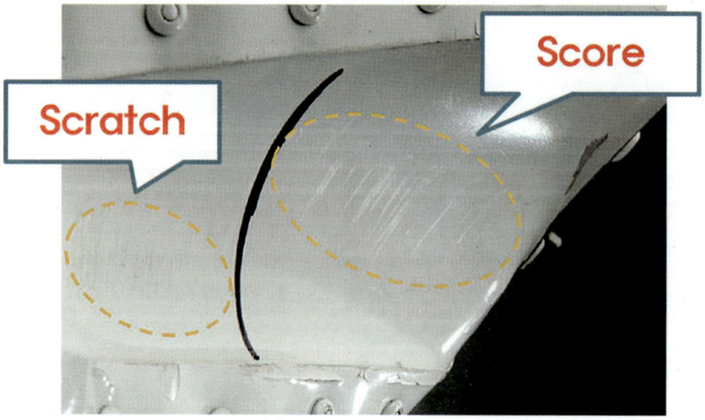

[그림] 9-97 긁힘

(19) Pick-up

금속이 말려 올라간 것 또는 금속의 한 표면에서 다른 한쪽의 금속 표면으로 전이되는 현상이며, 대개의 경우 충분하게 윤활되지 않은 표면이 서로 마찰을 일으키면서 생긴다.

[그림] 9-98 말림

(20) High Metal

기계적 충격으로 금속의 한 표면에서 다른 한쪽의 금속 표면으로 전이되는 현상이다.

(21) Curl

기계적 충격으로 금속의 한 표면이 비틀림이나 구부러지는 현상이다. 특히 압축기 blade의 tip의 코너 쪽에서 curl 현상이 많이 발생한다.

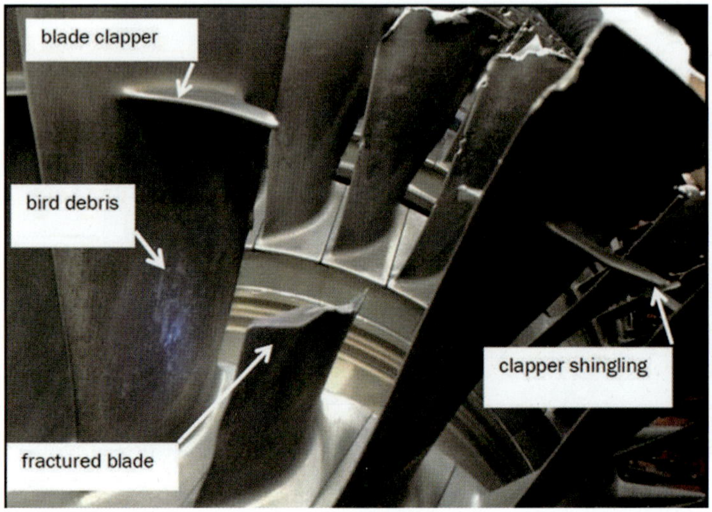

[그림] 9-99 만곡

(22) Grooving

부드럽고 둥근 고랑 형태의 결함이다. 대개의 경우 Part의 비정상적인 상대적 운동, part의 mis-alignment에 의해 발생되며, 날카로운 edge가 닳아서 없어진 형태의 결함이다.

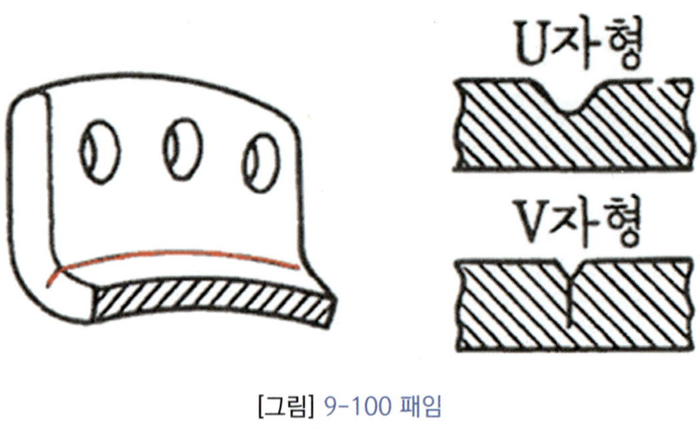

[그림] 9-100 패임

4. 보어 스코프 검사(Bore-scope inspection)

(1) 보어 스코프 검사의 개요

1) 비파괴 검사의 하나로 복잡한 구조물을 파괴 또는 해체하지 않고 각종 기계 구조물 등의 내부에 probe를 삽입하여 직접 육안으로 관찰하는 visual testing할 수 있는 장비이다.

2) 해체 검사에서 오는 불편과 시간, 인건비 절약 등의 제반 비용 절감의 효과를 갖는다.

3) 사진촬영, 영상 처리 장치 및 VAR 등과 연결하여 기록을 영구 보존할 수도 있다.

4) 전파의 파장 혹은 가공 처리된 영상 대신에 선명한 고화질의 영상을 직접 육안으로 관찰하여 다른 장비가 필요하지 않고, 자료 분석 기술이 필요 없기 때문에 더 세분화, 전문화되고 있는 현대 산업사회에 가장 적합한 검사 방법이다.

[그림] 9-101 엔진 보어 스코프 김사

(2) 보어 스코프 검사의 항공기 엔진 적용 목적

1) 검사가 쉽고 빠르게 수행되어 시간 및 비용 절감

2) 예상되지 못한 고장 및 사고 예방 가능

3) 결함의 시작점을 조기에 발견하여 수리비용 절감

4) 중요 부위의 철저한 검사 및 계획 검사 가능

5) 불필요한 기계의 손상을 방지

6) 결함의 진행 사항을 확인

7) 단시간에 빠른 검사가 가능

8) 신뢰성 확보로 엔진의 수명 연장

(3) 보어 스코프의 응용

1) 안전 및 주의 사항

① 제작 회사의 작동 지침서에 의해 작업

② 정밀 광학 장비로 취급에 주의

③ 각 조절 부위 조절 시 무리한 힘을 가하지 말 것

④ 굴절부가 바르게 삽입되었는지 확인

⑤ 장비가 액체에 잠기지 않도록 주의

⑥ 광학 접속기를 부착 시 나사산이 파손되지 않도록 주의

⑦ 엔진이 고온(82℃ 이상)일 때 사용 금지

⑧ 엔진의 Rotor 검사 시 장비와 Blade가 접촉되지 않도록 주의

⑨ 사용 후 cooling, 전원 제거, 지정된 케이스 보관

2) 엔진 내부 검사

① 검사 부위에 맞게 장비를 선택한다.

② 선택한 장비를 조립한다.

③ 조립이 완료되었으면 좌우상하 각도 조종기, 디옵터(렌즈의 굴절렬 단위) 조절링, 초점 조절 상태 등을 확인한다.

④ 엔진을 회전시킬 수 있도록 N2 gear cap을 장탈한다(N1일 때는 fan blade 이용).

⑤ Bore scope port(plug)를 장탈한다.

⑥ 조명 케이블을 연결하고 해당 부위에 삽입하여 각도 및 거리를 맞추고 검사한다.

⑦ 엔진 내부에서 발견될 수 있는 결함의 종류(nick, burn, dent, crack, curl, scratch, burr, corrosion, bow, growth).

⑧ 균열 발견 시 교환 또는 허용 범위 내의 결함(nick, dent 등) 발견 시, blending repair(airfoil형으로 수리) 등의 결함에 대한 조치

⑨ FOD 및 IOD, 피로 신장, 부식 등에 의한 압축기 결함과 열응력, 과열, 축 휨 등에 의한 터빈 결함이 원인

⑩ 검사 종료 후 작업 지시서에 따라 엔진 원상복구 작업 및 각 장비 전원 제거 후 케이스에 정리 보관

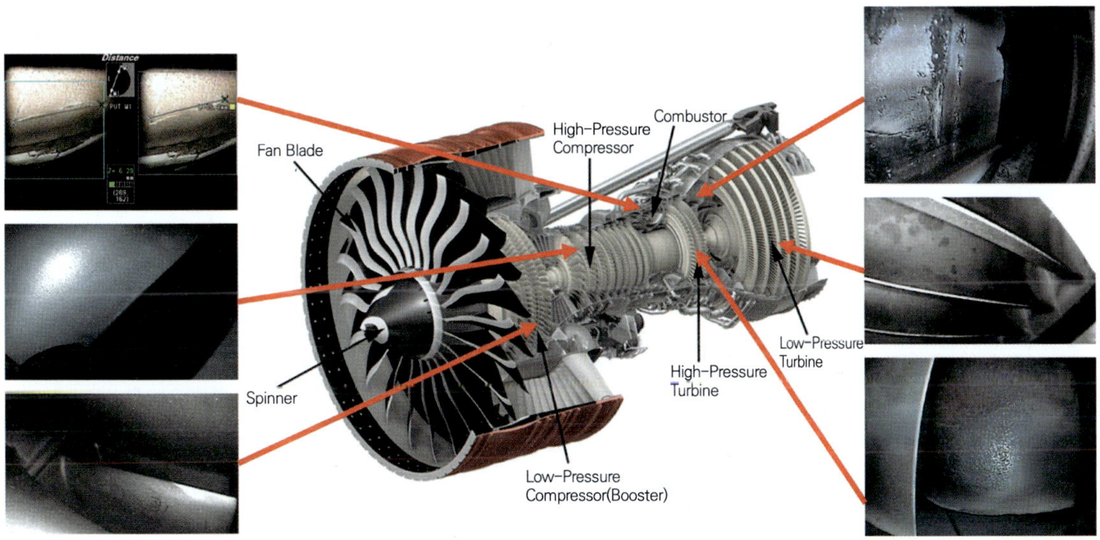

[그림] 9-102 엔진 주요 결함

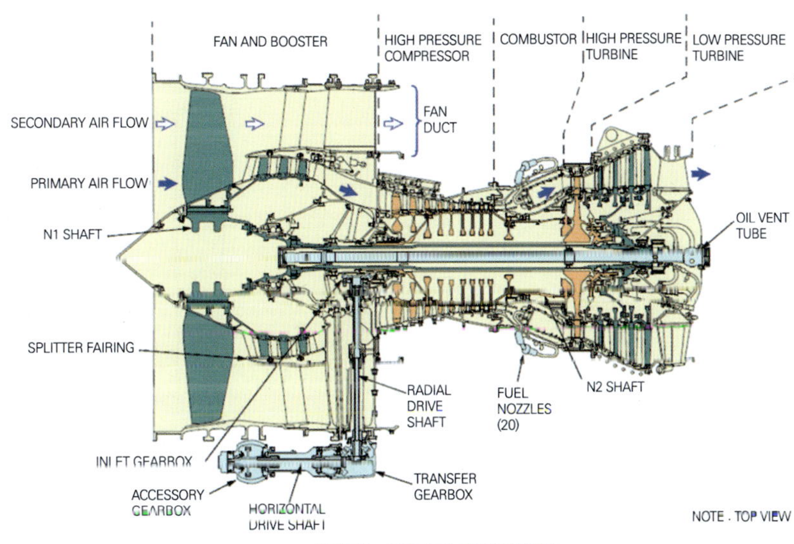

[그림] 9-103 엔진 구조(출처 : A320 TM)

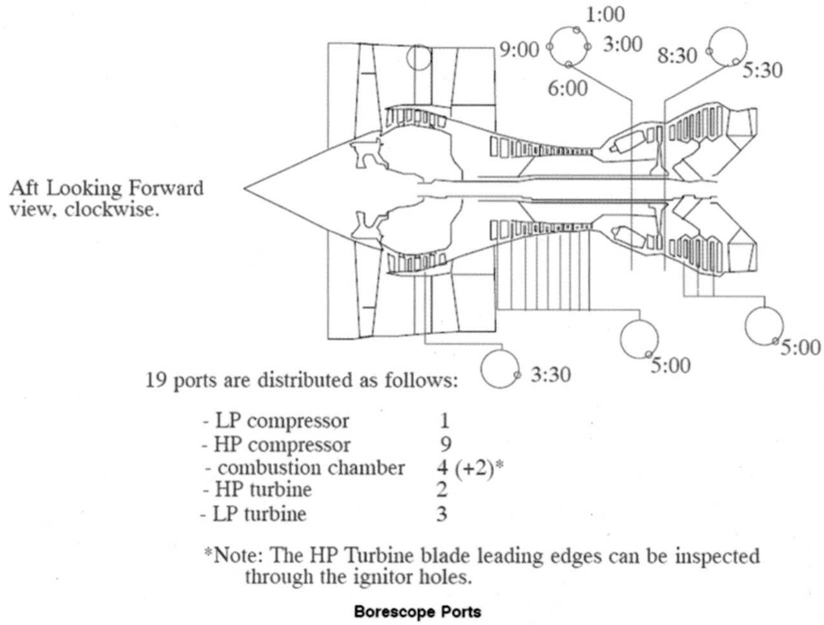

[그림] 9-104 보어 스코프 검사 위치(출처 : A320 TM)

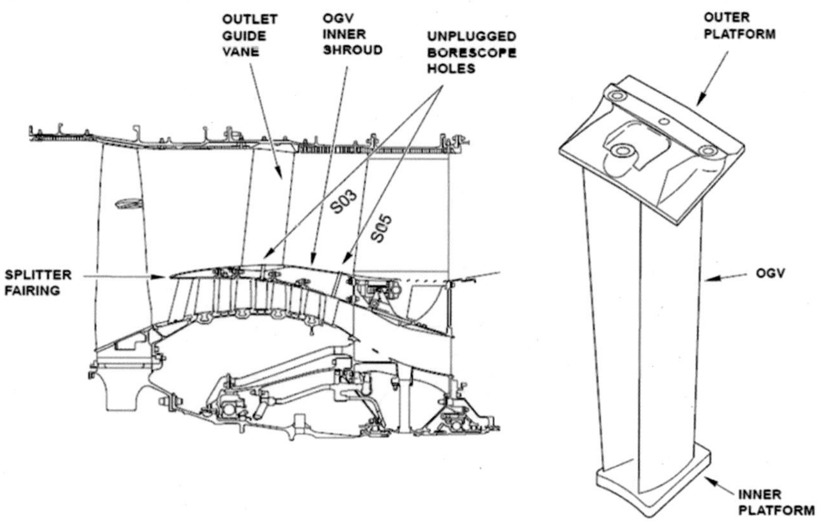

[그림] 9-105 저압 압축부 검사(출처 : A320 TM)

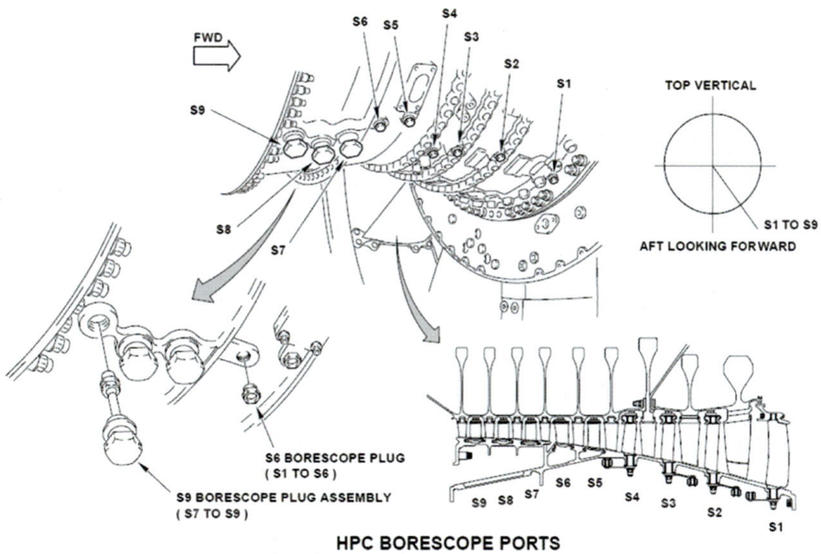

[그림] 9-106 고압 압축부 검사(출처 : A320 TM)

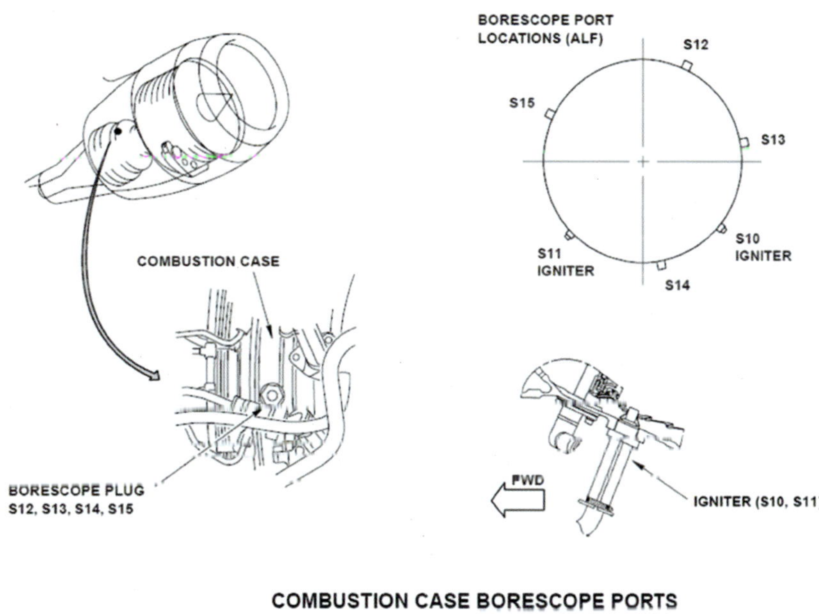

[그림] 9-107 연소실 케이스 검사(출처 : A320 TM)

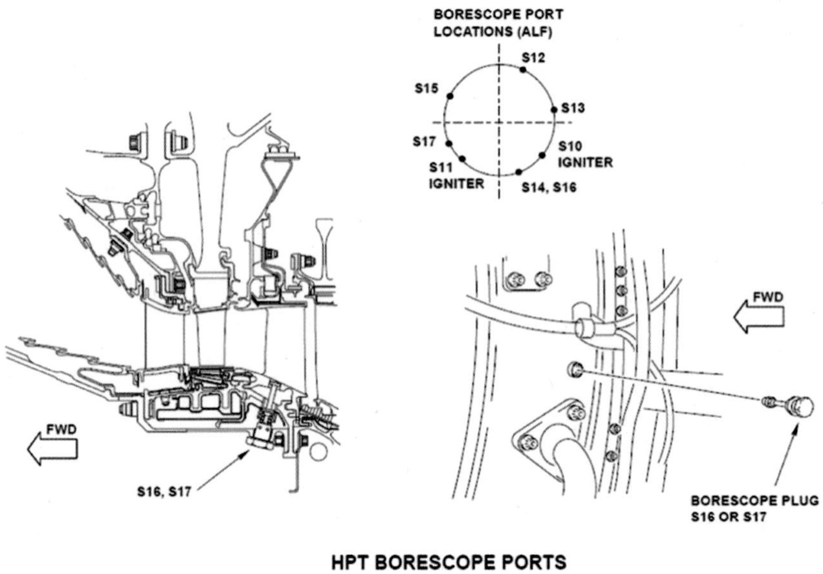

[그림] 9-108 고압 터빈부 검사(출처 : A320 TM)

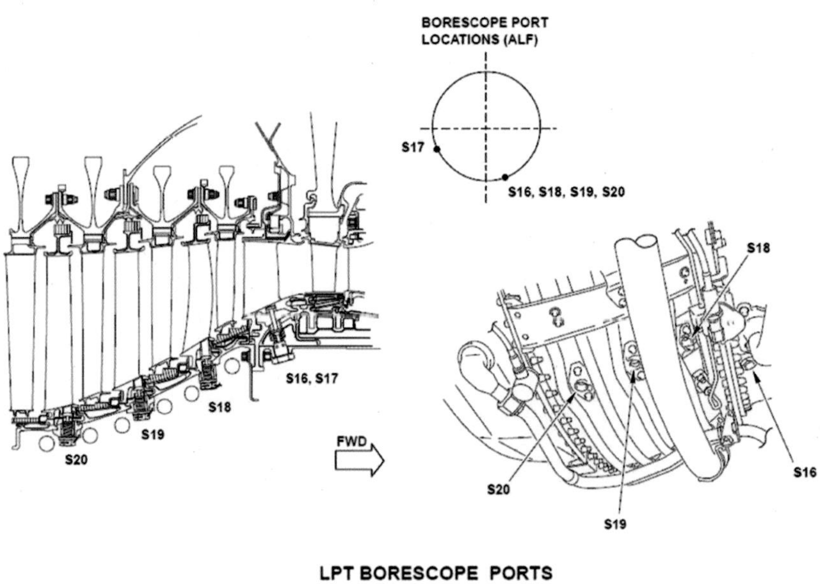

[그림] 9-109 저압 터빈부 검사(출처 : A320 TM)

3) 보어 스코프의 시기

① FOD 발생 시

② 엔진 내부에 부식이 예상될 때

③ 정시 점검(A, B, C check)

④ 정비 작업을 하기 전에 작업 범위를 결정할 때

⑤ 엔진 hot start 발생 시

⑥ 왕복 엔진 실린더 내부에 결함이 예상될 때

⑦ 엔진 운영 시 이상음이 발생할 때

⑧ 엔진 운영 시간이 많아 경과 관찰

⑨ 엔진 결함이 예상 또는 결함 진행 사항 관찰이 필요시

(4) 보어 스코프의 종류

1) Flexible bore scope

특별한 경우를 제외하고는 non rotating area에 주로 사용한다(combustor, fuel nozzle, turbine nozzle, cylinder 내부 등에 사용되며, compressor, turbine blade 등을 검사할 경우 rotor를 회전시킬 때 장비 및 part가 손상될 수 있으므로 세심한 주의가 요구된다).

① Light source에 AC 220[v] 전원을 연결한다.

② Flexible bore scope의 광원 케이블을 light source와 light guide connector를 연결한다.

③ Light source의 전원 스위치를 ON시킨다.

④ Light 밝기 조절 스위치를 BRT 위치로 돌려 적절한 밝기로 조절한다(시계방향으로 돌리면 밝아진다).

⑤ 검사하고자 하는 hole에 flexible insertion section을 삽입한다.

⑥ Control section의 control handle을 상하좌우로 view point를 움직여 검사한다(선명하게 보기 위해서는 반드시 거리에 따라 초점 조절을 하여 맞추어야 한다).

⑦ 검사가 완료되었으면 light source의 BRT 스위치를 MIN(최소) 위치로 돌려 램프를 냉각시킨다(램프가 뜨거운 상태에서 전원 스위치를 바로 OFF하면 램프가 손상될 수 있으므로, 약 5 ~ 10분 정도의 냉각 시간이 필요하다).

⑧ Light source의 전원 스위치를 OFF하고 전원 연결선을 제거한다.

⑨ 모든 장비를 정리한다(장탈된 bore scope plug는 해당 매뉴얼에서 요구하는 고착 방지제를 반드시 사용해야 하며 지정된 토크값으로 조여야 한다).

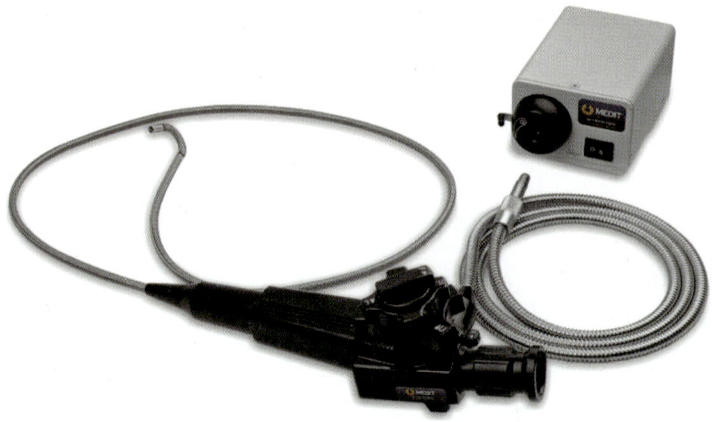

[그림] 9-110 플렉시블 보어 스코프

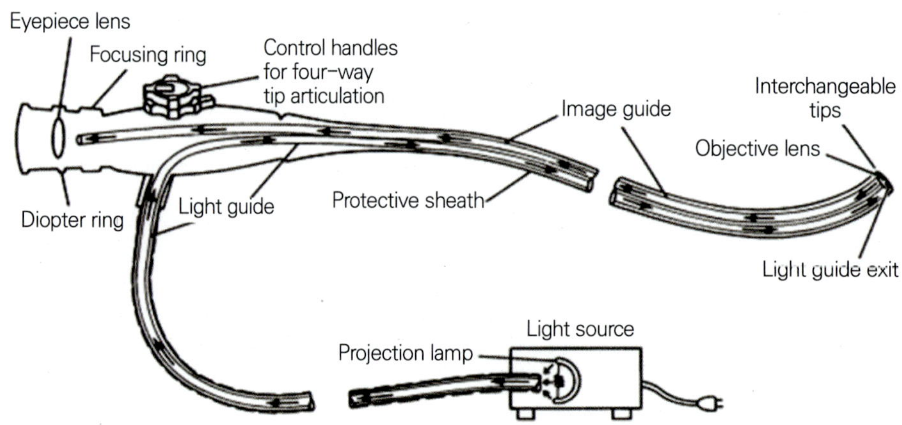

[그림] 9-111 플렉시블 보어 스코프 구조

2) Video bore scope

검사 카메라는 플렉시블 보어 스코프와 유사하지만 플렉시블 튜브의 끝에 소형 비디오카메라를 사용한다. 삽입 튜브의 끝에는 장비, 엔진 및 기타 어두운 공간의 깊숙한 곳에서 비디오 또는 정지 이미지를 캡처할 수 있는 조명이 포함되어 있다. 원격으로 육안 검사를 위한 장비로서 나중에 검사하기 위해 비디오 또는 정지 이미지를 캡처할 수 있는 기능은 가장 큰 이점이다. 다른 쪽 끝의 디스플레이에 카메라 화면이 표시되며, 일부 모델에서는 조이스틱 또는 유사한 컨트롤을 통해 화면 위치를 변경할 수 있다.

전통적인 보어 스코프의 복잡한 광섬유 도파관은 저렴한 전기 케이블로 대체되어 비디오 보어 스코프는 훨씬 저렴하고, 잠재적으로 더 나은 해상도를 가질 수 있다. High-end급의 비디오 보어 스코프의 비용은 제조업체, 옵션 및 사양에 따라 약 8,000달러에서 50,000달러까지 다양하다. 사용이 간편한 배터리 구동 비디오 보어 스코프는 여러 제조업체에서 2012년경에 100달러에서 400달러 사이의 가격으로 구입할 수 있게 되었다. 이후 모델들은 더 낮은 비용, 더 나은 해상도, 조절 가능한 조명, 내장 디스플레이를 USB 케이블과 같은 컴퓨터 연결로 교체하는 등 향상된 기능을 제공하게 되었다.

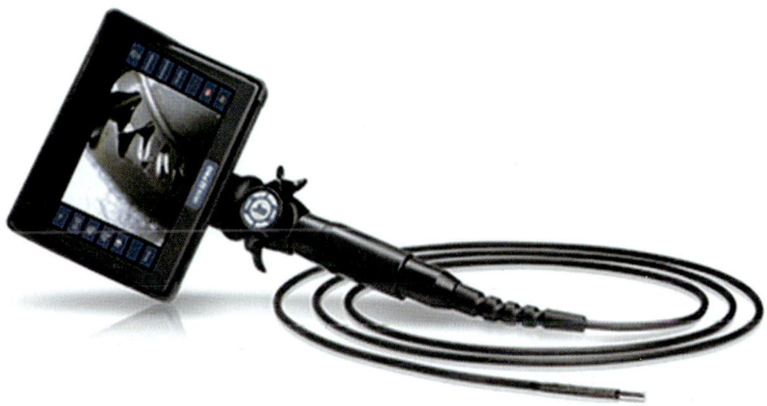

[그림] 9-112 비디오 보어 스코프

[그림] 9-113 비디오 보어 스코프 엔진 검사

3) Rigid bore scope

광섬유 도파관 스코프와 유사하지만, 일반적으로 플렉시블 보어 스코프에 비해 저렴한 비용으로 우수한 이미지를 제공한다. 리지드 보어 스코프에는 보려는 항목에 대한 액세스가 직선이어야 한다는 제한이 있다. 따라서 엔진 실린더, 연료 인젝터 및 유압 매니폴드 검사와 같은 특정 작업에 더 적합하다. 보어 스코프를 선택하는 기준은 일반적으로 이미지 선명도 및 액세스이다. 유사한 품질의 계측기의 경우 구멍에 맞는 가장 큰 리지드 보어 스코프가 최상의 이미지를 제공한다. 광학 시스템은 3가지 기본 유형으로 구성된다. Harold hopkins 로드 렌즈, 무채색 더블렛 및 그라데이션 인덱스 로드 렌즈이다.

직경이 큰 보어 스코프(12[mm] 이상)의 경우 무채색 이중화 릴레이가 매우 잘 작동하지만, 보어 스코프 튜브의 직경이 작아짐에 따라 홉킨스 로드 렌즈와 그라데이션 인덱스 로드 렌즈 디자인이 우수한 이미지를 제공한다. 매우 작은 리지드 보어 스코프(3[mm] 미만)의 경우 그라데이션 인덱스 렌즈 릴레이가 더 좋다.

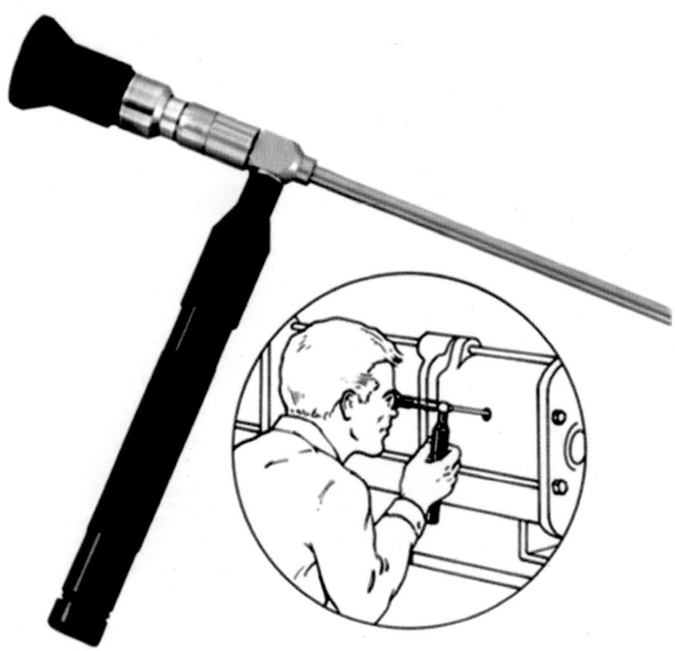

[그림] 9-114 리지드 보어 스코프

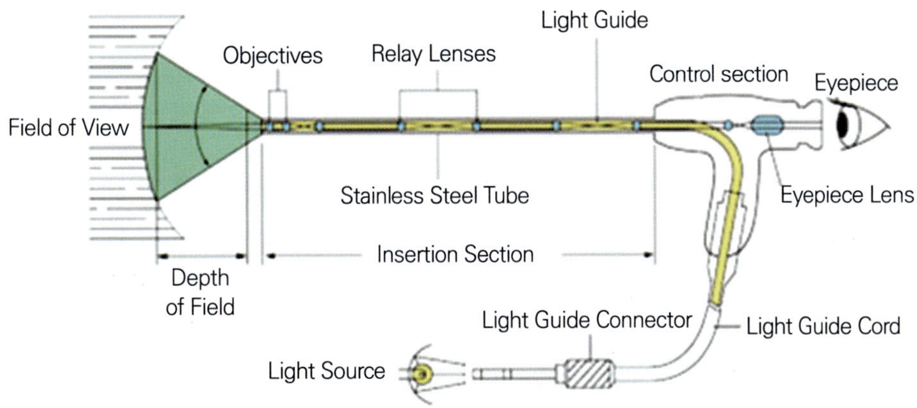

[그림] 9-115 리지드 보어 스코프 구조

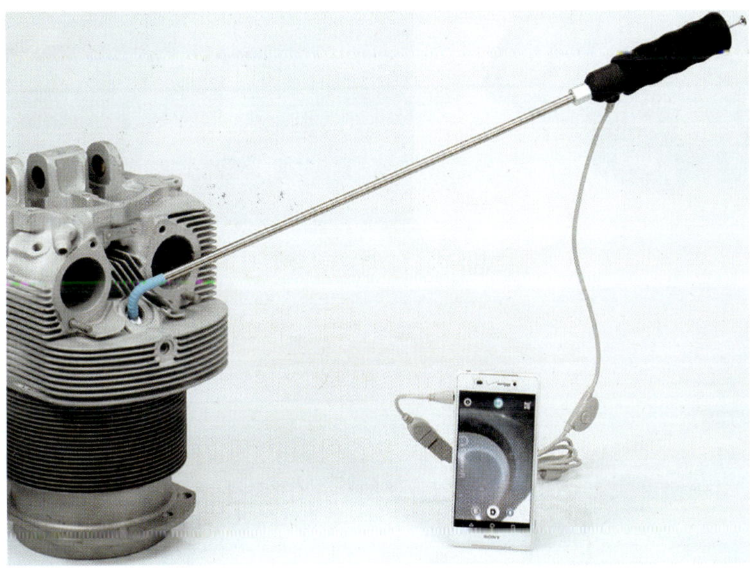

[그림] 9-116 리지드 보어 스코프 실린더 검사

5. 자분 탐상 검사(Magnetic particle inspection)

시험체를 자화시켰을 때 표면 또는 표면 부위에 자속을 막는 결함이 존재할 경우 그곳에서부터 자장이 누설되며, 결함의 양측에 자극이 형성되어 고함 부분이 작은 자석이 있는 것과 같은 효과를 띠게 되어 공간에 자장을 형성한다. 그 공간에 자분을 뿌리면 자분 가루들이 자화되어 자극을 갖고 결함 부위에 달라붙게 된다. 자분이 밀집되어 있는 모양을 보고 시험체의 결손 부위와 크기를 측정한다.

[그림] 9-117 자분 탐상 검사

(1) 검사 원리

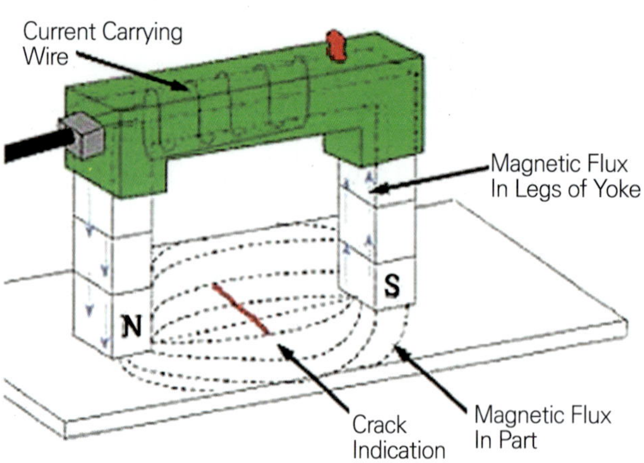

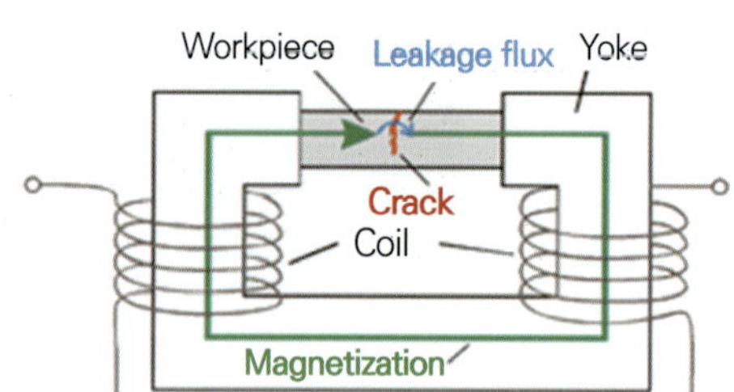

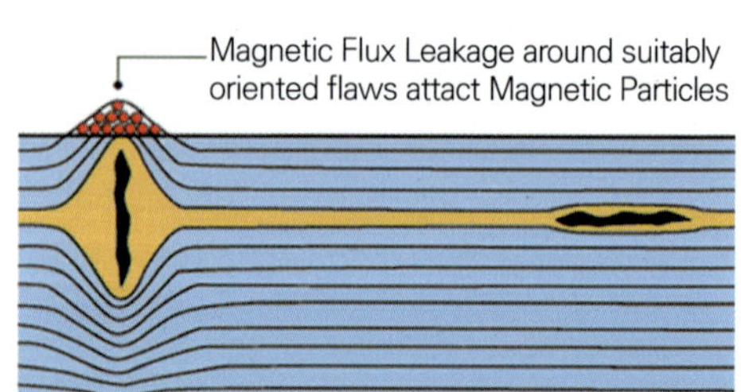

[그림] 9-118 자분 탐상 검사 원리

(2) 검사 절차

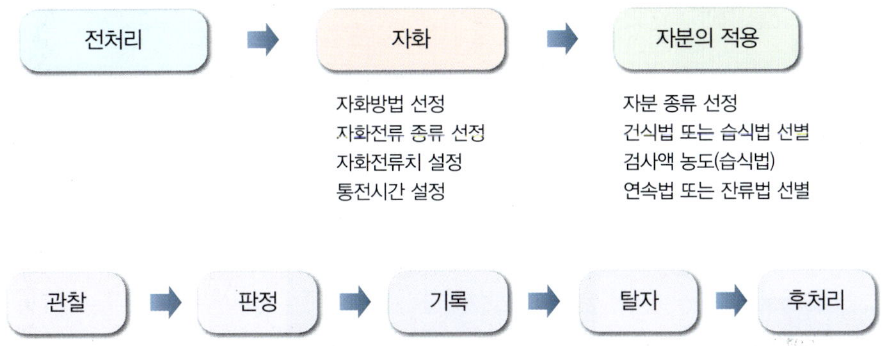

[그림] 9-119 자분 탐상 검사 절차

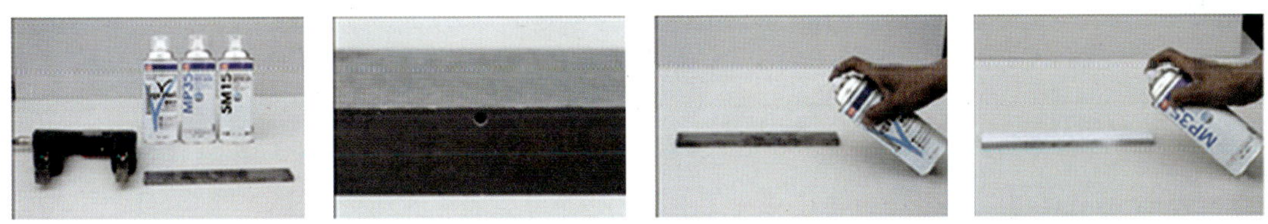

검사장비 및 자분탐상 스프레이 검사물 1. 검사물 세척 2. MP-35(백색검지제) 스프레이 도포

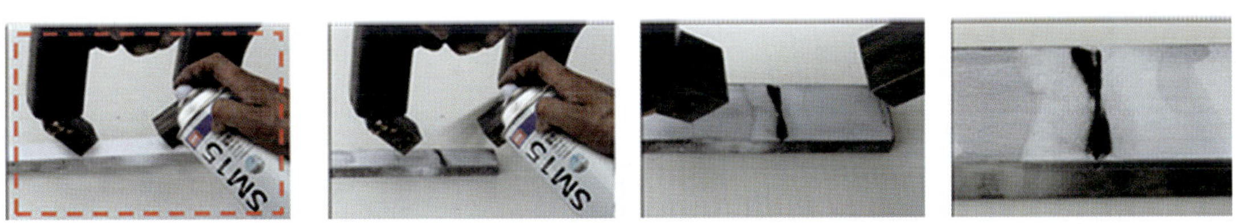

3. 자화전류 자장 형성 4. SM-15(일반자분) 스프레이 도포 5. 결함부위 육암검사

[그림] 9-120 습식 자분 탐상 검사 순서

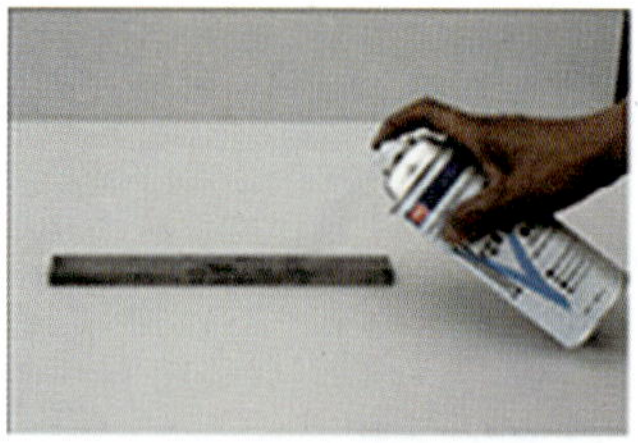

1. 검사물 세척

2. 자화전류 자장 형성

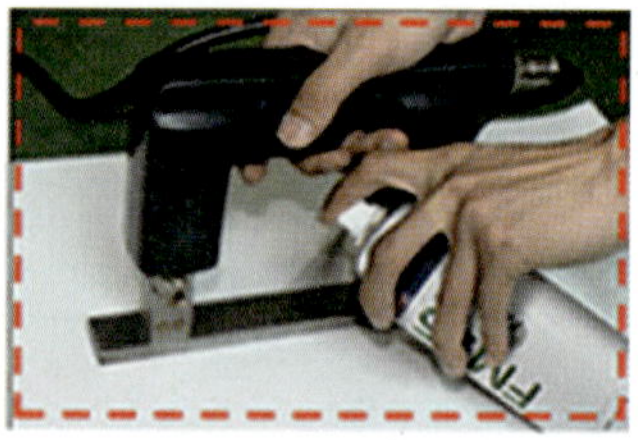

3. FM-25(형광자분) 스프레이 도포

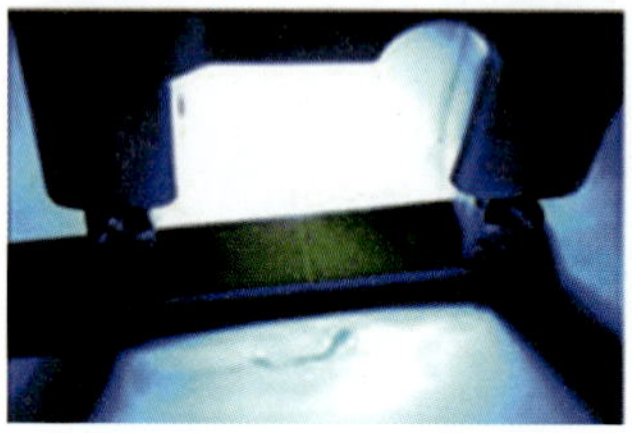

4. Black Light 조사

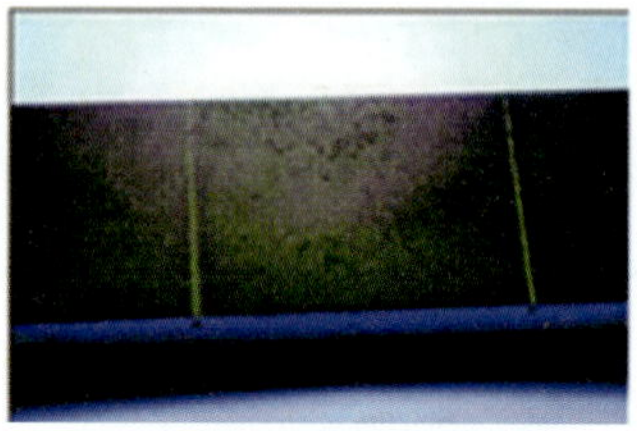

5. 결합 부위 육안 검사

[그림] 9-121 형광 자분 탐상 검사 순서

(3) 안전 및 유의사항

1) 작업 시 자성체 및 금속을 주변에서 제거하거나, 장신구류도 착용하지 않는다.

2) 자분은 인체에 해로우므로 반드시 장갑을 착용하고, 자분이 날리지 않도록 주의한다.

3) 장비(요크)를 사용하지 않을 때에는 플러그를 뽑아 놓는다.

4) 검사체를 자화시킬 때에는 probe(탐상침)와 자력선에 수직인 결함을 찾기 위해서, 수직수평 및 45°, 90°로 놓고, 고정시켜 자화시켜 준다.

(4) 작업 전 준비 사항

1) 조도 검사

결함 검출을 위해 주변 밝기가 확보되어야 한다. 따라서 광량을 500LUX 이상 측정 가능할 수 있는 조도계(illuminometer)로 검사한다.

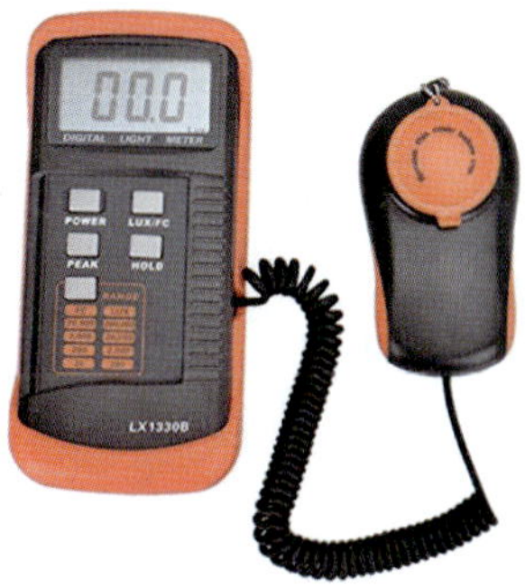

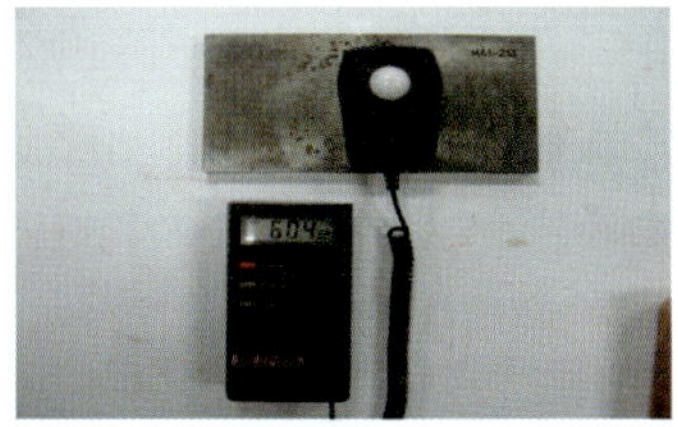

관찰면 밝기 측정
(500 lux 이상)

자외선 감도 측정
(800㎼/cm^2 이상)

[그림] 9-122 조도계

2) 온도 검사

섭씨 15~50도 범위에서 측정할 수 있는지 확인한다.

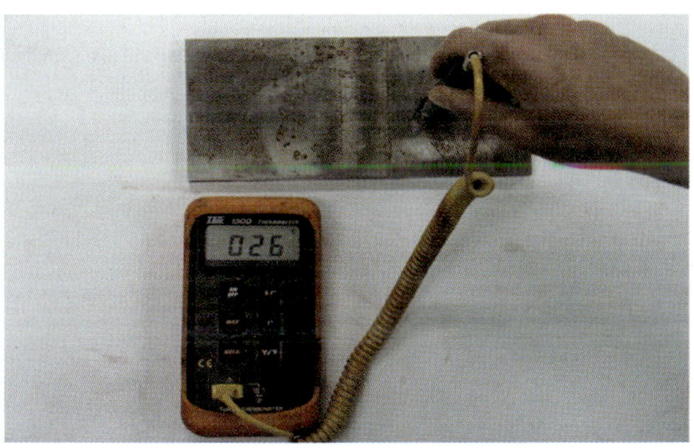

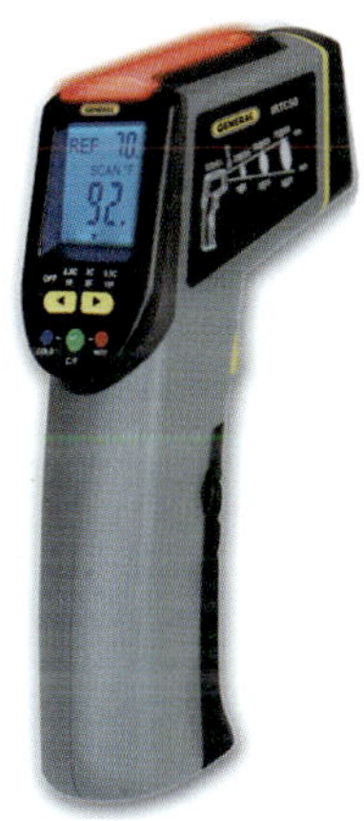

[그림] 9-123 온도계

3) 핸디 마그나 MY-1형 / YOKE 장비 준비

교류식이며 전자석의 강력한 자장을 형성한다(4.5KG LIFTING 가능할 것).

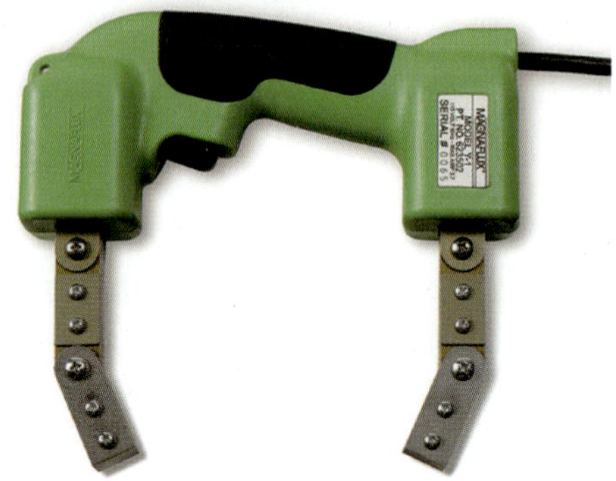

[그림] 9-124 요크 장비

인상력 테스트

사용할 교류 극간식 탐상기가 최대극간 거리에서 (4.53kg) 이상을 들어 올릴 수 있는지의 자화 능력을 테스트한다.

[그림] 9-125 인상력 시험

4) 요크의 자력 검사

인상력 시험편(weight lift test bar)으로 요크 탐상기에 자력이 정상적으로 동작되는지 확인하기 위한 시편이다.

① 최대 극간에서 AC 사용 : 4.5kg(10파운드) 이상

② 최대 극간에서 DC 사용 : 18kg(40파운드) 이상

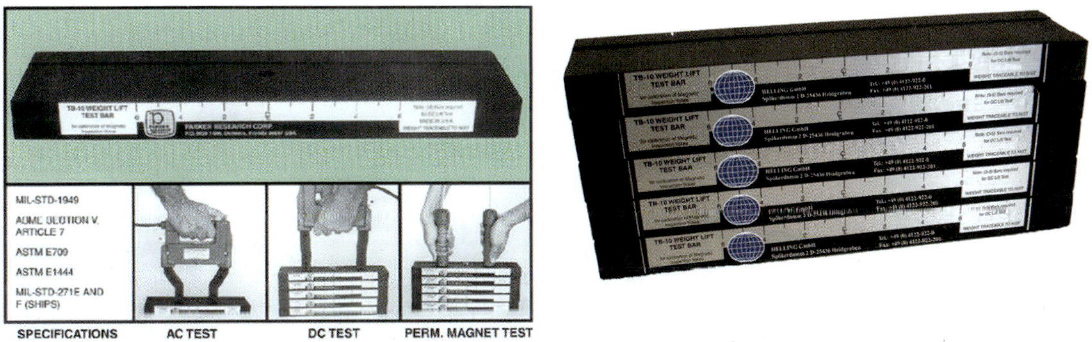

[그림] 9-126 자력 검사

5) 탈자 확인

탈자 후 피검사체에 남아있는 잔류 자장을 가우스미터(Gauss meter) 또는 자장계(Field indicator)로 측정한다(2가우스 눈금 이하).

[그림] 9-127 자장계와 가우스미터

6) 팔각(Pie gauge) 시험편 검사

결함 검출이 잘 될 것. 자장의 발생 유무의 측정과 자장 방향을 측정하는데 사용된다. MIL standard와 ASME code에 규정되어 있는 시편이다.

[그림] 9-128 8각 시편

파이형 자장 지시계로 확인

시험편을 탐상면에 놓고 자계를 가하면서 자분이 적용했을 시 구리 도금면의 인공 결함에 확실하게 자분의 선이 나타나면 적절한 자계의 세기가 얻어진 것이 된다. 선이 뚜렷하지 않을 경우는 자화 방법을 변경하여야 한다.

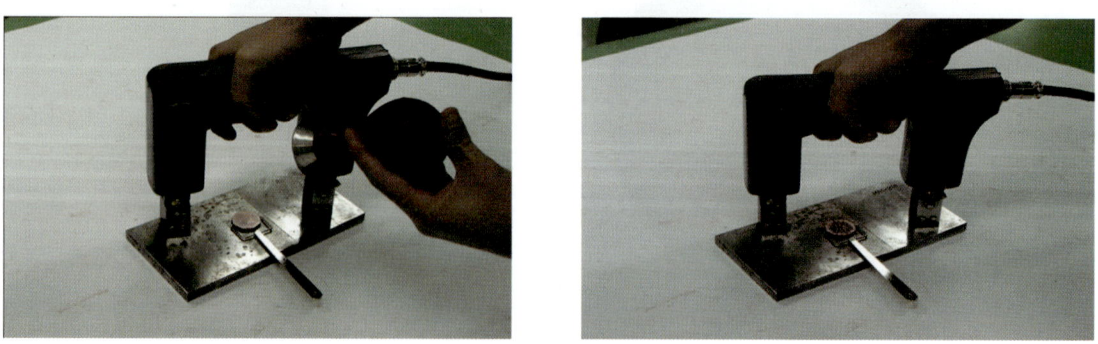

[그림] 9-129 8각 시편 시험

7) 용접 결함 검사 시편(Weld Fault Comparison Kit)

[그림] 9-130 용접 검사 시편

8) 자분 KIT

건식 자분과 습식 자분이 있다.

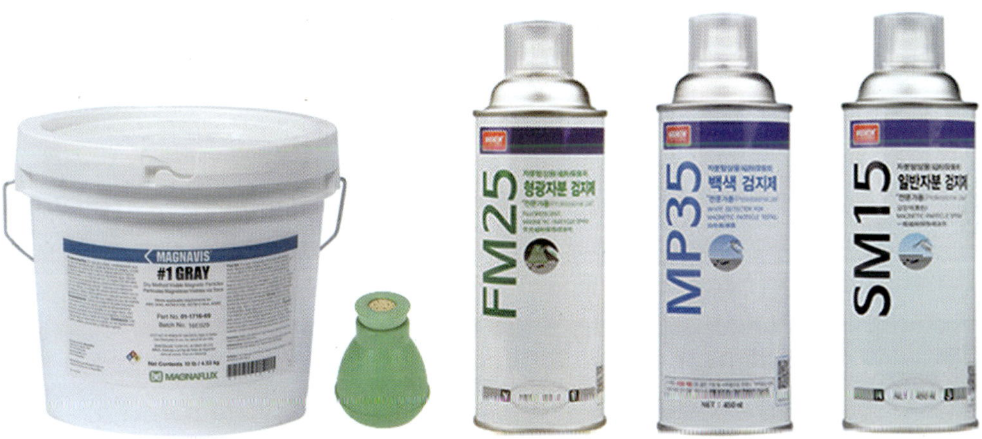

[그림] 9-131 건식과 습식 사문

(5) 작업 절차

1) 전 처리(pre-cleaning)

전 처리를 위해 작업물의 검사 부위를 세척제와 걸레로 세척한다. 시험 정밀도에 영향을 주거나 검사액을 오염시킬 우려가 있는 이물질을 제거하는 방법이다. 모재측의 검사할 부위를 기준으로 20cm 정도로 넓게 잡는다.

[그림] 9-132 전 처리

2) 자분 처리(Magnetic particle apply)

Yoke를 검사할 부위에 직각을 이루도록 위치하여 표면에 접촉시키고, 전기를 공급해서 자화시키면서 철분 타입의 건식 자분, 철분이 액상으로 혼합된 습식 자분, 형광액이 혼합된 습식 자분을 도포한다.

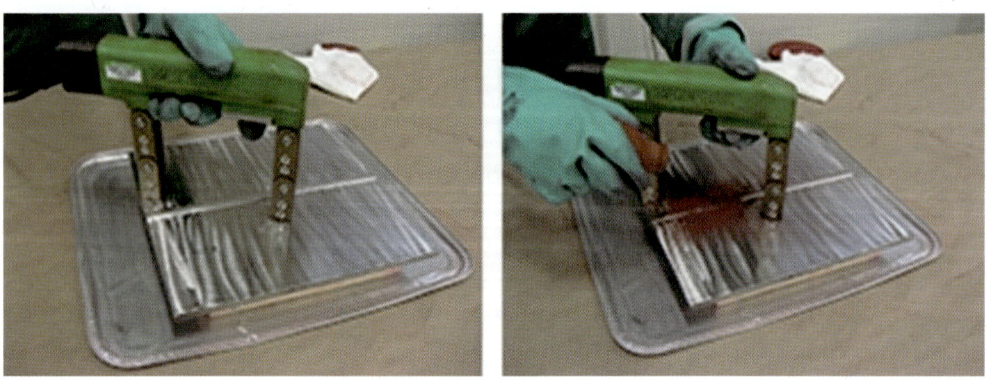

[그림] 9-133 건식 자분 처리

[그림] 9-134 형광 및 습식 자분 처리

3) 관찰 및 검사(inspection)

Yoke의 강한 자력에 의해 건식 또는 습식 자분들이 시험편의 균열 부위에 모여들게 되어 결함이 나타난다. 형광 습식 자분을 사용한 경우에는 암실에서 UV라이트를 비추어 결함을 확인한다. 작업자는 결함을 확인하고 검사보고서 작성을 위해 모양과 크기를 측정한다. 만약 판독이 불가하거나, 어려운 경우에는 시험체를 세척하여 전처리 단계부터 다시 시작해야 한다.

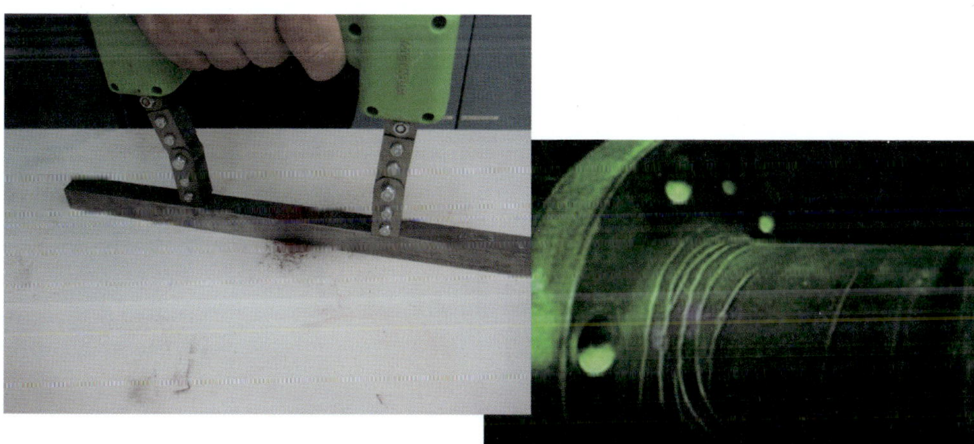

[그림] 9-135 건식과 형광 결함 관찰

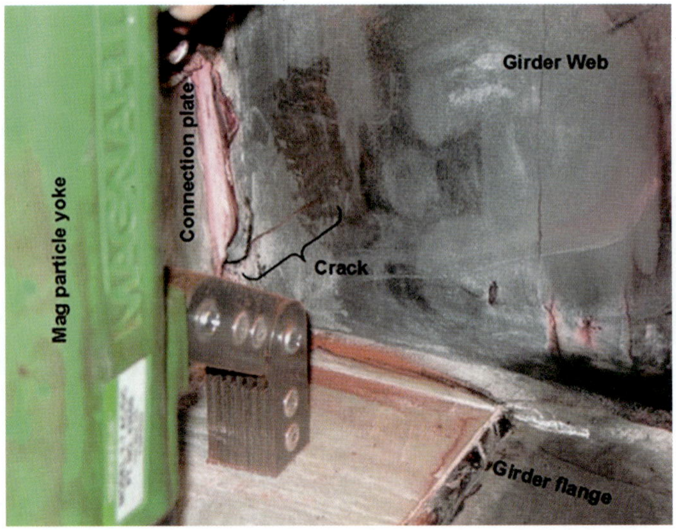

[그림] 9-136 건식 결함 검사

4) 판독

검사 결과를 기록하기 위해 검사보고서에 검사 조건 및 검사 방법 등을 상세하게 작성한다. 그리고 결함 검출에 대한 시험체의 결함 부위를 촬영하여 함께 보관해야 한다.

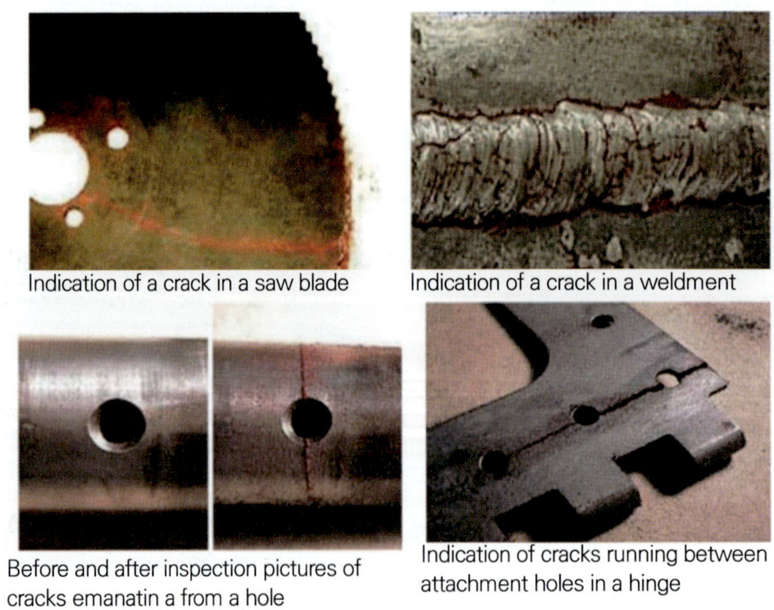

[그림] 9-137 판독

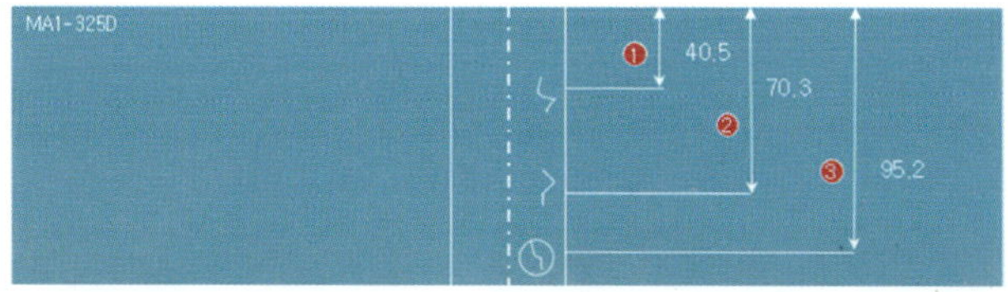

시험편 번호	MA1-323D
시험 장치(명칭, 형식)	HANDY MAGNA A-3
자화 전류의 종류	교류
자분의 종류, 색	형광, 황녹색
자분의 분산매	건식
자분의 적용 시기	연속법
인상력	4.53kg
통전 시간	3초
자극 간격	4“
관찰면의 밝기	18Lx
자분 모양의 분류 1. 균열에 의한 자분 지시 2. 균열에 의한 자분 지시 3. 균열에 의한 자분 지시	

[그림] 9-138 결함 기록

5) 잔류 자력 제거(demagnetize)

잔류 자력계를 이용하여 잔류자력이 작업물에 있으면 yoke의 자력을 이용하여 제거한다. 시험체에 yoke를 닿지 않게 해서 상하좌우로 안에서 천천히 밖으로 이동시킨다(잔류 자기를 제거하지 않으면 금속의 자력으로 인하여 부품의 마멸과 파손을 초래한다).

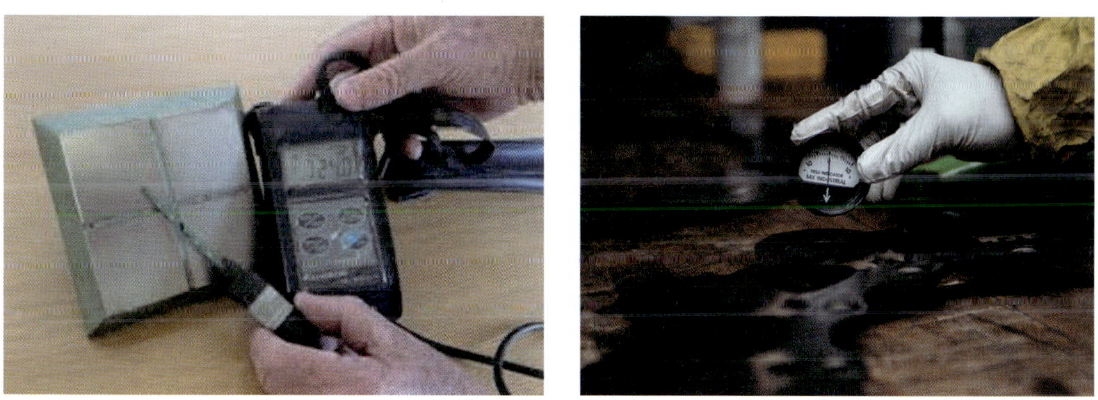

[그림] 9-139 잔류 자기 제거

6) 후처리(post-cleaning)

잔류 자기를 완전히 처리한 후 부품에 사용한 자분류 등을 깨끗이 세척제로 닦는다.

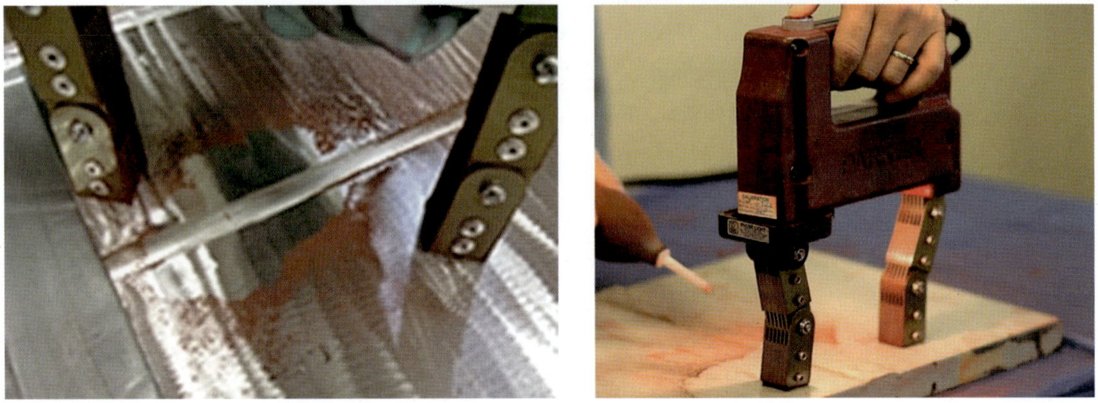

[그림] 9-140 후 처리

6. 침투 탐상 검사(Penetrant inspection)

시험편 표면에 침투제를 적용시켜 침투제가 표면에 열려 있는 균열 등의 불연속부에 침투시킨 후, 표면에 남아있는 과잉의 침투제를 세거하고, 그 위에 현상제를 도포하여 불연속부에 들어있는 침투제를 빨아올림으로써 표면의 crack, seam, tears, laps, porosity 등의 불연속의 위치, 크기 및 지시 모양을 검출하는 방법이다. 재료 표면에 잘 퍼지는 성질을 지닌 액체에 형광제를 녹여 깨끗한 시험체 표면에 분사하여 흠집에 스며들게 한다. 표면을 씻은 뒤 침투제를 빨아올리는 물질에 자외선등(紫外線燈)을 비추면, 형광을 발하여 결함을 검출한다. 형광제 대신에 색소를 이용하는 경우도 있다.

(1) 모세관 현상

작은 지름의 관을 액체 속에 세웠을 때 액체가 관속으로 올라가는 현상을 말한다. 결함 속에 침투제가 침투하는 것도 이와 동일한 현상이다.

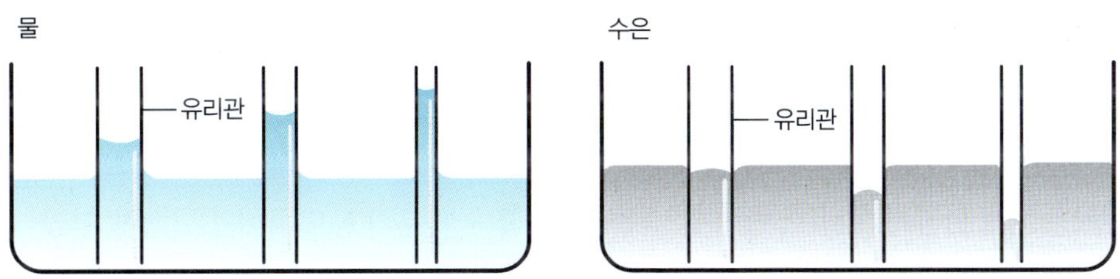

[그림] 9-141 모세관 현상

(2) 특징

1) 다공성 재료를 제외한 거의 모든 재료의 표면 결함 탐상이 가능하다.

2) 시험 장치가 비교적 간단하다.

3) 형광 침투제 사용 시 주변을 충분히 어둡게 해야 한다.

4) 결함이 표면으로 연결되고, 결함 내부에 공간이 있어야 한다.

5) 시험 결과가 시험 기술자의 기술에 좌우된다(전처리, 세정 처리 등).

6) 표면 거칠기에 영향을 받는다.

(3) 탐상제 종류

1) 침투제

① **수세성 침투제** : 침투 시간이 경과한 후 과잉 침투제를 직접 물로 세척할 수 있도록 유화제가 섞여 있다(과다하게 수세되지 않도록 주의한다).

② **후유화성 침투제** : 물에 용해되지 않기 때문에 유화제를 사용하여 물 세척이 가능하도록 한다.

③ **용제 제거성 침투제** : 기름과 혼합하여 용제로만 세척되므로, 천이나 휴지로 침투제를 제거하기 때문에 물은 전혀 사용하지 않는다(주로 휴대용이나 야외 검사용에 사용된다).

④ **형광 침투제** : 수세성, 후유화성, 용제 제거성을 가지고 있으며, 암실에서 자외선 램프를 이용하여 식별한다.

2) 세척제

① **용제 세척** : 용제 제거성 침투제를 사용하는 세척제로 용제를 천이나 휴지에 묻혀 닦는다.

② **물 세척** : 수세성 및 후유화성 침투제는 물로 세척한다(수압 : 275kPa, 온수온도 : 10 ~ 40°C).

3) 현상제

① **건식 현상제**(형광용) : 흰색 미세 분말로 형광 침투제를 사용하는 경우 주로 사용한다.

② **수용성 습식 현상제**(형광용) : 물에 건식 분말을 적당한 농도로 용해해서 사용한다. 대부분의 침투제에 사용 가능하나, 수세성 침투제에는 적합하지 않다.

③ **수현탁용 습식 현상제** : 수용성 습식 현상제와 유사하며, 자분의 농도 차이가 있으며, 분말이 균일하게 분포하도록 수적 방지액과 부식 방지액이 첨가되어 있다(소형 검사물의 다량 검사에 적합하다).

④ **비수세성 습식 현상제** : 백색 분말을 용제에 현탁시켜 사용한다. 휴대용이며, 건조가 빠르고, 남아 있는 현상제 제거에 편리하다.

(4) 탐상제 KIT

적색의 염색(색조) 침투제와 형광액의 침투제가 있다.

[그림] 9-142 습식과 형광 탐상제

(5) 검사 절차

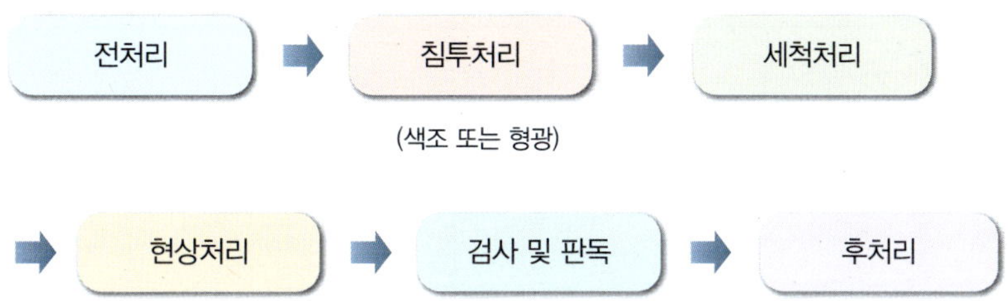

[그림] 9-143 침투 탐상 검사 절차

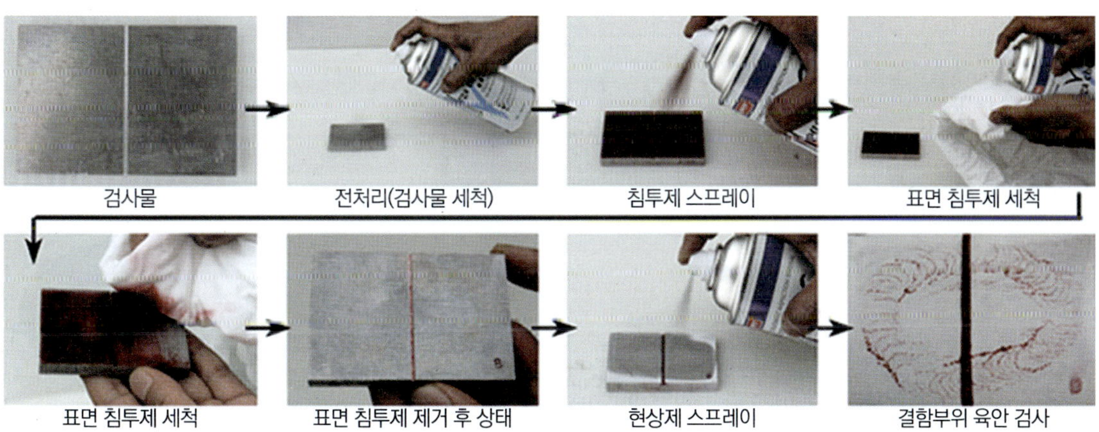

[그림] 9-144 색조 침투 탐상 검사 순서

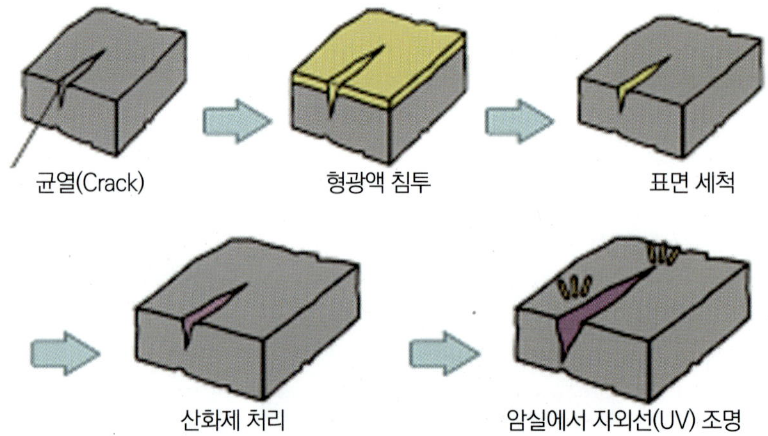

[그림] 9-145 형광 침투 탐상 검사 순서

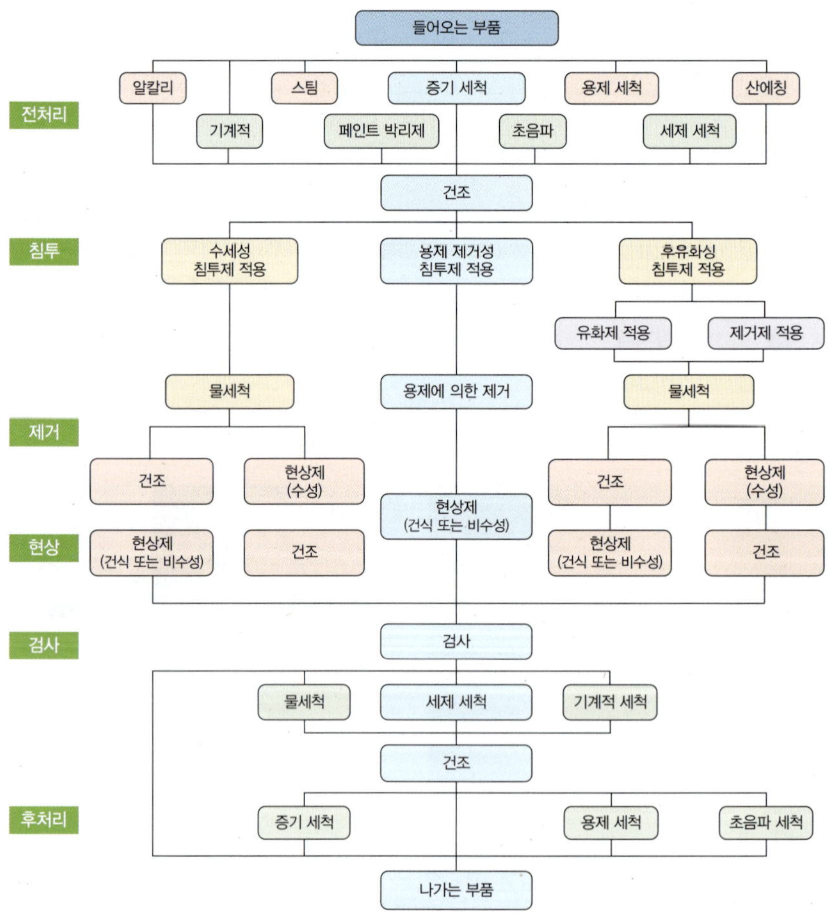

[그림] 9-146 침투 탐상 검사 공정

(6) 안전 및 유의사항

1) 침투제 및 현상제를 분무할 때는 눈에 들어가지 않도록 주의한다.

2) 부품을 건조시킬 때는 건조기가 과열되지 않게 감시한다.

3) 환기가 잘 되는 곳에서 검사한다.

4) 침투제 및 현상제를 분무하기 전에는 잘 흔들어서 사용한다.

5) 침투제 및 현상제를 분무할 때는 적당한 거리에서 분무한다.

6) 전부 사용한 용기는 구멍을 내고 잘 처리한다.

(7) 작업 절차

1) 전처리

세척액과 걸레를 이용하여 검사물 표면에 묻어 있는 먼지, 기름, 녹, 페인트 등을 깨끗이 닦아낸다. 물, 세척액, 용제 등을 이용하여 세척하는 화학적 처리 방법 및 철분, 사분 등을 고압을 불어내어 세척하는 기계적 처리방법이 있다.

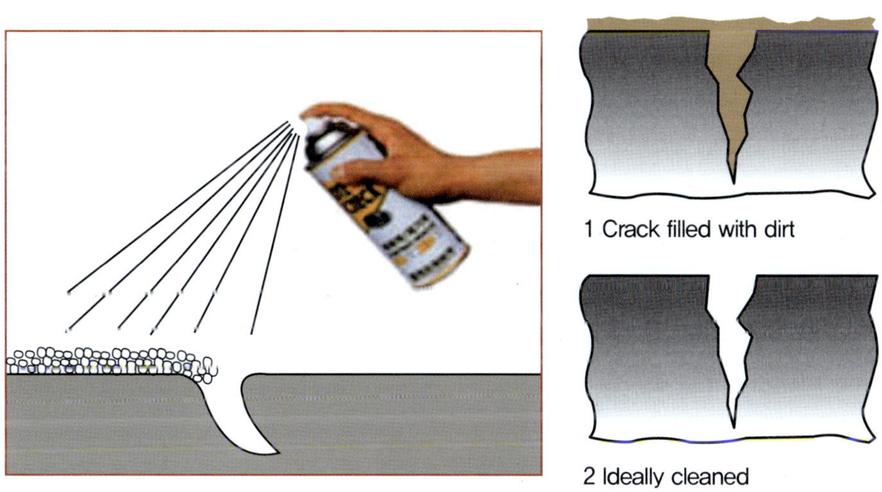

[그림] 9-147 전 처리

2) 침투 처리

결함이 예상되는 부위에 침투액을 적당한 거리에서 분무하고, 상온에서 침투제가 결함 속에 침투되는데, 약 5 ~ 20분을 기준으로 기다린다. 검사하고자 하는 시험체의 크기가 큰 경우에는 침투액이 담겨있는 거대한 수조에 담가서 침투시키는 침지법, 크기가 작거나 세밀한 시험체에 붓을 이용해서 침투액을 발라서 침투시키는 붓질법, 어느 정도 시험편의 부피가 있고, 면이 평평한 경우에 스프레이 방식으로 침투액을 분사시키는 분무법이 있다.

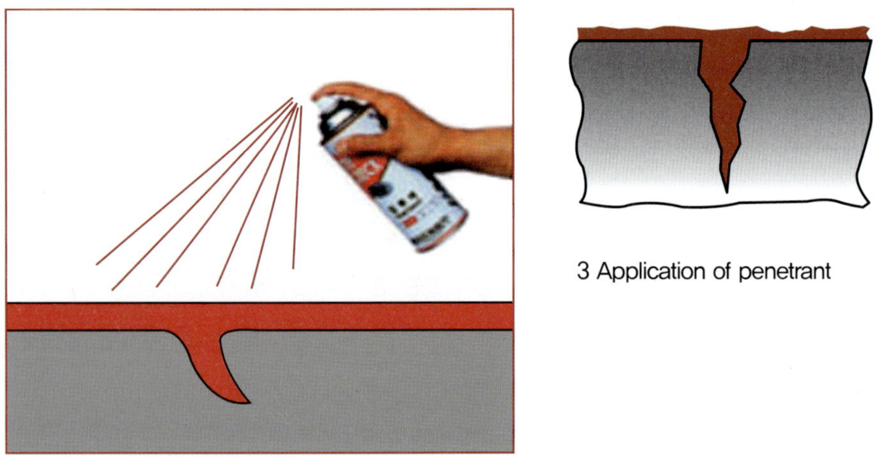

[그림] 9-148 침투 처리

[그림] 9-149 침투제 도포 방법

3) 세척 처리

세척액 또는 물을 헝겊에 묻혀서 검사물 표면에 묻어있는 침투제만 살살 닦아낸다. 너무 과도한 세척으로 침투되어 있는 침투제까지 닦아내서는 안 된다. 따라서 침투 탐상 검사에 대한 결과는 작업자의 세척 처리 경험 및 역량에 크게 좌우될 수밖에 없다. 수세성 침투액의 경우에는 물로 세척할 수 있는 수세법, 유세성 침투액의 경우에는 물로 세척할 수 없으므로, 유화제를 이용해서 유성과 수성을 섞이게 한 후 물로 세척하는 유화제법이 있다.

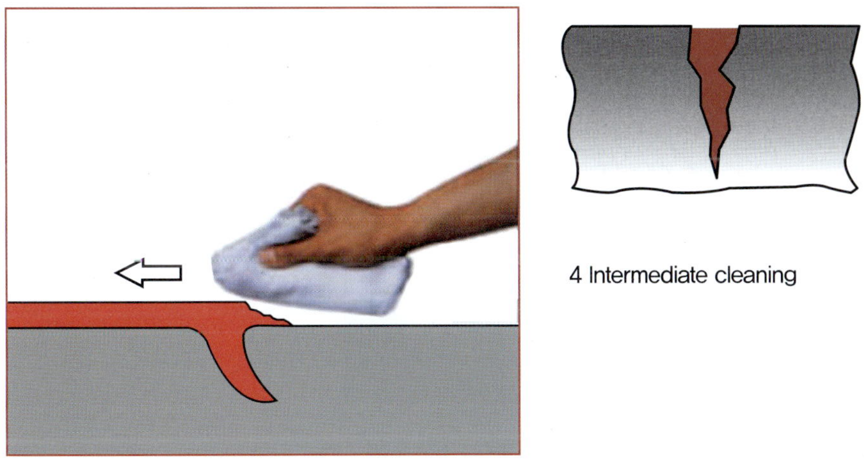

[그림] 9-150 세척 처리

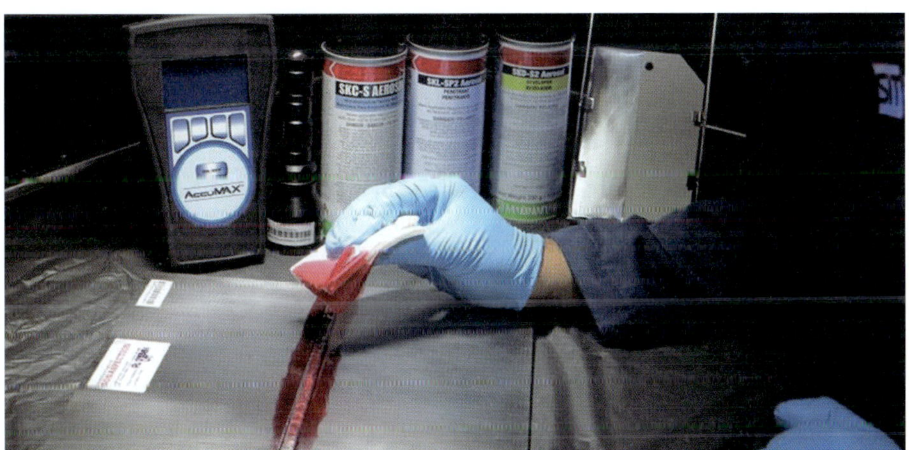

[그림] 9-151 침투제 제거 작업

4) 현상 처리

현상제 용기를 적당히 흔든 후 검사물 표면에 약 30cm 거리에서 골고루 분무하고, 침투에 필요한 시간의 1/2시간(약 10분)을 기준으로 기다린다. 분말 타입으로 된 현상제를 검사 부위에 뿌려 확인하는 건식 현상법, 수세성 액상 타입으로 된 현상제를 검사 부위에 뿌려 확인하는 습식 현상법, 비수세성 액상 타입으로 된 현상제를 검사 부위에 뿌려 확인하는 비수세성 습식 현상법이 있다.

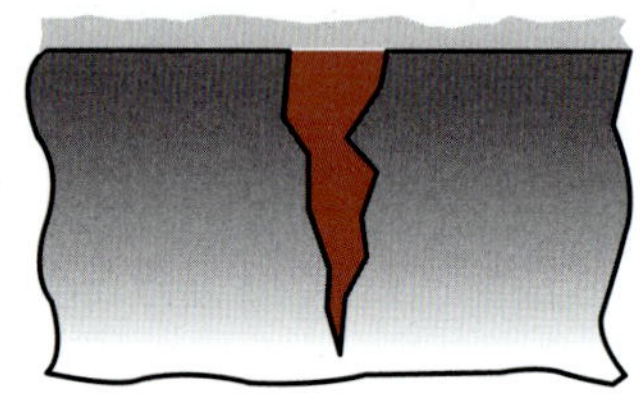

5 Application of developer

[그림] 9-152 현상 처리

5) 검사

현상 처리 후 백색으로 된 시험편의 균열 부위에 모세관 현상에 의해 침투액이 올라오게 되어 붉은색의 침투액에 의해 결함이 나타난다. 형광 침투제를 사용한 경우에는 암실에서 UV라이트를 비추어 결함을 확인한다. 작업자는 결함을 확인하고 검사보고서 작성을 위해 모양과 크기를 측정한다. 만약 판독이 불가하거나 어려운 경우에는 시험체를 세척하여 전처리 단계부터 다시 시작해야 한다.

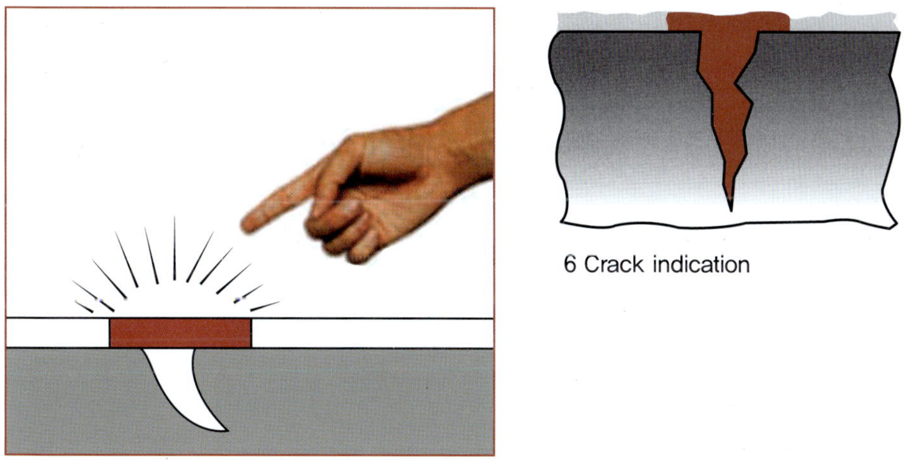

[그림] 9-153 검사

6) 판독

검사 결과를 기록하기 위해 검사보고서에 검사 조건 및 검사 방법 등을 상세하게 작성한다. 그리고 결함 검출에 대한 시험체의 결함 부위를 촬영하여 함께 보관해야 한다.

[그림] 9-154 판독

Exam. Method 시험 방법	☑ Color염색 ☐ Fluorescent형광 ☐ Water-washable수세성 ☑ Solvent Removable 용제제거성		Light source 광원	☑ Natural 자연	☐ Artificial 인공
			ILLumination 조 도	1000 Lux 이상	
Comparator 대비시험편	AL COMPARATOR		Black Light 자외선등	Maker 제조사	N/A
				Model 형 식	N/A
Surface Temp. 표면 온도	12	℃		Intensity 강도	N/A
				Due Date	N/A
Penetrant 침투제	Brand 상 표 KDE	Model 형 식 PTP2	☐ Brush 솔질 ☐ Spray 분무 ☐ Immerse 침지	Penetrant Time 침투시간	8 Min.
Emulsifier 유화제	Brand 상 표 -	Model 형 식 -	☐ Brush 솔질 ☐ Spray 분무 ☐ Immerse 침지	Dwell time 유화시간	N/A Min.
Remover 세척제	Brand 상 표 KDE	Model 형 식 RTR1-3	☐ Brush 솔질 ☑ Spray 분무 ☐ Immerse 침지	Remove 제 거 ☑ Handwipe닦아냄	☐ Wash씻어냄
Developer 현상제	Brand 상 표 KDE	Model 형 식 DTD4	☐ Brush 솔질 ☑ Spray 분무 ☐ Immerse 침지	Developing Time 현상시간	10 Min.

[그림] 9-155 결함 기록

REPORT OF LIQUID PENETRANT EXAMINATION
액체침투탐상검사보고서

KEI 금호기술검사 주식회사 KUMHO ENGINEERING INSPECTION CO., LTD. Tel : (032)545-4547 Fax : (032)	Report No. 보고서번호	KEI(IC)-KT-PT-1801-009
	Date of Report 보고일자	2018-01-22
Project Name: 견인장치 용접부 건전성 평가		

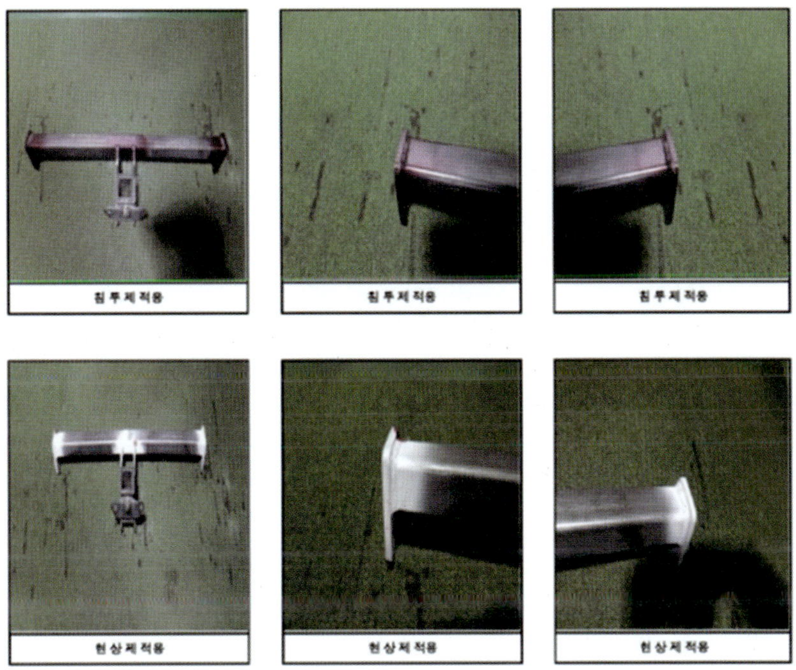

PT-01-01(Rev.0) A4(210x297mm)

[그림] 9-156 결함 기록 샘플

7) 후처리

검사보고서 기록 및 촬영 등의 판독 작업 후 검사물 표면에 묻어 있는 이물질 등을 물 또는 세척액과 걸레를 이용하여 깨끗이 세척한다. 결함에 스며들어 있는 침투제 및 표면에 묻어 있는 현상제가 완전히 제거될 때까지 세척 반복한다. 또한 작업장 및 공구, 장비 등도 정리한다.

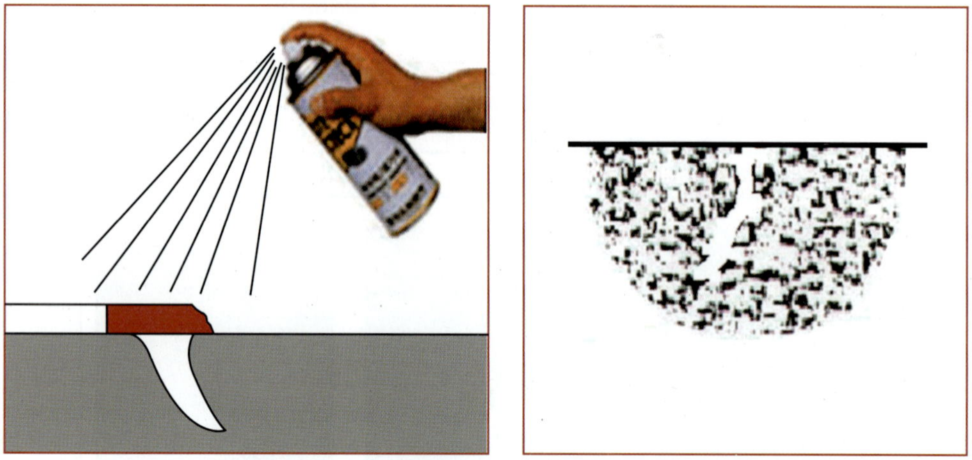

[그림] 9-157 후 처리

PART

부록

Manufacturer`s documentation

NN

(1) ATA chapter

1956년 6월 1일 ATA(항공운송협회)에서 발표된 ATA 100에는 상용 항공기 문서화를 위한 공통 참조 표준인 ATA 번호를 지정하여 각 시스템에 대한 참조를 쉽게 하였다. 이러한 공통성은 조종사, 항공기 유지보수 기술자 및 엔지니어 모두에게 학습과 이해의 용이성을 제공한다. 표준 번호 체계는 일반 항공기에 대한 문서, 항공기 결함 메시지(후기 비행 문제 해결 및 수리를 위한) 및 전자, 인쇄 설명서에 널리 사용되고 있다.

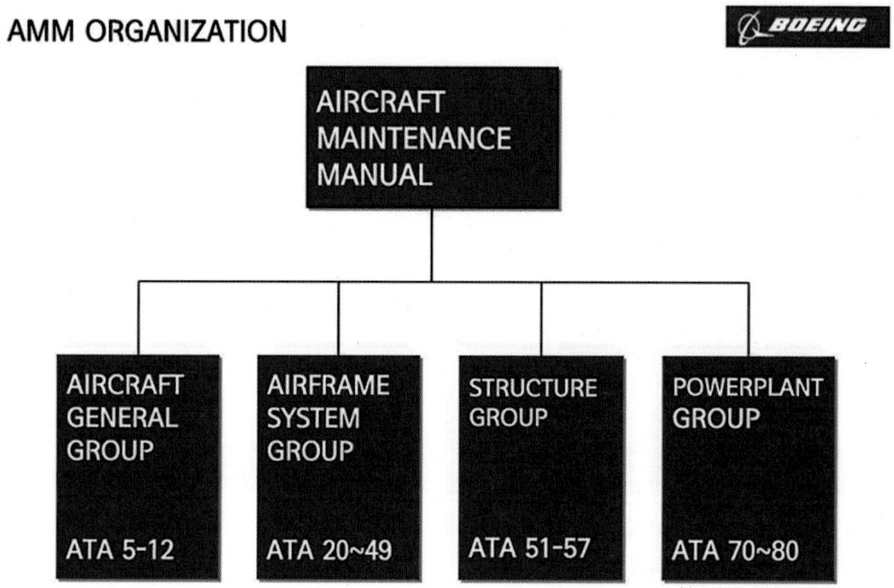

[그림] 1 ATA 챕터

ATA Number	ATA Chapter name
ATA 00	GENERAL
ATA 01	MAINTENANCE POLICY
ATA 02	OPERATIONS
ATA 03	SUPPORT
ATA 04	AIRWORTHINESS LIMITATIONS
ATA 05	TIME LIMITS/MAINTENANCE CHECKS
ATA 06	DIMENSIONS AND AREAS
ATA 07	LIFTING AND SHORING
ATA 08	LEVELING AND WEIGHING
ATA 09	TOWING AND TAXIING
ATA 10	PARKING, MOORING, STORAGE AND RETURN TO SERVICE
ATA 11	PLACARDS AND MARKINGS
ATA 12	SERVICING
ATA 15	AIRCREW INFORMATION
ATA 16	CHANGE OF ROLE
ATA 18	VIBRATION AND NOISE ANALYSIS (HELICOPTER ONLY)

[그림] 2 ATA 챕터

ATA Number	ATA Chapter name
ATA 20	STANDARD PRACTICES- AIRFRAME
ATA 21	AIR CONDITIONING
ATA 22	AUTO FLIGHT
ATA 23	COMMUNICATION
ATA 24	ELECTRICAL POWER
ATA 25	EQUIPMENT /FURNISHINGS
ATA 26	FIRE PROTECTION
ATA 27	FLIGHT CONTROLS
ATA 28	FUEL
ATA 29	HYDRAULIC POWER
ATA 30	ICE AND RAIN PROTECTION
ATA 31	INDICATING / RECORDING SYSTEM
ATA 32	LANDING GEAR
ATA 33	LIGHTS
ATA 34	NAVIGATION
ATA 35	OXYGEN
ATA 36	PNEUMATIC
ATA 37	VACUUM
ATA 38	WATER / WASTE
ATA 39	ELECTRICAL - ELECTRONIC PANELS AND MULTIPURPOSE COMPONENTS
ATA 40	MULTISYSTEM
ATA 41	WATER BALLAST
ATA 42	INTEGRATED MODULAR AVIONICS
ATA 44	CABIN SYSTEMS
ATA 45	ONBOARD MAINTENANCE SYSTEMS (OMS)
ATA 46	INFORMATION SYSTEMS
ATA 47	INERT GAS SYSTEM
ATA 48	IN FLIGHT FUEL DISPENSING
ATA 49	(AIRBORNE) AUXILIARY POWER UNIT

[그림] 3 ATA 챕터

ATA Number	ATA Chapter Name
ATA 50	CARGO AND ACCESSORY COMPARTMENTS
ATA 51	STANDARD PRACTICES AND STRUCTURES - GENERAL
ATA 52	DOORS
ATA 53	FUSELAGE
ATA 54	NACELLES/PYLONS
ATA 55	STABILIZERS
ATA 56	WINDOWS
ATA 57	WINGS

ATA Number	ATA Chapter name
ATA 60	STANDARD PRACTICES - PROP./ROTOR
ATA 61	PROPELLERS/ PROPULSORS
ATA 62	MAIN ROTOR(S)
ATA 63	MAIN ROTOR DRIVE(S)
ATA 64	TAIL ROTOR
ATA 65	TAIL ROTOR DRIVE
ATA 66	FOLDING BLADES/PYLON
ATA 67	ROTORS FLIGHT CONTROL

[그림] 4 ATA 챕터

ATA Number	ATA Chapter name
ATA 71	POWER PLANT
ATA 72	ENGINE
ATA 72	ENGINE - TURBINE/TURBOPROP, DUCTED FAN/UNDUCTED FAN Sometimes referred to as ATA 72T
ATA 72	ENGINE - RECIPROCATING Sometime referred to as ATA72R
ATA 73	ENGINE - FUEL AND CONTROL
ATA 74	IGNITION
ATA 75	BLEED AIR
ATA 76	ENGINE CONTROLS
ATA 77	ENGINE INDICATING
ATA 78	EXHAUST
ATA 79	OIL
ATA 80	STARTING
ATA 81	TURBINES (RECIPROCATING ENGINES)
ATA 82	WATER INJECTION
ATA 83	ACCESSORY GEAR BOX (ENGINE DRIVEN)
ATA 84	PROPULSION AUGMENTATION
ATA 85	FUEL CELL SYSTEMS

[그림] 5 ATA 챕터

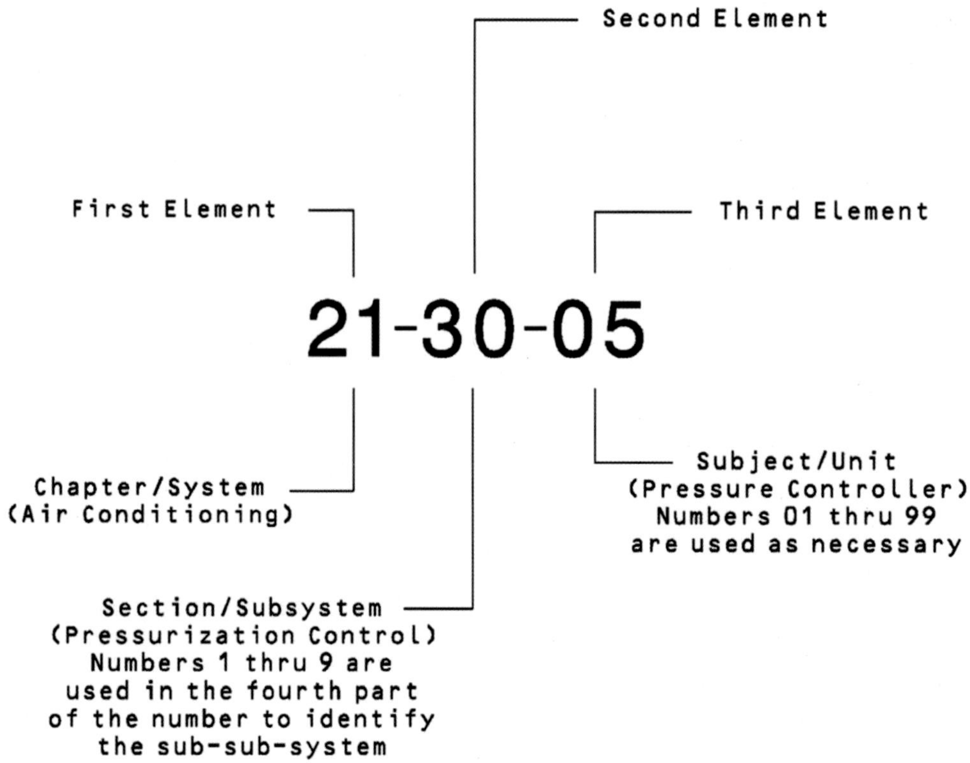

[그림] 6 ATA 챕터 세부 번호

(2) AMM : Aircraft maintenance manual

Basic information on the operation and maintenance of the aircraft and its on-board equipment.

1) Description and operation of each system

2) Basic maintenance and servicing actions

3) Functional tests and operational tests

4) Adjustments

5) Replenishing of various fluids

6) Other servicing tasks

A340

AIRCRAFT MAINTENANCE MANUAL

(2) Transmission of the CMC 1 avionics configuration to the CMC 2 (Ref. TASK 45-10-00-610-804).

Subtask 45-13-34-010-050

C. Get Access to the Avionics Compartment

(1) Put the access platform in position at the access door 811.

(2) Open the access door 811.

Subtask 45-13-34-865-050

D. Open, safety and tag this(these) circuit breaker(s):

PANEL DESIGNATION	FIN	LOCATION
FOR 1TM1		
721VU CMC 1 SWTG	4TM1	U07
742VU CMC 1	3TM1	Q66
FOR 1TM2		
722VU CMC 2	3TM2	D45
722VU CMC 2 SWTG	4TM2	W35

4. Procedure

(Ref. Fig. 401/TASK 45-13-34-991-001)

Subtask 45-13-34-020-050

A. Removal of the CMC

(1) Loosen the nuts (4).

(2) Lower the nuts (4).

(3) Pull the CMC (1) on its rack (3) to disconnect the electrical connectors (2).

(4) Remove the CMC (1) from its rack (3).

(5) Put blanking caps on the disconnected electrical connectors.

NOTE : If you removed the CMC 1 and if you transferred the memorized avionics configuration to the CMC 2, you can:
- remove the CMC 2

EFF : ALL

THA

45-13-34 Page 403 Oct 01/04

A340

AIRCRAFT MAINTENANCE MANUAL

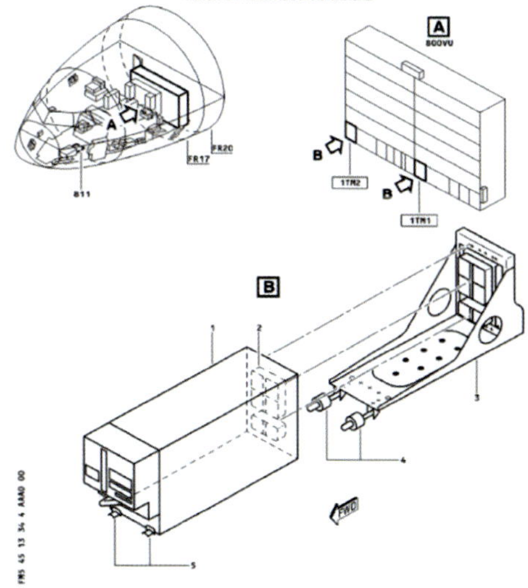

Central Maintenance Computer
Figure 401/TASK 45-13-34-991-001

EFF : ALL

THA

45-13-34 Page 404 Oct 01/04

[그림] 7 AMM

(3) FIM : Fault isolation manual

Fault isolation trees for the purpose of pinpointing and fixing problems.

BOEING

777
Fault Isolation Manual

TASK 23-11-00-810-818

818.

HF Transceiver Input Problems from left AIMS on DCMF INPUT 429 Bus - Fault Isolation

A. Maintenance Messages
   (1) This task is for maintenance messages: 23-59940, 23-59942.

B. Description
   (1) Use this task when the HF transceiver (L or R) has input problems from the left AIMS on DCMF INPUT 429 Bus.

C. Possible Causes
   (1) HF Communication Transceiver (L or R), M23101,M23201.
   (2) IOM(M009) in left AIMS.
   (3) Wiring.

D. Circuit Breakers
   (1) These are the circuit breakers related to the fault:

Overhead Circuit Breaker Panel, P11

Row	Col	Number	Name
G	2	(C23301)	L HF COMM

[그림] 8 FIM

(4) ASM : Aircraft schematic manual

Schematic diagrams of electrical, electronic, and hydraulic systems on the aircraft as well as logic diagrams contains the detailed information and identifies wiring harnesses, connectors, and interfacing equipment.

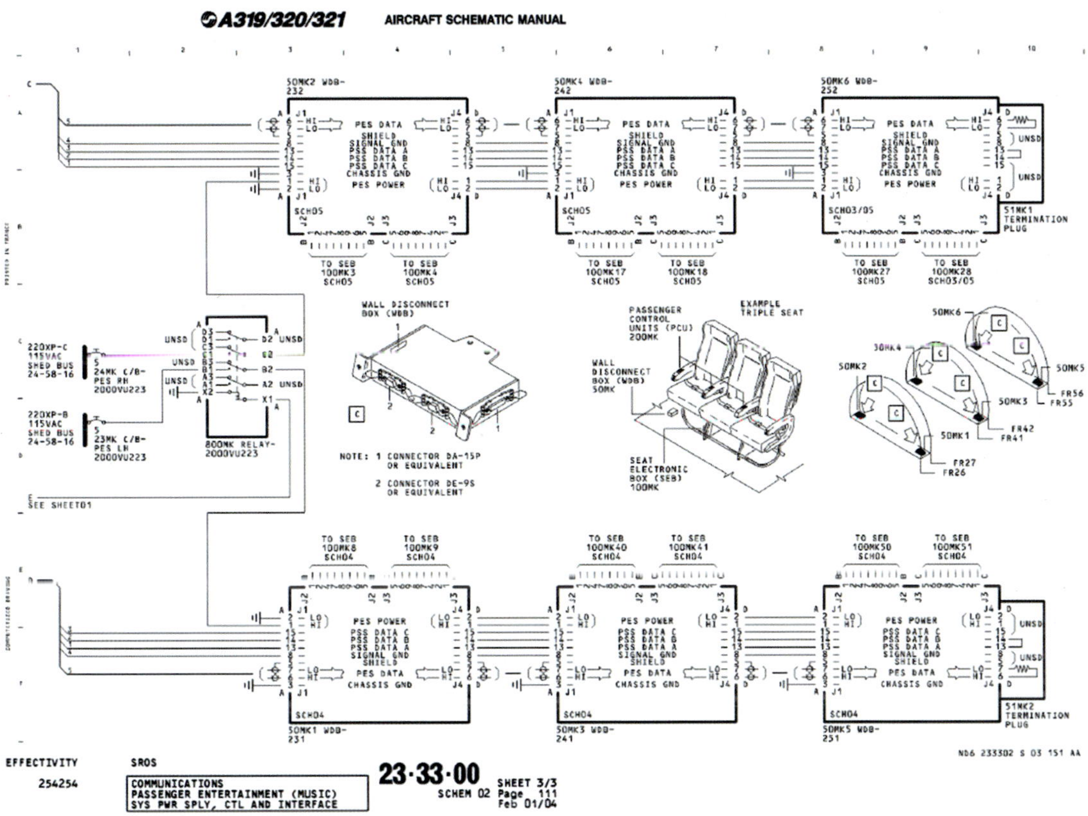

[그림] 9 ASM

(5) WDM : Wiring diagram manual

Complete run of wiring, including cable bundle numbers and routing, plug and connector numbers and locations, bulkheads, and other structural elements through which the wiring is routed.

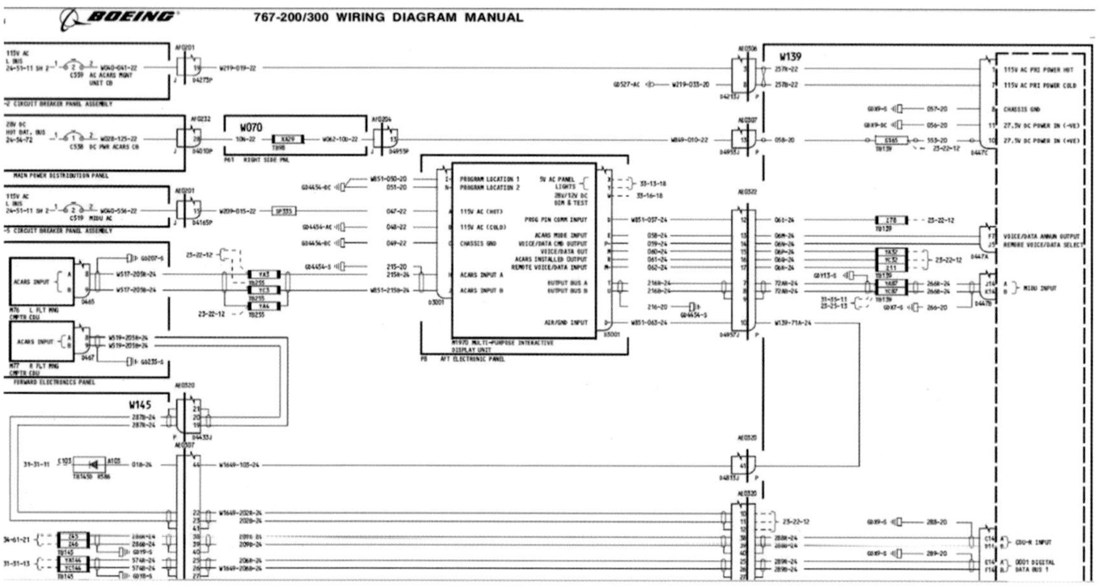

[그림] 10 WDM

(6) SRM : Structural Repair Manual

Information needed to effect certain repairs of the aircraft structure.

Repairs are simple and are approved by the FAA for operator completion.

Other structural repairs must be done by the airframe manufacturer or some other FAA designated repair facility.

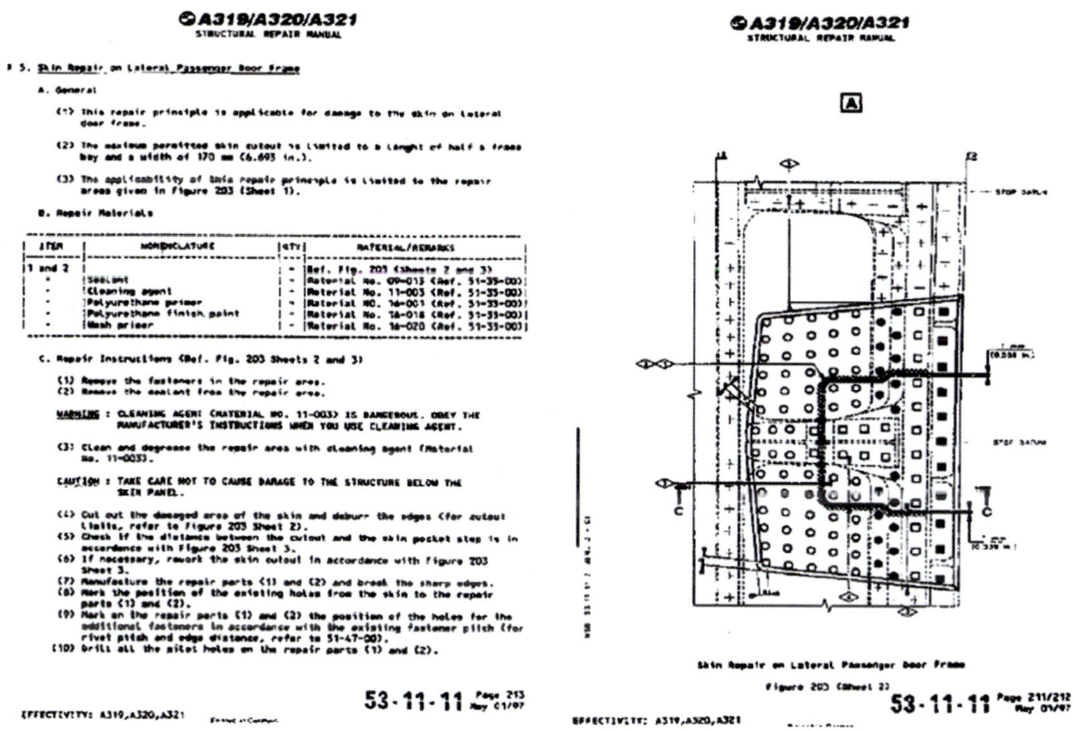

[그림] 11 SRM

(7) IPC : Illustrated parts catalog

Lists and location diagrams of all parts used on the aircraft model.

Information on part numbers, vendors, interchangeability of parts.

Boeing 767
Illustrated Parts Catalog Supplement

FIG ITEM	PART NUMBER	NOMENCLATURE	UNITS PER
1		INSTALLATION - FLAT PANEL DISPLAY (PER ISS N08233)	
1	9D-84031-1	PANEL ASSY, FLAT DISPLAY (V0EUW0)	4
2	9D-05522-1	PANEL ASSY, DISPLAY CONTROL (V0EUW0)	2
3	9B-84032-1	CONCENTRATOR UNIT, DATA (V0EUW0)	3
4	433-673-1006-6001	SWITCH ASSY, ALTN/---- PUSH (V81590)	12
5	433-673-1006-6057	SWITCH ASSY, OVRD (GND PROX) (V81590)	2
6	433-673-1006-6070	SWITCH ASSY, GND/PROX G/S INHB (V81590)	1
7	434-674-1041-3290	INDICATOR ASSY, BRAKE TEMP (V81590)	1
8	434-674-1041-3308	INDICATOR ASSY, WINDSHEAR (V81590)	1
9	434-674-1041-3257	INDICATOR ASSY, BRAKE SOURCE (V81590)	1
10	434-674-1041-3300	INDICATOR ASSY, SPEED BRAKES (V81590)	1
11	434-674-1041-3224	INDICATOR ASSY, ALT ALERT (V81590)	1
12	434-674-1041-3225	INDICATOR ASSY, A/T DISC (V81590)	1
13	434-674-1041-3226	INDICATOR ASSY, AUTO PILOT (V81590)	1

- ITEM NOT ILLUSTRATED

34-20-01-01

Effectivity: 673BF
Date: 07-26-2013

34-20-01
Fig. 01
Page: 7

Boeing 767
Illustrated Parts Catalog Supplement

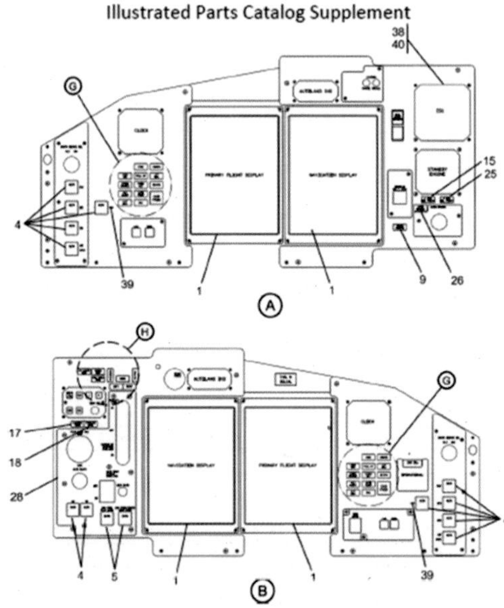

FLAT PANEL DISPLAY SYSTEM
FIGURE 1 (SHEET 2)

34-20-01-01

Effectivity: 673BF
Date: 07-26-2013

34-20-01
Fig. 01
Page: 2

[그림] 12 IPC

(8) MMEL : Master minimum equipment list

MEL is a list of systems, sub-systems or components within a system that may inoperative for safe flight.

The time limits for repair are established by the manufacturer.

Identified by the airframe manufacturer and approved by the FAA.

Identify the equipment which may be degraded or inoperative at dispatch of the aircraft.

Airline's responsibility to develop their own manual tailored to their specific equipment(MEL).

U.S. Department of Transportation
Federal Aviation Administration
Washington, DC

Master Minimum Equipment List (MMEL)

Revision: 60
Date: 02/09/2018

Boeing 737
B-737-100/200/300/400/500/600/700/800/900/900ER

Stacey Klein, Chair
Flight Operations Evaluation Board (FOEB)

Federal Aviation Administration (FAA)
Seattle Aircraft Evaluation Group (SEA-AEG)
1601 Lind Ave. SW
Renton, WA 98057-4056

Telephone: (425) 917-6600
Fax: (425) 917-6638

U.S. DEPARTMENT OF TRANSPORTATION
FEDERAL AVIATION ADMINISTRATION
MASTER MINIMUM EQUIPMENT LIST

AIRCRAFT: BOEING B-737	REVISION NO. 60 DATE: 02/09/2018	PAGE NO. 21-4

MMEL TABLE KEY

SYSTEM & SEQUENCE NO.	ITEM	1. REPAIR CATEGORY	2. NUMBER INSTALLED	3. NUMBER REQUIRED FOR DISPATCH	4. REMARKS OR EXCEPTIONS
21. AIR CONDITIONING					
Sequence No.	Item	1	2	3	4
01	Air Conditioning Packs (Cont'd)				
01-01	All-Passenger Configuration (All Models) (Cont'd)				
01-01-07	(-900/-900ER)	C	2	0	(M)(O) Except for ER operations, both may be inoperative provided: a) Flight is conducted in an unpressurized configuration, b) Recirculation fans operate normally, c) Both E/E equipment cooling exhaust fans operate normally, d) Procedures are established and used to ensure lower cargo compartments remain empty or are verified to contain only empty cargo handling equipment, ballast (ballast may be loaded in ULDs), and/or Fly Away Kits, e) Forward cargo heat duct is secured closed, and f) Airport ambient temperature does not exceed 103 degrees F (39 degrees C). NOTE: Operator MELs must define which items are approved for inclusion in Fly Away Kits and which materials can be used as ballast. (Continued)

[그림] 13 MEL

(9) MCDL : Master configuration deviation list

CDL is a list of parts(usually fairings, aerodynamic seals or panels) that may be missing for flight.

It also lists the penalties associated with the missing part.

Repair/replacement time intervals of these parts are normally established by airline policy.

Involves configuration of the aircraft.

Information on panels, fairings, and similar variations in configuration that can be nonstandard at dispatch as long as it does not affect the safety of flight.

AIRBUS A320 AIRPLANE FLIGHT MANUAL	MASTER CONFIGURATION DEVIATION LIST DOORS NOSE LANDING GEAR MAIN DOOR (713, 714)
52-09	**Nose Landing Gear Main Door (713, 714)**

Ident.: MCDL-52-09-00006465.0001001 / 23 NOV 09 — EASA APPROVED
Criteria: (A319 or A320)

52-09 NOSE LANDING GEAR MAIN DOOR (713, 714)	Quantity installed 2

(m) *Refer to AMM 32-22-00-040-001*
May be missing provided both main doors (713, 714) are removed and both aft doors (715, 716) (*Refer to 52-10 Nose Landing Gear Aft Door (715, 716)*) are removed.
Note: *May be combined with MCDL item 52-11 (Refer to 52-11 Nose Landing Gear Leg Door (712))*

- **Limitations:**

  Passengers transportation is not allowed.
  Flight with landing gear down is required.
  Refer to APP-LGDN-GEN General
  Maximum speed: 220 kt IAS/ M 0.5

- **Performance:**

  Note: *Reference performance for penalties computations are performance with landing gear down.*

  The following performance penalties are applicable:
  - Takoff and approach climb performance limiting weights are reduced by 918 kg (2 024 lb)
  - En-route perfomance limiting weight is reduced by 1 000 kg (2 205 lb)
  - Fuel consumption is increased by 2 %.

Refer to MCDL-52-09 Illustration Nose Landing Gear Main Door (713, 714)

LAN A320-233 FLEET — MCDL-52-09 P 1/2
AFM — A — 23 NOV 10

AIRBUS A320 AIRPLANE FLIGHT MANUAL	MASTER CONFIGURATION DEVIATION LIST DOORS NOSE LANDING GEAR MAIN DOOR (713, 714)

ILLUSTRATION NOSE LANDING GEAR MAIN DOOR (713, 714)

Ident.: MCDL-52-09-00006465.0001001 / 23 NOV 09 — FOR INFORMATION ONLY
Criteria: SA

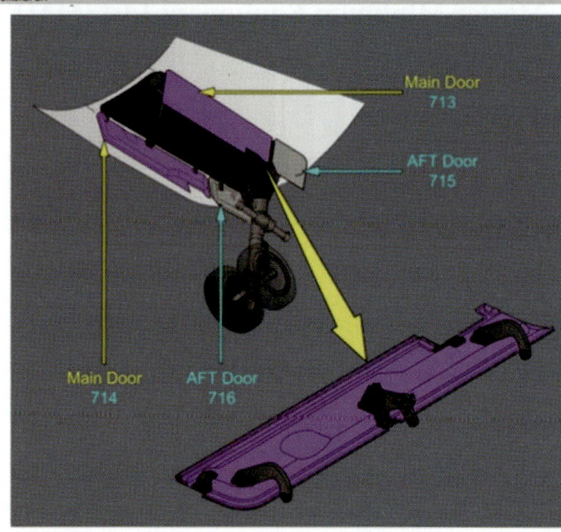

For dispatch conditions: *Refer to 52-09 Nose Landing Gear Main Door (713, 714)*

LAN A320-233 FLEET — MCDL-52-09 P 2/2
AFM — B — 23 NOV 10

[그림] 14 CDL

(10) Whenever the airframe manufacturer or the engine manufacturer have modifications or suggestions for improving maintenance and/or servicing, they will issue appropriate paperwork to the affected airlines.

1) Airworthiness directive (AD) is a notification to owners and operators of certified aircraft that a known safety deficiency with a particular model of aircraft, engine, avionics or other system exists and must be corrected. If a certified aircraft has outstanding airworthiness directives that have not been complied with, the aircraft is not considered airworthy.

it is mandatory for an aircraft operator to comply with an AD. ADs usually result from service difficulty reporting by operators or from the results of aircraft accident investigations. They are issued either by the national civil aviation authority of the country of aircraft manufacture or of aircraft registration. When ADs are issued by the country of registration they are almost always coordinated with the civil aviation authority of the country of manufacture to ensure that conflicting ADs are not issued.

2) Service bulletin (SB) is usually a modification of a system that will provide improved safety or operation of a system and includes a detailed description of the work and parts required.

3) Service letter (SL) usually provides information to improve maintenance actions without equipment modification.

EASA AD No.: 2019-0051-E

EASA European Union Aviation Safety Agency

Emergency Airworthiness Directive

AD No.: 2019-0051-E

Issued: 12 March 2019

Note: This Emergency Airworthiness Directive (AD) is issued by EASA, acting in accordance with Regulation (EU) 2018/1139 on behalf of the European Union, its Member States and of the European third countries that participate in the activities of EASA under Article 129 of that Regulation.

This AD is issued in accordance with Regulation (EU) 748/2012, Part 21.A.3B. In accordance with Regulation (EU) 1321/2014 Annex I, Part M.A.301, the continuing airworthiness of an aircraft shall be ensured by accomplishing any applicable ADs. Consequently, no person may operate an aircraft to which an AD applies, except in accordance with the requirements of that AD, unless otherwise specified by the Agency (Regulation (EU) 1321/2014 Annex I, Part M.A.303) or agreed with the Authority of the State of Registry (Regulation (EU) 2018/1139, Article 71 exemption).

Design Approval Holder's Name: THE BOEING COMPANY

Type/Model designation(s): 737-8 and 737-9 aeroplanes

Effective Date: 12 March 2019, 19:00 UTC

TCDS Number(s): EASA.IM.A.120

Foreign AD: None

Supersedure: Not applicable

ATA – SUSPENSION OF FLIGHT OPERATIONS

Manufacturer(s):
The Boeing Company, Commercial Airplanes Group

Applicability:
Model 737-8 and 737-9 aeroplanes, all serial numbers.

Definitions:
For the purpose of this AD, the following definitions apply: None

Reason:
Prompted by a fatal accident with a Boeing 737-8 'MAX' aeroplane, the exact causes of which are still being investigated, the Federal Aviation Administration (FAA), representing the State of Design for the affected aeroplanes, issued Emergency AD 2018-23-51 (later replaced by a Final Rule AD) to require certain changes to the Airplane Flight Manual (AFM) regarding Runaway Horizontal Stabilizer Trim Limitations and Procedures.

Since that action, another fatal accident occurred. At this early stage of the related investigation, it cannot be excluded that similar causes may have contributed to both events. Just after the second event, the FAA issued CANIC 2019-03, providing information concerning progress on the development of mitigating actions.

Page 1 of 2

A318/A319/A320/A321

SERVICE BULLETIN
REVISION TRANSMITTAL SHEET

AIRBUS
CUSTOMER SERVICES DIRECTORATE
1 Rond Point Maurice Bellonte
31707 BLAGNAC CEDEX
FRANCE
Tel : (33) 5 61 93 33 33
Telex : AIRBU 530526F
Fax : (33) 5 61 93 42 51

MANDATORY MANDATORY MANDATORY

ATA SYSTEM: 27

TITLE: FLIGHT CONTROLS - ELAC SYSTEM - RESTORE ELAC2 AND THS MOTOR 1 POWER SUPPLY (SB ONLY)

MODIFICATION No.: 39998P11410 39999P11411

This page transmits Revision No.02 of Service Bulletin No.A320-27-1199

ADDITIONAL WORK

****CONF ALL**

No additional work is required by this revision for aircraft modified by any previous issue.

REASON

This Service Bulletin has been accomplished at Revision No. 01 on aircraft MSN 3480 to validate its content.

Compliance becomes Mandatory

CHANGES

SUMMARY		
REASON/DESCRIPTION/OPERATIONAL CONSEQUENCES	REASON UPDATED	R
GENERAL EVALUATION	GENERAL EVALUATION TABLE UPDATED	R
MATERIAL PRICE INFORMATION	MATERIAL PRICE INFORMATION TABLE UPDATED	R
EFFECTIVITY	OPERATOR LIST UPDATED	R
MANPOWER	MANPOWER UPDATED	R
APPENDICES	APPENDICES UPDATED	R
PLANNING INFORMATION		
EFFECTIVITY	EFFECTIVITY RELATED INFORMATION UPDATED	R
Material Effectivity	MATERIAL EFFECTIVITY UPDATED MATERIAL SET UPDATED	R
REASON		
History	HISTORY UPDATED	R

5 DATE: Nov 09/09 SERVICE BULLETIN No.: A320-27-1199

REVISION No.: 02 - Sep 20/10 Page: 1

[그림] 15 AD와 SB

참고문헌

- FAA aviation maintenance technician handbook airframe VOL. 1 & 2
  - 미 연방 항공청(FAA : Federal Aviation Administration) 배포하는 교재
- Cessna 172 Pilot operating handbook
- B737 Training manual
- A320 Training manual
- Google search

[참고 이미지 및 영상]

- Google image
- Youtube